海洋生态灾害学

唐学玺　王　斌　高　翔　主编

海洋出版社

2019年·北京

内容简介

本书是灾害学领域以海洋生态系统为特色的专业教材。全书内容共分为10章，沿着海洋生态灾害学概述（第一章和第二章）、海洋生态灾害学理论基础（第三章、第四章和第五章）、海洋生态灾害学技术方法（第六章、第七章）、海洋生态灾害学的应用管理（第八章、第九章和第十章）的主线编写而成。第一章主要介绍海洋生态灾害学的内涵和定义、发展历史以及研究内容；第二章主要介绍海洋生态灾害的基本类型、特征属性、成灾标准和灾害等级划分；第三章主要介绍海洋生态灾害的发生、发展和消亡过程及各个过程的基本特征；第四章主要介绍海洋生态灾害的生物学基础、生态学特征及环境驱动机制；第五章主要介绍海洋生态灾害风险的识别、评价、区划及控制；第六章主要介绍海洋生态灾害的监测技术及应用；第七章主要介绍海洋生态灾害的预测、预报技术及预警信息发布的管理制度和流程；第八章主要介绍海洋生态灾害的处置技术及资源化利用案例；第九章主要介绍海洋生态灾害的影响及损失调查评估的基本原则和工作程序；第十章主要介绍我国及美国、日本、俄罗斯等国家海洋生态管理的法律法规、政策、预案、标准、业务体系及体制机制。

本书可作为海洋科学、海洋生态学和海洋环境科学专业本科生和研究生教材，同时可供从事海洋生态灾害学以及相关学科的科技人员参考。

图书在版编目（CIP）数据

海洋生态灾害学／唐学玺，王斌，高翔主编. —北京：海洋出版社，2019.2
ISBN 978-7-5210-0318-5

Ⅰ.①海… Ⅱ.①唐… ②王… ③高… Ⅲ.①海洋生态学-灾害学-教材 Ⅳ.①Q178.53 ②X55

中国版本图书馆CIP数据核字（2019）第017895号

责任编辑：方　菁
责任印制：赵麟苏
海洋出版社　出版发行
http://www.oceanpress.com.cn
北京市海淀区大慧寺路8号　邮编：100081
北京朝阳印刷厂有限责任公司印刷　新华书店北京发行所经销
2019年8月第1版　2019年8月第1次印刷
开本：880mm×1230mm　1/16　印张：23.25
字数：600千字　定价：128.00元
发行部：62132549　邮购部：68038093　总编室：62114335

《海洋生态灾害学》编委会

主　编：唐学玺　王　斌　高　翔

副主编：王　影　林雨霏　王其翔

编　委：肖　慧　孙田力　王国善　张聿柏

董文隆　周　健　李晓红　姜永顺

赵新宇　张智鹏　张焕新

序

中国位于太平洋西岸，面临渤、黄、东、南四海，是一个海洋大国，近几十年来，中国沿海生态灾害频繁发生，有的海域成灾规模之大世界不多见。致灾生物种类多样，有浮游植物和一些原生动物引发的赤潮和褐潮，有大型海藻引发的绿潮和金潮，也有大型水母引发的白潮等。这些海洋生态灾害，大多对沿海公众健康和人身安全，渔业、旅游、航运和电站造成了重大损害，成为建设海洋强国和海洋生态文明生态建设亟待解决的重大课题。引发海洋生态灾害有哪些生物种类？成灾的原因是什么？不同种类生态灾害各有什么特点和生消规律？海洋生态灾害能否预测、预报？灾害发生后如何应急处置以减轻损害？海洋生态灾害能否预防？如何评估灾害造成的损害？受灾海域如何进行生态修复？成灾生物能否作为资源加以利用、如何化害为利等问题，老百姓关切，党和国家领导高度重视。

《海洋生态灾害学》的编著，较好地回应了老百姓的关切、海洋科技和海洋灾害管理事业的需求。拜读了书稿，我认为该书较全面、系统地分析和梳理了国内外有关海洋生态灾害的研究成果和管理实践，根据目前已有的认知水平，较好地回答了上述问题；对中国沿海主要成灾的种类，不仅从生物学、生态学、繁殖生物学的角度，而且还与海洋学、灾害学、管理学、环境科学的相关知识和技术相结合进行论述，加深了对不同海洋生态灾害类型的特征、规律、监测、防治等的认识；该书由政府主管海洋灾害部门、大学和研究单位长期从事海洋生态灾害和管理的教授、专家共同编撰，理论与实践紧密相结合，大大提高了该书的科学性和实用性，有望起到海洋生态灾害研究、防治和管理的指南作用。据我所知，该书是迄今国内外全面、系统论述多种海洋生态灾害的第一本大学教科书。由于海洋生态灾害的复杂性，海洋环境和海洋生态系统正处于较大变化期，而我们对此的知识还很有限，离真正解决海洋生态灾害的目标还有很多科学难关。为此中国海洋大学海洋生命学院已将海洋生态灾害学列入生态学研究生的培养计划，启发、引导更多有志青年学者致力于攻克面临的许多海洋生态灾害难题。

应本书主编的盛情邀请，我热情地向读者推荐，让大家一起努力，使海洋生物持续为人类造福，不给人类添害。

中国海洋大学
李永祺　教授
2018 年 12 月 30 日

前 言

海洋生态灾害学（marine eco-disaster science）属于灾害学和海洋生态学的交叉研究领域，至今尚未形成一门成熟的学科，它是研究海洋生态灾害的致灾机制及其发生、发展和变动的规律，建立海洋生态灾害监测、预测预报和处置技术，提出海洋生态灾害的评估和管理方法，为应对海洋生态灾害提供理论和技术支持的一门新兴综合性学科。

海洋与陆地一样，在人类的开发热潮中，海洋生态系统也受到了严重的破坏，突出表现在海洋生态系统退化、海洋生物资源衰竭和海洋生态灾害频发等方面。据调查统计，近年来全球海洋生态灾害，无论是在发生频率上，还是在影响规模和危害程度上都呈现出逐年上升的趋势。在我国，传统的海洋生态灾害如赤潮仍没有得到有效控制，新兴的海洋生态灾害如绿潮、金潮等又依次出现，甚至在同一海区多种海洋生态灾害同时并发的现象时有发生，而且愈演愈烈，造成了巨大的经济和社会损失。因此，海洋生态灾害学成为目前全球备受关注的、最有活力和发展速度最快的学科之一。

海洋生态灾害学是从实践中诞生的一门学科，随着海洋生态灾害的演变和对其研究的发展过程，海洋生态灾害学的发展也大体经历了3个阶段：第一阶段，采猎和农业时代（19世纪以前），人类由早期的对自然灾害的被动适应和逃避，到有能力防御和规避，在此阶段出现了最早的对海洋生态灾害（赤潮）的记录和描述。第二阶段，工业化时代（19—20世纪），进入工业化时代，海洋生态灾害既有传统灾害的持续和演化，也有新兴灾害的诞生。由于社会经济的快速发展和人口的急剧增长，造成生态环境的日趋恶化，生态灾害不但未能得到有效地遏制，反而日益加剧，对人类社会的威胁也越来越严重。因此，此时期人类在全面应对灾害和研究灾害的过程中推动了海洋生态学的发展。第三阶段，信息化时代（21世纪），可持续发展思想引入海洋领域，随着人们对海洋环境保护的重视和科学技术的进步，海洋生态灾害类型的划分更加精细、灾害发生机制和规律研究更加深入，灾害监测、预测、防治、评估技术研究日渐成熟，海洋生态灾害学学科体系无论是从深度上还是广度上由此逐渐完善。我国海洋生态灾害学的发展大体与国际同步，尤其是新时代海洋生态文明建设的提出，为海洋生态灾害学的发展注入了新的动力。进入21世纪，随着生态灾害学（以陆地为特色）课程和教材建设的逐渐成熟和完善，我国的一些高等院校和科研院所为海洋生态学及相关专业相继开设了海洋生态灾害学（以海洋为特色）专业课程，但其教材建设明显滞后，至今仍是空白。

目前，以海洋为特色的海洋生态灾害学的教材在国内外尚未见出版，仅有几部海洋生态灾害研究领域的学术专著，其主要总结了一些项目的专题研究成果，或是介绍此领域的国内外研究现状和实践。为此，我们在多年授课和研究实践的基础上，编写了《海洋生态灾害学》，力求理论和实践相结合，做到理论系统、方法先进和案例生动。本书的最大特点就是充分突出了海洋特色。在内容上，本书注重基础理论、方法和案例3个方面；在编写安排上，本书按照灾害的发生发展、监测预测、处置利用、调查评估和管理依次呈现。在每一章最后都附有本章小结、思考题和拓展阅读资料，以利于学生进一步思考和研读。为了满足读者深入研究的需要，本书还附有翔实的参考文献。

本书是自然资源部海洋减灾中心资助的“《海洋生态灾害学》编写及整理出版”项目的成果，由中国海洋大学、自然资源部海洋减灾中心和山东省海洋预报减灾中心的人员共同完成。

特别感谢中国海洋大学李永祺教授给予的指导，感谢山东省海洋预报减灾中心孙福新主任的大力支持和帮助，感谢自然资源部第一海洋研究所王宗灵研究员、山东省海洋生物研究院刘洪军研究员、曲阜师范大学张洪海教授、中国海洋大学杨世民高级工程师给予的帮助，中国海洋大学海洋生命学院海洋生态学研究室的研究生赵一蓉、刘春辰、刘倩、张巍、郝雅、臧宇、曲同飞、钟怡、陈军、尚帅等在资料收集整理、图表绘制等方面做了大量工作，在此一并感谢！

由于编者水平有限，书中难免存在疏漏和不妥之处，敬请读者批评指正。

唐学玺

2018年12月于中国海洋大学

目 次

第一章 绪 论

自20世纪80年代以来，海洋生态灾害无论发生的规模、频率还是造成的危害都呈现逐年上升的趋势，对人类社会发展带来了不利影响。为阐明海洋生态灾害的发生机理和规律，以便进行科学的防灾、减灾，诞生了海洋生态灾害学这一新兴综合性学科。海洋生态灾害学，既是海洋科学的分支，也是灾害学的重要组成部分。本章主要介绍了海洋生态灾害学的定义、发展及其研究内容和方法，为系统地了解这门学科奠定基础。

第一节 海洋生态灾害学的定义

一、灾害和灾害学

灾害现象由来已久，远在灾害这个名词出现之前，人类文明的发展史，就涵盖着人类认识灾害、抵御灾害的过程。在中华文明诞生及其发展过程中，就有许多关于自然灾害的记录。《荀子·富国》中有记载，“故禹十年水，汤七年旱，而天下无菜色者”。《孟子·滕文公上》中，记有“当尧之时，天下犹未平。洪水横流，泛滥于天下”。在历代史籍中，如《五行志》《灾异志》及《本纪》等都有对灾害或灾异事件的描述；《太平御览》等书以及《通志》《通考》等典志类文献往往也专列“咎征部”、“灾祥略”或“物异考”等，分类记述水、旱、风、火、地震等灾害。人类也在认识和对抗灾害的过程中开始了对灾害的研究，并最终形成了系统的灾害学科体系，即灾害学。

（一）灾害概念

“灾”字在甲骨卜辞中有多种写法，常见的有流水形，火形，戈形，这正是因为古人对于灾害的认识多源于水灾、火灾和兵祸（图1-1）。而灾害的英文disaster，首次出现是在16世纪90年代。Disaster源自古希腊语dus（bad）和aster（star）的组合，即bad-star，也表明那个时期人们将灾难的出现归咎于天体位置的变化。

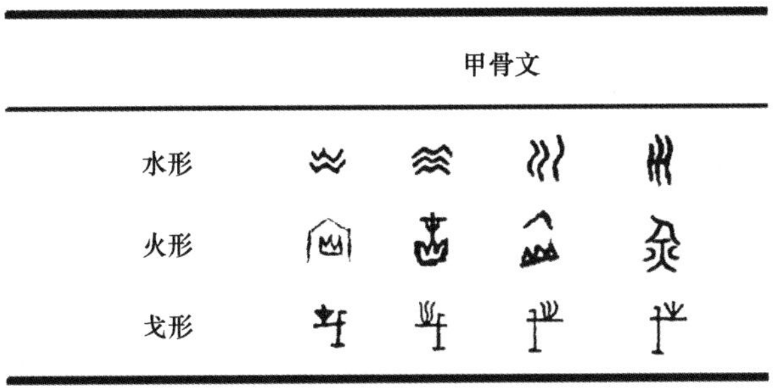

	甲骨文			
水形				
火形				
戈形				

图1-1 “灾”甲骨字形（说文解字）

迄今，灾害在国内外已有多种定义，虽然描述的角度和侧重点不同，但它们都包含以下3个方面的含义。

（1）灾害的成因：有的学者将其统称为不可控的破坏性力量；有的学者将其具体划分为自然原因和人为原因；另外一些学者将其进一步细分为地球内部的演化和外部的自然与人为原因。

（2）致灾过程：在某一区域，突发的或经过累积后在短时间内暴发，并对人类和社会造成威胁的过程。

（3）影响程度与衡量尺度：多数定义认为灾害的最终结果是对人类和社会造成危害，当危害超过本地区的承灾能力，致使社会、生态、环境全部或部分功能丧失。

灾难的影响有时是瞬时的、区域性的；有时则会对广泛的区域范围造成持久性的影响，而这些影响多集中于某一社区或整个社会利用自身资源的应对能力。综合现在灾害研究重点与灾害标准，联合国减灾组织于2017年将灾害定义为：危险事件和环境的暴露度、脆弱性和恢复力的相互作用导致的社区和社会功能任何程度的破坏，进而导致人口、物质、经济或环境任何一方面或几方面损失的现象①。

（二）灾害系统

灾害酝酿与暴发有3个基本且必需的因素：①灾害酝酿和形成的环境条件，即孕灾环境；②破坏性的力量，其来源可以是自然界也可以是人类，即致灾因子；③人类社会，它是接受这种破坏性力量的承受体，即承灾体。三者缺一不可，构成了灾害系统（disaster system）（叶银灿，2012）。因此，灾害系统是指特定时空条件下，环境内所有生物和物质能量的环境总和，这一系统包含实体部分和各实体部分间的相互作用、相互联系等非实体部分。

任何系统均具有稳定性，即维系自身或区域内各要素稳定发展的能力。但是随着事物在时空尺度上的发展，势必会造成某个或某些要素发生变化，进而引起系统整体发生或大或小的改变，这一改变亦可用以描述灾害完整的发生发展过程，即灾前、灾中和灾后3个阶段。灾前阶段，是各种致灾因子在时空上的积累过程，也称孕灾过程。当致灾因子持续累计，超过一定的阈值后，则会形成变异，而变异的结果施加到承灾体上，这一过程称为成灾过程，即灾中阶段。灾害发生后的救助，恢复，重建与发展等环节为灾后阶段。

随着时空环境的变化，灾害系统能够与外界环境进行物质、能量与信息交换，并不断演变发展。因此灾害系统的发展具有动态性，在其发展的过程中，灾害中各要素随时空环境的变化，内部的各种联系与相互作用在微观上具备不确定性和随机性，但是在宏观上则能够呈现出一定的规律性。研究灾害系统变化的规律性及机制，是灾害学理论研究的重要组成，能够指导灾害评估、灾害防控等实践。

（三）灾害分类

灾害分类是灾害学研究的基础，是将具有某些共同特征的灾害归为一类的工作，这对于正确认识和研究灾害，以及有效制定防灾减灾的对策都具有重要意义。在不同时期，根据研究重点的不同将灾害划分为不同的类型。

1. 根据灾害表现形式划分

根据灾害的表现形式，一般将灾害划分为两种类型：①成因为自然因素并表现为自然现象的自然灾害（natural disaster），如地震、台风（图1-2）、干旱、洪涝、动物疫病等；②成因是人为因素并表现为社会现象的人为灾害（man-made disaster），如战争、恐怖袭击、交通事故等。但是灾情形势往往复杂多变，一些看似非自然灾害的现象，其实掺杂有自然灾害的成分，例如煤矿中发生的瓦斯爆炸事件，主要与生产安全管理不到位有关，一般不归入自然灾害研究的范围。但是，引起大

---

① http：//www. unisdr. org/we/inform/terminology

爆炸的瓦斯却主要是来自自然因素。因此，进而又拓展出自然人为灾害（natural-man-made disaster）和人为自然灾害两类（man-made-natural disaster），其中前者指的成因是自然因素，但表现为社会现象，如恶劣天气导致交通事故增加；后者的成因是人为因素，但表现为自然现象，如因施工质量不好导致的水库垮坝、矿井坍塌，滥伐滥垦造成的水土流失等。还有一些灾害，既有人为因素，又有自然因素，需要根据具体情况确定其主因和表现形式（郑大玮，2015）。

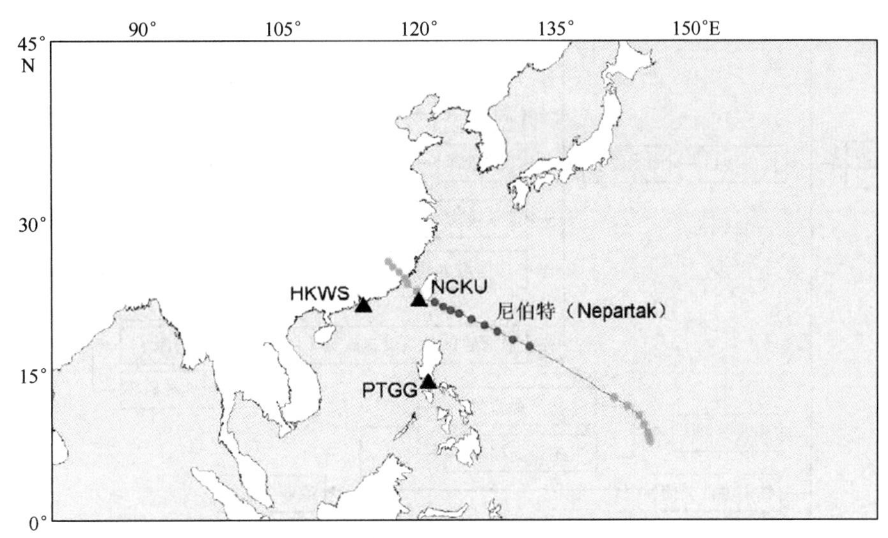

图 1-2　台风“尼伯特”运动轨迹，黑色三角形为附近的 IGS 观测站

资料来源：袁建刚等，2018

2. 根据灾害链分类划分

通常情况下，单一的灾害发生过后，往往会引起一系列其他灾害的发生，形成灾害链。按照灾害链关系可将彼此相互关联的灾害分为最初发生的原生灾害（primary-disaster），由原生灾害直接引发的次生灾害（secondary-disaster）和在原生灾害衰退或削弱之后，由原生灾害或次生灾害所逐渐诱发的衍生灾害（derived-disaster）。例如台风，其表现出的暴雨及大风会直接引发洪水、滑坡等次生灾害，长时间洪水侵袭又势必引起渍涝、疫病及虫灾等衍生灾害。随着灾害的链条式诱发演化，承载体的脆弱性和持续性累积、放大（图 1-3）。

3. 根据灾害发生的特征划分

根据灾害发生的特征，可将灾害分为突发型灾害（sudden disaster）和累积型灾害（accumulated disaster）。突发型灾害的破坏力在短时间集中暴发，通常难以预测，减灾的关键在于做好预防和应急处置，如地震、冰雹、滑坡、泥石流和迁飞性飞虫灾害；累积型灾害也称缓发型灾害，是致灾因子长期作用累积下形成的严重后果，灾害孕育、发生、演变直至衰退的时间较长，较易检测和预报，但初期征兆不明显，减灾的关键是在初期采取防范措施和后期采取补救措施，如干旱、冷害、地面下沉、水土流失等。

4. 根据灾害发生的区域环境划分

根据灾害发生的区域环境不同，又可将灾害划分为陆地灾害和海洋灾害。陆地灾害包括地震灾害、地貌灾害、土壤灾害等。海洋灾害又分为风暴潮等动力灾害和赤潮等生态灾害组成的自然灾害，以及危化品泄露及溢油等组成的人为灾害。

随着人类活动范围和强度越来越大，自然灾害和人为灾害也越来越难区分开来，复合灾害成为新的研究热点。

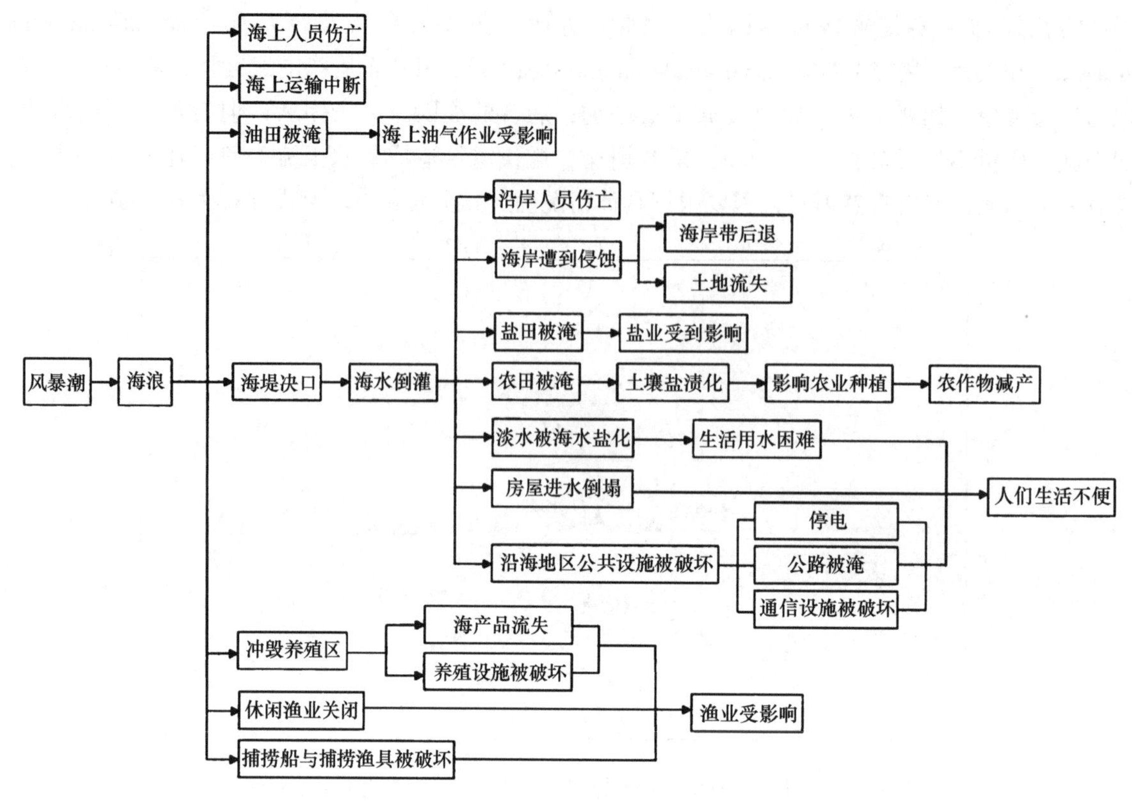

图 1-3　风暴潮灾害链

资料来源：王可，2018

（四）灾害学

从有文字记录开始，国内外都有对早期灾害的简单记录和描述。这些对于灾害发生和危害情况的连续而丰富的记载，在一定程度上为灾害学的形成奠定了基础，但由于早期并没有对灾害这一词汇进行系统科学的阐述，因此早期对灾害的认识与现代意义上的灾害及灾害学的研究还是有极大的差距。

现代意义的灾害学创立的时间，国内外十分相近，都是在 20 世纪中后期。随着第二次世界大战的结束，世界格局稳定之后，气象、水文、地质、农学、生物、海洋等基础学科的相继建立和发展，使一些灾害的监测、预报和防治工作也逐渐有理可依，向着科学化、规范化、全面化发展，为灾害学的诞生创造了良好的前提。

随着现代化进程的飞跃发展，全球范围内的灾害问题日益凸显，特别是 20 世纪后期的世界性旱灾，造成了数百万人因饥荒死亡。灾情震惊了世界，日本、美国、英国等国家先后创办了一系列围绕灾害研究的杂志，如美国 1976 年创办的《Natural Hazards Observer》杂志，英国 1977 年创办的《Disasters》杂志等。国际社会的灾害学也由此创立，1986 年 1 月 27—30 日第一届自然灾害学国际会议在古巴召开，就灾害预报及其预防等多方面的最新科研进展进行了交流，标志着灾害的研究已在世界范围全面兴起，灾害学也由此得到了快速发展。

我国从 20 世纪 80 年代起积极推动灾害学的创立与发展。1984 年，陈玉琼和高建国在《大自然探索》杂志上第一次提出“灾害学”定义（图 1-4）。1986 年中国国土经济学研究会举办了首届“灾害经济学”学术讨论会，同年 8 月，全国第一家专门研究和报道灾害问题的学术刊物《灾害学》杂志在西安创办。

随着研究的深入，灾害学的定义也逐步完善。总的来说，灾害学是研究各类灾害个性、共

图 1-4 早期灾害学杂志封面
资料来源：中国知网

性、相关性及其对策的科学，其目的是要揭示灾害的自然属性和人为属性，分析其时间、空间以及强度分布、变迁特征，研究其成灾机制和发生过程，探索灾害的发生、发展和演化的规律，并在此基础上探讨人类社会如何因势利导，有效地减灾、防灾，化害为利（张建民和宋俭，1998）。

二、海洋灾害和海洋灾害学

海洋是地球表面最大的地理单元。其在给人类带来各种资源和便利的同时，也产生了各种各样的灾害，威胁到人类的生存与发展。海洋灾害是按灾害发生的区域环境不同而划分的一种类型。它发生在海洋环境中，一旦暴发不仅直接威胁海面及海岸，还危及沿岸城市经济和人民生命财产的安全。2008 年 5 月发生在缅甸的“纳尔吉斯”风暴潮几乎淹没整个伊洛瓦底江三角洲，13 万人死于非命。2011 年 3 月 11 日，日本海啸造成约 3 万人死亡或失踪。

21 世纪是人类大规模大强度开发海洋的世纪。中国是海洋大国，中国大陆所濒临的渤海、黄海、东海和南海总面积达 47×10^6 km^2，沿海分布着 6 500 多个面积大于 500 m^2 的岛屿，大陆岸线长达 18×10^3 km，岛屿岸线长达 14×10^3 km（王爱军，2005）。海洋环境条件复杂多变，拥有多个海洋高风险区（图 1-5）。综合 2007—2018 年的统计资料，国内由风暴潮、灾害性海浪、严重海冰、赤潮等海洋灾害造成的直接经济损失每年高达几十亿元，数十名甚至上百名人口失踪死亡（图 1-6）。

（一）海洋灾害的概念与分类

海洋灾害是指海洋自然环境发生异常或剧烈变化，导致在海上或海岸发生的灾害称为海洋灾害（marine disasters）（2018 年中国海洋灾害公报），主要包括风暴潮灾害、海浪灾害，海冰灾害、海雾灾害、飓风灾害、海啸灾害、赤潮灾害、海水入侵和溢油灾害等。

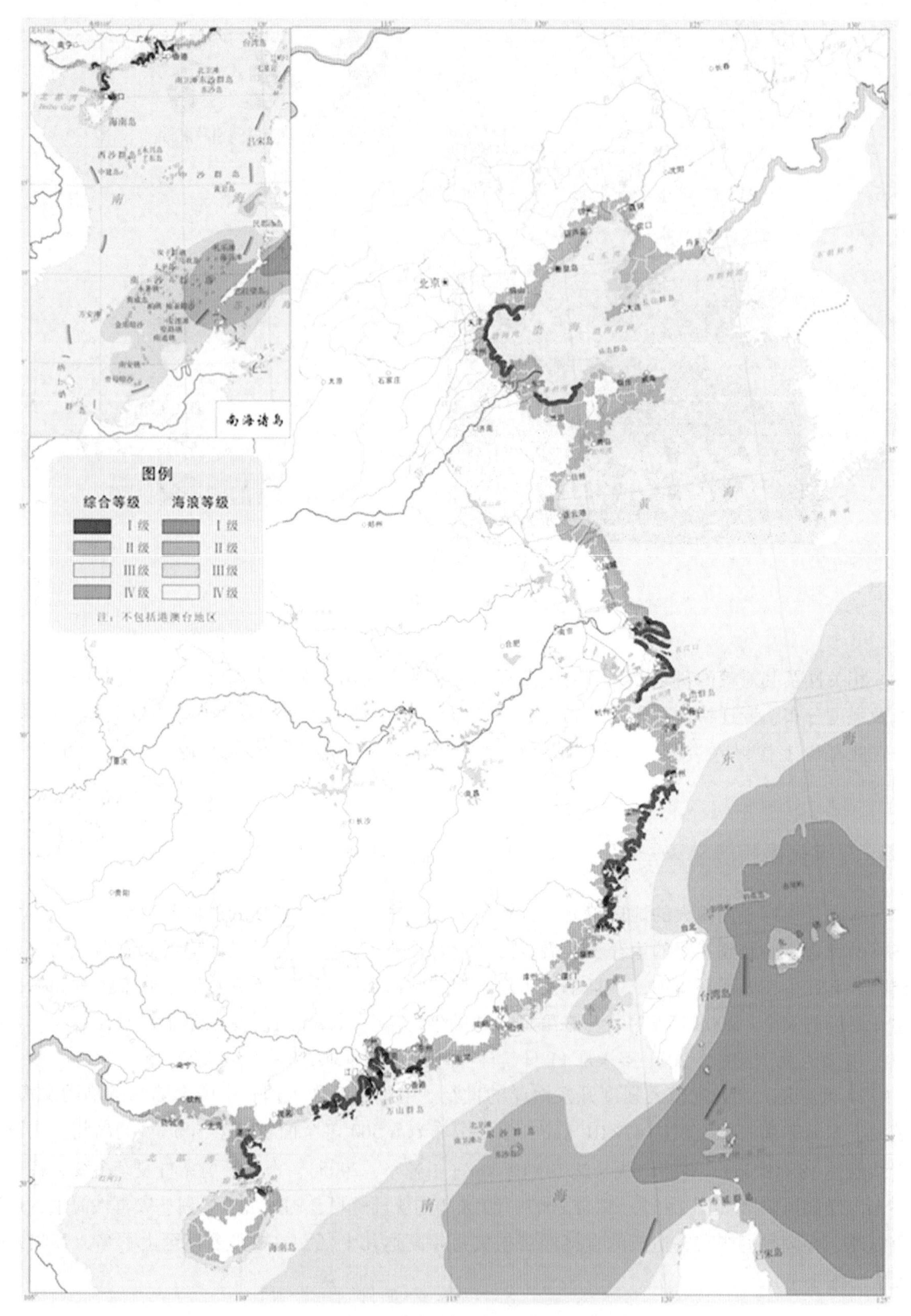

图 1-5　中国海洋灾害综合风险区域

资料来源：自然资源部海洋减灾中心，2018

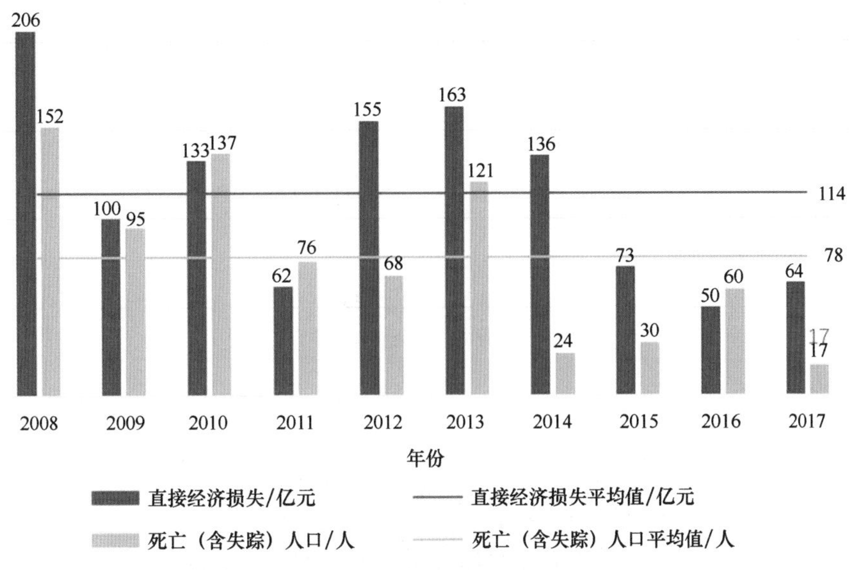

图 1-6 2008—2017 年中国海洋灾害直接经济损失和死亡（含失踪）人数

资料来源：国家海洋局，2008—2017 年中国海洋灾害公报

引发海洋灾害的原因是复杂的，大部分与水文、气象气候、地质、生物作用有关，按成因及性质可分为海洋动力灾害和海洋生态灾害。海洋动力灾害是指受海水或大气强烈扰动，或者物理形态的骤变而引发的灾害事件，如风暴潮、海浪、海冰、海雾、厄尔尼诺现象、海啸、海岸侵蚀、海水入侵等。

中国常见海洋动力灾害

风暴潮是指由热带气旋、温带气旋、海上风飑线等风暴过境所伴随的强风和气压骤变而引起叠加在天文潮位之上的海面震荡或非周期性异常升高（降低）现象，分为台风风暴潮和温带风暴潮两种。

海浪是指由风引起的海面波动现象，主要包括风浪和涌浪。按照诱发海浪的大气扰动特征来分类，由热带气旋引起的海浪称为台风浪；由温带气旋引起的海浪称为气旋浪；由冷空气引起的海浪称为冷空气浪。

海冰是所有在海上出现的冰的统称，除由海水直接冻结而成的冰外，还包括源于陆地的河冰、湖冰和冰川冰等。

海啸是由海底地震、火山爆发、巨大岩体塌陷或滑坡等导致的海水长周期波动，能造成近岸海面大幅度涨落。

海平面变化是由海水总质量、海水密度和洋盆形状改变引起的平均海平面高度的变化。在气候变暖的背景下，冰川融化和海水变热膨胀致使全球海平面呈上升趋势。

海岸侵蚀是海岸在海洋动力等因素作用下发生后退现象。

海水入侵是海水或与海水有直接关系的地下咸水沿含水层向陆地方向拓展的现象。

土壤盐渍化是因海水入侵漫溢以及其他原因所引起的沿海土地含盐量增多的现象。

咸潮入侵是感潮河段（感潮河段指的是潮水可达到的，流量及水位受潮汐影响的河流区段）在涨潮时发生的海水上溯现象。

（资料来源：2017 年国家海洋行政主管部门（国家海洋局）海洋灾害公报）

（二）海洋灾害学

海洋灾害学是灾害学与海洋科学的交叉科学，是以海洋灾害总体为研究对象，研究各类海洋灾害的发生机制、共性规律、减灾途径和减灾管理的学科。

海洋灾害学的主要任务是探究海洋灾害的成灾机理、发生发展规律、变化趋势及时空分布；研发海洋灾害早期预测和监测预报方法；建立海洋灾害评估、防控和管理的技术体系；为减灾防灾提供理论和技术支撑。

图 1-7 “海洋地质八号”综合调查船

资料来源：中国船舶及海洋工程设计研究院民船部，2017

由于海洋灾害常常存在群发和伴生特性，以及它们在时间和空间上的动态变化规律，海洋灾害学不只是海洋科学单学科的问题，而是涉及气象、生物和化学等多学科的综合性研究。随着一些边缘学科和交叉学科的兴起，对海洋灾害的风险评价不仅注重海洋灾害本身的研究，而且将其与社会经济特性有机地结合起来，逐渐重视并强调海洋灾害的人文因素。

三、海洋生态灾害和海洋生态灾害学

海洋生态系统是人类可持续发展的重要基础，对于维持全球生物多样性、抵御气候变化、发展海洋经济都具有重要意义（图 1-8）。当前，海洋生态系统面临各类海洋生态灾害带来的挑战。为了维护海洋生态系统的健康和安全，必须加强海洋生态灾害的防范和监测等工作。

（一）海洋生态灾害

作为海洋灾害的其中一类，海洋生态灾害的灾害类别界定是确定海洋生态内涵的关键。张绪良等（2004）借用陆地生态灾害的定义引申出海洋生态灾害定义，认为由入海的陆源污染物引发的赤潮、海域污染、工程失误以及海上油井和船舶漏油、溢油等事故造成的海岸带和近海生态环境恶化为海洋生态灾害。赵聪蛟等（2012）认为海洋生态灾害是指由自然变异和人为因素所造成的损害近海生态环境和海岸生态系统的灾害，其海洋生态灾害主要包括赤潮、海洋污损、溢油和生物入侵等。随着绿潮、水母暴发等新型生态灾害在中国沿海的频繁发生，张洪亮和张继民（2014）给出的海洋生态灾害的定义是局部海域一种或少数几种海洋生物数量过度增多引起的海洋生态异常现象，包括赤潮、绿潮、白潮暴发和外来种入侵等（图 1-9）。

随着时代的发展，海洋生态灾害的定义，逐渐由广义的对生态系统平衡产生干扰，发展到特指由海洋生物引发的异常现象，这标志着对海洋灾害认知的明确化和海洋生态灾害类别划分

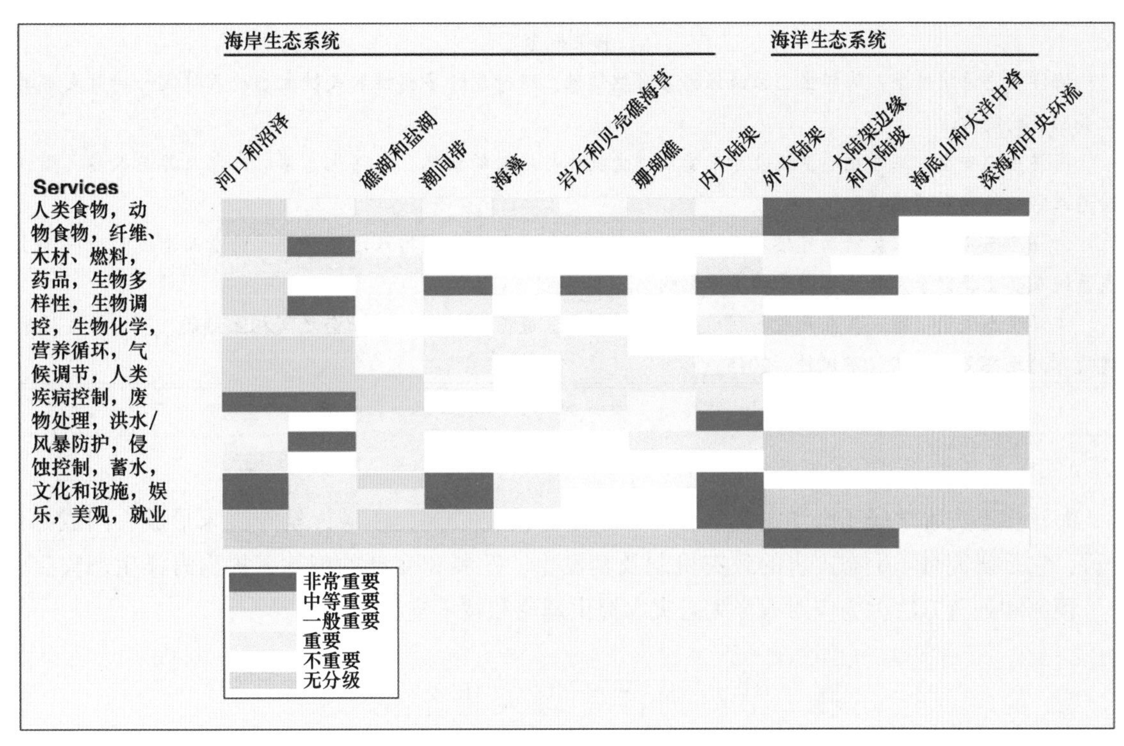

图 1-8　海岸和海洋生态系统提供的生态系统服务

资料来源：Heather M Leslie and Karen L McLeod

图 1-9　硅藻引发的赤潮

资料来源：王维，2018

的规范化。海洋生态灾害是指因海洋生物数量或行为发生异常变化造成事发海域生态系统严重失衡，结构和功能退化，进而危害经济、社会和人类健康的现象，典型的海洋生态灾害有赤潮、褐潮、绿潮、金潮、白潮等。

这些灾害与海洋环境污染和富营养化等环境问题有关，但不包括海洋富营养化和环境污染事件本身。

相关概念

海洋生态系统健康：海洋生态系统保持其自然属性，维持生物多样性和关键生态过程稳定并持续发挥其服务功能的能力。

海洋生态安全：海洋生态系统处于不受或少受破坏与威胁的状态，海洋生态系统内部及其与人类之间保持着正常的结构和功能。

海洋生态损害：人类活动直接或间接改变海域自然条件或向海域排入污染物质或能量而造成的对海洋生态系统及其生物因子、非生物因子的有害影响。

海洋生态文明：指人类在开发和利用海洋的过程中，遵循人类-海洋-社会之间相互协调、可持续发展客观规律的生态文明形态（陈凤桂，2015）。

（二）海洋生态灾害学概念

海洋生态灾害学属于海洋灾害学和海洋生态学的交叉研究领域，至今尚未形成一门成熟的学科，它是研究海洋生态灾害的致灾机制及其发生、发展和变动的规律，提出海洋生态灾害评价、预测和处置方法，为应对海洋生态灾害提供理论和技术支持的学科。

第二节　海洋生态灾害学的发展

一、海洋生态灾害的演变

根据不同时期人类与海洋生态系统的联系程度，海洋生态灾害的演变历程可以分为 3 个时期：采猎和农业时代（19 世纪以前），工业化时代（19—20 世纪）和信息化时代（21 世纪）。

（一）采猎和农业时代

人类起源到公元前 1 万年前后为采猎时代，采猎时代结束后一直到 18 世纪中期为农业时代。此时期，人类也由早期对自然灾害的被动适应、逃避，到有能力防御、规避。在 19 世纪以前传统灾害主要有水灾、旱灾、蝗灾、地震、火山喷发、低温、风灾、火灾、风暴潮、盐渍化、海啸、崩塌、滑坡等，其中以影响粮食生产为核心的水灾和旱灾是最重要的灾害类型。

在此时期也出现了最早有记录的海洋生态灾害——赤潮。国外海洋中赤潮现象最早的记载在公元 731 年，发生于日本和歌山西海岸的纪伊海峡，海水变成了红色，5 d 才消失。在《大日本史》中还记录了公元 1234 年“海水赤如血，鱼皆死，食鱼者皆死”的事件，这可谓是最早的关于赤潮毒素对人类造成伤亡的记录。1530 年，佛罗里达墨西哥湾沿岸出现了海水变成红褐色的现象。这时，随着赤潮事件的不断发生，人们已经意识到了受赤潮污染的贝类可能存在毒性。16 世纪晚期，英国作家亨利 · 巴特斯就在他的食谱《Dyets Dry Dinner》中写道，在赤潮发生的时候吃贝类存在危险。17 世纪初期，记载了印第安人禁忌捕食赤潮发生海域的贝类。1776 年，英国探险家库克船长的一些船员在塔希提岛附近吃了受赤潮毒素污染的珊瑚鱼后生病。1793 年，在加拿大不列颠哥伦比亚省，乔治温哥华探险队的一名船员死于吃了被赤潮污染的贻贝。

尽管许多书籍文献都称中国 2 000 年前就有海洋赤潮的相关记录，但是准确记录应是元朝时期关于沿海盐场中的异象描述，其与赤潮发生过程极为相似。明正德年间（1506—1521）刊印的《姑苏志》之卷五十九《纪异》记述道：

> “延祐间，黄姚盐场负课甚多，一夕海潮暴涨，夜有火光熠熠。数日煮盐皆变紫色，每镪视旧数倍。商人杂以他场白盐亦皆变紫，逋课尽偿，已而复为白色。”

海水夜间发光，可能就是夜光藻（*Noctiluca scintillans*）等藻类生物聚集时产生的现象（图1-10）。到了明清时期，沿海发生海水变色的异象记录开始增多。可以查到的这些海洋异常现象（表1-1）。

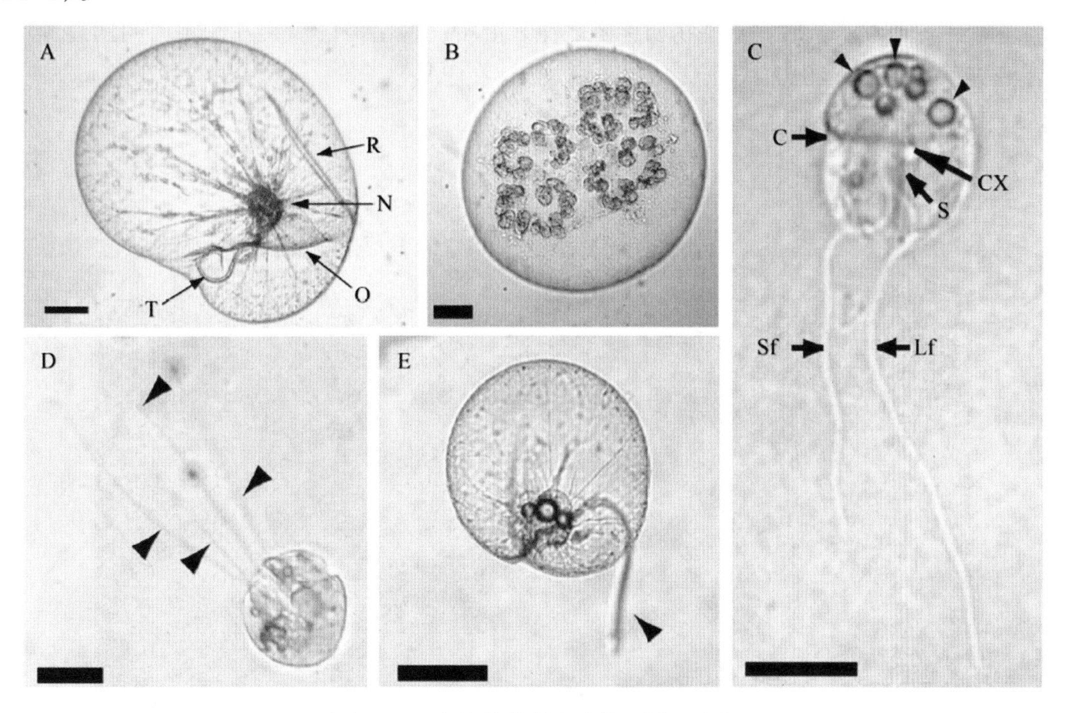

图1-10 夜光藻的形态及其不同生活史

资料来源：宋书群，2016

表1-1 明清时期海水变色记录

时间	地点	事件	出处
弘治十三年（1500）	太仓	弘治十三年庚申，海潮赤血	民国八年刊本《太仓州志》
嘉靖四年（1525）	福建长乐	嘉靖四年梅花镇海水忽变赤色，经旦复清，鱼虾可数	《闽书》明·何乔远著
		嘉靖四年福州长乐梅花镇，海水忽变赤色，经旦复清，鱼虾可数	清乾隆十九年刊本《福州府志》
嘉靖三十七年（1558）	福建诏安	（嘉靖）三十七年十月二十四日，漳州诏安红水随潮上，濒海居民取蚝食者多死	清同治十三年刻本《诏安县志》
		嘉靖三十七年十月二十四日，漳州诏安红水随潮上，濒海居民取蚝食者多死	同治十年重刻本《福建通志》
		（嘉靖三十七年）十月二十四日，诏安红水随潮上，濒海居民取蚝食者多死	光绪三年刻本《漳州府志》
崇祯二年（1629）	广东	崇祯二年牡蛎血，生南头海滩，剖之有血，遍滩皆然，民不敢采食	康熙刊本《新安县志》
顺治六年（1649）	广东	顺治六年五月，海上流血	《粤东闻见录》
		顺治六年夏五月，海上流血	清光绪五年刊本《广州府志》

赤潮现象记录的增多，除明清时期地方志修纂兴盛的原因外，社会经济因素起了主要作用。明清时期东南沿海开展了大范围的以工筑沙田形式的围海造田活动，并在其中开展了“果基鱼塘”、“桑基鱼塘”的基塘特色养殖（图 1-11 和图 1-12）。基塘中的塘泥含有大量有机质和氮磷钾等营养盐，每当潮水来时，这些物质会随之流入海中，使沿海的藻类在一定时间内过度增殖，产生赤潮灾害（李冰，2010）。

图 1-11　桑基鱼塘景观遗存

资料来源：刘少慧，2018

在不同的时期，人类对自然界同等程度的灾害的承受能力是有差别的，其主要原因之一就是取决于人类与自然的联系程度。在采猎和农耕时代，海洋既不是人类生活活动的主要场所，也不是人类获取资源的主要场所，人类与海洋，甚至与海洋生态灾害的相关程度并不高，因此海洋生态灾害的发生对人类的影响并不明显，相应地人们对海洋生态灾害关注和认识也很有限。

（二）工业化时代

进入 19 世纪，日新月异的科学技术将人类带进了工业化时代，社会生产力得到突飞猛进的发展，这不仅为人类创造了巨大的社会财富，也使人类改造自然环境、抵御自然灾害的能力得到了增强。然而，灾害并未就此远离人类，反而以更复杂的过程，更频繁的节奏威胁着人类的生命与财产。此时期海洋生态灾害既有传统灾害的持续和演化，也有新生灾害的诞生。

进入工业化时代以后，传统的赤潮灾害不但未能得到有效遏制，反而由于社会经济的发展，人口的急剧增长，生态环境的破坏，其发生的频度日益加剧，暴发的规模越来越大，对人类的威胁也越来越严重。1953 年佛罗里达墨西哥湾赤潮引起大量鱼类死亡（图 1-13）。根据《中国海洋环境质量通报》、《中国海洋灾情公报》等有关文献，1952—1998 年，中国沿海共发生了 322 起以夜光藻和束毛藻（*Trichodesmium* spp.）为主的赤潮（不包括香港和台湾）灾害。

在工业化时代，科学技术发展使人类有能力向海洋要资源，但对自然的无限制开发和利用为人类带来巨大的物质财富的同时也严重破坏了生态平衡，引发了更多的新生海洋生态灾害。此时期出现的新生海洋生态灾害为白潮。

从 20 世纪 80 年代起，世界上陆续发生几起罕见的由水母生态入侵和暴发导致的新的海洋生态灾害——白潮（图 1-14）。1989 年德国海湾发生五角水母的入侵和暴发（图 1-15），使湾内

图 1-12 果基鱼塘示意图

资料来源：广东文化网

图 1-13 1953 年佛罗里达墨西哥湾赤潮引起大量鱼类死亡

资料来源：http：//www. nwfdailynews. com/photogallery/DA/20180814/NEWS/814009997/PH/1？start=2

的浮游动物几近灭绝。此后，日本濑户内海、白令海、黑海、地中海、纳米比亚、南非西海岸、墨西哥湾及南大洋等全球不同海域，陆续有水母暴发的报道，并由此引发一系列的经济和社会问题（图 1-14）。在我国，自 20 世纪 90 年代中后期起，东海北部及黄海海域连年暴发大型水母灾害，并逐年加重。

工业化时代是一个灾害丛生的时代，工业化时代的海洋生态灾害总体上表现出下述特点。

（1）灾害与人类的关系更加密切。在工业化时代，由于人类与海洋的联系更加紧密，因此

图 1-14　被冲上海滩的水母尸体

资料来源：http：//photo. eastday. com/2013slideshow/20160516_ 4/index. html

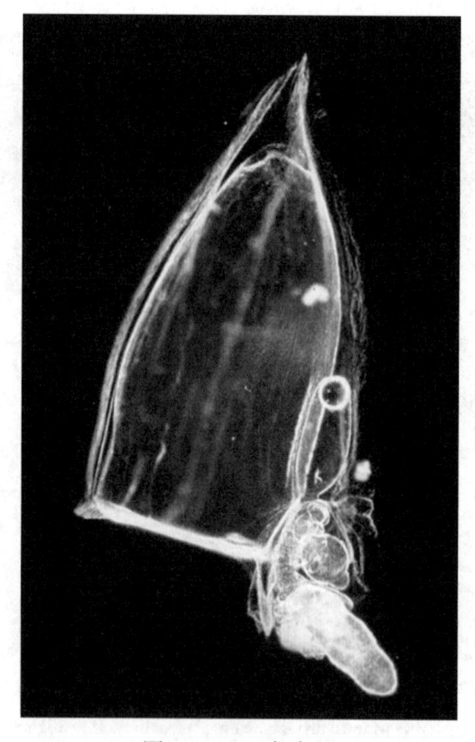

图 1-15　五角水母

资料来源：水生生物分类图片库

海洋生态灾害一旦发生就无法选择逃避。日趋严重的海洋生态灾害的威胁逐步渗透到人类社会的各个领域和各个层面（图 1-16）。灾害与人类关系密切还体现在人为因素引发的灾害越来越多，尤其是新生的灾害几乎都是由于人为因素引发的。人类生产生活活动产生大量的工业、生活污染物排入海洋，海水中化学物质失衡，进而引起海洋生物的过度增殖。

（2）灾害的种类越来越多。一方面，传统的赤潮灾害不仅继续存在，而且暴发的规模日益

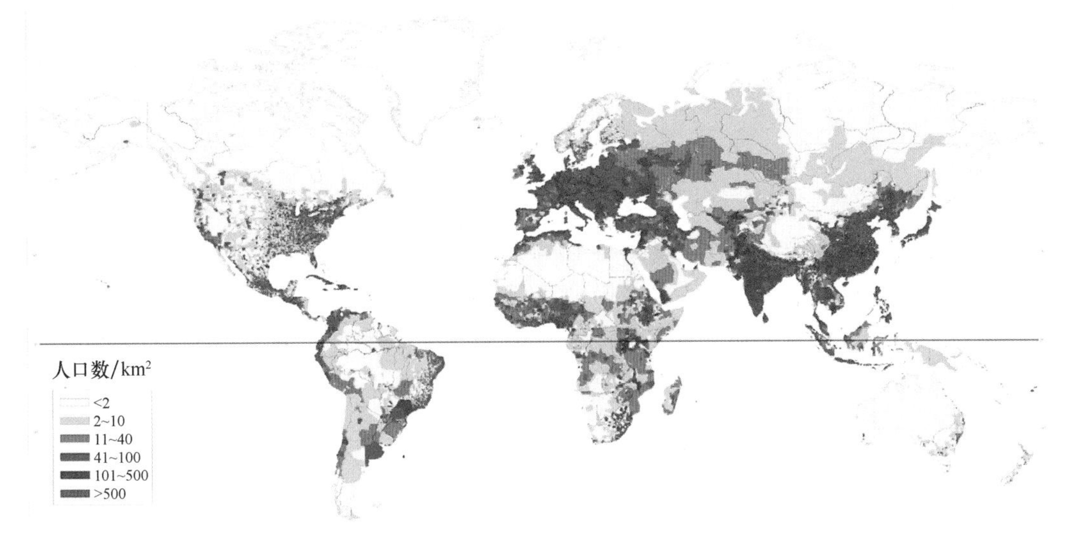

图 1-16 1994 年全球人口分布密度

资料来源：wiki

增大，影响的空间也大大拓展；另一方面，新生灾害绵绵不断地产生。同时，各灾种之间互相联系、互相影响，形成更加庞大和复杂的海洋生态灾害问题。

（3）灾害的发生越来越频繁。各种海洋生态灾害呈现出次数愈来愈多、间隔愈来愈短的趋势。如美国佛罗里达沿海从 1916—1948 的 32 年间，平均每隔 16 年才发生 1 次赤潮；但是 1952—1964 年间，几乎每年都有赤潮发生。日本濑户内海在 1975—1976 年间，平均每年都有 300 次以上的赤潮，且几乎都持续整个夏季。

（4）灾害危害区域越来越广（图 1-17）。随着人类活动的范围越来越大，由人类活动造成的灾害规模也越来越大。灾害危害的范围也越来越广。例如赤潮影响范围从数百平方千米，发展到可达数千甚至上万平方千米，持续时间可以长达 1 个月以上。

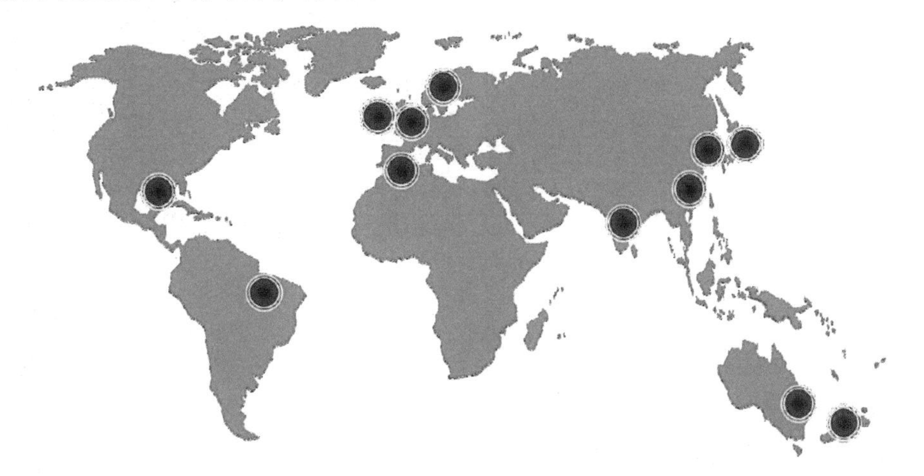

图 1-17 米氏凯伦藻的世界性区域分布

资料来源：夏薇，2016

（5）灾害损失越来越严重。越来越多、越来越频繁的海洋生态灾害从总体上增强了灾害破坏力。与此同时，随着沿海地区人口数量和财富日益密集，导致人类社会对海洋生态灾害的承受变得更加脆弱和敏感。例如屡屡发生的赤潮给水产养殖业造成了巨大的经济损失，在日本仅 1978 年一年因赤潮造成养殖业的经济损失就高达 1 158 亿日元。由于现代社会生活的复杂和系统化，往往一处受灾，影响多处，一场小灾，酿成大害。如赤潮会导致水质恶化、水生生物生理受阻、水生生物群落结构改变、水生生态系统结构和功能受损等一系列连锁式效应，从而影响水资源利用，水产养殖，水上运输以及旅游业，甚至直接对人体健康构成威胁。

（三）信息化时代

进入 21 世纪的信息化时代，尽管人们已经有了可持续发展的策略，减缓了掠夺海洋资源的步伐；有了先进的科技实时监测海洋，以预防海洋带来的灾害；有了较完善的社会保障体系，及时进行抢险救援。但是，各种海洋灾害仍是人们难以逃避的问题。尤其是直接接收陆源污染的近海和海岸生态系统更是面临一系列海洋生态问题，原有灾害赤潮、白潮等持续造成威胁，此时又暴发了绿潮、褐潮、金潮等新型灾害。

1. 原有灾害

21 世纪主要的海洋生态灾害还是赤潮（图 1-18）。赤潮延续工业化时代的增长趋势，无论是暴发次数还是影响规模都在持续增大。2008 年之后，我国近海发生了较多的夜光藻和球形棕囊藻（*Phaeocystis globosa*）赤潮，此外还有薄壁几内亚藻（*Gainardia flaccida*）赤潮现象。2011 年 4 月钦州湾发生的夜光藻赤潮导致了大量死鱼现象。2012 年福建沿岸海域共发现 10 次米氏凯伦藻为优势种的赤潮，累计面积 323 km^2，造成经济损失 20.11 亿元。米氏凯伦藻（*Karenia mikimotoi*）为有毒有害赤潮藻种，其引发的赤潮常伴生有东海原甲藻（*Prorocentrum donghaiense*），赤潮海域呈褐色（图 1-19 和图 1-20）。2014 年和 2015 年广西近岸海域发生的球形棕囊藻赤潮导致胶质囊大量聚集于近岸沙滩，影响了景观和旅游业。此时期由球形棕囊藻等新型生物种引发赤潮的规模和范围呈现出显著扩大的趋势（罗金福，2016）。

图 1-18　2015 年珠海赤潮

资料来源：http://www.china.com.cn/guoqing/2015-01/12/content_34534487_5.htm

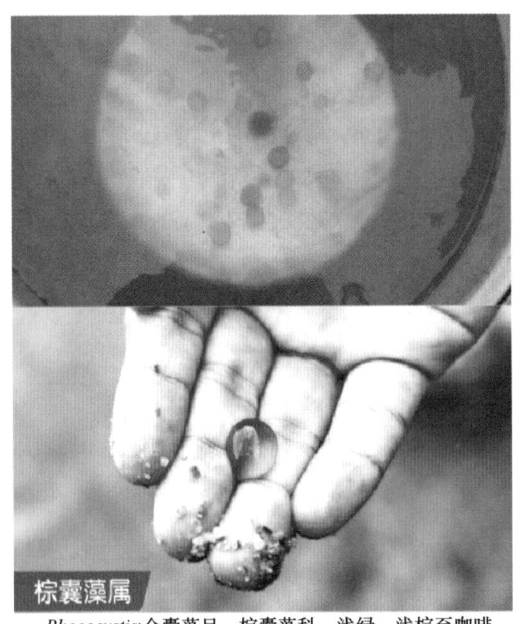

Phoeocystis:金囊藻目、棕囊藻科。浅绿、浅棕至咖啡色。群体胶质囊为球形或卵圆形，细胞均匀分布在胶质囊表面，单细胞呈球形或近球形，前端略凹入，直径2.5~7.0mm,具两条几乎等长为体长1.5~2倍的鞭毛，2~3个圆盘状或片状黄褐色色素体。赤潮种类。

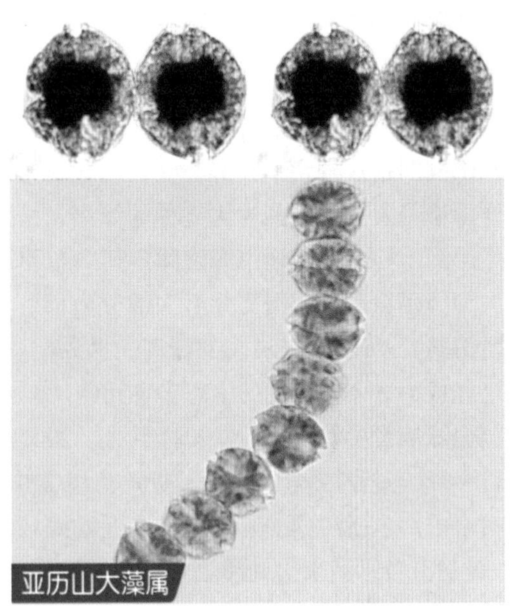

Alexandrium:横裂亚纲、多甲藻目。细胞近球形，横沟深，位于细胞中央，始末两端移位与横沟宽相等。纵沟深，位于下壳。细胞内发光。能够产生麻痹性贝毒，危害人类健康。赤潮种类。

图 1-19　球形棕囊藻赤潮导致胶质囊和亚历山大藻形成的藻链

资料来源：王维，2018

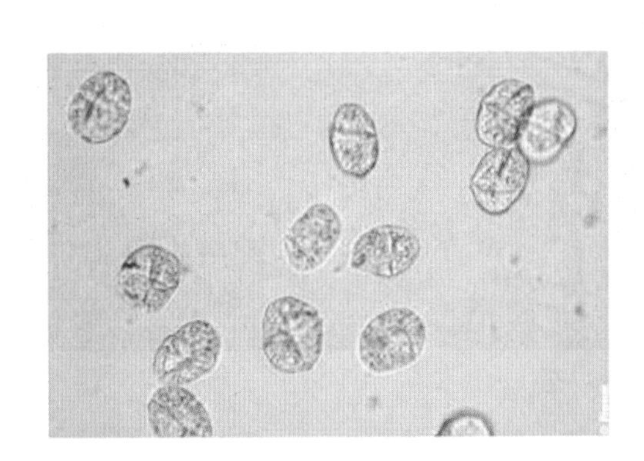

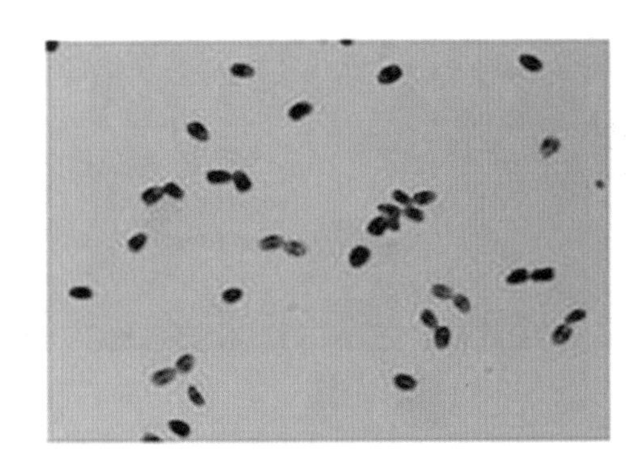

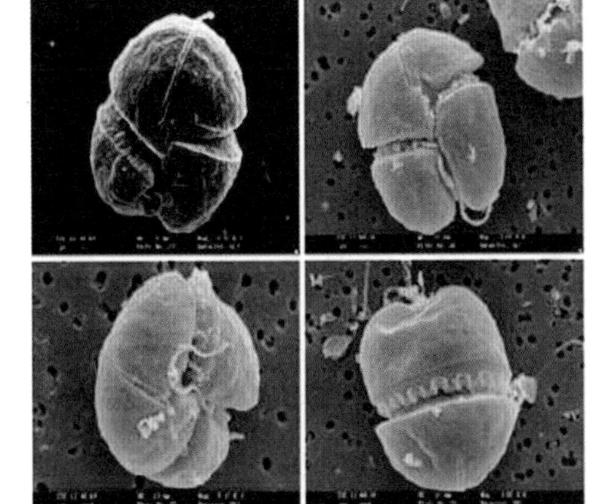

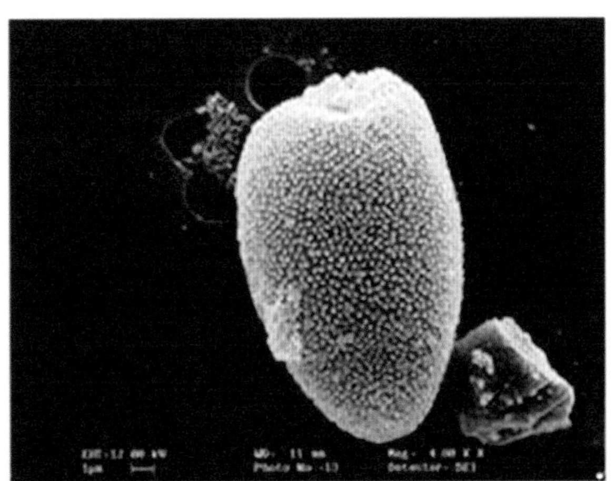

图 1-20　米氏凯伦藻（左）和东海原甲藻（右）的光学显微镜和扫描电镜照片

资料来源：吕颂辉，2004

2. 新型灾害类型

最早的绿潮发现在1950年的美国纽约长岛南岸海湾。1970年前后，日本许多富营养化水平较高的沿海地区暴发了由石莼属（*Ulva*）种类引发的绿潮。1984年和1985年夏末秋初，在美国缅因东部潮间带观察到了肠浒苔（*Ulva intestinalis*）绿潮。在1985年、1987年和1989年，法国大西洋海岸暴发了以石莼为优势种的绿潮，法国许多沿海地区持续受到绿潮的影响，如布列塔尼沿岸、阿卡松盆地、地中海礁湖，其中布列塔尼海区每年5—7月都有绿潮暴发。1989—1992年，大型绿藻覆盖了德国瓦登海大部分海面。在加拿大的芬迪湾、哈利法斯港以及波罗的海都曾发生浒苔（*Ulva prolifera*）的绿潮。世界范围内已有37个国家、114个地区受到绿潮的影响，绿潮已经成为一个世界性的生态灾害问题。

国内绿潮发生较晚，但是规模巨大。2007年在黄海中、北部局部海域首次暴发了较大范围的浒苔绿潮，过程持续了45 d，期间动用200艘船只共打捞了近7 000 t浒苔。而在2008年5月，黄海中部包括江苏如东、连云港近海海域浒苔绿潮前所未有的大范围暴发，面积达16 800 km^2，此次浒苔绿潮聚集规模之大，持续时间之长，其覆盖面积与密度之大在世界上尚不多见。当地政府前后投入数十万人，动用数千艘船只和车辆，共打捞浒苔超过 100×10^4 t。2013—2017年间，国内黄海海域浒苔绿潮持续发生（图1-21和图1-22）。

图1-21　2016年黄海浒苔绿潮

资料来源：于仁成

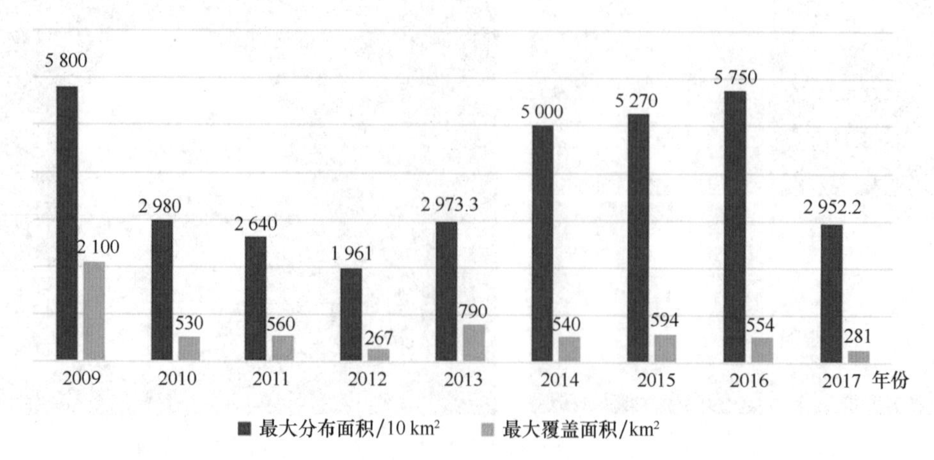

图1-22　2009—2017年我国黄海沿岸海域浒苔绿潮发生情况

资料来源：国家海洋局，2009—2017年中国海洋灾害公报

褐潮首次暴发是在 1985 年的美国，致灾种为抑食金球藻（*Aureococcus anophagefferens*），并在之后的 20 年一直沿着美国东海岸从北向南逐渐拓展。1997 年夏季，褐潮在南非萨尔达尼亚湾出现，给当地的水产养殖造成了严重的损失。继美国和南非之后，褐潮灾害开始在我国近海出现，使中国成为继美国和南非之后世界上第三个受褐潮影响的国家。自 2009 年起，褐潮连续在国内渤海秦皇岛海域暴发，在山东桑沟湾也时有发生。目前报道的褐潮主要是由属于海金藻纲（Pelagophyceae）的抑食金球藻和 *Aureoumbra lagunensis* 引起的（表 1-2）。

表 1-2 重要褐潮事件

发生年份	发生地点	褐潮种名
1985	美国罗德岛的纳拉干塞特湾，大南湾	*Aureococcus anophageffens*
1985、1995、1997、1999	美国新泽西州的巴尼加特湾	*Aureococcus anophageffens*
1985—1995	美国的长岛湾	*Aureococcus anophageffens*
1990—1997	美国德克萨斯州的马德雷湖，巴芬湾	*Aureoumbra lagunensis*
1997—1999、2001、2003、2005	南非的萨尔达尼亚湾	*Aureococcus anophageffens*
1998	美国马里兰州的海湾	*Aureococcus anophageffens*
2002	美国特拉华州的海湾	*Aureococcus anophageffens*
2009—2012	中国河北秦皇岛沿岸海域	*Aureococcus anophageffens*
2012	中国山东荣成桑沟湾海域	*Aureococcus anophageffens*
2013	唐山市乐亭至辽宁绥中沿岸	*Aureococcus anophageffens*
2014	秦皇岛近岸海域	*Aureococcus anophageffens*
2015	辽宁绥中至滦河口	*Aureococcus anophageffens*

金潮的主要致灾种为马尾藻属（*Sargassum*）大型海藻，其广泛分布于暖水和温水海域，因其在海水中呈黄褐色，有人将其描述为“大西洋金色漂浮雨林”，在成灾后被称为“金潮”（Roe et al.，2015）。金潮是近几年才开始出现并受到高度关注的一种生态灾害。马尾藻是一类侵略性较强的大型海藻，较易入侵新的海区并迅速蔓延。如人们最初观察到马尾藻仅仅分布在墨西哥湾和百慕大群岛之间的海滩上，随之从 2011 年开始在整个大西洋中大范围地快速蔓延扩张（图 1-23）。金潮首次被详细报道是 2014 年 3—4 月发生在巴西亚马孙河沿岸阿塔拉亚海滩的两次金潮事件，大量马尾藻冲积到海滩上。紧接着在 6 月法属圭亚那又暴发了金潮，使当地的渔业活动瘫痪（Filho et al.，2015）。2007 年我国海洋环境监测中心在跟踪赤潮过程中，通过卫星遥感在长江口邻近海域监测到漂浮马尾藻。自 2008 年黄海海域暴发浒苔绿潮以来，浒苔中一直夹杂着漂浮马尾藻，且所占比例呈逐年上升趋势。2013 年，在青岛局部海域，马尾藻所占比例高达 20%，呈现出绿潮金潮并发的现象（陈军，2016）。2014 年以来，现场实地监测发现，山东荣成海域、大连星海湾浴场和大李家金石滩海域每年均出现大量的漂浮马尾藻。遥感监测显示，2015 年以来漂浮马尾藻发现频率和分布面积呈显著上升态势，浙江、福建、江苏、辽宁、广东等地沿海均成为漂浮马尾藻高频率出现和大规模分布的海域。2016—2017 年，国内黄海南部海域发生由漂浮马尾藻引起的金潮灾害，致使江苏省 9 184.59 hm^2 紫菜养殖区受灾，紫菜大量减产甚至绝收，直接经济损失达 44 790.86 万元。金潮成为继赤潮、绿潮之后，威胁我国沿海的又一灾害类型。

进入 21 世纪，大部分原有灾害得到了一定的控制，逐步度过了高发期，但更多的新生灾害随之暴发，并且以更难以预测的暴发频率和规模威胁着沿海地区，也为监测和防治带来更大的难度，此时期的生态灾害特征如下（图 1-24）。

图 1-23　巴巴多斯东海岸金潮

资料来源：H. Oxenford

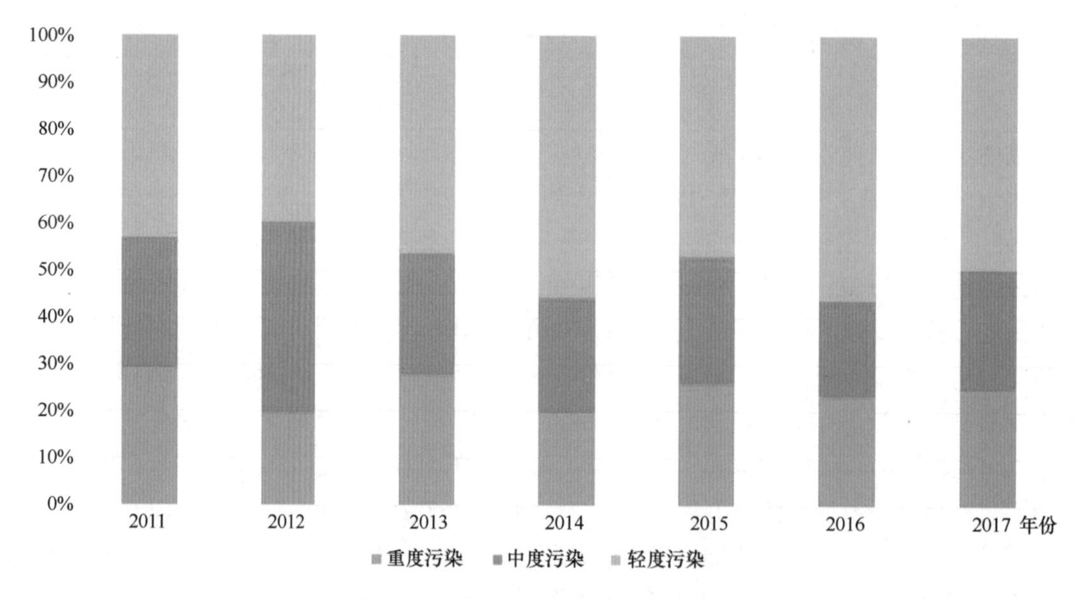

图 1-24　我国沿海海水富营养化情况

资料来源：国家海洋局，2011—2017 年中国海洋环境质量公报

（1）传统灾害恶化趋势减缓。进入 21 世纪，国内海水富营养化状况得到改善，对赤潮等传统海洋生态灾害的防范起到了积极的作用。此时，虽然赤潮发生的频率和面积仍呈现出上升趋势，但明显减缓。渤海在 2004 年发生的两次大面积赤潮累计面积就达到 5 050 km^2，且均为有毒藻类（球形棕囊藻与米氏凯伦藻），这是首次在渤海海域发生大面积的有毒赤潮，给沿岸水产养殖业造成了重大经济损失。据统计，2006—2017 年间，赤潮的年均发生次数和影响面积仍高于 20 世纪 90 年代，但已经开始呈现减缓的趋势。

（2）致灾生物有害化。我国近海藻华致灾种呈现出“有害化”的演变趋势。由于甲藻等鞭毛藻类能够产生高活性的毒性物质，对海洋生物甚至人类健康具有毒性效应，因此，随着甲藻等鞭毛藻类形成的赤潮不断增多，对海水养殖业发展的威胁也在不断增加。目前，在全球近海检测和记录到的有毒藻种越来越多，在许多海域检测到了麻痹性贝毒（PSP），失忆性贝毒（ASP），下痢性贝毒（DSP），神经性贝毒（NSP），西加鱼毒（CFP）（图 1-25）。等藻毒素。养殖贝类沾染藻毒素的事件屡见不鲜，因食用染毒贝类导致的中毒事件也时有发生。2008 年，江苏连云港报道了一起因食用沾染麻痹性贝毒毒素的蛤蜊引起的中毒事件，有 7 人中毒、1 人死亡。2011 年 5 月，在浙江宁波和福建宁德地区超过 200 人因食用贻贝中毒，事后在贻贝中检测到了高含量的大田软海绵酸和鳍藻毒素，样品毒性超出腹泻性贝毒食品安全标准 40 多倍。2016 年 4 月底，在秦皇岛地区发生了一起因食用贻贝导致的中毒事件，导致多人中毒，检测结果表明贻贝中麻痹性贝毒毒素含量远超贝类食用安全标准。赤潮致灾种的“有害化”不仅会威胁人类健康，还会危及海洋生态安全（图 1-26）。1970 年，只有相对较少的国家和地区受到有毒赤潮的影响，如今，世界各地的沿海地区都经历着前所未有的有毒赤潮灾害，而现很多地区布置受到一种有毒赤潮的危害。

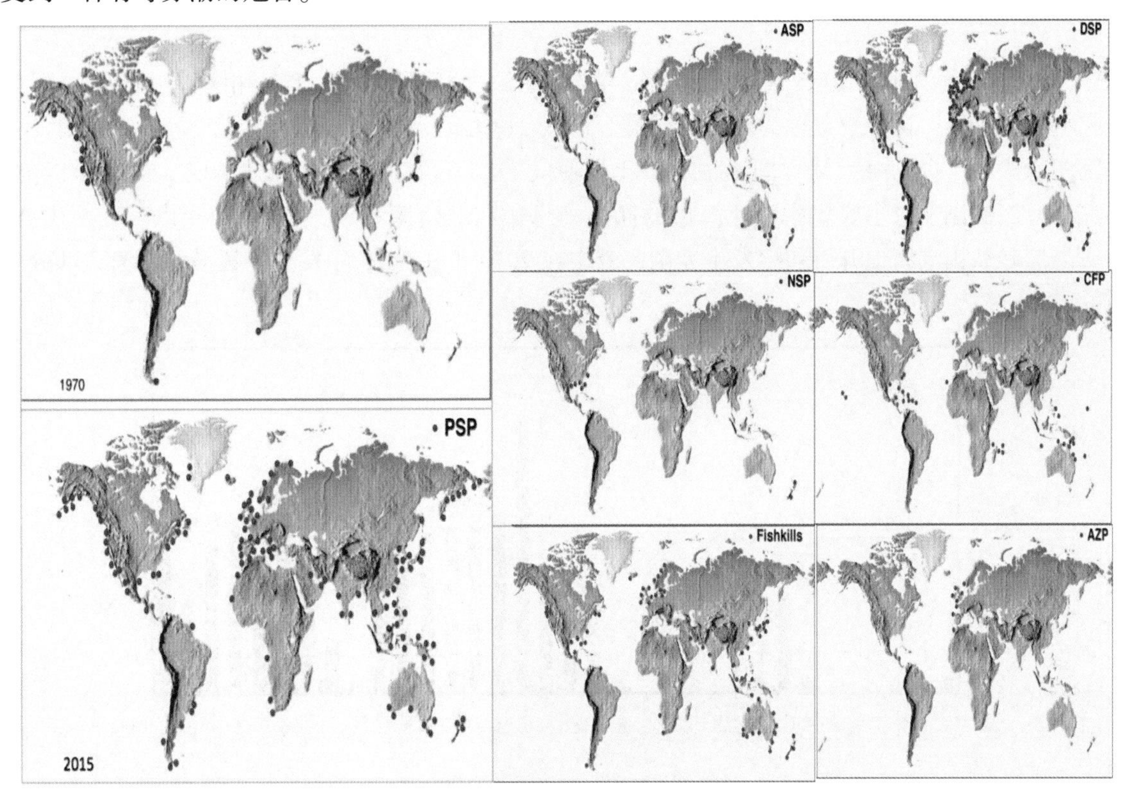

图 1-25 全球有毒赤潮分布

ASP 为失忆性贝毒；DSP 为下痢性贝毒；PSP 为麻痺性贝毒；NSP 为神经性贝毒；CFP 为西加鱼毒

资料来源：http：//www. whoi. edu/redtide/page. do? pid=14899

（3）海洋生态灾害多样化。新的致灾生物出现促使致灾生物种数不断增加。在近海海域不仅有微藻形成的赤潮和褐潮，还出现了由大型藻类形成的绿潮和金潮（图 1-26）。对微藻而言，我国近海常见的致灾种涵盖了硅藻类、甲藻类、蓝藻类、隐藻类、定鞭藻类、针胞藻类和海金藻类等多个微藻类群。对长江口邻近海域有害赤潮的研究表明，2000 年后该海域的赤潮原因种出现了明显变化，除硅藻类的骨条藻（*Skeletonema* spp.）之外，由东海原甲藻、米氏凯伦藻和亚历山大藻（*Alexandrium* spp.）等甲藻也是赤潮诱发的原因种。在渤海和南海海域，一些以往没有记录到的藻种，如抑食金球藻和球形棕囊藻等也多次形成有害褐潮和赤潮（于仁成，2016）。

图 1-26　马尾藻金潮暴发

资料来源：中国海洋报，2017

（4）灾害群发现象日趋严重。自然灾害常常在某一时间段或某一地区相对集中出现，形成众灾丛生的局面，这种现象称为灾害群发性。进入 21 世纪后灾害群发性日趋严重，在赤潮发生海区尤为集中，以渤海为例（图 1-27），赤潮使灾害以不可逆的趋势持续出现。2008 年以前，北部湾海域赤潮发生主要集中在北海市的涠洲岛海域和廉州湾海域，自 2008 年以后，钦州湾、防城港湾和铁山港湾也开始陆续发生赤潮，其中在 2010 年和 2015 年发生了覆盖北部湾大部分海域的赤潮。

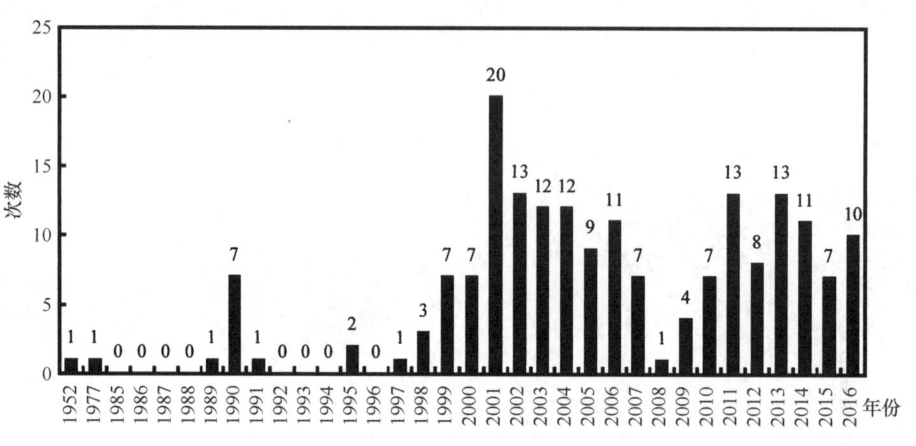

图 1-27　渤海赤潮发生的次数年度变化（1952—2016）

资料来源：宋南奇，2018

二、海洋生态灾害研究历程

早在古代社会，人类在饱受灾害之苦的同时也开始了对早期灾害的简单记录和描述。这些对于灾害发生和危害情况的连续而丰富的记载，虽然称不上研究，但却为之后灾害研究提供了宝贵的历史资料。直到 19 世纪中期，随着显微镜技术的快速发展，人们才得以观察引发海水变色的生物的真面目，海洋生态灾害的研究从此展开。

（一）海洋生态灾害的国际研究历程

早在 1831—1836 年，C. R. 达尔文在“贝格尔”号航行日记中，就相当详细地记录了发生在巴西、智利海面上的由微小蓝藻（束毛藻）引起的赤潮现象（图1-28）。之后，一些科学家也开始着手进行赤潮现象的研究，如：1844年，S. T. 沃克的关于墨西哥湾鱼类窒息死亡事件的研究；1855年，W. 韦布关于赤潮生物的研究和H. J. 卡特关于孟买岛沿岸区域赤潮现象的研究；1891年，日本的野元、丸川关于英虞湾赤潮的研究等。这些都是关于海洋生态灾害研究的最早案例。

图1-28 布鲁克岛海域处漂浮的束毛藻赤潮

资料来源：https：//www.ryanmoodyfishing.com/trichodesmium-blooms-are-often-confused-with-coral-spawn/

库克船长日志（1770年）

许多地方的海面都覆盖着一种棕色的浮渣，水手们大多以为是某种卵。当我们第一次看到它时，还以为我们处在了浅滩之中，但是海水深度和其他地方是一样的。尽管班克斯先生和索兰德博士有足够的时间去检查，都没有查清那是什么。

20世纪以来，有关赤潮现象的研究、报道日渐增多，仅以日本为例，先是西川藤吉（1900，1901）报道了1899—1900年发生在静冈县沿岸的夜光藻赤潮和发生在三重县乌羽港、英虞湾的两次膝沟藻（*Gonyaulax polygramma*）赤潮，并记述了鱼贝类的憋死现象。之后，三重县水产试验场又先后报道了该县1904—1905年发生的5次赤潮和当地珍珠贝、乌贼、底栖鱼类等的受害状况。据迁田（1966）的统计，日本自1907—1957年的50年间，共发表了有关赤潮的研究论文和报告达123篇。

在20世纪30年代以前，大多数的文章仍然停留在对赤潮现象的描述性阶段，如记录发生赤潮的有关生物种、赤潮的迁移、赤潮所产生的危害等。从40年代开始人们已经注重从赤潮的发生直至消失全过程的连续调查研究。从1940年起，一些国家先后开始进行赤潮发生机制如赤潮原因种鞭毛藻类的营养要求的研究。1948年，在美国萨拉索塔建立了第一个赤潮实验室。完成了短裸甲藻（*Gymnodinium breve*）所产生的毒素致死鱼类的实验研究，以及其毒素理化学性质分析、培养、现场快速计数、预报、杀灭等实验和研究。作为深受赤潮之害的国家，日本的相关研究工作一直比较活跃。1958年研究人员开始研究水体缺氧与赤潮形成的关系。1965年研究人员提出猜测，赤潮生物的大量繁殖需要螯合铁或有机铁作为条件。1961年，能导致神经毒性的麻痹性贝毒（PSP）首次在大船渡湾的扇贝体内发现，研究人员鉴定出其毒素来源为链状亚历山大藻（*Alexandrium catenella*）。1966—1971 年期间连续开展了两期“赤潮发生要因”的研究。20 世纪 70 年代以来，日本的赤潮研究工作得到进一步发展，有许多研究机构相继成立，政府也投入了大量资金用于开展赤潮发生机制、富营养化对策、赤潮预测预报、赤潮防治技术等课题的研究，并取得许多有价值的成果。

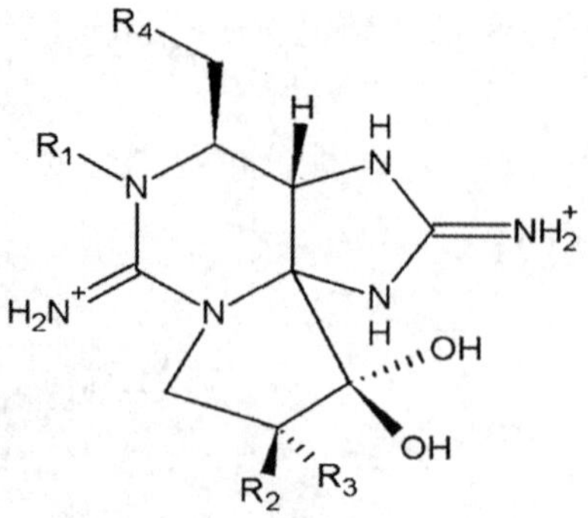

图 1-29　麻痹性贝类毒素的结构

资料来源：张文，2009

随着电子显微镜技术的应用，大多数赤潮生物的分类地位已被初步澄清，少数有争议的种、属也被提示出来。同时，许多赤潮生物毒素的化学结构和物理性质已被初步探明。1974 年，第一届有毒甲藻国际会议在美国波士顿召开，自此每隔 3~4 年召开一次，并在 1999 年改名为赤潮藻国际会议（ICHA）（表 1-3）。

表 1-3　ICHA 会议历程

年份	地点	年份	地点
1974	美国波士顿	2002	美国佛罗里达
1978	美国佛罗里达	2004	南非开普敦
1985	加拿大圣安德鲁斯	2006	丹麦哥本哈根
1989	瑞典伦德	2008	中国香港
1991	美国罗得岛州	2010	希腊赫索尼索斯
1993	法国南特	2012	韩国昌原
1996	日本仙台	2014	新西兰
1997	西班牙维戈	2016	巴西圣卡塔琳娜州
1999	澳大利亚塔斯马尼亚	2018	法国南特

1984 年，应政府间海洋学委员会（IOC）的要求，成立了“有害藻华有关的毒性和缺氧现象”研究小组。1985 年，来自 13 个国家的科研人员组成了“赤潮分类研究和技术研讨会”，为亚洲海洋科学家提供了可靠的分类学鉴定方法，以及甲藻的取样和培养方法。1986 年，东南亚渔业发展中心（SEFDEC）和国际发展研究中心（IDRC）组织了“东南亚有毒赤潮和贝毒”会议，主要针对麻痹性贝毒的巴哈马梨甲藻进行了研讨。1987 年 11 月，来自 27 个国家的大约 300 名科学家在日本高松赤潮国际研讨会上展示了各自的研究结果。

除了赤潮，其他类型的海洋生态灾害研究也在此时期陆续展开。与较成熟的赤潮灾害相比，对其他海洋生态灾害的研究大都处于基础生物生态学特征和暴发原因的探究等方面。例如，对新兴的金潮灾害，国外学者在其致灾种马尾藻的种群生长和繁殖的时空变化、影响因素以及生活史特征等方面开展了研究，提出了金潮暴发的内在因素是，马尾藻生活史性状的变化能够使其占据更广泛的地理尺度，提高其在异质性环境中的生存适合度。为应对褐潮问题，褐潮综合评估和管理计划（The Brown Tide Comprehensive Assessment and Management Program；BTCAMP）研究于1988年启动。该计划的目的不仅是研究褐潮的成因和影响，还包括当地海湾的水质状况与变化，为监测和预防褐潮提供基础。1995年10月在美国纽约召开了褐潮峰会（Brown Tide Summit），建议将生物、化学和物理海洋等专业知识应用于褐潮的研究。作为会议结果之一，褐潮研究计划（The Brown Tide Research Initiative；BRIT）小组成立。美国海洋与大气管理局（NOAA）海岸海洋计划（COP）和纽约海洋基金合作相继开展了两个褐潮研究计划（1996—1999；1999—2001），主要探究了褐潮的起因以及过程，并建立了褐潮监测的网络体系。2001年启动的河口综合保护与管理规划（CCMP）中褐潮的研究管理作为优先课题，更深入地探讨了褐潮的成因以及评估管理程序，以期控制和减少未来褐潮的暴发。

2004年2月，中、日、韩三国为了应对水母暴发，联合成立了国际水母合作小组，开展大型水母分布特征的调查研究、仿生学研究、基因组研究、生理生态学研究及大型水母监测和消除技术研究。Matsushita等在渔业生产时应用了排除水母的装置来减少水母干扰带来的损失。PICES（北太平洋海洋科学组织）第18届年会专辟分会交流总结了大型水母的光学探测技术方法。同时，日本、韩国等国家的相关人员均对大型水母的声学探测方法进行了系统研究。

自2008年以来，国内外藻类学家、生态学家以及物理海洋学家等围绕绿潮开展了一系列研究。研究内容主要包括：绿潮的起源与发生发展过程、绿潮藻的种类组成及主要原因种的生理生态学特征、绿潮的漂移路径与年际变化以及环境因子对绿潮发生的驱动机制等。通过这些研究，取得了一批重要成果，为进一步开展绿潮的起源与发生机制研究奠定了基础。

进入21世纪，国际科学联合会（1CSU）和国际生物科学联合会（1CBS）的有关组织，如环境问题科学委员会（SCOPE）、国际地圈与生物圈计划科学委员会（SC-IGBP）、海洋研究科学委员会（SCOR）、政府间海洋委员会（IOC）以及国际生物海洋学协会（IABO）等都制订和实施了一系列与海洋生态学有关的国际性研究计划。例如，全球海洋通量联合研究（JGOFS）、沿岸带陆-海相互作用研究（LOICZ）、全球海洋生态系统动态研究（GLOBEC）、与生物资源有关的海洋科学研究（OSLP）、全球海洋真光层研究（GOEZS）、全球海洋观测研究（GOOS）、大海洋生态系（LME）研究等，这些研究计划都包含了海洋生态灾害的研究内容。在这种大的科学背景之下，海洋生态灾害研究具有了新的生命力。

由联合国政府间海洋学委员会（IOC）和国际海洋研究科学委员会（SCOR）于1998年10月共同启动的“全球有害藻华生态学与海洋学研究（Global Ecology and Oceanography of Harmful Algal Blooms，GEO-HAB）”计划，通过对赤潮发生的生态学和海洋学机制研究，提高对赤潮的预见和防治能力，减轻赤潮带来的灾害效应。GEO-HAB确定了生物多样性和生物地理分布，赤潮与富营养化，赤潮生态学过程，赤潮藻适应策略，赤潮的观测、建模和预测5项研究内容，通过对有害赤潮生态学和海洋学机制的认识，提升了对有害赤潮发生发展的预测能力（图1-30）。GEO-HAB计划的启动和实施对于开展赤潮的生态学与海洋学研究起到了积极的引领作用。

（二）海洋生态灾害的国内研究历程

国内海洋生态灾害的研究大致经历了起始（20世纪以前）和发展（21世纪）两个时期。

1. 研究的起始阶段（20世纪以前）

我国作为第三世界国家，频繁遭到外来的侵略和国内的战乱，致使国内海洋生态灾害的研究工作开展较迟，直至1952年，费鸿年才比较详细地报道了发生在黄河口海区的一次夜光藻赤潮事件及其所造成的危害。在20世纪60年代，也只有周贞英（1962）报道了在福建平潭岛附

图 1-30　GEO-HAB 的 5 个核心研究项目

资料来源：Raphael M Kudela，et al.

近海域发现的两次“东洋水”束毛藻赤潮。70 年代开始，我国的赤潮问题才逐渐引起一些学者的高度关注，尤其我国著名的浮游生物学家郑重教授（1978）发表了《赤潮生物研究——海洋浮游生物学的新动向》一文，对我国赤潮研究工作的开展起到了积极的推动作用。

70 年代以后，我国近海的赤潮等灾害性生态异常现象频繁暴发，引起了全社会的广泛的关注，人们对海洋生态灾害的研究也逐渐从现象、过程发展到对生态学、海洋学机制的探究。1977 年渤海湾海河口区域发生微小原甲藻（*Prorocentrum minimum*）赤潮，持续时间超过 50 d，对渔业生产造成了严重危害，为此有关部门相继组织开展了专题研究工作。1978 年，中国科学院海洋研究所组织实施了渤海湾富营养化和赤潮问题调查，许澄源等于 1979 年相继开展了“大连湾赤潮生物”的调查研究，自此国内近海海洋生态系统的赤潮研究开始起步。

据初步统计，在 20 世纪 80 年代的 10 年中，正式发表的有关赤潮的文章有 30 余篇，涉及赤潮生态学、生物地理学、毒理学和分类学等诸多方面的内容。此后，在渤海湾、南海、大连湾、象山港、长江口等海域也先后开展了赤潮研究工作。这一时期的研究重点在赤潮生物的分离、培养、分类和生理生态特征等方面。1989 年 8—10 月，渤海沿岸的大面积赤潮致使养虾业遭受空前破坏，经济损失逾 3 亿元，使得赤潮的基础研究受到高度重视。1990 年，“赤潮联合防治技术领导小组”成立，重点开展渤海湾的赤潮监视、监测、联防和调查研究（张水浸，1994）。重大项目“中国东南沿海赤潮发生机理研究”（1990—1994）和“中国沿海典型增养殖区有害赤潮发生动力学及防治机理研究”（1997—2000）的立项为国内近海赤潮研究提供了重要支持，这标志着我国赤潮研究进入了一个新的阶段。这一时期的研究重点仍然在赤潮的基础生物学研究方面，对于赤潮生物的分类学和生理生态学有了更加全面系统的认识。

此后对于赤潮的认识更加全面，研究思路也有所转变，研究的重点从能够导致海水变色的赤潮现象逐渐转向能够导致危害效应的赤潮现象。“有害赤潮”这一说法在研究论文中开始逐渐替代“赤潮”，其原因之一在于对有毒赤潮和藻毒素研究的重要性开始逐渐取得共识。1996 年，齐雨藻等首先对大亚湾分离培养的两株亚历山大藻产毒状况进行了分析。其后，高效液相色谱法逐渐应用于近海有毒藻类及养殖贝类中的毒素分析。这些研究工作对中国近海有毒藻和藻毒素的研究起到了积极的推动作用。20 世纪末和 21 世纪初，这一阶段开始更加关注对赤潮过程的研究。在胶州湾、大鹏湾等海域组织开展了多学科交叉的赤潮全过程跟踪研究和针对赤潮的数值模拟研究，通过这一时期的工作，形成了《中国沿海赤潮》等专著（图 1-31）（苏纪兰，2015）。

图 1-31 《中国沿海赤潮》封面

资料来源：齐雨藻等，2003

此时期，所有的海洋生态灾害研究都专注于赤潮，虽然白潮等海洋生态灾害已经偶有发生，也仅限于对其的定性描述，并未引起人们的重视。从 20 世纪 90 年代中期开始，由于水母灾害发生逐渐频繁，中国水产科学研究院开始了有目的地组织对水母灾害的观察和研究，开展了海域内理化、水文、气象、海况等因子与水母灾害相关性研究。1981 年丁耕芜等发表了《海蜇的生活史》一文，从而开始了国内水母生活史的研究（图 1-32）。

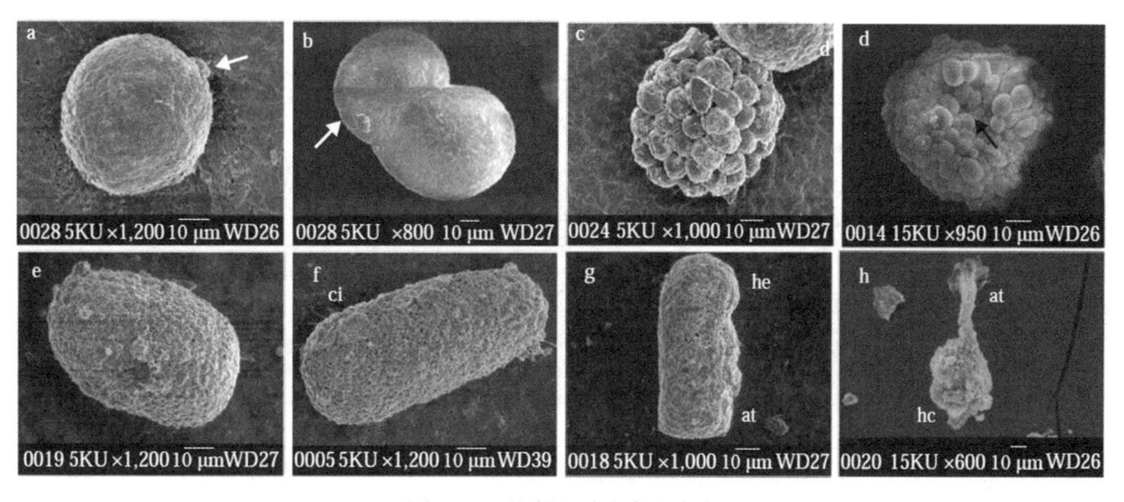

图 1-32 海蜇胚胎发育和变态

a. 受精卵；b. 2 细胞；c. 64 细胞；d. 原肠胚；e. 早期浮浪游虫；f. 后期浮浪游虫；g. 变态期；h. 杯状体

资料来源：刘春胜，2018

2. 研究的深化与发展（21 世纪）

进入 21 世纪，传统灾害和新兴灾害对海洋生态系统的威胁不断加剧，使得人们更为关注海洋灾害形成的生态学与海洋学机制，研究重点从生物学研究逐渐转向生态学与海洋学研究（苏纪兰，2015）。

这一时期一些新的生物化学与分子生物学技术开始逐渐应用于有害赤潮研究，例如荧光原位杂交检测方法、qPCR 方法、单细胞染色方法、蛋白质组学和代谢组学等方法。这些方法为进一步深入开展有害赤潮的生物学、生态学、海洋学研究提供了新的技术手段。针对赤潮灾害的演变及其生态安全问题，2010 年科技部立项支持了“973”项目“我国近海藻华灾害演变机制与生态安全”。该项目选择东海长江口南北海区作为重点研究海域，针对日趋严峻的藻华灾害问题，以富营养化驱动下藻华灾害演变的过程、机制及其生态安全效应为研究核心，深入开展了多学科交叉的综合性研究。

同时，浒苔绿潮等大型藻类和抑食金球藻等褐潮种也开始在我国近海形成灾害。面对如此复杂多样的问题，“有害赤潮”（多指微藻大量增殖或聚集后导致有害的海水变色现象）这一说法已不足以覆盖现有的海洋生态灾害类型，有害藻华（harmful algal blooms，HABs）的概念更多地被应用。海洋生态灾害通常一旦发生便以不可逆的趋势危害着海洋生态系统，因此研究其发生的起源对于控制灾害还是具有重要意义的。黄海浒苔绿潮发生发展过程的研究，最早就是通过遥感反演回溯的方法，查找其早期出现的海域，发现绿藻微观繁殖体以紫菜养殖筏架为附着和生长场所，在风和潮流作用下漂移形成绿潮。同时，数值模拟研究采用黄海南部流场和风场相结合的方法，模拟漂浮绿潮的漂移过程。之后，自 2009 年开始，浒苔绿潮发生发展过程的现场跟踪调查得以实施，验证了遥感反演和数值模拟结果（图 1-33）。

有害藻华（HABs）定义

是指会威胁人类健康，危害海洋生物和生态系统，或具有其他不良影响的海洋浮游生物繁殖或聚集的现象。一些有害赤潮会严重降低天然水域中的氧含量，使海洋生物死亡的生物。另一些有害赤潮则是通过分泌毒素杀死海洋生物。

图 1-33　无人机绿潮航拍工作

a. 飞行航拍中的无人机；b. 地面静止的无人机；c. 无人机航拍的海面漂浮绿潮；d. 利用遥控器对无人机进行操作

针对对渔业资源构成巨大威胁的白潮灾害问题，科技部组织实施的“973”项目“中国近海水母爆发的关键过程、机理及生态环境效应”于 2011 年启动。该项目围绕国内近海白潮暴发的主要因素、关键过程和驱动机理等关键科学问题，采用实验生物学、受控生态实验和野外现场调查相结合的研究方法，从水母生活史研究入手，系统研究了水母种群暴发、成灾机制及生态环境效应。

科技部于2004年启动的“973”项目“我国近海有害赤潮发生的生态学、海洋学机制及预测防治”作为区域与国家赤潮研究项目被列入GEO-HAB计划，并在国内组织召开了GEO-HAB计划下的富营养化与有害藻华开放科学大会以及有害藻类国际大会。在这种大的科学背景之下，海洋生态灾害研究具有了新的生命力。

展望未来，海洋生态灾害的研究应主要涉及以下层面：①加强对海洋生态灾害机理的研究，从而保障农业、工业、旅游业等健康合理发展，最终实现人与自然的和谐发展；②针对目前频发的海洋生态灾害，应进一步完善海洋生态灾害的预报预警及灾情监测、控制过程，从而实现有效的防灾减灾；③精细准确划分海洋生态灾害的类型，随着人类认知的加深，未来会拥有更细致、更精确的致灾生物分类及专有词汇描述，随之会出现新的或更加明确化的海洋生态类型。总之，及时了解国际研究的动态和趋势，迅速缩小我们与国外研究的差距，才能使国内的海洋生态灾害研究跟上时代发展的步伐，为人类社会的发展做出应有的贡献。

（三）海洋生态灾害学学科发展

作为海洋灾害学众多分支学科之一，海洋生态灾害学一直以来从未得到高度和广泛地关注。半个世纪以来，尽管围绕赤潮、绿潮、褐潮和白潮等海洋生态灾害的研究已经取得了丰硕的成果，但却始终没有整合成为一个完整的学科体系。究其原因，一是海洋生态灾害学作为综合性学科，是自然界与人类社会深度交叉作用的产物，单纯的自然科学和单纯的社会科学都无法提供充分的理论支撑。其研究的领域和应用的理论方法都具有较大的学科跨度，涉及多种研究对象以及多学科的理论方法，研究过程需要高度的全面性和综合性。所以在传统的相关学科体系没有得到完善和发展之前，海洋生态灾害学这种综合性学科难以发展起来。二是尽管海洋生态灾害学的部分分支领域已基本形成，但作为一个整体的科学体系，还基本处于收集资料和分门别类进行研究的阶段，整个体系尚不完善，有的分支刚刚起步，有的还是一个空白，亟需发掘与填补。

海洋的开发利用是海洋生态灾害学发展的主要动力。随着国内外对海洋的日益重视，特别是开发利用海洋成为沿海国家发展战略，海洋经济成为各个沿海国家经济发展的新增长点以来，海洋产业迅速崛起，海洋科学技术高速进步，使得国内海洋科学的各个学科体系迅速扩展并逐渐完善。应运而生了物理海洋学、海洋化学、海洋生物学、海洋法学等交叉学科，海洋资源学、海洋灾害学、海洋环境科学等综合性学科，以及海洋经济学、海洋管理学等新兴社会科学学科，形成了国内海洋科学学科的基本框架。这些学科的全面兴起，标志着海洋科学整体系统从简单性科学向复杂性科学的历史性演变，为我国海洋生态灾害学学科体系的形成、发展和成熟提供了科学基础和成功案例。

随着人类对海洋生态灾害研究的愈加深入，海洋生态灾害学的多学科性、交叉性、综合性的特点表现得更加明显。海洋生态灾害学的发生与发展，是人类文明的进程中所必须经历的，也是生态文明建设的主要内容之一，因此海洋生态灾害学的诞生是必然与必需的。但是，海洋生态灾害学作为一门新兴的学科，还需要更科学、更客观地发展才能成为一门更加成熟的学科。

第三节　海洋生态灾害学的研究内容

一、研究内容

海洋生态灾害学既是一门认知海洋生态灾害客观规律的基础科学，也是指导和服务人类应对海洋生态灾害实践的应用科学。根据海洋生态灾害发生发展的实际问题，同时结合人类应对海洋生态灾害的一般要求，海洋生态灾害学的研究内容主要包括以下几个方面。

（一）海洋生态灾害学的基本理论

要系统性地研究海洋生态灾害学，首先需要对海洋生态灾害的概念给予科学的定义，描述其实质内涵。因此，海洋生态灾害的研究，应建立海洋生态灾害分类体系以及海洋生态灾害系统结构，用以确立“海洋生态灾害学”的主要研究内容。海洋生态灾害是环境变异引起海洋生态改变所造成，并最终可作用于人类社会，因此在整个海洋生态灾害的发生及发展过程中，势必遵循一系列自然法则与科学原理。同时，由于海洋生态灾害诱发所需的环境要素极易受到人为干扰，反之海洋生态灾害又会对人类生产生活产生负面影响，因此海洋生态灾害研究还应包含相应的社会和经济内容。在此基础上，建立完整的海洋生态灾害学理论体系。

（二）海洋生态灾害的发生、发展与演变机制

在海洋生态灾害的发生、发展及演变过程中，往往受到自然因素和人为因素的干扰和调节。由于海洋生态灾害多是由于海洋生物对环境变化的适应性差异所引起，因此阐明引发海洋生态灾害的致灾生物的生物学及生态学适应性机制，明确致灾生物对环境因子变化的响应特征，科学阐述海洋生态灾害演变过程的影响因素及机制，能够为海洋生态灾害的预测和防治措施及相关法律法规的制定提供理论依据。

（三）海洋生态灾害的监测

一旦海洋生态灾害暴发，如何及时获得准确的灾害发生动态信息对于防灾、减灾至关重要。因此，海洋生态灾害监测是海洋生态灾害学研究的重要实践内容。如何利用现代科学技术、对已发生的海洋生态灾害进行实时监测；针对不同的海洋生态灾害，如何选择合理有效的灾害监测手段，都是海洋生态灾害学中具有重要实践意义的研究内容。

（四）海洋生态灾害预报和预警

对海洋生态灾害开展及时的预测预报及预警，可以有效降低灾害对人类社会产生的负面影响。海洋生态灾害的发生通常是由于海洋环境首先受到人为因素的干扰后而依次引起的，即人为干扰下为海洋生态灾害的暴发提供了适宜的孕灾环境。同时，引发海洋生态灾害的致灾生物对环境特殊的适应性，是海洋生态灾害暴发的内因，因此，海洋生态灾害的发生具有规律性，也意味着其具备可预测性及潜在的可控性。基于生物学分析、环境化学分析以及海洋物理分析，通过对海洋生态灾害发生、发展及演变机制的深入研究，以及对海洋生态灾害系统相关理论的全面理解，建立适宜的海洋生态灾害预报预警的指导原则、理论基础及技术体系，或根据海洋生态灾害的发展历史，在统筹分析的基础上，建立适宜的海洋生态灾害风险识别的理论和技术体，都是海洋生态灾害学研究的重要实践内容。

（五）海洋生态灾害管理与应急处置

由于绝大多数灾害具有突发性，因此，一旦灾害突然发生，及时采取正确的应急处置措施

能够大大降低灾害的危害。同时，在灾害发展与演变过程中，科学合理的管理及调度，也能够在极大程度上降低灾害的损失。因此，基于海洋生态灾害发生及发展过程中的基本特征，结合管理学、社会学和法学等社会学科基础知识的指导，提出海洋生态灾害管理的指导原则，建立海洋生态灾害管理及应急处置框架，制定海洋生态灾害管理及应急处置预案，健全完善灾害管理相关法律法规，是海洋生态灾害学研究的重要组成。

（六）海洋生态灾害调查评估

灾害调查评估由预评估、跟踪评估、灾后评估及回顾性评估等组成。一套完整适宜的灾害评估系统，能够准确地阐明灾害造成的自然及人文社会损失，这对灾后重建以及受灾群众损失补偿等都有重大的指导意义，是海洋生态灾害学重要的社会学属性。因此，建立准确的海洋生态灾害评估体系，具有十分重要的意义。

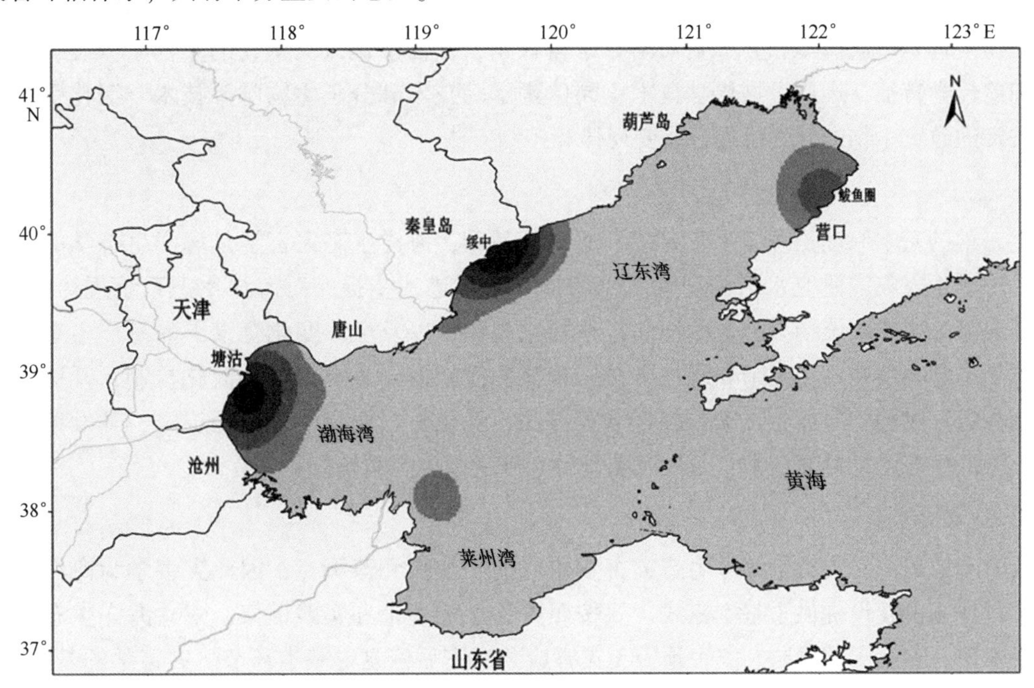

图 1-34 渤海赤潮发生的频率分布（1952—2016 年）

资料来源：宋南奇，2016

（七）海洋生态灾害防治修复与无害化利用

海洋生态灾害暴发的主要原因之一就是人类对海洋环境的过度干扰和破坏，因此只有从源头治理和防范导致海洋生态灾害发生的环境变化，才是解决灾害问题的根本手段。因此，要深入研究和开发海洋环境治理技术，维持海洋生态平衡和稳定的状态。同时，对于已经遭受海洋生态灾害破坏的海洋生态系统，也要研究和开发相应的修复技术，逐步改善海洋生态受损状况。此外，某些海洋生态灾害暴发形成的致灾生物量，可以具有一定的资源利用价值。因此，环境治理技术、生态修复技术以及引发海洋生态灾害的致灾生物的无害化利用技术，也都是海洋生态灾害学重要的研究内容。

二、相关学科

海洋生态灾害学是一门综合性学科，具备理学、工学及社会学属性，针对不同的研究内容，需要应用和借鉴相关学科的研究方法和手段，主要包括以下相关学科。

（一）海洋学

海洋生态灾害发生于海洋这一地球上的最大地理单元，其过程离不开海洋背景场。为了深入认识海洋生态灾害，一方面必须综合海洋学的基础理论与方法，包括海洋化学、物理海洋学、生物海洋学、海洋气象学以及海洋地质学等学科；另一方面需要深化海洋动力过程研究，分析全球和区域海洋多尺度复杂的动力过程与岩石圈、水圈、生物圈和大气圈等各圈层之间的相互作用，研究海洋气候变化对生态系统的影响，强化近海-陆地生物地球化学过程研究，深入掌握海洋生态灾害的时空变化过程与机理，并运用物理海洋及海洋气象学模型开展科学预测。

（二）生物学

海洋生态灾害的核心是致灾生物，其暴发直接形成灾害。因此，研究海洋生态灾害的基本前提就是掌握致灾生物的生物学特征与规律。综合运用生物化学、植物学、动物学、植物生理学、动物生理学、遗传学和分子生物学等学科知识，全面掌握致灾生物的生物学分类，生理学特征和遗传学特征，运用生物化学技术、同位素示踪技术和分子生物学等技术，深化引发海洋生态灾害的致灾生物的暴发机理，演变规律和控制方法。

（三）生态学

生态学的基本原理是海洋生态灾害学的理论基础，海洋生态灾害学是海洋生态学的扩展应用。对海洋生态灾害研究水平和理解水平的提高需要进一步提升对海洋生态系统规律的认识，重点开展海洋生态系统物质能量循环和迁移转化规律，以及全球变化背景下的海洋生态响应过程。从生态学角度并运用复杂非线性方法，推演和模拟海洋生态灾害的演化机制，开展基于特定生境和致灾物种的海洋生态灾害综合管控方法，优化建设海洋生态安全屏障，开发典型海洋生态灾害的生态系统修复技术，基于海陆统筹实施受损生态系统修复工程。

（四）灾害学

科学有效地应对灾害是海洋生态灾害学研究的出发点和落脚点，因此灾害学为海洋生态灾害学学科体系的建设提供了基本范式。要按照灾害学的理论和实践框架，建立海洋生态灾害学的主要框架，包括灾前预防、灾害预警、灾害应急、灾后恢复等基本环节。灾害学的基础理论、研究方法和思维方式，是海洋生态灾害学的重要借鉴和参考，能够为海洋生态灾害学的研究提供导向。此外，灾害管理中涉及的社会科学、信息传播、医学以及系统科学等学科，也与海洋生态灾害学密切相关。

（五）环境科学

海洋污染和生态破坏是导致海洋生态灾害发生的直接因素。因此，海洋生态灾害学与环境科学密不可分。掌握海洋生态灾害的发生发展规律和防控方法，离不开环境科学领域中的环境化学、环境生物学及水环境学等学科的支持，特别是与海洋富营养化相关的污染生态学及工农业环境污染控制技术。同时，环境监测、环境工程学、环境质量及评价、环境信息系统以及地理信息系统和遥感技术等，对海洋生态灾害的预测监控也有重要支撑作用。

（六）经济学

海洋生态灾害造成的资源环境和社会经济损失，需要全面系统地做出合理评估，对此可借鉴灾害损失评估及相关经济学模型，建立科学合理的评估指标体系，服务于海洋生态灾害的灾后补偿和恢复管理。

（七）管理学

海洋生态灾害的应对是涉及多方面、多领域的社会系统工程，需要动员和组织政府部门、企业团体、技术机构和社会公众各方参与、共同行动。为此，必须依据管理学的基本方法，明确海洋生态灾害应对的主要原则、组织体系和基本环节。此外，还要建立相应的专门机构，完善配套的法规制度，制订相应的应急计划，发挥媒体宣传引导功能。这些事务均需要统筹规划、整合资源、调动力量。因此，管理学的思想和方法可以为海洋生态灾害学研究提供重要帮助。此外，海洋生态灾害学还需要资源科学、信息科学、工程技术等一系列相关学科的支持。

小结

自20世纪80年代以来，海洋生态灾害发生的规模、频率及造成的危害呈现逐年上升的趋势，对人类社会发展带来了不利影响。为阐明海洋生态灾害的发生机理和规律，以便进行科学的防灾、减灾，诞生了海洋生态灾害学这一新兴综合性学科。海洋生态灾害学，既是海洋科学的分支，也是灾害学的重要组成部分。本章主要介绍了海洋生态灾害学的定义、发展及其研究内容和方法，为系统地了解这门学科奠定基础。

海洋生态灾害是指因海洋生物数量或行为发生异常变化造成事发海域生态系统严重失衡，结构和功能退化，进而危害经济、社会和人类健康的现象，典型的海洋生态灾害有赤潮、褐潮、绿潮、金潮、白潮等。

海洋生态灾害学属于海洋灾害学和海洋生态学的交叉研究领域，至今尚未形成一门成熟的学科，它是研究海洋生态灾害的致灾机制及其发生、发展和变动的规律，提出海洋生态灾害评价、预测和处置方法，为应对海洋生态灾害提供理论和技术支持的学科。

根据不同时期人类与海洋生态系统的联系程度，海洋生态灾害的演变历程可以分为3个时期：采猎和农业时代（19世纪以前），工业化时代（19—20世纪）和信息化时代（21世纪）。国内海洋生态灾害的研究大致经历了起始（20世纪以前）和发展（21世纪）两个时期。

海洋生态灾害学既是一门认知海洋生态灾害客观规律的基础科学，也是指导和服务人类应对海洋生态灾害实践的应用科学。根据海洋生态灾害发生发展的实际问题，海洋生态灾害学的研究内容主要包括以下几个方面：海洋生态灾害学的基本理论；海洋生态灾害发生、发展与演变机制；海洋生态灾害的监测；海洋生态灾害预报与预警；海洋生态灾害管理与应急处置；海洋生态灾害调查评估；海洋生态灾害防治修复与无害化利用。

海洋生态灾害学是一门综合性学科，具备理学、工学及社会学属性，针对不同的研究内容，需要应用和借鉴相关学科的研究方法和手段，主要包括以下相关学科：海洋学、生物学、生态学、灾害学、环境科学和经济学。

思考题

1. 灾害的定义是什么？灾害学的主要分类有哪些，其依据是什么？
2. 海洋灾害学的定义是什么？请列举海洋灾害的主要分类。
3. 海洋生态灾害的定义是什么？与其他海洋灾害相比，海洋生态灾害的主要特征是什么？
4. 海洋生态灾害学的主要研究内容有哪些？
5. 试列举海洋生态灾害学的主要研究手段。
6. 海洋生态灾害学是一门综合性学科，主要体现在哪些方面？

拓展阅读

苏纪兰. 中国海洋学学科史［M］//中国科学技术协会主编. 中国学科史研究报告系列. 北京：中国科学技术出版社，2015.

第二章　海洋生态灾害的类型与特征

本章系统介绍了海洋生态灾害的5种主要类型，包括赤潮灾害、绿潮灾害、褐潮灾害、金潮灾害和白潮灾害，海洋生灾害的基本特征和内在属性，以及我国现阶段面临的主要海洋生态灾害。

第一节　海洋生态灾害的类型

通常将海洋生态灾害划分为赤潮、绿潮、褐潮、金潮、白潮和外来种入侵等多种类型（图2-1）。本节重点介绍赤潮、绿潮、褐潮、金潮和白潮5种典型的海洋生态灾害。

图2-1　大米草入侵

资料来源：宁波通讯，2015

一、赤潮灾害

赤潮是有记载的最早的海洋生态灾害类型。据《大日本史》记载，早在日本的藤原和镰仓时代就有赤潮相关的描述。赤潮灾害不仅仅能够造成经济上的损失，同时有可能严重威胁人类的生命安全及健康状态。食用含有赤潮毒素的鱼、虾、贝类，会导致人腹泻，眩晕甚至死亡。如1986年12月，我国福建东山岛村民因食用含有赤潮藻毒素的花蛤（*Venerupis variegata*）而引发的群体中毒事件中，共有136人中毒；1995年4月，菲律宾2万名渔民因食用赤潮事发地海域海产品，而造成的麻痹性贝毒中毒事件中，同时造成4名儿童死亡。表2-1中列举了2000—2017年我国海域赤潮灾害发生的基本情况。

表 2-1 2000—2017 年我国海域赤潮发现次数和累计面积（2000—2017 年中国海洋灾害公报）

年份	发现次数	累计面积/km^2	经济损失/亿元	优势种
2000	28	10 650	1.7	夜光藻、中肋骨条藻等
2001	77	15 000	10	丹麦细柱藻、夜光藻等
2002	79	10 000	0.23	具齿原甲藻、夜光藻、中肋骨条藻等
2003	119	14 550	0.428 1	夜光藻等
2004	96	26 630	0.000 65	米氏凯伦藻、棕囊藻等
2005	82	27 070	0.69	米氏凯伦藻、棕囊藻等
2006	93	19 840	0.01	米氏凯伦藻、棕囊藻、多环旋沟藻等
2007	82	11 610	0.06	棕囊藻、米氏凯伦藻、多环旋沟藻等
2008	68	13 738	0.002	具齿原甲藻、夜光藻等
2009	68	14 102	0.65	夜光藻、中肋骨条藻、赤潮异弯藻、米氏凯伦藻等
2010	69	10 892	2.06	东海原甲藻、夜光藻、中肋骨条藻、米氏凯伦藻等
2011	55	6 076	0.325	东海原甲藻、夜光藻、中肋骨条藻等
2012	73	7 971	20.15	米氏凯伦藻、中肋骨条藻、夜光藻等
2013	46	4 070	—	东海原甲藻、夜光藻等
2014	56	7 290	—	东海原甲藻、夜光藻等
2015	35	2 809	—	夜光藻、中肋骨条藻等
2016	68	7 484	—	东海原甲藻、夜光藻等
2017	68	3 679	—	米氏凯伦藻，链状裸甲藻等

（一）赤潮的定义

研究赤潮，首先需要对赤潮进行科学的定义。1916 年，日本学者岗村通过研究日本海域发生的赤潮，提出了赤潮的定义。我国赤潮的研究，最早起源于 20 世纪 50 年代。进入 21 世纪，周名江等（2001）根据我国赤潮的研究历程，将我国赤潮研究分为初始阶段（1952—1977 年）、起步阶段（1978—1989 年）和发展阶段（1990 年至今）。在初始阶段，多为对赤潮灾害事件的记录和描述，并未对赤潮这一现象进行明确定义。1978 年，我国著名海洋生物学家郑重在《赤潮生物研究——海洋浮游生物学的新动向》一文中对赤潮做了定义。随着对赤潮研究与理解的不断加深，我国科学家对赤潮的定义逐步完善与进步。本书中，我们列举了不同阶段几种经典赤潮灾害的定义（表 2-2）。

表 2-2 赤潮定义发展历程

时间	科学家	定义
1916	岗村	赤潮是微藻大量增殖导致海水变色，有时候危害海洋鱼类和其他海洋生物的一种现象
1978	郑重	赤潮就是海水变色的一种自然现象，而这个现象是由某些微小浮游生物（称为赤潮生物）的大量繁殖和高度密集所引起的
2001	周名江等	赤潮也称红潮，通常是指一些海洋微藻、原生动物或细菌在水体中过度繁殖或聚集而令海水变色的现象

不难看出，赤潮是指一些海洋微藻、原生动物或细菌在水体中过度繁殖或聚集导致海水变色的异常现象，由此定义的赤潮相对中性。而研究赤潮灾害，则需要对赤潮本身引起的生态学效应进行关注和总结，因此国家海洋局发布的《赤潮灾害应急预案》（2008 年）中对赤潮的定

义为：由海水中某些浮游生物或细菌在一定环境条件下，短时间内暴发性增殖或高度聚集，引起水体变色，影响和危害其他海洋生物正常生存的灾害性海洋生态异常现象。赤潮的暴发具有一定的连续性，即在同一海域往往连续多年暴发同种赤潮。

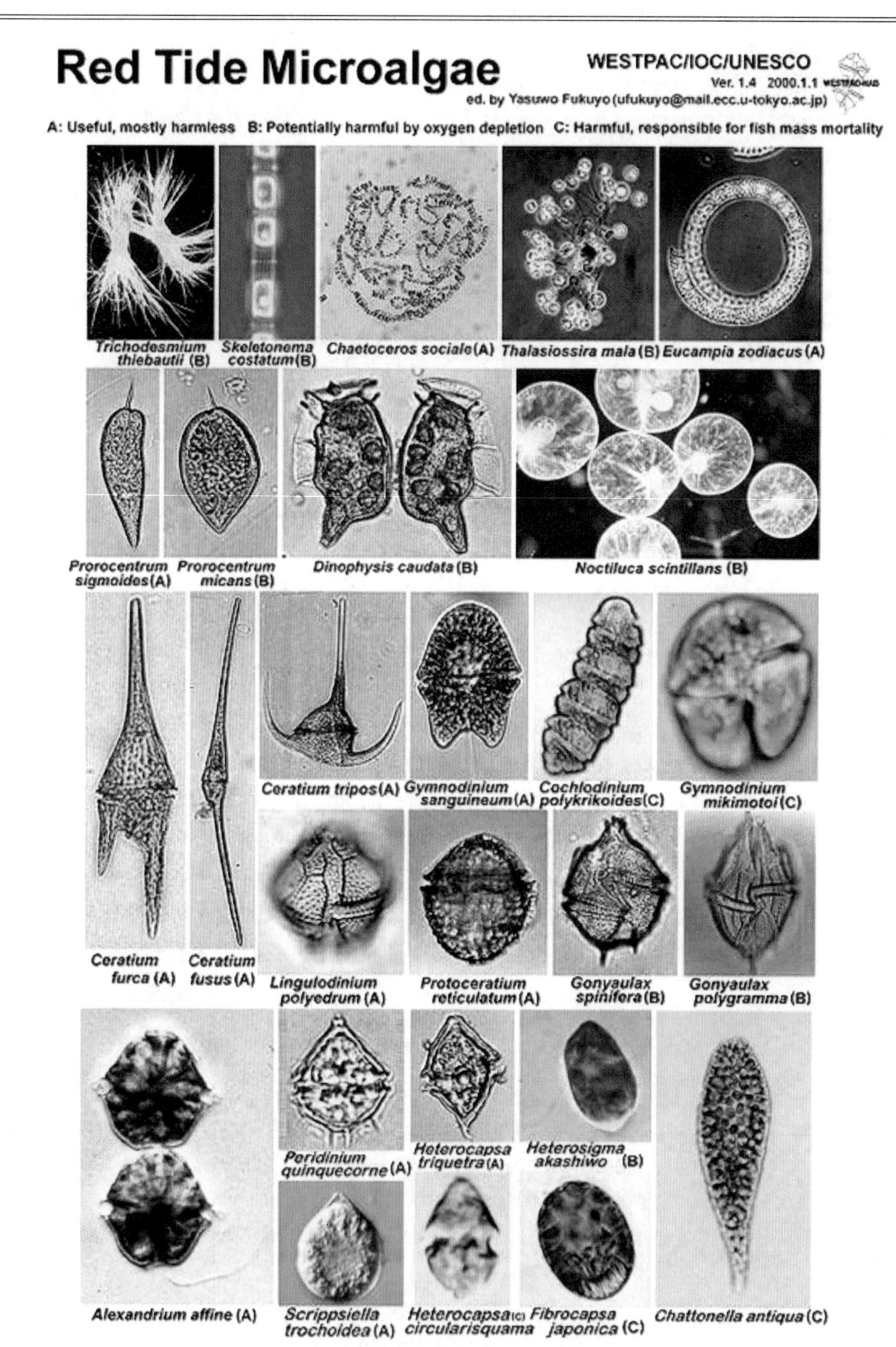

赤潮生物：能够大量繁殖并引发赤潮的生物称之为赤潮生物。赤潮生物包括浮游生物、原生动物和细菌等，其中有毒、有害赤潮生物以甲藻类居多，其次为硅藻、蓝藻、金藻、隐藻和原生动物等。

图 2-2　山东日照发生的赤潮

资料来源：中国天气网 http：//www. weather. com. cn

（二）赤潮的类型

赤潮灾害是海洋生物、化学、物理、气象等多种因素综合作用产生的，发生机制复杂多变。依据赤潮的成因、发生海域、范围、频率及引发赤潮的生物种类等要素，可以将赤潮分成多种类型。

根据赤潮灾害发生时赤潮生物的种类组成，通常将赤潮分为单向性、双向型和复合型赤潮 3 种（表 2-3）。

表 2-3　依据赤潮诱发种对赤潮分类

类型	赤潮生物种类组成
单向型	单一赤潮生物引发，赤潮发生时只有 1 种生物占绝对优势
双向型	两种赤潮生物引发，赤潮发生时有两种生物同时占优势
复合型	多种赤潮生物引发，赤潮发生时有 3 种或 3 种以上生物，且每种都占有总数量的 20%

资料来源：张有份等，2000

根据引发赤潮灾害的生物是否能够对人和其他生物产生毒性，可以分为无毒赤潮、有毒赤潮和对人无害但对鱼类及无脊椎动物有害的赤潮 3 种类型（表 2-4）。

表 2-4　依据赤潮生物有无毒性对赤潮分类

类型	有无毒性
无毒赤潮	能够引起水体变色但本身不具毒性或不会分泌毒素的海洋生物所形成的赤潮
有毒赤潮	赤潮生物通过分泌毒素毒害鱼类等海洋生物，并对人类健康产生危害的赤潮
对人无害但对鱼类及无脊椎动物有害赤潮	赤潮生物主要是对鱼鳃等发生堵塞或机械伤害作用，因此对鱼类及无脊椎动物有害

资料来源：Hallegraeff，1993

根据赤潮生物自身的特性及其对人类和其他生物的影响差异，还可以将赤潮分为有毒赤潮、鱼毒赤潮、有害赤潮和无害赤潮4种类型（表2-5）。

表2-5 根据赤潮生物特性及其对人类和其他生物影响的差异对赤潮分类

类型	特性描述
有毒赤潮	此类赤潮可产生赤潮毒素，其毒素可通过食物链积累放大，当人类误食染毒的水产品后引起消化系统或心血管和神经系统中毒
鱼毒赤潮	对人类无毒害，但对鱼类及无脊椎动物有毒的赤潮
有害赤潮	引发赤潮的生物本身没有毒性，但是由于赤潮生物的机械窒息作用或赤潮生物在死亡分解时产生大量有毒的物质，同时消耗水体中的溶解氧，造成其他生物损伤甚至大量死亡
无害赤潮	海洋中的某些赤潮生物数量增加，但是对其他生物和人类没有毒性，未对海洋生物造成不利影响甚至可能促进生长

资料来源：江天久等，2006

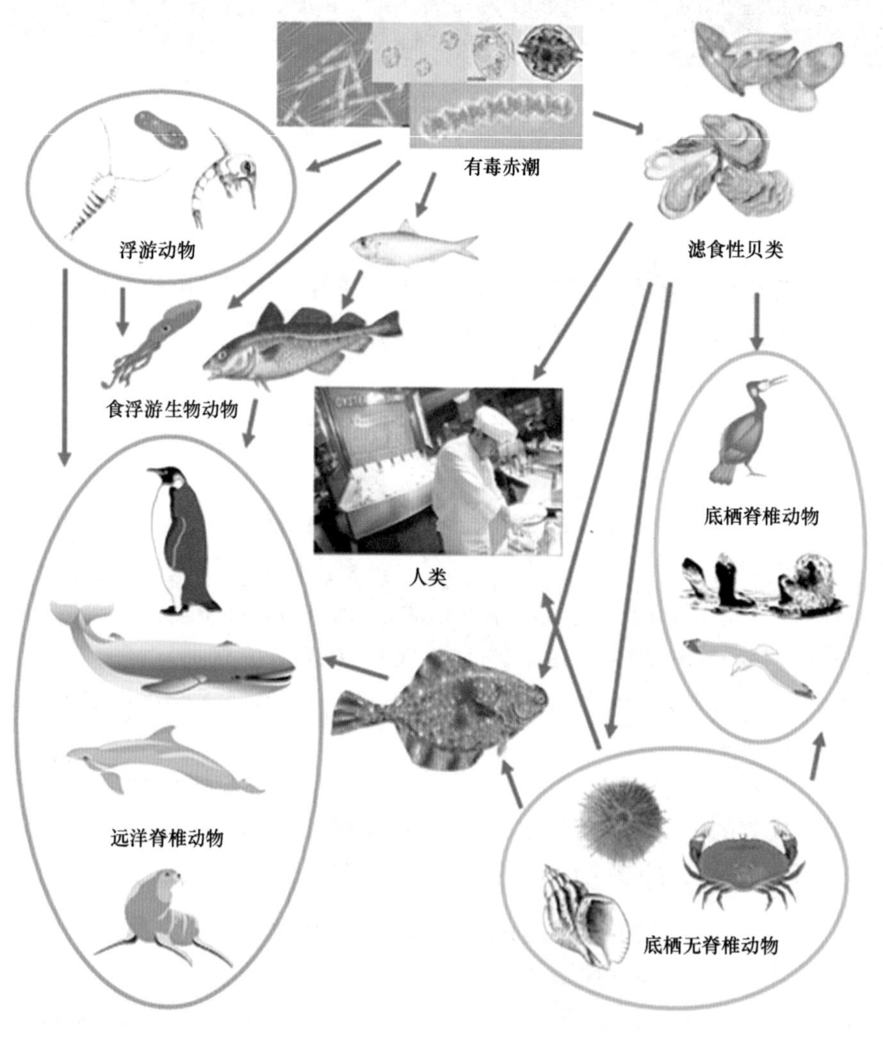

图2-3 赤潮毒素在食物链中的转移途径

资料来源：G. Wikfors

实际上，赤潮生物的快速生长繁殖往往与其引发的赤潮灾害不在同一海域，因此根据赤潮生物暴发式繁殖的海域和由其引发的灾害发生的海域是否相同，可将赤潮分为原发型赤潮和外来型赤潮两种类型（表2-6）。

表2-6　依据赤潮生物繁殖和赤潮灾害发生的海域是否相同对赤潮分类

类型	特性描述
原发型	某一海域具备了发生赤潮的各种理化条件，某种赤潮生物就地暴发性增殖形成赤潮，赤潮灾害发生海域和赤潮生物繁殖海域是同一海域，地域性明显，可持续较长时间，可以反复出现
外来型	赤潮并非是在赤潮生物快速增殖的海域形成的，而是在其他海域形成，由于外力的作用将大量的赤潮生物从其快速繁殖的海域带到赤潮灾害发生的海域，外来型赤潮往往来去匆匆、持续时间短，具有路过性特点

资料来源：张有份等，2000

此外，依据赤潮发生海区的环境特征可将赤潮划分为河口型、海湾型、养殖型、上升流型、沿岸流型及外海型6种赤潮类型（表2-7）。

表2-7　依据赤潮发生海区的环境特征对赤潮分类

类型	特性描述
河口型	淡水径流在此类赤潮发生过程中起着重要作用，为赤潮生物细胞增殖提供了条件和物质基础，尤其在夏季降雨后，由于河流注入的水体盐度低、温度高，营养盐、腐殖质和微量元素等丰富，为赤潮的发生提供了物质基础
海湾型	发生此类赤潮是由于沿岸工业、农业、生活污水排放，水体交换不畅；封闭或半封闭海湾，水流缓慢，有利于赤潮生物的生长；潮汐作用大，沿岸有机物随潮汐反复回荡，底部营养物质受到扰动，再次被推到沿岸，加剧了沿岸氮、磷元素的积累；同时微量元素也易于进入海域，为赤潮发生提供所需的营养物质
养殖型	养殖生物的废水，残饵和排泄物大量排放进入水体，如果养殖区水动力条件差，则易造成水体富营养化，进而为赤潮生物增殖提供大量的物质基础，大规模的人工水产养殖导致养殖水域食物链趋向简单化，生物多样性降低，生态系统进行自我调节和抵御外界扰动的能力减弱，容易暴发赤潮灾害
上升流型	上升流携带底层营养盐至表层，导致了海水的富营养化，为浮游生物提供了丰富的营养盐；上升流区及其周边海域水体比较肥沃，往往导致浮游生物大量繁殖
沿岸流型	近岸水体的流动速度慢，水体的交换程度差，营养盐容易累积，来源于近岸污水排放或外部输入的营养盐为赤潮生物增殖提供了物质基础
外海型	主要分布在滨内或滨外区，远离海岸，这类赤潮在我国只有少量报道

资料来源：赵冬至等，2003

（三）赤潮成灾及灾害分级标准

如何界定灾害的形成，如何对灾害进行分级，是灾害学重要的研究内容。其能够有效地对灾害发生后的应急处置及灾后管理提供理论依据。在灾害学中，灾变等级和灾度等级是灾害分等定级的两个重要内容（高庆华和张业成，1997）。灾变等级是指根据灾害的自然属性，反映灾害的活动强度或活动规模；灾度等级则是指根据灾害破坏损失程度反映灾害的后果。由于赤潮灾害有可能对人类身体健康造成危害，因此赤潮灾害的分级标准既有灾变等级的内容，又要考虑灾度等级的内容。赤潮生物快速繁殖后是否形成灾害，可以通过赤潮生物的大小及其细胞密度来体现（表2-8和表2-9）。

表 2-8　赤潮的成灾标准

细胞密度	细胞大小/μm
$>10^7$	<10
$>10^6$	10~29
$>3\times10^5$	30~99
$>10^4$	100~299
$>3\times10^4$	300~1 000

表 2-9　不同国家养殖区有毒藻类浓度与管理行为

有毒藻类	细胞浓度/（cells · L^{-1}）	管理行为
链状亚历山大藻 *Alexandrium catanella*	$>4\times10^4$	检测毒素
塔玛亚历山大藻 *Alexandrium tamarense*	500	加强有毒藻类浓度监测或关闭养殖区
亚历山大藻 *Alexandrium* sp.	$10^3\sim10^4$	限制有毒藻类浓度或关闭养殖区
渐尖鳍藻 *Dinophysis acuminata*	500（丹麦） 200（葡萄牙）	加强有毒藻类浓度监测或关闭养殖区 限制养殖区活动
尖锐鳍藻 *Dinophysis acuta*	500（丹麦） 200（葡萄牙）	加强有毒藻类浓度监测或关闭养殖区 限制有毒藻类生长
Dinophysis norvegica	103（丹麦）	加强有毒藻类浓度监测或关闭养殖区
鳍藻 *Dinophysis* spp.	103（意大利、挪威） 100（荷兰） >100（英联邦） 10^3及检测出 DSP（意大利） $500\sim1.2\times10^3$（丹麦）	加强有毒藻类浓度监测或关闭养殖区 限制养殖区活动并加强警戒 限制养殖区活动 加强有毒藻类浓度监测或关闭养殖区 限制养殖区活动或关闭养殖区
链状裸甲藻 *Gymnodinium catenatum*	2×10^3（葡萄牙） >500（西班牙） >存在（英联邦）	限制养殖区活动
利玛原甲藻 *Prorocentrum lima*	500（丹麦） 存在 存在	加强有毒藻类浓度监测或关闭养殖区 限制养殖区活动
拟菱形藻成列类 *Pseudo-nitzschia seriata*-group	2×10^5（丹麦）	加强有毒藻类浓度监测或关闭养殖区
多列拟菱形藻 *Pseudo-nitzschia multiseris*	5×10^4（加拿大）	监测贝类
尖刺拟菱形藻 *Pseudo-nitzschia pungens*	$>10^3$（英联邦）	加强有毒藻类浓度监测或关闭养殖区
拟菱形藻 *Pseudo-nitzschia* spp.	$10^4\sim10^5$（荷兰）	限制养殖区活动
短裸甲藻 *Gymnodinium breve*	$>5\times10^3$（美国）	毒素存在则关闭养殖区
巴哈马麦甲藻扁平变种 *Pyrodinium bahamense* var. *compressum*	200（菲律宾）	限制养殖区活动

资料来源：赤潮灾害应急预案，2008

鉴于部分赤潮藻类带有毒素，经过食物链的传递放大作用最终可能引起人体的健康出现损伤。因此，有些国家针对赤潮暴发过程中藻毒素的含量提出了各自的标准，具体的内容见表 2-10 。

表 2-10 不同国家和地区赤潮灾害毒素警戒标准和检验方法

国家/地区	毒素类型					
	PSP		DSP		ASP	
	警戒浓度	分析方法	警戒浓度	分析方法	警戒浓度	分析方法
澳大利亚	80 μg/100 g	鼠生物法				
加拿大	80 μg/100 g	鼠生物法	20 μg/100 g	鼠生物法 HPLC，ELISA	2 mg/100 g	HPLC
丹麦	80 μg/100 g	鼠生物法 HPLC 法	24 h 内 3 只小鼠 死亡 2 只以上	鼠生物法	2 mg/100 g	HPLC
法国	80 μg/100 g	鼠生物法	5 h 内 3 只小鼠 死亡 2 只以上	鼠生物法		
德国	80 μg/100 g	鼠生物法				
中国香港	400 MU/100 g 30 μg/100 g	鼠生物法				
日本	400 MU/100 g =30 μg/100 g	鼠生物法	5 MU/100 g =20 μg/100 g	鼠生物法		
韩国	400 MU/100 g =30 μg/100 g	鼠生物法	5 MU/100 g =20 μg/100 g	鼠生物法		
挪威	200 MU/100 g =30 μg/100 g	鼠生物法	（5~7） MU /100 g = （20~30） μg/100 g	鼠生物法		
菲律宾	80 μg/100 g	鼠生物法				
新加坡	80 μg/100 g	鼠生物法				
泰国	80 μg/100 g	鼠生物法				
美国	80 μg/100 g	鼠生物法				
英国	80 μg/100 g	鼠生物法	200 μg/100 g	大鼠分析	2 mg/100 g	HPLC
西班牙	80 μg/100 g	鼠生物法	存活率	鼠生物法	2 mg/100 g	鼠生物法 HPLC
中国	80 μg/100 g	鼠生物法 HPLC	24 h 内 3 只小鼠死亡 2 只以上 20 μg/100 g	鼠生物法 HPLC	2 mg/100 g	HPLC

注：PSP：麻痹性贝毒；DSP：腹泻性贝毒；ASP：失忆性贝毒

资料来源：赤潮灾害应急预案，2008

我国《赤潮监测技术规程》（HY/T 069—2005）中对赤潮灾害的等级划分有着如下的评判标准。根据赤潮生物是否有剧毒性及其危害性划分了 4 个类别，根据赤潮灾害暴发时的影响面积划分为 6 个等级，并对 4 个类别和 6 个等级分别赋分，通过两项分值相加得到的总分值判断赤潮灾害的级别，共分为特大、重度、中度、轻度和轻微 5 个等级。其具体的评判标准见表 2-11 和表 2-12。这种分级方式不仅能体现出赤潮灾害的灾害区域影响，也能够体现出赤潮灾害带来的危害。

表 2-11　赤潮灾害划分依据及标准

划分依据	划分标准	分值
单次面积/km^2	>1 000	5
	500~1 000	4
	100~500	3
	50~100	2
	<50	1
	<10	0
赤潮类型	水体变色但基本无害	1
	对海洋生态产生危害	2
	产生潜在毒性	4
	对人体产生毒害作用	5

表 2-12　赤潮灾害分级

赤潮灾害分级	特大	重度	中度	轻度	轻微
总分值	9~10	7~8	5~6	3~4	1~2

二、褐潮灾害

1985 年于美国纽约长岛大南湾、罗得岛州纳拉甘西特湾和新泽西州巴尼加特湾发生的褐潮（Sieburth et al.，1988）是有关褐潮事件最早的记录（图 2-4）。1997 年夏季，褐潮在南非萨尔达尼亚湾发生，给当地的水产养殖造成了严重的损失。继美国和南非之后，褐潮现象开始在我国出现，中国成为继美国和南非后世界上第三个发生褐潮的国家。2009 年起，我国渤海海域连续多年遭受褐潮灾害。褐潮出现伊始，研究人员认为其属于赤潮的一种。但与传统赤潮生物相比，褐潮肇事种个体更小，暴发时生物密度极高、持续时间长且水体呈现黄褐色，因此国际研究机构将褐潮从赤潮中独立出来，作为一种新的海洋生态灾害类型来研究。与赤潮灾害相比，褐潮灾害的最大特征是褐潮的肇事种一定是有毒有害的。

图 2-4　褐潮暴发

资料来源：MikeBaird / Flickr CC

（一）褐潮的定义

褐潮是由微微型浮游藻类在一定环境条件下暴发性增殖或聚集达到一定水平，导致水体变为黄褐色并危害其他海洋生物的一种生态异常现象。

褐潮灾害的发生范围不及赤潮灾害和绿潮灾害，但是其危害不容小觑。褐潮藻能够利用多种有机营养，在低光照及低营养条件下便达到高生长速率，对沿岸生态环境、贝类养殖产业和渔业生产等造成严重的负面影响（陈杨航等，2015）。

> 浮游生物分类
>
> 按照浮游生物的个体大小，将浮游生物分为柳州昂类型
>
> 微微型浮游生物（picoplankton），个体大小小于 2 μm
>
> 微型浮游生物（nanoplankton）个体大小在 2~20 μm
>
> 小型浮游生物（microplankton），个体大小在 20~200 μm
>
> 中型浮游生物（mesoplankton），个体大小在 200~2 000 μm
>
> 大型浮游生物（macroplankton），个体大小在 2 000 μm~20 mm
>
> 巨型浮游生物（megaplankton），个体大小大于 20 mm
>
> 参考《海洋生态学》（第三版），沈国英等编著，科学出版社，2009 年。

（二）褐潮灾害的类型

褐潮灾害由微微型藻类引发。目前已知的引发褐潮的主要藻类为抑食金球藻（*Aureococcus anophagefferens*）及 *Aureoumbra lagunensis*。所以褐潮灾害按照诱发种分为两种类型：一种是由抑食金球藻引起的褐潮（图 2-5）；另一种是由 *Aureoumbra lagunensi* 引起的褐潮（图 2-6）。

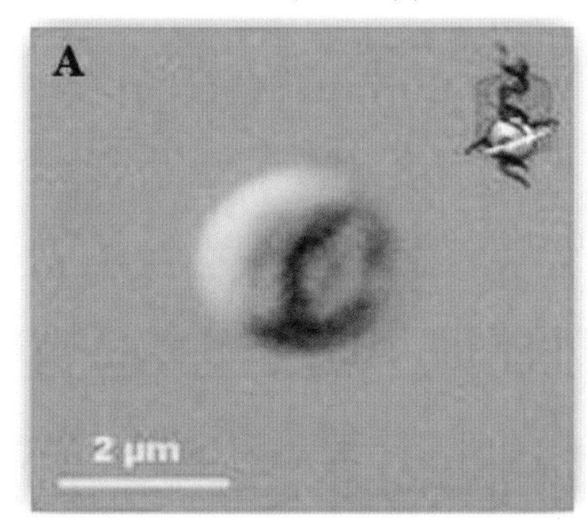

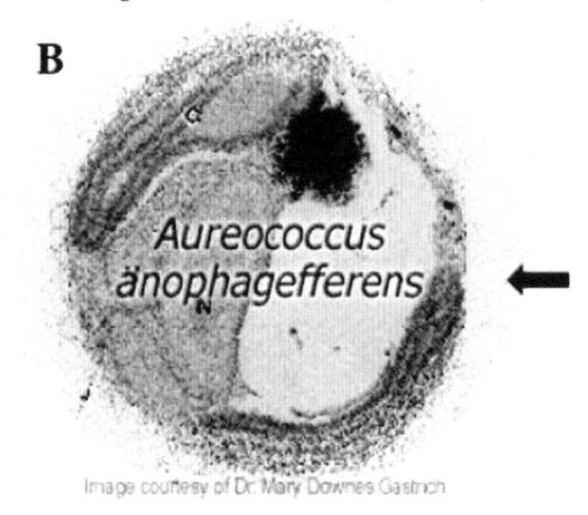

图 2-5　*A. anophagefferens* 的 Dic 显微镜图片（A）和透射电镜图片（B），箭头所指的是胞外聚合物

资料来源：Makris et al.，2016

（三）褐潮灾害的成灾及分级标准

褐潮作为一种新型的海洋生态灾害，关于其成灾标准及分级标准现有资料较少。辽宁省《海洋褐潮监测技术规程 DB21/T 2427—2015》中，根据褐潮暴发时肇事种的生物量高低来判别其是否成灾，认定当褐潮肇事种的生物量达到 1×10^7 cell/L 时，褐潮灾害发生；并根据褐潮灾害发生时藻密度的高低和危害程度，将其分为三级（表 2-13）。其中三级为最高等级，表明灾害十分严重。

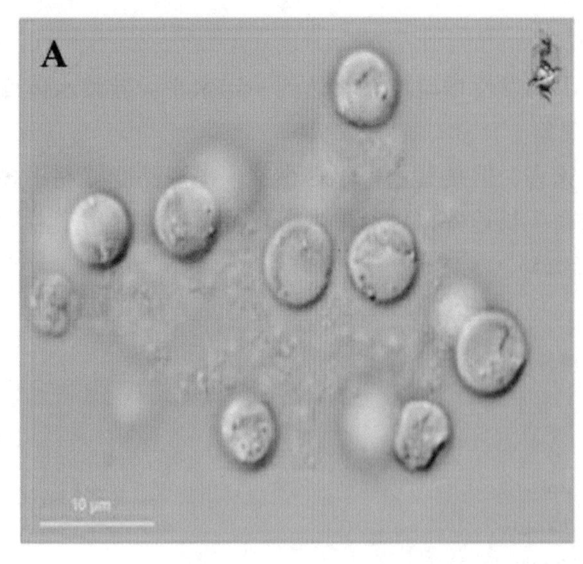

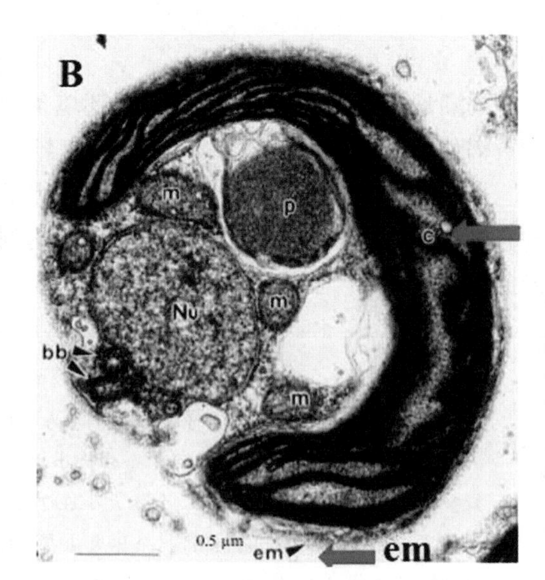

图 2-6 *Aureoumbra lagunensis* 的 Dic 显微镜图片（A）和透射电镜图片（B），箭头所指的是叶绿体（c）和细胞外基质（em）

资料来源：De Yoe et al.，1997

表 2-13 褐潮灾害划分依据及标准

影响级别	藻密度/（cells · mL^{-1}）	危害程度
一级	<35 000	对生态环境和养殖业没有影响
二级	35 000~200 000	对贝类的生长和摄食有潜在的负面影响
三级	>200 000	海水变为黄棕色，将对贝类造成严重影响，甚至死亡，使海草和浮游生物减少

资料来源：Gastrich et al.，2004

三、绿潮灾害

绿潮泛滥已经有近 50 年的历史，美国、日本和法国是早期遭受绿潮影响的国家。绿潮也是一种常见的海洋生态灾害。与赤潮灾害不同的是，绿潮灾害是由一些大型定生藻类变为漂浮型后过度增殖或聚集引起的。20 世纪 70 年代初，法国布列塔尼地区沿海发生大规模绿潮灾害，之后绿潮发生范围遍布欧洲、美洲和亚洲等多个沿海国家。1986 年，法国阿尔瓦岛湾发生了以石莼为暴发种，总覆盖面积达 25 000 m^2 的绿潮灾害；1989—1992 年，德国瓦登海也有过大规模绿潮暴发的报道。与世界其他国家相比，我国绿潮出现较晚，但是规模巨大。我国的绿潮发生最早是 2007 年。因当时并没造成较大的影响，所以并未受到关注。2008 年以来，黄海浒苔绿潮灾害连年暴发，未出现减缓趋势（图 2-7）。从 2015 年开始，在渤海的秦皇岛海域，也出现了比较严重的绿潮事件。此海域的绿潮虽然没有黄海海域严重，但也对近岸沙滩和沿岸居民生活造成了一定影响。从全国范围来看，从渤海的大连海域到南海的深圳附近海域，都有不同程度的绿潮发生。随着海洋环境的变化，绿潮和赤潮一样，有进一步发展的趋势。

（一）绿潮的定义

国际上对绿潮的研究起步较早，我国相对滞后。Fletcher（1996）对绿潮的定义是：由石莼属（*Ulva*）、浒苔属（*Enteromorpha*）、刚毛藻属（*Cladophora*）和硬毛藻属（*Chaetomorpha*）等大型绿藻门藻类的大规模暴发繁殖或藻体高生物量集聚引发的生态异常现象通常被称为绿潮。随

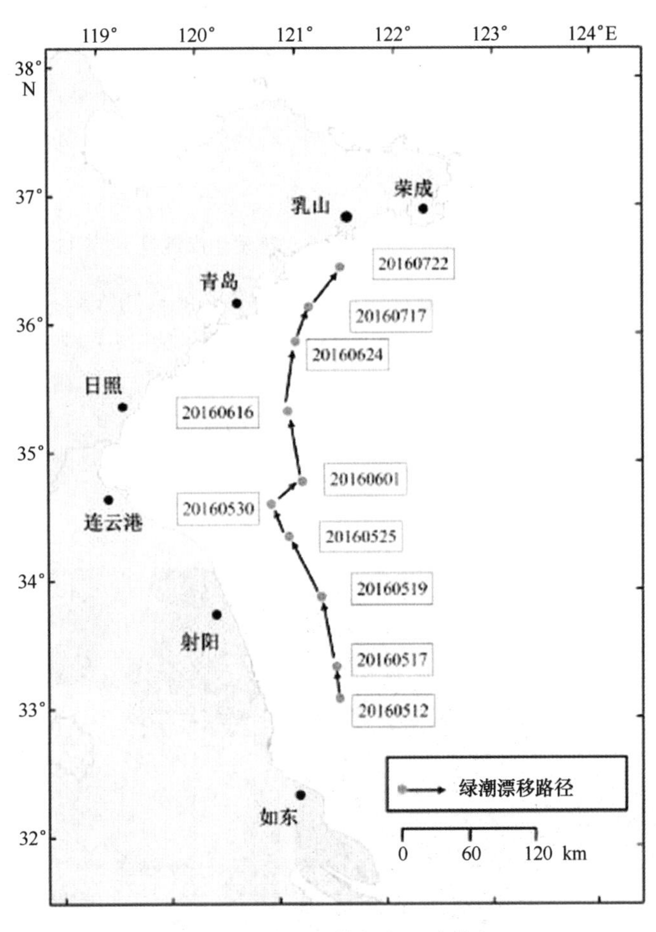

图 2-7 黄海浒苔绿潮迁移路径

着对绿潮灾害研究的深入，目前国际绿藻研究领域依据分子系统学的证据，普遍认为应将浒苔属并入石莼属（Tan et al.，1999；Hayden et al.，2003；Shimada et al.，2003）。因此，现阶段可将绿潮定义为大型定生绿藻脱离固着基后，在一定环境条件下，漂浮增殖或聚集达到一定水平，导致海洋生态环境异常的一种现象。绿潮的暴发具有一定的周期性，即每年的春夏季节，绿潮有暴发的可能。世界上主要的绿潮暴发种见表 2-14。

表 2-14 世界各地绿潮的主要构成种

绿潮主要构成种	暴发地点	绿潮主要构成种	暴发地点
硬石莼（*Ulva rigida*）	英国 Langstone Harbor	孔石莼（*Ulva pertusa*）	法国 Thau Lagoon
	意大利 Sacca di Goro Lagoon	阿莫里凯石莼（*Ulva armoricana*）	法国 Brittany
	巴西 Cabo Frio Region	曲西石莼（*Ulva curvata*）	西班牙 Palmones River Eestsuary
	荷兰 Veerse Meer Lagoon	肠浒苔（*Ulva interstinals*）	葡萄牙 Mondego Estuary
	英国 Ythan Esutary		美国 South California
	菲律宾 Mactan Island		美国 Hood Canal Belfair State Park
石莼（*Ulva lactuca*）	印度 Jaleswar Reef		芬兰 Espoo Haukilahti
穿孔石莼（*Ulva fenestrate*）	美国 Nahcotta Jetty		芬兰 Weat Coast
圆石莼（*Ulva rotundata*）	法国 Brittany	浒苔（*Ulva prolifera*）	美国 Tokeland
裂片石莼（*Ulva fasciata*）	巴西 Cabo Frio Region		中国黄海
		圆管浒苔（*Ulva linza*）	美国 Hood Canal Belfair State Park
网石莼（*Ulva reticulata*）	菲律宾 Mactan Island	曲浒苔（*Ulva flexuosa*）	美国 Muskegon Lake

资料来源：唐启升等，2010

（二）绿潮灾害的类型

绿潮不同于赤潮，绿潮暴发种本身是无毒的，不存在对人类健康造成危害的可能，但是与赤潮相似的是，绿潮也可分为原发型和外来型（表 2-15）。我国秦皇岛绿潮灾害就属于原发型，而黄海绿潮灾害则属于典型的外来型（图 2-8）。

表 2-15　按照绿潮生物增殖海域和绿潮灾害发生海域是否相同对绿潮分类

类型	特性描述
原发型	某一海域具备了绿潮灾害发生的各种理化条件，导致绿潮生物就地暴发性增殖形成绿潮灾害，绿潮生物增殖海域和绿潮灾害发生海域是同一海域，地域性明显，持续时间长，周期性出现
外来型	绿潮生物在一海域暴发繁殖，由于外力的作用而被带到另一海域并形成绿潮灾害，绿潮生物增殖海域和绿潮灾害发生海域不是同一海域，外来型绿潮漂移路径长，发生规模大，周期性暴发

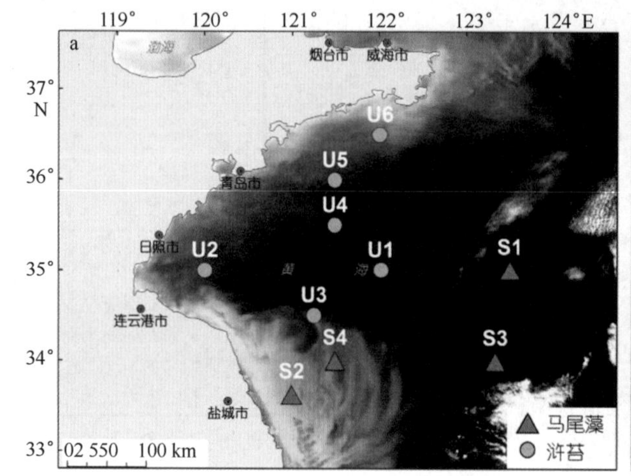

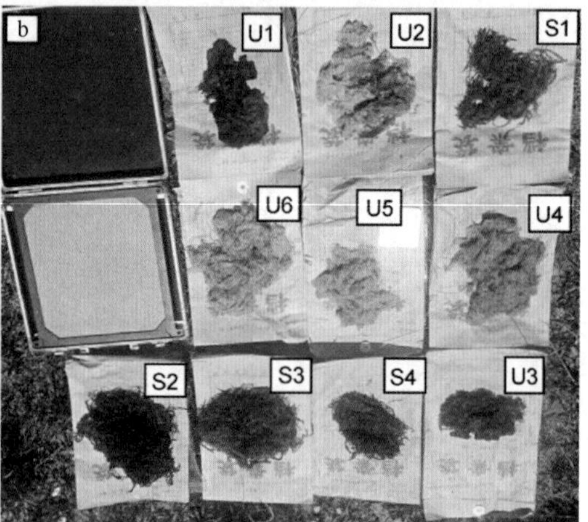

图 2-8　黄海浒苔调查

a. 采样位置；b. 马尾藻和浒苔样本照片

资料来源：安德玉，2018

按照引发绿潮的绿藻门的大型海藻的分类学，将绿潮分为石莼绿潮、浒苔绿潮、刚毛藻绿潮、硬毛藻绿潮和混合型绿潮等（表 2-16）。

表 2-16　按照绿潮生物的分类学对绿潮分类

类型	绿潮生物
石莼绿潮	石莼属（*Ulva*）
浒苔绿潮	浒苔属（*Enteromorpha*）
刚毛藻绿潮	刚毛藻属（*Cladophora*）
硬毛藻绿潮	硬毛藻属（*Chaetomorpha*）
混合型绿潮	两种或以上并发

（三）绿潮的成灾标准与等级划分

绿潮诱发种普遍无毒，所以绿潮灾害等级仅根据其发生强度和发生规模划分。目前普遍认为，绿潮生物的覆盖面积达 0.01 km^2便可判定为绿潮灾害发生。绿潮灾害的等级划分见表 2-17。

图 2-9　2016 年 7 月 8 日，山东省烟台市海阳凤城金沙滩附近海域的浒苔

资料来源：www. vcg. com

图 2-10　2012 年青岛第三海水浴场设置的围栏

资料来源：汤臻 摄

表 2-17　绿潮灾害划分依据及标准（绿潮预报和预警发布 HY/T 217—2017）

序号	绿潮等级（规模）	划分依据
1	一级（特大规模）	绿潮分布面积 55 000 km^2以上（含），或绿潮覆盖面积 2 000 km^2以上（含）
2	二级（大规模）	绿潮分布面积 30 000 km^2以上（含）、55 000 km^2以下，或绿潮覆盖面积 1 000 km^2以上（含）、2 000 km^2以下
3	三级（较大规模）	绿潮分布面积 15 000 km^2以上（含）、30 000 km^2以下，或绿潮覆盖面积 500 km^2以上（含）、1 000 km^2以下
4	四极（中等规模）	绿潮分布面积 1 000 km^2以上（含）、15 000 km^2以下，或绿潮覆盖面积 250 km^2以上（含）、500 km^2以下。
5	五级（小规模）	绿潮分布面积 1 km^2以上（含）、1 000 km^2以下，或绿潮覆盖面积 0.01 km^2以上（含）、250 km^2以下

注：如果按不同指标划分出现不同等级时，应选取其等级较低者定级；绿潮分布面积：绿潮分布包络线内海域的面积；绿潮覆盖面积：绿潮覆盖海表面的面积之和。

四、金潮灾害

金潮的主要致灾生物为马尾藻属，是最近几年受到广泛关注的一种海洋生态灾害。Smetacek 等（2013）在《自然》杂志上，首次提出“golden tide”这一词，标志着金潮作为一种新型海洋生态灾害的类型被广泛认可。国际上记录的马尾藻种、变种及变型种有 878 种，我国海域分布有 141 种，这意味着金潮灾害极有可能在我国暴发。事实上，我国黄海浒苔绿潮暴发中，普遍具有马尾藻掺杂其中，且其所占比例呈现逐年上升的趋势。2016 年我国首次暴发马尾藻金潮灾害，造成了江苏省紫菜养殖的重大损失（图 2-11 至图 2-13）。

马尾藻是一种褐藻类海洋植物，是重要的大型经济海藻，原料丰富，价格低廉，营养价值高，具有降血糖、降血脂等作用，已成为研究热点之一。中国盛产马尾藻，据报道中国马尾藻资源主要分布在西沙群岛、南沙群岛、硇洲岛、海南岛、涠洲岛等海域中，且分布在近海岸，易获得。马尾藻中所含的主要活性物质是岩藻聚糖，其具有降血脂、抗氧化、抗癌、抗肿瘤、抗病毒、抗凝血、抗血栓、提高免疫力等作用。

图 2-11　辐射沙洲区紫菜养殖筏架

资料来源：徐福祥，2018

图 2-12　我国绿潮灾害暴发过程中夹杂有马尾藻暴发现象

作为一种新型的海洋生态灾害，金潮灾害已引起普遍关注，但金潮形成机理、防范措施及资源化利用方面的研究，目前仍处于起步阶段。截至本书定稿，编者尚未找到有关其成灾及分级标准等资料。结合现阶段的认识，金潮是由漂浮状态的马尾藻属海藻，在一定环境条件下暴发性增殖或出现高生物量聚集，进而导致海洋生态失衡的一种海洋生态异常现象。金潮灾害的成灾及分级标准，应当在今后的研究过程中，参考金潮灾害的相关标准，结合生物量、覆盖面积等指标进行科学制定。

图 2-13　江苏省南通市如东县环渔陈允章家桁场紫菜养殖筏架被漂浮马尾藻冲击

资料来源：国家海洋局，2017 年海洋灾害公报

五、白潮灾害

白潮灾害有别于上文中所提到的赤潮、绿潮、褐潮及金潮灾害，白潮是由海洋动物引起的一种海洋生态灾害。白潮的致灾生物是腔肠动物门的水母。水母身体结构简单，生活史复杂，是一类肉食性低等动物，其生长速度快、天敌少、蔓延迅速，能够大量猎杀和摄食其他浮游动物以及鱼类的卵和幼体，导致生态系统失衡和受损。

20 世纪 80 年代，世界上陆续发生几起罕见的水母生态入侵和数量暴发事件。1982 年，美国东海岸的指瓣水母被带入黑海，几年后进入与其相邻的亚速海，几乎取代了亚速海以浮游动物为食的鱼类，导致黑海渔业全面衰退。1989 年，德国 Bight 湾发生五角水母的入侵和暴发，使湾内的浮游动物几近灭绝。而后，日本濑户内海、白令海、黑海、地中海等全球不同海域，陆续有水母暴发的报道，并由此引发了一系列的经济和社会问题。我国自 20 世纪 90 年代中后期起，渤海、东海北部海域及黄海南部海域连年暴发大型水母灾害（图 2-14），并呈逐年加重趋势。

（一）白潮灾害的定义

白潮灾害又称为水母暴发，是指海洋中的一些大型无经济价值或有毒的水母，在一定条件下暴发性增殖或异常聚集，形成对近海生态环境和渔业生产造成危害的一种生态异常现象（图 2-15）。不同于赤潮和绿潮灾害，白潮既不像赤潮暴发时具有连续性，亦不像绿潮暴发时具有周期性。

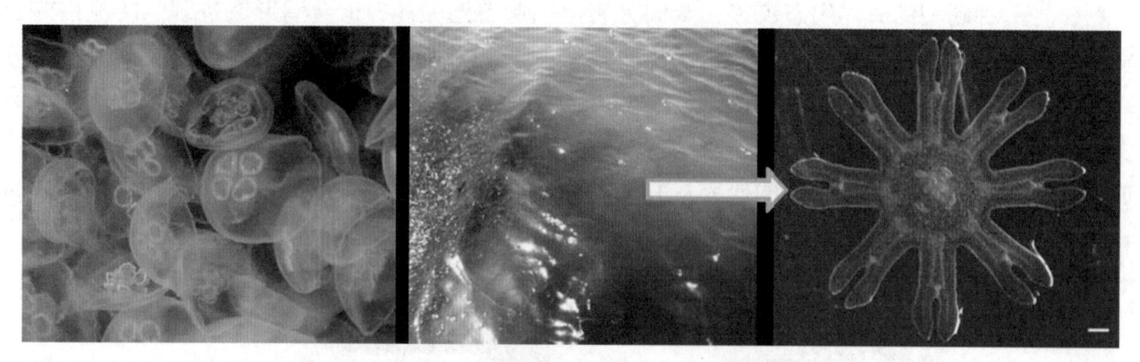

图 2-14　黄、渤海灾害水母海月水母的暴发现象

资料来源：中国科学院烟台海岸带研究所

图 2-15　澳大利亚近海僧帽水母（*Physalia physalis*）暴发现场

资料来源：中新网 http：//www. chinanews. com

（二）白潮灾害的类型

白潮灾害的分类，可以通过致灾生物是否具有毒性分为有毒白潮和无毒白潮。一般来说，如海月水母（*Aurelia* spp.）、海蜇（*Rhopilema esculentum*）、沙蜇（*Nemopilema nomurai*）和霞水母（*Cyanea* spp.）等带有刺细胞的水母，均带有毒性；而如侧腕栉水母（*Pleurobrachia pileus*）和瓜水母（*Beroe cucumis*）等均不具有刺细胞，其不具有毒性。

白潮也可以依据暴发海域分为外来型和原发型。结合野外调查和相关分析，孙松（2013）认为 2011 年在我国胶州湾出现的水母是随环流漂进湾内的，且这些水母极有可能来自于长江口和苏北浅滩（表 2-18）。

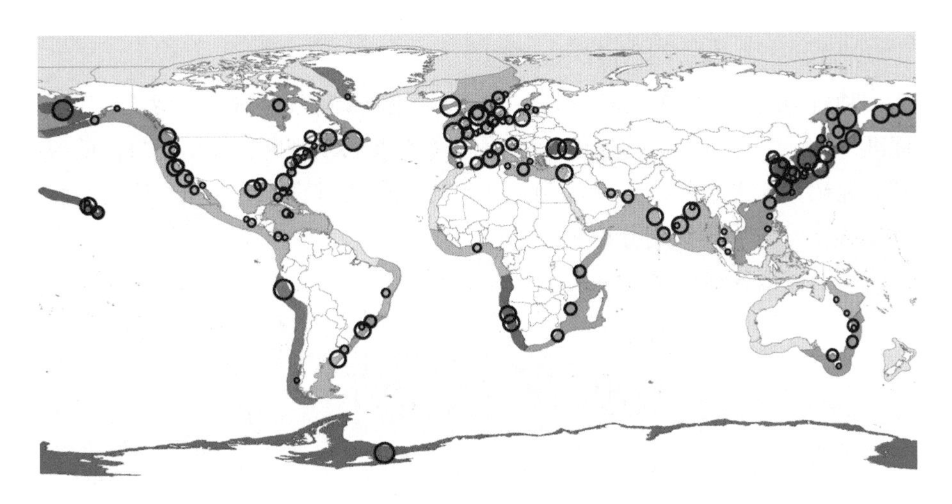

图 2-16　全球原发型和外来型水母种群趋势

红色：增加（高确定性）；橙色：增加（确定性低）；绿色：稳定/易变；蓝色：下降；灰色：无数据

资料来源：Brotz et al.，2009

图 2-17　日本内海濑户水母暴发影响渔民的捕鱼作业

资料来源：The State of World Fisheries and Aquaculture（SOFIA）repor，2008

表 2-18　白潮的类型

类型	特性描述
原发型	某一海域具备了白潮灾害发生的各种理化条件，导致水母就地暴发性增殖形成白潮灾害，水母繁殖海域和白潮灾害发生海域是同一海域，地域性明显
外来型	水母在一海域大量繁殖后，由于外力的作用或水母自身的规律性活动而到达另一海区，并在此形成白潮灾害，水母繁殖海域和白潮灾害发生海域不是同一海域，外来型白潮灾害移动路径长，发生规模大

（三）白潮的成灾标准及等级划分

白潮作为一种新型的海洋生态灾害（图 2-18），无论是国际还是国内，暂无国家或组织制定的成灾及分级标准。Wu 等（2016）根据白潮暴发种的毒性及暴发密度，提出了自己的成灾标准以及灾害等级，其研究认为无毒水母分布密度到达 10 个/hm^2 或有毒水母分布密度达到 5 个/hm^2 则时认定白潮灾害发生，灾害等级划分见表 2-19。

图 2-18　美国西海岸百万水母集群漂流

资料来源：摄影/Brandon Cole

表 2-19　白潮的分类及分级参考

等级 毒性	特大白潮		重大白潮		较大白潮		一般白潮	
	有毒	无毒	有毒	无毒	有毒	无毒	有毒	无毒
分布密度/（个·hm^{-2}）	5 000	10 000	5 000	1 000	50	100	5	10

资料来源：Wu et al.，2016

第二节　海洋生态灾害的基本特征

一、被动性与全球性

本章第一节中重点叙述的海洋生态灾害，在其发生与发展过程中，常受到人为因素和自然因素的影响，具有鲜明的被动性特征。被动性首先体现在海洋生态灾害的发生上，这主要是由于人类对自然客观规律认识不够而导致的不当行为造成了海洋环境的改变，并在特殊的时空条件下，与自然条件耦合形成孕灾环境。例如，由于工业废水、农业和生活污水的排放（图 2-19），造成了海洋水体的富营养化（图 2-20 和图 2-21），破坏了海域环境，为海洋生态灾害的暴发提供了物质基础；当自然环境包括温度、光照等适宜的条件，为海洋生态灾害的暴发提供了有利的自然因素。此外，如船舶压舱水检测不规范及人为盲目的引入外来致灾生物物种等，造成的外地种抢占本地种生态位的现象，也容易引发海洋生态灾害的发生。2003—2014 年间，我国近海海域发生赤潮 811 次，其中外来赤潮物种引发或协同引发的赤潮有 59 次（王洪超等，2014）。

图 2-19　威海市入海排污口

资料来源：http：//www. weihaixing. com/news/show. aspx？ id=284

海洋生态灾害的被动性同样体现在其发展过程中。海洋生态灾害的发展过程，容易受到季节、温度、洋流等自然因素的影响，同时在某些特殊情况下，也受到人为因素的影响。如厦门 G20 峰会期间突发赤潮灾害，我国科研人员利用改性黏土技术对其实施治理，保证峰会没有受到赤潮灾害影响（图 2-22）。此外，如降雨、风力等因素，在一定程度上既可以影响海洋生态灾害的发生和迁移过程，又可能干扰或改变海洋生态灾害的发展过程。

海洋生态灾害的全球性，体现在其诱因、发生及治理 3 个方面。

（1）海洋生态灾害的诱因受到全球化环境问题的影响。这主要包括以下几个方面：①如温室效应、臭氧层破坏、两极冰山消融及全球环境污染等现象，能够造成海水温度、盐度及营养盐的变化，进而对海洋生态灾害的发生产生影响；②全球性捕捞等渔业生产活动造成了海洋生物多样性下降，改变了生态系统食物链及食物网的结构，引起生物间的相互关系发生变化，进而造成潜在的致灾生物暴发形成灾害。

（2）海洋生态灾害的全球性表现为其发生海域呈现出全球化分布特征，即海洋生态灾害在全球各大海域都有发生。如赤潮灾害每年在亚洲、欧洲、美洲及非洲均有发生，绿潮灾害在欧洲、亚洲等海域多有暴发（图 2-23）。

（3）海洋生态灾害的全球性表现为其治理的全球性，由于海洋具有流动性的特征，某一海域发生灾害并伴有生态环境受到破坏，随着时间的推移，周围海域往往或早或晚地随之出现灾害的发生以及生态环境的破坏，因此海洋生态灾害的治理，仅仅依靠一个地区或一个国家是难以实现的，需要世界各国政府的协同合作。同时由于灾害发生具有全球性的特征，许多海洋生态灾害频发的国家拥有大量的海洋生态灾害研究、治理及管理的经验，因此，在海洋生态灾害的防范以及制定海洋生态灾害的防灾、减灾策略上，可以通过增加国际交流，参考、借鉴其他国家的成熟经验、理论技术方法等来实现自身及全球海洋生态灾害的治理及防控。例如，我国

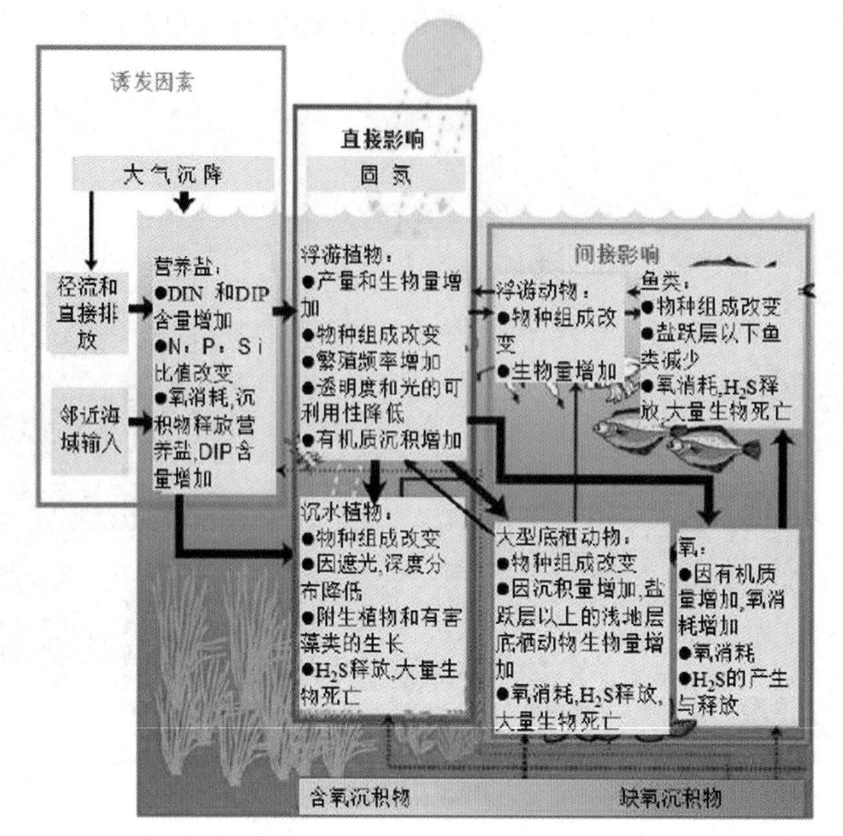

图 2-20　水体富营养化概念模型

资料来源：张丽君，2016

自主研发的改性黏土治理赤潮技术，现已出口到智利等国，为全球赤潮灾害应急处理贡献了自己的力量。另外，GEO-HAB 等国际组织的成立显著体现出在海洋生态灾害研究及治理中全球性合作的重要性。

海洋生态灾害同时兼具区域性特征，这是由于海洋生态灾害是在一定的特殊的时空条件下发生与发展的，即海洋生态灾害的发生与演变过程，受到成灾区域生态环境、自然气候条件以及人为因素的影响。只有当区域内环境适宜且致灾生物暴发时，海洋生态灾害才会发生。因此海洋生态灾害的区域性特征，主要表现为以下两个方面：①由于引发海洋生态灾害的致灾生物的环境适宜性不同，所以某一致灾生物的大量增殖以及由此导致的灾害发生只能局限适宜其生长和增殖的海域；②由于海洋生态灾害的发生与发展具有一定的区域范围，其影响是有限的，即使是同一类型的海洋生态灾害，因其发生海区的环境条件不同，其发展规模与影响程度也是有差别的。

二、暴发性与缓释性

海洋生态灾害多是由于海洋生物短时期内暴发性增殖或聚集造成的，因此海洋生态灾害的发生，在成灾前期需要一定的条件酝酿和生物量积累，主要表现为营养盐、温度、盐度和光照条件等变化，以及致灾生物生物量的增加。如赤潮暴发前期，成灾海域常伴随有营养盐增加及光合色素含量升高的现象，之后便发现在短时期内，赤潮藻密度剧烈增加形成赤潮，随后生物量增加放缓，并持续一段时间。可以说，任何海洋生态灾害的发生，都存在致灾生物短时期迅速暴发增殖的现象。因此，暴发性是海洋生态灾害的显著特征。

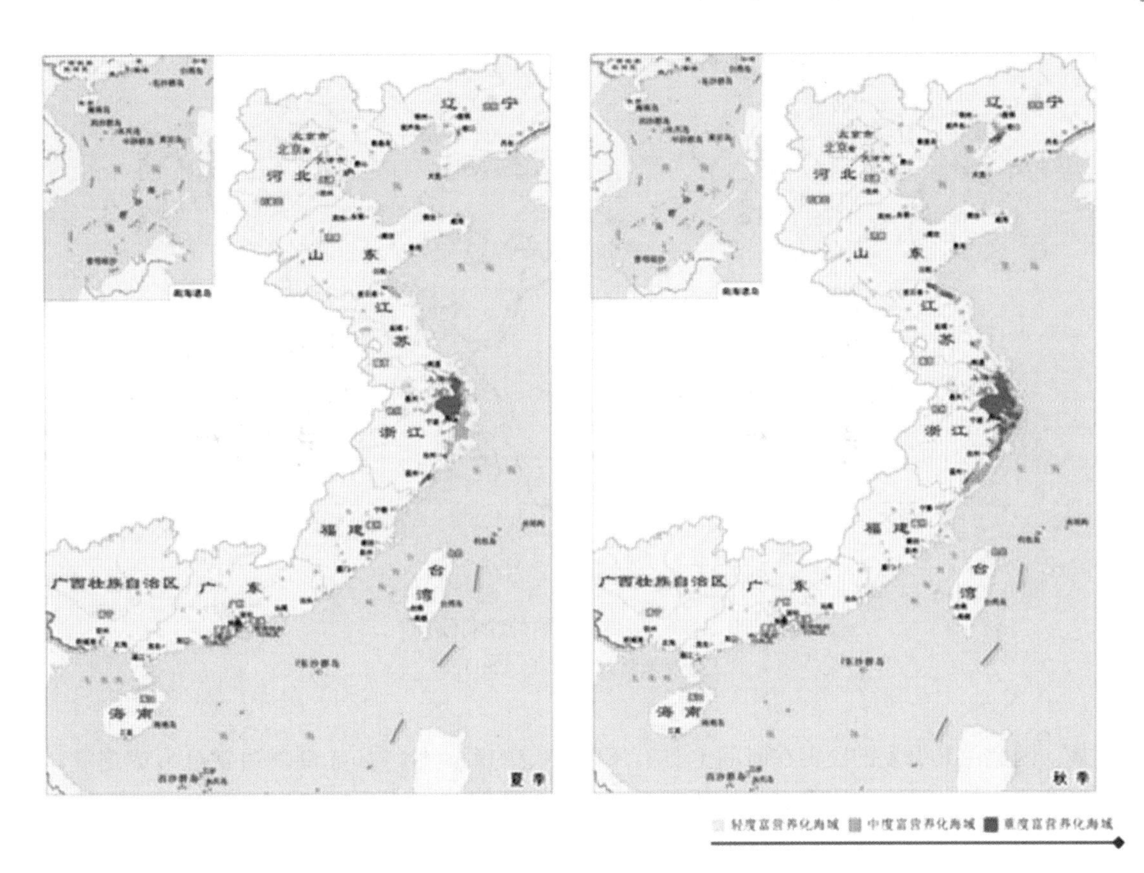

图 2-21　2017 年夏季和秋季我国海区富营养化状况示意图

资料来源：2017 年中国海洋生态环境状况公报

图 2-22　改性黏土治理藻华

资料来源：http：//www. qdxin. cn/Fortune/2017/117996. html

海洋生态灾害的缓释性，主要体现在以下几方面：①有些海洋生态灾害从发生、到发展、再到最终消亡可持续很久，即灾害的完整发生发展消亡过程是缓慢进行的。以我国黄海浒苔绿潮为例，起初，浒苔在江苏省萌发生长，随洋流向黄海海域自南向北迁移，一边迁移一边迅速繁殖，至山东省近岸时生物量剧增，形成灾害，这一过程可维持数月之久。②有些引发海洋生态灾害的致灾生物生活史复杂，在生活史的某一时期或某一阶段停止生长发育并能够长期地存

图 2-23 世界范围内的绿潮分布

资料来源：Ye et al.，2011

活下来，因此由其引发的灾害在时间上具有不可确定的后延性。如赤潮藻通常可形成孢囊，孢囊可以在沉积物中进入休眠状态长达数年，在条件适宜的情况下再度萌发（图 2-24），使赤潮灾害暴发成为可能。因此，赤潮藻生活中孢囊的存在，意味着赤潮灾害的暴发具备缓释性，即后延性。③海洋生态灾害的影响具有滞后性，海洋生态灾害一旦发生，其对受灾海域和周边海域的影响并非在短时期内能够体现出来，而是需要一段时间甚至是在很长的时间跨度中才能缓慢表现出来。如绿潮灾害暴发后，受灾海域沉积环境的变化一般需要较长的一段时间后才能表现出来。

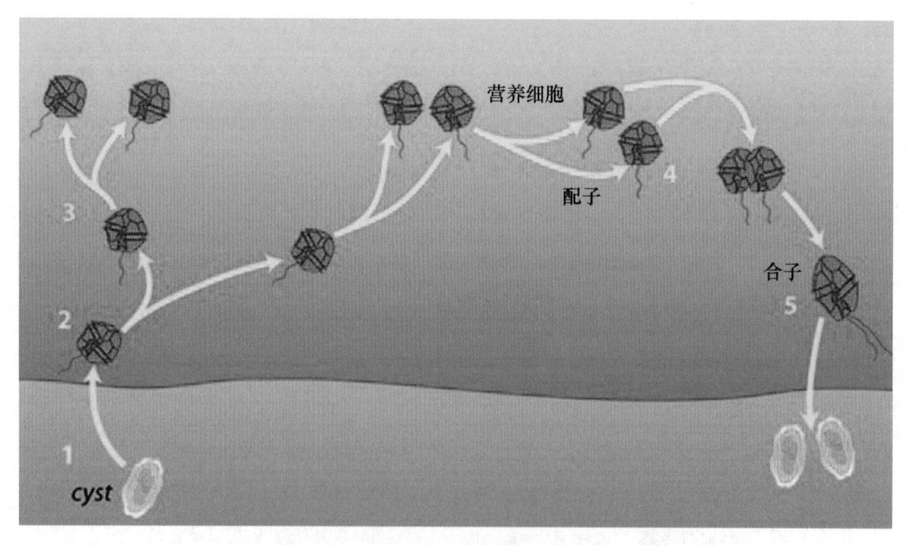

图 2-24 *Alexandrium fundyense* 孢囊从萌发到休眠的过程

资料来源：插图：Jack Cook，伍兹霍尔海洋研究所提供

三、迁移性与重现性

灾害的迁移性，是指发生于 A 地的灾害，能够对临近的 B 地产生影响。迁移性能够体现灾

害的异域性影响。由于海洋环境具有流体的特征，海洋生态灾害的发展极易受到洋流、风向及致灾生物自身运动能力的影响，因此在海洋生态灾害的发生与发展过程中，灾害的迁移性均有所呈现。海洋生态灾害的迁移性首先体现在水平方向的迁移，即海洋生态灾害的发源地和灾害区域能够在空间形成一定的分布，如中国黄海浒苔绿潮，其发源地在中国苏北浅滩，后随洋流迁移至我国黄海东部海域，在这一过程中浒苔暴发增殖，最终形成灾害（图 2-25 和图 2-26）。海洋生态灾害迁移性的另一个体现是垂直方向的迁移，是海洋生态灾害的影响能够沿海洋生态系统垂直方向迁移。例如，赤潮等灾害暴发时，浮游生物暴发性增殖或聚集，能够遮蔽表层海水，影响太阳光透过海水透光层，同时赤潮生物消耗大量氧气及营养物质，这均能够影响深层海水和沉积物种海洋生物的生长发育甚至引起死亡现象，从而影响整个海洋生态系统的结构和功能。

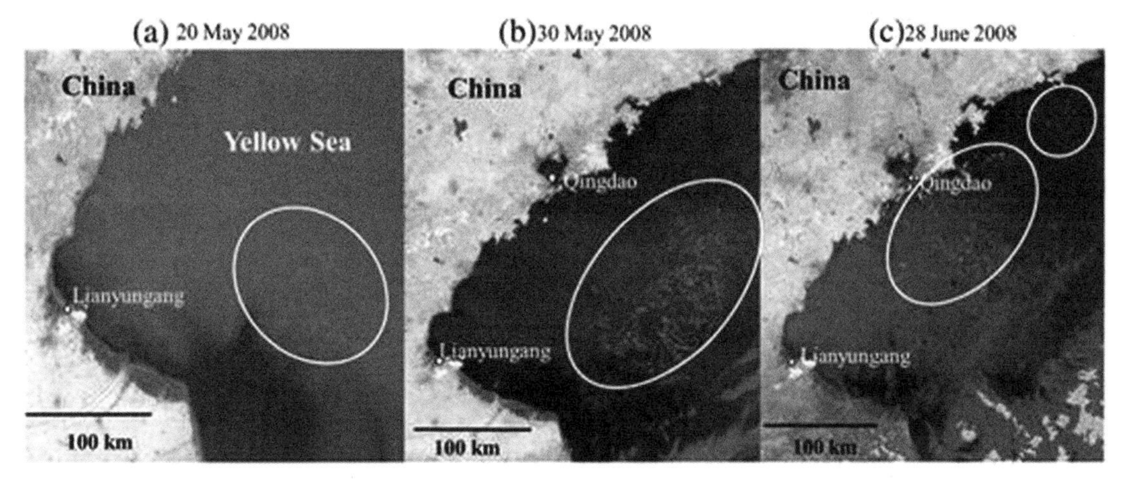

图 2-25 黄海浒苔绿潮迁移卫星图

资料来源：Liu et al.，2009

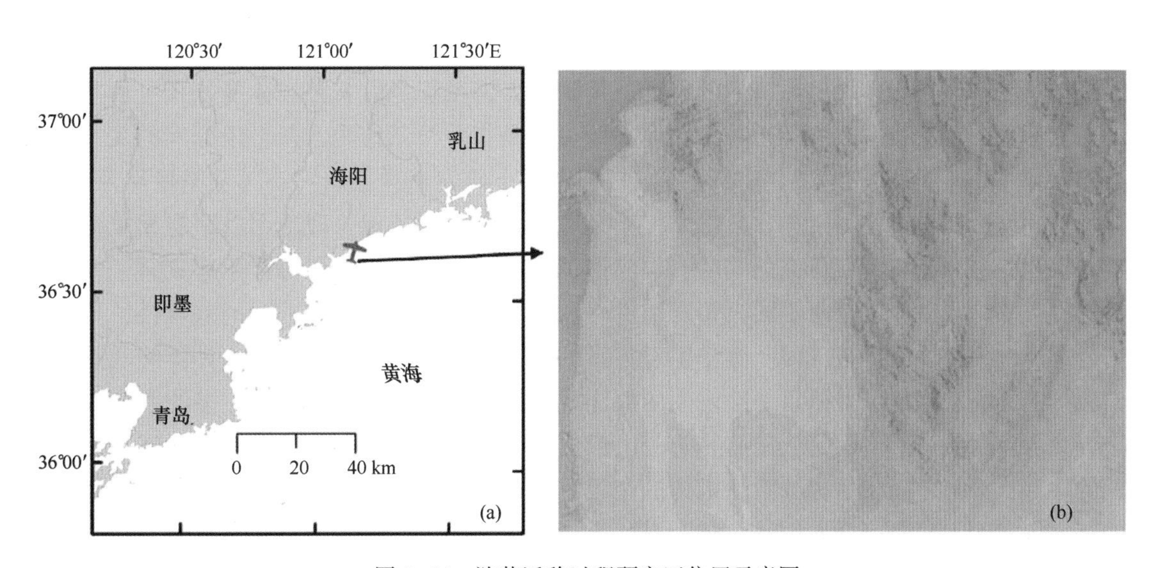

图 2-26 浒苔迁移过程研究区位置示意图

（a）研究区位置空间示意图；（b）研究区无人机航拍示意图，可见大量浒苔斑块漂浮在海面

资料来源：徐福祥，2018

海洋生态灾害的重现性表现在两个方面。①在同一海域，能够多次重复发生同一种海洋生态灾害；例如，进入 21 世纪以来东海连年多次暴发的大规模赤潮事件；自 2007 年至今，黄海海

域连续多年遭受浒苔绿潮灾害等。②引发海洋生态灾害的致灾生物，具有在不同海域引起海洋生态灾害的可能；如抑食金球藻引发的褐潮在美国和我国海区均有暴发记载，在我国的河北秦皇岛、山东荣成桑沟湾和辽宁绥中沿岸海域也都有报道（表 2-20）。此外，在我国每年发生的赤潮灾害中，有些是由多种外来赤潮种引发的，均表明同一种致灾生物存在着在不同海域诱发同种海洋生态灾害的能力。

表 2-20　由两种藻引发的多次褐潮灾害

发生年份	发生地点	褐潮种名
1985	美国罗德岛的纳拉干塞特湾，大南湾	*Aureococcus anophagefferens*
1985、1995、1997、1999	美国新泽西州的巴尼加特湾	*Aureococcus anophagefferens*
1985—1995	美国的长岛湾	*Aureococcus anophagefferens*
1990—1997	美国德克萨斯州的马德雷湖，巴芬湾	*Aureoumbra lagunensis*
1997—1999、2001、2003、2005	南非的萨尔达尼亚湾	*Aureococcus anophagefferens*
1998	美国马里兰州的海湾	*Aureococcus anophagefferens*
2002	美国特拉华州的海湾	*Aureococcus anophagefferens*
2009—2012	中国河北秦皇岛沿岸海域	*Aureococcus anophagefferens*
2012	中国山东荣成桑沟湾海域	*Aureococcus anophagefferens*
2013	中国唐山市乐亭至中国辽宁绥中沿岸	*Aureococcus anophagefferens*
2014	中国秦皇岛近岸海域	*Aureococcus anophagefferens*
2015	中国辽宁绥中至滦河口	*Aureococcus anophagefferens*

四、系统性与预测性

海洋生态灾害的系统性，体现在其发生、研究及管理等过程中。首先，海洋生态灾害的发生，受到众多自然环境因素和人文环境因素的共同影响，相互联系各种因素对灾害发生过程及其最终结果的影响定会体现出系统性的特征。其次，灾害系统是由灾害实体部分和过程共同组成的，实体部分包括各种致灾因子和承灾体，而过程是指整个系统内，各个组分间的关系、媒介及相互作用。鉴于海洋生态灾害的系统结构和组成，研究海洋生态灾害时要坚持从系统性、整体性的角度，找寻共性，归纳总结规律，提出海洋生态灾害的相关理论用以制定相关政策和法规。但是，在坚持系统性研究的同时，也应认识到，即使同一类型的海洋生态灾害，由于致灾生物种类不同或适应性机制不同，其发生机制和发展过程等也会存在一定的差异性，更不用说不同类型的海洋生态灾害。因此海洋生态灾害的研究，也应坚持实事求是、具体问题具体分析的原则，独立严谨地去对待每一次发生的海洋生态灾害。最后，海洋生态灾害的系统性在管理上的主要体现为：一方面是从灾前的防范、到灾中的应激处置再到灾后的评估和恢复实施全过程的管理；另一方面，是围绕管理机构的建设、政策法律法规的制定、人员的组织和设备措施的落实等各个方面进行全方位的管理。

灾害防控是灾害学最重要的研究内容之一，其对降低灾害损失，保护人类财产安全尤为重要。由于海洋生态灾害的发生发展，具有鲜明的区域性、重现性等特征，因此相较于地震等自然灾害，海洋生态灾害的可预测性与可控性要大大增强。海洋生态灾害的可预测性，依赖于海洋生态灾害的暴发特征。人类可以通过对引发海洋生态灾害的致灾生物暴发的生物学及生态学适应性特征及机制研究，并基于其成灾机理，加强对环境因子的监测以及致灾生物生物量的监控；此外，还可以借助海洋物理学模型，形成海洋环境动态监测分析指标体系，实现对海洋生态灾害发生的有效预测。现有的预测方法，主要依赖于现场监测技术（包括水体营养盐、风力、水文及色素含量监测及现场致灾生物丰度监测）结合预测方法（经验方法、统计学方法及动力学方法等）进行预测（图 2-27）。

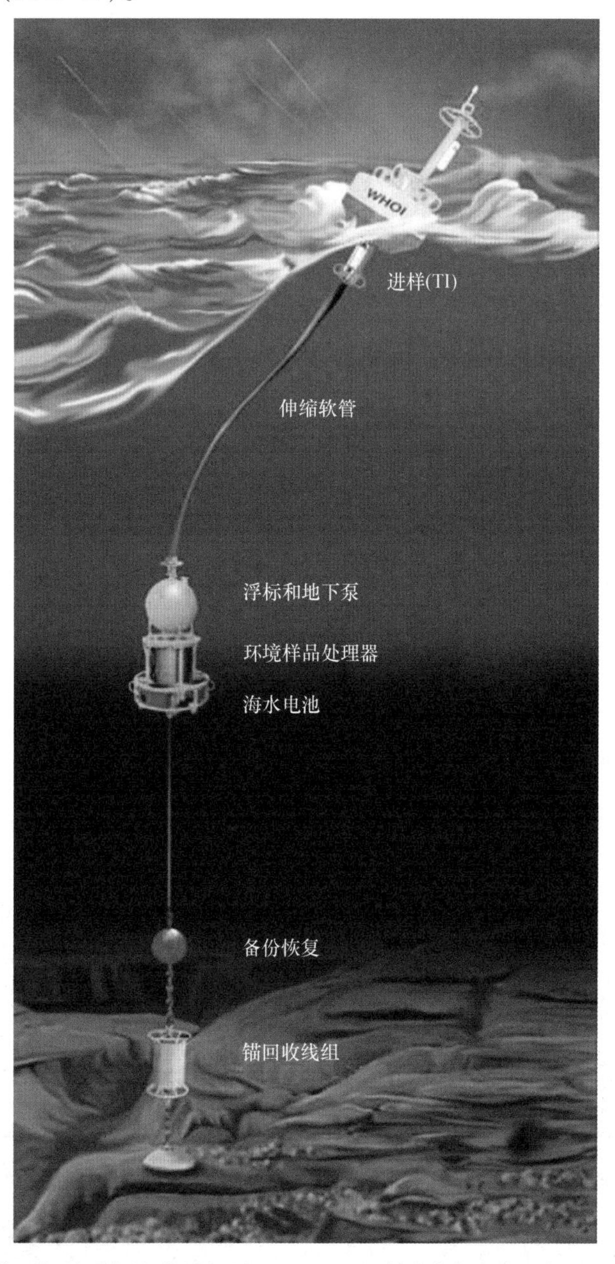

图 2-27　美国伍兹霍尔海洋研究所（WHOI）的科学家们研发的新型环境传感器-ENVIRONMENTAL SAMPLE PROCESSOR（ESP）用于缅因湾有害赤潮的防控

资料来源：E. PAUL OBERLANDER

五、影响复杂性与治理困难性

海洋生态灾害所产生的影响是复杂的，这是由于海洋生态灾害的发生发展及其所造成的后果具有鲜明的自然属性和社会属性。海洋生态灾害发生后，首先会影响海洋生态系统群落结构，造成生态系统结构简单化，并影响生态系统的服务功能，同时引起生态环境发生变化，导致生态失衡。此外，海洋生态灾害还能够造成养殖生物的大量死亡，影响沿岸旅游景点的观光性，甚至影响人类健康和生命安全（图 2-28 至图 2-30）。与此同时，海洋生态灾害的后果具有滞后性，是指灾害发生后，一些后果需要在一定的时间后才显现出来，即其成因和后果在时间上具有一定延迟间隔。

图 2-28　深圳发生赤潮后大量海洋生物死亡

资料来源：http：//m. sohu. com/a/165360072_ 487448/？pvid=000115_ 3w_ a

图 2-29　赤潮暴发导致佛罗里达州海域的海洋生物大量死亡

资料来源：Maya Wei-Haas，国家地理

海洋生态灾害治理的困难性主要体现在以下几个方面：①由于至今仍没有研发出一种成熟的理想的治理方法，在治理方式的选择上存在较大的困难。海洋生态灾害的治理方式包括物理（围捞、沉降）、化学（杀灭剂）和生物（生物提取物、生物间相互作用）3 种，但每种治理方式均存在一定的缺陷。比如，物理方法不对受灾海区产生二次污染，但不能够快速和彻底地抑制海洋生态灾害的发展，同时极大地消耗人力财力；化学方法虽能够快速甚至彻底地控制海洋

图 2-30 青岛海水浴场的绿潮浒苔污染
资料来源：孙鸿玮，2016

生态灾害的发展，但是由于引入了化学物质，往往会带来二次污染，对治理海域内的其他海洋生物造成不利影响；与物理和化学方法比较，生物方法是治理生态灾害的理想方法，它既快速有效又环境友好，不会引起二次污染，但生物方法迄今还在研发过程中，其实际应用仍不成熟。②由于引发海洋生态灾害的致灾生物，通常都是本地种，本身也是事发海域生态系统的一员，生物群落的重要组成，因此只要条件合适，存在同一致灾生物在同一海域引发海洋生态灾害再次或多次连续发生的可能。③相比于陆地环境，海洋环境是广袤的、流动的，因此海洋生态灾害的治理，需要各地多方共同参与，更需要全人类意识的提升以及加强国际间合作交流来实现。所以这也给海洋生态灾害的治理增加了难度。

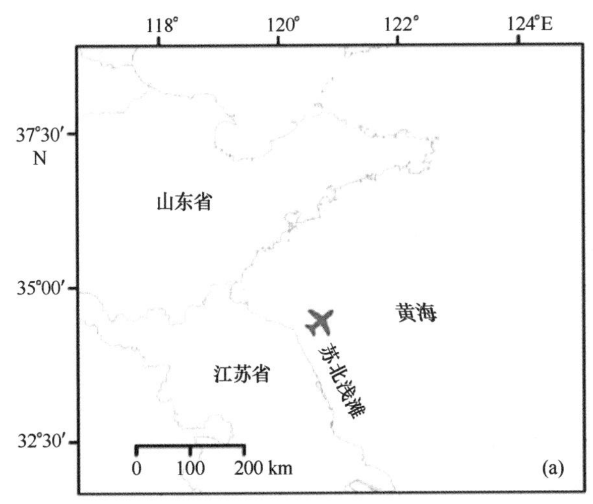

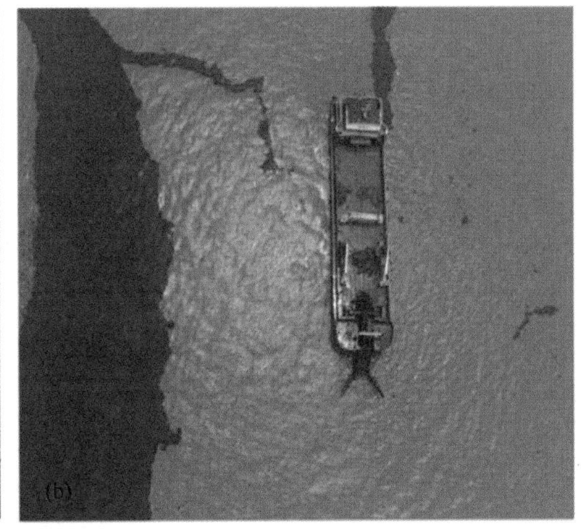

图 2-31 无人机海面绿潮航拍图
（a）无人机对海面绿潮航拍位置示意图；（b）“海状元”号打捞船
资料来源：徐福祥，2018

海洋生态灾害具有自然的发生及演变过程。在无人类干扰的情况下，海洋生态灾害最终会以新的生态系统平衡形成而结束。人为的治理，能够在海洋生态灾害的演变过程中产生抑制效应，从而保护原有的生态系统。然而，由于治理存在诸多困难，因此海洋生态灾害的治理，是综合考虑经济、环境及社会效应的选择。

小结

本章系统性地研究海洋生态灾害，对有效降低海洋生态灾害的发生频率和灾害危害程度有重要意义。我国主要的海洋生态灾害主要由赤潮、绿潮（浒苔）、褐潮、金潮和白潮等组成。海洋生态灾害能够破坏受灾海域生态系统结构和功能，并造成生态系统的服务功能下降或丧失。海洋生态灾害的发生、发展与其对社会经济造成的影响，均体现出其自身的自然属性与社会属性，除此之外，海洋生态灾害同时具备被动性与全球性，暴发性与缓释性，迁移性与重现性，系统性与预测性以及影响复杂性与治理困难性的特征。

思考题

1. 海洋生态灾害的主要类别有哪些？
2. 请简要阐述赤潮灾害的类别及其分级标准。
3. 请简要阐述绿潮灾害的分级标准。
4. 试列举集中不同类型的海洋生态灾害的致灾生物，并简要比较其区别。
5. 请列举海洋生态灾害的主要特征。
6. 请简要描述海洋生态灾害的灾害效应。

拓展阅读

1. Smetacek V，Zingone A. Green and golden seaweed tides on the rise［J］. Nature，2013，504（7478）：84-88.
2. 齐雨藻，邹景忠，梁松．中国沿海赤潮［M］．北京：科学出版社，2003.
3. 洪惠馨．中国海域钵水母生物学及其与人类的关系［M］．北京：海洋出版社，2014.

第三章　海洋生态灾害的生消过程

海洋生态灾害存在复杂的生消过程，涉及物理、化学、生物等不同的过程。每个阶段又因致灾生物生物量及其生长代谢不同而产生不同的生态效应。总结已有海洋生态灾害生消过程的共性规律，可以发现普遍存在4个时期，即：①发生期：又称孕灾期，温度、光照等致灾因子显现，孕灾环境形成，潜在致灾生物具有一定的数量和密度；②发展期：孕灾环境满足致灾生物生长、繁殖的最适需求，致灾生物大量增殖或聚集，进入指数生长期，种群规模快速发展，致灾范围明显扩大；③维持期：灾害形成后致灾生物生物量在一段时间内会保持稳定，维持时间的长短取决于各种环境条件的变化及致灾生物的适应能力；④消亡期：即海洋生态灾害消失的过程，这一时期除了致灾生物生物量骤减外暂没有其他共性特征，海洋生态灾害消亡的生态效应逐渐显现，存在明显的滞后性（图3-1）。本章主要针对海洋生态灾害发生、发展（包括维持期）、消亡过程及各个时期的共性特征进行讲述。

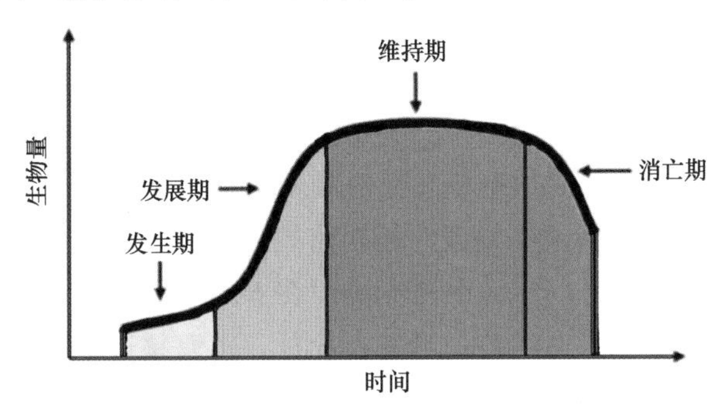

图3-1　海洋生态灾害的生消过程

第一节　海洋生态灾害的发生

这一时期是海洋生态灾害酝酿和形成时期，又称孕灾期。温度、光照等致灾因子显现，孕灾环境形成，潜在致灾生物具有一定的数量和密度，并且逐渐满足生物量指数剧增的条件。

一、孕灾过程

海洋生态灾害暴发前会有一段孕灾过程，这一过程中致灾因子显现，孕灾环境形成，各种生物、化学、水文和气象等各种因素相互作用，一系列海洋学、生态学过程贯穿其中。

（一）致灾因子

1. 温度

海水温度是海洋生态灾害发生的重要致灾因子，不同致灾生物的快速生长和大量繁殖都有特定的温度，因此生态灾害的发生与温度变化状况密切相关。温度一方面可通过控制水体中的酶促反应或呼吸作用的强度，直接影响生物的生长过程；另一方面，温度可通过控制水体中的各类营养物如无机盐、二氧化碳、有机物等的溶解度、离解度或分解率等理化过程间接影响生物的生长繁殖（图 3-2）。

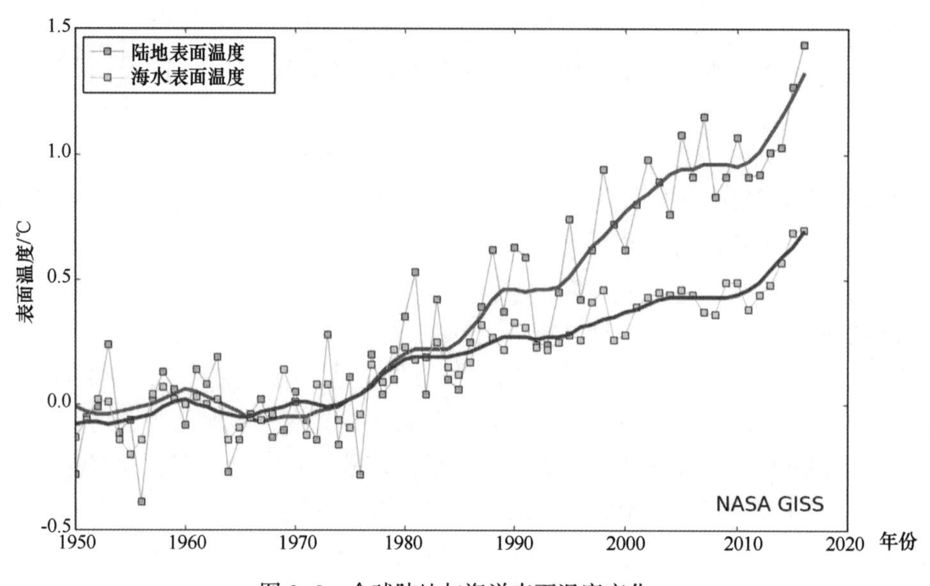

图 3-2　全球陆地与海洋表面温度变化

资料来源：https：//en. wikipedia. org

赤潮的发生与温度的变化状况密切相关，一定范围内温度的短时迅速增高有利于赤潮致灾生物的快速繁殖。不同赤潮致灾生物的孢囊发芽过程对温度十分敏感，且具有种属特异性（图 3-3）。例如，对浙江省舟山海域赤潮多发区的长期监控表明，当水温低于 20℃时，自然海域的赤潮生物优势种为东海原甲藻，可以形成甲藻赤潮；在 5 月下旬和 6 月上旬水温介于 20~23℃时，东海原甲藻与中肋骨条藻共同占优势；当进入 6 月，水温超过 23℃时，东海原甲藻种群迅速衰退，中肋骨条藻成为优势种群，形成硅藻赤潮（王金辉，2002）。

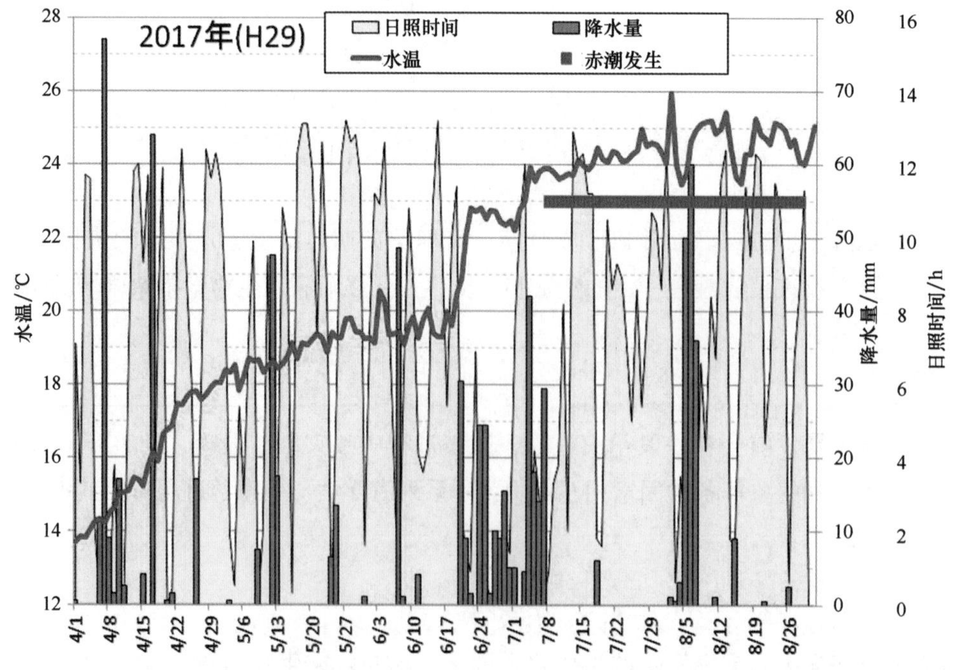

图 3-3　日本宇和岛湾海水温度、光照时间和降雨量与赤潮发生之间的关系

资料来源：日本海上保安厅海洋情报部，2017

黄海绿潮致灾生物浒苔的温度适应性较强，最适宜生长的温度范围为 14~26℃，且在 5~30℃均具有明显的种群增长率。浒苔微观繁殖体在 5℃以下不能萌发，10~25℃时萌发率逐渐升高，超过 30℃时萌发率显著降低，这与江苏近岸紫菜养殖区筏架定生浒苔生物量在 3 月中、下旬开始快速增加相吻合。黄海绿潮早期发生过程的现场调查表明，平均水温小于 10℃时，未见漂浮绿藻；水温升至 13.9℃时，海面开始出现零星漂浮海藻；水温约为 17℃时，海面形成大规模绿潮，这表明温度是调控黄海绿潮发生的关键致灾因子（王宗灵等，2018）。

适宜的海水温度（23~26℃）是我国金潮发生的必要条件，这与其致灾生物铜藻的幼苗最适生长温度为 22~24℃相吻合，且符合自然种群幼苗基本在夏季早期出现的观察结果。

温度的变化会直接影响白潮水母的丰度，温度的波动可能导致水母分布与数量的变化。大部分暖温性水母在温暖的年份丰度增加（Brodeur et al.，2008；Lynam et al.，2010；Lynam et al.，2011），少数水母则出现在较冷年份，能在低温下聚集（Molinero et al.，2008）。海水升温已经成为全球变暖影响下的必然趋势，对分布广泛的暖温性水母来说，海水升温使其更易大量繁殖聚集，形成水母暴发。

2. 光照

光照强度在海洋生态灾害发生过程中起到了重要作用。对浮游植物以及各种大型藻类而言，适宜的光照可以为其提供所需能量（图 3-4）。不同藻类的光合作用与光照强度的关系存在种属差异性，例如甲藻比硅藻类更适宜于较高的光强，而浒苔生长对光照的要求度较低，一般光照在大于 18 μmol/（m^2·s）时，浒苔就能正常生长。

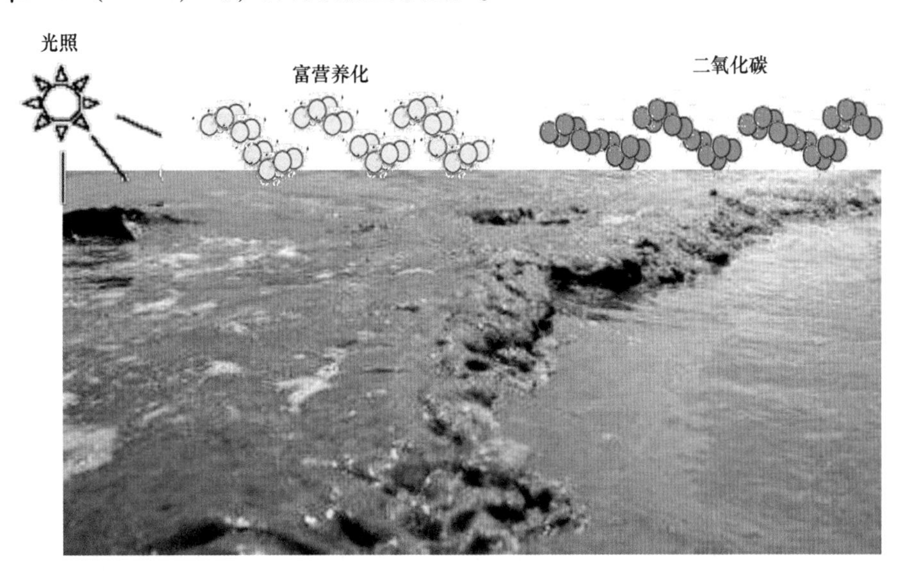

图 3-4　光照可以为藻类生长提供所需能量

资料来源：https：//www.slideshare.net

褐潮与光照的关系与其他灾害有所不同，低光照条件反而会促进褐潮的发生。例如，抑食金球藻褐潮暴发期间随着藻密度的增加，光在水体中透射率下降。大部分藻类在低光照条件下对营养物质的吸收量会大幅度降低，但抑食金球藻却能很好地适应低光照环境，这可能与该藻可以直接吸收 DOC 中的碳元素有关。当光照强度大于 200 μmol/（m^2·s）时，抑食金球藻吸收尿素中的碳仅占光合作用固碳的 1%；而在较低的光照强度下，尿素中碳的吸收占了光合作用碳固定的 40%。抑食金球藻在低光照强度的条件下依然能够正常吸收氮元素，但是相比只有 DON 作为氮源的环境，抑食金球藻在 DON 和 DIN 共同作为氮源的环境中更能适应低光环境（Pustizzi et al.，2004）。此外，抑食金球藻还能够在完全黑暗的条件下存活两个星期，并在恢复光照后快速恢复生长。

光照是白潮水母暴发的一个诱导因素。适当的光照利于水母螅状体的存活，促进螅状体的生长；强光或完全无光照条件水母螅状体横裂生殖延迟或抑制（孙明等，2012）。因此，强光条件的海水表层并不适宜水母螅状体的生长生殖，漂浮在海水表面的水母暴发可能并非水母的初始暴发地点，而是水母的再次聚集或者区域的重新分布。

3. 盐度

海水的盐度是影响海洋生态灾害发生的另一重要诱因，盐度变化与致灾生物的生长、繁殖密切相关（图 3-5），且温盐的共同作用还会影响着致灾生物群落及优势种的演替。

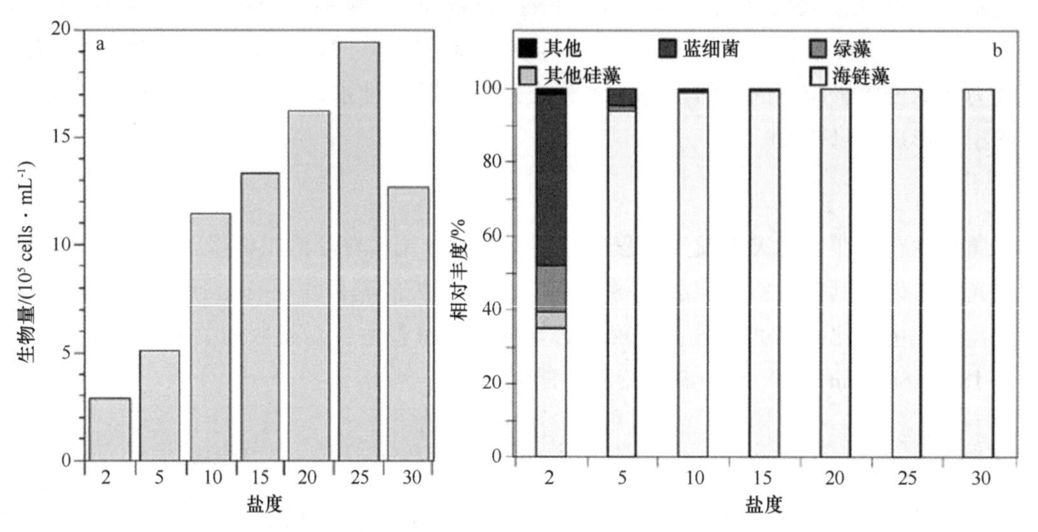

图 3-5　盐度变化对浮游植物种群生长（15 ℃，f/2 培养基中）的影响

注：海链藻（*Thalassiosira pseudonana*）（a）和浮游植物群落（b）在实验最后一天的种群密度

资料来源：Baek et al.，2011

盐度能够影响赤潮生物的分布，例如赤潮异弯藻（*Heterosigma akashiwo*）和中肋骨条藻（*Skeletonema costatum*）能在海洋和河口广盐度范围内分布，而亚历山大藻则不易在河口形成赤潮。在我国 4 个海区中东海发生赤潮的次数最多且面积最大，是我国赤潮发生最严重的海域，其赤潮多发的重要原因就是受到盐度的影响（宋伦和毕相东，2015）。不同季节因水体温盐环境的差异可导致赤潮生物的种类发生更替。例如，东海赤潮多发区，夏季由于长江江水汇入的影响，赤潮生物以高温低盐种为主；秋季则从高温低盐种向低温高盐种过渡。此外，低盐度的刺激下赤潮生物加快细胞分裂速度，盐度急降对赤潮生物在短时间内的大量繁殖有刺激作用。

绿潮致灾生物浒苔对海水盐度的适应范围为 7.2～53.5，最适生长盐度范围为 20.2～26.9。浒苔的最适生长温度、盐度条件存在相关性，例如盐度降低，最适温度升高（张晓红等，2012）。另外，盐度对浒苔的营养繁殖和生殖细胞释放有明显的影响。

盐度会影响白潮水母的分布与数量。东海、黄海的常见暴发水母沙海蚕、霞水母、多管水母和海月水母出现的最适底层盐度分别为 32～33、32～34、33 和 33～34（Zhang et al.，2012）。盐度还影响水母无性生殖速率，不适宜的盐度将导致水母体停止生殖，高盐分能够显著减小芽体比例（Ma and Purcell，2005）。五卷须金黄刺水母在低盐度时能出现水螅体但不会产生浮浪幼体（Liu et al.，2009）；盐度对白色霞水母螅状体的存活、生长和横裂生殖及蝶状幼体的存活、生长都存在影响，霞水母螅状体和碟状幼体最适盐度分别为 15～32.5 与 20～35（董婧等，

2012)。

4. 水动力

潮汐、流场等水动力既能直接促使致灾生物快速生长、聚集，从而导致生态灾害的形成；同时又能使水体交换加强，扰乱原稳定的海水环境，间接提高致灾生物的种群竞争力。

潮汐变化会引起海水交换，而且随着潮水的涨落，底层丰富的营养盐通过直接或间接方式往表层输送，导致表层水体容易聚集大量的赤潮生物，促成赤潮的发生（图 3-6）。据调查，夜光藻赤潮多于水体交换缓慢的潮期间发生，大潮的水动力作用可使高密度的夜光藻高度聚集，导致赤潮发生（周成旭，1994）。

图 3-6 潮汐变化会引起海水交换促成赤潮的发生

资料来源：Wind's Sustainability Blog

沿岸上升流可以把富含营养盐及底层藻细胞或孢囊的次表层水、底层水带到表层，为赤潮生物的生长繁殖提供条件。东海位于长江和杭州湾近岸水团东侧与外海水团的混合过渡地带，低盐淡水和高盐海水东西向混合，加之受到上升流影响，整体海域水体温盐特征异常，这些均与该海域赤潮频发关系密切。不同盐度的海水形成的锋面也会引发赤潮，东海正是由于台湾暖流北上或外海海水在浙江沿海形成的锋面，使得其赤潮灾害频发。Lindahl 认为挪威沿岸的赤潮首先开始于外海水域，而后由海流沿岸锋的作用使赤潮生物在近岸海域聚集，最后发展成赤潮(Lindahl，1985)。

海水的表层流可以影响白潮水母的分布范围和密度。远洋水母的生活史包括两个过程：营固着生活的水螅体以及营浮游生活的碟状幼体和水母体。在墨西哥湾北部，远洋水母的水螅体主要生活在离岸较远、底质较硬的墨西哥湾南部海域，而由水螅体发育形成的碟状幼体和水母体广泛分布在墨西哥湾北部海域。Johnson 等（2001）认为墨西哥湾中远洋水母不同生活型的分布范围不同的原因可以用海流解释，而风力与大陆架的综合作用是产生墨西哥湾海流的主要原因。在美国蒙特利海湾，双小水母丰度变化与季节性的上升流变化有关。上升流可提高初级生产力，而初级生产力的增加又为双小水母提供了食物来源（Robison et al.，1998）。

（二）孕灾环境

不同种类的海洋生态灾害，其孕灾环境不同。一般来讲赤潮、绿潮、金潮和褐潮发生主要是由于海水富营养化，而白潮的发生则是由生物多样性降低引起的。在常见的海洋生态灾害中，孕灾环境的变化大致可分为两类。

1. 海水富营养化

绝大多数致灾生物都是营自养生活，它们吸收海水中的营养盐，利用光合作用合成有机物满足自身生长、繁殖的需要。因此，这些致灾生物的大量增殖或聚集，必须有充足的营养元素作为其物质基础。在赤潮、绿潮和金潮的发生过程中均需要大量的无机氮、磷等营养元素，在这 3 种灾害发生的起始阶段，海水中一般含有较高浓度的无机氮和无机磷。海洋中的 NO_3-N、NO_2-N、NH_4-N 和 PO_4-P 等无机营养物质均在一定程度为赤潮、绿潮和金潮的发生提供了物质基础，并且决定了其规模。

图 3-7　RedField 常数及发现者 Alfred Redfield 先生

资料来源：Woods Hole Oceanographic Institution

赤潮灾害的发生受到营养盐组成结构改变的影响。不同浮游生物有选择性的、以一定的需求比例吸收和利用各种营养盐，因而营养盐结构的改变会导致浮游植物群落结构的改变，从而导致赤潮的发生。赤潮发生时 N/P 比值被认为对赤潮生物繁殖起着重要的作用。Redfield 研究表明，一般大洋深层水的 N/P 比值为 16∶1，与浮游植物体内元素组成相似，后人将其称为 Redfield 比值，且它被认为是研究水域生态环境中的限制因素（图 3-7）。一般认为海洋生态系统主要受氮限制，但限制因子并不是不变的，在赤潮发生过程中，时间和空间上均会发生氮限制与磷限制的转变。此外，硅酸盐是海洋硅藻的重要营养物质，是硅藻细胞外壳的主要组成成分，是硅藻赤潮发生的物质基础。

绿潮发生的富营养化显著特点是氮严重超标，N/P 远高于 Redfield 比值。黄海绿潮致灾生物浒苔对氮、磷也有很大的需求。在氮供应充足时，浒苔耐受强光能力、呼吸功能和捕光能力均有所加强，其生长率出现显著提高，磷加富对浒苔生长也有一定的促进作用，但明显低于氮加富作用。有研究通过理论方程拟合测算了黄海绿潮环境容纳量，获得浒苔绿潮发生所需最小营养盐浓度为无机氮 $[N]_{min}=6.5\ \mu mol \cdot L^{-1}$，活性磷酸盐 $[P]_{min}=0.27\ \mu mol \cdot L^{-1}$，黄海绿潮维持所需最小营养盐浓度为无机氮 $[N]_{min}=3.2\ \mu mol \cdot L^{-1}$，活性磷酸盐 $[P]_{min}=0.13\ \mu mol \cdot L^{-1}$（苏荣国等，未发表数据）。

金潮的发生受到氮和磷的双重调控。金潮致灾生物——铜藻幼苗处于快速生长期，细胞代谢快，但叶片面积小，光合作用较弱，因此铜藻幼苗对氮浓度的变化更敏感。在氮加富条件下，铜藻幼苗的最大特定生长率高达30.87%，远高于磷加富影响下的最大特定生长率（19.32%）。而铜藻成体的生长及繁殖期对环境中磷水平要求较高（李慧等，2017）。

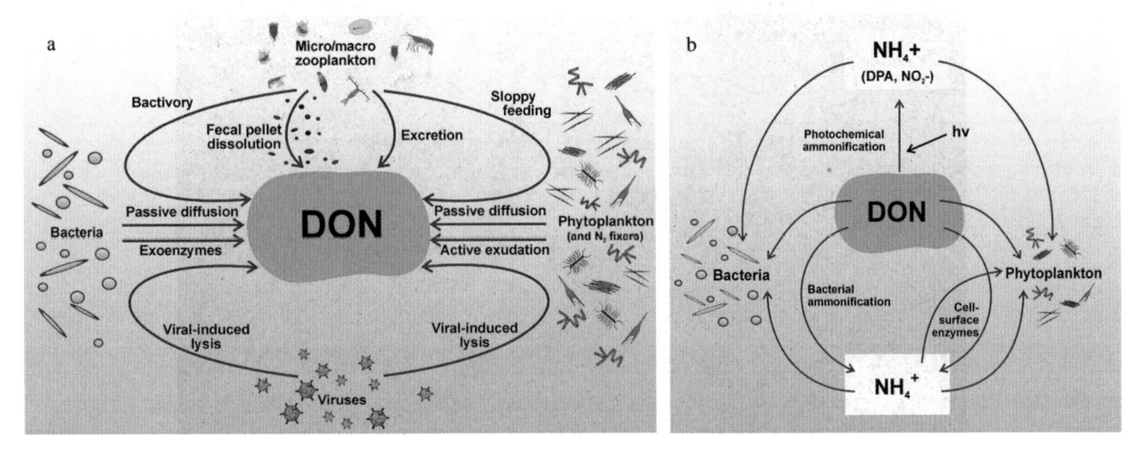

图3-8 海洋中溶解有机氮的主要释放（a）和利用过程（b）

褐潮的发生与水体中溶解性有机物有密切的关系。褐潮的致灾生物抑食金球藻可以直接利用可以吸收利用溶解性有机物中的碳、氮、磷。因此，褐潮更容易在无机营养盐相对较低的海域（N、P通常低于1.0 μg/L）发生。研究发现，发生褐潮的海域，溶解性有机氮（dissolved organic nitrogen，DON）含量普遍高于未发生褐潮的海域。而且在褐潮发生前，溶解性有机氮的浓度较高，但随着抑食金球藻细胞密度的增加，DON的含量逐渐降低；在褐潮消亡后，DON的浓度又有所增加（Gobler et al.，2004）。众多的研究结果均表明抑食金球藻可以从尿素、氨基酸、蛋白质、二糖和乙酰胺等含氮有机化合物中吸收氮元素，其中尿素和氨基酸是其所需氮源的重要组成部分（Mulholland et al.，2002）。抑食金球藻还可以从葡萄糖和氨基酸中吸收碳元素（Gobler et al.，2004）。在褐潮发生过程中，添加溶解有机碳（dissolved organic carbon，DOC），如葡萄糖会促进抑食金球藻的增长。氨基酸中约一半的碳都能被抑食金球藻吸收（Mulholland et al.，2002）。DOC含量在褐潮开始过程中经常会有所提高。随着褐潮发展，DOC被抑食金球藻利用，其浓度随之降低。抑食金球藻具有可以直接利用DOC的能力，在持续的低光照、低营养条件下，抑食金球藻的异养吸收使其较严格自养的浮游藻类更具有竞争优势。

2. 生物多样性降低

水母暴发与藻类引发的海洋生态灾害不同，其孕灾环境不是海洋的富营养化，而是高丰度的浮游动物以及鱼卵仔稚鱼等。水母与鱼类和浮游生物间存在着强烈的相互作用，水母既能捕食浮游动物和鱼类的卵及仔稚鱼（图3-9），又可被浮游食性鱼类捕食，形成反馈环，如果反馈环出现破坏，则可能出现水母的暴发。人类对鱼类、甲壳类、藻类等海洋食物链中的高级消费者的过度捕捞导致了对沿海生态系统的扰动，使海洋生物群落结构发生改变，降低了生物多样性的复杂程度。因此，渔业资源的过度捕捞，降低了生物多样性，增加了水母的食物的同时又破坏了水母食物链的反馈环，逐渐形成了白潮的孕灾环境（Jackson et al.，2001；Daryanabard et al.，2008）。

白潮的发生会引起赤潮等其他次生生态灾害。水母的食性十分广泛且食量巨大，通过对水母胃含物的分析，发现水母主要以桡足类、枝角类、磷虾类、毛萼类和蔓足类、腹足类的幼体以及少量的鱼卵、仔鱼等为食。水母暴发时，水母将捕食大量的浮游动物，并引起植食性浮游动物的减少。植食性浮游动物的减少又降低了藻类的被取食压力，改变浮游生物群落结构，从而引起赤潮等次生生态灾害。

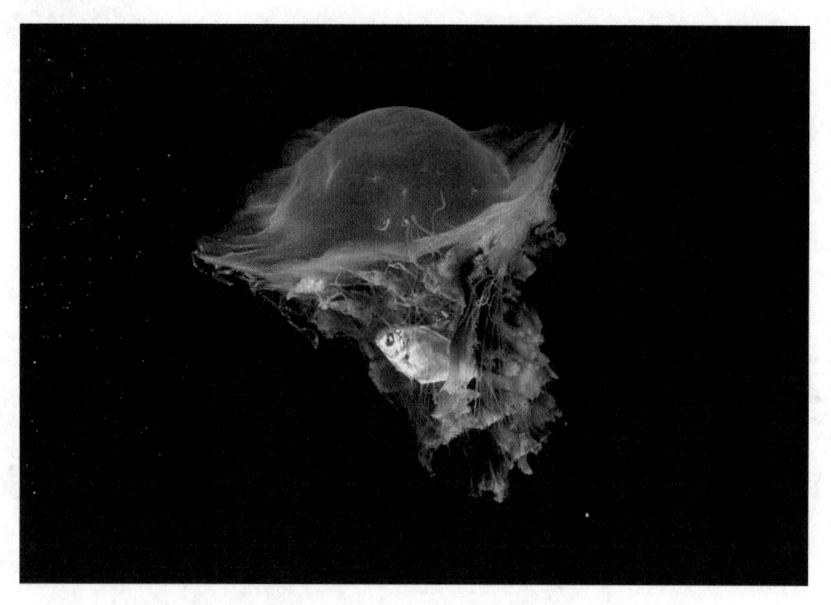

图 3-9　水母捕食稚鱼的过程

交通航运促进致灾生物传播

轮船排放压舱水

随着世界贸易和国际交流越来越频繁，各种船舶航行于各大洋以及世界各个港口之间。这些船舶在各海域纳入和排放压舱水，导致了各大洋以及海域之间的海水交换，随之而来的是海洋生物物种在世界范围内的交流，例如某些致灾生物以及其为适应恶劣环境所产生的孢囊，均会随压舱水被携带到世界各地，并排放到目的地的海洋中。这些致灾生物或孢囊遇到合适的环境，便会暴发增殖，形成海洋生态灾害。国际航运在一定程度上促进了海洋生态灾害致灾生物的交流与传播，是诱发海洋生态灾害的致灾因子之一。

二、发生特征

海洋生态灾害发生之前会有一段时间的孕灾期用来积累或转换能量，以打破原有系统的平衡及稳定，潜在性、突发性和多因性是这一时期的典型特征。

1. 潜在性

潜在性主要体现在两方面：①致灾因子的显现和孕灾环境的形成均需要一定的积累过程；②灾害原发海域均有致灾生物的“种子库”，如赤潮生物的孢囊、绿潮生物的微观繁殖体、白潮生物的水螅体等。

孢囊可以作为赤潮的“种床”潜在引起赤潮周期性的暴发。许多赤潮藻在其生活史的过程中会形成休眠孢囊，休眠孢囊具有可萌发成为游动细胞回到水体的生存策略，并在赤潮灾害发生过程中扮演着重要的作用。孢囊的萌发可以向水体中提供大量的游动细胞，从而促进赤潮灾害的发生。波罗的海的表层沉积物中高密度的甲藻孢囊是该区域赤潮发生的重要原因（图 3-10），这些孢囊可以在沉积物中完成越冬，并在春季暴发增殖，导致了周期性赤潮的暴发（Heiskanen et al.，1993；Kremp，2001；Spilling et al.，2006）。日本西部和韩国南部海域多环旋沟藻孢囊可在冬季低温季节成功越冬，并成为夏、秋季节赤潮发生的种源（Matsuoka et al.，2010）。同样，链状亚历山大藻孢囊也被认为是智利湾该藻赤潮周期性暴发的重要原因之一（Mardones et al.，2016）。

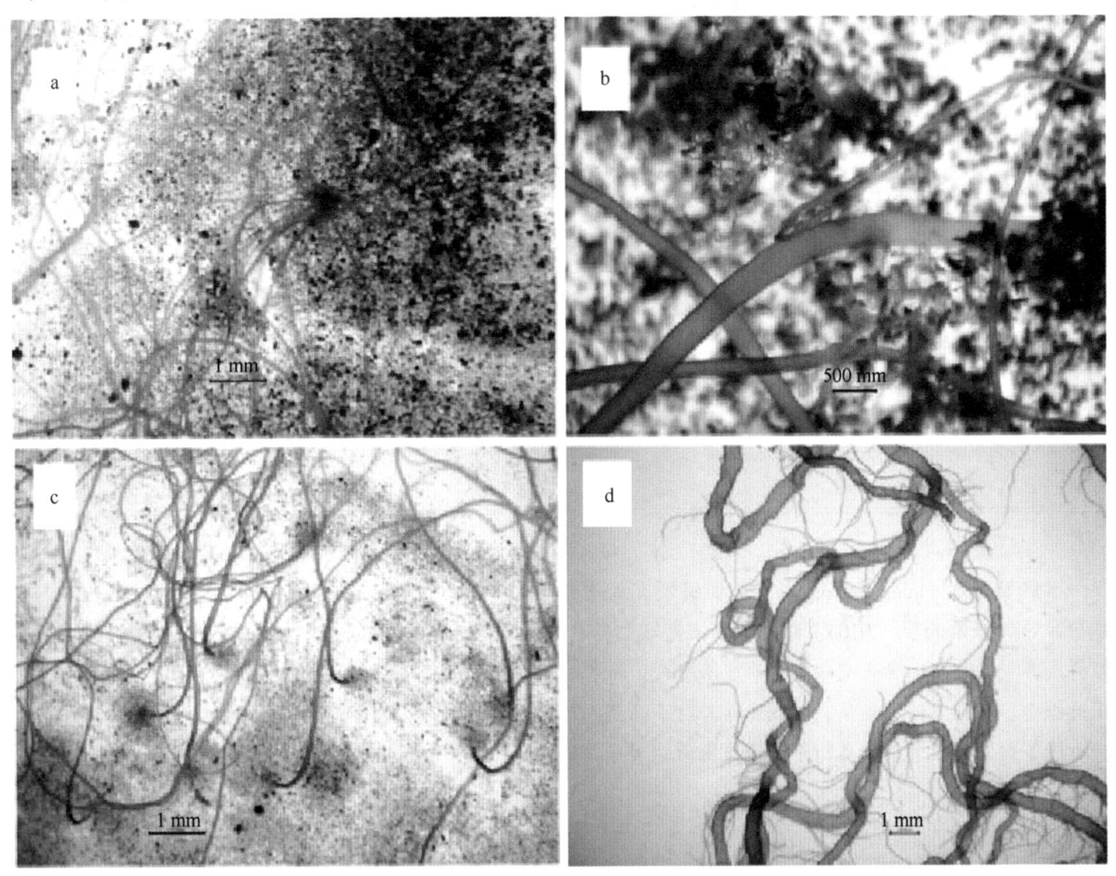

图 3-10 沉积物经培养获得的绿藻

a 和 b 为表层沉积物中生长出的绿藻；c 为曲浒苔；d 为绿潮浒苔

资料来源：Liu F，2017

绿藻微观繁殖体的存在是绿潮灾害得以快速发生的潜在因素。研究表明，漂浮绿藻或定生绿藻可以产生大量的微观繁殖体，由于其具有较强的耐受环境胁迫的能力，是绿藻渡过不利生存环境、维持种群数量的重要手段（Hoffmann and Santelices，1991；Schories，1995；Lotze et al.，

1999）。2009—2010 年通过对江苏沿岸多个站位表层沉积物的定量检测，均发现沉积物中存在石莼属绿藻微观繁殖体，并且在 2010 年冬季苏北辐射沙洲的沉积物中首次发现了绿潮浒苔的微观繁殖体（图 3-11）。黄海南部浅滩区及邻近海域的现场调查数据也显示该区域周年存在较高丰度的绿藻微观繁殖体（Liu et al.，2012；Li et al.，2014；Song et al.，2015a）。在适宜的环境条件下，微观繁殖体遇到合适的附着基就会萌发生长成绿藻幼苗，在绿潮灾害的孕育和形成过程中，发挥重要作用。

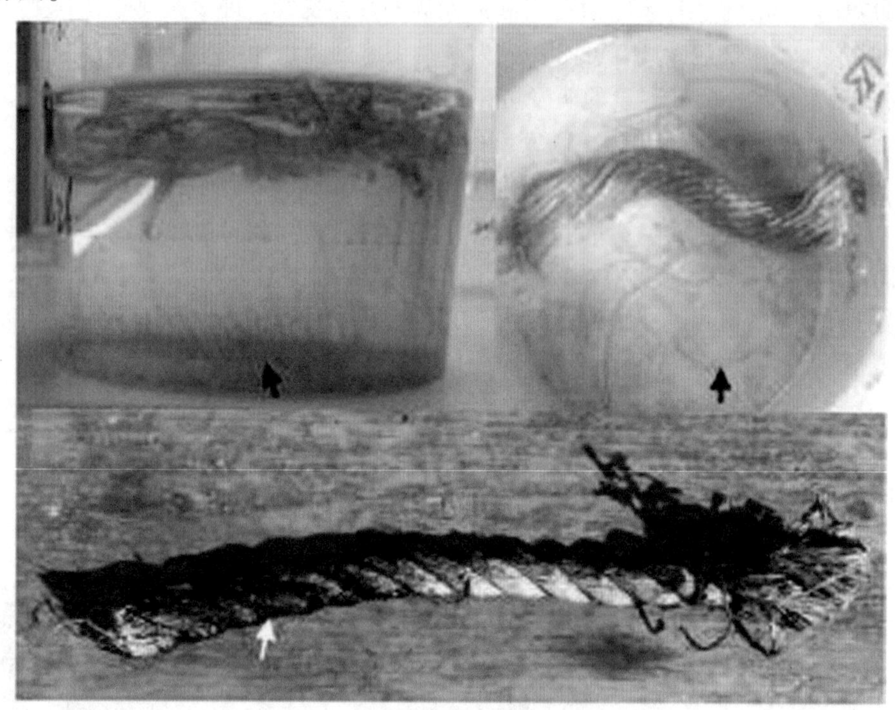

图 3-11　冬季江苏近岸浅滩区筏架梗绳及培养

注：下图，白色箭头指示梗绳上附着的丝状幼苗；上图，黑色箭头代表丝状幼苗培养后释放生殖细胞生成新的幼苗

资料来源：Fan，2017

微观繁殖体

微观繁殖体（micro-propagule）指能够发育成藻体的显微形态，包括孢子、配子、体细胞、叶状体和藻体碎片等（唐启升等，2010）。该定义比较宽泛，其中，孢子、配子等是绿藻生活史中的一个发育时期，是绿藻完成其繁殖发育、世代交替的重要生活阶段；而智利科学家 Hoffmann 和 Santelices（1991）从生态学角度提出此概念，认为其细胞类型、组成多样，对于绿藻在不同生态环境中维持种群数量、调控春季绿藻群落结构和数量等起着重要作用，类似于高等植物的“种子库”。

微观繁殖体

随后，一系列的现场研究证实其广泛分布于绿潮多发的近岸海域，并发现营养盐、浮游动物的摄食作用等是调节和改变微观繁殖体的丰度和组成的重要因素（Lotze et al.，1999；Orm et al.，2001）。这些研究，证实了微观繁殖体的存在，并指出了其对绿潮暴发的作用。在适宜的环境条件下，微观繁殖体遇到合适的附着基就会萌发生长成绿藻幼苗，在绿潮的孕育和形成过程中，发挥重要作用。我国研究人员在黄海绿潮暴发区，也开展了多次微观繁殖体的调查研究，主要集中在对其数量、分布，及其与漂浮绿藻的关系等方面（Liu et al.，2012，2017；Li et al.，2014；Song et al.，2015a；Huo et al.，2016）。

2008年黄海西部暴发大规模浒苔绿潮以来，我国研究人员在绿潮的暴发机制、监测预警、防控打捞等方面开展了大量的研究（黄娟等，2014；Zhou et al.，2015；王宗灵等，2018）。近年来，对水体和沉积物中微观繁殖体的研究也日渐增多。从微观繁殖体这一群体着手，研究其与漂浮绿藻的关系、在不同季节的群体动态，有助于补充我们对于这种大型海藻藻华暴发过程和暴发原因的认识。

2. 突发性

突发性是海洋生态灾害的显著特征，主要表现为在合适的孕灾环境下，致灾生物往往会在短时期内暴发性地增殖或聚集，没有明显的前兆或严格的规律可循，突发性强，发展迅速，并且致灾范围广。例如，在富营养化海域赤潮生物一旦遇到适宜的温度、盐度和水文气象条件，赤潮生物就会呈指数生长，高度聚集，快速形成赤潮，造成损失和危害。虽然目前可以通过生态模型实现部分海洋生态灾害的预报、预警，但海洋生态灾害发生的突发性使得预报、预警结果的时效性和准确性仍是防灾、减灾工作亟需解决的关键技术问题。

PCNA 基因

近年来，大量的研究表明增殖细胞核抗原（proliferating cell nuclear antigen，*PCNA*）与细胞的分裂活动密切相关，与高等植物细胞分裂从G0或G1期进入S期有关（Kodama et al.，2010）。目前，已经在浮游植物的各个门类中，如绿藻、硅藻、隐藻、定鞭藻、甲藻等中发现了 *PCNA*（Kodama et al.，2010；Liu et al.，2005；Senjie Lin，2010），并且在某些浮游植物中发现蛋白含量在不同生长阶段是不同的，*PCNA* 基因的表达量也与生长率呈正相关性（Senjie Lin，2010）。因此，*PCNA* 是研究浮游生物生长速率的一个良好的分子标记，这对研究有害藻华的发生具有重要的意义。

何闪英等（2009）以中肋骨条藻为研究对象，系统探究了中肋骨条藻生长率与增殖细胞核抗原基因表达量之间的关系。研究结果表明，平均单细胞中 *PCNA* 表达量在培养的不同阶段变化很大，且变化趋势与生长率表现出良好的一致性，说明 *PCNA* 表达量与细胞分裂密切相关，体现了其作为细胞增殖指标的潜能。赵丽媛等（2009）以东海海域常见的赤潮藻——东海原甲藻为研究对象，首次克隆得到了东海原甲藻的 *PCNA* 基因和其细胞色素 *b* 基因的cDNA全长序列，系统研究了东海原甲藻 *PCNA* 基因表达量在不同细胞周期中的变化及其与生长率之间的关系。研究结果表明，平均单细胞中 *PCNA* 表达量在培养的不同阶段变化较大，指数期的含量比平台期高4倍左右，说明 *PCNA* 表达量与细胞分裂密切相关。

3. 多因性

多因性主要体现为海洋生态灾害的发生是多种因子综合作用的结果，涉及生物、化学、水文、气象、地理、地质、人类活动甚至历史等方面的问题。不同海域、不同季节、不同环境条件，海洋生态灾害的形成原因都不尽相同。目前普遍认为，海洋生态灾害发生的主要原因是由于致灾生物“种子库”的存在，海洋水体富营养化，人类活动干扰致使的生物多样性降低，以及适宜的水温、光照、盐度和水文气象条件等的相互作用（图3-12）。

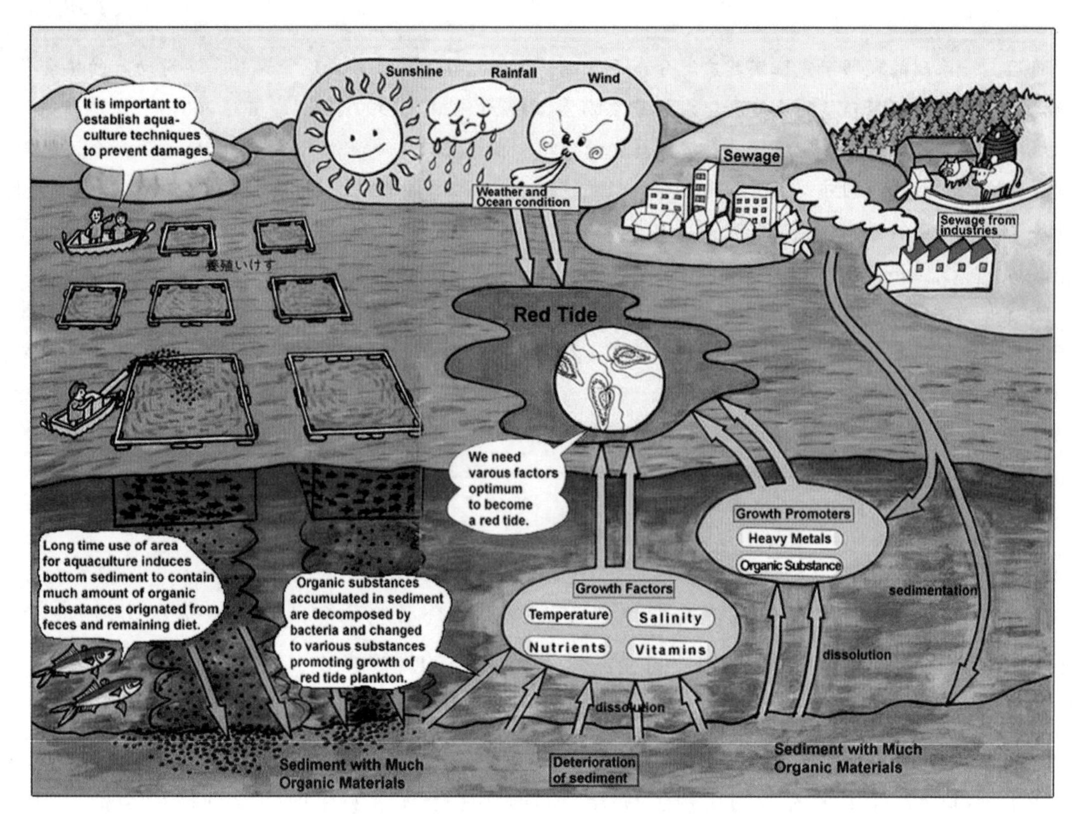

图 3-12　引起赤潮发生的各种致灾因子

资料来源：http：//www. cearac-project. org

比如赤潮灾害的发生是一个物理、化学和生物因素综合作用的结果。赤潮发生过程不仅关系到赤潮生物的生长和营养传递，也关系到物理动力（风浪、洋流等）作用引起的转移、扩散、搅动以及生物本身的聚集（趋性、生物对流等）和垂直移动（Steidinger et al.，1981）。赤潮发生过程中各种致灾因子相互之间并非是完全独立，而且还存在错综复杂的交互影响。例如，海水温度除了能够影响致灾藻类的生长过程以外，还会同时影响水体中水层运动（海流、旋涡、水层垂直移动等），进而改变营养盐、盐度等理化因子的循环转变，也能够促使赤潮生物发生扩散迁移。而对于化学因子而言，诸如 pH 值等因子的改变也同时会影响水体生态系统中其余致灾因子发生相应的响应性变动，赤潮发生前水体中的 pH 值与氧饱和度（$O_2\%$）存在明显的正响应，但在赤潮发生时该响应逐渐弱化，转为与盐度和悬浮物的正相关（韦蔓新等，2004）。

第二节　海洋生态灾害的发展

海洋生态灾害的发展过程涵盖了灾害暴发期、灾害的发展期及维持期，这一过程是外界环境与致灾生物的持续地相互影响阶段。这一时期孕灾环境满足致灾生物生长、繁殖的最适需求，致灾生物大量增殖或聚集，进入指数生长期，种群规模快速发展，致灾范围明显扩大；同时除了致灾生物本身的变化外，受灾海域的部分环境要素也会发生相应的变化，这些环境要素的改变会对受灾海域中其他生物造成不同程度的不利影响，导致生物群落甚至生态系统的变化。

一、发展过程

海洋生态灾害的发展过程涵盖了致灾生物的变化、环境要素的变化、受灾海域中其他生物的变化、生物群落甚至生态系统的变化。

（一）致灾生物的变化

1. 生物量的变化

致灾生物在发生期开始具有一定数量，在发展期呈指数增长，生物量急剧扩增发成较大规模，在维持期保持较高的种群密度（图 3-13）。

在黄海浒苔绿潮发展过程中，漂浮绿藻生物量就呈现出由低到高的快速增长，并且漂浮早期绿潮藻生物量增长率明显高于漂浮后期。以 2009 年浒苔暴发为例，4 月 17 日首次发现漂浮绿藻，生物量为 1.35 t，4 月 26 日漂浮绿藻生物量为 63 t，5 月 6 日生物量增加为 186 t。5 月中、下旬则快速增长，至 27 日漂浮生物量迅速升高至 118 560 t，增加了 600 余倍，平均每天增加 36%。2010 年情况也与 2009 年类似，5 月初海面漂浮绿潮藻生物量约为 19.4 t，5 月末增加至 34 020 t，平均每天增加 43%（范士亮等，2012）。

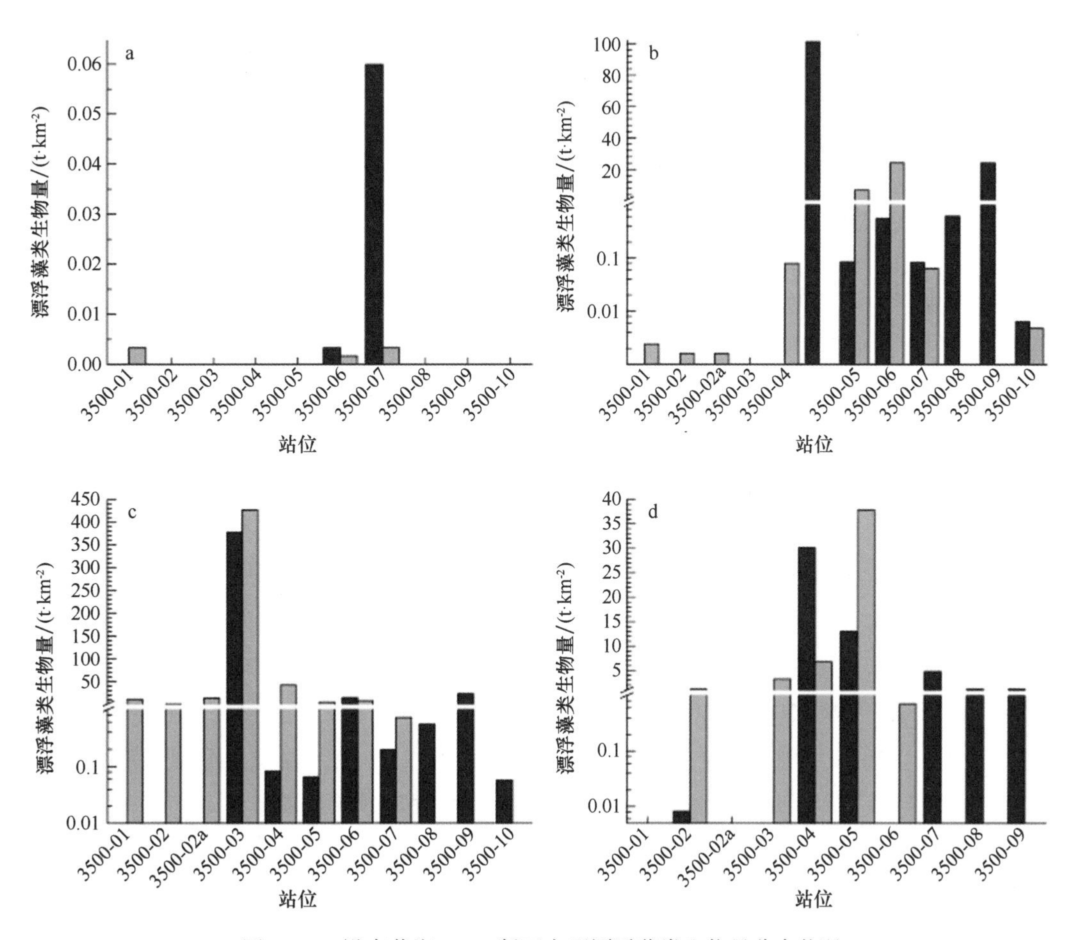

图 3-13　沿南黄海 35°N 断面大型漂浮藻类生物量分布状况

注：图中 a，b，c，d 分别代表 2017 年 4 月 22—23 日、5 月 21—22 日、6 月 9—10 日和 6 月 20—21 日的调查结果；绿色柱代表漂浮绿藻生物量，褐色柱代表马尾藻生物量

资料来源：孔凡洲等，2018

2. 致灾生物的演替

在海洋生态灾害发展过程中，往往存在致灾生物的演替或多种致灾生物并存的现象，其中演替可分为两种。

（1）同类致灾生物的演替。同类致灾生物的演替是指同种类型生态灾害致灾生物的演替，如赤潮灾害暴发过程中往往存在赤潮生物种类的演替。

表 3-1　东海赤潮高发区赤潮生物演替情况

发生时间	发生地点	发生面积/km^2	种类
2004 年 6 月 11—13 日	长江口外至花鸟山、嵊山海域	1 000	PD、SC
2005 年 6 月 3—5 日	浙江桃花岛虾峙岛至韭山列岛海域	2 000	PD、KM
2005 年 6 月 8—11 日	浙江嵊山至西绿华山海域	1 300	PD、KM
2005 年 6 月 10—13 日	浙江象山南韭山列岛海域	2 000	PD、KM
2006 年 5 月 3—8 日	浙江舟山外至六横岛东南海域	1 000	PD、SC
2006 年 5 月 14—17 日	长江口外海域	1 000	PD、KM
2006 年 5 月 20—27 日	浙江象山渔山列岛附近海域	3 000	PD、KM
2006 年 6 月 12—14 日	浙江南部海域（洞头岛至北麂列岛）	2 100	PD、KM
2006 年 6 月 24—27 日	浙江中部渔山列岛至韭山列岛海域	1 200	CC、KM
2007 年 6 月 27 日	浙江象山韭山列岛东部海域	400	SC、CC
2007 年 8 月 23—27 日	浙江象山港	350	SC、CC
2008 年 5 月 1—5 日	浙江苍南大渔湾	260	PD、KM
2009 年 6 月 17—22 日	舟山朱家尖以东海域	310	SC、CC

资料来源：赵冬至，2010

同一暴发周期内（短时间尺度），东海赤潮高发区会出现硅藻赤潮到甲藻赤潮的演替现象，具体情况见表 3-1。中肋骨条藻是广温广盐型硅藻，在东海赤潮高发区发生频率很高，在水体营养盐充足的情况下占据赤潮生物绝对优势种，但在营养盐不足特别是低磷条件下会很快消亡并被甲藻赤潮生物代替（赵冬至，2010）。

长时间尺度上，东海赤潮高发区甲藻赤潮逐渐代替硅藻赤潮成为主要赤潮灾害类型。自 20 世纪 50 年代末至 80 年代末，东海浮游植物群落硅藻以优势占据，平均占比达到 99%；而从 90 年代初到 90 年代末，硅藻细胞丰度开始下降，到 21 世纪初，硅藻的平均占比降低到 73%，甲藻上升到 25%（Li et al.，2014）（图 3-14）；而从 2006—2013 年，长江口及其邻近海域的优势藻种分别是东海原甲藻（2006 年）、中肋骨条藻（2007 年）、东海原甲藻（2008 年）、夜光藻（2009 年）、东海原甲藻（2010 年）、东海原甲藻（2011 年）、米氏凯伦藻（2012 年）和东海原甲藻（2013 年）（2013 年国家海洋灾害公报）。因此，进入 21 世纪以来，特别是近几年来，在春末夏初，大规模的甲藻已代替硅藻成为东海最大的优势赤潮致灾生物。

（2）异类致灾生物的演替。异类致灾生物的演替是指不同类型生态灾害致灾生物的演替，比较典型的是赤潮致灾生物到褐潮致灾生物的演变。褐潮（致灾生物：抑食金球藻）往往发生在赤潮（致灾生物：硅藻等）之后。赤潮后由于海水中高浓度的无机营养盐被赤潮生物消耗，使环境条件更适宜抑食金球藻的增长，加之藻细胞死亡后被微生物分解，增加了海水中的有机物质，为褐潮的暴发提供了物质基础；随着抑食金球藻细胞密度的增加，海水中光的透射度大幅度降低，进而使底栖浮游植物的生产力和生物量下降，该过程增加了海水中营养物质的负荷，使褐潮规模进一步增大。

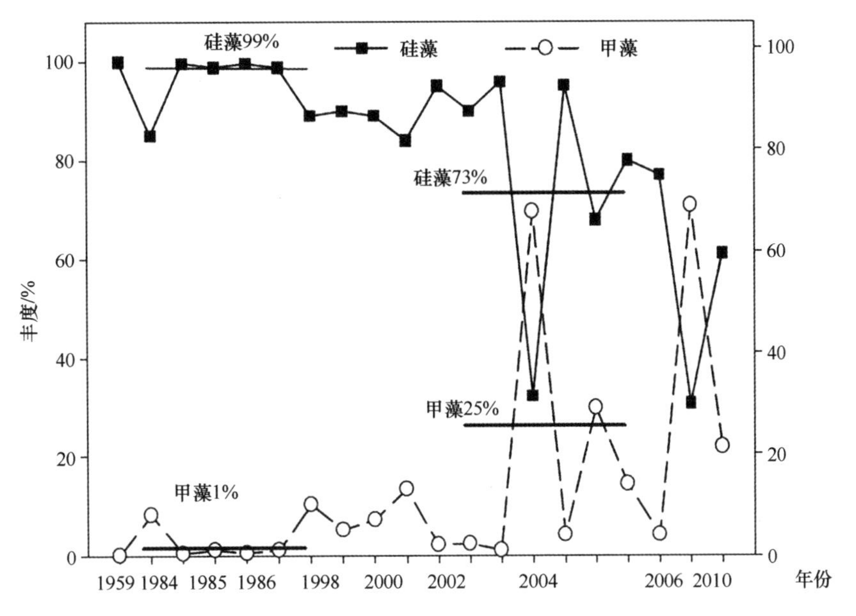

图 3-14 1959—2010 年长江口及其邻近海域硅、甲藻细胞丰度变化趋势

资料来源：Li et al.，2014

黄海海域"三潮齐发"现象

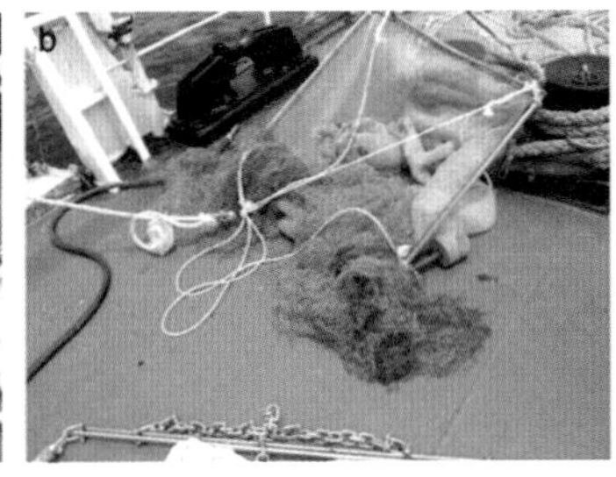

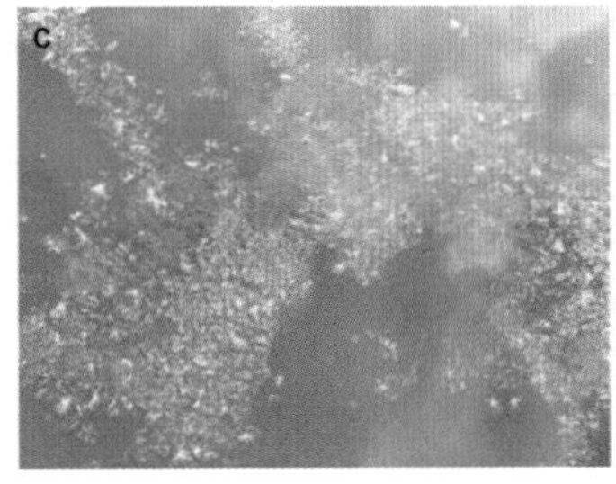

2017 年 5 月和 6 月南黄海不同站位采集的大型漂浮藻类

注：a：2017 年 5 月 21 日 L 站采集的马尾藻和绿藻样品；b：2017 年 5 月 22 日采自 36°N，124°E 的马尾藻样品；c：2017 年 6 月 21 日绿潮、金潮和赤潮共发的现场图片（孔凡洲等，2017）

2017 年黄海浒苔绿潮发生期间，现场调查不仅发现了浒苔（*Ulva prolifera*）、扁浒苔（*U. compressa*）、曲浒苔（*U. flexuosa*）和缘管浒苔（*U. linza*）等绿藻，还发现了大量的铜藻（*Sargassum horneri*）。同时，沿南黄海 35°N 断面还多次发现赤潮现象，3 种灾害分布区域存在交叉重叠。这一罕见的绿潮、金潮和赤潮齐发现象反映了黄海海域生态灾害发生的复杂性。

（二）环境要素的变化

1. 酸碱度的变化

海洋生态灾害发生后，致灾生物巨大的生物量会引起环境酸碱度的变化（图 3-15）（Cai WJ，2011），主要表现在以下几方面。

（1）表层海水。致灾生物在光合作用的过程中，势必消耗水体中大量的 CO_2，导致水体酸碱度上升。一般而言，海水中的 pH 值通常在 8.0~8.2，而赤潮发生时的 pH 值可达 8.5 以上甚至有的 pH 值可达 9.3。

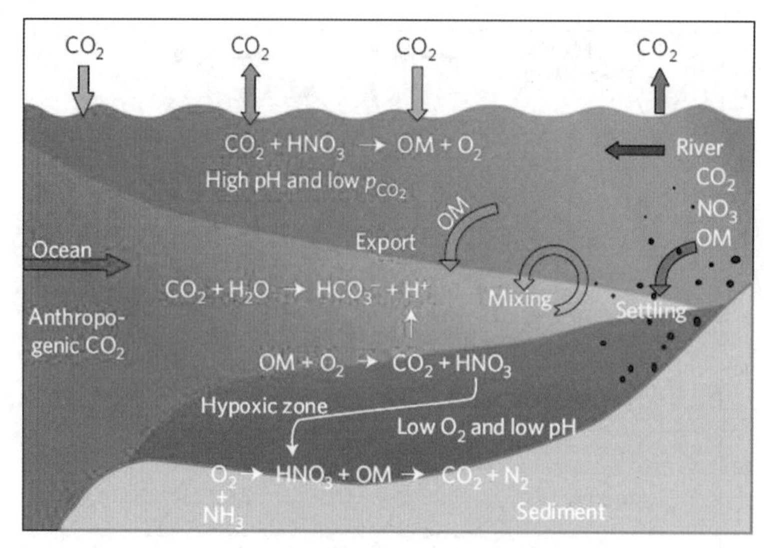

图 3-15　近岸海域酸碱度及溶解氧变化示意图

资料来源：Cai，2011

（2）沉积层海水。致灾生物及其分泌物、排泄物的微生物分解作用使得沉积层海水 pH 值降低，引起沉积层海水酸化现象。

2. 溶解氧的变化

受灾海域溶解氧浓度的增加与减少，与灾害的发展、消亡有直接关系。例如，夜光藻赤潮致灾生物生物量持续增长发展过程中，光合作用远远大于呼吸氧化作用，此时，产生大量 O_2，而使水体溶解氧饱和或过饱和；而当赤潮后期，随着赤潮生物大量死亡腐烂，其氧化作用大大超过光合作用产氧时，水体中溶解氧将急剧下降而形成缺氧状态。

3. 透明度的变化

海洋生态灾害发生时往往会使海域透明度下降。例如，赤潮灾害发生时，水体的颜色呈现明显的改变，主要为红色、褐色，而且颜色分布不均，或呈块状，或呈条带状，或呈不正规形状，受灾海域区的致灾藻类的聚集会阻挡阳光到达水体的深度，降低水体的透明度（图 3-16）。

图 3-16　2017 年福建赤潮污染区域

资料来源：http：//yx. iqilu. com

（三）生物质量的变化

海洋生态灾害能够通过多种方式对海洋生物质量造成影响，这种影响可能是急性的，导致生物在很短时间内发生生理的、病理的、行为的改变，甚至死亡；这种影响也可能是慢性的，虽然不能在短期内表现出来，但会对各种海洋生物和人类健康构成潜在威胁，可能影响生物的摄食、行为、导致生理功能紊乱、免疫系统损伤，生长和繁殖受到抑制或畸形发育，以及其他病理改变（Landsberg，2002）。同时，这种影响表现在生态系统的各个层次上，从生物大分子到细胞、组织、不同生物种类甚至整个海洋生态系统均会受到不同程度的影响。

沿海暴发的赤潮导致大量鱼类死亡（资料来源：newstoday. com）

很多致灾生物本身就对海洋生物质量有着明显的影响，有些更是能够直接导致其他海洋生物的死亡。例如海洋卡盾藻（*Chattonella marina*）对鱼类表现出明显的毒性，曾在美国、印度、日本、澳大利亚等地导致大量野生鱼类或是养殖鱼类死亡。赤潮异弯藻（*Heterosigma akashiwo*）同样对海洋中桡足类与鱼类都有着明显致死效应，该藻引起的藻华曾在日本等地多次引起养殖鱼类大规模死亡。还有一些致灾生物能够产生藻毒素，例如链状亚历山大藻（*Alexandrium catenella*）能够产生多种麻痹性贝类毒素，短凯伦藻（*Karenia brevis*）能够产生神经性贝毒，这些毒素可能对直接摄食藻类的鱼类、贝类等生物没有太大影响，却能够通过食物链进行富集，从而影响更高营养级的生物。例如，在赤潮发生海区，海洋双壳类滤食有毒赤潮生物累积赤潮毒素，并通过食物链传递最终进入人体并对人体健康产生严重危害。

还有部分致灾生物虽然不产生毒素，对生物也没有明显毒性，但是自身营养成分不均，导致摄食该藻类的生物出现营养不良等情况，从而引起生物发育停止，生殖能力受到影响，例如东海原甲藻虽然被认为是一种无毒藻类，但是该藻营养价值低，并且缺乏某些关键多不饱和脂肪酸与必需氨基酸，例如花生四烯酸（Arachidonic acid，ARA）、组氨酸（Histidine）等，这些营养的缺乏会导致桡足类中华哲水蚤的生长与繁殖受到抑制。

（四）生物群落的变化

海洋生态灾害发展过程中除由于致灾生物本身的变化外，受灾海域的部分环境要素也会发生相应的变化，这些环境要素的改变会对受灾海域中其他生物造成不同程度的不利影响，导致生物群落甚至生态系统的变化。

赤潮的暴发会改变浮游动物的种类及数量。一方面直接导致海洋浮游植物群落结构发生改变，并进而使得浮游动物群落结构发生相应的改变；另一方面，一些有赤潮藻产生的有毒有害物质会对浮游动物的存活及种群繁殖等生命活动造成影响，结果也会使浮游动物的群落结构发生变化。通过对中国近海桡足类的摄食研究发现：春季赤潮期浮游植物主要被大型桡足类摄食，大型桡足类是浮游动物的优势群体，夏季浮游植物水平下降，浮游动物在饵料受限条件下，小型桡足类群体在总摄食量中贡献最大，说明此时它们取代了大型桡足类成为优势群体。还有研究报道了在日本广岛湾赤潮异弯藻赤潮暴发前后纤毛虫种类及丰度的变化，赤潮暴发时，类铃虫是优势种，但当赤潮消退时，它的数量开始下降，两种在赤潮暴发时丰度很低的真铃虫和长形旋口虫迅速发展起来成为优势种。东海大规模赤潮发生时，浮游植物群落中东海原甲藻呈单种优势，硅藻丰度和种类多样性下降，优势种也发生改变；浮游动物群落多样度、均匀度和丰富度低，而优势度大，群落结构不稳定，主要优势种是中华哲水蚤；该海域近几年来春季浮游动物种类组成有较大变化，优势种中华哲水蚤丰度和浮游动物总丰度有逐渐下降的趋势（颜天等，2005）。

浒苔绿潮暴发过程通过影响浮游植物细胞丰度和优势种演替，改变了浮游植物的群落结构。2008 年 8 月绿潮暴发期间，南黄海绿潮分布区的浮游植物与历史资料相比，总种类数降低 10 种，其中硅藻减少 20 种，甲藻种类增加 9 种，硅甲藻种类比例发生变化，优势种变化较大；总细胞数降低 39%，硅藻细胞数下降 45%，甲藻细胞数升高 81%；多样性指数下降。有研究表明绿潮生物能够通过资源竞争和克生效应等途径抑制浮游植物的生长，导致浮游植物种类、细胞数和多样性相应变化。

表 3–2　抑食金球藻对其他海洋生物的影响

受影响浮游生物	受影响情况
硬壳蛤（*Mercenaria mercenaria*）	幼贝存活率低、清滤率降低、摄食率降低
海湾扇贝（*Argopecten irradians*）	幼贝生长缓慢、死亡率提高，成贝存活率低，清滤率降低，抑制脂质合成
紫贻贝（*Mytilus edulis*）	幼贝生长速率低、幼贝清滤率降低
牡蛎（*Concha Ostreae*）	生长缓慢
纺锤水蚤（*Acartia hudsonica*）	幼虫存活率降低
猛水蚤（*Coullana canadensis*）	幼虫存活率降低
中华哲水蚤（*Calanus sinicus*）	清滤率显著较低
卤虫（*Artemia salina*）	存活率、摄食量降低
褶皱臂尾轮虫（*Brachionus plicatilis*）	摄食量降低

资料来源：乔玲等，2016

表 3–3　抑食金球藻对浮游动物的危害效应

浮游动物	种群密度	危害效应
急游虫（*Strombidium* spp.）	2.0×10^6	生长受到抑制，种群增长速率下降
汤氏纺锤水蚤（*Acatia tonsa*）	2.0×10^5~5.0×10^5	无节幼虫发育速率下降、摄食率下降
纺锤水蚤（*Acartia hudsonica*）	5.0×10^5	桡足幼虫存活率降低
猛水蚤（*Coullana canadensis*）	5.0×10^5	无节幼虫存活率降低

资料来源：公晗等，2014

褐潮暴发后，小型浮游动物的丰度、摄食率及产卵率下降，中型浮游动物的种群丰度下降。1985 年纳拉干西特海湾褐潮暴发时，夏季常见种——包括诺氏僧帽溞及大眼溞等枝角类明显消失，汤氏纺锤水蚤的产卵率、生产力都很低；汤氏纺锤水蚤的生产力与褐潮藻密度呈负相关；当 1986 年海湾恢复至正常状况时，枝角类的丰度恢复至褐潮暴发前的水平。在纳拉干西特海湾，阶段性浮游幼虫（如多毛类和双壳类的幼体）的丰度也与褐潮密度呈负相关，并且低于褐潮暴发前的丰度（公晗等，2014）。

在白潮发展过程中，生物群落结构变得简单，生态系统脆弱性增加。水母的暴发需要大量的饵料生物作为能量来源，孙松等实验证实水母对浮游动物存在过剩摄食的现象：摄食的浮游动物数量超出其本身生长的需求。因此，在水母暴发海域，浮游生物非常匮乏。大型水母主要食物是海洋中的浮游动物，与鱼类等生物进行饵料竞争，也会摄食鱼类的卵和幼体，水母的数量增多将对渔业资源造成破坏，使渔业资源长期得不到恢复。沙海蜇暴发海域的小型浮游动物种类数明显少于非暴发海域，浮游动物次级生产力也明显降低，从而导致高等级的生物生产力减少（图 3-17）。

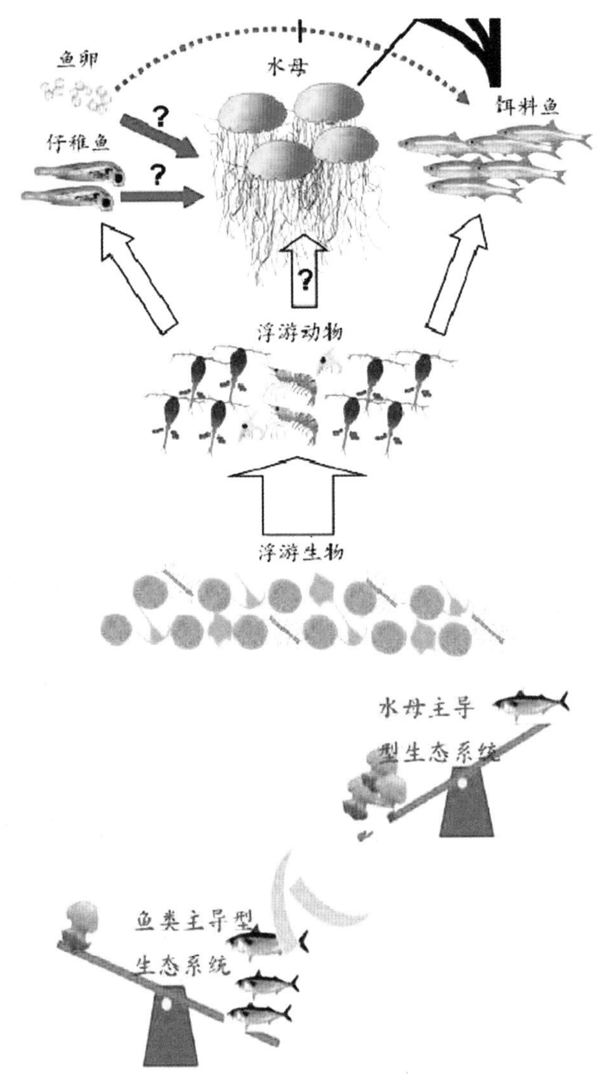

图 3-17　白潮暴发对生态系统的影响

资料来源：何江楠等，2016

二、发展特征

海洋生态灾害发展过程中一般具有时间上的周期性、持续性的特征和空间上的由点及面、垂直迁移、水平迁移的特征。

（一）时间分布特征

1. 周期性

海洋生态灾害的发展具有周期性的特征。我国黄海浒苔绿潮一般从每年的 4 月下旬开始就在海面上形成小的浒苔斑块，并在随后的 3~4 个月的时间快速繁殖，直到 8 月海水温度上升、营养盐浓度降低以及其他环境因子等的改变，浒苔绿潮进入消亡期。

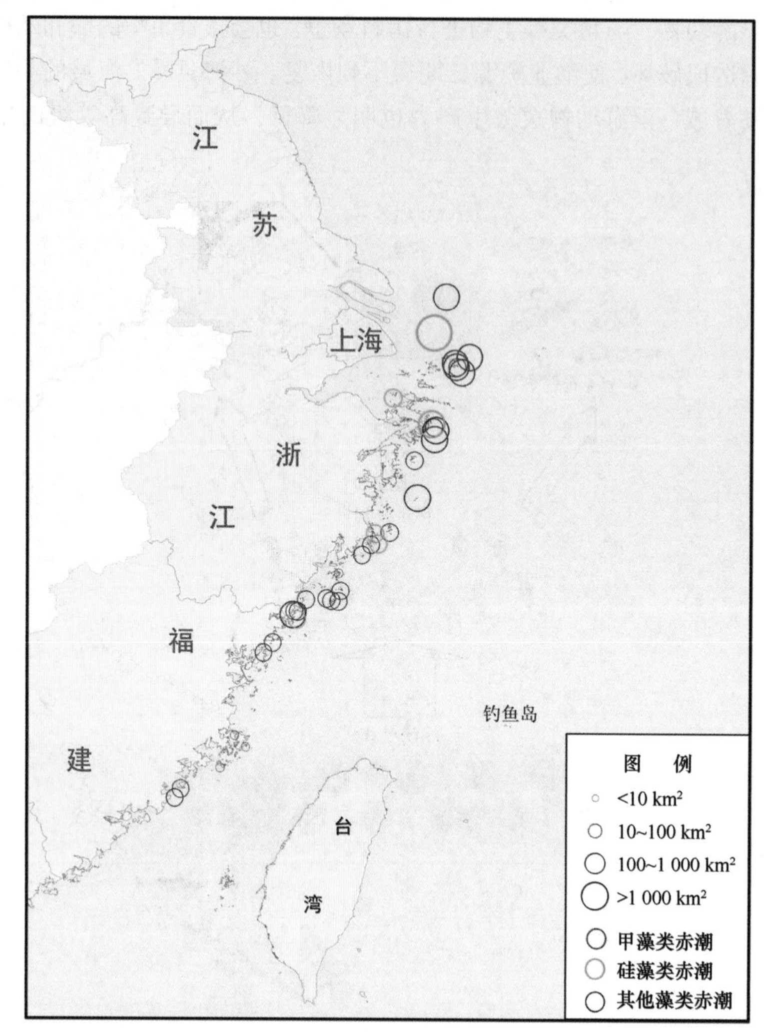

图 3-18　2016 年东海区不同种类赤潮影响面积分布

资料来源：东海区海洋环境公报，2016

近几年的研究表明，东海大规模赤潮呈现“定时”、“定点”发生的特点（图 3-18）。从赤潮发生时间来看，东海大规模赤潮多在 4 月中、下旬开始形成，一般会维持到 5 月底或 6 月初。而较小规模的赤潮因发生区域的不同在发生时间上有所不同，从南到北存在往后延滞现象。福建沿海为 4—6 月，7—9 月无赤潮，而长江口、浙江海域在 7—9 月为高发期（朱明远等，2003）。

白潮的发生也呈现出类似的规律性，孙松等（2012）对我国胶州湾小型水母丰度长期变化的研究表明：每年基本呈规律性变化，5—8 月丰度较高，11 月至翌年 2 月丰度较低（图 3-19）。

2. 持续性

海洋生态灾害的发展过程呈现出一定的持续性。例如，我国黄海浒苔绿潮从暴发到消亡更是会持续 6 个月（5—10 月）以上的时间。在加勒比海域发生的金潮也有相同的情况出现，从马尾藻的出现到消亡，往往会从 4 月一直延续到 11 月，持续 6 个月以上。

我国海洋生态灾害持续时间不断增加。20 世纪 90 年代，我国发生的赤潮一般只持续几天甚至几小时，1998 年后，赤潮发生的时间跨度增加，到 2003 年，长江口及浙江近岸和近海海域从

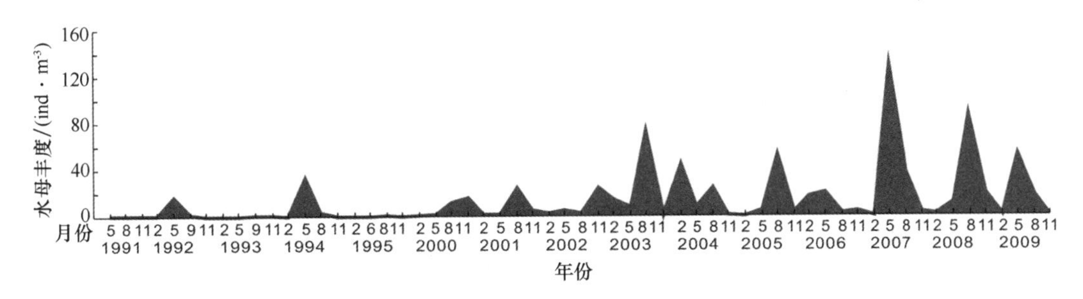

图 3-19　胶州湾小型水母丰度长期变化

资料来源：Sun et al.，2012

图 3-20　在南加勒比海安提瓜的一个海湾马尾藻金潮的清理现场（左）；
2011 年大规模金潮事件期间发生在非洲塞拉利昂的一个海滩的金潮现场（右）

资料来源：Smetacek and Zingone，2013

4 月中旬至 7 月初共发生约 40 次赤潮，其中，持续时间最长的一次赤潮过程长达 35 d。

（二）空间分布特征

1. 由点及面

海洋生态灾害的发展一般是从零星小斑块逐渐聚集为大斑块的过程。以黄海浒苔绿潮为例，不同年份间，黄海浒苔绿潮的影响范围均具有相似的发展过程，主要可以分为由零星绿藻、小斑块逐渐生长聚集为条带状、大斑块的绿潮藻漂浮发生阶段和规模性绿潮形成阶段。零星漂浮绿藻呈不规则团状，面积一般不超过 100 cm^2，小斑块状漂浮绿藻面积从数百平方厘米到 3 m^2不等，小型条带状漂浮绿藻宽度不超过 2 m，长度数十米至数百米不等，大型条带状漂浮绿藻宽度数米，长度数千米。对 2009 年黄海绿潮的发生发展过程的现场调查表明（图 3-21），4 月 17 日，在江苏南部海域首先发现漂浮绿藻，整个海域以零星分布的小团块绿藻分布为主，覆盖面积为 0.002 km^2，分布区域很小，覆盖度也很低；4 月下旬，漂浮绿藻覆盖面积逐渐扩大，漂浮绿藻在海面分布以零星团块、小斑块或小条带为主，覆盖面积约 0.08 km^2，分布区域约 5 800 km^2。至 5 月中旬，漂浮绿藻逐渐向北漂移，覆盖面积约 0.25 km^2，分布区域约 12 800 km^2。至 5 月下旬，漂浮绿藻明显向北漂移，范围扩大，大多数斑块面积 10 m^2 余至数百平方米不等，最大斑块面积 20×10^4 m^2，绿潮初具规模，覆盖面积为 150 km^2，分布面积约 25 000 km^2。到 6 月上旬，漂浮绿藻进入山东海域，绿潮覆盖面积约 260 km^2，分布面积约 3 万 km^2，大规模绿潮形成（范士亮等，2012）。

2. 垂直迁移

很多致灾生物具有主动运动的能力，为满足自身生理生态需求进行垂直迁移。这种主动垂

图 3-21　黄海不同形态绿潮藻分布示意图

a：零星绿藻；b：小斑块；c：条带状；d：大斑块；e：规模性绿潮形成

资料来源：Fan et al.，2015

直迁移在生态灾害发展过程中有重要的意义。

赤潮致灾生物——甲藻的垂直迁移是它区别于其他海洋生态灾害的重要特征之一。在白天光照充足时，甲藻上浮至海洋表层或至少在真光层中，利用光能进行光合作用，到了夜晚，又下降至深层水体，利用氮、磷等营养物质进行暗吸收，为第二天的光合作用储备物质基础，同时在深层水体进行分裂也可减少摄食压力（齐雨藻，2003）。正是甲藻的这种垂直迁移为其提供了较其他藻类更具优势的生存条件，也使其更容易大量繁殖，从而形成甲藻赤潮。

3. 水平迁移

某些海洋生态灾害如浒苔绿潮等具有水平迁移的特征，水平迁移主要受到风场和流场的影响。

浒苔绿潮是跨海域的海洋生态灾害，每年都有一次源于江苏盐城市海域绿潮向山东半岛南岸的水平迁移。多年来的卫星遥感监测资料显示，浒苔的水平迁移路径具有明显的年际变化，且风场的年际变化所导致的海洋表层流场变化被认为是浒苔水平迁移路径变异的主要原因。

在大西洋加勒比海地区发生的大规模马尾藻金潮也是由于受到洋流影响发生水平迁移所产生的（图 3-23）。马尾藻在随洋流迁移过程中大量繁殖，研究人员通过利用海洋模型和卫星跟踪器获得的运动轨迹对马尾藻搁浅地点进行反向跟踪，确定了其来源与大西洋特定地区发生的马尾藻金潮有关，而与水温高且营养盐充足的马尾藻海域并无直接关系（Doyle and Franks，2015）。

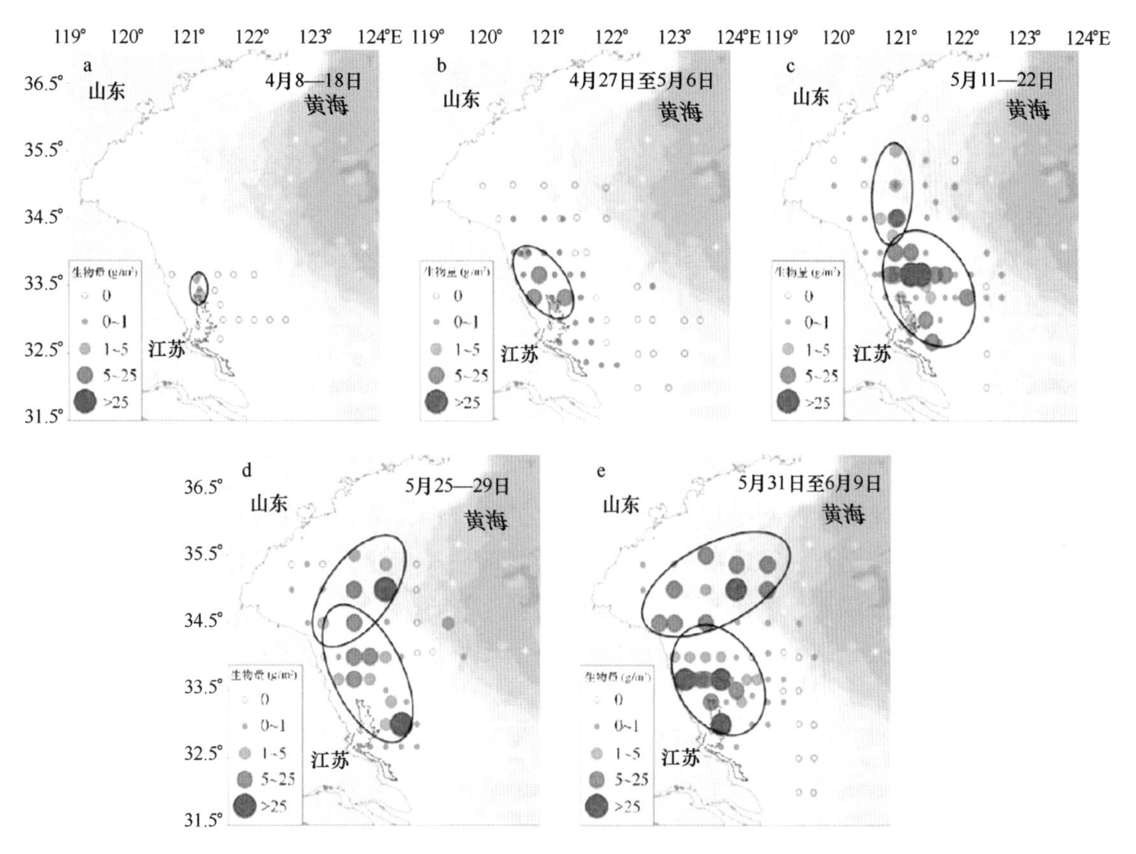

图 3-22　2012 年春季黄海漂浮绿藻生物量时空分布

资料来源：Wang et al. , 2015

图 3-23　大西洋加勒比海地区发生的大规模马尾藻金潮所受洋流影响

资料来源：oceancurrents. rsmas. miami. edu，E. Doyle

第三节　海洋生态灾害消亡

海洋生态灾害的消亡过程是一个与发生、发展相反的过程，海洋生态灾害的发生发展伴随着致灾生物生物量的异常增殖和数量增加，消亡过程则意味着致灾生物生物量的逐渐减少。在这一阶段外界环境与致灾生物的相互影响逐渐转化为致灾生物对外界环境的影响，从而引起相应的生态效应。

一、消亡因素

（一）水文气象的变化

水文、气象等环境条件的剧变与海洋生态灾害的消亡存在某些必然联系。海洋生态灾害在消亡期前后，一般都伴随着一种或多种水文气象要素的明显变化，这些变化包括气温下降、海温下降、气压上升、强降雨、风向转换、风浪侵袭等。例如，赤潮灾害多发生于水体交换缓慢的潮期，大潮的水动力作用可使高密度的赤潮藻类高度聚集导致赤潮发生，也可使赤潮藻密度得到稀释导致赤潮消亡。另外，强降雨等偶然气象事件会影响致灾生物的生命活动，降低其生物量，从而引起海洋生态灾害的迅速消亡。鉴于水文、气象要素的变化与海洋生态灾害的相关性，现已有利用水文、气象要素因子的变化趋势预测赤潮等生态灾害消亡的研究，在赤潮等防灾减灾中已有所应用（张俊峰等，2006）

海水温度的剧烈变化会加速赤潮、绿潮等生态灾害的消亡过程。在赤潮发生期，适宜的水温是致灾生物快速生长、繁殖的必要条件；赤潮一旦形成，维持赤潮的高种群密度也需要稳定、适宜的水温，但如果水温发生剧烈变化，将会立刻打破水体中致灾生物指数增长的格局，引起赤潮生物数量骤减。浒苔绿潮发生期间江苏以东海域的海表温度均维持南北两个冷水中心的形势，双中心形势明显且较强时，浒苔的发展比较旺盛，覆盖面积较大；南北两个冷水中心的格局被打破，且青岛沿海的海表温度上升到25℃以上时，浒苔绿潮面积迅速减小、逐渐消亡（郭丽娜等，2015）（图3-24至图3-26）。

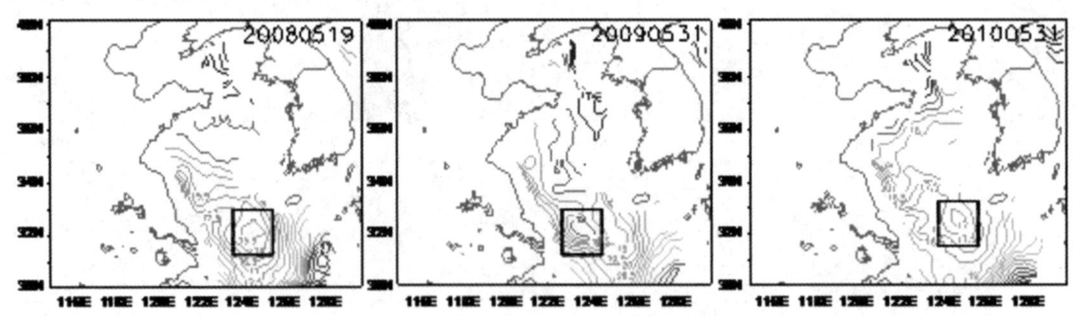

图3-24　浒苔小规模时期的海温空间分布

注：方框内冷水中心海温：2008年15.5℃，2009年18.0℃，2010年17.0℃。

资料来源：郭丽娜等，2015

海水富营养化是海洋生态灾害重要的孕灾环境，同样如受灾海区出现营养盐限制会制约海洋生态灾害的进一步扩大，甚至会引起致灾生物生物量的降低，进而引起生态灾害的消亡。例如，张传松等（2008）研究发现，较低的PO_4-P浓度是导致硅藻赤潮消亡的重要原因；DIN浓度过低是甲藻赤潮消退的主要原因之一。但可能由于目前研究的区域及季节不同，各海域营养盐限制的结论并不统一。如东海、黄海水域浮游植物生长主要受到磷的限制（高生泉等，

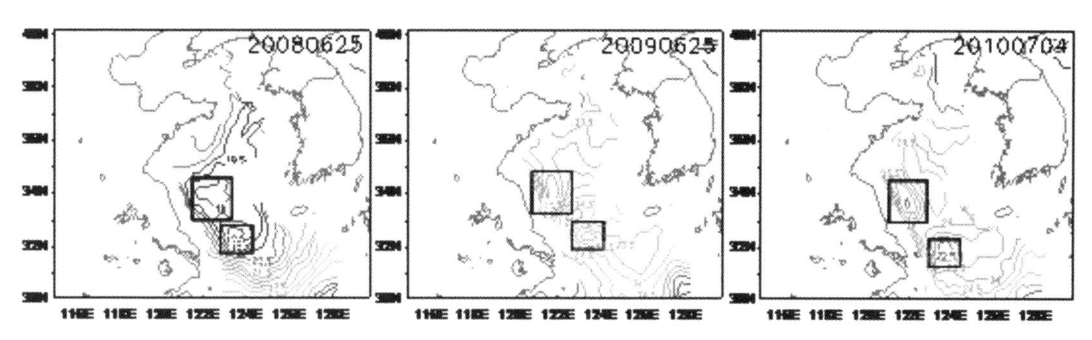

图 3-25　浒苔旺盛时期的海温空间分布

注：方框内冷水中心海温：2008 年 18.5~19.0℃，2009 年 23.0~24.0℃，2010 年 22.5℃。

资料来源：郭丽娜等，2015

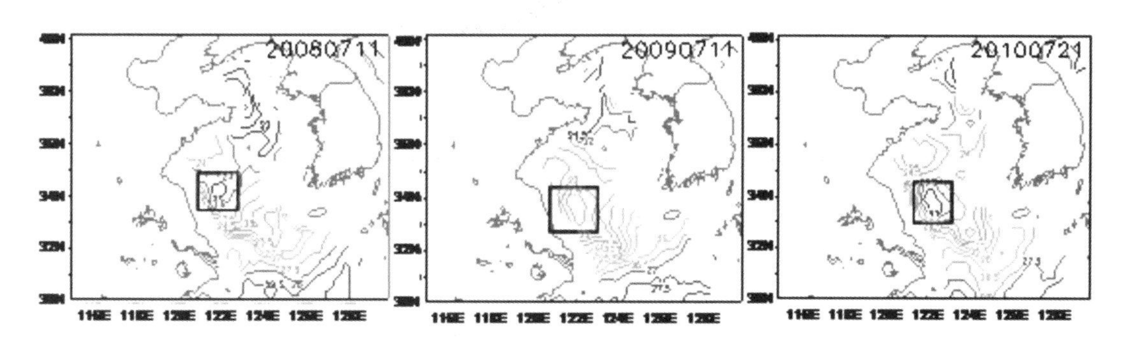

图 3-26　浒苔消亡时期的海温空间分布

注：方框内冷水中心海温：2008 年 22.0℃，2009 年 22.5℃，2010 年 23.0℃

资料来源：郭丽娜等，2015

2004)，但也有研究者提出东海海区浮游植物仍会受到氮的限制（李金涛，2004），而不会受到磷的限制（杨东方等，2006）。对于渤海而言，莱州湾处于磷限制状态，其他区域处于氮限制状态（赵赛等，2004），但也有研究表明磷也是渤海湾浮游植物生长的限制因子（郑丙辉等，2007）。

（二）生物间相互作用

全球变化背景下，加之人类活动的干扰使致灾生物与同生境下其他生物的相互作用关系更加复杂。食物网结构简单化和生物多样性的降低增加了海洋生态系统的不稳定性，孕灾环境一旦形成就很可能引发海洋生态灾害；海洋生态系统的不稳定性是把“双刃剑”，同生境下致灾生物一旦面临其他生物的营养竞争等压力，致灾生物生物量的高速增长就会被截止，由此引起整个海洋生态灾害的崩塌。

1. 营养竞争

海洋生态系统中各种生物之间存在着密切的联系和复杂的相互作用，包括藻类之间对资源的竞争。各种藻类生长在一起必然会对营养、生长空间和光等生态资源形成竞争关系。大型海藻能够通过竞争环境中有限的营养盐，来抑制微藻的生长增殖。Smith 等（1988）在旧金山湾河口围隔实验中发现，对无机氮盐的竞争可能是造成石莼限制微藻生物量的主要原因（Smith and Horne，1988）。在威尼斯潟湖的某些区域，即使在适宜藻类生长的季节，微藻也只有在大型海藻衰败或者收获之后才会大量繁殖（Sfriso et al.，1989）。

2. 摄食压增大

赤潮、绿潮、褐潮等生态灾害的致灾生物是贝类及浮游动物摄食对象，贝类及浮游动物对致灾生物摄食压的增大可能是生态灾害消亡的一个重要原因。例如，2002 年，在美国 Quantuck 湾暴发的褐潮过程中，致灾生物的摄食死亡率为 0.15%~0.98%/d，且生物密度达到顶峰之后的摄食死亡率明显增加。研究发现，当致灾生物的密度相对较高时，摄食该藻的一些浮游动物如纤毛虫的密度会随之增大（公晗等，2014）。

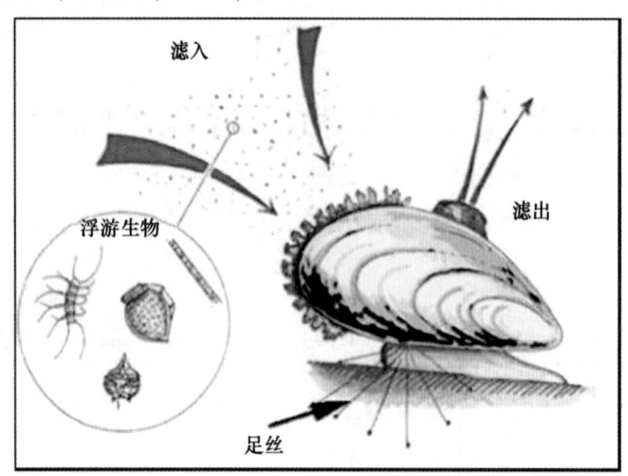

图 3-27　贝类滤食示意图

资料来源：molluscs. at

化感作用

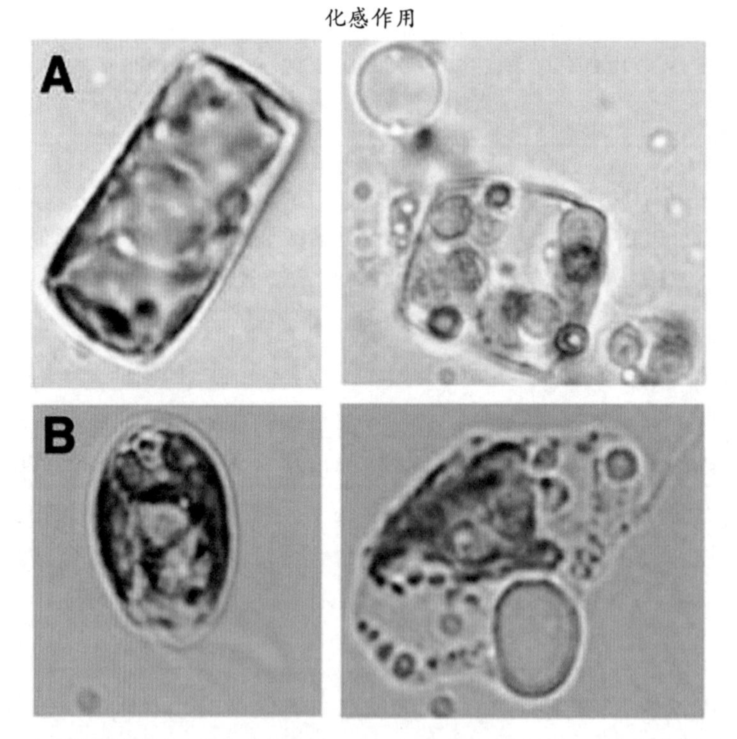

小定鞭金藻滤液对威氏海链藻（A）和威氏海链藻（B）的化感作用

左图为海水培养的对照组，右图为滤液培养后的处理组（Graneli and Hansen，2006）

化感作用是干扰性竞争中非常普遍的一种存在形式。化感作用最早由奥地利植物学家 Molisch 在 1937 年提出，1996 年经国际化感学会（International Allelopathy Society）倡议采纳其定义，并将化感作用的范围扩大到植物、藻类、细菌和真菌的范围：化感作用为植物、藻类、细菌和真菌通过次生代谢产生的有关物质对其他生物生长、增殖过程和生物系统产生不利影响或有利影响的过程。

化感作用广泛存在于自然界中，其生态学效应表现为：生物体产生的化感物质对其自身的生长可以产生影响，同时对于同一水域中其他藻类、高等植物甚至动物产生影响；化感物质可以与细菌或其他微生物结合，或影响水体中营养盐的含量和分布，进而间接对生物体产生不同作用。研究表明，塔玛亚历山大藻分泌的化感物质对蓝隐藻和威氏海链藻有强烈抑制作用，石莼对赤潮异弯藻、塔玛亚历山大藻和中肋骨条藻也可强烈抑制，米氏凯伦藻分泌溶血毒素并可降低近海伪镖蚤（*Pseudodiaptomus marinus*）和大森纺锤蚤（*Acartia omorii*）的摄食率，同时对轮虫也有毒性作用，鱼类等更高营养级的生物也会受其影响。同时值得注意的是，大部分生物释放的化感物质只会在短时间内抑制目标生物的生理功能，而不会直接将目标生物致死。

3. 细菌溶解

溶藻细菌（algicidal bacteria）作为海洋生态系统结构和功能的重要组成部分，对维持藻的生物量平衡具有非常重要的作用（Mayali and Azam，2004）。近年来，不少研究者认为：赤潮等生态灾害的突然消亡可能与溶藻细菌的感染有关（Mayali and Azam，2004；Su，et al.，2007）。

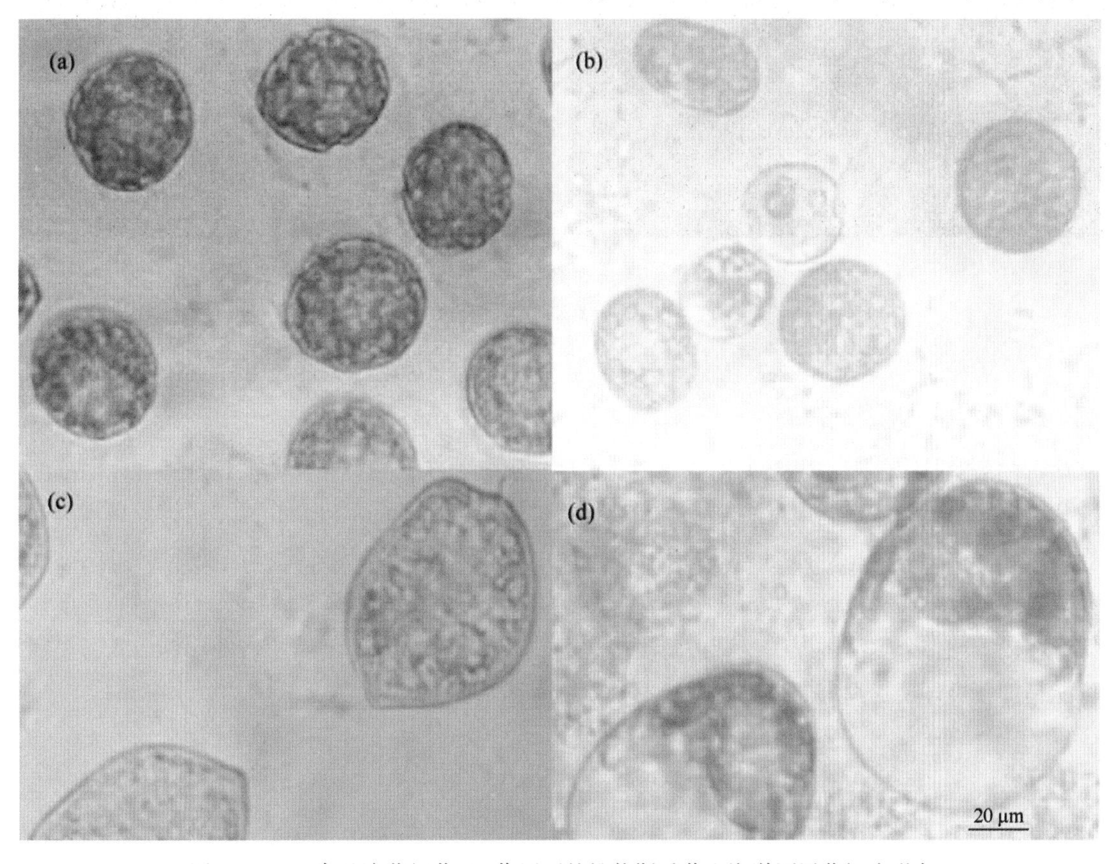

图 3-28　正常及溶藻细菌 N3 作用下的锥状斯氏藻和海洋原甲藻细胞形态

（a）正常锥状斯氏藻细胞；（b）溶藻细菌 N3 作用下的锥状斯氏藻细胞；（c）正常海洋原甲藻细胞；（d）溶藻细菌 N3 作用下的海洋原甲藻细胞

资料来源：史荣君，2013

早在 1942 年，Geitler 就曾报道了一株粘细菌（*Polyangium parasiticum*）寄生在刚毛藻（*Cladophora*）中，使藻死亡。有些溶藻细菌通过向环境中释放某种化学物质杀死藻细胞；有些则可以直接与藻细胞接触，通过分泌溶解纤维素的酶破坏藻细胞的细胞壁，进而使整个藻细胞溶解；还有一些溶藻细菌可以进入藻细胞内而溶藻（Wang et al.，2015）（图 3-29）。

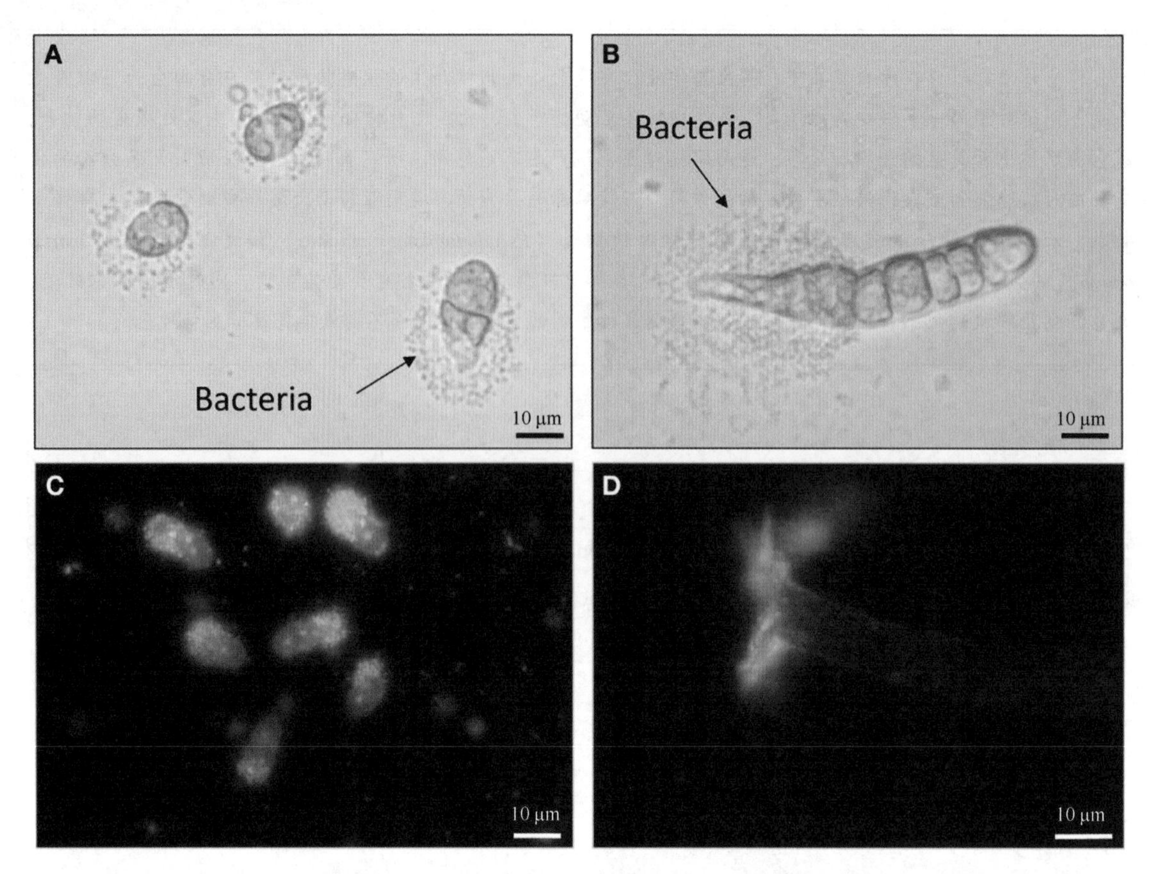

图 3-29　溶藻细菌与浒苔微观繁殖体的相互作用

资料来源：Wang et al.，2015

4. 病毒裂解

病毒的裂解是引起海洋生态灾害急速消亡的潜在因素。随着感染海洋中的聚球藻和原绿藻的病毒被分离出来，人们意识到病毒对藻类存在潜在的抑制作用。Procto 和 Fuhrman 认为，病毒可明显地导致微藻群落的消亡。Nagasaki 等从日本 Nomi 海湾分离到一种病毒，该病毒颗粒可以感染并裂解赤潮异湾藻（*Heterosigma akashiwo*）且具有较高的特异性。病毒可使抑食金球藻褐潮的密度显著降低。在褐潮的整个生消过程中，衰亡阶段被病毒感染的抑食金球藻细胞所占的比例最高，表明病毒可能是抑食金球藻褐潮末期细胞死亡的一个重要来源（Nagsaki et al.，1999）（图 3-30）。

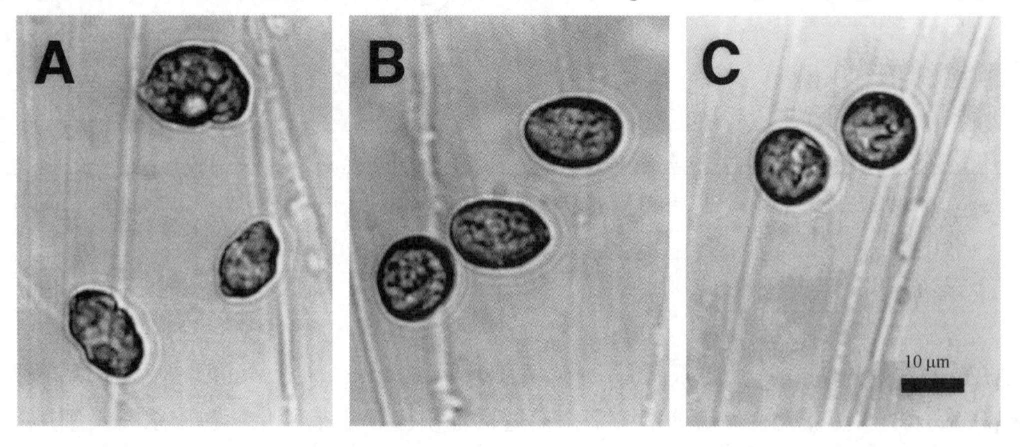

图 3-30　感染 HaV01 病毒前（A）、感染 4 h 后（B）、感染 8 h 后（C）赤潮易弯藻 NM96 细胞的光学显微照片

资料来源：Nagasaki，1999

二、消亡特征

海洋生态灾害消失的过程除了致灾生物生物量骤减外没有共性特征；海洋生态灾害消亡后其生态效应逐渐显现，存在明显的滞后性。

白潮生消的生态效应分析

水母暴发通常可维持数天或几周，暴发后，由于水母老化死亡、食物缺乏以及水体环境中温度改变等因素，水母开始下沉并伴随死亡，垂死或死亡水母在下沉到海底过程中，水母体进行分解。水母暴发后消亡可引起大量养分的快速释放，显著改变周围环境中的养分状况。由于水母下沉速度很快，水母的消亡多发生在沉积物—海水界面。水母消亡时，水母群变成一个大的养分储存库，释放的碳、氮、磷既有可能溶解于海水中，也有可能降落到沉积物表面，成为沉积物的一部分。此外，大量氮、磷的释放导致海水局部养分含量的剧烈增加，可引起富营养化、赤潮、绿潮等次生生态灾害。

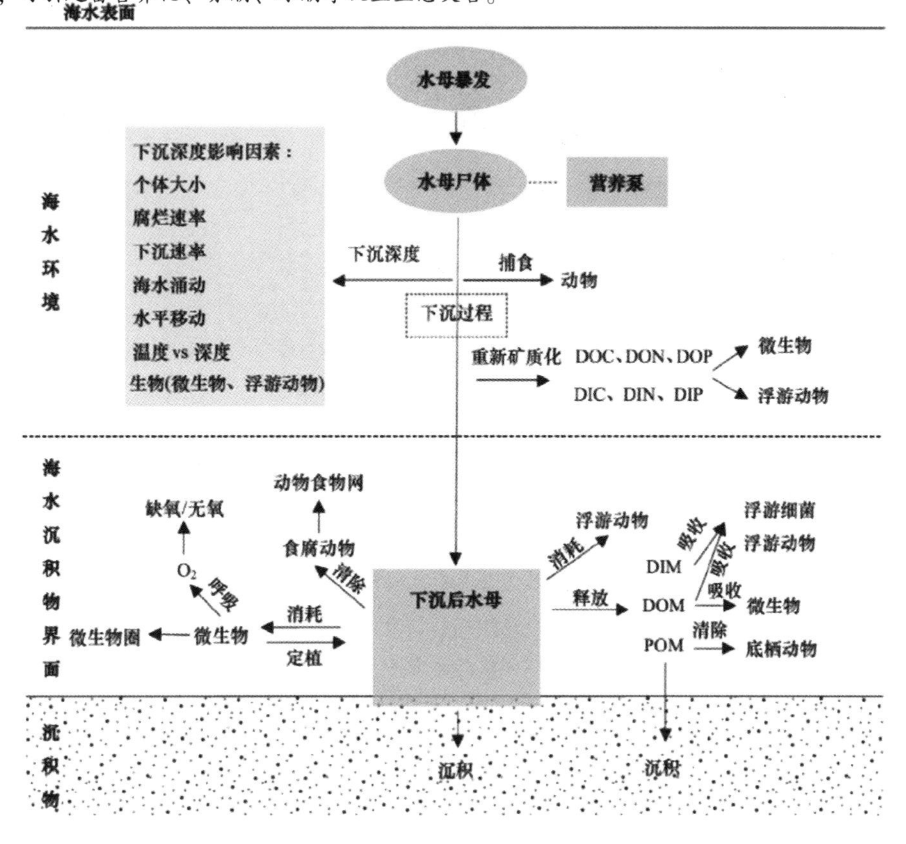

水母暴发/消亡及其与海洋生态系统的关系（Lebrato et al.，2012）

（DOM：溶解有机物，DIM：溶解无机物，POM：颗粒有机物，DOC：溶解有机碳，DON：溶解有机氮，DOP：溶解有机磷，DIC：溶解无机碳，DIN：溶解无机氮，DIP：溶解无机磷）

水母消亡可引起海水中溶解氧浓度的显著降低，并随消亡的进行保持持续的降低。水母较其他海洋鱼类更能耐受和适应低氧环境，低氧环境的出现为水母暴发提供了有利条件，反过来水母暴发后消亡对低氧环境的出现有着正反馈作用。首先大规模的水母聚集本身耗氧加剧，造成水母聚集区溶解氧的减少，水母死亡后，水母迅速下沉并自溶分解，水母组织细胞中的养分释放到水体，使微生物活动加剧，耗氧量增加，同时不透水胶体碎屑将导致流入沉积物中氧气的减少（Billett et al.，2006），可导致海底局部低氧或无氧环境。

水母消亡时，水母周围水体的pH值会发生变化，水母消亡的最初阶段，水体pH值会迅速减小，随着水母分解的持续进行，水体pH值会逐渐升高并稳定。由此可见，水母在消亡时，可能产生一个瞬时的酸性环境，并随着水母分解的进行，酸性环境被缓解，水体pH值回升，待水母分解完全，水体pH值保持稳定，但仍比水母消亡前低。此外，海水盐度减小、温度降低或者pH值减小都会使水母分解时水体酸化情况更加严重（马清霞等，2012）。水母消亡所产生的海水酸化具有区域性与短暂性，主要从水母腐烂分解开始，集中在水母大量聚集下沉区域。

阿曼湾附近发现大量死亡水母体

水母消亡对海洋生物的数量变化有一定的影响，对海洋初级生产也有着重要的作用。水母消亡对海洋生物影响最大最直接的有两类，首先是微型和小型浮游动物（Tinta et al.，2010），水母体或者水母碎屑是某些海底食腐动物、无脊椎动物的食物来源，如珊瑚虫、甲壳类动物、棘皮动物等，腐烂的水母可作为海底碎屑的来源，由于深海中食物的限制，下沉水母可作为营养输入（Doyle et al.，2007），相比其他食物的分散，水母尸体大规模聚集可能导致食腐动物的聚集，水母释放的营养物质也可被浮游动物消耗掉；其次死亡水母的命运与微生物群落组成有着重要关系，水母腐烂分解的营养物质可供给微生物能量，水母腐烂时水体周围细菌显著增多，水母释放的溶解有机物质（主要是DOC）是浮游细菌的主要溶解有机碳来源，细菌通过细胞外酶可分解利用水母释放的大部分有机物质，水母消亡释放大量养分也可导致细菌附着基质数量和质量的改变，影响细菌界的组成和活性。另外，水母下沉可为微型动物和微生物界提供生殖环境，固着生物体同样可消耗水母释放的有机营养物质（Lebrato and Jones et al.，2009），同时水母消亡所引起的低氧/无氧以及酸性环境可导致其他海洋生物的死亡。水母暴发后消亡对浮游动植物、微生物及其他海洋生物的影响可改变海洋生物资源的生物量、群落结构及正常的生长代谢过程，导致海洋生物营养级及能量流动的变化，从而影响海洋生态系统的生物平衡；水母暴发后消亡可间接影响高营养级海洋渔业资源，使渔业资源量及种群结构发生改变，给人类的渔业资源带来影响。

截至目前，对于海洋生态灾害消亡所造成的生态效应仍限于理论上的推测，这主要是由于对灾害消亡过程致灾生物沉降区域和最终归宿缺乏了解。一方面，现有的遥感等观测手段无法实现对致灾生物沉降过程的完整的追踪；另一方面，沉降的致灾生物会很快腐烂分解，也加大了追踪的难度。

海洋沉积物是大部分致灾生物的最终归宿。对于甲藻赤潮而言，在赤潮发生的后期，大量的休眠孢囊形成导致了营养细胞密度的锐减，是赤潮消亡的重要原因之一（Anderson，1984；Kremp，2001）。甲藻在赤潮消亡过程中有时会形成休眠孢囊，休眠孢囊加厚细胞壁沉积于底泥之中，可以使甲藻在恶劣环境中以休眠孢囊的形式保存生存能力长达数年至数十年，绿潮进入消亡期后，部分藻类在岸边堆积，少量被打捞，但由于人工打捞力量有限，大部分绿藻也最终都将沉入海底。

海洋生态灾害消亡后致灾生物的示踪是海洋生态灾害消亡生态效应评价的“瓶颈”问题。近年来研究发现，甾醇具有作为致灾生物示踪的生物标记物潜力。沉积物中的生物标志物，如甾醇（Menzel et al.，2003）、色素（Dahl et al.，2004）、生物硅（Nelson et al.，1995）、脂肪酸（Canuel et al.，1997）和有机碳、氮（Balakrishna et al.，2005）等，常用于指示沉积物中有机质的来源。甾醇是一种常见的生物标志物，它普遍存在于真核生物中，对于保持细胞膜稳定性、生物繁殖和信号转导等过程具有重要作用。目前已报道的植物甾醇超过 200 种，海藻中已发现近 30 种甾醇。部分甾醇具有种属专一性，仅在特定植物中出现，但也有植物中同时含有多种甾醇化合物（Volkman，2003），且其含量会因温度和营养盐等环境因子影响而发生变动（Piepho et al.，2012）。甾醇的化学性质比较稳定，能够在沉积物中稳定存在。因此，甾醇常被作为生物标志物用于生物地球化学研究。例如，以甲藻甾醇（dinosterol）作为甲藻的生物标志物；以菜子甾醇（brassicasterol）作为硅藻的标志物等。在海洋有机地球化学研究中，常通过沉积物中甾醇含量、组成及变化反映浮游植物群落组成情况和长期演变特征（Wu et al.，2016）。

应用甾醇类生物标志物追踪绿潮后期漂浮绿藻沉降区

黄海海域大规模绿潮的连年暴发对沿海地区造成了巨大的经济损失，然而对其生态效应的认识仍非常有限，而追踪黄海海域漂浮绿藻的沉降区对于揭示绿潮的生态效应非常关键，具有重要意义。

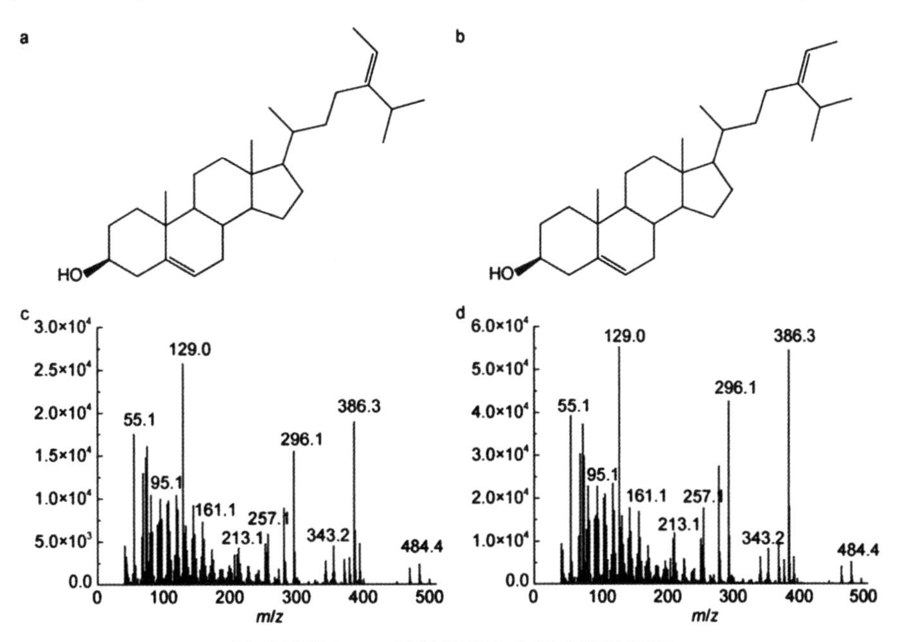

褐藻甾醇和28-异褐藻甾醇分子式及质谱图

已有研究表明，28-异褐藻甾醇广泛存在于浒苔、孔石莼、肠浒苔、缘管浒苔、石莼等石莼属绿藻中，是这些绿藻中的主要甾醇成分（Gibbons et al.，1967，1968；Patterson，1974；Okano et al.，1979）。28-异褐藻甾醇尽管在其他生物中也有检出，但含量极低，因此，这种甾醇对石莼属绿藻具有一定的特异性指示作用。28-异褐藻甾醇是浒苔中的主要甾醇成分，尽管其含量随季节变化有所波动，但始终占据优势，因此，以28-异褐藻甾醇作为绿潮藻类的生物标志物应具有一定的可行性。

黄海绿潮原因种浒苔中主要甾醇成分为28-异褐藻甾醇，含量为50~100 μg/g。在20℃和黑暗条件下，浒苔在1~2个月之内能够完全腐烂分解，腐烂分解的浒苔生物量与沉积物中保存的28-异褐藻甾醇含量呈显著正相关，沉积物中高含量的28-异褐藻甾醇能够在20℃和黑暗条件下稳定保存至少1个月，之后含量明显降低。现场调查也发现，在受绿潮影响的青岛近岸海域表层沉积物中能够检测到高含量的28-异褐藻甾醇，且其含量在绿潮消退1个月后有明显下降。因此，28-异褐藻甾醇可以作为黄海绿潮藻类的生物标志物，通过对绿潮消退后1~2个月内海域表层沉积物中28-异褐藻甾醇的分析，有望揭示漂浮绿藻的沉降区域。

小结

海洋生态灾害生消过程普遍存在4个时期，即：①发生期：又称孕灾期，温度、光照等致灾因子显现，孕灾环境形成，潜在致灾生物具有一定的数量和密度；②发展期：孕灾环境满足致灾生物生长、繁殖的最适需求，致灾生物大量增殖或聚集，进入指数生长期，种群规模快速发展，致灾范围明显扩大；③维持期：灾害形成后致灾生物生物量在一段时间内会保持稳定，维持时间的长短取决于各种环境条件的变化及致灾生物的适应能力；④消亡期：即海洋生态灾害消失的过程，这一时期除了致灾生物生物量骤减外没有共性特征，海洋生态灾害消亡的生态效应逐渐显现，存在明显的滞后性。

海洋生态灾害的发生是生态灾害的酝酿、形成时期，又称孕灾期。在这一时期温度、光照等致灾因子显现，孕灾环境形成，潜在致灾生物具有一定的数量和密度，并且逐渐满足生物量指数剧增的条件。潜在性、突发性和多因性是这一时期的典型特征。

海洋生态灾害的发展过程涵盖了灾害暴发期、灾害的发展期及维持期，这一过程是外界环境与致灾生物的持续地相互影响阶段。这一时期孕灾环境满足致灾生物生长、繁殖的最适需求，致灾生物大量增殖或聚集，进入指数生长期，种群规模快速发展，致灾范围明显扩大；同时除了致灾生物本身的变化外，受灾海域的部分环境要素也会发生相应的变化，这些环境要素的改变会对受灾海域中其他生物造成不同程度的不利影响，导致生物群落甚至生态系统的变化。海洋生态灾害发展过程中一般具有时间上的周期性、持续性的特征和空间上的由点及面、垂直迁移、水平迁移的特征。

海洋生态灾害的消亡过程是一个与发生、发展相反的过程，海洋生态灾害的发生发展伴随着致灾生物细胞的异常增殖和数量增加，消亡过程则意味着致灾生物数量的逐渐减少。在这一阶段外界环境与致灾生物的相互影响逐渐转化为致灾生物对外界环境的影响，从而引起生态效应。

思考题

1. 简述海洋生态灾害生消的一般过程。
2. 举例说明海洋生态灾害发生有哪些必要条件。
3. 举例说明海洋生态灾害发展过程中环境与生物分别呈现出怎样的变化过程。
4. 举例说明海洋生态灾害的消亡受到哪些因素的影响。
5. 海洋生态灾害生消过程中对海洋生物产生了哪些影响？

拓展阅读

1. 齐雨藻，邹景忠，梁松．中国沿海赤潮［M］．北京：科学出版社，2003.
2. 宋伦，毕相东．渤海海洋生态灾害及应急处置［M］．沈阳：辽宁科学技术出版社，2015.
3. 赵冬至，等．中国典型海域赤潮灾害发生规律［M］．北京：海洋出版社，2010.

第四章　海洋生态灾害的发生机制

海洋生态灾害的发生是致灾生物与环境相互作用的结果，海洋生态灾害的发生机制是海洋生态灾害应对的理论基础。海洋生态灾害致灾生物可以归纳为赤潮生物、绿潮生物、褐潮生物、金潮生物和白潮生物五大类，5 种致灾生物各自有其独特的生物学特征，同时它们之间、它们与环境中其他生物因子和非生物因子相互作用过程中也形成了独特的生态学特征。致灾生物本身的生物学、生态学特征是海洋生态灾害发生的必要条件，而孕灾环境中水动力、富营养化等主要环境特征及其动态变化对海洋生态灾害的发生、发展、消亡均具有显著的驱动作用。

第一节　致灾生物

一、致灾生物的定义

海洋生态灾害专指赤潮、绿潮、褐潮、金潮和白潮等由海洋生物引发的海洋灾害，而赤潮生物、绿潮生物、褐潮生物、金潮生物以及白潮生物统称为海洋生态灾害致灾生物。基于致灾生物自身的特点，我们对致灾生物做出如下定义：致灾生物是在海洋环境中能够引起海洋生态灾害的生物的统称，是指在一定的环境条件下，通过短时间内突发性链式增殖和聚集，导致海洋生态系统严重破坏或引起水色变化的灾害性海洋生态异常现象的浮游微藻、大型海藻或浮游动物等，是严重威胁、危害海洋生态环境和人类健康的生物。

二、常见致灾生物及分类

（一）常见致灾生物

近年来，世界各国海洋生态灾害频发，已成为学术界关注的热点问题。常见海洋生态灾害为赤潮、绿潮、褐潮、金潮和白潮 5 种，引发这 5 种海洋生态灾害的致灾生物各有特点，其中，包括单细胞的赤潮生物和褐潮生物以及多细胞的绿潮生物、金潮生物和白潮生物（图 4-1 和表 4-1）。

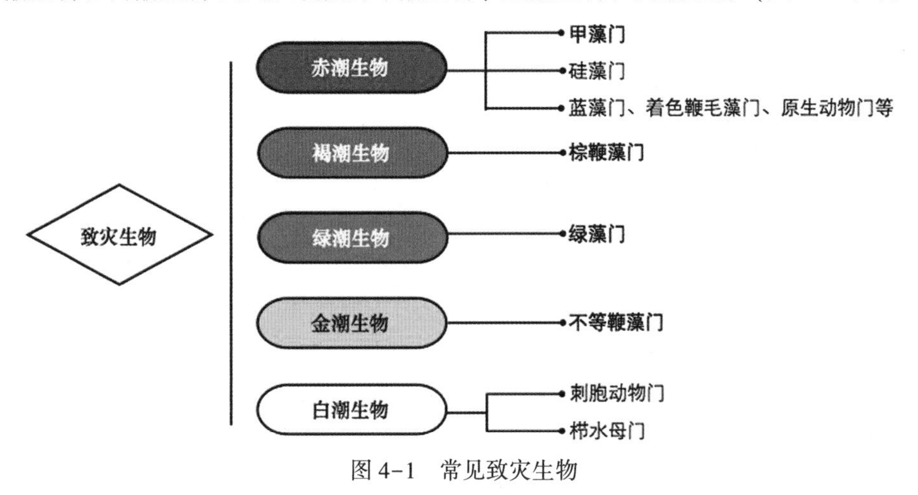

图 4-1　常见致灾生物

表 4-1　常见致灾生物的种类描述

常见致灾生物	种类
赤潮生物	在世界海域范围内，可以引发赤潮的生物有 80 多个属，330 余种，其中 80 余种有毒。我国近岸海域赤潮生物有 54 属，150 余种；其中，硅藻近 70 种，甲藻近 70 种、裸藻 4 种、金藻 5 种、针胞藻 1 种、黄藻 1 种、隐藻 2 种、蓝藻 3 种
褐潮生物	目前主要包括棕鞭藻门的两个藻种
绿潮生物	世界海域现有大型海藻 6 500 余种，其中有数十种可形成绿潮
金潮生物	国际上记录的马尾藻种、变种及变型有 878 种，我国海域分布有 141 种，其中，南海 124 种、黄海和东海 17 种
白潮生物	目前世界范围内已经鉴定到的水母种类有 1 500 余种，包括 190 余种钵水母，20 余种立方水母，840 余种水螅水母，200 余种管水母和 150 余种栉水母等；中国近海已记录的水母 420 余种，其中钵水母 45 种，约为世界海域已记录种的 20%

致灾生物在发生机制以及所造成危害上有其共性，而在分类地位及分类阶元上又各自占据不同的位置，通过对不同致灾生物分类学地位的探讨，可以对海洋生态灾害有一个更加全面的认知，同时为进一步深入探讨海洋生态灾害的生物学基础、生态学特征以及环境驱动作用打下坚实的基础。

（二）致灾生物的分类

致灾生物的分类是海洋生态灾害研究的基础，掌握致灾生物的分类阶元，有助于准确地确定致灾生物的共性范围以及种类，结合形态学分类特征，采取必要的防控措施，尽可能减少海洋生态灾害造成的经济损失，保护人民的健康安全。在分类系统中，我们遵循分类学原理和方法，对常见的致灾生物的各种类群通过界（Kingdom）、门（Phylum）、纲（Class）、目（Order）、科（Family）、属（Genus）、种（Species）7 个阶元加以分类，在此基础上，阐述典型致灾生物的生物学、生态学特征，为我国海洋生态灾害的防控工作奠定基础。在本部分，我们根据已有研究报告和文献资料，按照常见致灾生物所处不同分类学地位进行分类。

1. 赤潮生物

赤潮生物（也称赤潮原因生物或赤潮构成种）包括浮游生物、原生动物和细菌等（图 4-2），其中有毒、有害赤潮生物以甲藻类居多；其次为硅藻、蓝藻、着色鞭毛藻和原生动物等。据 1995 年 Sournia 的统计，海洋中有 3 365~4 024 种浮游藻类，其中赤潮种类有 189~267 种，共 12 个纲（郭皓，2004）。我国海域跨越热带、亚热带和温带海区，大陆海岸线长约 18 000 km，在我国各海区均有赤潮暴发的相关记录。其中，南部海区发生赤潮的频次显著高于北部海区，多数赤潮是由两种或两种以上浮游生物暴发性增殖所形成。

根据国内外的报道，最常见的赤潮生物分别有以下几个属：甲藻门（Pyrrophyta）的夜光藻属（*Noctiluca*）、原甲藻属（*Prorocentrum*）、亚历山大藻属（*Alexandrium*）和膝沟藻属（*Gonyaulax*）等；硅藻门主要有骨条藻属（*Skeletonema*）、角毛藻属（*Chaetoceros*）、海链藻属（*Thalassiosira*）等；着色鞭毛藻门（Cryptophyceae）的卡盾藻属（*Chattonella*）、异弯藻属（*Heterosigma*）和棕囊藻属（*Phaeocystis*）；蓝藻门的束毛藻属（*Trichodesmium*）；原生动物门的中缢虫属（*Mesodinium*）等。部分典型赤潮生物在不同分类阶元下的描述如下所示。

1）甲藻门

甲藻大多为营浮游生活的单细胞生物，呈球形、针形或分枝状，少数为丝状体或单细胞连

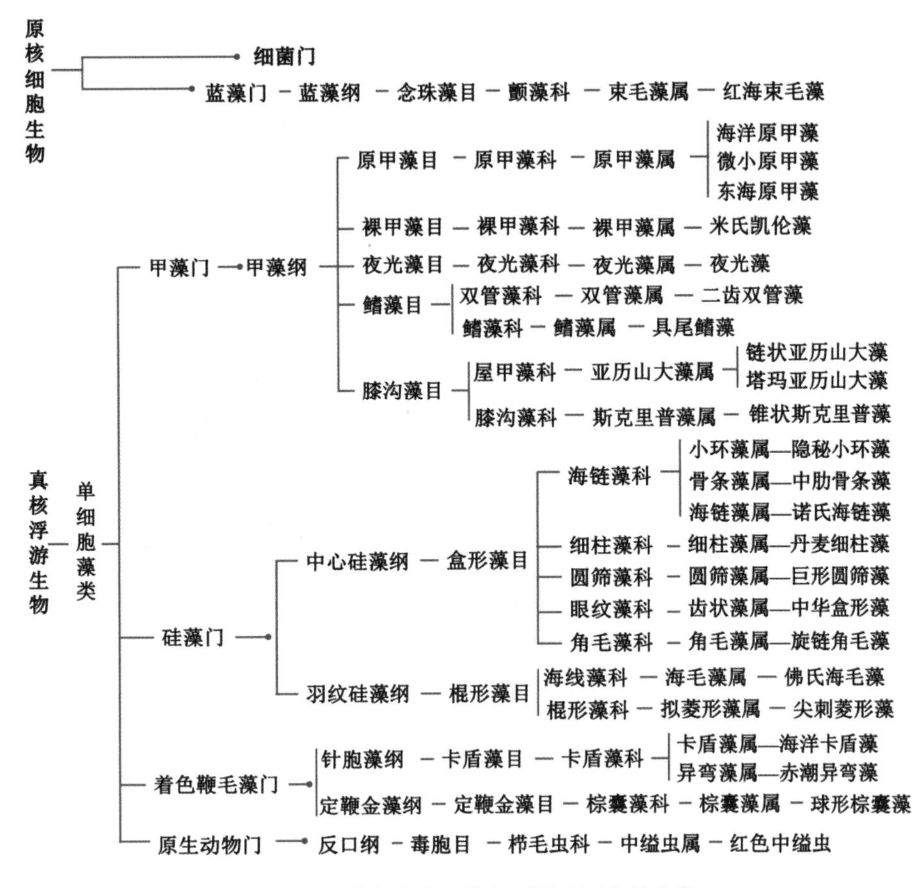

图 4-2　常见赤潮生物在不同阶元上的分类

成的群体。运动的种类具有两条鞭毛，侧生或在先端偏于一侧发出，又常被称为双鞭毛虫，不运动的种类具纵横沟。甲藻广泛分布于海洋和淡水中，一般热带种类多、个体小，寒带种类少、个体大。甲藻除少数细胞裸露外，都具有一定形状和数量的纤维小板合成的细胞壁。细胞内具有一个大而明显的细胞核，一般具核膜，核仁一个至数个，细胞核内含有 DNA 而无组蛋白，染色质环状。甲藻体内含有叶绿素 a、叶绿素 c，β-胡萝卜素和特异的叶黄素，繁殖方式以细胞分裂为主，极少数不运动的种类则产生动孢子或似亲孢子。

甲藻门仅 1 纲，甲藻纲，根据细胞壁组成和鞭毛着生位置分为两个亚纲，即横裂甲藻亚纲和纵裂甲藻亚纲。甲藻的细胞壁因种而异，有些不具外壳的种类，细胞壁只有一层周质膜或薄板，具外壳的种类通常有复杂的甲板，它们的数目及排列方式用于鉴别属和种。该门种类多，世界上已记录的大约有 130 个属，1 200 种，目前报道的毒藻多数在此门下。在我国沿海海域，已经引发过赤潮的甲藻类约有 18 种。

海洋原甲藻（*Prorocentrum micans*）

藻体主要由两块壳板、顶刺、鞭毛孔和两条鞭毛等组成。细胞形状多变，壳面观呈卵形、亚梨形或几乎圆形。体长为 42~70 μm，宽度为 22~50 μm，顶刺长 6~8 μm。细胞前端圆，后端尖，藻体中部最宽，顶刺尖生，顶生，翼片呈三角形，副刺短，鞭毛孔多个，位于细胞前端。两壳板厚，坚硬，表面覆盖着许多排列规则、凹陷的刺丝胞孔。藻体内细胞核呈“U”形，位于细胞后半部。色素体 2 个，褐色，板状（图 4-3）。

海洋原甲藻是世界性种，广泛分布于沿海、河口和大洋海域，在我国渤海、东海、香港和南沙群岛等水域均有分布，是形成赤潮的主要种类之一。我国近岸海域有 5 次海洋原甲藻赤潮，其中 2004 年 8 月，在大鹏湾附近海域先后发生 2 起海洋原甲藻赤潮。

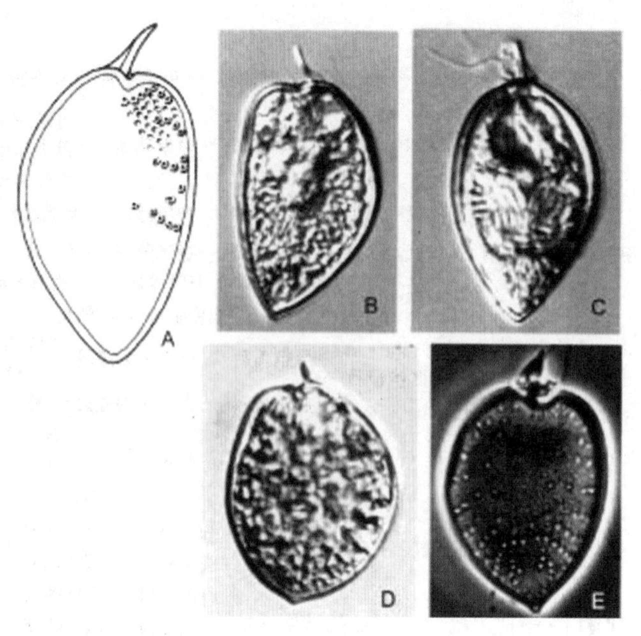

图 4-3　海洋原甲藻

A. 壳环面（示意图）；B~D. 壳面观（LM）；E. 细胞壳板，示顶刺

资料来源：郭皓，2004

夜光藻（*Noctiluca scintillans*）

藻体单细胞，外壳无甲板。藻体近圆球形或肾形，营浮游生活，体形较大，细胞直径为150~2 000 μm，肉眼可见。细胞壁透明，由两层胶状物质组成，表面有许多微孔。口腔位于细胞前端，上面有一条长的触手，触手基部有一条短小的鞭毛，靠近触手的齿状突出横沟退化的痕迹；纵沟在细胞的腹面中央。细胞背面有一杆状器，使细胞作前后游动。细胞内原生质淡红色，细胞核小球形，由中央原生质包围（图 4-4）。

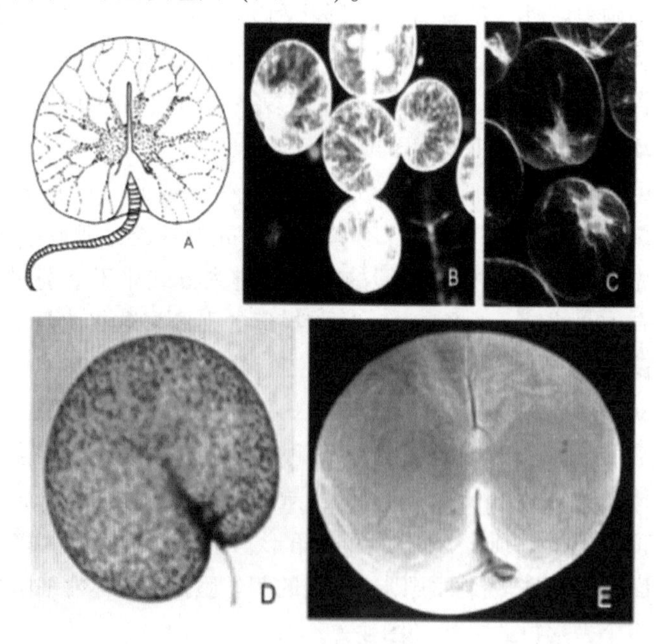

图 4-4　夜光藻

A. 腹面观；B~D. 细胞外形（LM）；E. 腹面观（SEM，示口腔及触手）

资料来源：郭皓，2004

夜光藻属世界性赤潮生物。在我国各海域均有分布，尤其是河口、海湾、岛屿海域数量较多，是国内早期引发赤潮频率较高的种类之一，也是福建沿岸引起赤潮最普遍的藻种之一。根据对大鹏湾等海区夜光藻赤潮的研究表明，夜光藻赤潮起始阶段的水温不到18℃，随水温逐渐升高，夜光藻数量随之增长。但当水温达到22℃时，夜光藻的数量随之下降。本种的最适生长温度为19~22℃。1981—2002年间深圳海域的夜光藻赤潮均发生于春、秋、冬3季，而夏季从未发生过本赤潮。该藻可产生三甲胺，通过食物链传递而聚集在鱼虾或贝类体内，如被人食用有中毒危险。

米氏凯伦藻（*Karenia mikimotoi*）

藻体单细胞，营浮游生活。细胞长15.6~31.2 μm，宽13.2~24 μm。细胞背腹面观呈近圆形，但背腹略扁平，运动时呈左右摇摆状，在光学显微镜下则往往只能看到背腹面，难以看到侧面或顶底面。上椎部为半球形或宽圆锥形，下椎部的底部中央有明显的凹陷，右侧底端略长于左侧。藻体细胞核呈卵圆形，位于细胞左下方，色素体10~16个（图4-5）。

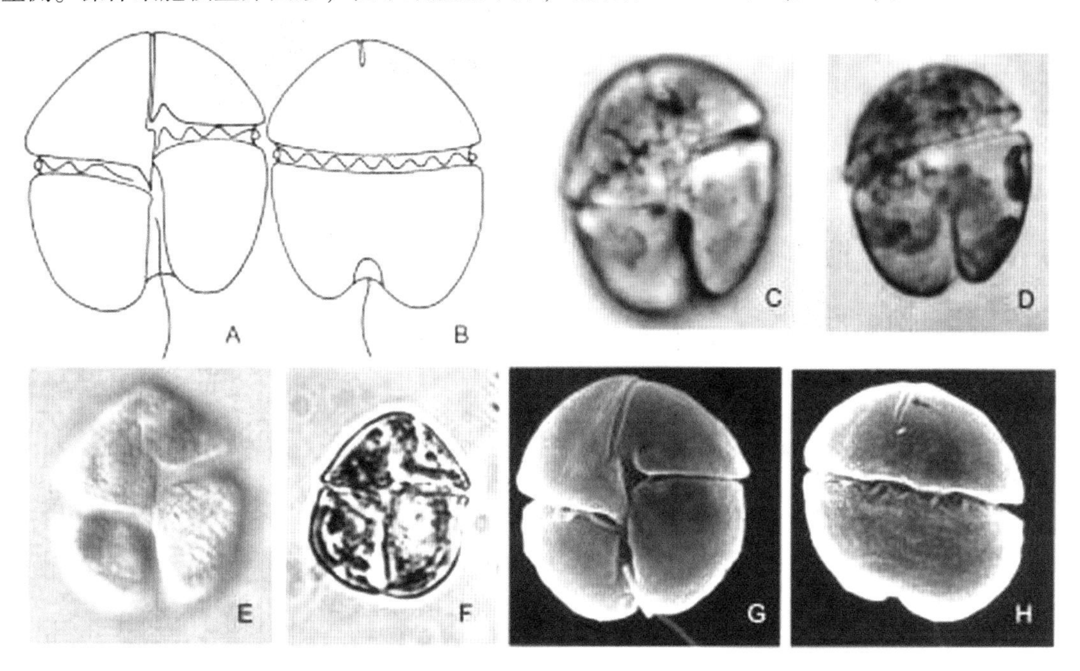

图4-5　米氏凯伦藻

A~B. 腹面观及背面观（示意图）；C~D. 腹面观及背面观（LM）；E~F. 腹面观（LM，示内部结构）；G. 腹面观及背面观（SEM，示横沟，纵沟，上椎沟及鞭毛）

资料来源：郭皓，2004

该种分布较为广泛，常见于温带和热带浅海水域，是福建沿海主要有毒赤潮藻类之一。2003—2009年间，我国近岸海域发生87起米氏凯伦藻赤潮。其中，渤海发生5起，南海2起，东海为频发区，累计次数78起。6月发生频次最高，5月次之。该种具有毒性，可引起鱼类和海洋无脊椎动物的死亡。

锥状斯克里普藻（*Scrippsiella trochoidea*）

又称锥状斯氏藻。主要甲板在10个以上，细胞梨形，长16~36 μm，宽20~23 μm。上椎部有突起的顶端，下椎部半球形。横沟宽，位于中央，围裹窄的唇瓣。纵沟未达下端及上壳。细胞核中央位。孢囊球形至卵圆形，钙质，多刺，不同孢囊个体间刺的长度有变化。色素体黄褐色，板状（图4-6）。最适生长温度范围2.5~31.5℃，最适盐度在22以上。

锥状斯克里普藻为近海及河口分布的世界性种类。我国广东沿岸海域均有分布。1998—2009

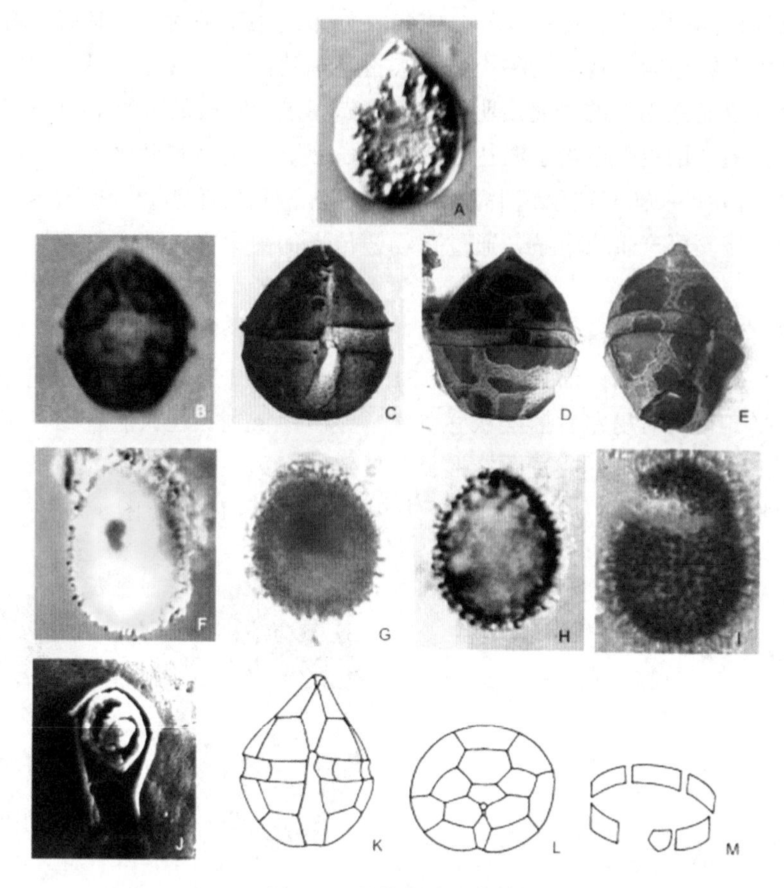

图 4-6 锥状斯克里普藻

A. 生活细胞（LM）；B. 腹面观（LM）；C. 腹面观（LM）；D. 背面观（LM）；E. 侧面观（SEM）；F、I. 底栖孢囊（LM）；J. 顶孔复合体（APC，SEM）；K. 腹面观（示意图）；L. 顶面观（示意图）；M. 横沟板（示意图）

资料来源：郭皓，2004

年间，我国海域共有 30 次锥状斯克里普藻赤潮，发生频率和面积总体呈上升趋势。其中 2008 年 5 月，舟山东福山至象山渔山列岛南部海域发生锥状斯克里普藻赤潮，最大面积达 2 100 km^2。

2）硅藻门

硅藻是一类单细胞浮游植物，植物体呈单细胞或连接成群体。细胞壁由二氧化硅和果胶质构成，形成坚硬的外壳，壳面上具有辐射排列或左右对称排列的花纹，中心硅藻的花纹呈辐射对称，羽纹硅藻的花纹呈左右对称。活体细胞具有色素体和细胞核。细胞核位于细胞中央，色素体形状多样，排列和数量因种类而异。色素主要有叶绿素 a、叶绿素 c、β-胡萝卜素、α-胡萝卜素和叶黄素。

硅藻门赤潮生物种类繁多，分布极广，重要属有骨条藻属（*Skeletonema*）、角刺藻属（*Corethron*）、根管藻属（*Rhizosolenia*）、几内亚藻属（*Guinardia*）等。本节重点介绍中肋骨条藻、旋链角毛藻、丹麦细柱藻 3 种。

中肋骨条藻（*Skeletonema costatum*）

细胞透镜形或圆柱形，直径 6~7 μm。壳面圆而鼓起，着生一圈细长的刺，与邻细胞的对应刺相接组成长链，细胞核位于中央。色素体数目 1~10 个，但通常 2 个，位于壳面，各向一面弯曲（图 4-7）。

中肋骨条藻属世界性赤潮生物，是广温广盐的典型代表种类，分布极广，从北极到赤道皆

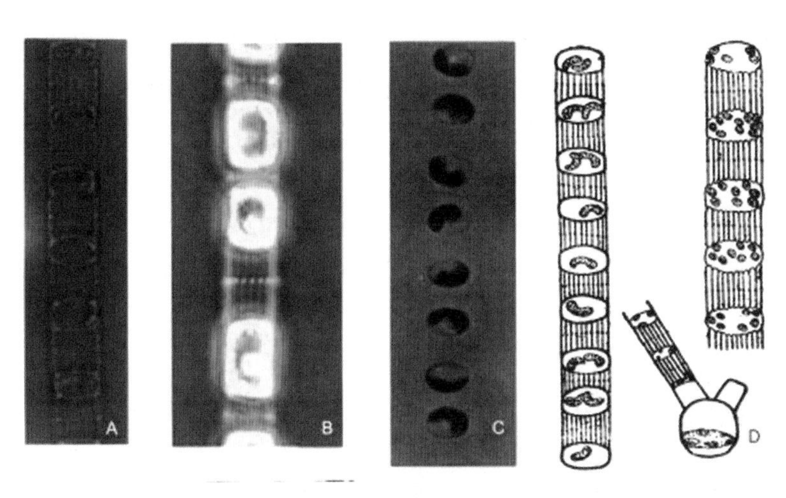

图 4-7　中肋骨条藻

A~C. 壳环面（LM，链状群体）；D. 壳环面观（示意图，链状群体）

资料来源：郭皓，2004

有分布但以沿岸海域数量最多。南海、东海、黄海、渤海均有分布，在河口、海湾海域数量最多。在我国曾多次引发赤潮，自 1933 年首次发现中肋骨条藻赤潮，至 2009 年我国海域共发生 142 起，其中在东海崇明岛至象山海域、厦门附近海域，中肋骨条藻赤潮发生 75 起，渤海海域发生 5 起，黄海海域发生 9 起，发生期集中在 5—8 月。

旋链角毛藻（*Chaetoceros curvisetus*）

细胞借角毛基部交叉组成螺旋状的群体，一般链长。宽壳环面为四方形，宽 7~30 μm。壳面椭圆形，两边稍平。胞间隙纺锤形、椭圆形至圆形。角毛细而平滑，白细胞角生出，皆弯向链凸的一侧，端角毛与其他角毛无明显的差别。色素体单个，位于壳面中央（图 4-8）。

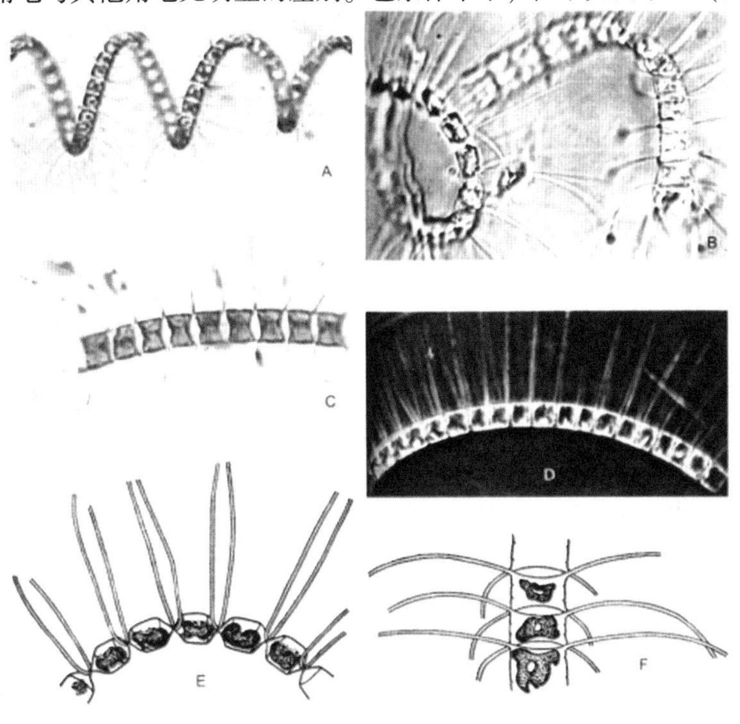

图 4-8　旋链角毛藻

A~B. 壳环面（LM，链状群体）；C~D. 宽壳环面（LM）；E. 窄壳环面（链状群体）；F. 宽壳环面

资料来源：郭皓，2004

旋链角毛藻是广温性沿岸种类，暖季分布较广，在东海、黄海和渤海广泛分布。2004—2008 年间共发生旋链角毛藻赤潮 23 起，旋链角毛藻作为第一优势种 12 次，中肋骨条藻为主要并发种共有 8 次。5—8 月均有该赤潮发生，6—7 月为高发期。

丹麦细柱藻（*Leptocylindrus danicus*）

细胞长圆柱形，直径 8~12 μm，长 31~130 μm，长为宽的 2~12 倍。断面正圆形，壳面扁平或略平或略凹。细胞以壳面相连接组成直链，两相连细胞之间只有一层细胞壁。细胞壁很薄，找不到任何花纹。色素体颗粒状，数量 6~33 个（图 4-9）。

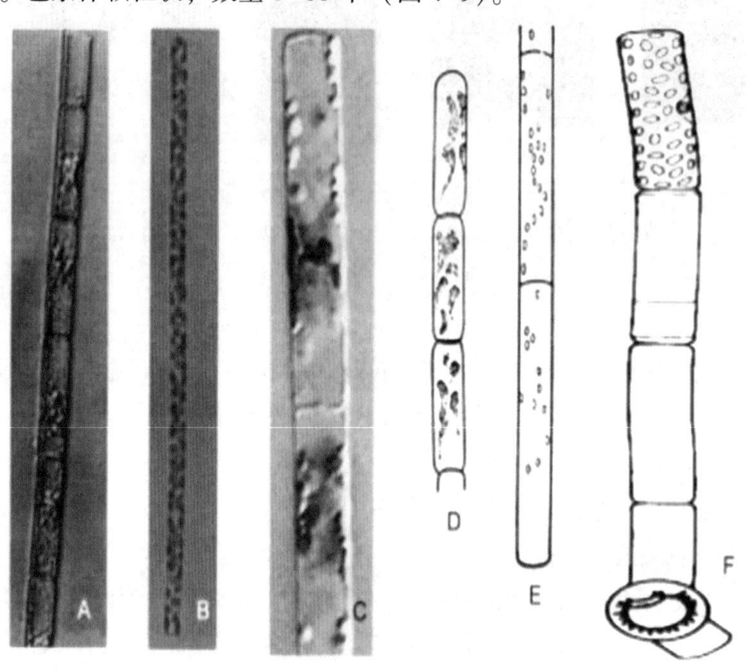

图 4-9　丹麦细柱藻

A~C. 壳环面观（LM，链状群体）；D~F. 壳环面观（示意图，群体）

资料来源：郭皓，2004

丹麦细柱藻是沿岸广布种，在南海、东海和黄海均有分布。据 2000—2001 年间调查，自 3—6 月在大鹏湾湾顶水域丹麦细柱藻的数量多次上升为浮游植物群落的优势种，其数量最高可占浮游植物总数量的 60%。在 1991—2008 年，我国近岸海域共有 9 次丹麦细柱藻赤潮，其中 1991 年 6 月 2 日，在大鹏湾盐田水域发生过一次丹麦细柱藻赤潮。本种发生时间集中在 5 月和 7—9 月。

3）着色鞭毛藻门

着色鞭毛藻门指具有叶绿素 *a* 和附属色素，但不具叶绿素 *b* 的具鞭毛的藻类。着色鞭毛藻门个体大多为单细胞或群体，少数为丝状体，个别为管状或变形虫体型，包括可动和不动的细胞。在着色鞭毛藻门中，较为常见的几个种类包括赤潮异弯藻、海洋卡盾藻、球形棕囊藻 3 种。

赤潮异弯藻（*Heterosigma akashiwo*）

藻体为单细胞，浮游生活。细胞体黄褐色至褐色，无细胞壁，由周质膜包被，故细胞形状变化很大。藻体一般略呈椭圆形，长 8~25 μm，宽 6~15 μm，厚度变化大。细胞腹部略凹，在细胞一端近体长的 1/4~1/3 处生一短沟状的斜凹陷，自此凹陷的底部生出两条不等长的鞭毛，长者约为细胞长度的 1.3 倍，短者为其 0.7~0.8 倍。藻体活动时，此两鞭毛常弯曲或与细胞长轴垂直伸出。细胞核略呈圆形，位于细胞中部。在每个细胞的近细胞膜处，有 8~20 个棕黄色的大盘状色素体，各色素体内均含一蛋白核。无眼点，有许多无色透明的油粒（图 4-10）。赤潮异弯藻在温带近海底层水温高于15~20℃的夏季以二分裂方式大量繁殖，分裂率高（一夜分裂两次）和昼夜均能摄取营养等生态优势是其易于形成赤潮的动力。有毒性，可引起鱼类的死亡。

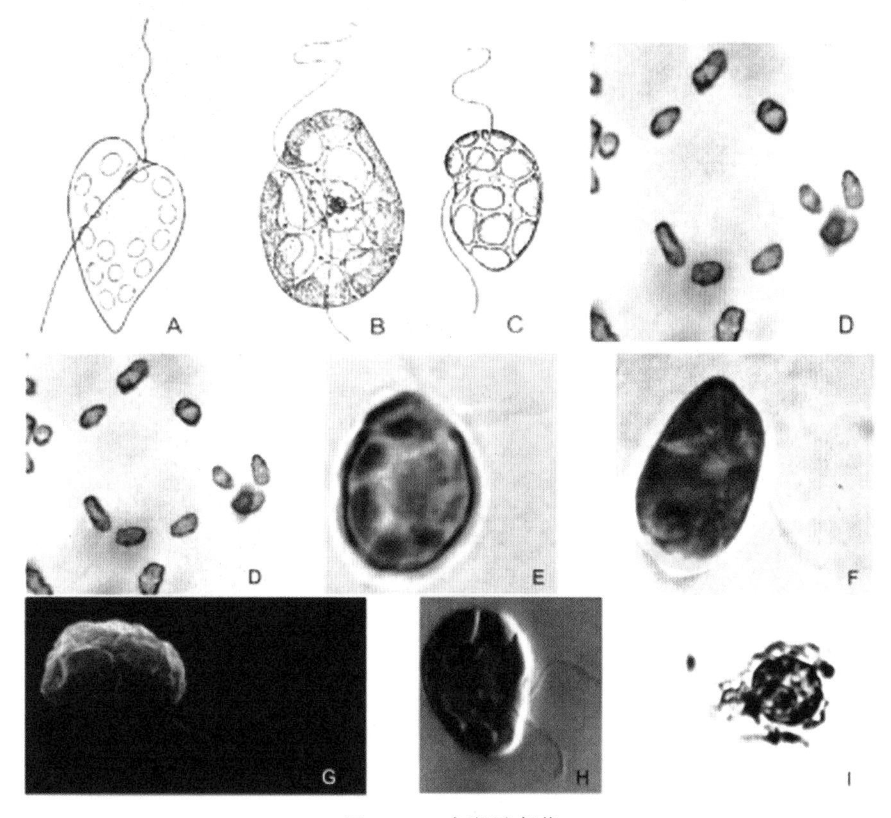

图4-10 赤潮异弯藻

A~C. 细胞形态（示意图）；D. 群体（LM）；E~F. 单细胞个体（LM，示鞭毛）；G. 细胞形态（SEM，示鞭毛）；H. 内部结构（LM）；I. 孢囊（LM）

资料来源：郭皓，2004

本种是一种广泛分布于世界近岸海域的常见的鞭毛藻类，是日本最主要的赤潮生物之一，有多次形成有害赤潮、造成养殖鱼类大量死亡的记录；在韩国的蔚山湾、仁川湾、光面湾和晋州湾等地，赤潮异弯藻也经常引发赤潮。另外，在北美西海岸，如加拿大不列颠哥伦比亚省，该种也是危害海洋鱼类养殖业的主要赤潮生物之一。在我国，该藻曾在大连湾形成多次赤潮。1985—1987年间的夏季（6—8月）由该种在大连湾分别形成持续7 d左右的赤潮。

海洋卡盾藻（*Chattonella marina*）

藻体单细胞，黄褐色，长30~55 μm，宽20~32 μm。细胞裸露无壁，纺锤形或卵形，后端一般无显著尖尾，背腹纵扁，腹面中央具一条纵沟，鞭毛两条，前伸鞭毛为游泳鞭毛，后曳鞭毛紧贴纵沟。无眼点，细胞前端具贮蓄泡。细胞核大型，细胞体表层下面胶质棒形丝泡与表层垂直排列，在外界刺激下可像胶丝一样被抛出。色素体多数，椭圆形至卵形，由中心向四周作辐射状排列。内囊体陷于蛋白核基质内，内囊体顶端具空泡。色素为叶绿素 a，具少量叶绿素 c 及类胡萝卜素（图4-11）。海洋卡盾藻可产生不同的毒素成分并引起鱼类的死亡，包括鱼鳃的损伤，引起鱼类心跳速率减慢，降低通过鳃的氧气含量等。

海洋卡盾藻在日本沿岸频繁发生赤潮，对鱼类养殖业造成了极大损失。在我国台湾、南海大鹏湾以及北黄海等都有过海洋卡盾藻形成赤潮的报道。1995—2009年，我国沿岸海域共有14起海洋卡盾藻赤潮，其中渤海5起，黄海6起，南海3起。

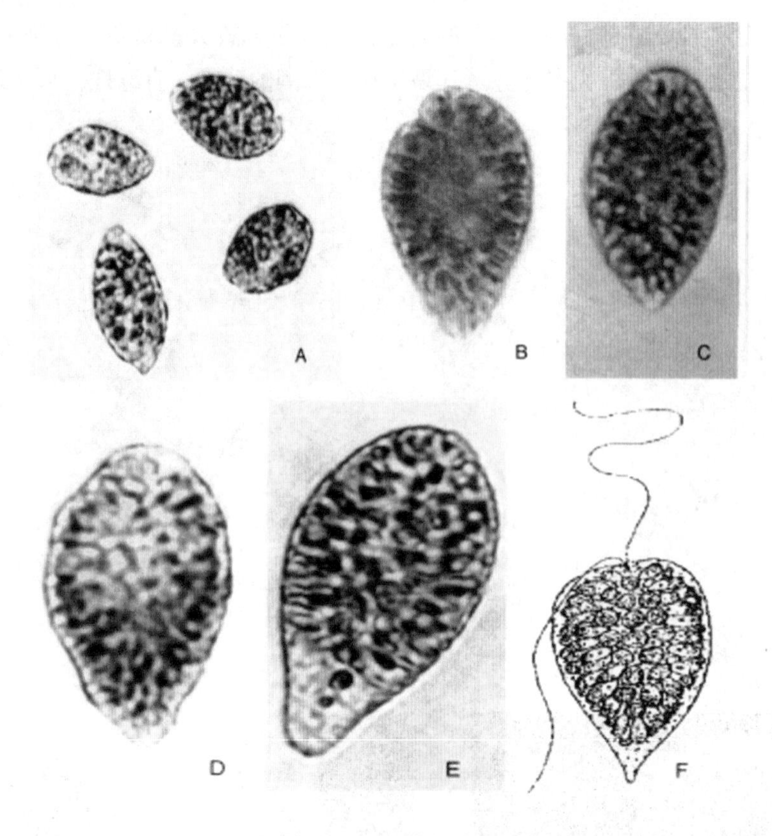

图 4-11　海洋卡盾藻

A. 群体（LM）；B~E. 细胞形态（LM）；F. 单细胞个体（示意图，示鞭毛）

资料来源：郭皓，2004

球形棕囊藻（*Phaeocystis globosa*）

具单细胞和群体胶质囊两种生活形态的浮游藻类，由数千乃至数万个单细胞所构成。胶质囊由小到大，其外观颜色从浅绿色、深绿色、浅棕色至咖啡色。群体胶质囊为球形或卵圆形，大小为 110~2 600 μm。主动运动的单细胞形态，细胞常呈球形或近球形，前端略凹入，直径为 2.5~7.0 μm，前端具两条几乎等长的鞭毛，为体长的 1.5~2 倍，一条向前呈波状运动，一条斜向后方；除两条鞭毛外还有一条短的顶鞭丝。细胞具 2~3 个色素体，圆盘状和片状，周生，黄褐色。细胞不断分裂进行增殖（图 4-12）。

棕囊藻赤潮可产生二甲基硫化物（dimethylsulphide，DMS），散发到大气后是引起酸雨的原因之一。1992 年的棕囊藻赤潮曾对挪威的鳕鱼幼体产生毒害效应。1997 年 11 月中旬至 12 月底，在北起福建泉州湾，南至广东汕尾的数千平方千米的近海与内湾水域发生了一起中国有史以来规模最大、持续时间最长、危害最严重的赤潮。1992—2009 年，我国海域共记录到 41 次球形棕囊藻赤潮，累计发生面积超过 6 700 km^2。

4）蓝藻门

蓝藻分布极广，温暖水域中数量较大。藻体有单细胞、群体或丝状体等不同形状，属原核型低等植物，细胞中无细胞核和色素体，但有色素和核质成分，色素分散在原生质中，贮藏物质以蓝藻淀粉为主，可进行光合作用。

蓝藻门只有 1 个蓝藻纲。根据内外生孢子的有无和细胞的类型（单细胞、丝状或群体）分为 3 个目：管胞藻目，能产内生孢子或外生孢子；色球藻目，不产内生或外生孢子，单细胞或群体；颤藻目，不产内生或外生孢子，细胞单丝状，常连接成群体。营海洋浮游生活的蓝藻主

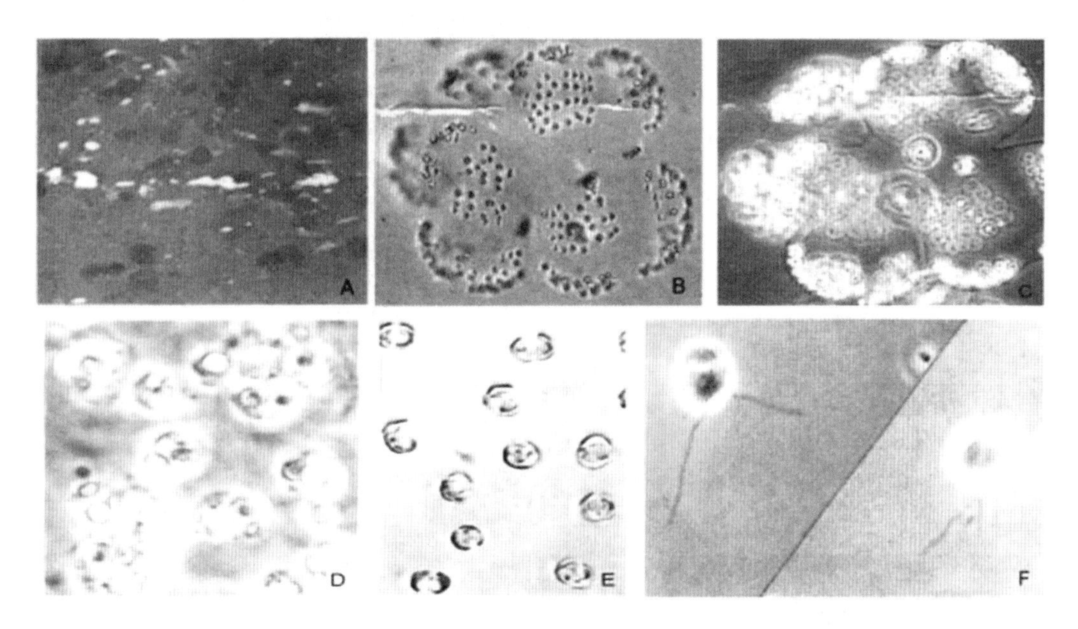

图 4-12　球形棕囊藻

A. 赤潮发生状态（示群体胶囊）；B~D. 壳群体形态（LM）；E~F. 体形态（LM，示鞭毛）

资料来源：郭皓，2016

要隶属于颤藻目和色球藻目。束毛藻、巨大鞘丝藻（*Lyngbya majuscula*）等都有可能形成赤潮，其中，较常引发赤潮的种类为红海束毛藻。

红海束毛藻（*Trichodesmium erythraeum*）

群体呈灰色、棕色或淡黄色，大小一般为 3 mm×（0.2~0.3）mm。藻体由短筒形细胞重叠成的丝状群体。藻丝体束浮游型，长约 1 mm，藻丝体直，上下端粗细不同，有明显的极性。藻丝体几乎平行排列，同一藻丝体上相邻的两细胞间具明显的凹隘，顶端细胞较小，细胞宽为 7~14 μm，细胞长约为宽的 1/3，为 3~7 μm，一个藻丝体束有 10~30 根藻丝体。上部顶端细胞一般半球形，基部一至数个细胞逐渐变为细长，无胶质鞘或不明显。许多藻丝成束或成片地并列重生为群体。细胞内无细胞核，只有一个具有拟核的中央体，体内具有其他藻类所缺乏的藻蓝素（图 4-13）。

本种是热带性种类，广泛分布于各大洋暖水区中，曾发现于地中海、红海、巴西海岸、爪哇、东海、南海、澳大利亚水域及中美洲的萨尔瓦多，红海的颜色就是由于这种藻类大量繁殖所引起的。红海束毛藻在南海大量分布，为该海区浮游植物的优势种之一。据报道，束毛藻可以产生类似于神经毒素的藻毒素，并对渔业等产生危害。

5）原生动物门

原生动物是一类最小、最原始的单细胞动物，具有细胞膜、细胞质和 1 个或几个细胞核。它没有组织或器官，而有分化的胞器来进行各种生命活动，如对刺激的反应、运动、生长和生殖等。它具有多细胞动物所具有的基本的生命特征，除了孢子虫纲和吸管虫纲外，大多数原生动物是营浮游生活的。由于种类多、数量大、分布广，它们在海洋生态系统中占据相当重要的位置。不少种类是水产动物及其幼体的天然饵料；有些种类如有孔虫类可作为寻找石油的指示生物。因此，原生动物和人类的关系是十分密切的。

原生动物的种类繁多。在海洋里浮游的原生动物主要是肉足虫纲（Sarcodina）和纤毛虫纲（Ciliata）的种类。原生动物门，只有红色中缢虫赤潮一种记录。

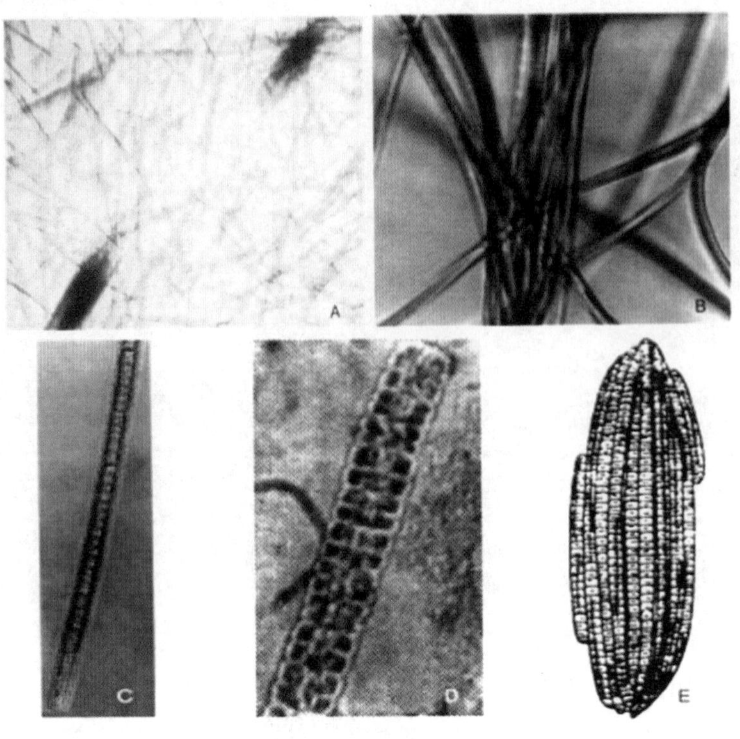

图 4-13　红海束毛藻

A~B. 群体（LM）；C~D. 丝状体（LM）；E. 片束群体（示意图）

资料来源：郭皓，2004

红色中缢虫（*Mesodinium rubrum*）

红色中缢虫属栉节毛虫科、中缢虫属。细胞由前后两个不同的球体接合而成，长度一般为 30 ~ 50 μm，冬天可见更小个体。以细胞运动的方向作为其前端。长纤毛从两个球体的结合部位侧面倾斜伸出。前球体具密生赤道纤毛带，纤毛呈多行格则排列，覆盖前球体。后球体尾端具不发达的口器，有时具触手。细胞运动活泼，可产生瞬间移动，静止时悬浮在海水表面。本种细胞内部具多种植物色素（图 4-14）。

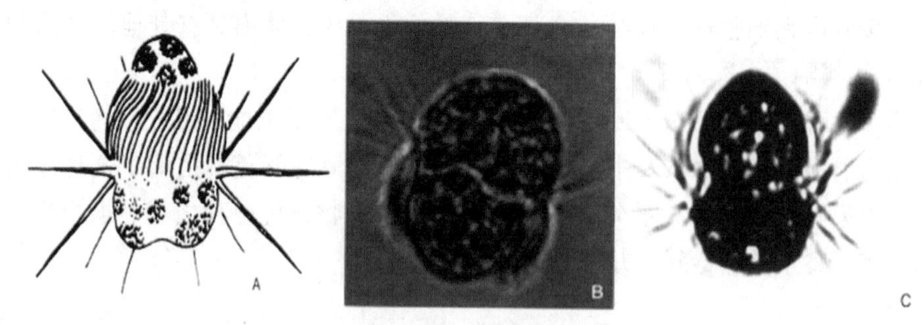

图 4-14　红色中缢虫

A. 细胞个体（示意图）；B~C. 细胞形态（LM）

资料来源：郭皓，2004

本种为常见的四季种类，分布在温带到北极的河口水域。在沿岸低盐度水域，如日本伊势湾和东京湾常见本种形成棕黑色赤潮。1998 年 11 月广东沿海红海湾、大亚湾东部，2000 年 1 月珠江口的东澳岛水域，均发生过红色中缢虫赤潮，持续时间 2 d 左右。

2. 褐潮生物

褐潮通常指由于海金藻纲微藻暴发性增殖而形成的藻华现象，藻华期间海水呈褐色。综合目前的研究报道，已知能引发褐潮的为海金藻纲（Pelagophyceae）的抑食金球藻（*Aureococcus anophagefferens*）和 *Aureoumbra lagunensis* 两种微微型藻类（图 4-15）（Sieburth et al.，1988）。其中 *Aureoumbra lagunensis* 还无对应的中文译名，*Aureo* 的含义为“金色的”，*umbra* 的含义为由于褐潮藻暴发时藻密度高导致马德雷湖阴暗或者光照强度降低，*lagunensis* 指该藻被分离时所处的环境为潟湖。

图 4-15　常见褐潮生物在不同阶元上的分类

最初，抑食金球藻和 *A. lagunensis* 被归类于金藻门、金藻纲，但是后来经过色素、生理、18S rRNA 序列以及形态学各方面的研究，它们正式被归入棕鞭藻门、海金藻纲。抑食金球藻和 *A. lagunensis* 有许多共同特征，它们都是单细胞，个体都很小，球形或椭球形，金褐色，无细胞壁，单个叶绿体，细胞无鞭毛不能运动且生命周期简单。除了细胞直径不同之外，二者的主要区别还包括抑食金球藻的淀粉核是凹陷的，而 *A. lagunensis* 则是具柄淀粉核。在色素组成上，它们都含有叶绿素 *a* 和叶绿素 c、岩藻黄素、硅甲藻黄素、β-胡萝卜素以及 19′-丁酰基氧化岩藻黄素。此外，它们都能产生一种可能会抑制双壳类动物摄食的胞外多糖，并含有海金藻类特殊甾醇，这些研究结果为确定其分类地位提供了有力依据。

褐潮的暴发严重危害到海洋资源和贝类养殖业，并且影响到海洋生物的种群结构乃至整个海洋生态系统。在美国东海岸，褐潮导致当地海湾扇贝资源崩溃、海草床生境退化等；在南非萨尔达阿尼亚湾，褐潮导致牡蛎和扇贝产量急剧下降（Probyn et al.，2001）。黄、渤海近岸海域是我国重要的贝类养殖区，也是许多重要海洋经济动物的产卵场和育幼场。由于抑食金球藻的毒性效应，褐潮的出现进一步破坏近岸水域的生态功能，影响生态系统健康和养殖业的持续发展。

抑食金球藻（*Aureococcus anophagefferens*）

抑食金球藻属棕鞭藻门、海金藻纲、海胞藻目，是一种微微型单细胞藻，呈金光色球形或亚球形，直径 1.5～2 μm，无细胞壁，无鞭毛，是目前发现引发褐潮的主要藻种（Anderson et al.，2002；Sieburth et al.，1988），对生态环境和渔业养殖影响较大。抑食金球藻引发的褐潮发生在大西洋西北部和中部的美国沿岸河口区已经有超过 25 年的历史，近来在南非也有出现。从 2009 年起在我国河北秦皇岛沿岸海域连续 4 年在夏季发生大规模抑食金球藻引发的褐潮，导致养殖贝类大量滞长甚至死亡，给当地贝类养殖造成了巨大危害，使中国成为继美国和南非之后世界上第 3 个受褐潮影响的国家。

Aureoumbra lagunensis

Aureoumbra lagunensis 属棕鞭藻门、海金藻纲、海胞藻目，也是一种微微型单细胞藻，直径 4～5 μm，金褐色球形或椭球形，无细胞壁，无鞭毛，细胞不能运动。1990—1997 年，*A. lagunensis* 褐潮在美国德克萨斯州的马德雷湖沿岸持续暴发，并在随后的几年间歇性发生，是所记载的持续时间最长的有害藻华。已发生褐潮的海域中，只有美国德克萨斯州的马德雷湖和巴芬湾的褐潮原因种为 *A. lagunensis*，其他均为抑食金球藻。

3. 绿潮生物

绿潮生物包括石莼属（*Ulva*）、刚毛藻属（*Cladophora*）、硬毛藻属（*Chaetomorpha*）等，由此引发的绿潮通常发生在河口、潟湖、内湾和城市密集的海岸等富营养化程度相对较高的水域环境中（图4-16）。

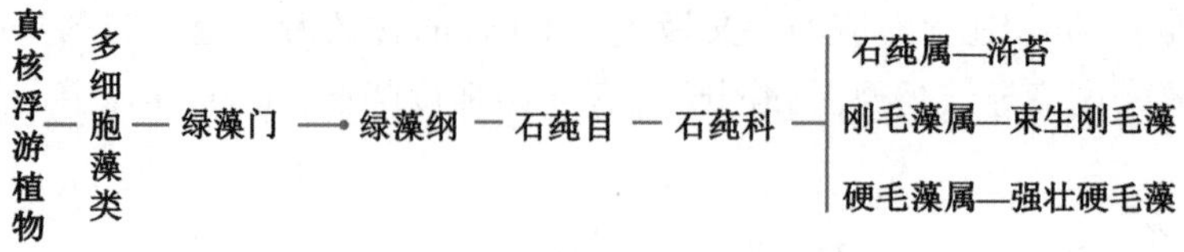

真核浮游植物 — 多细胞藻类 — 绿藻门 → 绿藻纲 — 石莼目 — 石莼科 —
- 石莼属—浒苔
- 刚毛藻属—束生刚毛藻
- 硬毛藻属—强壮硬毛藻

图4-16　常见绿潮生物在不同阶元上的分类

在以往对绿潮的研究中，曾经将现在的石莼属归为石莼属与浒苔属两种，分类学者们对石莼属和浒苔属的分类地位一直存在争议。目前国际上普遍认可的观点是依据分子系统学的证据，将石莼属归在绿藻门（Chlorophyta），绿藻纲（Chlorophyceae），石莼目（Ulvales），石莼科（Ulvaceae）内。近年来，随着生物科学理论与技术的发展，分子生物学的实验技术和手段不断发展与完善，并被应用于绿潮海藻的分类鉴定问题中，一系列分子系统学的证据表明石莼属和浒苔属海藻亲缘关系极其接近，不易区分。黄海绿潮在青岛的聚集现象见图4-17。依据Hayden等的研究工作，发现石莼属、浒苔属、盾绿藻属、狭带藻属、*Ulvaria* 5个属的物种构成一个独立的石莼科进化枝，但是石莼属和浒苔属物种并没有形成各自独立的单系，而是相互交错聚类到一起。

图4-17　黄海绿潮在青岛近海的聚集现象

a. 2008年；b. 2011年；c. 2012年；d. 2014年

资料来源：中国海洋环境质量公报

浒苔（*Ulva prolifera*）

浒苔在分类学上隶属于绿藻门、绿藻纲、石莼目、石莼科、石莼属。浒苔又称苔条、苔菜，为底栖海藻，藻体呈亮绿色或暗绿色；管状，膜质，由单层细胞组成之中空管状体；藻体长可达 1~2 m，直径可达 2~3 mm；细胞大小为（10~16）μm×（14~32）μm；淀粉核一般只有1个（图4-18）。浒苔营固着生长或漂浮生长，主要生长在潮间带岩礁上、石沼中泥沙滩的石砾上，有时也会附生于大型海藻的藻体上。在固着生长时，藻体基部的细胞生出假根丝形成固着器，将浒苔固定在条件良好的地方；当藻体发育成熟，或者遭遇大浪侵袭，浒苔可断裂下来随着海流漂浮，并继续生长。

图4-18　浒苔绿潮致灾生物—浒苔

资料来源：Leliaert et al.，2009

浒苔自然分布区位于俄罗斯远东海岸、日本群岛、马来群岛、欧洲沿岸及美洲太平洋和大西洋沿岸野生资源丰富的沿海地区中、低潮区的砂砾、岩石、滩涂和石沼中，在东南沿海一带分布尤为广泛，是东海海域优势种。从2007—2018年，黄海海域连续5 a暴发了绿潮，经鉴定绿潮构成种均为浒苔。

4. 金潮生物

金潮生物在不同阶元上的分类见图4-19。

金潮灾害是漂浮状态的马尾藻属（*Sargassum*）褐藻暴发性增殖造成的（Smetacek et al.，2013）。马尾藻广泛分布于暖水和温水海域，因其在海中呈黄褐色，故被称为“金潮”。马尾藻在我国沿海各地均有分布（表4-2）。

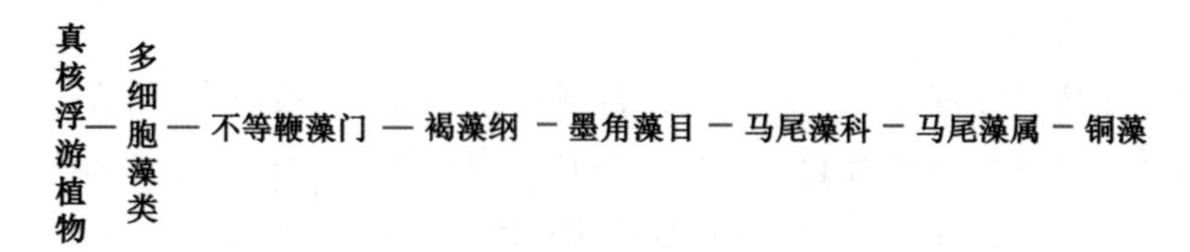

图 4-19　常见金潮生物在不同阶元上的分类

表 4-2　马尾藻在我国暴发金潮灾害的海域分布

发生时间	发生海域	
2007 年	长江口邻近海域	卫星遥感监测到漂浮马尾藻
2008 年	黄海海域	浒苔中夹杂着漂浮马尾藻，且比例呈上升趋势
2013 年	青岛局部海域	马尾藻所占比例高达 20%
2014 年	山东荣成海域、大连星海湾浴场和大李家金石滩海域	出现大量的漂浮马尾藻
2015 年	浙江、福建、江苏、辽宁、广东等地沿海	遥感监测到漂浮马尾藻，单次监测到的分布面积呈倍增趋势
2016 年 10 月	南黄海北部海域	马尾藻暴发
2016 年 12 月	江苏近岸海域	漂浮马尾藻最大分布面积 7 700 km^2，导致 9 180 hm^2 紫菜养殖区受灾，直接经济损失 4. 48 亿元
2017 年	江苏省海域	大规模马尾藻暴发

传统的马尾藻属分类主要以形态特征（固着器、主干、分枝、藻叶、生殖托和气囊）作为鉴定依据，但马尾藻类的形态可塑性高导致目前马尾藻属分类比较混乱。马尾藻类的形态特征复杂多变，且易受水流、水深、营养盐和产地环境等生态因素的影响。同一物种的不同地理种群或同一种群的不同个体间，甚至是同一个体的不同生长和发育阶段都存在着很大的形态差异。

金潮生物马尾藻是一个泛称。在分类系统中，马尾藻属隶属于不等鞭藻门、褐藻纲、墨角藻目、马尾藻科。该属是 C. A. Agardh 于 1820 年建立的，他将 62 个种划分为 7 个不同的种群。J. G. Agardh 依据分枝、气囊和生殖托的特征，建立了一个新的分类系统，将马尾藻属分为 5 个亚属，分别是：叶枝亚属（*Phyllotrichia*（*Aresch.*）J. Agardh），裂叶亚属（*Schizohycus* J. Agardh），反曲叶亚属（*Bactrophycus* J. Agardh），节叶亚属（*Arthrophycus* J. Agardh），真马尾亚属（*Sargassum* J. Agardh）。亚属下的分类阶元是组、亚组、系。以后的藻类学家都以 J. Agardh（1889）建立的分类系统作为马尾藻属分类研究的基础。较为经典的金潮生物为铜藻，接下来重点做介绍。

铜藻（*Sargassum horneri*）

铜藻属于褐藻门、墨角藻目、马尾藻科、马尾藻属的大型海藻，是马尾藻属中一种个体比较大的经济褐藻，长度可达 2~7 m（图 4-20），是在北太平洋西部构成海底森林（或海藻床）的主要底栖褐藻类群之一，且在我国有栽培应用研究。铜藻的繁殖方式包括有性繁殖和营养繁殖。营养繁殖是造成铜藻暴发性增殖的重要原因，折断的藻体在漂浮过程中可以重新形成新的个体。同时，铜藻中空气囊的存在提高了藻体的浮力，导致铜藻能够随海水漂浮。

在北太平洋西部水域，铜藻已成为主要的漂浮马尾藻种类，引起了广泛的关注。大量漂浮铜藻通过对马暖流从日本海漂浮到日本北太平洋。近几年的海上现场调查显示，每年春、夏两季，浙江省至江苏省海域分布有较多漂浮块状或带状的马尾藻属铜藻。2013 年，漂浮的马尾藻属铜藻甚至影响到山东省日照至青岛市海域，其发生频率和影响规模呈明显的上升趋势。2016 年年底，黄

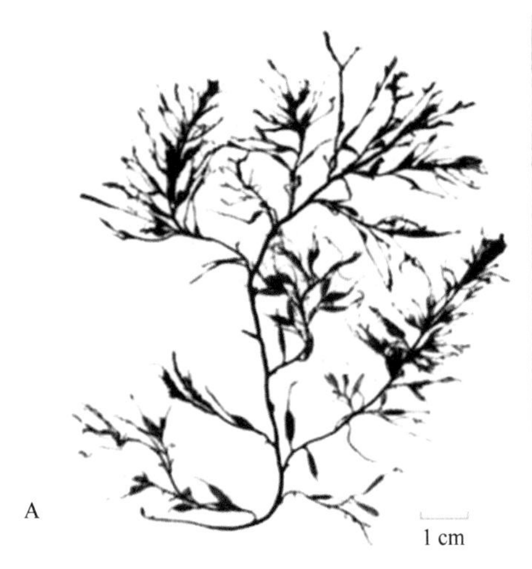

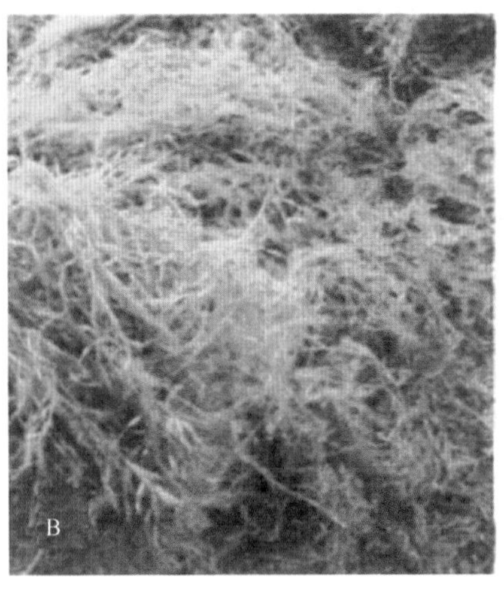

图 4-20　铜藻

A. 铜藻形态；B. 长江口的漂浮铜藻

海西南部沿海大范围暴发的漂浮铜藻种群，造成了江苏沿海条斑紫菜（*Porphyra yezoensis*）栽培产业的巨大损失。

5. 白潮生物

除了以上提到的几种海洋生态灾害，一种由海洋浮游动物——水母大规模暴发而引发的生态灾害也受到全球的关注。水母是海洋浮游动物的一个重要生物类群，隶属于刺胞动物门（Cnidaria）和栉水母门（Ctenophora）。水母是海洋生态系统中的重要组成部分，主要食物是海洋中的浮游动物，与鱼类等生物进行饵料竞争，也会摄食鱼类的卵和幼体。

白潮生物主要包括刺胞动物门的水螅纲、管水母亚纲和钵水母纲等具固着水螅型和浮游水母型的水母，以及终生营浮游性生活的栉水母门水母（图 4-21）。

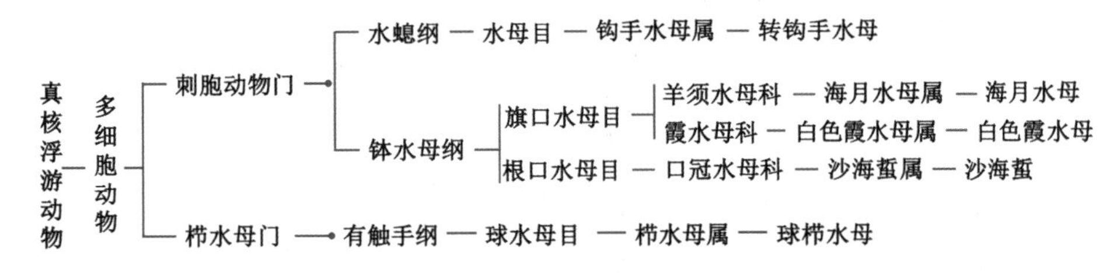

图 4-21　常见白潮生物在不同阶元上的分类

水母具有世代交替的繁殖特性，水母体在海洋中营自由生活，通过有性繁殖产生浮浪幼体，沉到海底变态为水螅体。水螅体生活于海底，营底栖生活，其水螅体通过多种无性繁殖方式进行繁育，包括横裂生殖、出芽生殖和足囊生殖等。水螅体的无性繁殖方式取决于环境条件的变化，这对揭示白潮暴发机理来说至关重要。在本节对较为常见的白潮生物进行介绍，包括白色霞水母、海月水母和沙海蜇 3 种。

白色霞水母（*Cyanea nozakii*）

白色霞水母隶属于刺胞动物门、钵水母纲、旗口水母目、霞水母科，是一种广布性的大型海洋浮游生物，通常以小型浮游动物为饵，在我国沿海均有分布。白色霞水母经无性世代和有性世代两个发育过程，受精卵发育为一个能活动、带纤毛的浮浪幼虫，浮浪幼虫在水中自由游动一段时间后附着，形成弗朗幼体囊并变态为螅状体，螅状体摄食、生长并以两种方式（足囊繁殖和由匍匐茎形成囊胞）进行无性繁殖，在适宜条件下进行单碟横裂产生碟状体，碟状体释放后，恢复为螅状体，碟状体发育出缘触手变态为幼水母，在1周年内发育为成体水母（图4-22）。

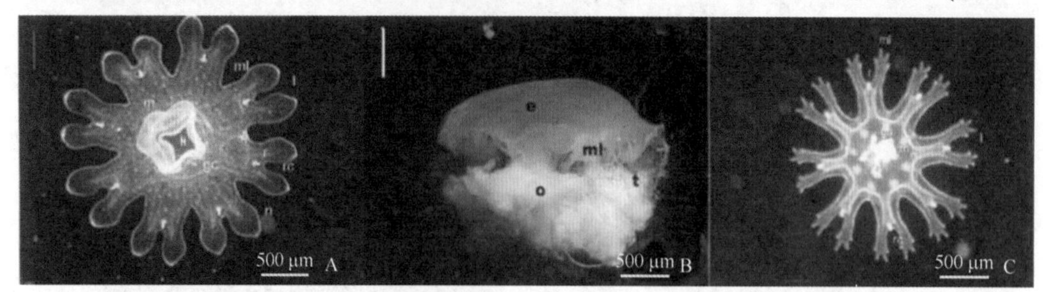

图4-22　白色霞水母

A. 初生碟状体的口面观，刻度尺长度为500 μm；B. 水母体的侧面观，刻度尺长度为50 mm；C. 海蜇碟状体的口面观，刻度尺长度为500 μm 口柄（m），足盘（p），缘叶（ml），感觉棍（r），缘瓣（l），口唇（li），胃丝（gc），刺胞丛（n），外伞（e），口腕（o），触手（t），感觉裂缝（rc）

资料来源：董婧等，2006

与目前已发现的棕色霞水母（*Cyanea ferruginea*）、紫色霞水母（*Cyanea purpurea*）以及发形霞水母（*Cyanea capillata*）相比，白色霞水母数量最多、分布范围最广。白色霞水母是在我国常见的曾多次暴发过的水母，自20世纪末起，黄海、东海、南海近海多次发生霞水母暴发现象，因其生长过程中分泌毒素并缠粘网具，造成海洋渔业资源枯竭，海洋捕捞产量严重下降（董婧等，2012）。

海月水母（*Aurelia aurita*）

全球广布种，隶属于钵水母纲、旗口水母目、洋须水母科、海月水母属，在全球富营养化及受污染的近岸海域季节性暴发，生活史复杂（图4-23）。由于海月水母多分布在人类活动较集中的海湾、河口，因此对人类造成的影响较大，更容易造成危害。海月水母堵塞发电厂冷却水系统、影响渔业生产的事件频发。

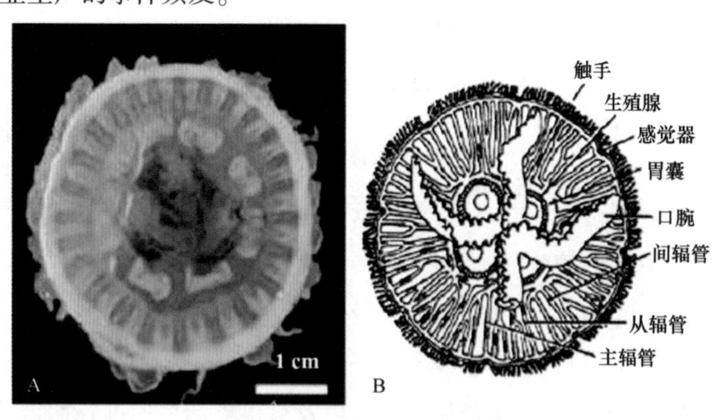

图4-23　海月水母

A. 海月水母形态；B. 海月水母结构（口面观）

资料来源：刘凌云等，2003

20世纪60年代，日本多次发生海月水母阻塞沿海发电厂水循环系统并引起发电厂发电受阻事件，甚至引发了全日本的发电厂临时停止工作。此类事件已波及全球，如韩国、印度、沙特阿拉伯、澳大利亚、菲律宾等海域。2007年6—9月，我国山东省烟台和威海沿海也曾发生十分罕见的海月水母大规模暴发事件，2009年7月在青岛又发生了海月水母“围攻”青岛发电厂事件。

沙海蜇（*Nemopilema nomurai*）

沙海蜇属于刺胞动物门、钵水母纲 、根口水母目、口冠水母科、沙海蜇属，是一种大型钵水母。沙海蜇伞部扁平，中央略隆起，外伞表面光滑。缘瓣呈灰色半透明状。肩板与口腕末端的距离拉长，约占整个水母体长度的2/3。在口腕和肩板处的褶皱上，从吸口末端的触指到食管之间的连接处形成了100～500 μm的窗口。在口腕末端处布满了大量的丝状附属物（filament subsidiary organ，fso）。通过窗口和附属器接收到的信息，口腕和肩板上的吸口张开，从而获取食物，最后通过与胃腔相连的食管输送到胃腔（图4-24）。

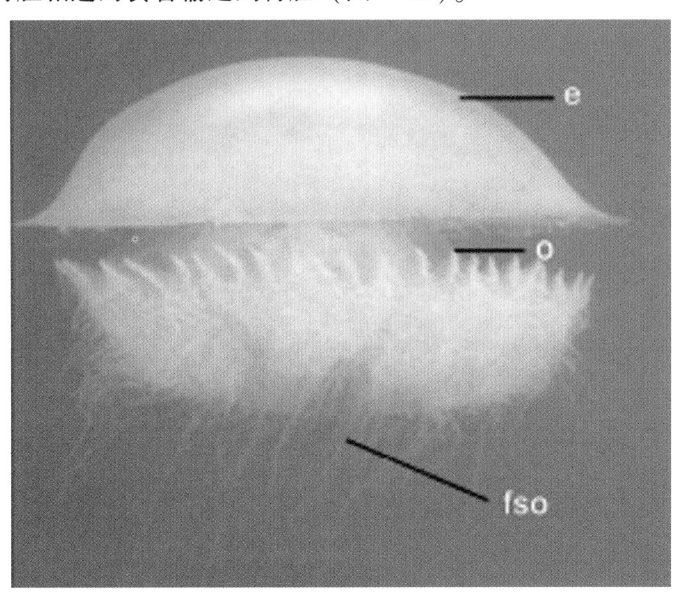

图4-24　沙海蜇水母体的侧面观

e. 外伞；o. 口腕；fso. 丝状附属器

作为世界上最大的水母之一，广泛分布于西北太平洋沿岸海域，主要分布在黄海、东海和日本海海域。沙海蜇为低温高盐种，12～17℃为其最合适的温度范围，主要分布于黄海冷水团伸向东海舌锋的锋面以北海域。自20世纪90年代中后期起，东海北部及黄海海域连年发生大型沙海蜇暴发性增殖的现象，其中2003年发生程度最为严重。

第二节　海洋生态灾害的生物学基础

典型致灾生物能够引起海洋生态灾害的暴发与其独特的生物学基础密不可分。种群数量的暴发性增长离不开致灾生物简单的细胞形态及功能以及强大的生殖能力，适应性的生理特征保证了暴发前期物质基础的快速积累以及提高了暴发过程中对环境胁迫的耐受力。本节将会探讨典型海洋生态灾害致灾生物能够暴发的生物学基础。

一、形态结构特征

（一）结构简单

赤潮致灾生物绝大多数是由浮游植物引发的，多为真核生物的单细胞藻类，如硅藻、甲藻、绿藻、金藻和黄藻等，也包括原核细胞型生物的细菌和蓝藻。赤潮致灾生物形状各异，呈球状、螺旋状针形或分支状等，也有些种类细胞相连成为群体或丝状体。细胞个体大小差异大，热带种类多且个体小，寒带种类少且个体大。外海种类大多细胞裸露或具有薄的细胞壁，沿岸种类如部分甲藻具有纤维质甲板组成的外壳。简单的单细胞构造是其短时间内可以迅速增殖的重要原因之一。

在我国沿岸海域中，暴发频率高于10%的赤潮生物有中肋骨条藻、夜光藻、具齿原甲藻、米氏凯伦藻等，它们合计占总暴发频率的78%（洛昊等，2013）。

与赤潮生物不同，绿潮生物是多细胞的，但是其身体构造简单，并未形成如高等植物那般高度分化的器官。绿潮生物均为大型绿藻，简单的身体构造使其可以快速繁殖（图4-25）。

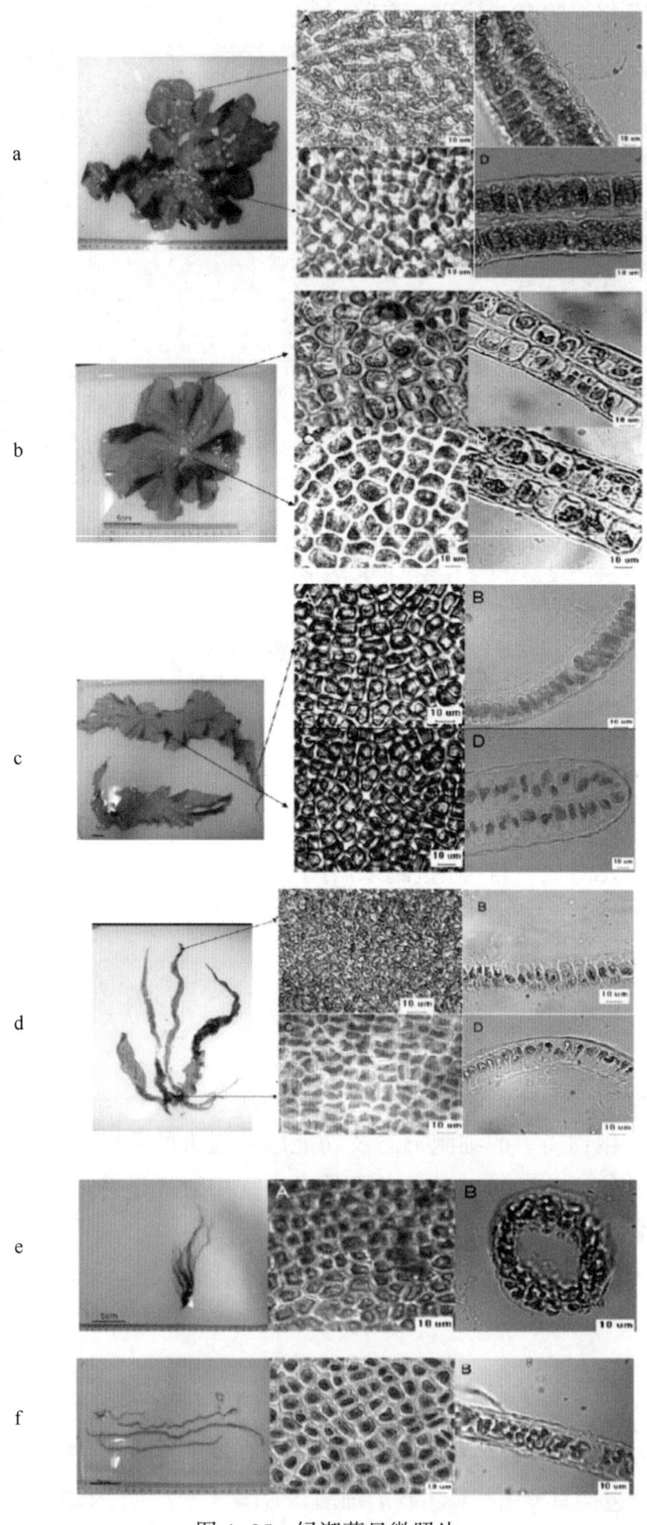

图4-25 绿潮藻显微照片

a. 孔石莼（*U. pertusa*）；b. 石莼（*U. lactuca*）；c. 缘管浒苔（*U. linza*）；
d. 肠浒苔（*U. intestinalis*）；e. 扁浒苔（*U. compressa*）；f. 浒苔

资料来源：郭盛华，2012

白潮致灾生物水母是一种低等的海产无脊椎动物，是腔肠动物在浮游生物中的典型代表。白潮暴发与其自身的形态结构特征有着重要的关系，水母身体结构简单，其体内含水量一般可达97%以上，其他则是蛋白质和脂质，生长速度快，属于低能量密度种群（图4-26）。

图4-26　水母照片

资料来源：www. quanjing. com

目前报道的褐潮主要是由属于海金藻纲的抑食金球藻和*A. lagunensis*引起的。他们有许多共同特征，都是单细胞，个体都很小（*Aureoumbra*直径4~5 μm，*Aureococcus*直径2~3 μm），球形或椭球形，金褐色，无细胞壁，单个叶绿体，细胞无鞭毛不能运动且生命周期简单。极小的细胞体积与表面积有利于其在环境条件合适的情况下短时间内大量增殖引发褐潮危害。

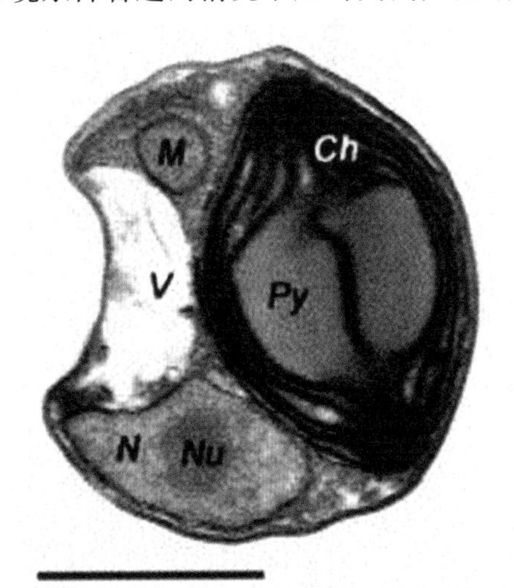

图4-27　抑食金球藻扫描电镜照片

N、Nu、Ch、Py、M和V分别代表细胞核、核仁、叶绿体、蛋白核、线粒体和液泡（标尺=1 μm）

资料来源：古彬，2014

（二）气囊结构

气囊（gas vesicle）又称伪空胞，气囊结构在许多典型致灾生物体内都存在，例如赤潮致灾种蓝藻（图 4-28），绿潮致灾种浒苔（图 4-29）。另外，白潮致灾生物水母其膨大的“伞盖”结构在功能上亦与气囊相似。致灾生物利用气囊或类气囊结构调节自身在水体中浮沉，对于其在营养摄食、繁衍避害具有重要意义，也是其能够形成生态灾害重要的形态结构特征。

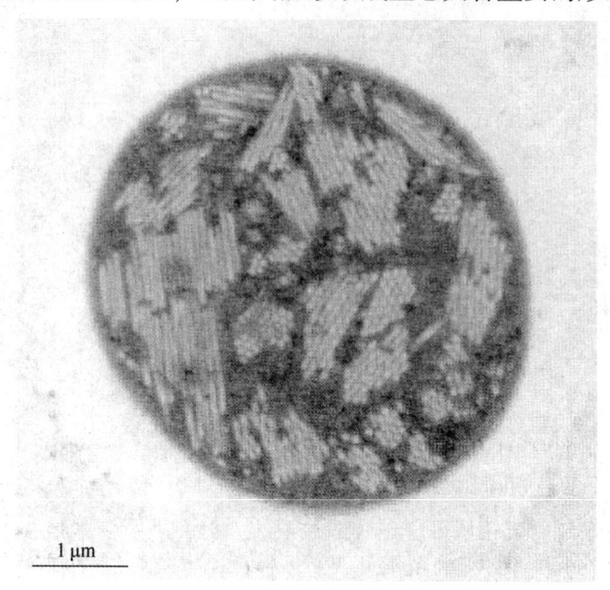

图 4-28　蓝藻气囊结构显微镜图

资料来源：王巍，2015

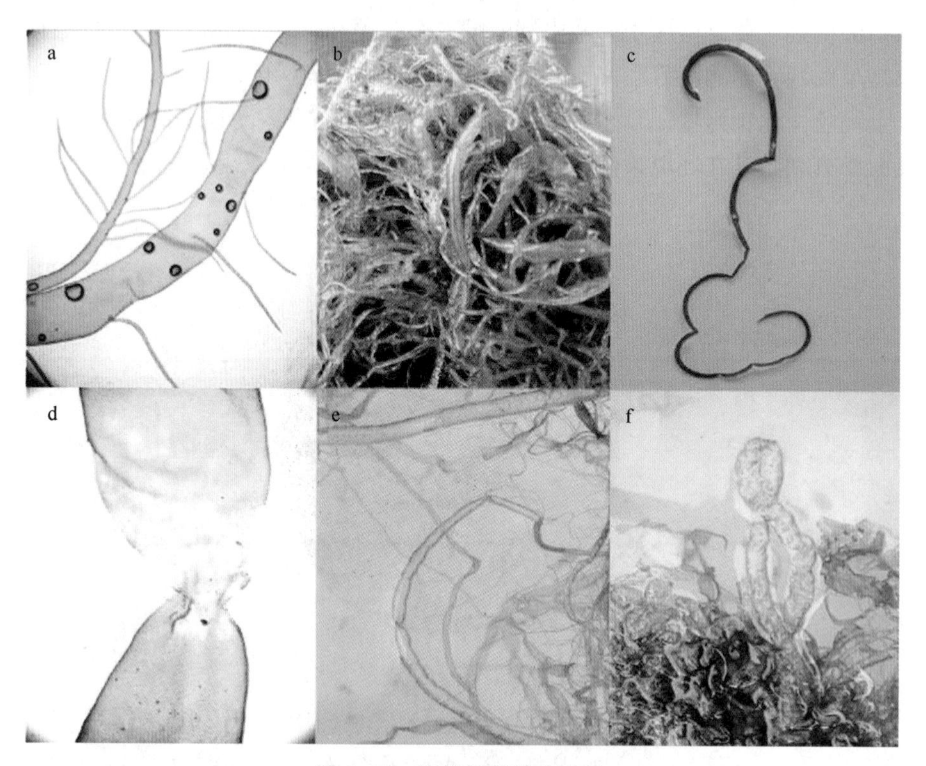

图 4-29　浒苔气囊形成过程

a. 藻体管腔内积累气体；b. 管腔充气形成气囊；c. 藻体弯曲形成“节点”；d. “节点”处细胞颜色较淡；e. “节点”之间充气形成封闭气囊；f. 气囊可漂浮在水面上

资料来源：吴青，2015

气囊是赤潮致灾种蓝藻浮力调节机制的重要影响因素，也是原核生物体中唯一充满气体的细胞器。蓝藻之所以上浮是因为藻细胞内有气囊，这些气囊是由蛋白质壁组成的柱状气泡，两端锥形、横断面为六边形，气囊为蓝藻提供浮力，使蓝藻能长时间停留于水体表层光照区。气囊在细胞质内并不是随意分布的，而是按蜂窝状堆叠而成，该气囊可最大限度地为蓝藻提供浮力使其获得生长繁殖的机会。

黄海绿潮暴发主要是由漂浮浒苔快速生长及随海浪大面积漂移造成的，其中浒苔漂浮特性是引发绿潮暴发的重要因素之一。浒苔在细胞成熟后可以放散出大量的繁殖体，每个孢子/配子都可以发育成独立的成熟浒苔。幼苗萌发过程中，繁殖体逐渐发育成单层细胞管状结构并分化出叶状体及假根，在管状藻体上可形成众多分枝，吸收营养的同时还可以悬挂住海水中的气泡以达到藻体漂浮的效果。叶状体管腔成熟后弯曲形成“节点”，在封闭的藻段中充满气体形成气囊，气囊使得浒苔可以在海水中长期漂浮（图 4-29）。

金潮致灾生物马尾藻属的藻体由固着器，主干，分枝（初生分枝、次生分枝），藻叶，气囊和生殖托组成（图 4-30）。其中，中空的浆果状气囊使其能够漂浮，在其暴发成灾过程中起重要作用。2013 年，山东半岛海域绿潮暴发的同时，出现了铜藻大规模聚集现象。铜藻形态特征见图 4-31。2016 年 12 月黄海铜藻的暴发，导致我国江苏紫菜养殖业损失 5 亿元。

图 4-30　马尾藻

资料来源：黄超华，2017

水母身体的主要成分是水，并由内外两胚层所组成，两层间有一个很厚的中胶层，不但透明，而且有漂浮作用。它们在运动时，利用体内喷水反射前进，远远望去，就像一顶顶圆伞在水中迅速漂游。水母类生物膨大的“伞盖”是水母在水体中营漂浮生活、迁移的形态学基础，对于水母的增殖、聚集成灾具有重要意义。

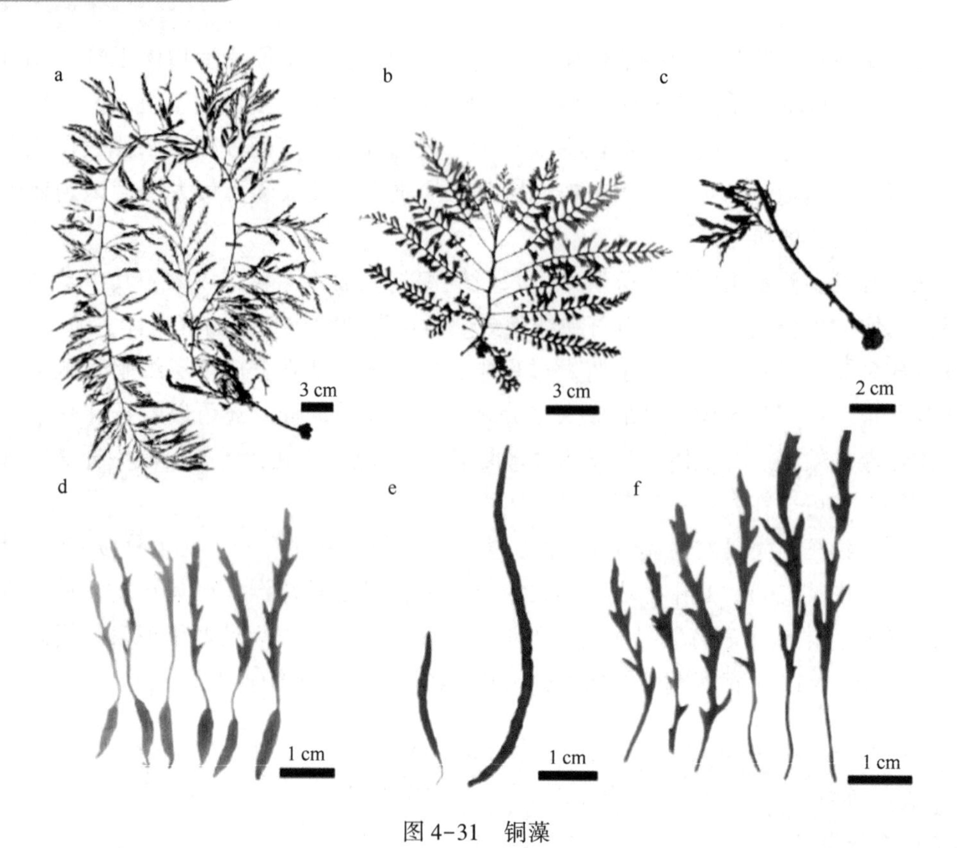

图 4-31　铜藻

a. 成熟藻体；b. 幼体；c. 固着器和主干；d. 气囊；e. 生殖托（雌，雄）；f. 藻叶

（三）鞭毛结构

鞭毛结构的产生，使得生物体受环境限制更小，生物体可以主动趋向有利的环境，同时可以主动地规避有害环境。其中，具有鞭毛结构的致灾生物包括部分赤潮生物和绿潮生物的孢子阶段。

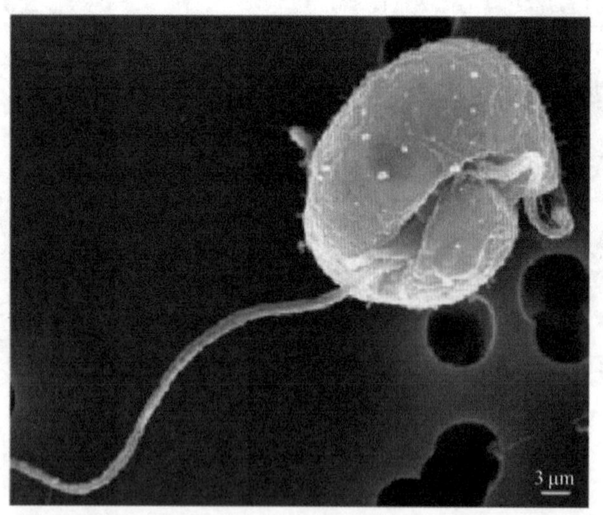

图 4-32　寇氏隐甲藻（*Crypthecodinium cohnii*）细胞扫描电镜图

资料来源：佘隽，2012

鞭毛的构造及运动方式随种类而异。横裂甲藻类鞭毛生于腹部，环绕于横沟内作波状运动，使细胞旋转；另一条为纵鞭，纵沟鞭毛属尾鞭型，呈线状，从纵沟伸向体后，作鞭状运动，使

细胞前进，因此甲藻的运动为旋转式前进。纵裂甲藻类的鞭毛着生于细胞前端，由细胞前端的两半壳伸出，呈带状，一条伸向前方；另一条螺旋环绕于细胞前端。绿藻藻体有游动式、不定群体和球状体等多种类型。浮游种类中，藻体一般是具鞭毛或不具鞭毛的单细胞藻类，运动细胞一般具有两条等长的鞭毛，少数有 4 条，极少是 1 条或更多。金藻具有 2 条异动向的鞭毛，针胞藻属于异鞭毛藻因能动的藻体和生殖细胞前的前端都有 2 条不等长的鞭毛，隐藻具有 2 条鞭毛，鞭毛长短，摆动方向相同或有所差异。

绿潮生物浒苔藻体营养细胞成熟后或在胁迫条件下细胞质颗粒化后会形成生殖细胞囊后从放散孔中释放出繁殖体，刚放散出来的生殖细胞一般为梭形或梨形，细胞前端大部分为色素体，顶端宽圆，有红色眼点，后端为液泡呈半透明状，底端渐尖，带有鞭毛。鞭毛数量为区分孢子和配子的重要标志。浒苔孢子体藻体生殖细胞囊放散出来的生殖细胞为孢子，孢子数一般为 4~8 个；而配子体生殖细胞囊放散出来的生殖细胞为配子，配子数一般为 16~32 个。孢子个体略大于配子，孢子大小为 10~13 pm，具有 4 鞭毛，鞭毛长度一般为 11~15 μm。配子大小为 6~10 μm，具有 2 鞭毛，鞭毛长度一般为 7~12 μm。孢子可以直接萌发形成小苗。浒苔繁殖体在固着时会在鞭毛运动的作用下聚合到一起，并发育成簇状结构成体藻。

白潮典型暴发物种海月水母隶属刺胞动物门（Cnidarian）钵水母纲（Scyphozoa）旗口水母目（Semaeostomeae）海月水母属（*Aurelia*），是世界广布性水母物种，多分布于近岸半封闭海湾地区，其暴发可堵塞电厂管道、破坏海洋生态系统和渔业资源结构，从而造成巨大经济损失。海月水母的生活史分为两个阶段，即浮游的水母体阶段和底栖的螅状体阶段，其中有性繁殖是海月水母螅状体种群补充的重要来源之一。陈昭廷等（2017）对海月水母的精子超微结构进行了研究，认为海月水母精子的尾部为鞭毛，由轴丝和质膜组成，轴丝为典型的“9+2”结构（图 4-33）。鞭毛无侧鳍，也无囊泡存在，其作用主要为主动运动。

二、生理特征

（一）光合作用

光合作用是致灾生物重要的同化作用过程，极强的光合作用能力和光合适应性为致灾生物生物量急剧扩增并最终成灾提供了源动力（图 4-34）。

以中国近岸典型赤潮藻属原甲藻为例，对原甲藻属植物光合生理的研究发现，外界环境在一定变化范围内，原甲藻细胞内叶绿体体积、类囊体数量、光合色素含量并不会发生显著变化，说明其具有极强的光合适应性。

绿潮生物浒苔具有极强的光合作用能力和光合适应性。环式电子传递、PSⅡ与 PSⅠ间能量再分配与非光化学能量耗散（NPQ）3 种机能协同作用使得浒苔能够适应长时间长距离漂浮迁移过程中剧烈的环境变化并维持生物量的持续剧增。PSⅡ与 PSⅠ间能量再分配效应及环式电子传递在浒苔藻体漂浮后期的保护作用显现。但随着漂浮时间的延长，浒苔藻体光合系统的集光复合体逐渐解离，海水表层剧烈的环境胁迫逐渐超出藻体所能承受的范围，表层藻体出现白化（赵新宇，2018）。

褐潮生物具有高浓度的叶绿素 *a*（30~60 μg/L），这使得其具有极强的光能利用能力，褐潮藻在黑暗环境下表现出显著的氮吸收，在完全黑暗环境下仍可存活两周之久，褐潮藻可以将可溶性有机氮作为其暴发的重要氮源，而其对有机碳的可利用性降低了其对光合固碳的需求。

（二）氧化应激活性

致灾生物在长期的进化过程中形成了一系列的保护机制，保障自身能够更好地适应来自于

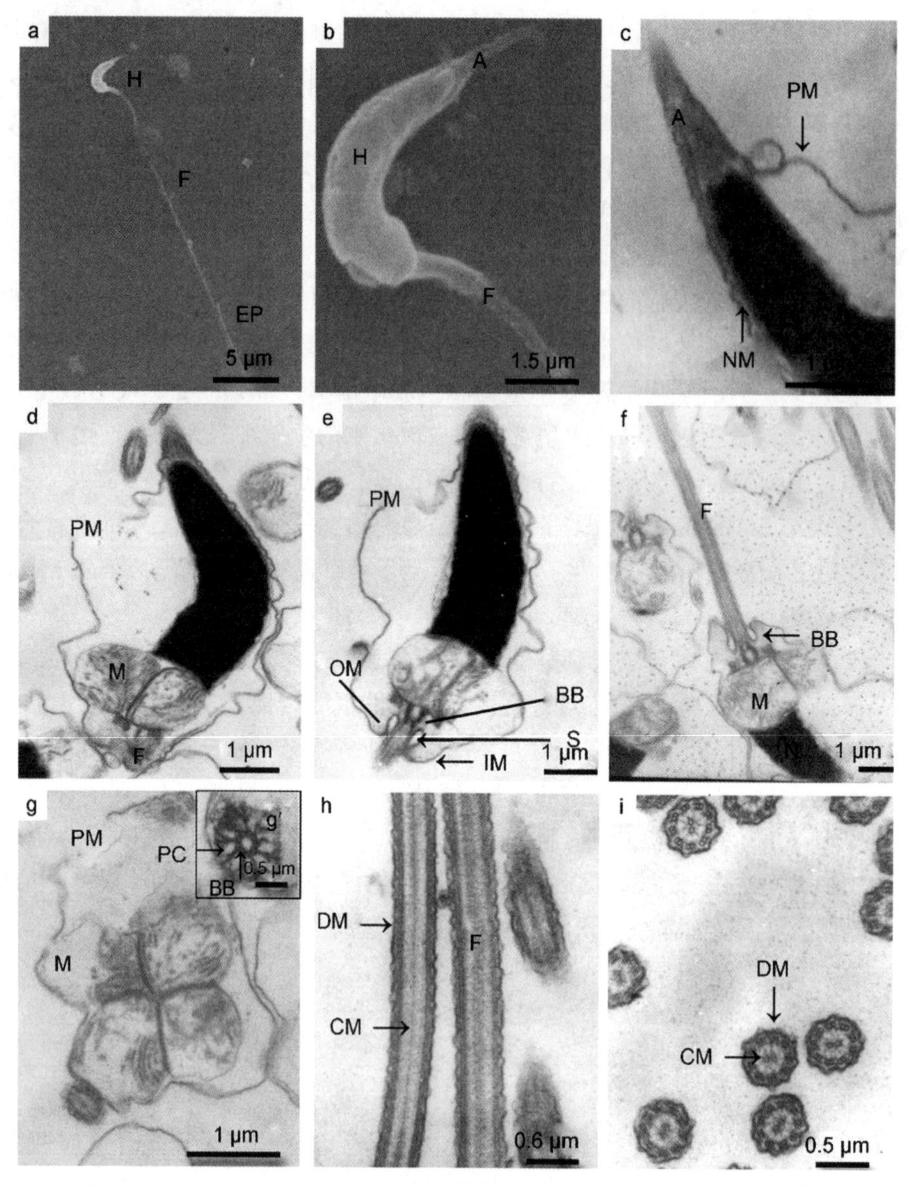

图 4-33　海月水母精子超微结构

注：a. 精子，示头部（H）、鞭毛（F）、尾部末端（EP）；b. 精子头部，示顶体（A）；c. 精子头部纵切，示质膜（PM）、核膜（NM）及细胞核（N）；d. 精子头部和中段纵切面，示线粒体（M）；e. 和 f. 精子中段纵切面，示基体（BB）、袖套（S）、袖套内膜（OM）及袖套内膜（IM）；g（g′）. 精子中段横切面，g. 示线粒体结构，g′. 示基体与近端中心粒（PC）呈“T”形排列；h. 鞭毛纵切面，示中心微管（CM）及双联体微管（DM）；i. 鞭毛横切面，示中心微管及双联体微管的“9+2”结构

资料来源：陈昭廷等，2017

环境的胁迫压力，近年来关于海洋生态灾害致灾生物对环境胁迫的响应机制的研究吸引了越来越多的研究者的关注。所有需氧生物体内都存在着一套比较完善的抗氧化系统，它们与生物体的抗盐性、抗旱性、抗热性、抗冻性及抗其他逆境胁迫的能力密切相关。一般把生物体内的抗氧化系统分成两种类型：①抗氧化酶系统，是指以 SOD 为中心与抗氧化有关的一些抗氧化酶类，包括超氧化物歧化酶（SOD）、过氧化氢酶（CAT）和过氧化物酶（POD）等；②抗氧化剂系统，主要是指生物体内存在的一些与抗氧化有关的物质，如还原型谷胱甘肽、维生素 C，维生素 E 和甘露醇等。两种类型的抗氧化系统相互联合、相互补充共同完成生物体抵抗不良环境胁迫的

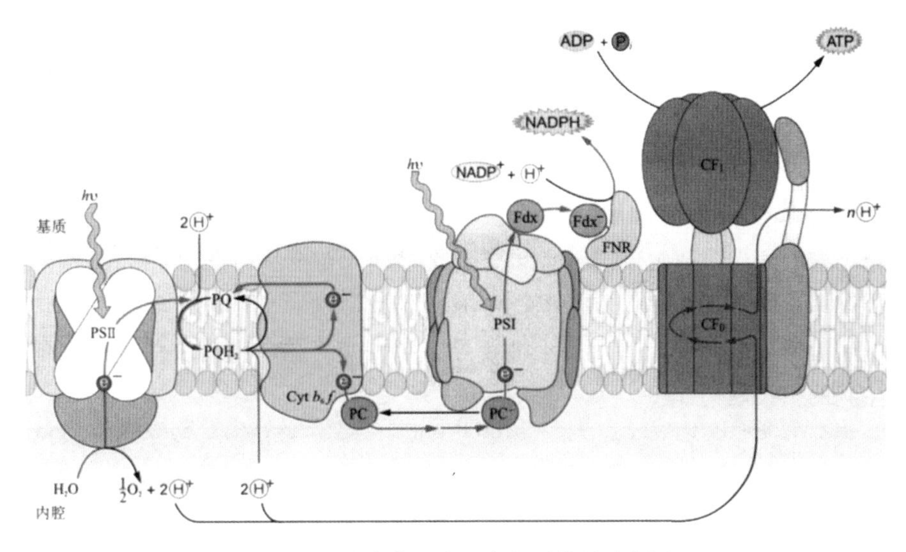

图 4-34　光合作用光反应电子传递示意图

资料来源：布坎南，2002

作用（图 4-35）。

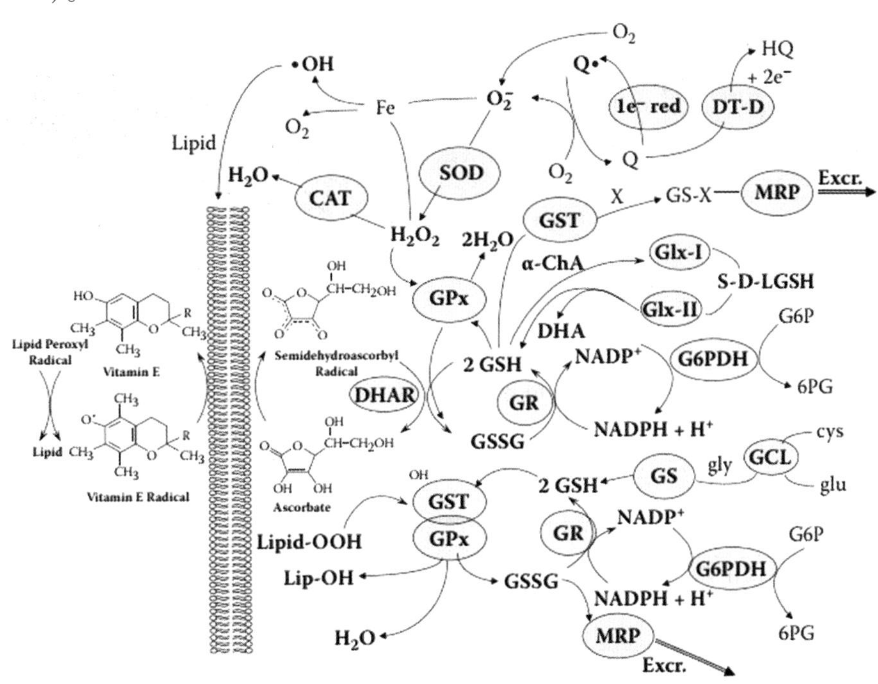

图 4-35　胞内主要抗氧化防御及抗氧化途径示意图

资料来源：Amiard Triqyet et al.，2011

以赤潮生物中肋骨条藻为例，研究表明当处于盐度胁迫时，中肋骨条藻藻体内丙二醛含量升高，表明在膜脂过氧化程度增加，中肋骨条藻在低盐胁迫下表现为游离态腐胺显著增高，中肋骨条藻可能是通过提升游离态的腐胺来增强过氧化物酶的活性，从而应对丙二醛的积累，促进藻生长。中肋骨条藻在 UV-B 辐射胁迫下细胞内抗氧化酶活性发生改变，中肋骨条藻 SOD 活性和 APX 活性在整个 UV-B 辐射剂量范围内始终维持在一个较高的水平上，二者的相对活性均高于非胁迫条件，CAT 活性和 GPX 活性的变化类似，二者的活性在整个过程中基本保持稳定（蔡恒江等，2006）。

绿潮生物浒苔可以通过抗氧化系统提高其环境适应能力。浒苔抗氧化系统对环境胁迫非常敏感，在黄海绿潮暴发后期浒苔脂膜过氧化程度（MDA 含量）和 ROS 之一的 H_2O_2 含量均维持较高的水平。抗氧化酶系统与抗氧化剂系统高效运转保证了过量的活性氧的清除，同时抗氧化系统与光合系统中 NPQ 机制协同作用提高了漂浮浒苔的自我修复能力（王影，2012）。

（三）营养元素吸收

营养盐是赤潮、绿潮等致灾生物生长和繁殖必需的物质基础（图 4-36）。在赤潮发生的起始阶段和发展阶段，营养盐为致灾生物提供了充足的物质基础，致灾生物才能够快速地繁殖达到相对较高的密度形成赤潮。赤潮发展到消亡期，氮、磷、硅 3 种营养盐中的任何一种缺失都会限制浮游生物的生长。

图 4-36　生活污水排放入海带来大量营养盐

资料来源：news. 163. com

绿潮生物通常对环境中的营养盐浓度较为敏感，对营养盐吸收能力较强，在水体环境富营养化的条件下，能够迅速地吸收大量氮、磷等营养物质并始终保持较高的生长速率，营养盐吸收速率是其他海藻的 4~6 倍，具有非常高的竞争优势（刘峰，2010）。

褐潮能够在无机营养较低的条件下发生。一些褐潮藻能够在无机营养浓度低的条件下达到高生产率的特征可能与其能够利用有机碳、氮、磷有关。

白潮生物种群数量与近岸海域的富营养化有着密切的关系，自身虽然不能吸收水体中的营养物质，但是其可以耐受富营养化海域随后的低氧环境。

（四）激素调节

植物激素（phytohormone 或 plant hormone）是植物体产生的对其生长发育、代谢、环境应答等生理过程产生重要调控作用的微量代谢产物。植物激素在极低浓度下就会有明显的生理效应，可调控植物生命活动的一系列过程。海洋大型藻类中含有多种生物活性物质。为了适应海洋中复杂而多变的环境，维持自身生命活动的正常进行，其会产生特定的活性物质以刺激自身的生长、发育、繁殖、抗逆性等多种活动，此类活性物质即海洋藻类的植物激素。经研究表明，导致绿潮与金潮暴发的致灾生物一类大型海洋藻类中的主要植物激素包括生长素（IAA）、赤霉素（GA）、细胞裂素（CTK）、乙烯（ETH）、脱落酸（ABA）、水杨酸（SA）以及茉莉酸（JA）等。

（五）次生代谢物调节

植物通过分泌次生代谢产物（化感物质）对其周围的植物或微生物产生影响的现象。次生代谢产物的种类很多，按照化学结构可将化感物质分为 5 大类：脂肪族、芳香族、含氧杂环化合物、类萜和含氮化合物。

目前，相关研究已先后从不同水生植物中分离鉴定出具有抑藻活性的次生代谢产物，这些次生代谢产物作用的特点主要有：①选择性和专一性。一般只对几种或某一类植物（或微生物）有抑制作用，而对其他植物（或微生物）没有抑制作用。②复合效应。多种化感物质混合后，会产生复合效应，混合物可能具有更强的抑制效果。③功能多样性。

三、生殖特征

（一）生殖方式

赤潮生物的生殖方式多样，蓝藻门藻类生殖方式以形成断殖体或厚壁孢子进行繁殖，异型孢子也能萌发产生新的藻丝。绿藻的生殖方式有营养生殖、无性生殖和有性生殖 3 种类型。细胞分裂是裸藻的主要生殖方式，有些种类在不适宜的环境条件下形成孢囊，孢囊球形、烧瓶形或五角形。孢囊有 3 种类型：厚壁孢囊、生殖孢囊和休止孢囊。金藻生殖方式包括无性生殖和有性生殖两种。其中无性生殖有 3 种方式，即细胞分裂、游孢子和静孢子。有性生殖仅在少数具囊壳的种类中出现。针胞藻主要进行无性生殖。隐藻的生殖大多为纵分裂（图 4-37）。

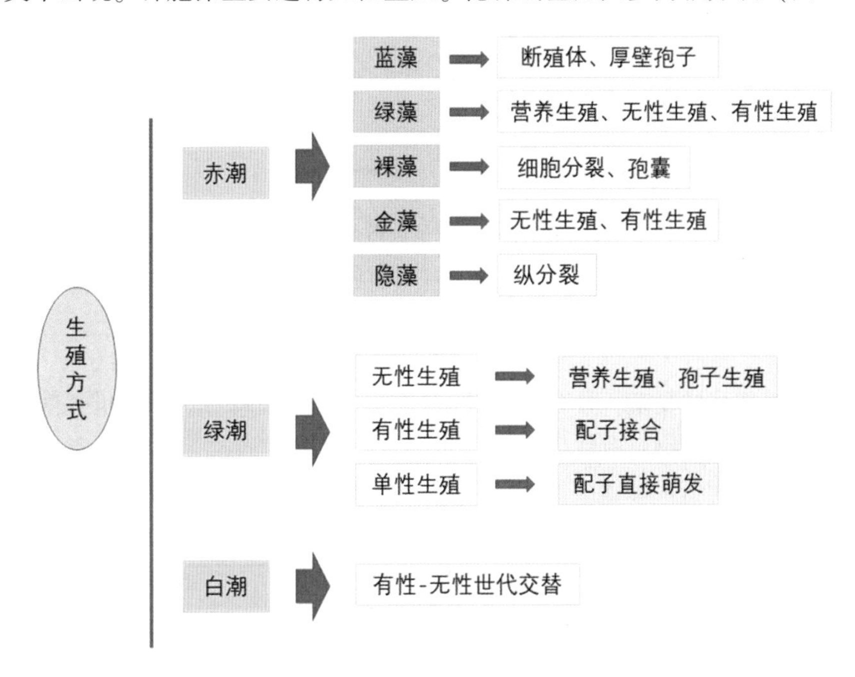

图 4-37　赤潮生物、绿潮生物、白潮生物生殖方式总览

绿潮生物浒苔具有无性生殖（包括营养生殖和孢子生殖）、有性生殖（配子接合）和单性生殖（配子直接萌发）等多种繁殖方式，浒苔在生活史任何一个阶段都可以发育成完整植株，这种多样繁殖方式使浒苔可以很好地适应环境胁迫，并在恶劣环境中繁衍生息（图 4-38）。浒苔具有孢子体世代（二倍体）和配子体世代（单倍体），二者形态相同，均能独立生长发育，为同型世代交替。浒苔为异配生殖，配子体发育成熟后部分营养细胞分化为配子囊，释放出两种椭圆形双鞭毛配子，其中较大的为雌配子，较小的为雄配子，二者均具有红色眼点并伴有强烈的趋光性。雌雄配子结合形成带有四鞭毛的合子，同时由具有趋光性的配子转化为具有避光性的合子，并萌发形成孢子体；发育成熟后部分营养细胞通过减数分裂形成孢子囊并释放出四鞭毛

孢子，孢子附着后再形成配子体。除以上提到的有性生殖外，浒苔还可以进行无性繁殖，包括无性生殖、营养繁殖和单倍体生活史，在本章第三节生活史策略、生活史多样性中将做详细介绍。

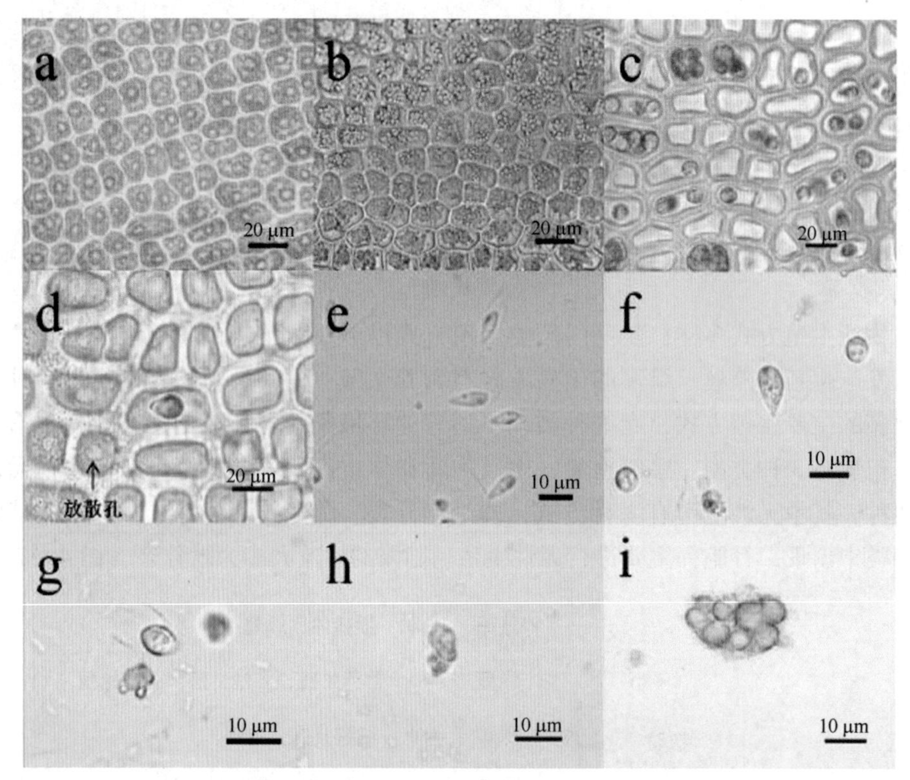

图 4-38　浒苔孢子和配子放散与幼苗萌发过程

a. 浒苔营养细胞；b. 藻体细胞颗粒化；c. 未放散完全的生殖细胞囊；d. 放散出繁殖体的放散孔；e. 两鞭毛配子；f. 两鞭毛配子；g. 四鞭毛孢子；h. 接合中的配子；i. 聚集在一起固着的孢子

白潮生物生殖方式多样复杂，具有性-无性世代交替的繁殖特性，并且世代间隔时间短，能在恶劣环境下生存。白潮生物经有性生殖产生水螅体，水螅体通过无性生殖产生新水螅体或蝶状幼体，蝶状幼体发育为新水母体。水螅体阶段是白潮生物暴发成灾的关键阶段，白潮生物种群的暴发取决于水螅体的数量及外界环境刺激，白潮生物暴发成灾是水螅体对环境变异的应激反应，是白潮生物的一种生存策略（Sun，et al.，2012）。同时，水螅体在不良环境中可休眠，在环境恢复后可迅速繁殖，是白潮生物数量剧烈增加的一个重要原因。

（二）生殖频率

对于海洋生态灾害致灾生物的生殖频率的研究可以更加直观地展现灾害暴发进程。以东海春季大规模甲藻赤潮暴发为例，根据现场和实验室的研究结果，对东海春季大规模甲藻赤潮的生消过程提出其经过“起始（initiating）”、“增殖（developing）”、“暴发（proliferating）”和“消散（dispersing）”4 个阶段的一个初步假设（图 4-39）。“起始”阶段时，随着台湾暖流和上升流的加强，赤潮藻细胞开始由位置偏外、水深偏深而水温相对较高处向赤潮区输运，但此时赤潮区的环境条件尚不适合赤潮藻的生长，藻细胞密度约在 10^{-1} cell /L 以下。“增殖”阶段，即赤潮藻在水体次表层发展的“孕育”阶段至关重要，此时水体表层水温还过低，不适合赤潮藻的生长，但水体次表层的条件可能已适合赤潮藻的生长，赤潮藻就会在此不断增殖、发展，每 5 天赤潮藻的数量可以增加约 10^3 倍（一般认为赤潮暴发时的藻细胞密度大约在 10^6 ~ 10^7 cells/L，条件合适时 30 d 左右的时间足以使得整个赤潮区内的藻细胞密度达到赤潮密度值），虽然此时从海水表面看不到赤潮，但这一阶段往往决定了随后发生的赤潮暴发的时间和规模。“暴发”阶段时，赤潮区的表层条件也已适合赤潮藻的生长，赤潮藻“上浮”到表层并在此迅速增殖，赤潮“暴发”。“消散”阶段是随着营养盐的大量消耗、光照和水温的过强过高，以及可能的高摄食压力而出现的，此时，赤潮藻细胞密度不断降低，直至赤潮区水体中只留下“可观测到”的少量细胞，部分藻细胞则可能迁移到赤潮区外侧水深处以待下一个春季（周名江，朱明远，2006）。

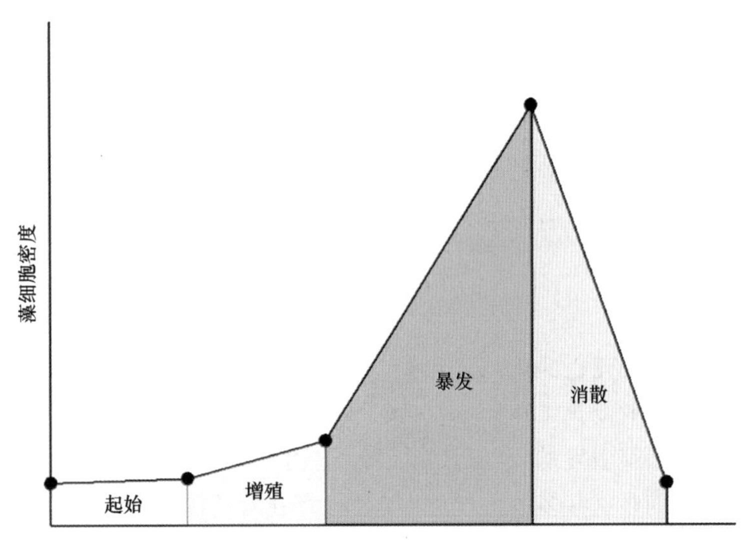

图 4-39　东海春季大规模甲藻赤潮的生消过程藻细胞变化数量示意图

（三）生殖产率

以绿潮致灾种浒苔为例，1 cm^2单层浒苔藻体叶片可以产生约 $6.62\times10^6 \sim 2.65\times10^7$个生殖细胞，且放散出的生殖细胞中 91.6%~96.4%可以成功萌发形成新藻体（陈群芳等，2011）。在绿潮暴发高峰期 1 g 浒苔藻体形成的生殖细胞囊完全放散生殖细胞后，可以产生至少 2.8×10^8株新藻体。浒苔在进入生长过程中的衰亡期后，部分细胞发生较明显的变化，细胞膨胀后发生分裂，发育形成新个体并能附着在死去的藻体上生长。

四、生长和发育特征

（一）早期发育

致灾生物的早期发育阶段是海洋生态灾害发生的关键阶段。在对浒苔生活史及浒苔灾害成因的研究中发现，浒苔在早期生活史中会释放出孢子、合子、配子等结构简单、体积微小的生殖细胞，这些生殖细胞被统称为“微观繁殖体”。水体中大量微观繁殖体的存在是衔接黄海绿潮不同生长时期，维持其多种多样繁殖方式的关键环节。

白潮致灾种钵水母类早期发育大体相似，即自受精卵发育为浮浪幼体，变态为螅状体并固着进行无性生殖，在适宜的环境中萌发足囊，并繁殖为新的螅状体，横裂生殖后释放碟状体，经过一段时间生长为幼蛰。钵水母类的早期发育能使其躲避资源匮乏时期并为之后暴发环境适宜时期的大量增殖提供保障。

（二）生长速率

海洋生态灾害致灾生物具备惊人的生长速率，可在极短的时间内使其生物量实现暴发性增长。梁宗英等（2008）分析认为在适宜的环境条件下，海面聚集漂浮浒苔的日生长速率可以达到10%~37%，在富营养化的水域中表现出极高的生长速度，从而使生物量急剧扩增。水母的生长速率主要受温度的影响，在一定的温度范围内，较高的温度有利于水母早期生活史中横裂生殖的进行，实现水母生物量的暴发性增长。

第三节 海洋生态灾害的生态学特征

在本章第二节，我们介绍了海洋生态灾害暴发的生物学基础，海洋生态灾害的发生，与致灾生物自身的生物学特征是分不开的，同时，在自然状态下，任何生物都不可能孤立存在，而是由不同物种种群之间以食物联系和空间联系聚集在一起，致灾生物能够在某一特定空间、特定时间大规模暴发，其自身也必然具备独特的生态学特征，在本节中，将从生活史策略和种间关系两个方面介绍海洋生态灾害的生态学特征。

一、生活史策略

生活史指生物从出生到死亡的全部过程，生物在进行生存斗争的过程中，即获得相应的生活史策略以适应外界环境的变化。常见的海洋生态灾害致灾生物，包括由微小的浮游生物引发的赤潮、褐潮；由大型海藻引发的绿潮、金潮；还有由浮游动物水母引发的白潮，这些生物各自有其不同的生活史，而在这些多样的生活史中，又存在着其特殊性。

（一）生活史多样性

比如在赤潮生物中记载次数最多的甲藻，其生活史见图4-40，甲藻营养细胞分裂形成配子（gamete，N），配子结合成合子（zygote，2N）；起初结合形成的合子具有两根鞭毛，可以游动，称游动合子（planozygote），游动合子经过一个游动期后失去鞭毛，细胞壁加厚，形成未成熟的厚壁合子（hypnozygote，immature stage）；在不利环境条件下，游动合子也可以进行减数分裂形成单倍体游动细胞。游动合子逐渐沉降至底层沉积物中或在潮流运动带动下发生扩散，转运并沉积到水流和泥沙运动缓慢区域，细胞壁加厚，细胞内含物发生改变，形成淀粉和油滴，色素发生分解，成为成熟的休眠合子，即休眠孢囊（resting cyst，mature stage）。休眠孢囊可以在沉积物中保持多年活性，使甲藻度过低温、低溶解氧和黑暗条件，是甲藻度过逆境的重要途径，在经过一段强制性休眠期后，适宜条件下休眠孢囊可以重新萌发成游动细胞（郭皓，2016）。

甲藻是赤潮的主要诱发生物之一，而赤潮的另一个主要诱发生物硅藻则具有与甲藻不同的生活史。硅藻其外部有包被的硅质外壳，在其生活史过程中，主要进行营养生殖，分裂产生的两个新的细胞各自保留母细胞的一部分硅壳，其中一个新细胞与母体细胞大小相等；另一个则比母细胞小，如此继续分裂，藻细胞个体越来越小，经过多次分裂后，当达到一定限度后，可以通过营养细胞直接膨大的无性方式或者接合作用的有性方式产生复大孢子，随后再次开始其营养生殖的过程，而其中在刚刚进行过营养生殖后，如果此时生存条件不适宜，藻体细胞原生质收缩到中央，并产生厚壁，产生休眠孢子，当环境有利时，休眠孢子可以重新萌发。

以上介绍的赤潮生物均是单细胞生物，以下再针对多细胞典型致灾生物的生活史进行介绍。以我国黄海绿潮诱发生物浒苔为例，与甲藻和硅藻不同，浒苔具有复杂的生活史，繁殖方式多样，主要包括有性生殖和无性繁殖过程（无性生殖和营养繁殖）。如图4-41所示，在浒苔的有性繁殖阶段，雌雄异株的浒苔配子体（N）成熟后，释放出配子（N），此为配子体世代，释放的雌雄配子融合产生合子（2N），合子（2N）经历固着和萌发的过程，发育成孢子体（2N），此为孢子体世代，孢子体放散出四鞭毛孢子（N），固着后重新萌发生成新的配子体（N），此过

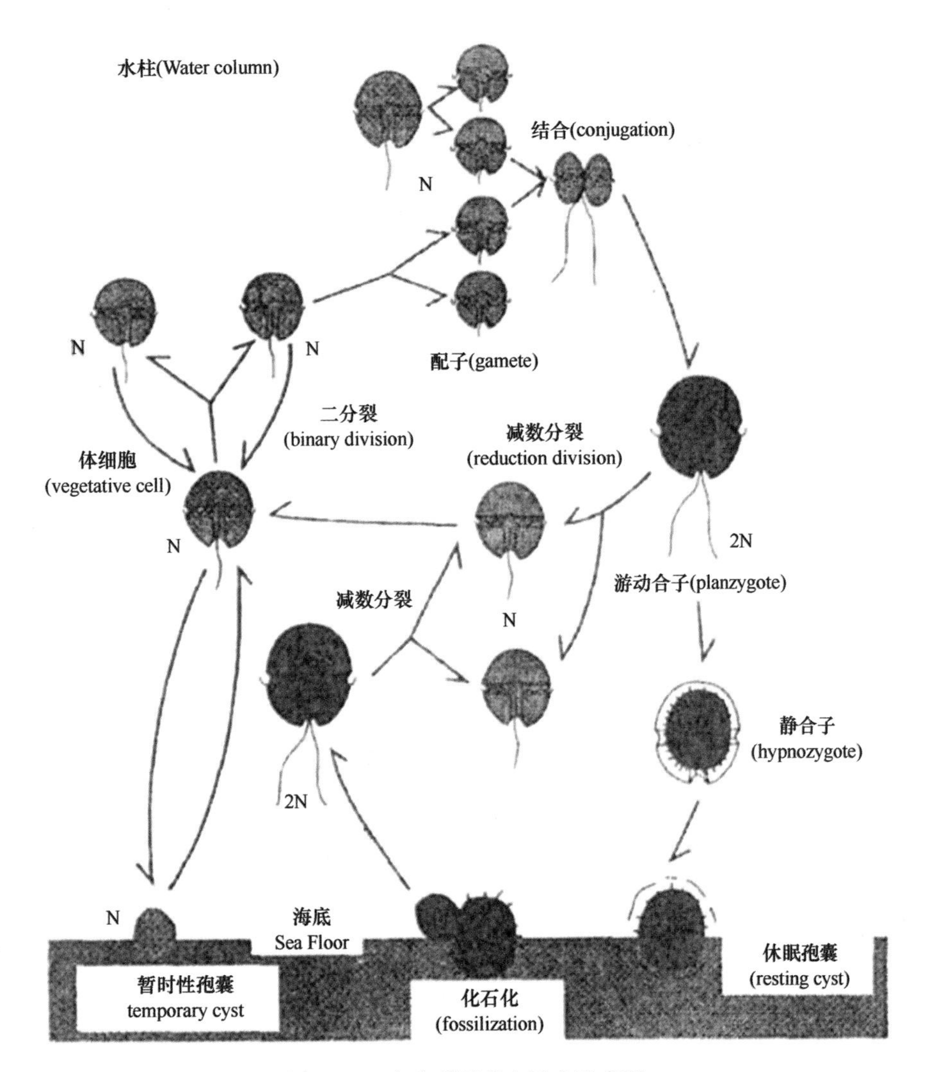

图 4-40 产孢囊甲藻生活史示意图

程称为同型世代交替。除有性生殖外，浒苔生活史过程中还存在无性繁殖过程，可以分为无性生殖、营养繁殖、单倍体生活史，其中，无性生殖过程中，配子体产生的配子经过一段时间游动后，鞭毛逐渐消失并大量聚集，不经结合直接固着萌发形成单倍配子体；而营养繁殖过程中，浒苔藻体自身不产生生殖细胞，而是通过有丝分裂直接产生新的藻体；浒苔单倍体生活史过程中，单倍体藻体可以放散四鞭毛孢子，四鞭毛孢子可以不经融合直接发育为单倍体藻体。

水母是白潮的主要诱发生物，这里针对我国近海灾害水母优势种之一海月水母的生活史进行具体介绍。海月水母的生活史包括浮游的水母体世代和底栖的水螅体世代两个世代，其水母体为雌雄异体，以体内受精进行有性生殖，受精卵在雌性水母体的口腕处发育为浮浪幼虫，浮浪幼虫离开母体后自由游动约 48 h 后附着并发育为螅状体，螅状体通过横列生殖产生碟状幼体，碟状幼体经母体释放后经水母幼体阶段重新发育为成熟的水母体，完成整个生活史（图 4-42）。另外，浮浪幼虫可以跨过无性生殖阶段直接发育为碟状体，而碟状幼体可以跨过有性生殖阶段直接发育为螅状体。同时根据厦门大学郑连明副教授课题组最新研究表明，海月水母幼体、成体均可以进行逆生长（degrowth）和形态退化（morphoretrogression），口腕、缘触手及胃管系统等水母形态逐渐消失，同时在其下伞面可以直接形成水螅触手、口以及其他组织，最后长成完整的水螅体，当条件合适时，所形成水螅体再完成从碟状体到水母体生活周期（图 4-43）；此外，水母体伞部破损组织在沉入水底后，形成退化的细胞团，也能直接发育出水螅体，完成后

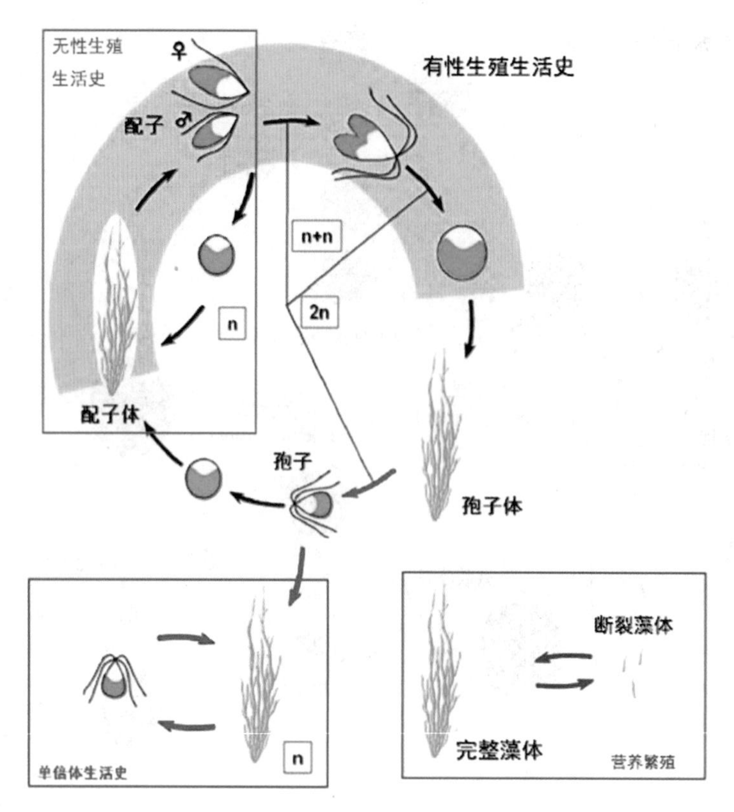

图 4-41　绿潮浒苔生活史示意图

资料来源：王浩东，2012

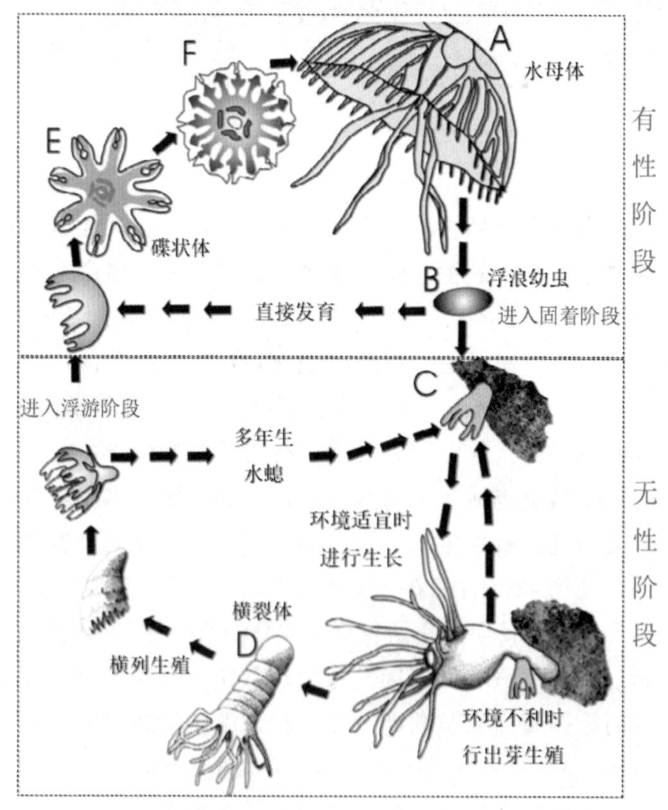

图 4-42　海月水母生活史示意图

资料来源：Lucas，2001

续生活周期，这证实了海月水母具完全的生活史逆转潜力，扩展了海月水母生活史概念框架（图 4-44），同时水母多样的生活史也大幅提高了其适应环境的能力，是白潮暴发的重要基础之一（He et al.，2015）。

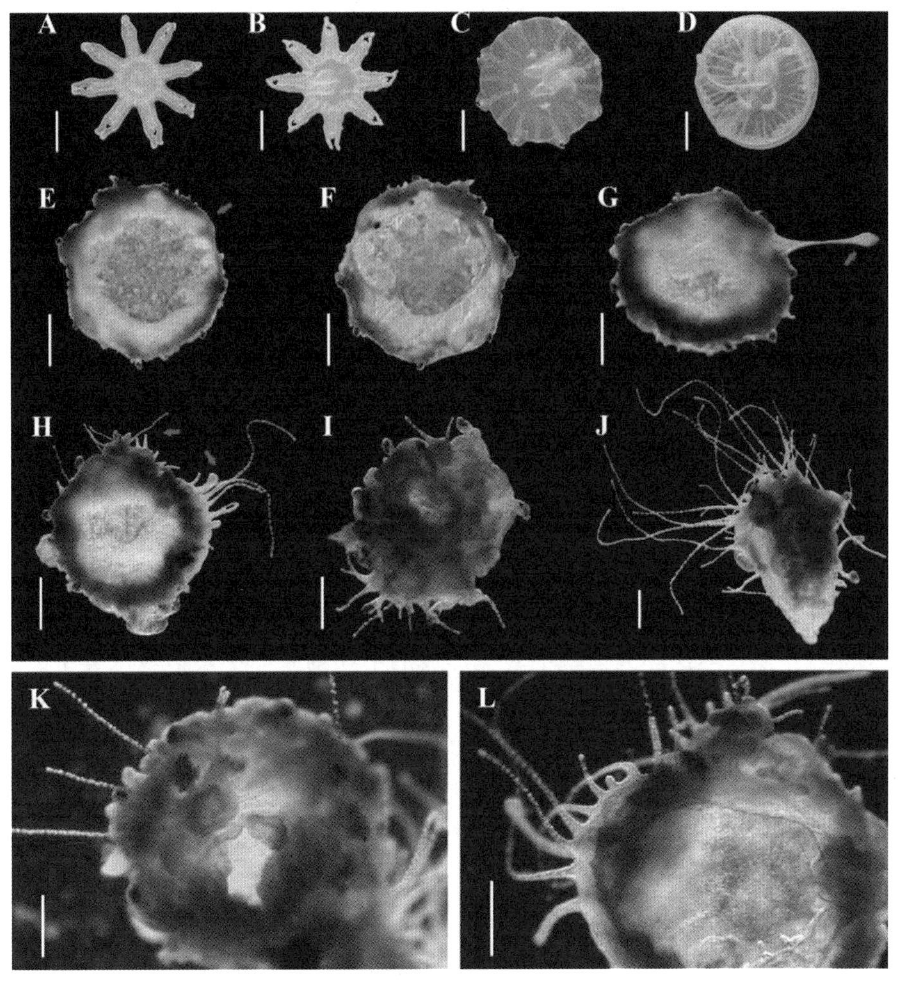

图 4-43　退化的水母体上长出水螅体

A~D：水母由碟状幼体发育为水母体幼体正常过程，其中，A. 新释放个体；B. 5 d；C. 10 d；D. 20 d；E~F：25 d 水母体对口面观（E）和口面观（F）；G~L：水母体幼体生活史逆转过程；标尺：0.2 mm（A~B），0.5 mm（C~L）；其中红色箭头指示：E. 水母体触手退化，G. 水螅体发生，H. 水螅体触手产生

资料来源：He et al.，2015

（二）致灾生物典型生活史策略

海洋生态灾害致灾生物具有多样的生活史，虽然这些生活史变化多样，但是归纳起来，主要可以分为休眠策略、生殖策略、迁移策略 3 种典型生活史策略。

1. 休眠策略

所谓休眠策略，指在苛刻的外界环境条件下，生物进入发育暂时延缓的休眠状态以越过不利环境，当未来环境条件适宜时，生物会打破这种休眠状态。休眠策略是致灾生物一项非常重要的生活史策略，以上我们提到的几种致灾生物生活史策略中均有休眠以规避不利环境的策略存在。例如，甲藻产生孢囊、硅藻产生孢子，绿潮海藻产生配子和孢子以在不利环境条件下进入休眠状态，而水母在不利环境下其生活史过程中的螅状体可以进入休眠状态，接下来重点介

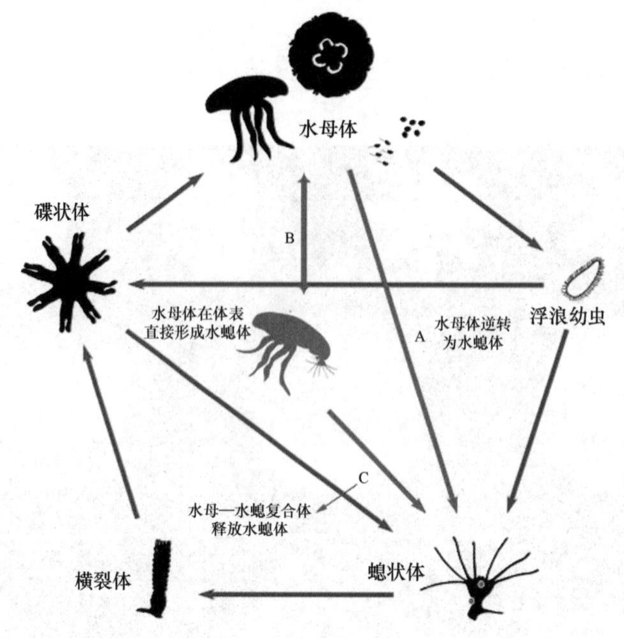

图 4-44　海月水母生活史主要过程（红色标注内容为新发现的生活史过程）

绍甲藻孢囊与硅藻孢子。

甲藻孢囊是指甲藻营养细胞失去鞭毛转化形成的不动细胞，甲藻孢囊从类型上可以分为暂时性孢囊（temporary cyst）与休眠孢囊（resting cyst）两类，孢囊的形成与胁迫条件和藻体自身生活史均有关，其中，暂时性孢囊是为适应不良环境而形成，当营养细胞遇到突然刺激或环境条件改变，因其生理状态受较大冲击，细胞失去鞭毛，外表发生变化，同时在藻体内积累淀粉等营养物质，沉降于海底形成不动细胞，当环境再度适宜时，暂时性孢囊可在短期内重新恢复主动移动能力；而休眠孢囊指甲藻生活史中一个阶段，为甲藻进行有性生殖形成的孢囊，其经强制性休眠期后，在适宜条件下重新萌发，形成游动细胞，甲藻孢囊的形成对于种群的保存、延续及种群的扩散等具重要意义。甲藻孢囊强制性休眠期具有种间特异性，从 2 周至 6 个月不等，而暂时性孢囊在形成时其细胞壁加厚，可以使甲藻在极端恶劣环境中以孢囊的形式保存生存能力长达数年至数十年，这为种类的繁殖和扩散提供了条件，其中，甲藻生活史中主要遇到的逆境包括营养盐与温度的变化、缺氧和黑暗条件的适应、捕食者的压力和寄生者对其造成的损害。

甲藻孢囊的休眠阶段与运动能力的营养细胞阶段之间的周期交替是一个复杂的过程，也是有害藻类赤潮发生和消亡自我调节的一个重要方面，孢囊的萌发为赤潮的暴发提供了种源（图 4-45）。赤潮盛期，暂时性孢囊与休眠孢囊的形成率都有不同程度的增加；到了赤潮末期则以暂时性孢囊为主，这也许是因为赤潮期间生存环境的恶化诱使部分营养细胞通过形成孢囊来缓解种群的生存压力；而暂时性孢囊的形成不需经过有性生殖，营养细胞可直接去掉鞭毛，形成圆形的孢囊沉降下来。这比通过有性繁殖形成合子再转化成休眠孢囊的速度更快，所以赤潮盛期和末期营养细胞多形成暂时性孢囊。暂时性孢囊与营养细胞的相互转换时间短，在环境适宜时暂时性孢囊能迅速恢复成有游动能力的营养细胞。这种相互转换的特性，使之成为赤潮再度发生的潜在种源。甲藻孢囊的产生对于赤潮的发生具有重要意义，现以日本广岛湾北部濑户内海每年 6 月定期发生的赤潮异湾藻藻华为例作介绍：赤潮异湾藻孢囊在水体中出现时间为每年的 4—12 月，而孢囊在海底表层沉积物中全年都可检测到。赤潮异湾藻孢囊在水温 10. 25℃都能萌发，每年 6 月，当底部水温达到 15℃，海水表面温度达到 18℃或更高时，孢囊大量萌发，营养细胞的种群丰度迅速增加。

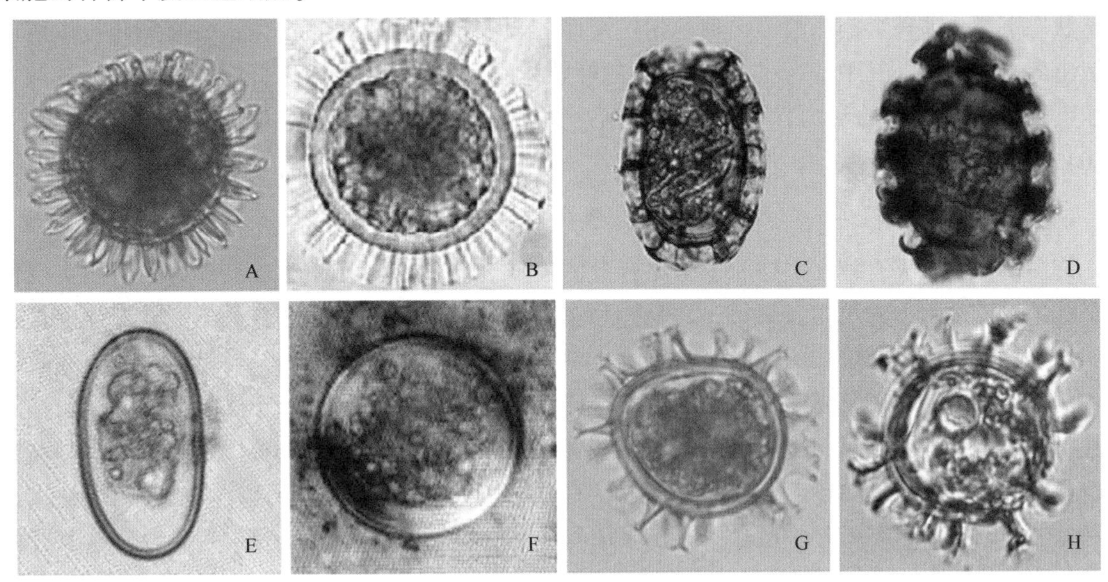

图 4-45　部分有害甲藻孢囊

A：多边舌甲藻（*Lingulodinium polyedrum*）；B：网状原管角藻（*Protoceratium reticulatum*）；C：科夫多沟藻（*Polykrikos kofoidii*）；D：无纹多沟藻（*Polykrikos schwartzii*）；E：塔玛/链状亚历山大藻（*Alexandrium tamarense/catenella*）；F：微小/相似亚历山大藻（*Alexandrium minutum/affine*）；G~H：具刺膝沟藻（*Gonyaulax spinifera complex*）

资料来源：高养春等，2016

2. 生殖策略

提到生殖策略，就不得不提生态学中经典的 *r*-选择和 *K*-选择理论。MacArthur 和 Wilson 首次将生物按生存环境与进化对策分为 *r*-对策者和 *K*-对策者两大类。E. Pianka 结合前人的研究基础，进一步完善了 *r*-选择和 *K*-选择理论，二者代表了两种截然相反的生殖策略，其中，*r*-选择物种具有所有使种群增长率最大化的特征：快速发育，数量多而个体小的后代，高的繁殖能量分配和短的世代周期 *K*-选择物种具有慢速发育，数量少但体型大的后代，低繁殖能量分配和长的世代周期。如图 4-46 可以说明这个理论：左侧，倾向于 *r*-选择；右侧倾向于 *K*-选择。最左侧的牡蛎，每年产下 50 亿受精卵，其次为金鱼，每年 8 000 个，再次为青蛙，每年 200 个，向右是兔子，每年生仔 12 个，再向右是狮虎，每年 1 个幼体，最右是类人猿，每 5 年只有 1 个后代。从左向右，物种们的选择策略由 *r* 向 *K*。

图 4-46　*r/K* 选择策略在自然界中的分布示意图

海洋生态灾害致灾生物生活史各异，在生殖策略方面，许多物种具备 *r*-选择物种的特点，可以快速发育，同时可以在有利的环境中快速繁殖，在有限的时间内迅速扩增其生物量。例如赤潮生物中的硅藻，在上面我们提到硅藻可以通过产生休眠孢子规避不利环境条件，而当其度过不利条件后，便会萌发并大量增殖，其大量生长导致硅藻赤潮的暴发，硅藻的这种 *r*-选择策略在硅藻赤潮暴发过程中起重要作用。在绿潮生物当中，也存在着类似的情况，研究表明，在自然状态下漂浮浒苔会因海浪等物理剪切作用而形成大量的片段化叶状体，而这些叶状体可以放散出大量的孢子，其中，直径为2.5 mm的叶状体放散孢子的量最大，同时叶状体片段放散的孢子大部分具有很强的活力，可以发育为新个体，进而会导致绿潮大规模暴发（Gao et al.，2010）。

3. 迁移策略

许多海洋生态灾害致灾生物为了满足自身的生理生态需求，可以通过自身的运动而实现种群聚集，这种现象称为生物性聚集，这是一种主动性的行为。其中，很多甲藻可以进行垂直迁移和水平移动，生物性聚集的方向是由生物本身的趋光、趋营养、趋热、趋化学物种等性质决定，例如，某些甲藻在有光期间向海水表层迁移，光弱或无光时向底层迁移，这种主动迁移的特性对于甲藻赤潮发生时细胞迅速聚集形成“赤潮斑”有一定的作用。不仅赤潮生物，绿潮生物也具有主动迁移聚集的特点，例如浒苔进行有性生殖产生的雌雄配子具有很高的趋光性，这种趋光性非常有利于雌雄配子接合，而在雌雄配子接合后产生的合子具有负趋光性，这就有利于它的附着（王晓坤等，2007）。

赤潮生物多具鞭毛结构，可以进行主动迁移。蓝藻细胞不具鞭毛或纤毛，但某些种类不具坚实外鞘的丝状体附着在基质上或彼此相聚合时，会出现移动现象，称为滑动。这种滑动的机制可能是由于胞壁小孔分泌黏液所引起的推进，也可能是与细胞表面小纤维的波动有关。例如，甲藻具两条等长或不等长鞭毛，为运动器官。绿潮生物浒苔中也可以观察到典型的迁移策略，例如在浒苔进行有性生殖过程中，雌雄异体的配子体成熟后，放散双鞭毛的配子，雌雄配子结合成合子进而发育成孢子体，配子也可以进行单性生殖发育成膜状的配子体；孢子体成熟放散四鞭毛的游孢子，游孢子固着后，可直接发育成配子体；其生活史是单倍体的配子体与二倍体的孢子体相互交替的同形世代交替；其中雌雄配子具有正趋光性，因而极易大量聚集，利于其进行有性生殖，而结合后同游孢子一样都呈负趋光性，这有利于其进行附着。而根据第二节介绍，海月水母精子也有鞭毛结构存在，这种鞭毛结构可以便于精子进行主动迁移，以便于其完成受精。

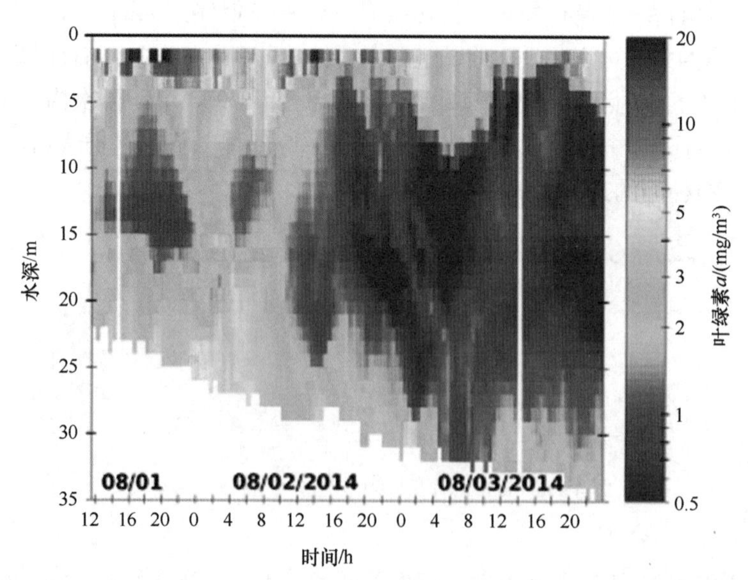

图4-47 利用可见光和红外辐射计对墨西哥湾东北部赤潮生物 *Karenia brevis* 垂直迁移观测结果

（观测时间为2014年8月1—4日；因受噪音干扰，顶部1 m的数据被去除）

资料来源：Lin, et al.，2017

二、种间关系

在前面我们介绍了典型致灾生物的生态学特征之一——生活史策略，其主要从致灾生物自身考虑去探讨，而谈到生物的生态学特征，就必须要将其放在大环境中去，研究致灾生物与环境中其他生物间的关系。种间关系是种群生态学与群落生态学的基础，指不同物种种群之间的相互作用所形成的关系，两个种群的相互关系可以表现为竞争、捕食等，它是构成生物群落的基础。

（一）竞争

竞争指两物种或更多物种共同利用同样的有限资源时而产生的相互作用，种间竞争的结果常是不对称的，其实质就是一个种的个体，由于另一个种的个体对共同资源的利用或干扰，而引起的在生殖、存活和生长等方面能力的下降（图 4-48）。当海洋生态灾害发生时，在有限的区域内致灾生物大量聚集，在受灾地区内成为优势种，而其自身必然具备某些特征使其得以在与当地其他生物的竞争过程中占优势，在本部分即介绍典型致灾生物如何通过竞争成为优势种 。

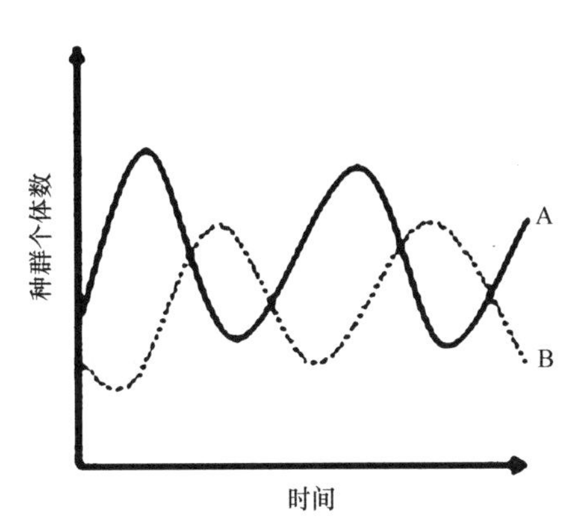

图 4-48　种间竞争示意图

根据竞争的特点，可以将竞争分为利用性竞争和干扰性竞争两种。

1. 利用性竞争

利用性竞争是利用共同有限资源的生物个体之间的相互妨害作用，通过资源这个中介实现致灾生物的利用性竞争，主要有 Tilman 和 Grime 两种竞争模式。①Tilman 竞争模式基于 Tilman 理论（最小资源需求理论，the minimum resource requirement theory）；②Grime 竞争模式基于 Grime 理论（最大生长率理论，the maximum growth rate theory）。致灾生物在利用性竞争过程中，上述两种竞争模式皆存在，例如，中肋骨条藻与东海原甲藻相比，在营养盐丰富的情况下，中肋骨条藻具有竞争优势，此时属于 Grime 竞争模式，而随着营养盐的消耗，磷逐渐成为浮游植物生长的限制因子，磷酸盐浓度降到低于中肋骨条藻所能生存和增殖的水平以下，中肋骨条藻的生长首先受到限制，二者之间额竞争转变为 Tilman 竞争模式，此时东海原甲藻成为竞争的优势者（李孟华，李瑞香，2007）。类似中肋骨条藻和东海原甲藻 Grime 竞争模式转变的情况在浮动弯角藻和旋链角刺藻之间也存在，在厦门港的赤潮发生之前，该海区浮游植物的生物多样性极高，在相同的环境条件下其中任何一种生物都有发展成优势种的机会，而由于在营养竞争的过程中浮动弯角藻迅速增殖，致使当地海区内包括旋链角刺藻在内的浮游植物营养受限而被排斥（黄良民等，2003）。绿潮生物中也存在 Grime 竞争模式，例如浒苔具有较高的营养盐吸收能力，能够快速吸收水域中氮、磷等营养元素以用于自身的生长，且生长迅速，并最终占领生态位（丛珊珊，2011）。

2. 干扰性竞争

干扰性竞争指一个个体以行为上直接对抗影响另一个个体。且这种个体间干扰性行为的实质还是为了资源的利用，故干扰性竞争是一种潜在的资源竞争。干扰性竞争的机理多种多样，主要有直接接触和分泌次生物质到水中（即化感作用）两种不同的模式，其中主要通过化感作用（allelopathy）来实现。干扰性竞争在赤潮生物、绿潮生物、褐潮生物和金潮生物中都存在，其中，在赤潮生物中，圆鳞异囊藻（*Heterocapsa circularisquama*）对米氏裸甲藻（*Gymnodinium mikimotoi*）有抑制作用，且这种抑制作用是通过直接细胞接触产生的，而赤潮异弯藻能产生或分泌一种多糖，强烈抑制以中肋骨条藻为优势种的中心硅藻的增殖，四尾栅藻（*Scenedesmus quadricauda*）能够分泌抗生素以抑制，这些情况即为化感作用。在绿潮生物中，形成绿潮的大型海藻可通过化感作用影响海域的生物种类分布与生态格局，从而改变海洋生态系统的结构和演替顺序。针对黄海海域连年暴发的浒苔绿潮灾害的研究工作均表明，浒苔成熟藻体能通过化感作用来抑制微藻的生长，甚至致其死亡。在浒苔绿潮暴发的早期阶段有研究结果表明，浒苔微观繁殖体中亦确实存在化感物质并且分泌到培养液中产生抑制赤潮藻类生长的作用，但是该物质不稳定，容易随着时间或在高温下降解，因此化感物质的连续分泌及添加是抑制赤潮微藻生长的关键。研究结果证实了浒苔在早期微观繁殖体萌发阶段即可通过化感效应抑制赤潮微藻的生长，并不仅局限于成熟的藻体阶段。因此浒苔绿潮早期发育阶段与赤潮藻类间的影响效应值得深入研究和探讨（刘青等，2015）。化感作用是干扰性竞争中非常普遍的一种存在形式。

（二）捕食

捕食定义为一种生物摄取其他种生物个体的全部或部分，捕食过程是动物获得能量来源的重要途径，而良好的捕食策略对于动物适应环境具有重要的意义。水母作为一种致灾生物，其具有广泛的食性，同时其食量巨大，几乎可以捕食一切可以获得的桡足类浮游动物，还能捕食许多鱼类的卵和幼体，此外水母也可以摄食同类水母以及水母幼体。除了以上捕食策略外，水母具有低级新陈代谢系统，因而与其他生物捕食者（鱼和鲸）相比，其对能量的需求更低。当食物受到限制时，水母也不会马上死亡，它可以通过缩小身体，减少新陈代谢来减少对食物的摄取，增加存活的机会，当食物充足时又可恢复正常，同时水母在浑浊水体中也可进行捕食（图 4-49）。

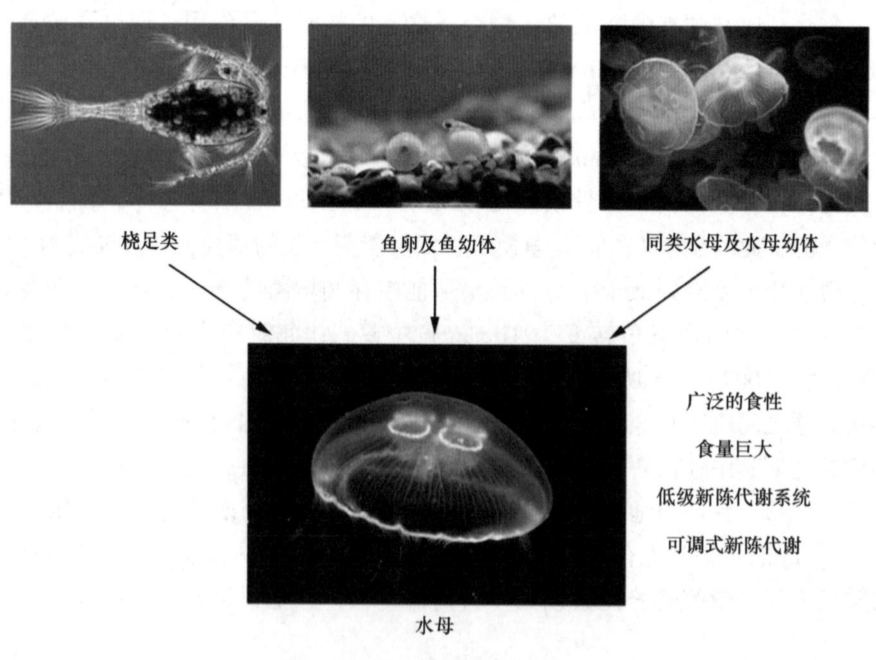

图 4-49　水母捕食策略示意图

水母在海洋生态系统中天敌较少，能够大量摄食浮游动物，在捕食上与鱼类存在竞争关系。Purcell 等（2007）研究发现在美国切萨皮克湾大量繁殖的金黄水母每天捕食浅湾小鳀仔鱼（*Anchoa mitchilli*），占其总捕食量的 29%，而 Titelman 等（2007）研究发现伞径为 7.4 cm 的海月水母在 2.5 h 内便可将约 300 尾大西洋鲱（*Gadus morhua*）仔鱼捕食殆尽。Fancett 等（1988）在澳大利亚菲利普海湾的一个金黄水母胃腔中发现了约 1 500 个鱼卵和 71 尾仔鱼。在德国 Kiel 湾，大西洋鲱仔鱼大量死亡的原因并非饥饿或病害，而是被海月水母大量捕食，并且海月水母对大西洋鲱的捕食率随水母的生长而不断增大。类似的，在荷兰瓦登海，每年的 5 月，海月水母和侧腕水母（*Gadus morhua*）在该海域暴发，大量捕食川鲽（*Platichthys flesus*）仔鱼，使得川鲽仔稚鱼数量远低于 *Pleuronectes platessa*。曹亮等研究不同个体大小的海蜇幼体对褐牙鲆（*Paralichthys olivaceus*）卵和仔鱼的捕食行为，发现海蜇幼体对仔鱼的捕食率随海蜇个体大小的增大而显著升高（赵鹏，2014）。

（三）附生

所谓附生现象，指两种生物虽紧密生活在一起，但彼此间没有营养物质交流的一种生命现象。在致灾生物中，附生现象是比较常见的，例如包括冈比亚藻在内的许多底栖甲藻产生赤潮时便会产生多糖形成黏液鞘附生于其他生物基质上。

雪卡毒素

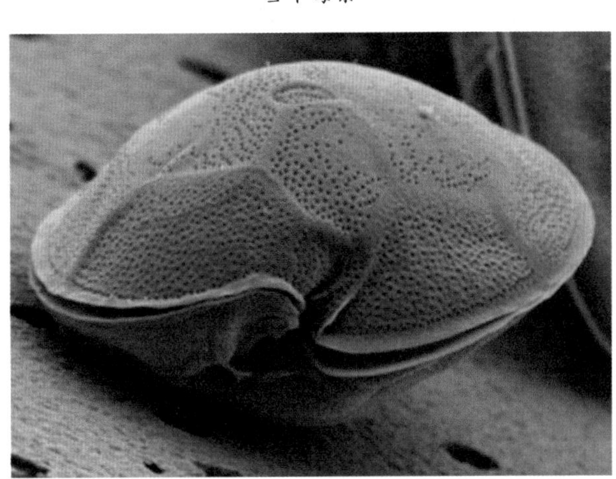

冈比亚藻（*Gambierdiscus toxicus*）

雪卡毒素的产毒源是冈比亚藻等热带和亚热带底栖甲藻种类。雪卡毒素并非鱼类与生俱来的，它属于获得性毒素。有毒底栖甲藻的生活习性决定了易感染雪卡毒素的鱼类大多数为珊瑚礁鱼类。当珊瑚鱼摄食有毒藻类后，即可在鱼体内积累，它对鱼本身无害，经由食物链传递和富集，以及生物氧化代谢后成为毒性更强的毒素。世界上估计有 400 余种珊瑚礁鱼可感染雪卡毒素，其中中国本地约可出产 45 种，主要分布在台湾、西沙群岛和海南岛等地。

雪卡毒素中毒事件主要发生在太平洋和印度洋的热带和亚热带区域，以及加勒比海的热带区域。在全球 3 个雪卡毒素主要流行区域中，南太平洋地区的前吉尔伯特群岛、托克劳和图瓦卢的流行状况最为严重，加勒比海地区的美属维京群岛次之。中国雪卡毒素中毒事件发生最多的是香港地区。随着海产品贸易的快速发展，雪卡毒素中毒事件已经成为一个全球性的健康问题（吕颂辉，2004）。

第四节　海洋生态灾害的环境驱动

生态学上将环境中对生物生长、发育、生殖、行为和分布有直接或间接影响的环境要素称为生态因子，通常生态因子可以归纳为生物因子和非生物因子两大类，其中，生物因子指生物周围的同种和异种的其他生物，本节我们所指的环境主要指非生物因子。致灾生物本身的生物学、生态学特征是海洋生态灾害发生的必要条件，而孕灾环境中水动力、富营养化等主要环境特征及其动态变化对海洋生态灾害的发生、发展、消亡均具有显著的驱动作用。

一、物理环境

物理环境是自然环境的一部分，温度、盐度、光照和水文是影响生物生长和繁殖的重要环境因子，而致灾生物暴发成灾也需要合适的温度、光照、盐度、水文条件以促使致灾生物大规模暴发。温度、光照、盐度可以直接对致灾生物产生影响，水文条件比较特殊，既可以对致灾生物产生直接影响，还可通过以导致温度、光照、盐度的变化而间接对致灾生物产生影响（图4-50）。

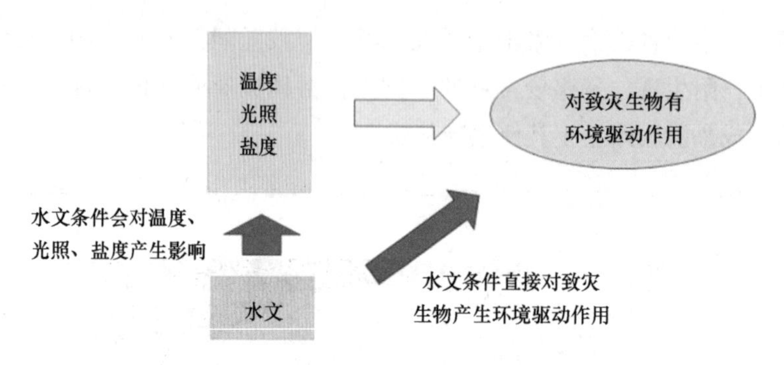

图 4-50　物理环境对致灾生物环境的驱动作用

（一）温度

海水的温度是影响生物生长的重要环境因子，在海洋生态灾害发生过程中也起到了重要的推动作用，一般情况下，赤潮灾害发生的适宜温度范围为20~30℃（图4-51），而季节的交替对海水温度影响较大，这也导致赤潮灾害的发生有一定的季节规律。以我国为例，春季为海水升温期，温度尚未达到浮游植物适宜的生长期与繁殖期；夏初时，东海和南海海水温度上升到许多赤潮生物生长和繁殖的最佳温度，往往会引发大面积赤潮；夏末时，海水温度偏高，赤潮发生次数相对较少；而秋季海水表层水温仍处于较高的温度。另外受到上升流的影响，浮游植物大量繁殖，从而引发赤潮；冬季海水温度相对较低，不利于浮游植物的生长与繁殖，因而较少发生赤潮（宋伦和毕相东，2015）。

图 4-51　赤潮生物及绿潮生物适宜温度比较

温度对绿潮生物的影响也是显著的，例如我国黄海海域发生的浒苔绿潮中，优势种浒苔生长的最适温度为20~25℃，而在我国黄海绿潮暴发期，黄海海域海水温度刚好在20~25℃范围内

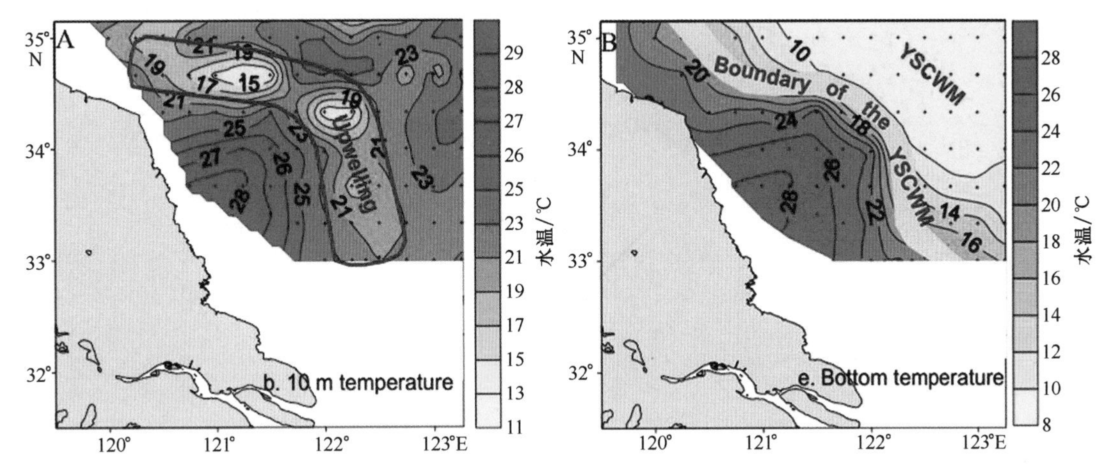

图 4-52　2006 年 7 月江苏近岸（A）10 m 深处及（B）海底海水温度分布

资料来源：Wei et al.，2018

浮动，此时的海水温度利于浒苔进行快速生长并大量增殖（Liu et al.，2009）。

抑食金球藻的最适生长温度为 20℃，且其对温度的适应能力很强，能在 0~25℃ 海水中生长，研究人员对美国长岛海域进行长达 15 a 的观测，发现温度对褐潮的发生具有显著影响，其中，抑食金球藻一般从温度达到 15~20℃ 五六月份开始出现，直到七八月份海水温度超过 25℃ 后开始逐渐消失，而当秋季海水温度降低到 20℃ 以下时抑食金球藻又会再次出现 。

不同水母对温度的喜好不同，可以分为暖温性水母（如霞水母）、热带水母（如仙女水母和硝水母）和广温性水母（如沙海蜇），因此温度的波动会导致水母的分布与数量发生变化。海水变暖导致鞭毛虫数量增多，鞭毛虫占优势的食物链有利于水母生长（Parsons，2002）。温度还可影响水母的无性生殖速率，而无性生殖产生芽体和水母幼体的过程决定了水母的数量（王建艳，2012）。

（二）光照

光是一切生命的能量源泉，光照条件不仅对于赤潮、绿潮、褐潮、金潮这些因藻类引发的海洋生态灾害有显著影响，对于由浮游动物引发的白潮也有极大影响。

在适宜的光照条件下，赤潮生物利用氮、磷等营养元素的能力达到最强，生长最快。某些赤潮生物为了适应光强变化产生了独特的结构，以球形棕囊藻为例，该种藻生活在水体表层，其囊体外层形成一种胶质囊，该胶质囊对强光有衰减作用，因此球形棕囊藻比其他藻更适应高光照的环境条件。

绿潮生物对光照强度的适应范围非常广，例如，浒苔在大于 9 $\mu mol \cdot m^{-2} \cdot s^{-1}$ 的光强下即可生存（图 4-53），最适宜的光强是 72 $\mu mol \cdot m^{-2} \cdot s^{-1}$。光照对绿潮生物繁殖体的附着率有较大影响，例如，在 36~72 $\mu mol \cdot m^{-2} \cdot s^{-1}$ 范围内浒苔孢子具有极高的附着率（华梁，2014）。

褐潮典型致灾生物抑食金球藻的基因组含有许多涉及捕光的编码基因，使得其具有比其他浮游植物更适应低光照的环境，因此在海水透明度较低时其更容易成为海水中的优势种。

水母体内有与感应光线相关的感觉体，可为协助水母辨别上下位置，因而水母能发生昼夜垂直迁移现象。光照强度可影响水母的无性生殖速率，适当的光照利于水母螅状体的存活，促进螅状体的生长。光照强度显著影响部分水母的横裂生殖，如海月水母在黑暗条件下有 94.8% 的水螅体发生横裂生殖，光照条件下则仅为 30%（Sun et al.，2012）。

（三）盐度

盐度是驱动赤潮灾害发生的重要环境因素，每种赤潮生物的生长与繁殖都需要适宜的盐度

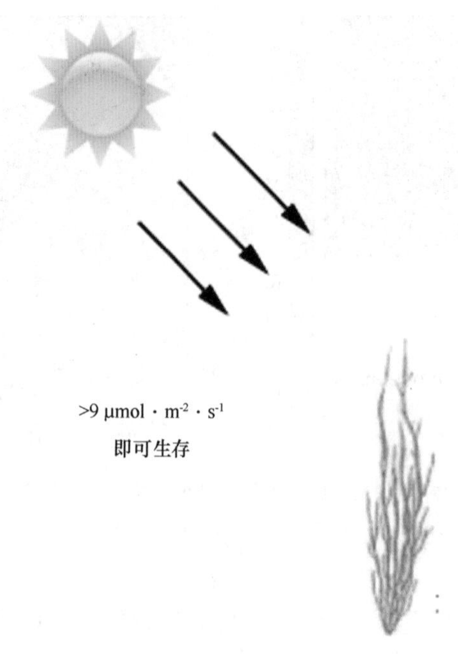

图 4-53　浒苔极广的光照强度适应范围

环境。研究表明，赤潮海域的盐度为 27~37，在我国 4 个海域中，赤潮发生以东海最为严重，4 个海域赤潮发生次数由多至少依次为：东海、渤海、南海、黄海，而赤潮发生面积由大到小依次为东海、渤海、黄海、南海。东海为赤潮多发区的一个重要原因就是盐度的影响，东海位于长江和杭州湾近岸水团东侧与外海水团的混合过渡带，低盐淡水与高盐海水东西向混合，加上上升流的影响，使海域水体盐度特征异常，这些异常与所发生赤潮密切相关。不同季节，因水体盐度差异，可导致赤潮生物的种类发生更替（图 4-54）。一般来说，夏末秋初由于表层海水仍处于升温及淡水的影响，表层海水盐度明显下降，而有河流汇入的海域盐度则会低些。在东海赤潮多发区，夏季由于长江水汇入的影响，赤潮生物以低盐种为主，而秋季则过渡为高盐种，而不同盐度的海水形成的锋面也会引发赤潮，东海由于台湾地区暖流北上或外海海水在浙江沿岸形成的锋面，使得赤潮灾害频发。

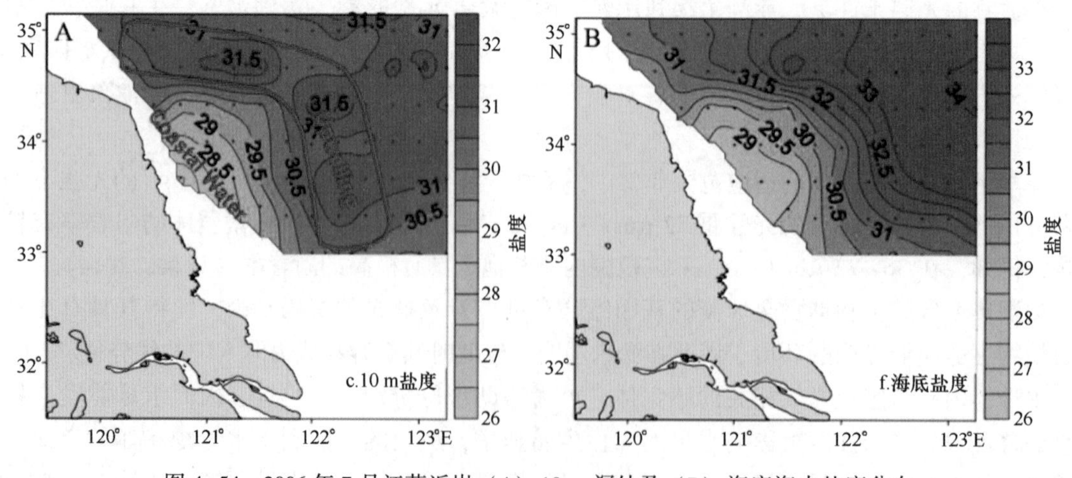

图 4-54　2006 年 7 月江苏近岸（A）10 m 深处及（B）海底海水盐度分布

绿潮生物多为广盐性，例如浒苔在盐度为 20~35 范围内，浒苔的孢子均可正常生长；肠浒苔幼苗实验室内最佳生长盐度为 16~32，在自然海区为 16~28。另外，肠浒苔在自然状态下可以耐受极端盐度，其在盐度为 0 的环境下可以耐受 5 d。绿潮生物具有极强的盐度生理调节（渗透调节）能力，其中，漂浮型浒苔、固着型浒苔均具备一定的耐受盐度变化的能力，而漂浮型浒苔作为黄海绿潮暴发形式，其适应盐度的范围比固着型浒苔耐受盐度范围要更广。漂浮型浒苔可以维持更高的色素含量和光合作用水平；同时绿潮生物还具备极强的渗透调节能力，表现为调节 Na^+、Cl^-、Ca^{2-} 含量以与适应海水盐度的改变，同时绿潮生物还可通过可溶性糖、可溶性蛋白及脯氨酸含量的改变调节其盐度生理调节能力；随海水盐度的变化，绿潮生物还可通过其自身抗氧化系统（SOD、CAT、POD、GR 等）的作用提高其盐度生理调节能力（高兵兵，2013）。

水母的不同生长阶段对不同盐度环境的适应情况是不同的，以海月水母为例，海月水母螅状体对盐度有广泛的耐受性，螅状体可以存活的盐度范围跨越正常海水盐度的两倍，同时海月水母的螅状体能在盐度为 0.1 的水域中成功进行无性繁殖，且螅状体生长的最适盐度为 17.5～37，盐度范围在 15～40 之间均可存活，且有出芽生殖现象，盐度范围在 20～35 之间螅状体可以进行横列生殖，而海月水母碟状幼体的生长最适盐度范围为 17.5～35。海月水母的盐度适应性为大规模暴发形成白潮提供了基础（董婧等，2013）。

（四）水文

水文条件会在不同程度对海水的温度、盐度等的变化造成影响，还可通过浪、潮、流等改变致灾生物赖以生长繁殖的物质基础，为海洋生态灾害的形成提供合适的环境条件。水文条件对海洋生态灾害的驱动作用十分复杂，下面以东海的水文环境与赤潮灾害之间的关系为例进行说明（图 4-55）。

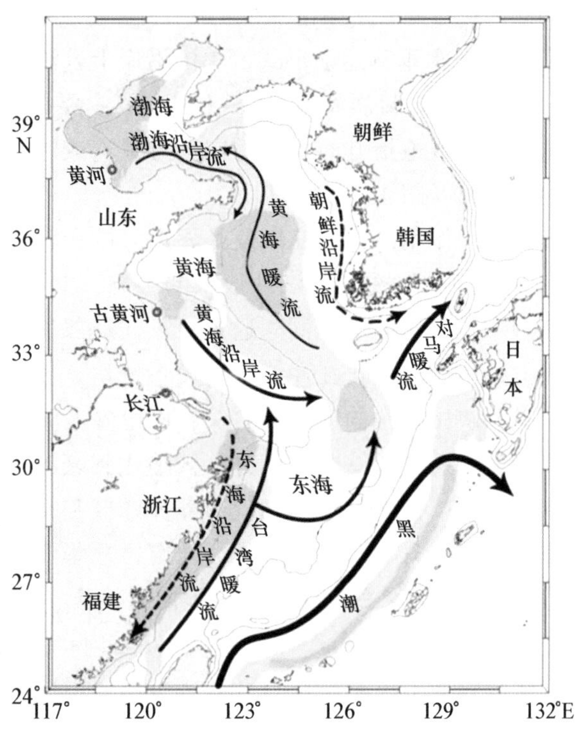

图 4-55 中国近海海流及沿岸流示意图

（1）长江冲淡水：长江为我国第一大河，其长度和流量均居世界第三位，年径流量 $9.24\times10^{11}m^3$，如此高的径流量使长江向东海输送了大量的营养盐，长江入海径流中营养盐含量以硅酸盐为主，其次为硝酸盐与氨氮。近年来由于大量氮肥的应用，长江冲淡水中的溶解无机氮含量成倍增加，氮磷比居高不下，偏高的氮含量使长江口及东海赤潮高发区出现浮游植物的“磷限制”。

（2）黑潮：黑潮为沿北太平洋西部边缘向北流动的一支强劲的西边界海流，其特征为高温、高盐。它起源于菲律宾东南，是北赤道流的一个向北分支的延伸，其在苏澳-那国岛至吐噶喇海峡的这一段称为“东海黑潮”。黑潮在东海区一个比较重要的现象就是对东海陆架的入侵。根据调查，能够对东海陆架进行入侵的为黑潮的表层水和次表层水，受东海黑潮流轴摆动的影响，两者对东海陆架区的入侵具有此消彼长的特征。在能够侵入陆架的黑潮水中，表层水营养盐含量相对较低，而其下方的次表层水营养盐浓度相对较高，尤其表现在磷酸盐浓度上，为长江冲淡水磷酸盐浓度的数倍之多。

（3）台湾暖流：台湾暖流为浙东东海沿岸流外侧一支沿等深线向北流动的海流。研究表明，东海陆架区表层至 50 m 处水温相对较高，而近岸海区表层水温度普遍较低，这主要就是因为台湾暖流深层 18～20℃冷水爬升所造成，由于该温度恰巧为赤潮生物生长的最佳温度。此外，台湾暖流水与沿岸水或长江冲淡水交界处形成密跃层，因跃层下方海水密度较大，故浮力也较大，浮游植物可快速上移，同时因密跃层常与营养盐跃层发生重叠，故浮游植物更易在这一区域大量繁殖，一旦发生外力（例如风、大型船舶螺旋桨）搅动，很容易将大量聚集的赤潮生物带至海水表层，进而发生赤潮。前述的密跃层也可以造成营养盐内循环现象，同时在赤潮后期大规模浮游植物死亡时其残骸也会因密跃层作用而被截留进而停止下沉，在夏季时高温与光照会促使这些残骸快速分解从而在这一区域释放出溶解态营养盐，进一步被后续营养盐利用，以维持赤潮长时间暴发。除了上述几方面以外，台湾暖流中携带着大量的磷酸盐，这可以有效缓解东海海区的磷限制，其营养盐的输运与冲淡水相比具有互补作用。

（4）上升流：上升流是一种海水垂直运动形式，中国沿岸上升流可以分为风生上升流和地形上升流两类，在我国浙江近海的上升流属海流-地形上升流，主要是由于台湾暖流在北上时接近长江口时受到等深线发散的影响被迫抬升而产生的向上分量造成的。上升流区域营养盐上涌为赤潮灾害的发生奠定了物质基础（图 4-56）。

长江冲淡水和黑潮分支的共同作用，对长江口及其邻近海域赤潮灾害的发生过程和演变趋势有重要影响。长江口及其邻近海域既受到长江冲淡水的影响，也受到黑潮分支的显著影响，但两者在赤潮形成和演变过程中的作用明显不同。通过对长江口邻近海域春季硅藻、甲藻赤潮与环境因子的统计分析发现，硅藻赤潮与长江冲淡水的关系密切，主要出现在长江冲淡水影响区，其消亡过程与海水中高氮、磷比导致的磷胁迫有关；而甲藻赤潮受黑潮分支的调控作用更加明显，黑潮分支携带的高浓度磷酸盐能够通过上升流被输送到表层，有利于促进和维持甲藻的生长，与黑潮的影响更加密切。以往研究中曾发现甲藻赤潮区和上升流分布区基本吻合，甲藻赤潮的斑块状分布特征很可能是上升流影响的结果。从有害藻华演变角度来看，长江径流将巨量硝酸盐输入长江口赤潮区，因此带来的富营养化进程使得硅藻、甲藻赤潮优势度发生变化，是藻华优势类群从硅藻向甲藻演变的主导因素。而黑潮分支的年际变异应当是影响甲藻赤潮年际变异的重要因素，能够在很大程度上决定长江口及其邻近海域甲藻赤潮分布、动态乃至危害效应的年际变化。

有关水文条件对绿潮的发生也有显著作用，下面以浒苔绿潮为例介绍水文条件与绿潮之间的关系：在本章第二节我们曾经介绍，绿潮生物具有气囊结构，而浒苔绿潮的特点之一就是以浒苔作为单一优势种漂浮在海面上，同时其还具有异地成灾、长时间长距离漂浮迁移的特点。造成这一特点的主要原因则是相关海域风场与流场的共同作用。目前多数学者认为，风和流的共同作用使黄海绿潮逐渐聚集，风场与浒苔的漂浮迁移密切相关。根据研究表明，5 月浒苔从江苏沿岸向山东半岛漂移的主要因素是风场，且 6 月的东风是浒苔向山东半岛沿岸聚集的主要因

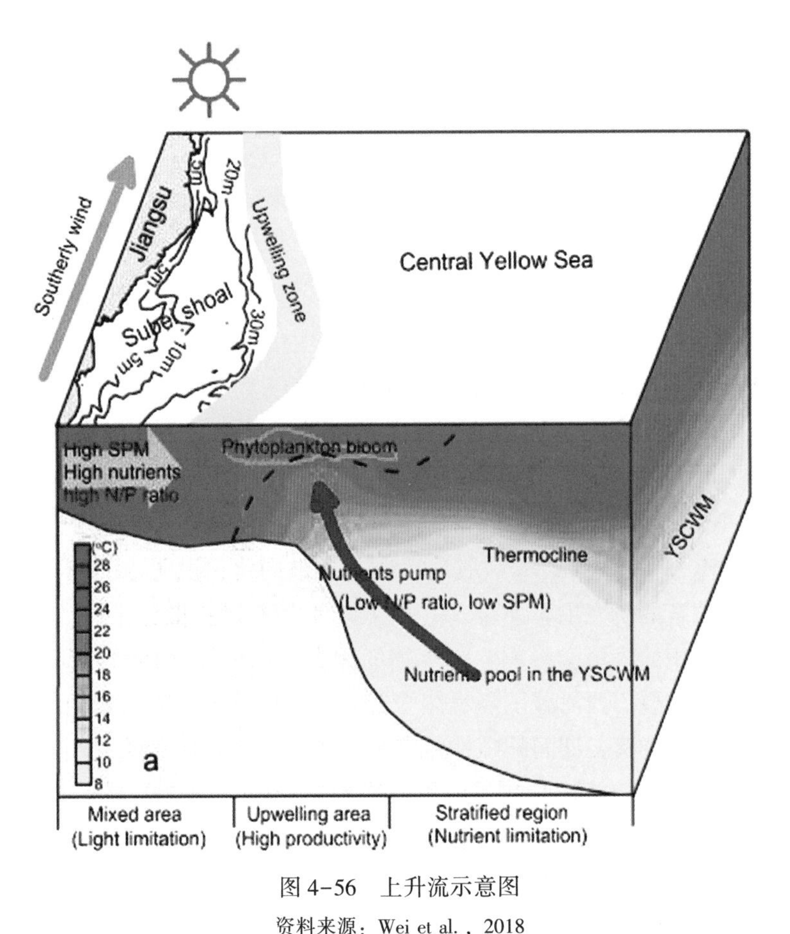

图 4-56 上升流示意图

资料来源：Wei et al.，2018

素；除了风场，流场也是影响浒苔漂移的主要因素，而基于温度、盐度、溶解氧等数据，苏北沿岸流在浒苔暴发及漂移过程中具有重要作用。

水文条件对白潮的发生也有一定的影响。魏皓（2015）通过 Princeton Ocean Model（POM）模式的流场数据建立了质点追踪模型，模拟了黄海和东海大型水母沙海蜇较为精确的时空分布及运移轨迹，研究了秋季沙海蜇聚集的年际变化及其影响因素。研究表明，环流输运的年际变化比春季底层温度触发横裂对于秋季水母聚集有着更重要的作用。2008 年 6 月苏北沿岸、长江口附近西南方向的表层流可能会导致 6—7 月潮汐锋处水母聚集数量的减少；8 月南黄海表层流和东海表层流向东转向可能分别会导致 8—9 月潮汐锋处和长江口以东聚集区的水母数量增加。2008 年海州湾、杭州湾的水螅体横裂时间较早，使得更多的沙海蜇在 6 月分别聚集到潮汐锋和长江口以东区域。

二、化学环境

（一）营养盐

海水中的营养盐含量是影响海洋生物生长的重要因素，同时海洋生物的生长状况也会影响各种营养盐数量的变动，当致灾生物开始增长时，其发展范围和生物量就会受到环境所提供营养物质的限制。氮、磷、硅等营养盐经大气沉降、河流输入、上升流抬升、底质释放等途径进入海洋水体，而这些营养盐的生物地球化学循环在海洋生态系统中起重要作用，可显著影响致灾生物的种群变化（图 4-57），加之致灾生物均为机会主义生物，在营养盐充足的情况下，会大量扩增形成灾害（宋伦，毕相东，2015）。

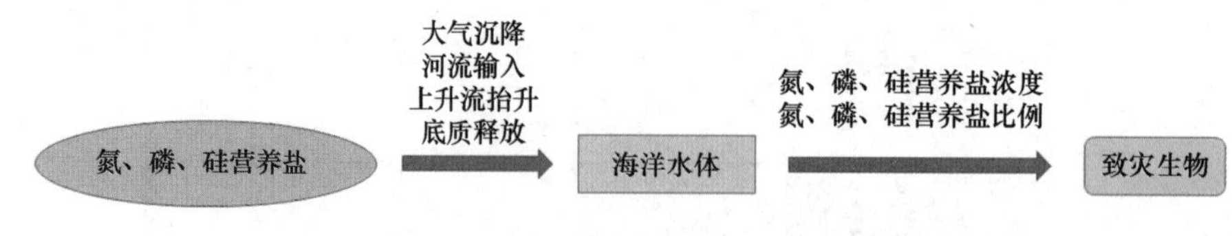

图 4-57　营养盐来源及与致灾生物间的关系

氮、磷营养盐与赤潮、绿潮等生态灾害的形成关系密切。在赤潮形成的初始阶段，海水中一般含有较高含量的无机氮和无机磷。一般来说，海洋中的无机氮以 NO_3-N 为主，但近年来由于沿岸海水的有机质污染越来越严重,，特定海域水环境（如虾池、有机质污染的沿岸浅水区）的无机氮中，NH_4-N 占主要部分，而赤潮生物优先利用 NH_4-N，因此极易诱发赤潮。缘管浒苔的 NO_3-N、NH_4-N、PO_4-P 吸收动力学研究表明，缘管浒苔对 NO_3-N 和 PO_4-P 的吸收方式为主动运输，对 NH_4-N 的吸收方式为被动扩散，其中 NO_3-N 吸收进入细胞后，进入氮库，利用时必须先进行还原为 NH_4-N，而 NH_4-N 吸收后可以直接被同化，说明 NH_4-N 对海藻来讲是比较经济的，对浒苔和条浒苔的研究也印证对 NH_4-N 的吸收以被动扩散为主。

氮、磷在海水环境中的含量会影响赤潮生物的种类，林昱等（1994）研究了无机氮对浮游植物演替的影响，发现在厦门西海域围隔水体中，富营养后浮游植物演替由以硅藻为主的群落，变为以鞭毛藻为优势种的群落，期间间隙性输入无机氮及其输入通量的大小，不影响演替顺序，但输入总量的多寡会影响浮游植物的数量或甲藻赤潮的规模，只有在甲藻占优势时，在一定量的营养盐供给条件下，才可能发生甲藻赤潮，因此，由于不同种属甲藻生存能力的差异，营养盐输入通量的大小和途径会影响甲藻赤潮优势种的形成。

海水中的营养盐组成比例变化也是诱发海洋生态灾害的重要因素之一，其中，N：P 值的改变决定了优势种群的变化，高 N：P 值（>30）意味着磷限制，低 N：P 值（<5）则表示氮限制。一般认为，海洋系统的初级生产力主要受氮限制。在有关浒苔的研究中也表明，浒苔生长对氮变化更为敏感，在水体中氮浓度增加时浒苔的生长速率也明显加快，在富营养水体中，浒苔生长需要消耗水中大量的氮、磷营养盐，且当 N：P 为 10：1 时生长速率最大（忻丁豪等，2009）。

硅是硅藻细胞外壳的主要成分，也是绝大部分海洋浮游硅藻光合作用所必需的主要元素之一。有研究表明，海洋硅藻对硅的需求量与氮元素之比大约为 1：1。硅酸盐在海洋环境中含量较多，对赤潮生物的数量变化影响不大；但硅酸盐在浮游植物群落由硅藻型向鞭毛藻型演变的过程中起重要作用。水域中硅酸盐起始浓度水平决定了硅藻类生产量最大值的程度，且制约着这一优势种的持续时间，有时会成为硅藻赤潮的限制因子。

综上，氮、磷、硅等营养盐是致灾生物生物量剧增的物质基础，相关海域营养元素含量的改变是驱动海洋生态灾害发生的重要原因。

（二）其他化学要素

其他对致灾生物有显著影响的化学要素，主要指微量营养物质，包括微量金属元素和某些生物体自身无法合成而需要从外界摄取的特殊化合物，例如维生素。这些化学要素在海水中含量极低，生物体对其需求也比较低，但是这些化学要素对生物体的生理功能和形态起非常重要的作用。

铁是浮游植物必需的一种重要的微量元素，其生理生化功能表现在许多方面。光合作用是浮游植物最重要的生命过程，铁是进行该过程必不可少的元素，多种光合色素（如叶绿素、藻胆素等）的合成均需要铁。铁的作用还表现在其他代谢活动中，其中最重要的是氮代谢，缺铁时，

NO_3-N 中生长的藻对氮的吸收利用受到抑制，其症状类似缺氮，而生长在 NH_4-N 中的藻却情况良好。铁在海洋中溶解度低，浓度极稀，常常成为浮游植物生长的限制因子。因此，当有足够量的铁输入时，常会引起浮游植物的迅速增殖。应用藻类生长潜力（A. G. P）的方法研究了日本濑户内海大阪湾赤潮异弯藻增殖的限制因子，发现加入螯合铁可促进赤潮异弯藻的增殖；在对大阪湾赤潮过程进行分析时，发现发生时间通常在每年雨季（6—7 月），由于河流径流量增加，使该海域螯合铁量增加，导致该海域赤潮发生。齐雨藻认为，表层海流造成营养细胞在大鹏湾西北部盐田海域聚集，加上铁等金属元素浓度急增，最终导致形成 1991 年 3 月南海大鹏湾海洋卡盾藻赤潮（齐雨藻，黄长江，1997）。锰可增强藻类细胞中非光合成酶的活性，是一种酶的激活剂；同时，锰在某些藻类如小球藻的硝酸还原过程中也起着促进作用。由于锰在外海的浓度很低（大约 2×10^{-9} μmol/L），所以锰常成为浮游植物生长的限制因子。但在赤潮发生期间，锰的含量却有很大的变化。同时有研究表明，细胞生长率在低锰浓度下随锰浓度的增加而增加，但高锰浓度下，细胞生长率不再增加。

微量营养物质的另一大类是维生素，它包括维生素 B_1，维生素 B_{12}，维生素 H 和一些维生素 B_{12}类似物，它们对于致灾生物的生长和繁殖起促进作用。例如，几乎所有的赤潮鞭毛藻都需要维生素 B_{12}，需要维生素 B_1和其他生物素的种类也不少；维生素 B_1和维生素 H 单独时不起作用，但当它们与维生素 B_{12}共存时对赤潮鞭毛藻的生长和繁殖起促进作用的情况是很多的。

三、全球环境变化

全球环境变化是指在全球范围内，环境平均状态统计学意义上的巨大改变或者持续较长一段时间（典型的为 10 a 或更长）的环境变动。全球环境变化的原因可能是自然的内部进程，或是人类活动和自然过程相互交织的系统驱动。全球环境变化是多方面的，包括 CO_2加富与海水酸化、紫外线辐射增强等。

（一）大气 CO_2加富与海水酸化

由于化石燃料的使用和毁林的不断加剧，使得大气中 CO_2浓度急剧升高，这已经引起了广泛的关注，同时由于海洋生态灾害致灾生物均是生存在海水中，而大气中 CO_2浓度的持续升高，溶入海洋中的 CO_2（酸性气体）的量也不断增加，从而导致表层海水 pH 值下降和理化特性发生改变，根据已有研究表明，CO_2浓度升高与海水酸化对于海洋生物来说就如同一柄“双刃剑”，CO_2是植物进行光合作用的物质基础，故 CO_2浓度升高对于植物光合作用具有促进作用，而海水酸性的增加，作为一种环境胁迫，会降低某些种类耐受高光胁迫的能力，加大光抑制，且增加其呼吸作用，显然，由于 pH 值和 pCO_2升高同时发生，海洋酸化究竟导致海洋光合固碳量增加还是减少，取决于酸化与 pCO_2 升高“双刃剑”效应的平衡，也即取决于海洋酸化正、负效应的平衡。

大气 CO_2加富与海水酸化对海洋生态灾害致灾生物的影响有明显的种间差异性，例如，在室内受控条件下，硅藻三角褐指藻在适应酸化后，生长和光合速率分别提高了 5. 2%和 10. 8%（正面效应），但是，其呼吸速率增加了 34. 4%，且在强光下其电子传递速率表现出较高的光抑制（负面效应），在 pCO_2增加至 700 μatm 时，酸化对硅藻赤潮生物中肋骨条藻的影响相对较小，相对应的，CO_2浓度升高效应反而会促进其生长，类似的结果在假微型海链藻中也可以观察到；而另有研究表明，海水酸化对甲藻主要表现为正面效应；除此之外，在不同光照条件下，球形棕囊藻对海水酸化也有不同的响应，例如，在高强度的阳光辐照下，海水酸化导致球形棕囊藻的光化学活性和生长速率下降，而低光强下则表现为促进作用（高坤山，2014）。

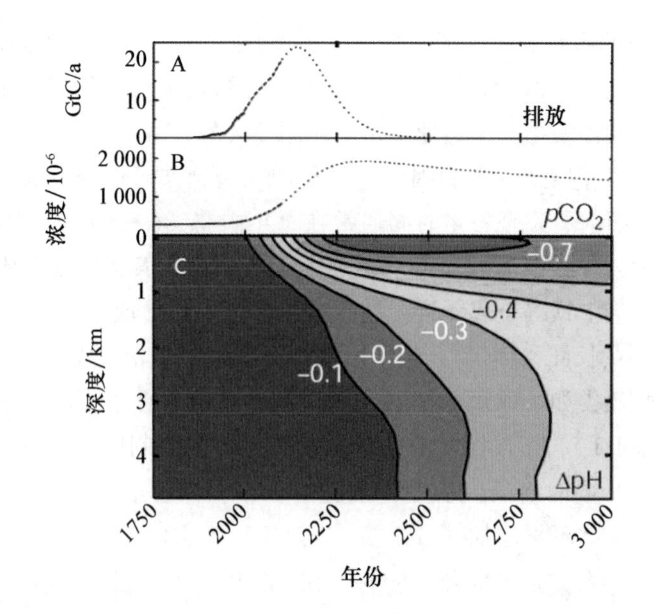

图 4-58　A. 每年排放到大气中二氧化碳（以碳计）总量的变化；B. 历史大气二氧化碳水平和根据排放量预测的未来大气中二氧化碳浓度的变化趋势；C. 相应的不同深度海水的 pH 值

资料来源：Caldeira and Wickett，2003

大气 CO_2加富和海水酸化对于绿潮生物的影响表现出较大的种间差异性，例如，CO_2浓度加倍可以使浒苔的光合作用增加 35%～52%，海水酸化对条浒苔的影响相对较小，而 pCO_2增加效应使其光合作用能力增强，而石莼在相同环境下其光合作用能力显著下降。海水酸化对致灾生物的影响的双面性是目前研究的热点也是难点。

（二）紫外线辐射增强

紫外线（ultraviolet radiation，UVR）是太阳光谱中波长范围在 200～400 nm，肉眼不可见，对人类健康和其他生态系统具有重大影响的短波电磁辐射。根据波长和生物效应的不同，又可以将紫外线划分为近紫外线（UV-A，315～400 nm）、远紫外线（UV-B，280～315 nm）和超短紫外线（UV-C，200～280 nm）。大气平流层中的臭氧层（O_3）能够不同程度的吸收上述 3 个波段的紫外线，其中 UV-A 几乎不被吸收而到达地面，但是它对生物无杀伤作用；UV-C 虽然对生物有强烈的影响，但是基本上全被臭氧层吸收；而 UV-B 只能部分被臭氧层吸收，并且对生物体内的 DNA、蛋白质、光合色素等有显著的影响。而生物体自身也存在响应机制来规避紫外线造成的损伤，其中可以分为逃避紫外线辐射、屏障紫外线辐射、ROS 清除及 DNA 修复等几方面（图 4-59）。

许多海洋生态灾害致灾生物具备迁移策略，藻体向水层更深处迁移以逃避紫外线辐射，例如一些种类的赤潮甲藻生物具有主动迁移特性，同时绿潮生物的配子阶段具有鞭毛，也可以进行迁移以规避紫外线辐射。

致灾生物自身可以通过某些行为屏障紫外线辐射，其中，引发赤潮的甲藻、硅藻以及引发绿潮的石莼属生物均可以产生氨基酸糖苷（MAAs），该物质分布在细胞壁中，或被生物分泌到其所处周围环境中，以屏蔽紫外线辐射。

紫外线辐射会使生物体内产生大量的 ROS 自由基，这些自由基会对生物体产生破坏作用，而在第三节中曾经提到，海洋生态灾害典型致灾生物具有氧化应激机制，可以在一定程度下抵消紫外线辐射对生物体产生的损伤，以保护致灾生物自身。

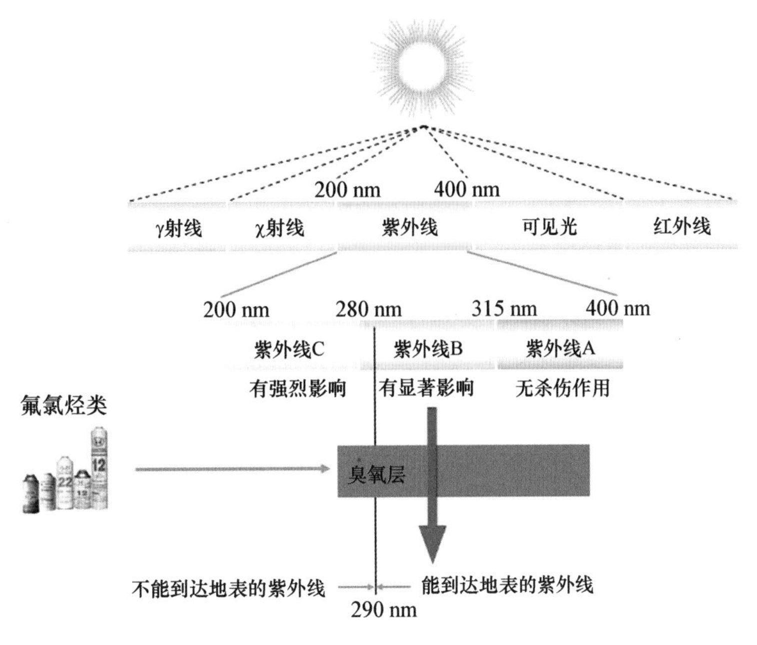

图 4-59　紫外线在太阳光谱中的分布情况

四、渔业生产

（一）过度捕捞

1950—2015 年中国各类海产品产量见图 4-60。

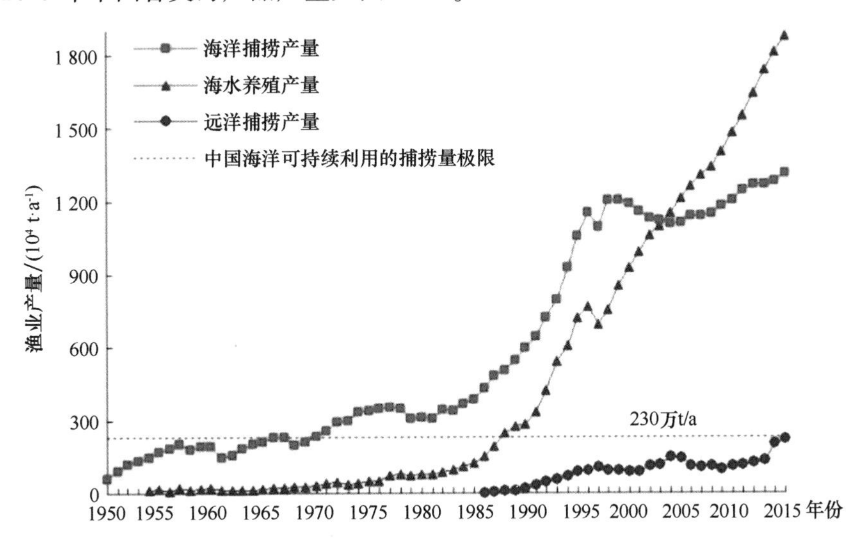

图 4-60　1950—2015 年中国各类海产品产量情况

资料来源：中国渔业统计年鉴

过度捕捞对于白潮的发生有直接的推动作用。人类过度捕捞使水母的捕食者减少，引发“下行效应”，许多经济鱼类均以水母为食，而人类过度捕捞的行为导致水母天敌减少，以水母为食的海洋动物包括 124 种鱼类和 34 种其他动物，棱皮龟（*Dermochelys coriacea*）作为水母的主要捕食者，目前其数量在减少，以水母为食的鱼类中包括许多经济鱼类，如大麻哈鱼（*Oncorhynchus keta*）、鲭鱼（*Scomber scombrus*）等，经济鱼类的大量捕捞，使水母的捕食者数量减少，黑海中海月水母的增加与鲭鱼的减少有关；亚得里亚海中的夜光游水母（*Pelagia noctiluca*）的增加与一些捕食水母鱼类的过度捕捞有关；东海的过度捕捞导致了渔场的营养级严重下降，鲳鱼的捕捞增加，减少了水母的捕食者，增加了白潮发生的可能性。

上行效应（bottom-up effect）和下行效应（top-down effect）

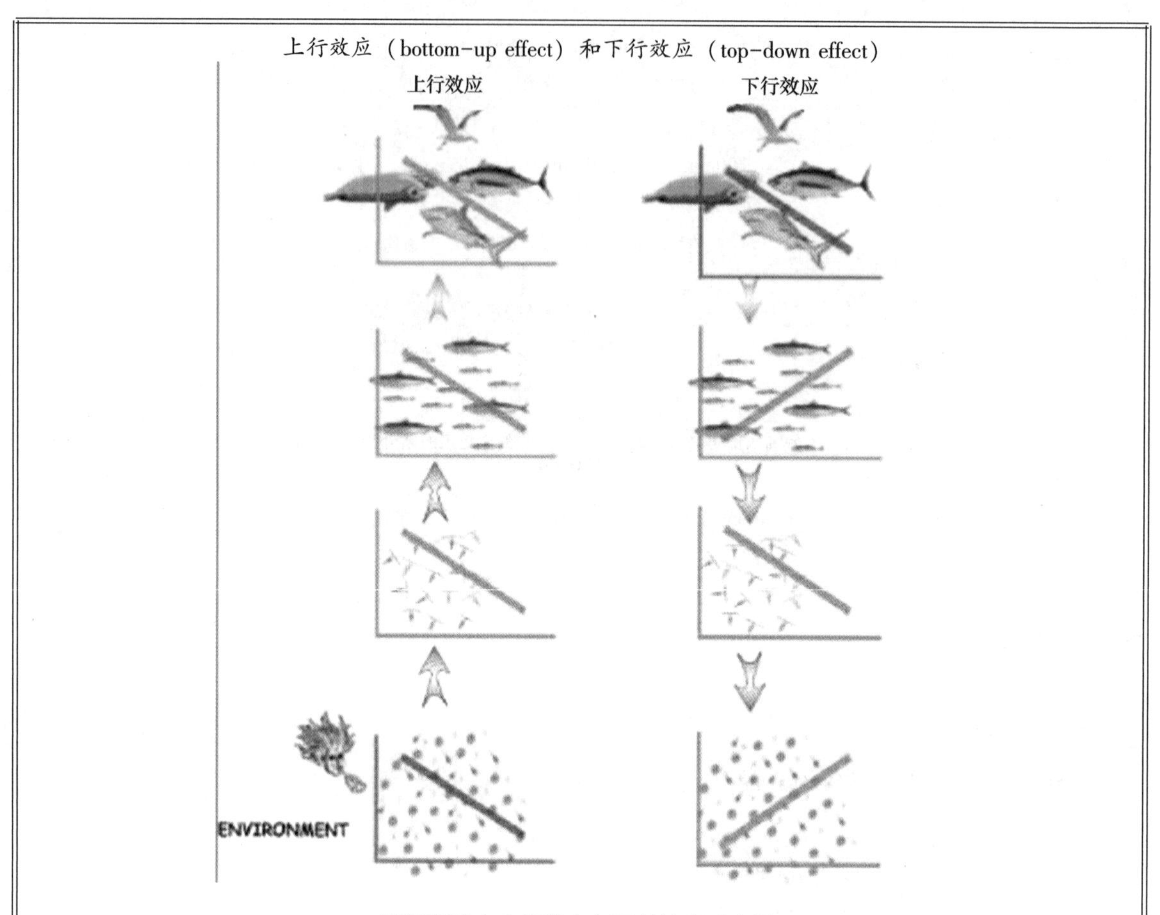

海洋环境中上行效应与下行效应示意图

上行效应：又称“上行控制效应”，是生态系统中的一种作用关系，强调物理化学环境与低营养级生物对高营养级生物的决定作用。生态学上的上行效应是指非顶级营养级生物的下一营养级食物供给或营养盐供给。海洋生态学中通常所说的上行效应主要指的是营养盐供给对浮游植物种群数量变动的影响。

下行效应：又称“下行控制效应”，群落中的物种位于食物链的某一环节，较高营养级的生物一般是高级的捕食者，可以通过捕食作用控制并影响较低营养级的群落结构。

上行效应在食物网底端最强，沿营养级越往上越弱，下行效应在食物网顶端最强，沿营养级越往下越弱。其中，下行效应主要体现为捕食作用。

过度捕捞使水母的竞争者数量减少，水母同以浮游动物为食的饵料鱼类竞争食物，例如凤尾鱼、鲱鱼、沙丁鱼等，通过对比水母与饵料鱼类的饮食发现，二者的食物有0.2%～73.4%是重叠的，里海的水母与凤尾鱼更是有84%～89%重叠。逻辑上来讲，食鱼性鱼类的减少增加了食浮游动物鱼类的数量，但人类对小型饵料鱼类过度捕捞，清除了水母的竞争者，减少了水母的潜在捕食者，使浮游动物食性的水母增加。例如，缅因湾中浮游动物食性鱼类的减少导致了管水母白潮；爱尔兰海重要的经济渔场对鲱鱼的过度捕捞导致了当地发生白潮；黑海梳状栉水母白潮的部分原因也是由过度捕捞引起的。

（二）近海养殖

过度的近海养殖是海洋生态灾害发生的另一个重要诱因（图4-61）。在近海养殖过程中，例如贝类养殖生物会产生大量的排泄物，这些排泄物沉积到海水底层；而在鱼类养殖过程中，例如投饵式网箱，投饵活动使相关海域氮、磷等营养元素含量迅速上升。营养盐类和生源可降解的有机废物会造成相关海域海水富营养化或缺氧问题，相关海域极易发生海洋生态灾害。

图 4-61 近海扇贝养殖

资料来源：Brian Skerry，国家地理杂志

自 1990 年开始我国四大海区无机氮含量全面超标，导致海水中积累大量 NH_4^+、NO_3^-、和 PO_4^{3-} 营养盐，造成水体富营养化。水体富营养化不仅使海水营养盐含量增加，而且使营养盐之间的比例发生变化。有研究表明，赤潮发生频率与人类活动引起的营养物质输入存在较高的关联程度，海域富营养化本是一个缓慢的自然变化过程，人类活动由于输入了营养物质，使天然海域富营养化进程大大加速，其中，海水养殖产量和海水养殖面积与赤潮的发生频率关系最为密切；其次是工业废水和生活污水的排放（表 4-3）。对于赤潮、绿潮、褐潮、金潮生物来说，由于它们具备超强的营养盐适应能力，因此在水体富营养化条件下可以快速地吸收营养盐，并大量扩增。

表 4-3 赤潮发生频率与影响因素关联度排序

与赤潮发生频率关联度排序	影响因素
1	海水养殖产量
2	海水养殖面积
3	工业废水
4	生活污水
5	生活 COD
6	总悬浮颗粒物
7	工业 COD
8	降雨量
9	粉尘
10	烟尘

水体富营养化对白潮生物也会有间接的影响，由富营养化所引起的营养元素和浑浊度的增加以及海水化学性质的变化都可导致水母可摄取的溶解有机物增加，而间接增加的浮游植物，使氧气和光照减少，从而影响水母的多样性及生物量。水母对富营养化环境有特殊的适应能力，水体富营养化对水母的影响包括以下几个方面：①富营养化通过增加浮游植物引起水体 DO 浓度降低，而水母耐低氧能力较强。富营养条件下水体表层含氧丰富，因此近表层终生营浮游型水母，如钟水母（*Aglantha digitale*）、四叶小舌水母（*Liriope tetaphylla*）、五角水母（*Muggiaea atlantica*）和浅室水母（*Lensia* spp.）等都能生存，其他水母至少有一个生长阶段能在低氧甚至无氧环境下生存。日本富营养化最严重的海域之一东京湾，由富营养化引起的低氧环境对海月水母水螅体的补充及海月水母的生长有着直接贡献。②富营养化水体中的氮、磷养分与水母密度有密切关系，养分的过量装载可能导致水母的暴发，富营养化水体中氮素和磷素的增加，可导致浮游生物的增加，能为水螅体和水母体提供食物支撑，为水母提供能量。③富营养化可能导致食物链发生复杂变化，改变水母的捕食类型及种类，由富营养化所导致的东京湾海月水母捕食的主要对象——小型桡足类动物 *Minhong davisae* 的增加，增加了海月水母大量出现的机会。

（三）增殖放流

渔业资源增殖放流是一项通过向自然水域投放鱼、虾、蟹、贝类亲体以及人工繁育苗种或经暂养的野生苗种来恢复渔业资源，实现渔业可持续发展的管理手段，为当前国内外在水生生物资源养护和水域生态修复领域普遍采用。大量实践表明，一些增殖放流活动在修复衰退渔业资源种类、提升增殖水域渔业产出能力的同时，也会给野生资源种类的种群结构、遗传多样性及增殖水域生态系统的结构与功能带来诸多生态风险。

图 4-62　2017 年舟山渔场增殖放流活动现场

资料来源：人民网

因增殖放流会在短时间内使相关水域生物群落结构发生显著变化，当野生种群资源密度较高或接近增殖水域对该种类的最大容纳量时，大规模的增殖放流会使野生种群显现负密度依赖效应，即随着种群密度的增加，个体生长开始受到可获得性资源比率的限制，种内竞争逐渐激烈，进而影响其存活、生长和繁殖；基因渗入问题也应得到应有的重视，基因渗入是增殖群体影响野生种群遗传多样性的主要方式。一般而言，人工繁育苗种与野生种群间多存在明显的遗传差异，其遗传结构通常无法准确、全面地反映野生种群的遗传背景，增殖群体与野生种群若存在生殖交流，野生种群的遗传结构及多样性特征将受到显著的负面影响，同时，大规模放流人工繁育苗种可对自然种群的繁殖补充能力产生显著负面影响，就基因渗入对野生种群的影响方式分析，基因渗入不仅可使野生种群遗传多样性降低，应对外界环境扰动的能力减弱，亦可使原有的种群遗传结构空间格局消失，呈现区域同质化，野生个体对小生境的适应能力明显降低，渔业资源增殖放流还可通过改变增殖水域生物群落中不同功能群的配比组成，调整原有食物网结构，进而对增殖水域生态系统结构和功能产生影响。因此渔业资源增殖放流应科学制定重点增殖水域的增殖放流规划，有效规避生态风险，避免海洋生态灾害的发生。

小结

致灾生物是在海洋环境中能够引起海洋生态灾害的生物的统称，是指在一定的环境条件下，通过短时间内突发性链式增殖和聚集，导致海洋生态系统严重破坏或引起水色变化的灾害性海洋生态异常现象的浮游微藻、大型海藻或浮游动物等，是严重威胁、危害海洋生态环境和人类健康的生物。可分为赤潮生物、绿潮生物、褐潮生物、金潮生物和白潮生物 5 种。赤潮生物包括浮游植物、原生动物、细菌等。其中，有毒、有害赤潮生物主要为甲藻和硅藻，另外还包括蓝藻、着色鞭毛藻和原生动物等；褐潮生物仅有海金藻纲的抑食金球藻和 *Aureoumbra laeunensis* 两种，其中抑食金球藻波及范围更广；绿潮生物主要包括石莼属、刚毛藻属、硬毛藻属等大型定生绿藻；金潮生物则全部属于大型海藻马尾藻；白潮生物包含各类水母。

典型致灾生物能够引起海洋生态灾害暴发，与其独特的生物学基础密不可分，可以归纳为形态结构特征、生理特征、生殖特征、生长和发育特征 5 个方面。在形态结构方面，虽然致灾生物各异，但是归结起来它们之间存在许多共性，例如赤潮生物和褐潮生物均为单细胞生物，而绿潮和金潮生物虽然为多细胞生物，但是它们身体构造简单，并未形成高度分化的器官；而除了简单的身体构造，绿潮生物、金潮生物形成的气囊结构，使藻体可以漂浮在海面，可使藻体更易接受阳光进行光合作用，单细胞的赤潮生物、褐潮生物及绿潮生物的单细胞阶段可以形成鞭毛，在一定程度上使其具备主动运动的功能。在聚集属性方面，一方面与相关海域水动力系统客观因素有关；另一方面与致灾种自身聚集特性有关。生理特征主要表现在光合作用、氧化应激活性、营养元素吸收、激素调节和化感作用 5 方面：致灾植物不仅具有极强的光合作用同化能力，还具有极强的光合作用适应性，同时致灾植物还具有极强的营养元素吸收能力，氧化应激活性使致灾生物抵御逆境的能力大为提升，而多种植物激素也可以使致灾生物更易适应海洋中复杂而多变的环境。致灾生物的生殖特征则主要表现在生殖方式、生殖频率、生殖产率 3 个方面。在本节最后介绍了致灾生物的生长和发育特征。

典型致灾生物之所以能够成灾，不仅与其生物学特征有关，也与其生态学特征有紧密关联，主要表现在生活史策略与种间关系两方面。致灾生物在进行生存斗争的过程中即获得相应的生活史策略以适应外界环境的变化。多样的生活史确保不同种致灾生物更好地适应不同的生存环境。休眠策略可使致灾生物高效规避不利环境，r-选择策略使致灾生物种群增长率最大化，而迁移策略可使致灾生物得以最大化的趋利避害。致灾生物与环境中其他生物间的关系主要表现为竞争、捕食等。

海洋生态灾害发生的环境驱动因素可分为物理环境驱动与化学环境驱动两方面。物理环境驱动因素主要包括温度、光照、盐度、水文等，化学环境驱动方面包括了氮、磷、硅等营养盐在海洋生态灾害发生过程中所发挥的重要作用，并进而介绍了水体富营养化对海洋生态灾害发生的推动作用。最后介绍了全球环境变化（大气 CO_2 加富与海水酸化、紫外线辐射增强）及渔业生产因素（过度捕捞、近海养殖、增殖放流）对海洋生态灾害的发生有何影响。

思考题

1. 致灾生物的定义是什么？
2. 致灾生物可以分为哪几类？
3. 赤潮生物中共有哪些门类？请具体阐述。
4. 海洋生态灾害致灾生物其在形态结构上具有哪些共性和功能可以使其具有成灾潜能？
5. 在生理特征上，致灾生物具有哪些特点使其易于成灾？
6. 致灾生物有哪些典型生活史策略，请具体阐述。
7. 对致灾生物产生影响的环境因素共分为几大类？详述水文与东海赤潮之间的关系。

拓展阅读

1. Smetacek V, Zingone A. Green and golden seaweed tides on the rise [J]. Nature, 2013, 504 (7478): 84-88.
2. Sandra E Shumway, et al. Harmful Algal Blooms: A Compendium Desk Reference [M]. New York: John Wiley & Sons, Inc., 2018.
3. 郭皓. 中国近海赤潮生物图谱 [M]. 北京：海洋出版社, 2004.
4. 齐雨藻, 邹景忠, 梁松. 中国沿海赤潮 [M]. 北京：科学出版社, 2003.
5. 高坤山. 藻类固碳——理论、进展与方法 [M]. 北京：科学出版社, 2014.

第五章 海洋生态灾害风险防范

第一节 海洋生态灾害风险防范概述

生态风险是指生态系统及其组分所承受的风险，在生态系统中，由于一种或多种应力（物理、化学以及生物应力等）作用而导致某些负面生态效应发生的可能性。生态风险有两个基本特征：其一是危害性；其二是不确定性。危害性是针对风险因子给生态系统造成的长期的，甚至不可恢复的损害以及由此产生的对人类和其他生物生存质量的影响而言；不确定性是针对风险因子的随机性、累积作用以及协同作用情况而言。生态风险的不确定性使得风险的危害程度常常难以预料（王小龙，2006）。

一、风险

目前，关于风险的概念还无适用于各个领域的统一定义，风险是客观存在的，在一定程度上不可避免。国际上各个领域的专家学者对风险的概念给出了不同的解释。20 世纪初，美国学者威雷特对风险进行了抽象而准确的定义。提出风险是人对于他们自己所不希望发生的一系列事件能否发生的具有不确定性的客观体现（王微，2014）。20 世纪 80 年代初期，日本学者武井勋经过长期对已有风险理论的研究的基础上结合自身的研究成果，认为风险是客观存在的，它产生于特殊的环境和一定的时期中，其发生结果是导致经济的损失（乌尔里希·贝克，2001）。国内也有很多学者对风险进行了探讨和研究，经济领域中的学者孙祁祥（2009）发表《保险学》并提出风险的内涵，认为风险是客观的、一定存在的，但是损失发生与否、多少却是不确定的。陈克文认为风险是某一事物在一定的条件下、在其逐渐发展的过程中产生的众多结果中的一种，当结果是消极的且主体对其发生不能准确预测时，这一不利结果发生的不确定性就是风险。国际工程地质协会（International Association of Engineering Geology）的 Varnes 对风险给出的定义："一定区域在一定时间内由于灾害发生可能导致的人员伤亡、财产损失以及对经济活动的干扰（Varnes，1984）"。联合国人道主义事务部 1992 年给出的被大多数人认可的风险定义，即风险是在一定区域或给定时间段内，由于特定灾害而引起的人们生命财产和经济活动的期望损失值，表达式为：

风险（Risk）= 危险度（Hazard）×易损性（Vulnerability）（张宇龙，2014）

生态风险是指生态系统及其组分所承受的风险，在生态系统中，由于一种或多种应力（物理、化学以及生物应力等）作用而导致某些负面生态效应发生的可能性。生态风险有两个基本特征：其一是危害性；其二是不确定性。危害性是针对风险因子给生态系统造成的长期的，甚至不可恢复的损害以及由此产生的对人类和其他生物生存质量的影响而言；不确定性是针对风险因子的随机性、累积作用以及协同作用的情况而言。生态风险的不确定性使得风险的危害程度常常难以预料（王小龙，2006）。生态风险研究的一般框架见图 5-1。

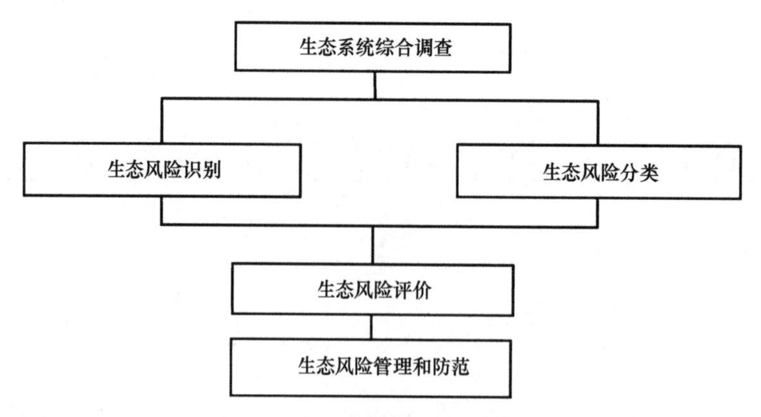

图 5-1　生态风险研究的一般框架

资料来源：龙涛，2015

二、海洋生态灾害风险

海洋生态灾害以赤潮为典型。除了由微藻形成的赤潮（red tide），海洋中常见的有害藻华还有"褐潮"（brown tide），以及由大型绿藻形成的"绿潮"（green tide）等。形成有害藻华的藻类能够通过多种途径，如产生毒素、损伤海洋生物鳃组织、改变水体理化环境等危害海洋生物生存，或使生物染毒，从而危及海水养殖、人类健康和生态安全，许多有害藻华现象一旦出现，就会演化成常态化的现象，可持续发生数年甚至数十年（于仁成等，2016）。

海洋生态灾害风险就是典型的海洋生态灾害如赤潮、绿潮、褐潮、金潮、白潮和生物入侵等，在一定区域或一定时间段内，导致某些负面生态效应发生的可能性以及引起的人类生命财产和经济生产活动的期望损失值。

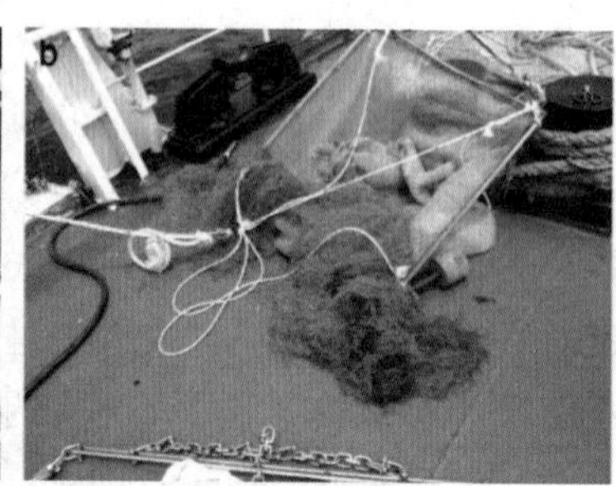

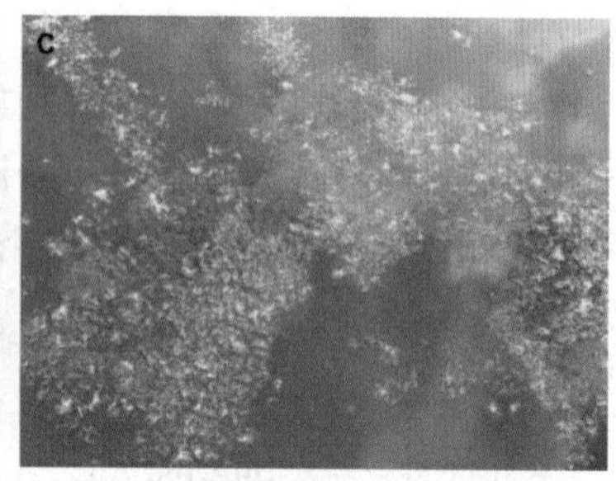

图 5-2　a. 2017 年春黄海采集的马尾藻和绿藻样品；b. 2017 年春黄海采集的马尾藻样品；c. 2017 春黄海绿潮、金潮和赤潮共发的现场图片

资料来源：孔凡洲等，2018

我国风险管理领域的研究在多年的积累中取得了很多有益的理论成果，但在面对海洋生态灾害这种具有不确定性强、危险性大的特殊客体下，研究进度较慢。如何通过对风险规律的科学把握，将风险发生的程度降到最低，减少风险带来的不良后果和损失，是相关科研单位未来研究的主要内容（王微，2014）。

三、海洋生态灾害风险防范

（一）海洋生态灾害风险防范定义

我国沿海地区是全球少数几个受海洋生态灾害严重威胁的地区之一。近年来，随着沿海地区经济社会的飞速发展，人类活动不断加剧，近岸海域生态环境污染和富营养化问题日益严重，赤潮、绿潮与水母等生态灾害频发，对沿海人民财产安全、经济发展和海洋生态构成威胁，人类活动与海洋系统相互作用而引发的海洋生态灾害越来越严重（张焱，2014）。从 2007 年以来，黄海连年暴发由大型绿藻浒苔形成的大规模绿潮，绿藻覆盖海域面积最大超过 1 000 km²，至今已连续 10 年（图 5-3）。海洋生态灾害不仅会造成海洋经济发展的滞后，而且也会带来海洋环境的恶化，给后期维护成本带来很大的弊端（汪艳涛，2014）。因此，有效的防范措施可以显著降低灾害损失，开展沿海地区海洋灾害防范尤为重要。

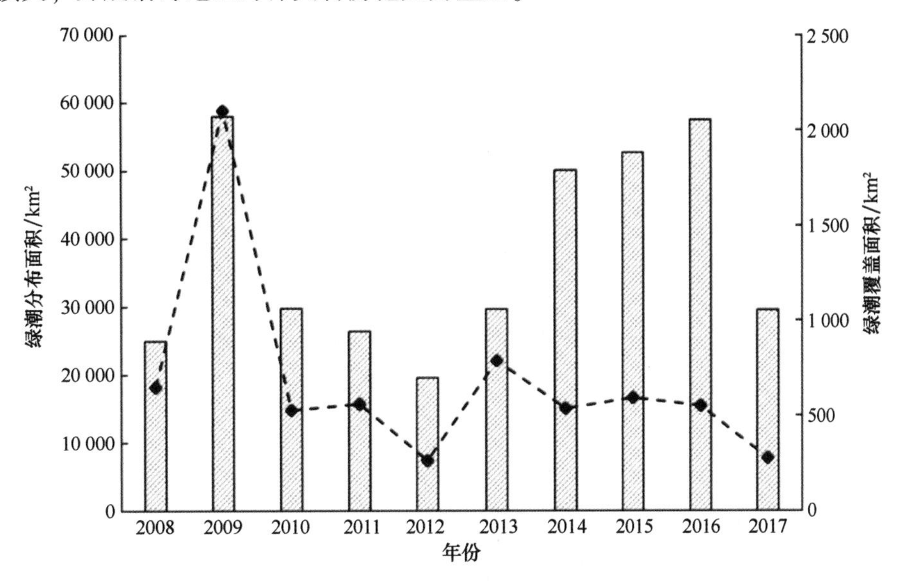

图 5-3　2007 年以来南黄海海域历年绿潮分布区面积和覆盖区面积变化情况

资料来源：于仁成等，2018

海洋生态灾害防范是指在海洋生态灾害发生前对灾害发生条件的识别、对海洋生态灾害发生风险的评价、根据风险评价对特定区域进行风险等级区划和灾害发生前针对发生风险的一系列控制措施，从而降低灾害发生的风险和损失，保护海洋生态系统的健康稳定。

（二）海洋生态灾害风险防范原则

1. 预防为主原则

英国著名危机管理专家迈克尔·里杰斯特曾经说过：“预防是解决危机最好的方法。”灾害经济学中著名的“十分之一”法则宣示在灾前投入一分资金用于灾害的准备和预防，可以降低十分的损失。因此，在海洋生态灾害防范过程中，必须应遵循“预防为主”的原则。作为海洋灾害的一种形式，海洋生态灾害是难以完全预防和避免的，但是在灾前做好充分的准备和前期识别工作，仍然能够最大限度地减小海洋生态灾害所造成的损失。正如世界减灾最高奖——联合国减灾奖获得者，中国科学院减灾中心主任王昂生所坚持的观点：“从灾害的防、抗、救来说，对付任何一个海洋灾害或是任何一个突发事件防是主要的，防做得好，抗和救也会相对容易些”（杨军，2008）。同时，加强海洋生态灾害的预防工作，必须做好法律法规和资金、物资、装备、人力、预案等方面的保障准备工作（孙云潭，2010）。

2. 海陆统筹原则

我国是一个陆海兼备的国家，拥有丰富的海陆资源。随着海洋开发活动的复杂化和多元化，社会经济活动对海洋压力和需求的不断增大，由此带来的海洋资源环境破坏和海洋生态灾害频发，影响到沿海地区的健康持续发展。海陆统筹原则已经成为控制海洋生态灾害发生和实现海洋经济协调持续发展的关键所在（曹可，2012）。遵循海陆统筹原则能够更好地实现海洋经济、环境和资源的可持续利用，此外，海陆统筹还是海岸带综合管理、海洋污染控制、生物多样性保护、可持续发展等的原则和方式（陈秋玲等，2015）。遵循海陆统筹的污染调控思路，强化陆域与海域的互动性（图 5-4），统筹安排海陆经济活动，减少陆域企业生产活动的负外部性，是我们有效防范海洋生态灾害风险，治理海洋污染、保护海洋环境和资源的重要原则和手段（卢宁等，2008）。

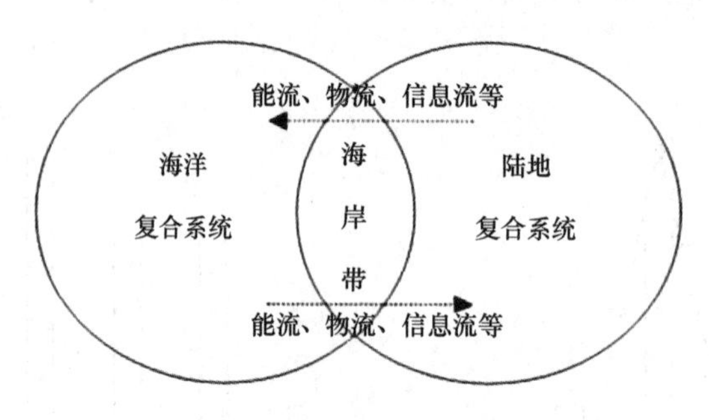

图 5-4　海陆统筹发展的概念

资料来源：曹可，2012

3. 快速反应原则

海洋生态灾害在暴发前有一个相对长时间的潜伏期，不易察觉，暴发后规模扩增迅速，异地传播性强，在早期应急处置中的任何拖延都可能给海洋生态灾害暴发海域的生态环境和人类活动带来巨大的伤害，造成大量的经济损失。因此，在海洋生态灾害暴发后，当地应急管理机构必须迅速反应，根据历史数据和现场情况，在最短的时间内做出正确的判断，采取有效的措施，迅速调动人力物力，第一时间将海洋生态灾害的规模控制在一定范围内，将其扩增和传播风险降到最低。

在海洋生态灾害风险防范快速反应原则要求在灾害处理过程中，必须抓住主要矛盾，找到灾害暴发的源头海域并实施应急处置。应急处置行为的实施必须依据一定的评估标准和优先秩序，确定灾害应急管理的工作程序。海洋灾害应急管理必须熟悉灾害特性，因此在应对中一定要注意科学性和技术性。

第二节　海洋生态灾害风险识别

海洋生态灾害风险识别是海洋生态灾害风险评价的基础和综合管理的前提，是认识并确定区域内存在的危险源，查找、列举和描述风险事件、风险源、风险后果等风险要素的过程。海洋生态灾害风险识别能够对调查海域潜在的风险进行判断、分类，并对风险特征和风险后果做出定性的估计。

一、海洋生态灾害风险识别概述

风险识别在风险评价研究中通常被作为风险评价的前期准备工作，或直接融入风险评价过程中，其内涵尚缺乏共识的界定。姚兰（2010）在洞庭湖进行的生态环境风险识别与评价研究中，将环境风险因子的识别与相应的评价指标选取相结合，由此将识别与评价结合起来。许学工等（2011）针对自然灾害进行的风险评价中，通过对风险源、风险受体和脆弱性评价因子的分析，完成了风险识别的内容，但并未明确使用风险识别这一概念。

生态风险在第一节已经有所介绍，是由环境的自然变化或人类活动引起的生态系统组成、结构的改变而导致系统功能损失的可能性（Mao et al.，2005；Yang et al.，2007）。生态风险评价是定量预测各种风险源对生态系统产生风险的或然性以及评估该风险可接受程度的方法体系，因而是生态环境风险管理与决策的定量依据（Ma et al.，2005；Yang，2007）。生态风险识别是在进行评价前，认识并确定区域内存在的危险源，查找、列举和描述风险事件、风险源、风险后果等风险要素的过程，包括风险源识别、风险受体识别、暴露—响应过程识别和生态终点识别（王仰麟等，2011）。区域生态风险识别的概念模型如图 5-5 所示（焦锋，2011）。

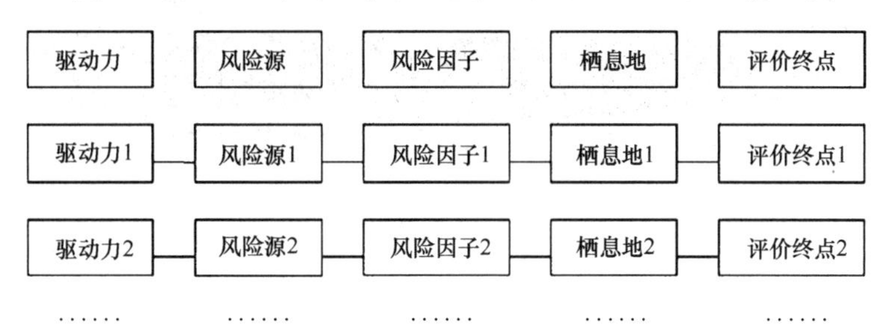

图 5-5　区域生态风险识别的概念模型

资料来源：焦锋，2011

海洋生态灾害风险识别是基于生态风险识别的程序，根据灾害发生区域的历史资料和现场调查数据，辨识致灾因子种类，分析承灾体暴露性和脆弱性特征，揭示海洋生态灾害风险的组成、结构及内在联系，识别调查特定区域的危险源，分析风险事件的发生概率，描绘风险的可能发生过程，为第一时间风险控制和进一步风险评价提供支持。

二、海洋生态灾害风险识别流程

（一）综合调查

在进行海洋生态灾害风险识别之前，需要先对目标海域进行综合调查，认识海洋生态环境特征及附近人类活动的特点和扰动方式。综合调查包括历史资料收集、水质取样、富营养化程度、水文条件、气象气候、海洋生物种类和群落结构、污染源及污染程度等（图 5-6）。通过资料收集、遥感影像分析、现场调研、实地测量与监测、问卷调查、入户访谈等方式获取数据，并了解该海域自身的特点，为后续的风险源识别工作奠定理论依据和数据基础。

（二）风险源识别

由于人类活动对近海生态系统起主导作用，因此在海洋生态灾害风险识别过程中，侧重关注人类生产活动对自然生态系统的影响和破坏，风险源识别工作也围绕着人类活动对生态系统的扰动展开。

考虑到人类活动对海洋生态系统的影响方式，将生态风险源分为陆源污染、水体富营养化和过度捕捞 3 类。这 3 类风险源在特定的情况下能够直接或间接导致海洋生态灾害的发生。陆源污染包括工业废水排放、固体废弃物乱弃、近岸工程建设造成的污染等；水体富营养化包括外源高营养盐输入、开放式水产养殖饵料过度投放等；过度捕捞包括对经济物种的滥补等。由于人类活动对海洋生态环境干扰的多面性和多源性，例如，工业废水排放会导致水体污染，同时也会造成水体富营养化，破坏生物群落结构，降低生物多样性。由于 3 类风险源具有不同的表征、研究方法和治理措施，因此，仍将其列为不同的风险源进行识别。

图 5-6 3000 吨级海洋综合科学调查船“蓝海 201”号

(三) 风险受体识别

生态风险受体是暴露于胁迫因子下的单个或一组物种、生态系统的功能特征和特殊生境等。海洋生态系统组分极易受到的扰动和影响，成为生态风险的受体。

海洋生态灾害的发生过程具有多风险源交叉影响的特点，因此一个风险源，可能对多个风险受体产生不利影响，一个风险受体也会受到来自多个风险源的作用。陆源污染的风险源受体为近海海洋生态系统，包括海水表层海-气交换过程，海水水质，大型海藻，浮游动植物，底栖生物和鱼类。水体富营养化的风险源受体则包括水体、浮游植物和大型海藻。过度捕捞的风险源受体主要是海洋生物群落。在实际研究中，考虑到资料的可获取性、数据的可监测性等因素，一般选择海水水质，海洋生物群落、水产养殖区和捕捞区作为风险受体进行监测和研究（闫永峰，2010）。

(四) 暴露-响应过程分析

暴露-响应过程分析是对风险受体对风险源暴露途径过程的分析。风险源通过一系列复杂、综合的生物地球化学过程作用于风险受体，并导致相应的生态终点。对海洋生态灾害风险而言，主要过程包括水循环、食物链、竞争作用、扩散作用、生物毒素效应、富集效应等。这些过程的识别和分析建立在对相应自然规律充分认识的基础上，通过资料收集、实地采样监测等方式判定。

(五) 生态终点

生态终点指在生态风险源的作用下，生态风险受体可能受到的损害，以及由此发生的区域生态系统结构和功能的损伤。海洋生态灾害风险终点有别于一般区域生态风险终点之处，在于着重强调外源干扰下海洋生态灾害对生态系统带来的损害，由自然生态过程所产生的后果如海啸。风暴潮等不在本研究的考量范畴内。

海洋生态灾害发生后，不同的风险受体会伴随不同类型的生态终点。水体要素层面，会导致水质下降、水环境污染等生态终点；生物要素层面，会导致水生生物死亡、群落结构改变、生物多样性降低等，最终会导致生态系统的结构损伤和功能缺失。

(六) 风险因果链构建

因果链分析是风险识别方法的一种，运用故障树和事件树等逻辑分析方法，以事件组潜在的因果关系为基础，在事件的成因和后果之间建立链条，构成多成因多后果的风险因果体系（US EPA，1992）。因果链分析在流域生态风险识别、区域生态风险识别和不同生态系统的风险识别中都有应用。由于海洋生态灾害风险具有显著的多风险源、多风险后果的特征，风险因果链方法作为典型的生态风险识别方法，基于海洋生态灾害的发生特征，通过上述风险源、风险受体、暴露—响应过程和终点的识别，构建风险因果链。

从风险源的类型来看，陆源污染主要通过地表径流，沿岸排污口和固废倾倒进入海洋生态系统，对近海水环境产生影响，其后果通常是造成水体环境污染，水生生物死亡；破坏生态平衡，导致生态系统退化；造成水体富营养化，进一步引发赤潮等海洋生态灾害。海洋生态灾害通过洋流等海洋动力过程的扩散作用，对更广阔的区域造成生态威胁。这些生态后果将导致生态系统的结构损坏和功能丧失，生态系统健康下降，并可能引起生态系统结构由复杂向简单的逆向演替。

（七）建立风险目录摘要

建立风险目录摘要是风险识别过程最后一个步骤，将可能面临的风险汇总并列出概率的大小，给出总体风险印象图。灾害类型清单建立以后，分析和描述灾害的性质和特征，弄清灾害发生的概率大小，了解不同强度灾害事件发生的频率，预测灾害可能影响的地域范围和持续的时间，为灾害风险的分析奠定基础（徐波，2007）。

三、海洋生态灾害风险识别方法

以赤潮为代表的海洋生态灾害发生成因随致灾生物种类的不同而有所差异，营养盐的增加是有害藻华形成的基础，并且与地理位置、地质状况、水温、盐度、降雨等水文气象要素等自然环境因素有密切的关系。

据统计，渤海赤潮的高发期主要集中在6—8月，不同类型赤潮发生的区域性比较明显，赤潮异弯藻、中肋骨条藻、裸甲藻等赤潮多发生在渤海湾，而夜光藻、抑食金球藻等赤潮多发生在辽东湾西部和秦皇岛近岸（Zheng，et al.，2010），张志峰（2012）认为这些海域对应的河流提供了丰富的氮、磷营养物质，为赤潮的暴发奠定了基础。2009年在秦皇岛近岸海域发现褐藻赤潮（Zhang，et al.，2012），可能与陆源输入下DON的浓度升高有关（Gobler，et al.，2013）。同时，氮、磷比的变化与致灾生物的生长有很大关系，会影响赤潮的形成（Hodgkiss，et al.，1997；刘皓等，2010），海水富营养化和季风转换也会影响海洋生态灾害的发生（梁松，2000）。

海洋生态灾害发生的机理非常复杂，是相关海域水文、气象、物理化学、生物等各方面要素综合作用的结果（唐洪杰，2009）。根据单一因素防范海洋生态灾害的效果往往不理想，主要是由于不同防控措施针对的要素不同，结果导致不能综合防控海洋生态灾害。因此，对于海洋生态灾害的防控，需要全面系统科学地分析海洋生态灾害发生关键的控制要素，建立一套科学合理的指标评估体系。目前，大多数研究并没有提到具体的指标筛选过程或者筛选过程单一，对于要素的识别主要分为主观识别和客观识别，主观识别以层次分析法和Delphi法为主（冯兴刚，2014；郭秀英等，2015），多依据专家的主观经验，缺乏客观标准，常用于定性分析；客观识别以主要素分析法、熵值法、变异系数法为主，其使指标权数与指标变量值相联系，是一种动态的赋权方法（宋彦蓉等，2015），常用于定量分析。

构建一套科学、合理的指标评价体系，识别出海洋生态灾害发生的影响要素、潜在控制要素、关键控制要素，是有效地进行海洋生态灾害防控的关键。

（一）海洋生态灾害发生要素识别

根据目标海域的历史调查数据和现场调查数据，综合运用频次统计（陈燕飞，2008；田富姣，2011）、变异系数（江强强等，2015；姜君，2011）、熵值（姜君，2011；Zou，et al.，2006）、层次分析（Ocampo-Duque，et al.，2006）、主成分分析（Ouyang，2005）等方法对要素进行筛选，按照对赤潮发生影响效应的大小找出赤潮发生的影响要素、潜在控制要素、关键控制要素。主要包括检索汇总文献要素、备选要素筛选、要素关联性建构、影响要素独立性和变动性分析、关键要素识别等步骤（图 5-7）。

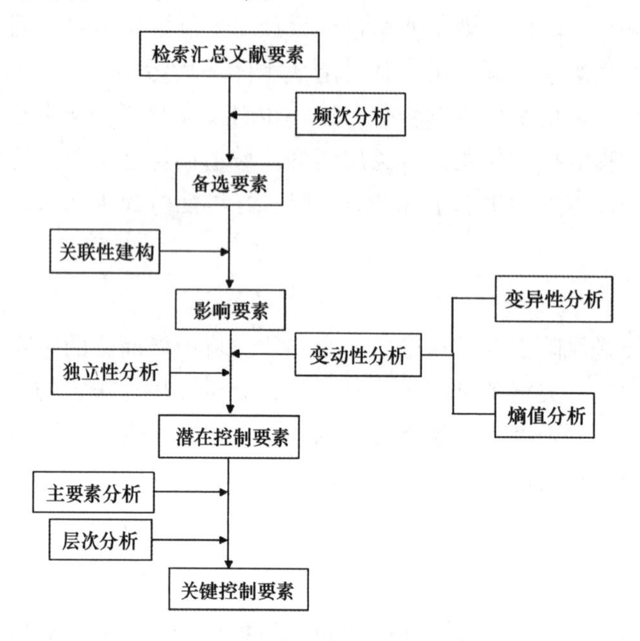

图 5-7　海洋生态灾害控制要素识别过程

1. 检索汇总历史文献要素

从检索出的文献中，统计列出与调查区域某种特定海洋生态灾害发生有关的要素并记录其在文献中出现的频次。对汇总文献要素根据使用频次进行排序，选取使用频次占累积总频次前90%的文献要素作为备选要素。

2. 收集现场生态调查要素

在一种海洋生态灾害发生后，对调查海域进行生态环境调查并收集分析得到的现场生态监测要素。结合历史调查数据对结果进行筛选和进行进一步的相关性分析。

3. 要素关联性建构

要素关联性建构是对文献汇总统计的某种特定海洋生态灾害发生要素进行整理分类，并将综合要素细化到具体可测要素。在要素关联性建构中，既要体现要素的纵向关联性，也要体现出要素之间的横向关系。在要素纵向关联性上，按相关要素自身性质可分为不同的集群，不同集群又可分为不同指标的组团，再根据是否可以直接测量将组团分为若干具体要素。将汇总要素按此原则进行要素关联性构建。如图 5-8 展示林国红（2017）对渤海湾赤潮发生关键控制要素中的横向和纵向关联性框架。

根据文献检索汇总要素自身性质总体上可分为水文要素、气象要素、海水理化要素、生物要素和其他五大集群，在关联性构建中属于第一主层次，其中以气象要素集群为例，文献汇总要素中光照、风、降雨等要素属于气象要素，属于第二层次，而具体到可测要素时，风又可细分为风速、风向、风力，属于第三层次。根据各要素所属的分类层次原则，建构赤潮发生要素之间的横向纵向关联性。

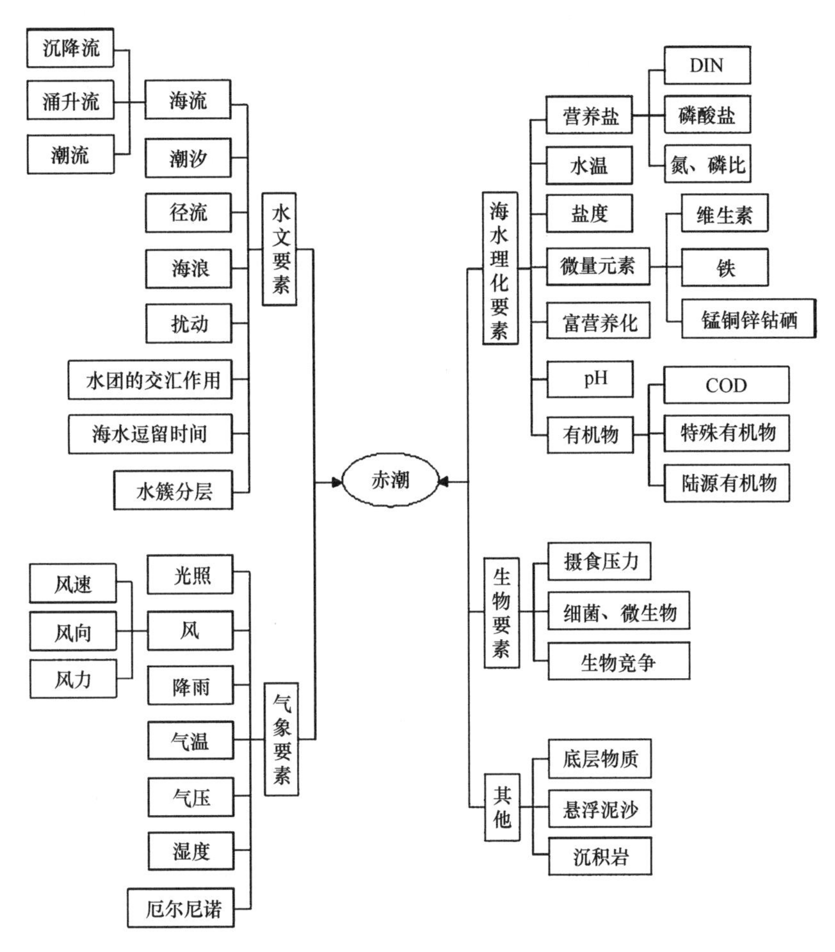

图 5-8　赤潮发生要素横向和纵向关联性框架

资料来源：林国红，2017

4. 关键控制要素的识别——以富营养化程度识别为例

在关键控制要素识别中，既可采用主观赋权法，也可采用客观赋权法。主观赋权法一般采用层次分析法进行赤潮发生关键控制要素的识别（江强强等，2015），林国红等借助 MATLAB（Matrix Laboratory）软件结合相关程序进行引发渤海赤潮的各要素权重的计算（图 5-9），运用变异系数法和熵值法计算要素的权重，得出渤海赤潮发生的潜在控制要素有氮磷比、DIN、DIP、COD 和降雨。客观赋值法采用目前使用最广泛、最成熟的是主成分分析法（Jiang，et al.，2004），通过要素综合载荷对要素进行筛选，其绝对值越接近 1，说明其对赤潮发生的贡献越大。

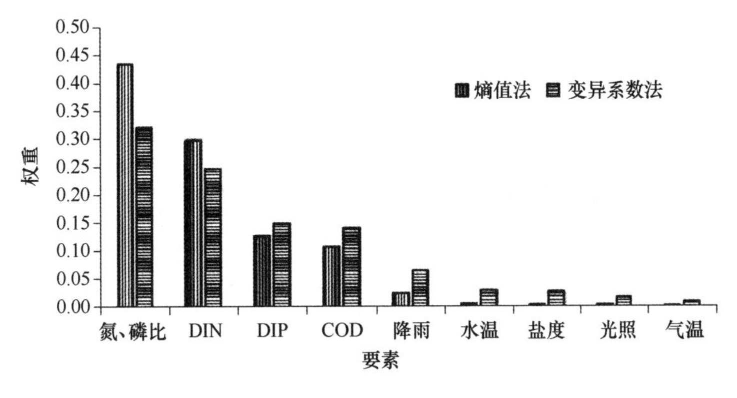

图 5-9　渤海赤潮发生影响要素权重

水体富营养化是海洋生态灾害发生的主要原因之一。水体富营养化程度的评价是对湖泊富营养化发展过程中某一阶段营养状态的定量描述。得到的评价结果可作为海洋生态灾害的识别环境条件参考。

以中国水利部水利水电规划设计总院在全国水资源调查评价中采用湖泊富营养化评价指标和营养状态级别所规定的总氮（TN）、总磷（TP）、叶绿素 *a*（Chl *a*）、化学需氧量（COD）、透明度（SD）5 项指标标准限值为依据，建立如表 5-1 所示的富营养化状态评价识别指标标准。

表 5-1　富营养化评价指标和营养状态级别

营养状态级别	营养状态分值	ρ（Ch *a*）/（$mg \cdot m^{-3}$）	ρ（TN）/（$mg \cdot L^{-1}$）	ρ（TP）/（$mg \cdot L^{-1}$）	ρ（COD_{cr}）/（$mg \cdot L^{-1}$）	SD/m
贫营养	0	0	0	0	0	37.00
	10	0.5	0.02	0.001	0.15	10.00
	20	1.0	0.05	0.004	0.40	5.00
中营养	30	2.0	0.10	0.010	1.00	3.00
	40	4.0	0.30	0.025	2.00	1.50
	50	10.0	0.50	0.050	4.00	1.00
轻富营养化	60	26.0	1.00	0.100	8.00	0.50
中富营养化	70	64.0	2.00	0.200	10.00	0.40
重富营养	80	160.0	6.00	0.600	25.00	0.30
	90	400.0	9.00	0.900	40.00	0.20
	100	1000.0	16.00	1.300	60.00	0.12

资料来源：李玉文，2009

对于富营养化评价问题，由于构建模型的机制和出发点不同，通常一个问题有多种不同的评价方法。目前评价方法很多，最常用的方法有富营养状态指数法，营养度指数法和评分法，综合营养状态指数法，模糊评价法和灰色聚类法等（林艺芸，2008）。

1）富营养化指数法

该方法最早在日本使用，后由邹景忠引入，在研究渤海问题时根据具体情况，对常数 *a* 重新赋值（Glibert，2005）：

$$E = \frac{\text{COD} \times \text{DIN} \times \text{DIP}}{a} \times 10^8 \tag{5-1}$$

式中：*E* 由化学需氧量（COD）、溶解无机氮（Dissolved Inorganic Nitrogen，DIN）、溶解无机磷（dissolved inorganic phosphorus，DIP），以及根据不同海域环境给定的常数 *a* 计算得出。当 $E \geqslant 1$ 时，表明海水为富营养化状态；其中常数 *a* 的值为 1 500 和 4 500（冈市友利，1972；邹景忠，1983）。富营养化指数法是国内最常用的评价方法之一（徐艳东，2016）。

2）氮、磷比值法

氮、磷比值法以海洋浮游植物对氮、磷营养盐吸收的 Redfield 值为理论基础，当氮、磷比（N/P）< 5 则为氮限制；N/P>30 则为磷限制。根据国家一类海水水质标准，确定贫营养型、中营养型和富营养型海水中溶解无机氮（Dissolved Inorganic Nitrogen，DIN）和活性磷酸盐（Dissolved Inorganic Phosphorus，DIP）浓度的上限或下限阈值（McGlathery，2001）。氮、磷比值法多应用于计算潜在富营养化，揭示营养盐对富营养化的限制，认为只有氮、磷比接近 Redfield 值的情况下，才能使潜在部分的营养盐对富营养化的贡献释放出来（郭卫东，1998）。

3）浮游植物群落结构指数评价法

浮游植物群落结构指数评价法以目标海域浮游植物群落的个体密度、生物量、多样性指数及均匀性指数评价指标，评判目标海域的富营养化症状（李清雪，1999）。将富营养化程度分为贫营养型、中等营养型和富营养型3级，分别赋分为1分，2分和3分。将目标海域各站位的个体密度、生物量、多样性指数及均匀性指数与富营养化分级等级标准（表5-2）相比较，然后确定各单项评价指标的分级，最后以单项评价所得分数的均值评价目标海域的富营养化程度。

表5-2　富营养化分级等级标准

营养水平	赋分	浮游植物个体密度/（万个·L^{-1}）	叶绿素 a /（$mg\cdot m^{-3}$）	浮游植物多样性指数	浮游植物均匀度指数
贫营养型	1	<30	<1.90	>3	0.5~0.8
中营养型	2	30~100	1.90~10.9	1~3	0.3~0.5
富营养型	3	>100	>10.9	0~1	0~0.3

资料来源：李清雪，1999

4）潜在性富营养化评价法

郭卫东（1998）提出的一种体现营养盐限制的富营养化分级标准及评价模式。根据DIN（无机氮）、PO_4^{3-}-P（活性磷酸盐）含量、N：P（氮、磷比）结合国家海水水质标准，参照生物培养实验结果，对水质富营养化情况做出分级。具体营养级划分原则如表5-3所示。

表5-3　潜在性富营养化营养级的分类

级别	营养级	DIN/（$mg\cdot L^{-1}$）	PO_4^{3-}-P/（$mg\cdot L^{-1}$）	N：P
Ⅰ	贫营养	<0.2	<0.03	8~30
Ⅱ	中度营养	0.2~0.3	0.03~0.045	8~30
Ⅲ	富营养	>0.3	>0.045	8~30
ⅣP	磷限制中度营养	0.2~0.3	—	>30
ⅤP	磷中等限制潜在性富营养	>0.3	—	30~60
ⅥP	磷限制潜在性富营养	>0.3	—	>60
ⅣN	氮限制中度营养	—	0.03~0.045	<8
ⅤN	氮中等限制潜在性富营养	—	>0.045	4~8
ⅥN	氮限制潜在性富营养	—	>0.045	<4

资料来源：郭卫东，1998

（二）区域生态风险识别管理系统构建

系统以区域生态风险路径构建及打分模块为核心，要求系统支持构建生态风险分析概念模型，支持风险路径搜索以及路径打分，支持得分统计等功能的实现。数据输入是重要的辅助模块，分别需要输入以社会、经济数据为主的驱动力要素、各种污染源排放数据、各排放因子的监测数据、栖息地及评价终点数据等，以便支持生态风险路径分析和打分功能的实现。数据输入以生态风险区为单位进行，因此借助GIS（地理信息系统）功能通过图形界面实现输入。

风险路径得分计算还需要考虑风险因子对受体的作用强度，其中水质类风险因子的作用强度用风险效应值来表征，风险效应值=水质指标浓度/风险阈值。风险阈值的选取采用已有的权威标准，水质指标对渔业损害的阈值采用国家渔业水质标准，对生态系统损害的阈值采用 EPA（Environmental Risk Assessment）公布的 Freshwater Screening Benchmarks 中规定的相关物质阈值浓度。而对人体健康的损害采用 EPA 公布的地表水人体摄入风险公式计算风险值。获得各风险区所有输入数据后，数据进入打分系统，通过风险路径概念模型及分析模块进行打分。最后，各区域风险总分、各因子风险得分、各风险源得分、各评价终点得分等结果通过输出功能输出，其中，需要对概念模型进行图形输出，各打分结果需要进行排序分析和图形表达（图 5-10）。

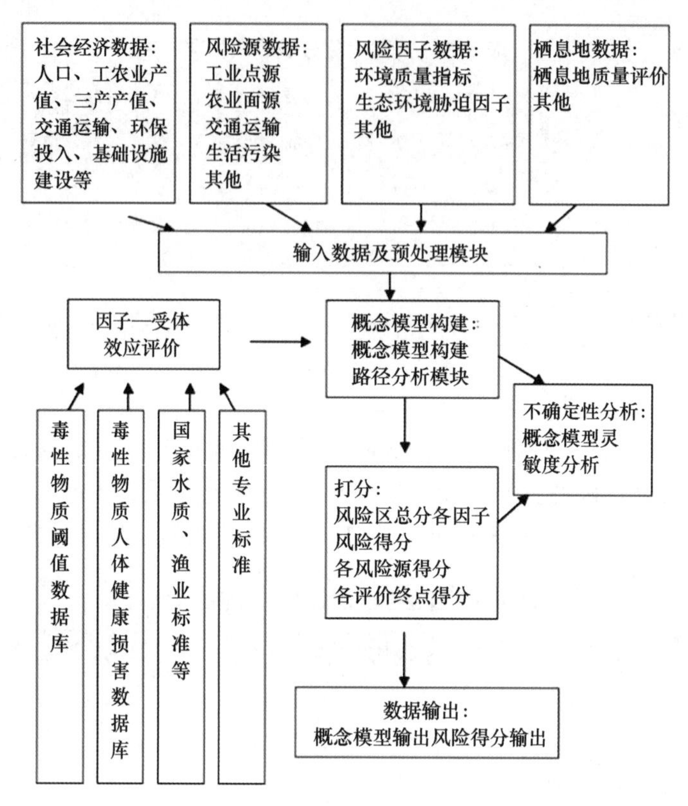

图 5-10　生态风险识别系统的模块构成

资料来源：焦锋，2011

各风险区风险因子对受体的作用强度数据 Ei 的获得由系统设置的因子—受体效应评价模块进行处理，为支持该功能实现，系统构建毒性物质阈值数据库、毒性物质人体健康损害数据库、国家水质、渔业标准数据库以及富营养化标准、沼泽化评价数据库等。同样因子—受体作用强度数据也使用归一化处理、自然分段法（Natural Break）、专家归类打分等方法对数据进行预处理。系统核心部分为概念模型构架及路径打分模块，概念模型构建允许在图形界面下进行，路径构建完成后，由路径分析模块进行路径搜索、分析，并存储所有路径。打分系统则分别根据计算要求来打分，最终的结果通过输出模块输出。

第三节　海洋生态灾害风险评价

海洋生态灾害风险评价是海洋生态灾害风险防范过程的重要组成部分。前一节提到海洋生态风险识别是指对事物所面临的及潜在的风险进行判断、分类，并对风险特征和风险后果做出定性的估计。而海洋生态风险评价是定量预测各种风险源对生态系统产生风险的可能性以及评估该风险可接受程度的方法体系，因而是生态环境风险管理与决策的定量依据。

一、海洋生态灾害风险评价概述

（一）生态风险评价

生态风险是由环境的自然变化或人类活动引起的生态系统组成、结构的改变而导致系统功能损失的可能性（毛小苓等，2005；阳文锐等，2007）。生态风险评价（Ecological Risk Assessment，ERA）是定量预测各种风险源对生态系统产生风险的可能性以及评估该风险可接受程度的方法体系，因而是生态环境风险管理与决策的定量依据（马燕等，2005；李国旗等，1999）。

20 世纪 30 年代，以项目或工程中的意外事故为风险源、以最大限度降低环境危害为环境管理政策目标的环境影响评价就在一些工业化国家实施；随着 20 世纪 80 年代“风险管理”理念被引入环境政策，对环境进行风险评价的需求也应运而生（付光辉，2007）。1990 年，美国国家环境保护局开始使用生态风险评价一词，并逐步在人体健康风险评价的技术基础上演化为以生态系统及其组分为风险受体的生态风险评价概念（陈辉等，2006）；1992 年美国国家环境保护局颁布了生态风险评价框架；1998 年又对生态风险评价框架内容进行了修改、补充。目前生态风险评价已经进入了大尺度空间的区域生态风险评价新阶段（李谢辉等，2008）。

区域生态风险评价是整个生态风险研究的重要组成部分。区域范围内往往包含多种生态风险，一部分风险来自于有毒、有害物质，它们通过水、气、土壤等环境介质进行运移，并最终通过食物链进入到生物体中产生风险；另一部分风险则来自于自然灾害产生的损害。因此，区域生态风险评价远比单一环境中的风险评价复杂。我国区域尺度的生态风险探讨处于起步阶段，生态风险评价主要来自于毒理学的研究，该类研究大多从物质毒性的角度考虑该物质在单一环境介质中产生风险，在区域尺度多环境条件下的研究很少（图 5-11）。一些国外的研究者正尝试在生态风险评价理论的框架下，对区域生态风险评价进行研究，如 ANGELA 等（2002）运用“相对生态风险评价模型”（Relative Risk Model）在美国 Codorus Creek 流域进行研究和实践，以及 WAYNE 等（2004）运用该模型在 Bellingham 海岸的生态风险研究，都取得了满意的结果。

（二）海洋生态灾害风险评价

近海海域作为海洋系统与陆地系统的连接点，复合与交叉的地理单元，是海洋与沿岸陆地相互作用剧烈的复杂环境体系，与人类生产生活的关系较为密切。20 世纪以来，随着沿海经济的发展、城市化进程的加快，大规模的人口持续向海岸带集中，人类活动干扰日益频繁，多种外界生态影响相叠加，致使我国海洋生态灾害集中呈现。因此，对海洋生态灾害风险评价的深入研究具有重要意义。

海洋生态灾害风险评价在特定的海洋边界范围内，评价自然灾害、人类活动等风险源所引发海洋生态灾害并对海洋生态系统及其组分、海岸带生态过程与格局、生态系统服务功能等产生不利变化的可能性。在我国，洪水和地震等陆地自然灾害的风险评估已经比较成熟，但对赤潮等海洋生态灾害风险评估尚处于起步阶段。

（三）海洋生态灾害风险评价的目的

（1）建立海洋生态灾害风险评估理论与方法，通过对灾害风险评估与分析，对灾害进行有效的风险管理，减少灾害造成的损失。

（2）为受海洋生态灾害威胁的地区制定灾害应急预案，科学而经济地组织实施防灾减灾工程提供科学依据。

（3）为地区入海纳污海域污染总量控制提供科学基础。

（4）为地区海洋水产养殖、滨海旅游业规划提供科学依据。

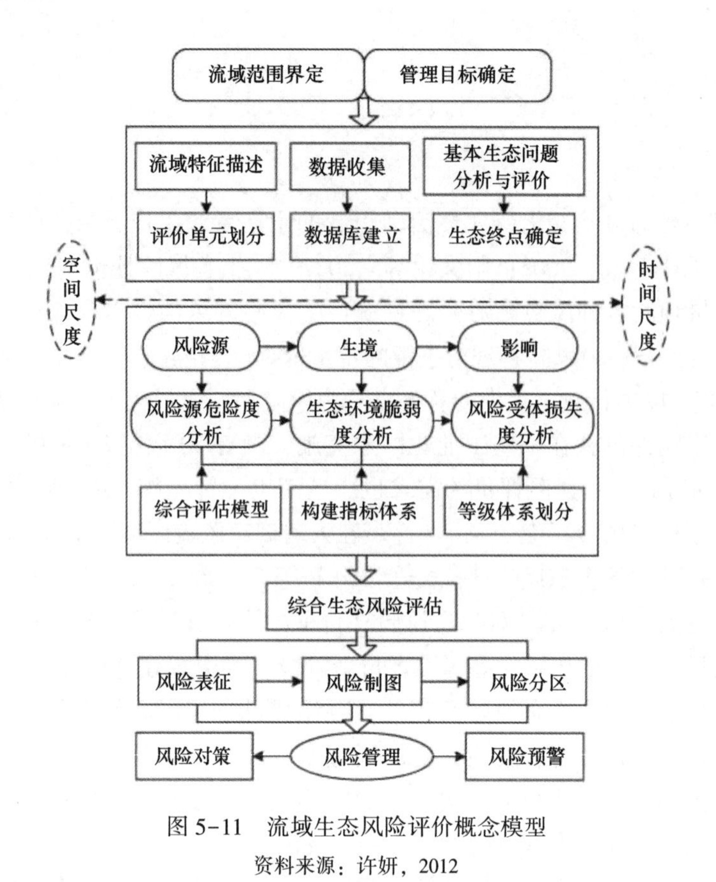

图 5-11　流域生态风险评价概念模型

资料来源：许妍，2012

二、海洋生态灾害风险评价指标体系——以赤潮为例

（一）建立评估指标的意义

任何评估预测模型都是建立在一定的评估指标之上的。但是就目前而言，评估指标体系的确定是一项非常困难的工作。各个领域在进行区域评估时，对于指标体系的选取尚无一个通行的标准，通常要依靠领域专家经验、根据评估实际情况来取舍。赤潮灾害风险评估是进行赤潮灾害风险评估必不可少的一项重要工作，其评价结果正确与否，很大程度上取决于采用哪些评估因素指标、如何从基础资料中提取这些评估指标数据、采用何种方式将这些定性或者定量的指标数据转化为评估所需的量化数值。紧密结合评估区域的具体实际情况，构建多层次的评估指标体系，有助于理清评估指标间的关系，有助于在一定程度上结合赤潮灾害风险评估与形成赤潮灾害条件的分析。

（二）选取评估指标的原则

1. 综合性与主导性原则相结合

影响赤潮灾害风险评估的因素很多，且影响程度的差异性较大。既要对影响赤潮灾害的因素进行全面、综合的分析，同时又要突出重点，避繁就简，着重分析影响较大，并具典型代表的主导性因素，一方面可减少工作量，同时也能确保工作精度。

2. 科学性与可操作性相结合

选取的评估指标应能客观地反映赤潮灾害风险评估的实际状况，既要科学、规范、内涵明确，又要考虑在实际操作中数据的可获得性和指标量化的难易程度。应力求使所选因素数据来源准确且便于统计测算，处理方法科学，计算模型易于掌握。

3. 独立性与可比性相结合

各评估指标应相互独立，尽量避免重复计算同时所选指标内容要简单明了，容易理解，并具有较强的可比性。

4. 动态性与静态性相结合

为了充分考虑赤潮灾害所处的海洋环境的动态变化，综合反映系统的现状及未来的发展趋势，便于进行预测与管理，故所选指标既有反映目前状态的因素，也有反映未来变化、动态的指标。

（三）赤潮灾害危险度评估指标

赤潮灾害危险度评估指标包括致灾因子危险度评估指标和孕灾环境危险度评估指标。致灾因子危险度评估指标主要包括导致海洋生物死亡、破坏生态系统、引起人体异常反应、恶化水质量等后果的赤潮生物。而影响赤潮生物生长、繁殖的外界环境条件就是孕灾环境因子风险评估指标，它包括海洋环境的化学因素、气象条件、外来赤潮生物因素等。赤潮灾害危险度评估指标体系如图 5-11 所示。

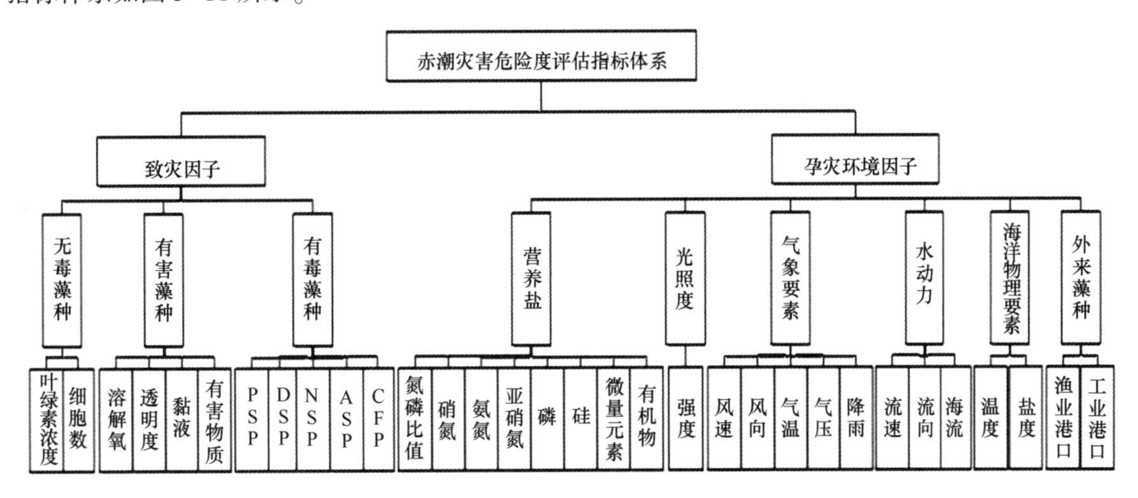

图 5-12　赤潮灾害危险度评估指标体系

资料来源：柴勋，2011

1. 致灾因子危险度评估指标

致灾因子危险度评估指标主要是指那些导致海洋生物死亡、破坏生态系统、引起人体异常反应、恶化水质量等赤潮生物。赤潮生物是引发赤潮的内在因素，全球海域中已发现能引发赤潮的浮游生物余种大部分为单细胞藻类，并有不断增加的趋势，已发现的赤潮生物分属于蓝藻门、硅藻门、甲藻门、金藻门和黄藻门，其中又以硅藻门和甲藻门为多。致灾因子危险度反映了赤潮灾害的强度，影响其指标有如下几种。

1）无毒赤潮生物

无毒赤潮生物是指那些赤潮生物体内不含毒素，又不分泌毒素的海洋浮游生物，它引起的赤潮一般是对人、对鱼类及无脊椎动物没有毒害效应，不会引起海水增养殖生物的死亡等损失，只是由于赤潮生物的数量过高，当它们死亡分解时造成海水缺氧，致使鱼类和无脊椎动物死亡。其主要因子包括叶绿素浓度、细胞数。海水中叶绿素主要存在于浮游植物体内，是植物进行光合作用最重要的物质。叶绿素与浮游植物生物量有直接的关系，它的浓度的分布特征基本上反映了浮游植物的分布特征，是判断海域富营养化及赤潮发生的重要指标之一。细胞数是能相对准确表示浮游植物现存量的一种方法。

2）有害赤潮生物

有害赤潮生物是指那些能分泌黏液或产生有害物质的海洋浮游生物。有害赤潮生物引发的赤潮对人无毒，但对鱼类及无脊椎动物具有毒害效应。反映有毒赤潮生物的主要指标有黏液、有害物质和溶解氧。其中，黏液物质有利于赤潮生物之间的聚集（徐家声，2003），这些由多糖类组成的黏液物质能减少赤潮水团于外界水体的摩擦力、使赤潮水团保持稳定，黏液可附在海洋生物呼吸道中导致海洋生物窒息死亡。赤潮生物分泌的有毒有害物质，如氨、硫化氢等，对其他周围生物产生致毒效应。溶解氧反映了赤潮浮游植物生物量，有害赤潮生物的大量繁殖，在表层聚集，吸收大量阳光，并遮蔽海面，影响其他生物的生存和繁殖。

3）有毒赤潮生物

有毒赤潮生物是指那些赤潮生物体内含有某种毒素或能分泌出毒素的海洋浮游生物。有毒赤潮生物引发的赤潮毒素作用于人类消化系统、神经系统或心血管系统，引起中毒，威胁人类健康，并对赤潮区的生态系统、海洋渔业、海洋环境造成不同程度的毒害。由毒藻产生的毒素往往经贝类、鱼类等传播媒介造成人类中毒，因而这类毒素通常被称为贝毒、鱼毒（图 5-13）。根据对人类的中毒症状和机理差异可将赤潮毒素分为麻痹性贝毒、腹泻性贝毒、记忆缺失性贝毒、神经性贝毒和西加鱼毒甲藻鱼毒。

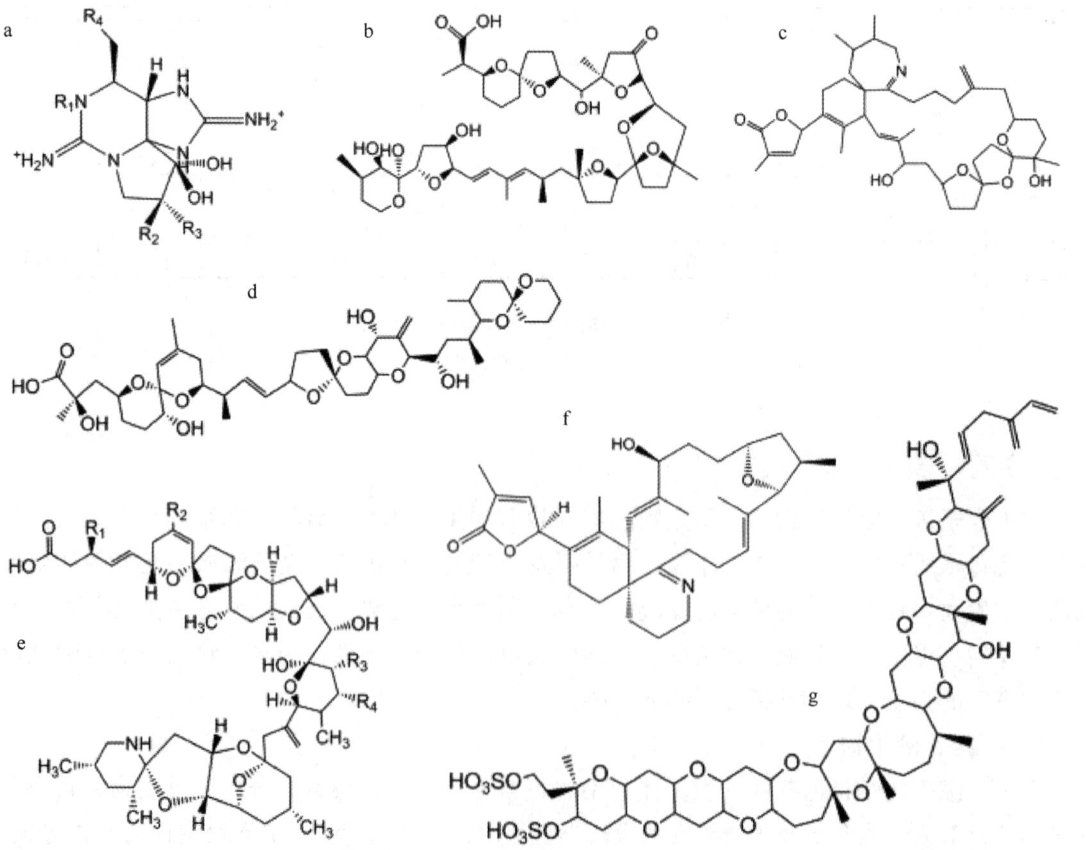

图 5-13　几类常见藻毒素的基本化学结构

资料来源：于仁成，2016

2. 孕灾环境因子风险评估指标

孕灾环境因子风险评估指标是指那些影响赤潮生物生长、繁殖的外界环境条件。它包括影响海洋环境的化学因素、光照条件、气象条件、水动力条件、物理海洋要素、外来赤潮生物因素等。孕灾环境因子危险度反映了赤潮灾害发生的概率，影响其指标有如下几种。

1）化学指标

化学因素主要指海水中的营养盐类，它包括氮磷比、氮（硝酸盐氮、亚硝酸盐氮、铵氮）、磷（P）、硅（Si）、微量元素（铁（Fe）、锰（Mn））、有机物（维生素、蛋白质），这些营养盐类经大气沉降、河流输入、上升流、底质释放等途径进入海洋水体（张永山，2002），是浮游生物生长的物质基础，因而赤潮的发生与水体的富营养化有着密切的联系（曾江宁等，2004）。

2）气象指标

气象因素包括风速、风向、气温、气压和降雨等方面。风速和风向的密切配合会影响赤潮生物的繁殖和聚集，当季风转换时就直接影响了海面的垂直交换情况。水体的垂直运动，使得海洋表层下的营养物质和矿物质能不断地被翻转到海表面，为赤潮生物的繁殖提供了足够的营养物质，尤其是对在本地繁殖而形成的赤潮。桂兰研究发现风速过大会吹散赤潮生物，不利于赤潮生物的聚集，降低了赤潮发生的可能性；风速过小和特定风向不利于赤潮生物往外扩散稀释而聚集在湾内，有利于赤潮暴发。气温也影响赤潮的形成，气温升高时，热量通过水-气界面交换，水温也得以升高，以至于赤潮生物具备适宜的生长温度条件。气压对赤潮形成的影响研究不多，且多为定性描述，故气压的作用至今仍无明确结论，但赤潮常发生于低气压条件侧。降雨对赤潮的发生影响重大，适量雨水通过地表径流汇入海中，一方面使海水盐度降低，同时也将大量营养物质带入海中，加快了海水富营养化的进程，使赤潮生物得以生长和繁殖。

3）水动力指标

水动力条件包括流速、流向及潮汐海流。水动力影响赤潮的实质为流动水体将赤潮生物孢囊、营养细胞或其赖以生长繁殖的物质基础带入某海域，亦或改变该海域的温度、盐度，影响海水层化和透光度，从而为赤潮的形成提供了合适的水体理化条件。流速和流向的密切配合会影响赤潮生物的繁殖和聚集，流速太大会吹散赤潮生物，不利于赤潮生物的聚集，降低了赤潮发生的可能性。因此，流速小和汇聚的流向有利于赤潮暴发。潮汐对营养盐的迁移以及对赤潮生物的聚集与扩散起着重要的作用。潮流的混合和扩散不仅决定着悬浮无机物如悬沙的沉积、热交换、温跃层和盐跃层的形成，还在某种程度上影响着海洋和海岸水域的初级和次级生产力。

4）海洋物理要素

海洋物理要素包括海水温度、盐度以及透明度。温度对赤潮的形成有密切的关系。每种赤潮生物的生长与繁殖都需要适宜的温度环境，温度过高或过低不利于赤潮生物的生长和繁殖，只有在适宜的温度环境下才有利于赤潮生物的生长和繁殖。盐度对赤潮的形成有密切的关系，已为许多赤潮监测证实，赤潮发生前，水体常经历一个盐度急剧下降的过程。有研究指出盐度骤降可加速某些赤潮生物的分裂，因而有利于赤潮形成。透明度反映了浮游植物细胞密度，在一定条件下，透明度与浮游植物密度的种类有着一定的关系，其基本趋势为浮游植物密度低时透明度高，浮游植物密度高时透明度低（近岸海域悬浮泥沙含量高除外）。

5）外来赤潮生物因素

近几年来，引发赤潮的新纪录赤潮生物处于增多趋势，外来赤潮生物不仅影响入侵地的生态环境，也与本地种产生种间竞争，对生物多样性构成威胁。携带外来赤潮生物的途径主要有渔业港口与工业港口，外来赤潮生物在适宜的条件下会大量繁殖，甚至形成有害赤潮；在不利的环境条件下，外来赤潮生物的细胞会暂时形成孢囊，当条件适宜时萌发，甚至形成赤潮。

（四）赤潮灾害敏感源易损度评估指标

承灾体因子是指当赤潮灾害发生时海域使用类型中易受赤潮影响的因素，主要因子包括渔业用海、工矿用海、旅游娱乐用海、特殊用海（张宏声，2004）及海洋生态系统。其指标体系如图 5-12 所示。

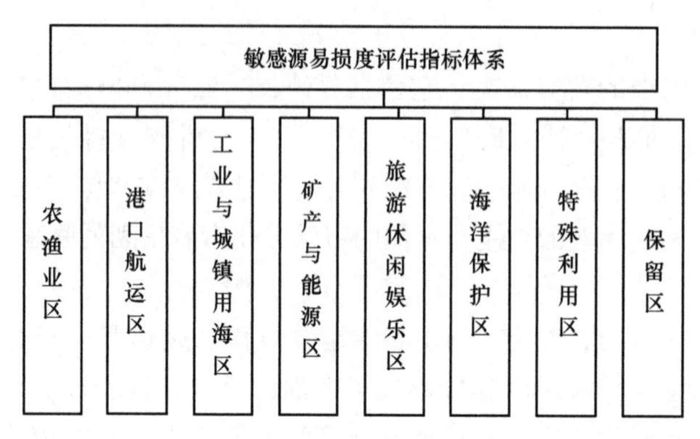

图 5-14　敏感源易损度评估指标体系

资料来源：柴勋，2011

1. 农渔业区

农渔业区是指为开发利用渔业资源、开展海洋渔业生产所使用的海域。当海洋生态灾害发生时，受到海洋生态灾害的危害主要有滩涂养殖、网箱养殖、底播养殖、浮筏养殖、渔业资源。

2. 港口航运区

港口航运区是指为港口、航运及外贸运输所使用的海域。当海洋生态灾害发生时，受到的危害主要有海水能见度低，阻塞船舶管道，缠绕螺旋桨，从而影响航运效率。

3. 工业与城镇用海区

工业与城镇用海区是指制盐业用于城镇生产生活所利用的海域海水。当海洋生态灾害发生时，受到海洋生态灾害的危害主要有盐业用海和取水口。取水口是指通过泵或阀抽取用于岸边人工养殖或其他用处的海水。取水口要求海水水质清洁、无污染、无杂物。

4. 矿产与能源区

工矿用海是指开展工业生产及勘探开采矿产资源所使用的海域。当海洋生态灾害发生时，受到海洋生态灾害的危害主要有影响工业进行和增加勘探开采难度。

5. 旅游休闲娱乐区

旅游休闲娱乐区是指开发利用滨海和海上旅游资源，开展海上娱乐活动所使用的海域。当海洋生态灾害发生时，受到海洋生态灾害的危害主要有海水浴场与海上娱乐。

6. 海洋保护区

自然保护区用海是指为保护珍稀、濒危海洋生物物种、经济生物物种及其栖息地以及有重大科学、文化和景观价值的海洋自然景观、自然生态系统和历史遗迹需要划定的海域。海洋自然保护区是海洋事业的重要组成部分，它对于生态资源、生物多样性以及自然遗迹保存保护具有重要意义。

海洋保护区

自20世纪60年代开始，《联合国海洋法公约》、《拉姆萨湿地公约》、《世界文化和自然遗产保护公约》和《生物多样性公约》的相继出台，为海洋保护区的建设和管理提供了国际法律框架。

现代意义上的海洋保护区建设始于20世纪60年代，到90年代中期以后达到高潮。为了保护海洋生物多样性，进行渔业管理以及恢复衰退的海洋生物种群，澳大利亚、加拿大、智利、埃及、法国、日本、新西兰、菲律宾、南非、西班牙、美国等国家较早建立了严格的海洋保护区——海洋保留区（Marine Reserve）。在过去的几十年中，海洋保护区建设受到了沿海各国的普遍关注，也取得了巨大的成绩。1970年，在27个国家建有118个海洋保护区；到1985年增加到430个；1994年达到1 306个；到2003年，包括海岸带保护区在内的世界海洋保护区总量达到3 858个。

海洋自然保护区的发展尽管落后陆地自然保护区的发展，但随着对海洋环境重视程度的提升，发展势头迅猛。从总体情况来看，目前海洋保护区虽然规模比较小，但发展速度惊人。在很多国家，广泛利用海洋保护区来保护海洋生物多样性，推动海洋生态系统持续发展的基础已经形成。国际上对海洋生物资源和渔业资源的保护、管理趋势，特别是相关法律体系和海洋保护区的建设，对我国海洋生物资源的管理和保护性开发利用，具有借鉴价值。

7. 特殊利用区

特殊用海是指用于科研教学、军事、自然保护区、海岸防护工程等的海域。当海洋生态灾害发生时，受到海洋生态灾害的危害主要有科学研究用海与自然保护区用海。科学研究用海是指专门用于科学研究、试验和教学活动的海域。

三、海洋生态灾害风险评估模型——以赤潮为例

赤潮灾害风险评估模型是赤潮灾害风险评估的核心，目前国内外对于赤潮灾害风险评估方法尚无定论，应用最多的主要是各种基本的自然灾害评估方法，如现场调查、模拟实验等。文世勇等（2009）根据Shelford耐受性定律、Delphi方法和模拟实验确定了赤潮灾害风险评估模型，该模型运用的指标主要是包含氮和磷的营养盐、叶绿素 a 以及赤潮生物本身的生态学特征，其他指标的引入尚需进一步研究。该模型包括赤潮灾害危险度、承灾体因子易损度及风险评估模型。

（一）赤潮危险度评估模型

1. 致灾因子危险度评估

$$H_1 = \sum_{i=1}^{n} \alpha_i F_i \tag{5-2}$$

式中，H_1 表示为致灾因子危险度；α_i 表示致灾因子危险度评估中第 i 个指标的权重值，其值利用层次分析法（AHP）确定；F_i 为致灾因子危险度评估中第 i 个指标单项因子影响赤潮灾害的发生概率。

2. 孕灾环境因子危险度

$$H_2 = \sum_{i=1}^{n} b_i M_i \tag{5-3}$$

式中，H_2 表示为孕灾环境因子危险度；b_i 表示孕灾环境因子危险度评估中第 i 个指标的权重值，其值利用层次分析法确定；M_i 为孕灾环境因子危险度评估中第 i 个指标的单项因子影响赤潮灾害

的发生概率（文世勇，2007）。

因此赤潮灾害危险度模型为：

$$H_H = \alpha H_1 + \beta H_2 \tag{5-4}$$

式中，H_H 表示赤潮灾害危险度；α 表示致灾因子在危险度评估中的权重值；β 表示孕灾环境因子在危险度评估中的权重值，α，β 利用层次分析法确定，H_1 同式（5-2），H_2同式（5-3）（文世勇，2007）。

（二）海洋社会经济易损度评估模型

$$H_v = \sum_{i=1}^{n} N_i \tag{5-5}$$

式中，H_V表示承灾体因子易损度；N_i为承灾体因子易损度中第 i 个指标在不同类型赤潮灾害影响下的易损度。

最终根据灾害风险公式可知赤潮灾害风险评估模型为：

$$H_R = H_V \times H_H \tag{5-6}$$

式中，H_R 为赤潮灾害风险指数，H_H 同式（5-4），H_V 同式（5-5）。H_R，H_V，H_H 通过统计分析方法、GIS 方法确定（文世勇，2007）。

（三）赤潮风险评估技术流程

赤潮灾害风险评估由于受到天、地、人等多种条件的约束和大量复杂因素的影响和干扰，是一个典型的复杂系统。要研究这样一个复杂的系统，在选取评估指标时，要尽量做到选取的指标要具有代表性。

灾害风险评价是对灾害风险区遭受不同强度灾害的可能性及其可能造成的后果进行的定量分析和评估。是对灾害风险区内的某种灾害进行风险评价。主要步骤过程如图 5-15 所示。

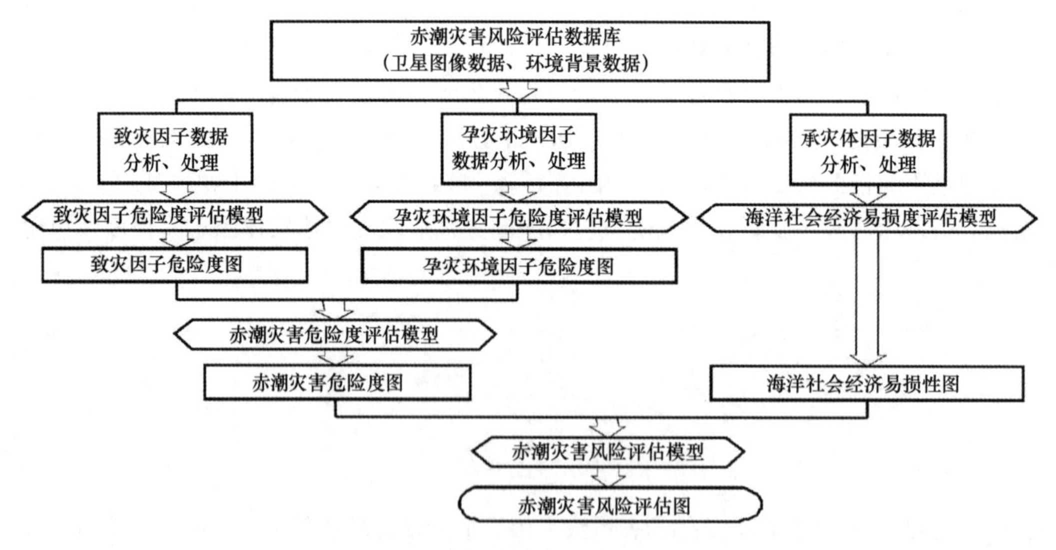

图 5-15　赤潮灾害风险评估流程

资料来源：文世勇，2009

从图 5-15 得知，从赤潮灾害风险评估数据库中获得致灾因子、孕灾环境因子、承灾体因子数据，并进行分析、处理等步骤，在 GIS 软件平台，运用相应的各个评估模型得到相应的危险度图层，最后运用赤潮灾害风险评估模型得到赤潮灾害风险评估图层。从赤潮灾害风险评估图中可以清楚地看出评估区域内各个位置的风险高低。

四、海洋生态灾害风险评价调查技术

赤潮相关指标数据获取方法主要有现场取样分析法、现场实时监测法、遥感技术法和野外现场调查法，营养盐数据的采集已经建立了标准规范，主要采用现场取样分析法和现场实时监测法，而赤潮遥感监测技术更是取得大量研究成果，叶绿素 *a*、海表面温度（SST）等数据有多种遥感探测技术和算法，并且已经实现模块化海洋赤潮遥感监测（赵冬至，2009）主要包括基于海表温度（SST）的赤潮卫星遥感信息提取模型、基于叶绿素的赤潮卫星遥感反演模型（叶绿素荧光高度法和生物-光学算法）和基于海表浮游植物细胞密度的赤潮卫星遥感反演模型以及赤潮判别模型。通过遥感手段判别赤潮的范围和浮游植物细胞增殖速率，建立了赤潮遥感探测模型组，主要包括赤潮生物学要素遥感模型，如浮游植物细胞数遥感模型和叶绿素 *a* 差值法和比值法模型，基本完成了 MODIS 叶绿素荧光高度模型，得到了叶绿素荧光峰高度随赤潮条件下高叶绿素浓度的变化规律；同时完成了赤潮环境要素遥感模型，包括 SST（冬季、夏季模式）模型、SDD 模型和 SPM 模型（总悬浮物、无机悬浮物和有机悬浮物等），建立了赤潮海表温度判别模型。

五、基于 GIS 的赤潮灾害风险评估模型的运用

赤潮灾害风险评估模型已经基于 GIS 进行了运用，并提出其运用的技术流程，其技术流程见图 5-14。文世勇等（2009）分别在渤海湾海域和浙江省海域进行了实际运用，并对近岸海域的赤潮灾害危险度进行了评估、承灾体易损度评估和赤潮灾害风险评估，得到这两个海域的赤潮灾害风险评估专题图，并通过与海域赤潮灾害历史统计数据对比验证，风险评估结果与海域赤潮灾害实际发生状况基本吻合，证明了此模型的可行性和准确性。

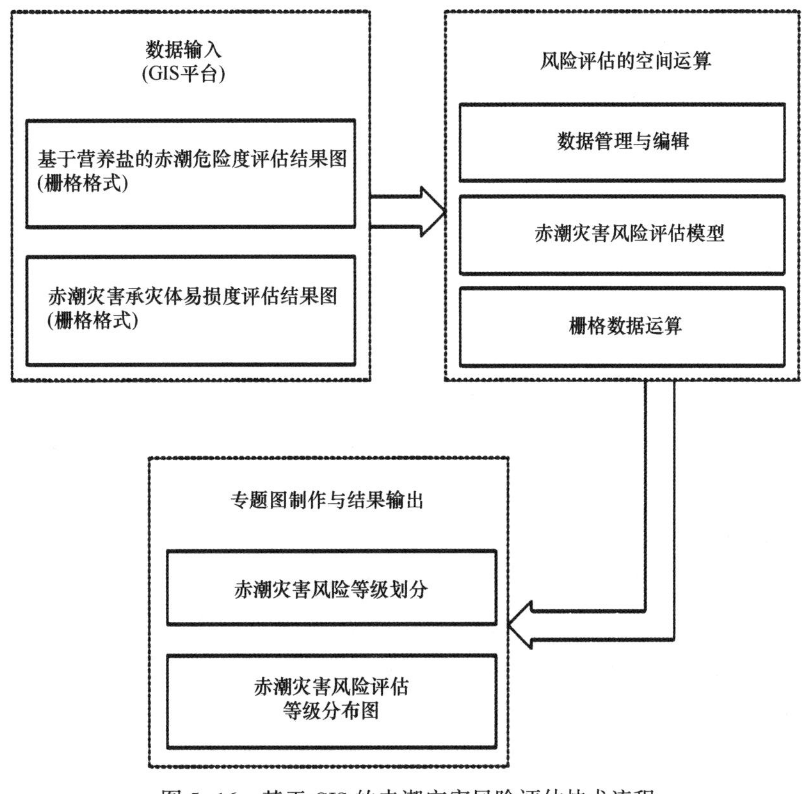

图 5-16　基于 GIS 的赤潮灾害风险评估技术流程

资料来源：文世勇，2009

地理信息系统（文世勇，2007）与赤潮管理信息系统（柴勋，2011）

地理信息系统（Geographic Information System，简称 GIS）是在计算机软硬件支持上，以采集、存储、管理、检索、分析和描述空间物体的定位及与之相关的属性数据，并回答用户问题等为主要任务的计算机系统（吴信才，2002）。地理信息系统具有采集、管理、分析和输出多种地理信息的能力，具有空间性和动态性（陈述彭，1999）。计算机系统的支持是地理信息系统的重要特征，因而使得地理信息系统能以快速、精确、综合地对复杂的地理系统进行空间定位和过程动态分析。

通过对我国海区赤潮灾害历史资料（包括赤潮发生时间、地点、范围以及赤潮生物、化学、水文和气象等）的收集和规范化处理，建立全国海区历年赤潮发生的动态信息管理，也就是赤潮管理信息系统。该系统是利用 Visual Basic 结合组件式 GIS 平台 Map Objects 开发实现的。Map Objects 可以提供多种制图与 GIS 功能的控件，包含 35 个可编程对象，通过这些控件的程式化，可以实现赤潮信息的显示、输入、编辑、查询以及统计，输出规划图、自然地理要素分布图、赤潮分布图，以及其他通用地图操作功能。

海洋生态灾害风险评价是海洋生态灾害风险防范的核心过程，是海洋生态风险管理与减灾管理的基础。针对不同目的实施不同种类的海洋生态灾害风险评价。根据海洋生态灾害风险评估的结果，依据风险程度的不同，管理部门可以制定出相应的减灾政策，部署实施减灾工程，使减灾管理做到有的放矢。赤潮灾害风险评估成果可以为制定灾害应急预案、纳污海域污染总量控制、海水养殖、滨海旅游业规划提供科学依据。

海洋生态灾害风险评价的发展趋势是其研究理论与评估方法不断完善，并将与多种自然科学相融合、交叉，特别是与社会科学紧密相结合。风险评价总体上是向着内容越来越丰富、评价定量化和模型化、向遥感和 GIS 相结合的方向发展（文世勇等，2009）。

第四节　海洋生态灾害风险区划

海洋生态灾害风险区划是根据调查海域的海洋生态灾害风险评价结果，分类评估灾害的区域差异性，借助于灾害分布图、地形图、地理信息系统（GIS）等，对其空间范围进行区域划分，反映生态灾害强度、频度、规模等特征的过程，从而为区域防灾减灾，可持续发展提供科学依据。

一、海洋生态灾害风险区划概述

（一）自然灾害综合区划

自然灾害综合区划的根据是自然灾害在空间分布上存在的差异。这种差异具体表现在：相对于组成某一区域的不同单元，各种自然灾害的灾害强度、灾害势、抗灾力、灾度的组合关系不同。自然灾害综合区划的实质就是对组成区域的不同单元上的这种差异进行理论抽象、分类评估，进而按一定的指标体系进行空间分区，从而得到具有一定从属关系的等级划分系统（任鲁川，1999）。自然灾害区划是对灾害的区域差异性的认识和分类评估并按一定标准在空间上进行划分的过程，是进行灾害宏观研究和预报的重要方法之一（张震宇等，1993）。黎鑫等（2012）等针对南海—印度洋海域的自然灾害风险，基于风险评估理论从孕灾环境敏感性、致灾因子危险性和承灾体脆弱性等方面选取评价指标并建立评估模型，利用地理信息系统（GIS）平台得到了该区域的自然灾害风险区划（图 5-16 和表 5-4）。

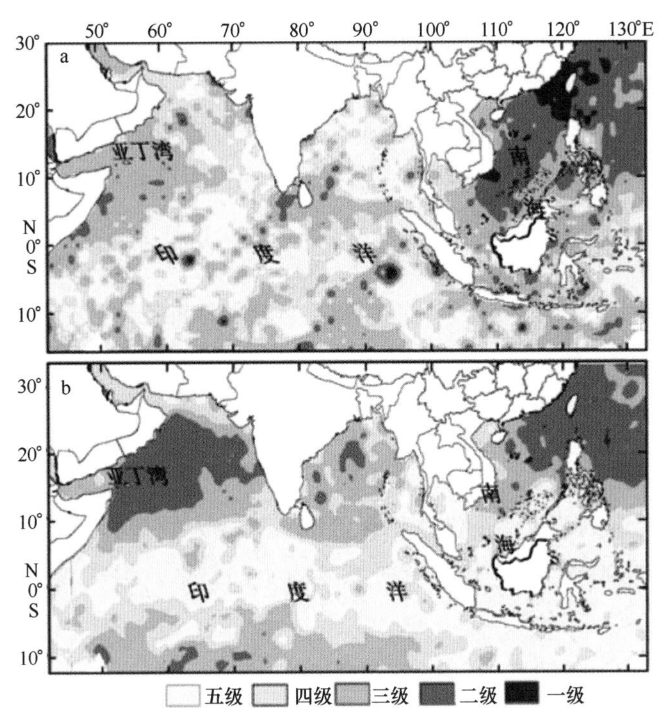

图 5-17　南海-印度洋海域自然灾害风险区划

a. 1 月；b. 7 月

资料来源：黎鑫等，2012

表 5-4　南海-印度洋海洋灾害综合风险等级划分

RC 评价分值	等级	特征描述
≥4	一级	综合风险很高，受灾害影响或袭击的可能性很大，损失程度十分严重
3~4	二级	综合风险较高，受灾害影响或袭击的可能性较大，损失程度比较严重
2~3	三级	综合风险中等，受灾害影响或袭击的可能性不大，损失程度一般严重
1~2	四级	综合风险较低，受灾害影响或袭击的可能性较小，损失程度较小
≤1	五级	综合风险很低，受灾害影响或袭击的可能性很小，损失程度很小

资料来源：黎鑫等，2012

（二）海洋生态灾害风险区划

海洋面积广阔，不同海域气象、水文、海-陆关系、人类活动干扰程度差异巨大。海洋生态灾害风险区划，是按照海洋生态灾害在时间上的演替和空间上的分布规律，认识和分类评估灾害的区域差异性，借助于灾害分布图、地形图、地理信息系统（GIS）等，对其空间范围进行区域划分，反映生态灾害强度、频度、规模等特征的过程（刘航等，2013）。区划的结果是反映区域自然灾害差异性和一致性的图件和相关说明（王平，1999），能够为生态风险管理的优先管理顺序和区域差异性管理提供依据。

二、海洋生态灾害风险区划方法

海洋生态灾害风险具有较强的空间差异特征，因此，通过对环境风险源与环境敏感受体的空间分布特征的识别，可将区域划分为风险等级不同的单元区域，针对各单元区域的不同生态风险特征，抓住形成风险的主要因素，可有针对性地进行生态风险防范，为生态风险分区管理及区域产业布局优化提供重要参考。环境风险的综合区域划分步骤一般包括区域单元划分、区域风险指标构建及计算和区域划定和分区风险特征分析。

区域单元划分方法可根据区域地理特征或行政区划特征，前者即对整个区域按照网格进行划分，如 1 km×1 km 网格，每个网格则为一个划分单元；而后者可根据评估区域的下一级行政单元作为划分单元。根据风险源和受体识别和评估结果，统计不同单元中风险源和环境敏感受体的各类风险指数和总风险指数，构建区域风险指标（详见第三节）；利用多元统计方法（如聚类分析法或主成分分析法）对各划分单元进行归类，分别分析各类别的风险特征。

三、海洋生态灾害风险区划流程

（一）风险分区准备

海洋生态灾害风险区划的首要工作是将评价区域划分为最基本的分区单元，在调查海域的行政区划基础上，根据地理特征，将调查海域分为不同海区，确定海洋生态灾害的基本分区单元。

（二）风险指标权重及分级——以赤潮为例

根据海洋生态灾害风险评价指标体系和和海洋生态灾害风险评估模型（详见第三节），运用层次分析法和德尔菲法相结合确定各指标权重，按照一定的标准或参考其他行业相关分级标准，对每一个单项指标进行“1-3”的赋值，用来表示评价单元的赤潮风险等级高低。具体权重及分级见表 5-5。

表 5-5　赤潮风险评价指标权重及分级

分类指标	一级指标		二级指标		风险分级及取值		
	指标	权重	指标	权重	低风险，1	中风险，2	高风险，3
赤潮风险	赤潮危险度	0.83	赤潮等级指数	0.30	≤100 km^2	100~1 000 km^2	>1 000 km^2
			赤潮持续时间/（$d \cdot a^{-1}$）	0.30	≤10	10~30	>30
			赤潮类型指数	0.40	0~1	1~2	2~3
		0.17	营养指数	1.00	≤2	2~10	>10
	易损度	1	生态敏感区比重	1.00	≤0.3	0.3~0.7	>0.7

资料来源：张宇龙，2014

根据赤潮风险评价指标体系和评价模型，计算最终的赤潮风险评价值，国内外常用的是综合指数的分级方法，按照正态分布设计多级分级标准，并给出相应的分级评语。赤潮风险评价准则（表 5-6）。将风险等级划分为“低风险”“中风险”“高风险”（张宇龙，2014）。

表 5-6　赤潮风险评价准则

评价结果	低风险	中风险	高风险
评价值（风险性指数）	0~3	3~6	6~9

资料来源：张宇龙，2014

（三）基于 GIS 的风险评价图——以天津市海洋赤潮风险分布为例

在对天津市海洋生态灾害风险评价的基础上，利用 GIS 空间分析技术进行空间插值处理，实现数据的栅格化，对评价目标区域内的环境风险进行综合评价和等级划分。根据赤潮风险等级的划分，按照国际惯用的颜色标识，高、中、低 3 个等级分别对应的为红色、黄色和绿色。

从图 5-18 中可以看出，天津市赤潮风险性指数处于低风险等级，高风险区域主要分布在汉沽贝类增养殖区以及北塘附近海域，处于中风险等级的区域主要分布在汉沽北部和天津港主航道外海域，其他海域赤潮风险等级较低。这是因为北塘和汉沽海域是天津市海水养殖的高密度区域，而这两个区域又是赤潮的高发区，赤潮的发生，尤其是有害赤潮的发生会对养殖生物造成一定的影响，甚至会危及到人类的安全。因此需要加大监测力度，制定更为合理的风险防范措施。

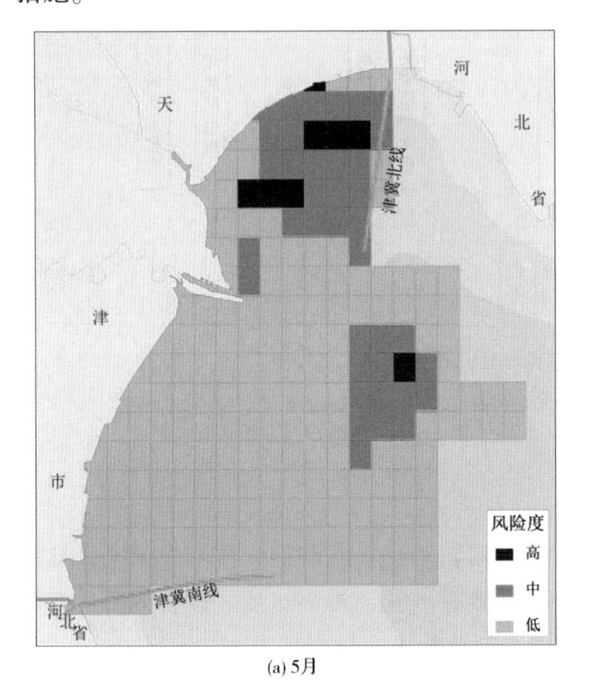

(a) 5月

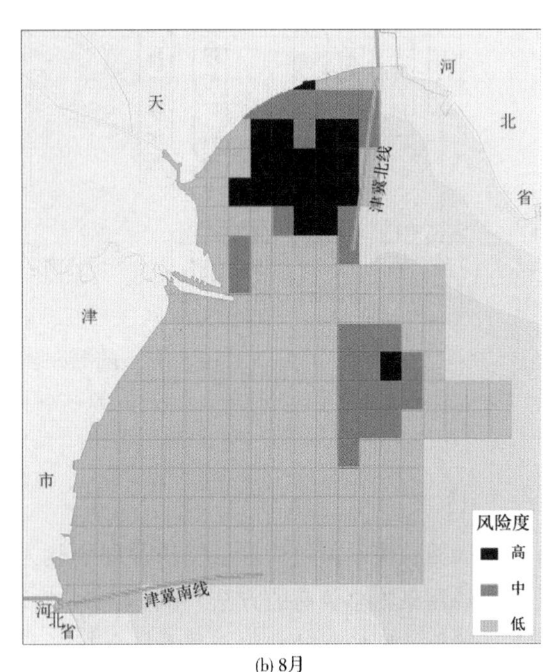

(b) 8月

图 5-18　天津市赤潮风险评价

资料来源：刘书明，2018

第五节　海洋生态灾害风险控制

海洋生态灾害风险控制是海洋生态灾害风险防范的终点环节，是根据调查海域的海洋生态灾害风险区划结果，针对不同区域的风险类型和等级，借助于一系列物理、化学、生物、信息管理等综合措施，降低灾害发生的风险和控制灾害暴发的规模，降低灾害发生的损失，最大程度地保护海洋生态系统的健康稳定。

一、陆源污染物控制

陆源污染物总量控制是我国海洋环境保护的重要手段之一，对于改善我国海洋环境质量状况具有十分重要的意义。赵冬至（2000）基于 GIS 软件平台建立了海湾陆源污染物总量控制信息系统。利用该系统实现了对海湾陆域社会经济信息管理、沿岸各类工业及生活污染物排放情况管理和分析、各类海洋环境监测数据管理和海域水质、底质状况评价模型的建立；实现了海洋环境评价工作的可视化，将海湾水动力模型、污染物飘移扩散模型与地理信息系统进行了集成，并将其结果同化到地理信息系统中来，以便与其他信息进行有机地复合，从而分析污染扩散对海洋资源的影响；同时还实现了海湾水动力过程的动画模拟。该系统为海洋生态灾害防范提供了有效的管理手段。

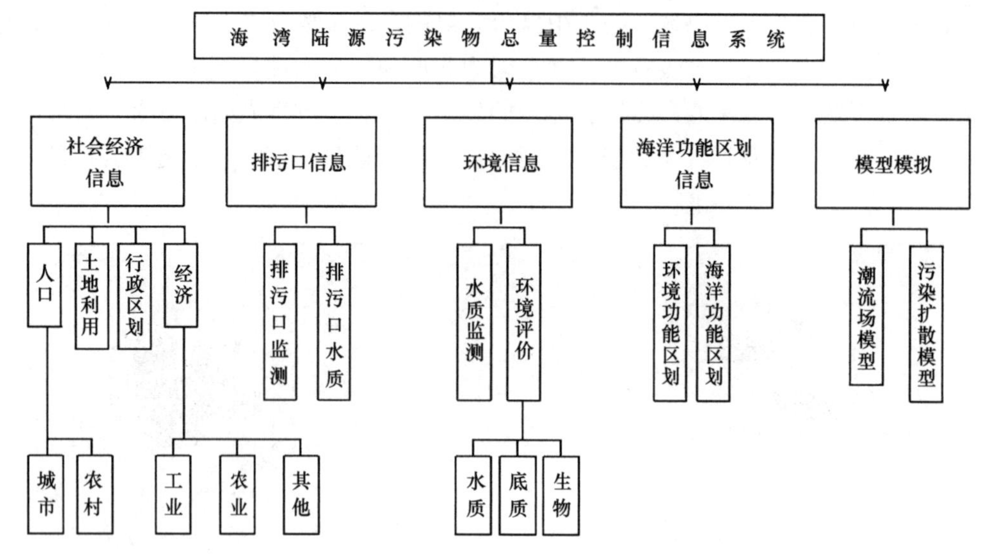

图 5-19 陆源污染物总量控制信息系统结构

资料来源：赵冬至，2000

（一）污染物入海量控制

欧洲氮、磷污染负荷总量控制管理经验为应对水体富营养化，欧洲的一些沿海国家采取削减氮、磷污染物总负荷的方法。例如，为减少波罗的海富营养化，提高水质，改善波罗的海的生态环境，波罗的海的赫尔辛基委员会制定了氮、磷污染负荷入海量削减 50% 的目标。为了核查削减 50%目标的进展情况以及制定将来的削减目标，制定削减策略和长期的水环境管理政策，评价削减措施的效果，波罗的海的赫尔辛基委员会制定了统一的氮、磷污染负荷定量核算指南，建立了氮、磷污染物入海总量报告制度及程序，并将氮、磷污染负荷定量和报告工作纳入环境保护行动计划（裴相斌，2009）。

沿海工业集中，人口密集，生活和工农业污水的污染，是破坏近岸海域，尤其是破坏港湾和河口地区生态系统的重要原因之一。首先全面清查陆地污染物排海物质、数量以及时空分布；其次制定陆地污染物排海总量，严格控制污染物入海量，采取总量控制和达标排放等措施，减轻海洋污染。建议从陆源污染物数量和种类分析入手，研究赤潮的发生规律，为赤潮的预警预测提供科学依据（房恩军等，2006）。

截断向水体排放营养物质的营养源，是控制海洋水体富营养化的关键性措施。实施截污工程，可以从根本上消除水体富营养化的主要人为外源性污染源，提供改善水质的基本条件（王玲玲等，2007）。

（二）污水处理与中水利用

通过污染物源解析可知，沿海地区的入河污染物主要来自城市生活源和工厂源，尤其是冶金、化工行业。应提升沿海地区污染治理水平，完善城市水环境基础设施，削减污染物入海总量，有效降低污染复合。建设污水处理设施和提高现有污水处理厂对排放污染物的去除率将对控制陆源污染产生积极作用（李华芝，2012）。

中水是指是指废水或雨水经适当处理后，达到一定的水质指标，满足某种使用要求，可以进行有益使用的水，又称再生水。中水相较饮用水标准略低，且主要用于非接触人体的日常生活中。处理过后的污水可以用于园林绿化和家畜养殖，也可以作为工业冷却水、消防、市政杂用和渔业等的用水。由于城市生活污水具有排放量大、水质较稳定、来源可靠、开发成本低等的特点，因此成为一种潜在的水资源。城市生活污水可以经过治理再次运用到工农业生产中去。在推广中水利用的过程中，可以降低中水的价格，实现污水资源化，还可以鼓励有条件的单位积极开展再生水利用，在国民经济和社会发展计划中纳入污水资源化处理，设计流域水资源开发利用总体规划，在节约水资源的同时，减少污染物排放总量。

（三）海岸带综合治理

海岸带是地球上水圈、岩石圈、大气圈和生物圈相互作用最频繁、最活跃的地带，兼有独特的海、陆两种不同属性的环境特征。应重点加强滨海湿地、滨海旅游资源的保护和沿海防护林体系的建设，有效控制和减少陆源对海洋的污染．开展海岸带管理控制区划的研究，以海岸带陆源污染及非污染损害的防治及管理为重点，在水陆交错带形成海岸生态隔离带，对陆源形成有效的拦截和利用，使海岸带生态得到恢复，近岸海域的生境向好的方向转变；同时加强对沿海地区上游入境污染负荷量的监控，形成对陆源及海上养殖污染源海洋石油开采等长年排污的控制体系。

合理利用岸线资源，开展海岸调查评价，制定海岸利用和保护规划，深水岸线优先保证重要港口建设需要，对具有特色的海岸自然、人文景观要加强保护。保护红树林等护岸植被，严禁非法采砂，加强侵蚀岸段的治理和保护。因地制宜，突出重点，进行河口综合整治。

二、区域生产模式改善

（一）海水养殖方式优化

海水养殖业对沿海生态环境产生的影响主要是自身污染使水质产生长期变化。由于人工养殖主要靠投饵，而残饵的长期积累和腐败分解会提高水体的营养盐浓度。尤其是网箱养殖易于导致富营养化的发生和有毒甲藻的大量繁殖。富营养化的加剧引起的赤潮发生，不仅危害海洋环境，而且影响养殖业自身的发展。此外，精养网箱或贝类延绳吊养海区的沉积物较多，而沉积物中高含量有机物往往会产生有害气体，如硫化氢对鱼类的毒性就很大，能损伤鱼鳃，加大养殖鱼类的患病率。为了减缓由海水养殖带来的水体富营养化问题，必须根据自然环境、资源状况、环境容量，对浅海和滩涂进行合理开发（关道明等，2003）。主要应采取以下几方面措施。

（1）根据水域的环境条件，选择一些对水质有净化作用能力的养殖品种，并合理确定养殖密度。

（2）进行多品种混养、轮养和立体养殖，充分利用水体的合理开发，避免单向的过度增长，尤其是进行鱼、虾、贝、藻混养。

（3）提高养殖技术，改进投饵技术、改进饵料成分、使所投饵料更有利于养殖生物的摄食，减少颗粒的残存，提高饵料的利用率，防止或减轻水质和底质的败坏程度。应用湿颗粒饵料防止养殖海区自身污染等方法。

（4）不能将池塘养殖的污水和废物直接排入海，应采取逐步过滤等办法加以处理，避免养殖废水和废物的排放造成水域污染。

（5）有条件的话要定时进行养殖区废物的人工清除。总之，在发展海水养殖的同时，要注意改变不合理的营养状况，使营养物质的输入和输出达到平衡，使物质的循环和能量的流动合乎生态规律，养殖区的生态环境进入良性循环，取得经济效益、社会效益和生态环境效益的相

图 5-20　3 层生态养殖方式

资料来源：张瑞标，2018

统一。值得注意的是在大范围开发人工增养殖时，必须认真分析和研究水域的环境状况、生产能力和发展潜力。

（二）农业生产技术改良

目前，我国近海海域沿岸流域各项污染物主要产生于农业以及城镇社会经济活动，农业中的畜禽养殖和农村生活史各项污染物是其主要来源。因此，在近海海域对应流域污染严重的区域应以流域为单位，进行综合规划治理。对于流域周边农田，建立农药化肥清洁生产技术规范，鼓励生产高效、低残留的化肥、农药产品；因地制宜推广成熟的化肥农药使用技术，采用优良的施肥方法和施肥时间等措施减少农药化肥的使用量，建立流域用水总量，用水效率和水功能区限制纳污控制指标体系，开展区域河流整治（周余义等，2014）。具体措施如下。

（1）在禽畜养殖过程中，①可以通过提高养殖水平和完善养殖方式减少污染物排放；②通过优良品种养殖，饲料的合理供应和营养配比，添加优势微生物、实行多阶段喂养来提高饲料利用率，减少营养过剩而造成的污染物排放；③选用合理蛋白质含量的饲料，从源头上减少含氮污染物的产生。

（2）在农业种植过程中，结合地区特点选择适合的种植方式，合理施肥，多使用清洁肥料，提倡以工程手段为辅、生态治理为主的方式进行治理。

（3）对禽畜养殖活动中的污染物处理主推干清粪方式，强化固体和液体、粪与尿、雨水和污水等不同类型污染物的分离，降低污水产生量和污水氨、氮浓度。畜禽粪便通过建筑减排工程的方法进行干燥、堆肥和能源化，实现污染的过程控制。

（4）在污染物再利用过程中，农业废弃物要坚持资源化、减量化、无害化的原则。有机废弃物主要通过厌氧发酵的手段产生新能源，实现沼气、沼渣、沼液的综合利用；畜禽粪便主要以肥料化处理为主，从而进行综合利用；污水以能源化、无害化为主要手段进行综合利用与治理，建设配套的粪便污水处理减量和贮存设施，解决循环利用中的时空不平衡问题。

三、海域水质与底质改良

（一）散布黏土

黏土又称膨润土属蒙脱石类，是一种含水的层状铝硅酸盐矿物，具有很强的吸附能力，可使水中有机悬浮物凝集，沉淀后覆盖在底泥上，以减缓底层均氧消耗和营养盐的溶出，从而达到防止赤潮发生的目的。据研究发现酸处理过的黏土可有效地去除海水中的正磷酸盐。

（二）海底耕耘

利用海底耕耘机在有机物堆积的底泥上拖曳，使底泥翻转，促进有机物分解，达到改良底质的目的。耕耘机组装好后，用2~3吨级的渔船，以2 kn速度拖曳，边旋转边拖曳。耕耘海区的水深不能超过30 m，否则耕耘效果不明显（图5-21）。

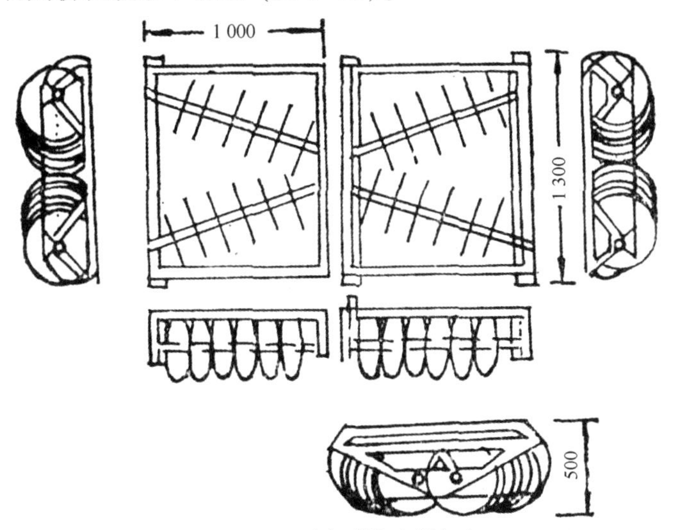

图5-21 圆盘形海底耕耘机

资料来源：方荣楠，1983

（三）海底曝气

利用曝气处理有机底泥，可促进有机污染物质的分解，恢复海域的机能和生产力，提高海区的自净能力。曝气的方法为：在作业船上安装压缩机和水泵，并通过合流管、流量计与曝气橇相连。在要曝气的海域设置有记号的浮标，然后以一定船速沿浮标指定方向旋转作业。操作时注意曝气量，因为长时间的连续曝气（或采用多个曝气橇），可使底泥中的营养盐大量溶出，诱发赤潮。

四、近海生物资源保护性开发

渔业资源丰度与生态阈限是渔业资源开发利用最重要的影响因素之一。当今世界海洋渔业资源开发利用中存在着许多问题，面临着生物、生态、经济和社会各方面的危机，已经引起社会各界极大关注（郑卫东，2001）。海洋捕捞产量下降充分说明，目前捕捞能力已经超过渔业资源的再生能力，前期产量的增长都是以破坏资源为代价的。目前，国际社会普遍认识到，存在于海洋渔业资源开发利用中多方面的危机，已经严重制约着世界海洋渔业资源的可持续利用。由于食物链的作用，如果有一种植物或动物消失，往往就有多种位于其食物链上层的动物也随之消失，同时该消失动物的食物链下层的植物或动物也将因失去对其生长控制的约束而泛滥成灾。过度捕捞、海水污染、生境破坏和海水养殖的副作用是造成海洋生物多样性丧失的主要原因（傅秀梅，2008）。

针对海洋渔业资源开始出现衰退的现象，各种保护渔业资源的法律相继问世。早期，针对某个、某类海洋生态系统生物成分的法律保护，主要围绕海洋渔业资源和一些特殊的海洋生物资源的保护进行立法。这样的涉海法律其体系都很不完备，难以维持海洋生态系统良性循环（表 5-7）（蔡守秋等，2001）。

表 5-7　早期国际上围绕渔业资源的立法

年份	国家	法律条约
1867	英国、法国	《英法渔业条约》
1882	英国、比利时、丹麦、法国、德国、荷兰	《北海渔业公约》
1958	英国、比利时、丹麦、法国、德国、荷兰	《公海渔业及生物资源养护公约》
1946	英国、法国、荷兰、挪威、丹麦、瑞典等 12 国	《关于限制渔网网眼及鱼体长度的公约》
1959	英国、法国、荷兰、挪威、丹麦、瑞典等 12 国	《大西洋东北部渔业公约》
1969	英国、法国、荷兰、挪威、丹麦、瑞典等 12 国	《大西洋东南部渔业公约》

与此同时，各国之间也签订双边或多边协议共同开发、利用、保护海洋渔业资源，如《中日渔业协定》《中韩渔业协定》《中越北部湾渔业合作协定》等。在保护特殊海洋生物资源方面也进行了立法，如 1966 年《养护大西洋金枪鱼国际公约》，1994 年《中白令海狭鳕资源养护与管理公约》，1995 年执行《联合国海洋法公约》的《有关养护和管理跨界鱼类种群和高度洄游鱼类种群的规定的协定》等。世界各国或联合或单独地对保护海洋生态系统进行立法，将保护陆地生态系统的法律法规、法律制度向海洋延伸，逐步形成了相对系统、完整的涉海法律体系。从管理、利用、保护、修复、治理、研究多个层面，构建科学管理系统，进行综合、系统、整体的保护和管理，保障我国近海生物资源保护性开发利用，实现海洋资源经济可持续发展。包括保护海洋环境和生物多样性，保护和恢复海洋渔业资源，建立海洋自然保护区，建立健全涉海法律法规体系，建设国家基础性服务网络，运用高新技术实现海洋生物资源综合开发利用，开展海洋生物资源学研究并开拓和发现海洋生物新资源，提高全民海洋环保意识（傅秀梅，2008）。

五、海洋生态修复

海洋是极其复杂且最具价值的生态系统之一，是人类赖以生存和发展的宝贵财富和最后空间。随着海洋经济的发展，开发利用海洋的活动日益增多，导致全世界范围内海域污染日益严重，海洋生态环境面临前所未有的威胁和破坏。自然资源消耗速度急剧加快，从而引发了海洋环境恶化、红树林消失、滨海湿地萎缩、生物多样性下降等一系列的生态退化问题，已严重威胁人类社会的可持续发展。海洋生态退化已成为当前重点关注的生态问题之一，海洋生态系统的保护与修复研究已成为国际上生态学研究的热点（姜欢欢等，2013）。

（一）海洋生态修复内涵

海洋生态修复是帮助海洋生态系统实现自我恢复的一种过程，海洋生态系统能够实现恢复后，便可以不再需要人工措施的干预即可维持海洋生态平衡。在海洋生态修复的过程中，海洋生态系统的结构和功能都在不断转变，物种群落不断丰富，海洋生态系统结构更为复杂化，海洋生态系统的功能也在由简单逐步向复杂的功能多样化转变。海洋生态修复对海洋生态系统维持平衡具有极其重要的作用，同时也对环境保护、物种保护具有积极的影响，对全球气候、经济发展都发挥着很大的作用（张騄，2015）。

（二）典型海洋生态修复类型

1. 海洋生境的修复

引进或再次引进关键的动物和植物种类；重新构建海洋水文功能，河口湿地生态恢复，如恢复滨海湿地淡水供给；严重污染区底质污染整治，严格控制陆源、海上污染源、海上流动污染源污染，遏制海洋环境恶化。

2. 渔业生物资源增殖修复

水产生物苗种与亲体放流，建造与改良增殖场；进行养殖系统环境质量生态与优化，开展海水养殖清洁生产；退化天然渔场环境整治与生态修复；强制规定网目大小和捕鱼季节，严格执行禁渔休渔制度，控制破坏性渔业活动。

3. 受污染生态环境的生物修复

利用生物的特性和机能修复环境；海水养殖富营养化的治理过程中，江蓠、紫菜、石莼等大型海藻是非常有效的生物过滤器；加强海洋与渔业保护区建设；加强海洋与渔业保护区建设是保护海洋生物多样性、渔业生物资源和防止海洋生态环境全面恶化的最有效途径之一。

（三）海洋生态修复技术

1. 栽培红树植物进行海洋生态修复

红树植物是生长在热带、亚热带海岸潮间带的木本植物，对维护海洋生态平衡、保护海洋生态环境起着特殊作用。全世界的真红树有 20 科 27 属 70 种，我国现已查明的真红树为 12 科 16 属 27 种和 1 个变种。红树林由多科属红树植物组成，属于海洋高等植物群落，兼具陆地与海洋双重生态特性，成为最复杂、最多样的生态系统之一。红树林对重金属、富营养化水体以及有机污染等逆境均有良好的耐受性（图 5-22）。

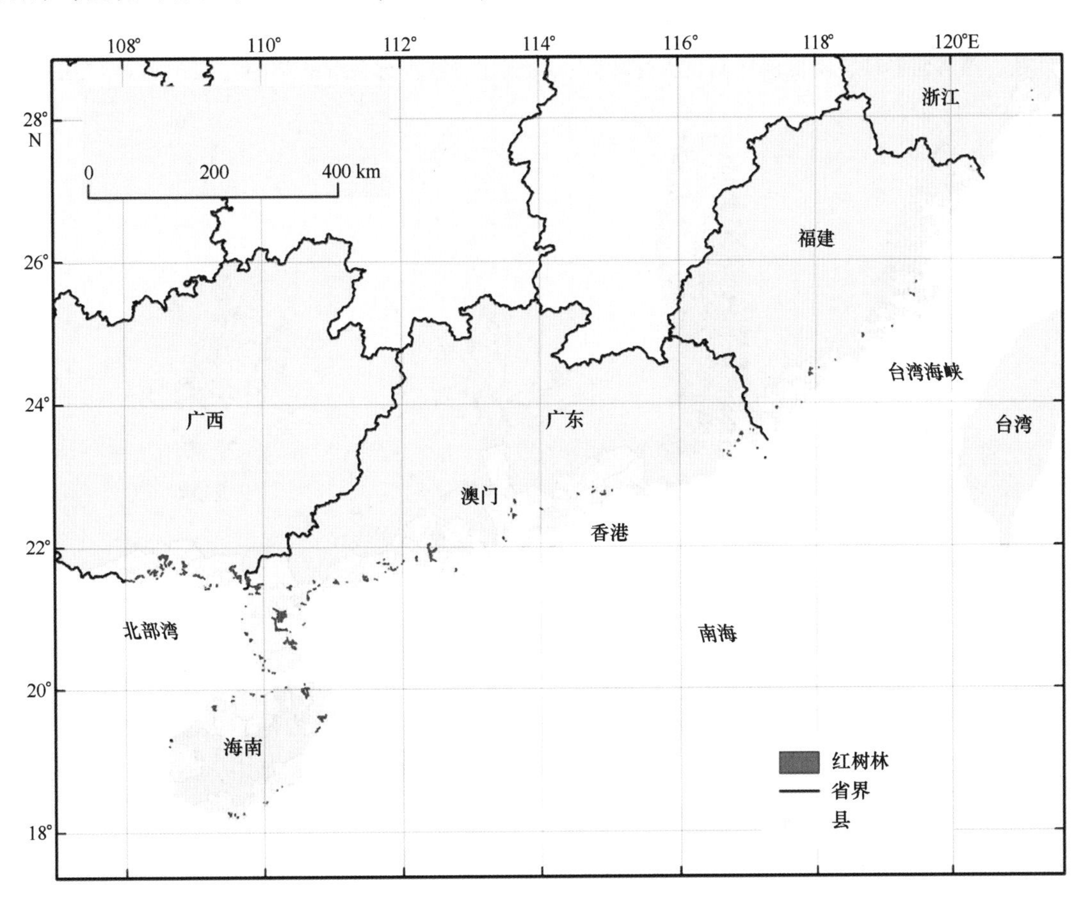

图 5-22　中国红树林湿地分布示意图

资料来源：但新球，2016

近海污染严重的重要原因就是陆源污染的大量排放，在近海和河口地区建立红树林截污带，利用其净化能力可减少富营养化污水对近海的污染。红树植物自身具有较强的耐污能力，能够在高营养盐条件下正常生长，而红树林对氮、磷的净化除了依靠红树植物的吸收、富集外，还有整个生态系统的共同作用，因此具有很强的吸纳氮、磷营养素污染物的能力。例如，秋茄和木榄对氮和磷的处理效率在海水条件下均比在淡水条件下要高，且任一条件下吸收水中氮的能力均高于目前普遍应用的芦苇（叶勇等，2006）。高营养盐一般能促进红树植物的生长活动且无不良影响，陈桂葵等（1999）用人工配制的污水持续浇灌白骨壤模拟湿地，生长其上的白骨壤能维持正常生长，具有良好的适应性和耐受性。

采用红树林种植-养殖复合系统能有效降低水体中氮、磷营养盐的浓度，提高水质，复合系统中物质循环途径具有多样性，除红树植物本身对氮、磷的固定作用外，系统中其他因子也在水体氮、磷循环中发挥着重要作用。红树林在净化富营养化海水的同时，还能有效降低水体化学需氧量（COD）和生化需氧（BOD_5）。

2. 大型海藻对富营养区的治理

随着世界范围内工农业及城市化发展，大量陆源污染物的输入使近海富营养化程度剧增，而旺盛的海水养殖作业亦造成局部养殖海区严重的富营养化与酸化，最终使得海岸带海域赤潮、绿潮、水母等生态灾害频发。为此须采取及时有效的生态修复措施，遏制近海生境退化，进而恢复主要生境功能。近海养殖大型海藻，可直接从海水中“拔出”大量碳、氮、磷等营养物质，并产生可观的经济效益。目前国内外公认，大型海藻养殖（图 5-23）是改善海洋生态环境的最佳途径之一：①能够产生巨大经济效益；②高效光合固碳并放氧，提高海水 pH 值，防止海洋酸化；③大量吸收水体无机氮、磷等营养盐，降低海区富营养化风险；④优化海洋生态系统的结构（柴绍阳等，2013）。

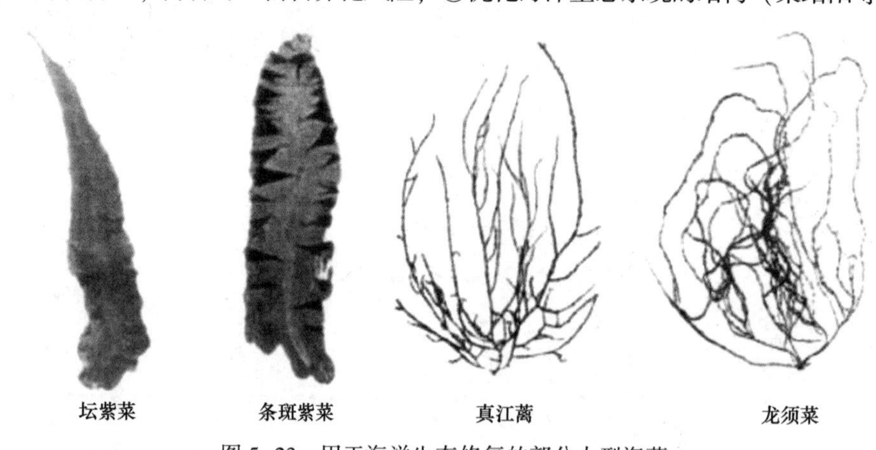

图 5-23　用于海洋生态修复的部分大型海藻

1）栽培大型经济海藻，产生经济效益

世界上每年海藻总产量（按鲜重计）约 600×10^4 t，人工栽培海藻的面积约 20×10^4 hm^2，总产值在 30 亿美元以上，栽培种类包括 10 余属 20 余种。我国是海藻栽培大国，大型海藻产量一直位居世界第一。2008 年总产量为 138.6×10^4 t，占世界年产量的 70%左右。其中，海带和紫菜是我国栽培规模最大的两种大型海藻。20 世纪末我国海带年产干品达 90×10^4 t，海带产量已成为世界第一。21 世纪初我国紫菜栽培产量超过日本和韩国，2003 年紫菜产量为 5.46×10^4 t，跃居世界第一。

海藻是一种很好的保健品，相关产业正崭露头角。2007 年我国出口各类海藻食品 4.45×10^4 t，换汇 1.49 亿美元，约占全球市场份额的 1/4；出口海藻食品添加剂产品约 2.7×10^4 t，换汇 1.38 亿美元，占全球市场份额的 70%左右。大型海藻中，紫菜是目前世界海藻栽培业中经济价值最高的一种。其中，江苏省条斑紫菜产业年总产值有30亿元，栽培面积约2.3×10^4 hm^2，年产干紫菜约40亿张，产业规模和产量已占全国条斑紫菜的97%以上，在国际紫菜市场上的贸易份额达60%以上，出口外销到五大洲65个国家和地区（柴召阳，2013）。

海藻还可广泛应用于饲料和肥料生产。海藻粉作为饲料添加剂与配合饲料混合使用，对家禽的生长具明显促进作用。挪威动物学家试验证明，海带饲料添加剂可促进动物生长发育，防治体内寄生虫与病毒，改善动物肉类品质及蛋奶质量等。全世界年产约5万t海藻粉饲料添加剂，挪威约2万t。丹麦、英国、法国、美国、加拿大、冰岛、日本等国家也都在家禽饲料中添加一定比例的海藻粉。我国海藻饲料尚属起步阶段。海藻肥料具有营养全面含60余种活性成分、功效独特、天然无公害等特性，在国外已列入有机农产品生产的专用肥料，被称为天然、高效、绿色的第四代肥料，可用于谷物、果品、蔬菜、花卉等。能促进作物生长，改进产品的品质，增强作物抗旱、抗冻、抗病能力。目前，世界上许多国家大面积推广应用海藻肥料，我国也将大规模生产与应用。

2）大型海藻直接吸收氮、磷等营养物质

大型海藻在生长过程中可吸收氮、磷，同化成自身需要的营养成分。当氮、磷营养盐浓度较高时，大型海藻具有储存大量营养盐的能力，是海洋生态系统中重要的氮库和磷库。有关大型海藻与海洋环境的关系，已引起国内外广泛关注。研究材料涉及江蓠、石药、紫菜、马尾藻、海带等大型海藻。

我国近几十年来对藻类综合利用的深入研究，极大地促进了海藻栽培业的发展。早期利用野生苗种进行增殖，后来培育人工苗种进行自然增殖，现在发展到大型海藻的全人工栽培。海藻养殖是海洋增加碳汇，吸收氮、磷营养物质，降低水体富营养化之重要措施。目前，我国大型海藻的每年收获产量为160万~180万t，换算为固碳量、固氮量、固磷量分别为48万~54万t、9.6万~10.8万t、4 800~5 400 t。如果大型海藻养殖产量以每年5%递增，那么到2020年，我国大型经济海藻养殖的每年固碳量、固氮量、固磷量可分别达到80万t、16万t和8 000 t。

3）抑制赤潮微藻

在高营养盐浓度下，大型海藻通过竞争作用或藻类间的相生相克作用，抑制水体中浮游微藻的生物量，既治理了水体富营养化，又防治了赤潮。最近国内外研究表明，有些大型海藻分泌化感物质，对赤潮生物的生长具有克制效应，如绿藻中的孔石纯、褐藻中的昆布、红藻中的小珊瑚藻及其提取物，对多环旋沟藻等多种赤潮微藻的生长有抑制作用，可使赤潮微藻运动性降低、细胞变形并破裂。栽培大型海藻作为海域中的天然除藻剂，是一种低投入、无毒害、无污染的防治和控制有害藻华的有效途径，为赤潮的生物防治开辟了新前景。

4）优化海洋生态系统结构

在冷温带大陆架区的硬质基底上生长的大型藻类，与其他海洋生物群落共同构成一种近岸海洋生态系统——海藻场。其主导植物马尾藻属、巨藻属、昆布属、裙带菜属、海带属和鹿角菜属等适应温度较低，多分布在冷水区。在清澈的海区，大型海藻场可延伸至水深20~30 m处。如果海底坡度小，藻场可延伸至离岸几千米。藻场中的海藻生物量很大，有“海藻森林（kelp forest）”之称。已报道的有日本若狭湾、小泊湾的马尾藻场、美国马里布的巨藻场、我国浙江嵊泗枸杞岛的铜藻场、山东的大叶藻场等。大型海藻能为各种水生生物提供栖息地，消减波浪，形成静稳海域，对藻场内水流、pH值、溶解氧以及水温的分布和变化起缓冲作用，能形成日荫、隐蔽场及狭窄迷路，有利于海洋生物养息，并成为海洋生物躲避灾害天气和敌害的优良场所。大型海藻吸收固定二氧化碳进行光合作用，提供水中氧，同时提供空间异质性和高度多样化的生境，形成海洋生物的索饵场、产卵场和孵化场，对提高近海生物多样性，维持海洋生态系统的健康，起着举足轻重的作用。

小结

海洋生态灾害风险就是典型的海洋生态灾害，如赤潮、绿潮、褐潮、金潮、白潮和生物入侵等，在一定区域或一定时间段内，导致某些负面生态效应发生的可能性以及引起的人类生命财产和经济生产活动的期望损失值。

海洋生态灾害防范就是指在海洋生态灾害发生前对灾害发生条件的识别、对海洋生态灾害发生风险的评价、根据风险评价对特定区域进行风险等级区划和灾害发生前针对发生风险的一系列控制措施，从而降低灾害发生的风险和损失，保护海洋生态系统的健康稳定。

海洋生态灾害风险识别是海洋生态灾害风险评价的基础和综合管理的前提，是认识并确定区域内存在的危险源，查找、列举和描述风险事件、风险源、风险后果等风险要素的过程。海洋生态灾害风险识别能够对调查海域潜在的风险进行判断、分类，并对风险特征和风险后果做出定性的估计。

海洋生态灾害风险评价是海洋生态灾害风险防范过程的重要组成部分。海洋生态风险识别是指对事物所面临的及潜在的风险进行判断、分类，并对风险特征和风险后果做出定性的估计。海洋生态风险评价是定量预测各种风险源对生态系统产生风险的可能性以及评估该风险可接受程度的方法体系，因而是生态环境风险管理与决策的定量依据。

海洋生态灾害风险区划是根据调查海域的海洋生态灾害风险评价结果，分类评估灾害的区域差异性，借助于灾害分布图、地形图、地理信息系统（GIS）等，对其空间范围进行区域划分，反映生态灾害强度、频度和规模等特征的过程，从而为区域防灾减灾，可持续发展提供科学依据。

海洋生态灾害风险控制是海洋生态灾害风险防范的终点环节，是根据调查海域的海洋生态灾害风险区划结果，针对不同区域的风险类型和等级，借助于一系列物理、化学、生物、信息管理等综合措施，降低灾害发生的风险和控制灾害暴发的规模，降低灾害发生的损失，最大程度地保护海洋生态系统的健康稳定。

海洋生态风险防控思路主要围绕着以下 4 个方面：陆源污染物控制；水产养殖与农业生产技术改良；近海生物资源保护性开发；海洋生态修复。

思考题

1. 海洋生态灾害风险防范的概念是什么？
2. 海洋生态灾害风险防范中要遵循哪些原则？
3. 什么是海洋生态灾害风险识别？
4. 什么是海洋生态灾害风险评价，一般程序是怎样的？
5. 什么是海洋生态灾害风险区划，有什么意义？
6. 什么是海洋生态灾害风险控制，主要有哪些思路？
7. 大型海藻在海洋生态风险防控中有哪些作用？

拓展阅读

1. 文世勇，赵冬至，陈艳拢，等．基于 AHP 法的赤潮灾害风险评估指标权重研究［J］．灾害学，2007，22（2）：9-14.
2. 文世勇，赵冬至，张丰收，等．赤潮灾害风险评估方法［J］．自然灾害学报，2009，18（01）：106-111.
3. 文世勇．赤潮灾害风险评估理论与方法研究［D］．大连：大连海事大学，2007.

第六章　海洋生态灾害的监测

开展海洋生态灾害监测，能够及时准确了解海洋生态灾害发展的现状和趋势，保护海洋生态系统，保障人体健康和生命安全，减轻和避免有害致灾生物对海水养殖、捕捞渔业、滨海旅游等海洋产业的损害，防止和减轻海洋生态灾害造成的损失，并为海洋生态灾害的预测、早期预警系统的建立提供服务。海洋生态灾害监测技术包含现场监测技术和遥感监测技术等。监测对象既包括海域环境又包括致灾生物。目前赤潮、绿潮等的监测已开展了较多的业务实践。

第一节　海洋生态灾害监测技术

一、传统监测

按照《海洋监测规范》（GB17378—2007）、《海洋调查规范》（GB/T12763—2007）的技术方法开展海洋生态灾害相关要素监测，包含海水、沉积物、生物体等样品的采集、贮存、运输、数据处理及海洋水文、气象、生态等要素调查（图 6-1）。

图 6-1　“东方红 2”号海洋调查船

二、浮标监测

浮标监测系统是指通过在浮标载体上搭载传感器从而对相应的海洋环境要素进行监测。浮标系统应包含浮标体、锚泊系统、观测系统、数据采集处理控制系统、通信系统、供电系统、检测系统、安全报警系统、岸基数据接收处理系统等部分（图 6-2 至图 6-4）。搭载的传感器可包含海洋水文、海洋气象、水质环境等。浮标监测具有受天气影响较小，时效性高以及自动化程度较高等优点。

图 6-2　浮标系统简易原理

图 6-3　浮标实物

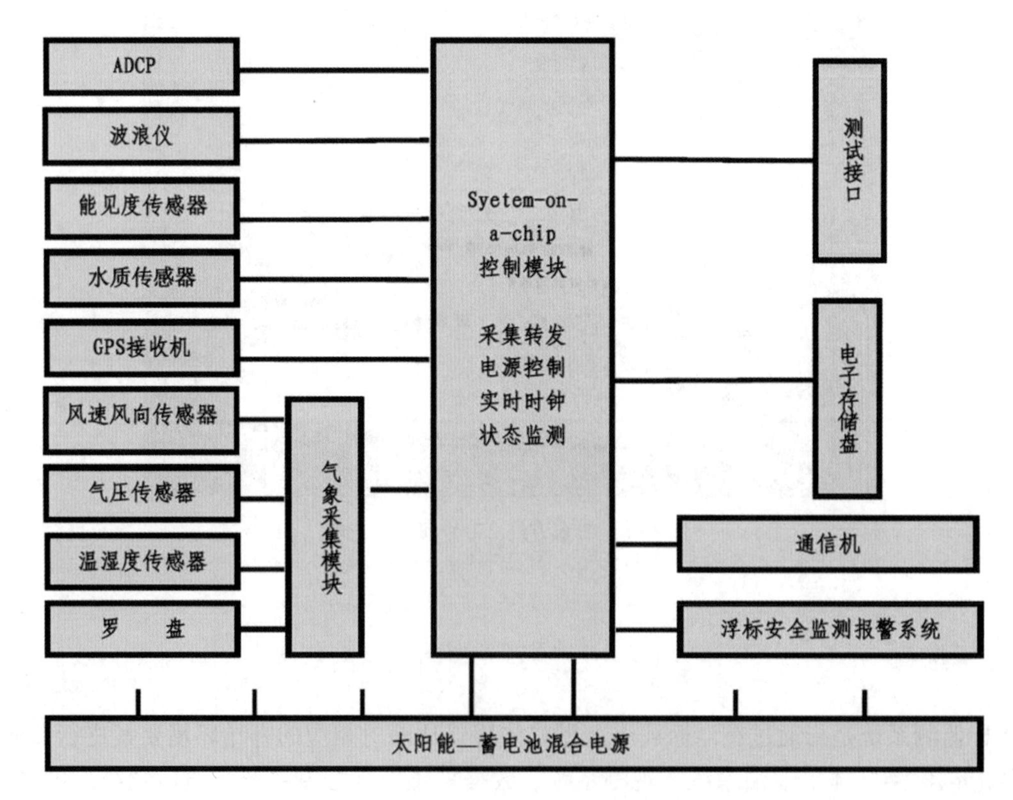

图 6-4　数据采集系统总体框图

三、岸基观测

岸基观测系统可配备温盐、潮位、水质、风速风向、温湿、气压、雨量、能见度等传感器，能够在大陆沿岸、海岛、海上平台等地，对海洋水文、气象、水质等参数进行长期连续的观测(图 6-5 和图 6-6)。系统包含传感器系统、传输通信系统、数据处理系统、供电系统、自身防护系统等，具有环境适应性强、体积功耗低和集成度高等特点。

A

B

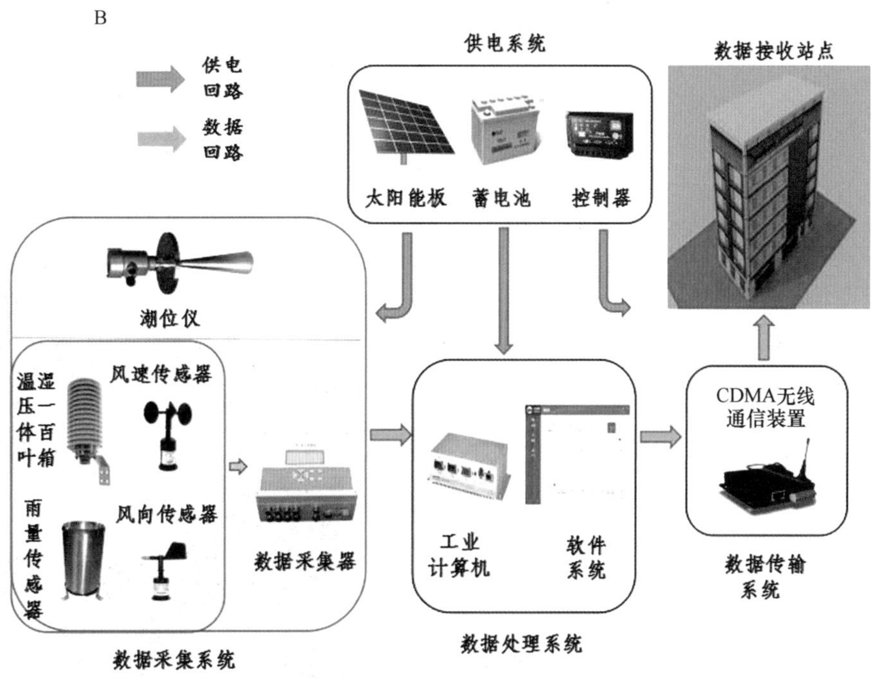

图 6-5　雷达式岸基观测系统

A：雷达式岸基观测站；B：雷达式岸基观测系统

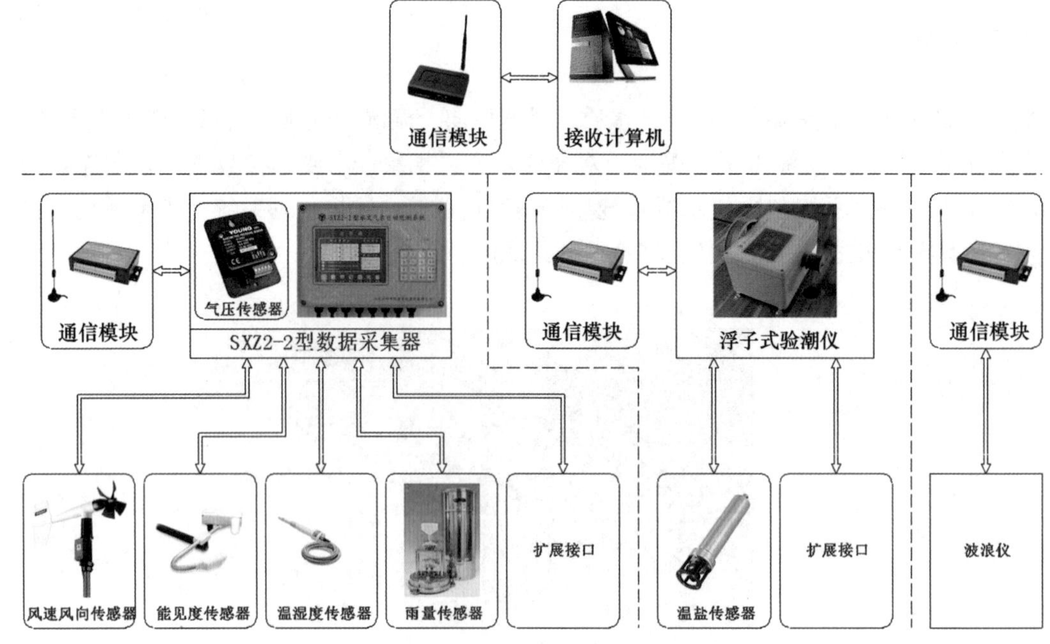

图 6-6 浮子式岸基观测系统原理框图

四、志愿船观测

志愿船自动观测系统可在用于远洋运输船、商船、渔船、海洋调查船、交通船、海监船、海军舰艇等其他从事海上活动的船舶上安装，是一种监测船舶所在区域的海洋气象（风向、风速、气压、气温、相对湿度、能见度），海洋水文（表层海水温度）等要素的自动观测设备，以获取近岸、中远海航线上的海洋观测资料。志愿船自动观测系统包含数据采集器、风传感器、温湿度传感器、气压传感器、水温传感器、能见度、GPS 模块、通信模块、其他传感器、连接电缆以及处理软件等（图 6-7）。

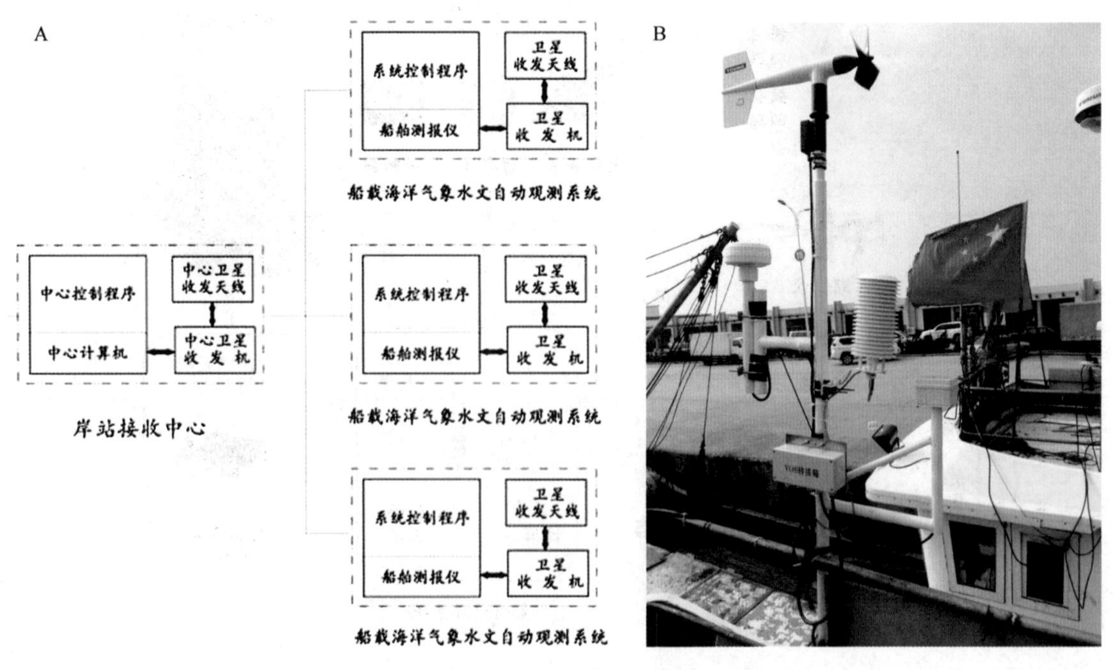

图 6-7 志愿船观测系统

A. 志愿船观测系统组成框图；B. 志愿船观测系统现场

五、海床基监测

海床基或水下自动监测系统是潜标技术的应用和发展，主要在海岸建立水下动力要素与海洋生态自动观测站，可以对诸多动力要素和生态要素进行定点、连续、自动、全水层监测，包括 pH 值、NO_3^-、NO_2^-、NH_4^+、S^{2-}、溶解氧、海水盐度等参数。将这些数据通过实时数据传输，发送至数据中心，进行数据的处理和分析（图 6-8 至图 6-10）。

网型海床基

浅海型海床基

图 6-8　不同类型的海床基

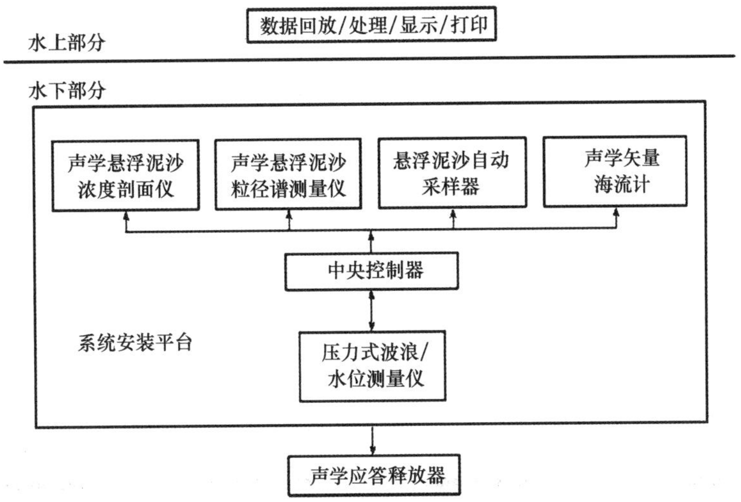

数据回放/处理/显示/打印

水上部分

水下部分

声学悬浮泥沙浓度剖面仪

声学悬浮泥沙粒径谱测量仪

悬浮泥沙自动采样器

声学矢量海流计

中央控制器

系统安装平台

压力式波浪/水位测量仪

声学应答释放器

图 6-9　海床基海洋环境自动监测系统基本方框图

资料来源：孙思萍，2000

图 6-10　潜水员正在安装用于海洋牧场的海底有缆观测系统

资料来源：文汇报

六、遥感监测

利用遥感技术开展的海洋生态灾害监测，根据波段可分为可见光遥感、红外遥感、紫外遥感、微波遥感等。根据平台可分为地面遥感、航空遥感和航天遥感等。遥感监测具有覆盖范围广、全天候、同步性强和可长期连续观测等优点。实际应用中，利用遥感资料反演叶绿素浓度、海洋水色、海表面温度（SST）等因子进行生态灾害的致灾生物及海洋环境的监测（图 6-11）。

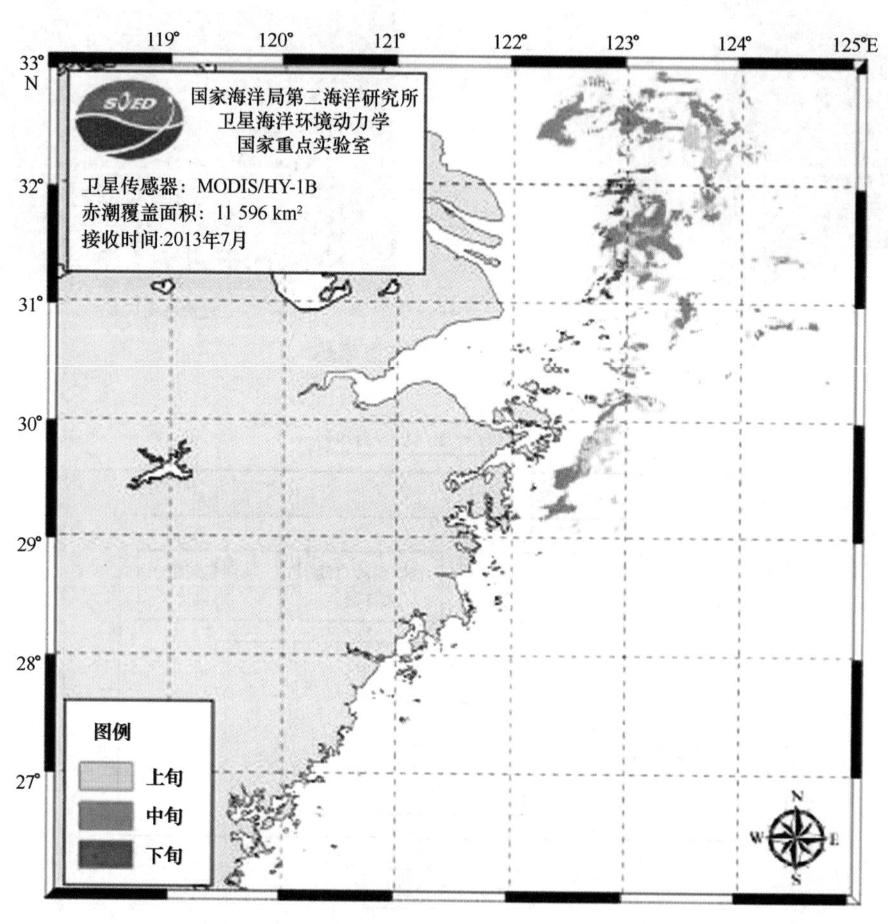

图 6-11　2013 年 7 月东海赤潮遥感监测分布

资料来源：中国海洋卫星应用报告，2013

在实际应用中，遥感监测主要以卫星遥感和航空遥感为主。卫星遥感影像具有较高的时效性、经济性以及大面积同步观测的能力，能够对全球海洋大范围、长时期的观测，因此已经成为海洋生态灾害动态监测的重要手段，并广泛应用于各类海洋生态灾害（如绿潮、赤潮等）的防控监测。但由于卫星遥感影像存在空间分辨率较低等问题，航空遥感技术逐渐成为海洋生态灾害监测的重要手段之一。无人机作为一种新兴的遥感监测平台，具有更高的空间分辨率，具有高机动性、高时效性、高分辨率、低成本等优点，极大地弥补了卫星遥感影像精度不足的缺点。将卫星遥感影像和无人机影像结合，可以更好地为海洋生态灾害监视监测提供更加科学可靠的参考数据。

海洋卫星

目前，全球共有海洋卫星或具备海洋探测功能的对地观测卫星50余颗。美国、欧洲、日本、印度等国家和地区均已建立了比较成熟和完善的海洋卫星系统。近年来，我国海洋卫星应用研究工作稳步推进。

2002年5月15日，我国第一颗海洋水色卫星“海洋一号A”（HY-1A）顺利升空，实现了我国海洋卫星零的突破，完成了对海洋水色、水温的探测试验验证任务，该卫星于2004年4月停止工作。

2007年4月11日，我国第二颗海洋水色卫星“海洋一号B”（HY-1B）发射升空，使海洋水色卫星从试验应用过渡到业务服务，目前该卫星已超设计寿命仍在轨运行。

2011年8月16日，我国第一颗海洋动力环境卫星“海洋二号A”（HY-2A）发射升空，其主要技术指标均达到国际先进水平，填补了我国对海洋动力环境要素进行实时获取的空白，目前该卫星仍在轨运行。

2016年8月10日，我国成功发射了“高分三号”（GF-3）卫星，主要用于海洋监视监测，2017年1月底正式投入使用，目前已成功获取超过10万景的多极化海洋和陆地SAR影像。

目前，我国海洋遥感卫星三大体系已初步形成，包括海洋水色卫星、海洋监视监测卫星和海洋动力环境卫星。

2011年8月16日6时57分“海洋二号”卫星（HY-2）在太原卫星发射中心成功发射

“海洋二号”卫星模型

“海洋二号”卫星转场

第二节　赤潮监测*

一、赤潮灾害监测的3个时段

根据赤潮灾害的特点，针对其灾害过程，主要包含3个阶段监测，即灾前常规监测（routine monitoring）、灾中应急监测（contingent monitoring）和灾后跟踪监测（tracking monitoring）。

常规监测是以监测海洋生态灾害的发生及发展动向为目标，在潜在的海洋生态灾害发生水域按常规方法对海区水化学、生物、水文和气象等参数实施监测的行为。目的在于了解调查海区，特别是赤潮频发期浮游生物（主要是海洋生态灾害生物）的种类和数量的时空分布状况，密切关注赤潮的发生及发展动向。常规监测侧重于污染源附近的区域、海水养殖区、海水浴场等重点海域。

应急监测是指对于已发生或正在发生的赤潮进行现场取样及实时检测、分析和处置的过程，包括赤潮的发生范围、生物的种类与数量分布、赤潮毒素的初步检定以及应急处理意见和方法的提出等（图6-12）。应急监测终止：①无毒赤潮完全消失时；②有毒赤潮完全消失，且赤潮毒素含量低于人体安全食用标准时。可以停止应急监测。

跟踪监测是指对已形成的赤潮灾害全过程的跟踪、取样和分析工作，目的是了解赤潮的发生、发展和漂移情况以及赤潮毒素的分布与变化状况。对滞留在海洋环境中短期内不易消除、降解的赤潮毒素和其他污染物做出判断，进行必要的跟踪监测。

* 本节内容主要根据《海洋赤潮监测技术规程》（HY/T 069—2005）等资料改写。

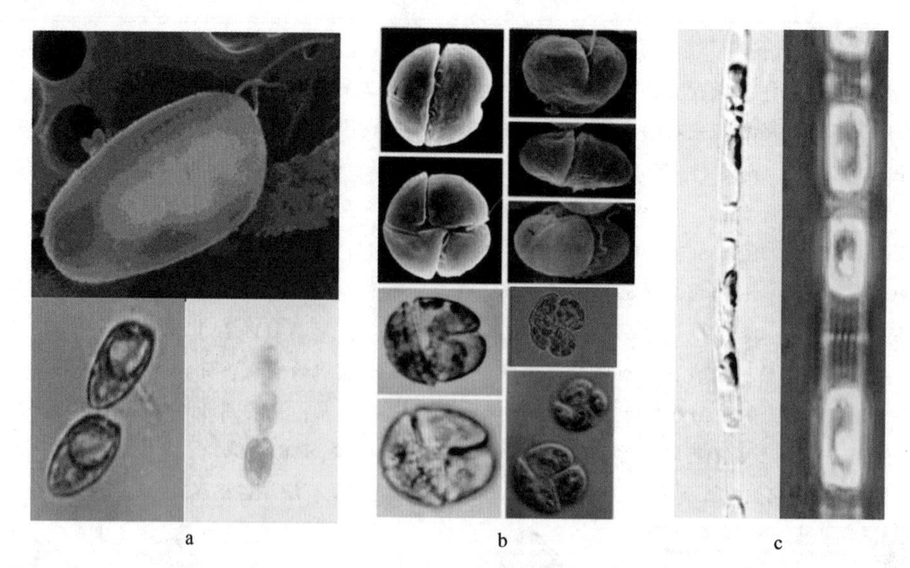

图 6-12　典型赤潮生物

a. 东海原甲藻；b. 米式凯伦藻；c. 中肋骨条藻

资料来源：2013 年浙江省海洋灾害公报

二、赤潮灾害监测内容

赤潮灾害监测内容主要包含观测类项目、水文气象要素、生物学要素、水化学要素与赤潮毒素等（表 6-1）。赤潮常规监测项目和跟踪监测项目可按表 6-1 中的内容适当增减。

表 6-1　赤潮监测项目及分析方法

指标	监测项目	分析方法
观测项目	赤潮位置与范围	船舶、航空 GPS 定位，卫星定位
	可视性采样	现场录像、摄像
	色、味、嗅、漂浮物	目视及感官
水温气象要素	海表水温	现场快速测定仪法或表层水温表法
	水色	比色法
	透明度	目视法
	盐度	盐度计法
	海况	目视法
	海流流速、流向	海流计法
	日照	气象资料收集
	光衰减率	水下照度计法
	风速	风速风向仪测定法
	风向	风速风向仪测定法
	气温	干湿球温度计测定法
	气压	空盒气压表测定法
	天气现象	目视法
	雨量	气象资料收集
	河流径流量	资料收集

续表

指标	监测项目	分析方法
生物学要素	浮游植物（赤潮藻类）种类及数量	个体计数法
	底栖微藻（赤潮藻类）种类及数量	个体计数法
	其他赤潮生物（纤毛虫类等）	个体计数法
	底泥孢囊	孵化培养法
	浮游动物种类及数量	个体计数法及生物量湿重测定法
	底栖生物（养殖生物）种类及数量	个体统计与生物量测定
	叶绿素 *a*	荧光或分光光度法
	异样细菌总数	平板计数法
赤潮毒素	麻痹性贝毒（PSP）	小白鼠法、高效液相色谱法*
	腹泻性贝毒（DSP）	小白鼠法、高效液相色谱法*
	神经性贝毒（NSP）	小白鼠法、高效液相色谱法*
	失忆性贝毒（ASP）	小白鼠法、高效液相色谱法*
	西加鱼毒素（CFP）	小白鼠法、高效液相色谱法*
水化学要素	pH 值	现场快速测定仪法或 pH 计法
	盐度	现场快速测定仪法或盐度计法
	溶解氧（DO）	现场快速测定仪法或碘量法
	活性磷酸盐（PO_4^{3-}）	磷钼蓝分光光度法
	活性硅酸盐（SiO_3^{2-}）	硅钼黄法
	亚硝酸盐-氮（NO_2^--N）	萘乙二胺分光光度法
	硝酸盐-氮（NO_3^--N）	锌镉还原法
	氨-氮（NH_4^+-N）	次溴酸盐氧化法
	油类	紫外分光光度法
	铁	原子吸收分光光度法
	锰	原子吸收分光光度法
	维生素 B_1	荧光测定法
	维生素 B_{12}	生物培养 ^{14}C 测定法

资料来源：海洋赤潮监测技术规程（HT/T 069—2005）。

三、赤潮现场监测

（一）监测站位布设

1. 布设原则

赤潮监测站位的布设应遵循以下原则：①测站应布设在预期的海洋生态灾害多发海域；②尽可能与海洋环境质量监测站位置一致；③应考虑监测海域的水动力状况和功能，选择上升流区、渔场和增养殖区布设测站；④测站的布设应覆盖或代表监测海域。监测时段为赤潮发生的时段范围。

2. 布站方法

监测站位的布站方法包括两种：①常规监测测站。根据实际情况，以覆盖和代表监测海域为原则。对于监测区域大的，或包括有不同水团特征的海域，在站位布设设计中可将监测海域划分为若干个单元区。可采用T形（河口近岸海域）或井字形、梅花形、网格形方法，布设控制断面和监测站位。常规监测测站一般设置为固定站位，用于获取完整时间系列的定量监测资料。②跟踪监测测站。一般为随机测站，根据赤潮发生的范围和漂移状态，在赤潮发生区的区域内、外水域分别设立海洋生态灾害区测站和对照测站，测站数量应随赤潮发生区范围的扩展而增加。

（二）赤潮发生的判别

通过卫星遥感、航空遥感、海洋环境监测站监测等途径进行常规监测，及时掌握赤潮发生区、可疑区、中心经纬度、边界坐标和赤潮面积等信息。赤潮判别指标包括感官指标和生物量指标。感官指标是指海水的颜色、嗅味和透明度等是初步判定水域是否发生赤潮的直观指标。颜色变化，海水透明度低，产生恶臭，发黏等是发生赤潮的指标性特征。生物量指标是指赤潮生物量与形成赤潮的生物个体大小密切相关。表6-2为判断是否形成赤潮的赤潮生物个体与生物量标准的参考指标。

表6-2　赤潮生物个体与生物量标准

赤潮生物体长/μm	赤潮生物细胞浓度/（个·dm^{-3}）
<10	$>10^7$
10~29	$>10^6$
30~99	$>2\times10^5$
100~299	$>10^5$
300~1 000	$>3\times10^3$

测站采得的赤潮生物个体大小和浓度分别达到表6-2所列的浓度，即可判断为赤潮。临近表6-2中所列密度和浓度值，可视为赤潮前兆或消退状态，小于该密度和浓度值而恢复到海域原有的生物量，可视为正常或赤潮消失状态。根据这些指标判断，一旦发生赤潮，应开展应急监测、启动赤潮防灾减灾应急计划，开展现场监测，获取赤潮发生地点、范围、赤潮生物种类及密度、贝毒种类等信息，并向有关部门发出预警。

（三）赤潮毒素的检测

用于检测赤潮毒素的贝类样品按下述步骤操作：现场采集的样品做好标记，每个站位选取数个置于样品瓶中，加入适量甲醛固定，用以分析其胃含物中浮游植物的种类及数量情况；其余样品放入冰瓶或低温冷藏箱带回实验室；洗外壳，取其软组织或消化腺进行不同的预处理。通过小白鼠生物检测法可以对多种赤潮贝毒进行监测：①麻痹性贝毒（PSP）；②腹泻性贝毒（DSP）；③神经性贝毒（NSP）；④失忆性贝毒（ASP）。

四、赤潮遥感监测

依据赤潮生物的特点，可开展赤潮遥感监测。赤潮生物主要是浮游藻类（如甲藻类、硅藻类、鞭毛藻、夜光藻类等），其细胞含叶绿素和类胡萝卜素，因而赤潮的反射光谱与背景（海水）是不同，这是从遥感图像上判断是否存在赤潮的根据。近年来，卫星遥感与航空遥感技术的进步，为开展赤潮遥感监测提供了重要的技术手段。

（一）赤潮遥感监测原理

赤潮卫星遥感主要通过卫星资料反演叶绿素浓度、海洋水色、海表面温度（SST）等因子进行监测（刘涛等，2005）。其中水体光谱的变化特性（包括反射、吸收与散射特性），是水色赤潮遥感监测的基础（赵冬至，2009）。赤潮发生过程中，可由海水表层的赤潮生物集聚、繁生和消散过程中引起的海洋水色变化（主要是海洋藻类色素的光吸收和散射特征），进行本底对比和异常水色区域的判别，从而进行水色异常区的识别，以此为依据进行大尺度、定期的分布式赤潮监测工作，并可对赤潮的发生周期以及扩散面积进行预测。

尽管不同藻种的赤潮水体的光谱特性略有差异，一般情形下，在赤潮水体光谱曲线中，位于440~460 nm 和 650~670 nm 处的光谱吸收峰由叶绿素的吸收所致，560~580 nm 处的反射峰源于有机溶解物质和浮游植物等的强反射，如图 6-13 所示，685~710 nm 处的反射峰是赤潮水体的特征反射峰（马毅，2003）。但需要注意不同藻种的赤潮水体的光谱特性也存在差异（图 6-14）。

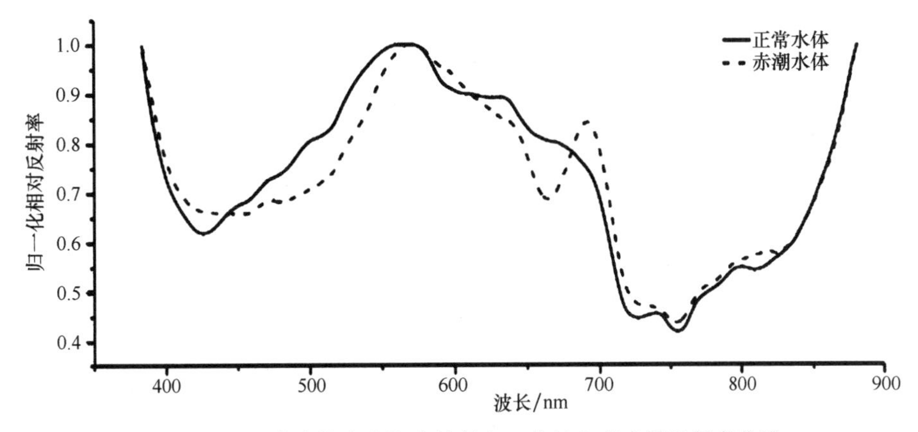

图 6-13　正常水体和赤潮水体的归一化航空高光谱反射率曲线

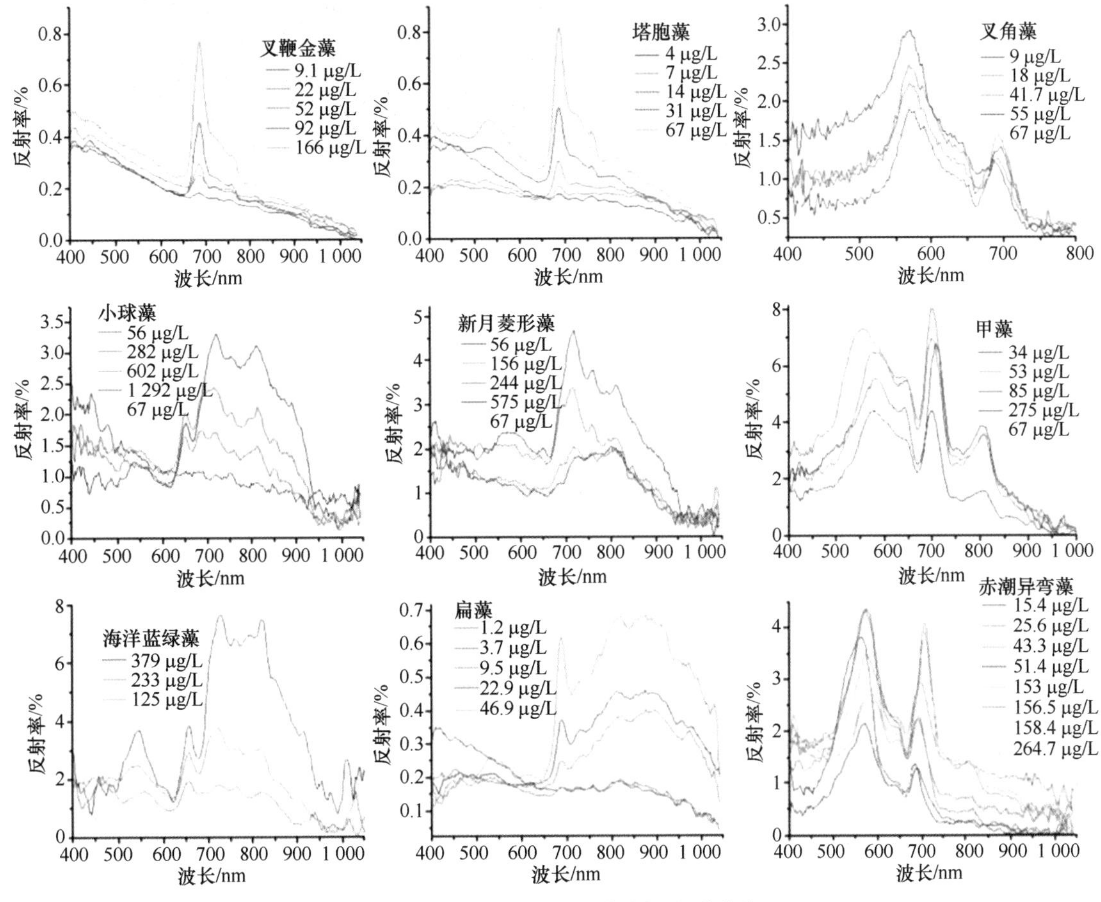

图 6-14　不同藻类反射率实测光谱曲线

资料来源：赵冬至，2005

（二）赤潮卫星遥感监测

赤潮遥感监测的卫星数据主要有两类：一是气象卫星类，使用其主要的海表温度数据，用于探索赤潮的环境温度，可见光波段用于辅助分析；二是水色卫星数据，主要用其可见光数据，以建立叶绿素模型，进而探测海表浮游生物。卫星遥感技术进行监测，具有实时性、大尺度、快速、长时间连续监测的特点。但由于其空间分辨率较低，对小尺度赤潮的监测较为困难。

2016 年，我国应用“海洋一号 B”卫星、EOS/MODIS 等多颗海洋水色卫星数据以及“环境一号 A/B”、“高分一号”等卫星资料开展了赤潮监测工作，制作和发布了多期赤潮卫星遥感监测报告，供沿海地区相关单位使用（图 6-15 和图 6-16）。

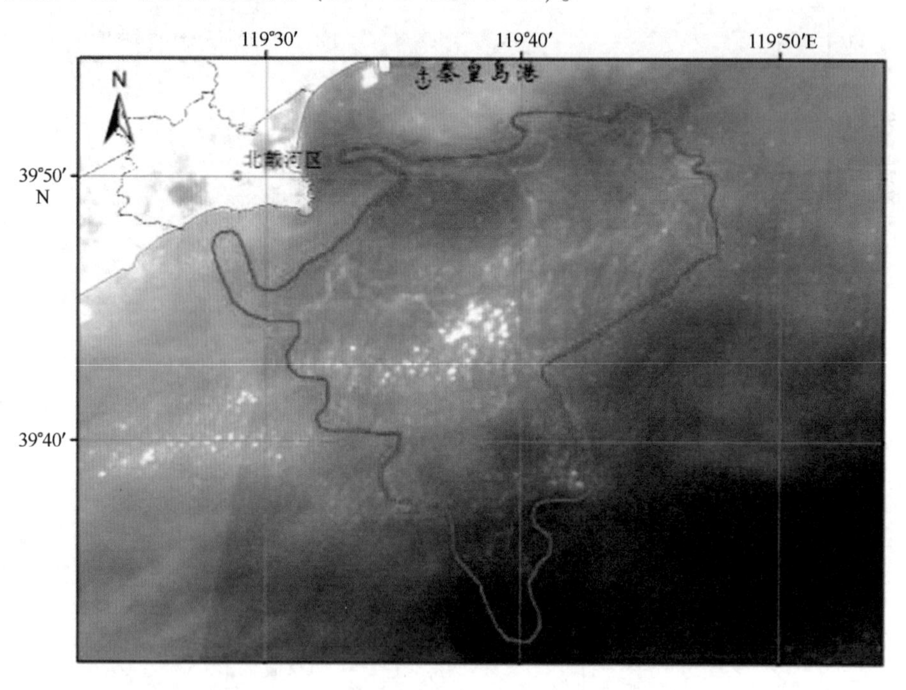

图 6-15　2016 年 8 月 4 日河北金山嘴附近海域赤潮遥感监测

资料来源：国家海洋局，2017

（三）赤潮航空遥感监测

航空遥感主要是利用机载激光诱导荧光传感器等光学遥感监测设备进行海洋浮游植物生物量和黄色物质的监测。无人机在遥感监测工作中的应用，进一步推动了航空遥感监测技术的进展，美国、法国、日本等国均已实现了业务应用工作，我国也于 21 世纪初期开展了有关的研究及例行监测工作（刘涛等，2005）。

机载激光雷达遥感监测法：通过探测海水温度和赤潮藻散射系数等参数，实现对重点水域的监视、应急、跟踪监测工作。其特点是速度快、反应快、能进行大范围监测并能对赤潮的扩散情况进行跟踪监测，但也有着成本高、设备复杂、受天候影响大等不利因素的制约。

飞机红外/紫外探测手段：赤潮航空遥感方面，2001 年以前，中国海监飞机装备的传感器主要是 IR/UV Scanner 和航空相机，开展的工作包括赤潮发现和赤潮发生区域面积估算，但是限于传感器的功能，对赤潮的发现主要依赖于目视解译，红外、紫外图像和航空相片只起到了赤潮暴发海面实况的记录作用。

航空高光谱手段：航空高光谱数据因其具有高空间分辨率、近乎连续的波谱和图谱合一的特性，为赤潮遥感发现检测开辟了新的途径。推帚式成像光谱仪（PHI）是获取高分辨率高光谱

图 6-16　2016 年 8 月 5 日河北金山嘴附近海域赤潮现场验证照片

资料来源：国家海洋局，2017

图像的重要手段。2001 年 7—8 月，中国海监飞机装备了 124 波段的成像光谱仪 PHI 对辽东湾海域频繁发生的大面积赤潮进行了航空遥感监测，首次获取了海上高光谱数据。

第三节　绿潮监测

自 2008 年绿潮灾害大规模暴发以来，我国相关部门对绿潮开展了多方位的监测工作，已初步形成了以遥感监测、陆岸巡视、船舶断面监测为主的绿潮监测体系。其中绿潮遥感监测是业务化监测的主要手段（图 6-17）。

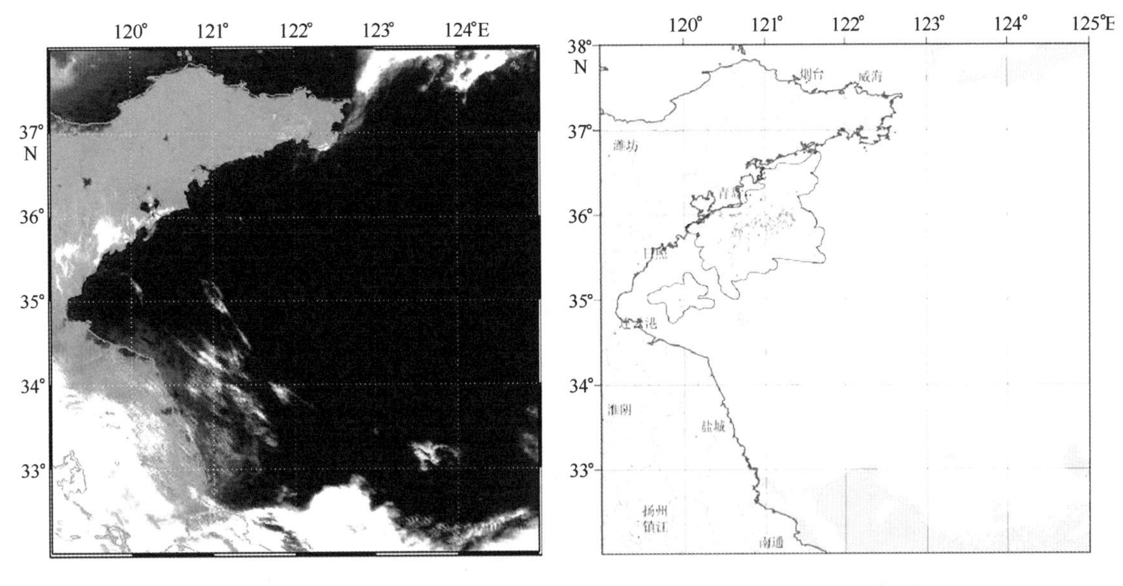

图 6-17　2013 年 6 月 29 日 HY-1B/COCTS 影像及绿潮灾害监测专题

资料来源：2013 中国海洋卫星应用报告

一、绿潮卫星遥感监测

利用实时卫星遥感数据，通过准自动化、业务化监测系统，进行数据判定、数据获取、辐射定标、几何校正、云检测、大气校正、设置 NDVI 阈值、提取绿潮信息，提供绿潮覆盖和分布范围，绿潮密集度和绿潮外缘线等信息产品、图鉴产品和遥感信息监测快报，为绿潮灾害应急提供基础信息。

绿潮遥感监测系统主要内容有：①遥感影像预处理和绿潮信息提取，包括卫星影像的辐射定标、大气校正、几何校正、云提取和绿潮信息提取。②应用 *K*-均值算法开展绿潮漂移初始场制作。③专题图和监测快报制作. 包括可见光和 SAR 影像图、解译图制作，综合监测图制作，以及可见光和 SAR 卫星影像监测快报制作（图 6-18）。

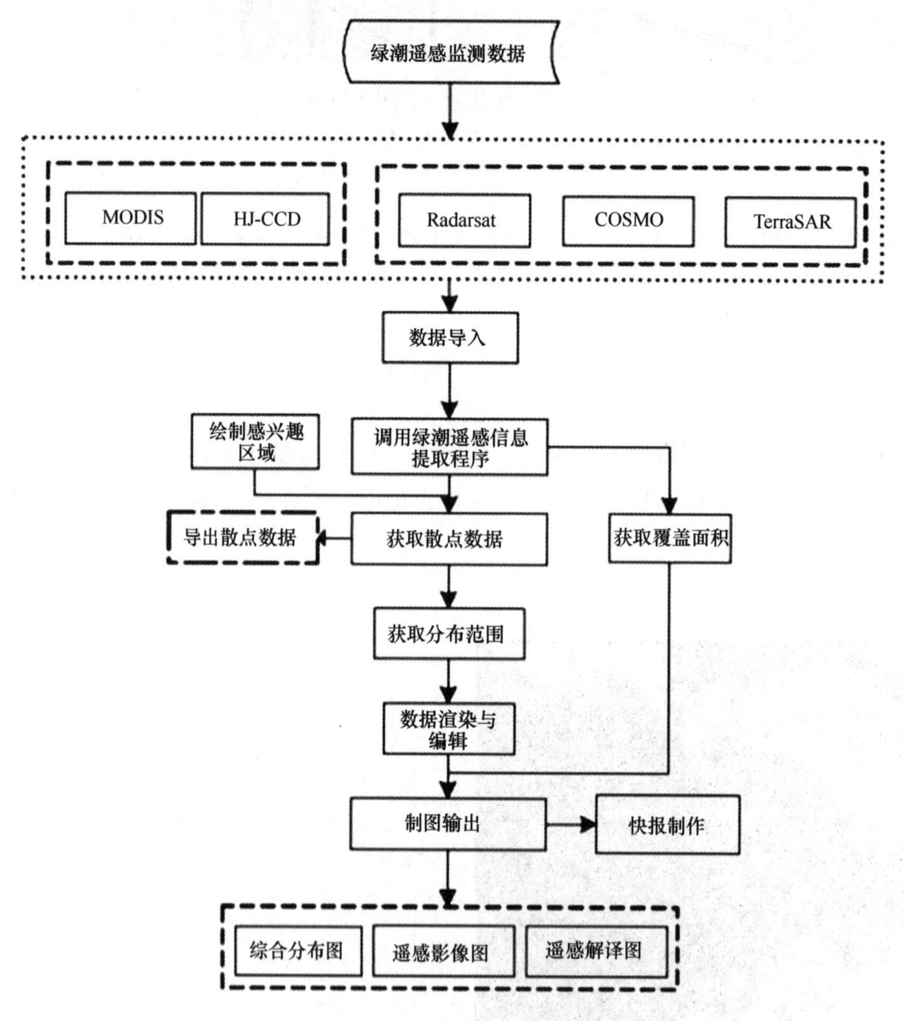

图 6-18　绿潮应急遥感监测系统总体框架

资料来源：曹丛华等，2017

近年来，国家海洋局利用 EOS/MODIS、高分一号等卫星资料对我国近海的绿潮开展业务化监测。例如在 2016 年，国家海洋卫星应用中心从 5 月 17 日第一次发布绿潮灾害通报起，共向国家、海区、省（自治区、直辖市）三级部门和单位发布监测通报 81 期，实现绿潮灾害早期发现和全过程跟踪监测，为绿潮漂移路径预测和防灾减灾提供了准确及时的信息服务（图 6-19 和图 6-20）。

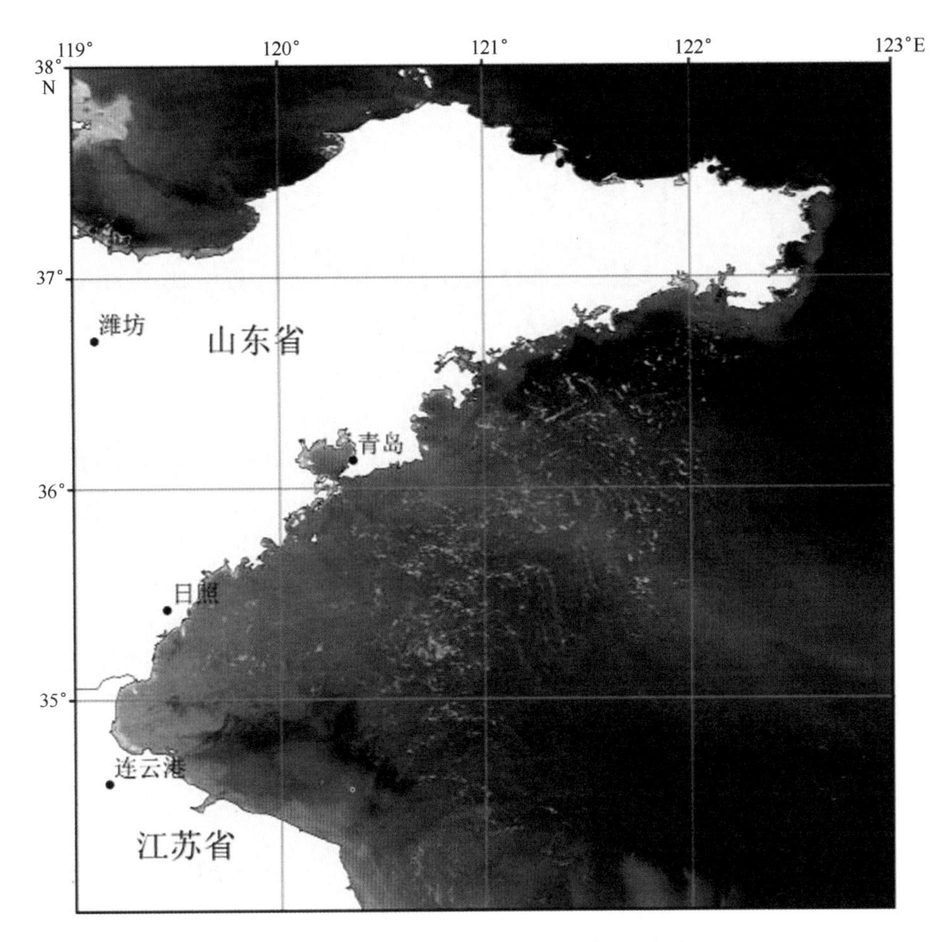

图 6-19　2016 年 6 月 25 日遥感监测绿潮

资料来源：国家海洋局，2017

二、绿潮航空遥感监测

绿潮的航空遥感监测主要应用多模态数字相机（Multi-mode Airborne Digital Camera，MADC）等遥感设备开展。MADC 系统包含高分辨率、宽（多）视场、多（高）光谱、立体观测等多种成像模态，可以根据不同的应用需求快速灵活地设置成不同的工作模态。自 2007 年至今，我国黄海区域已经连续 12 年暴发大规模浒苔绿潮灾害，因此浒苔绿潮的监测工作日益重要。除了上文提到的卫星遥感监测方式外，浒苔绿潮的航空遥感监测发挥的作用也愈加明显。

由于浒苔的光谱和植被非常相似，而与海水的差异明显，因此利用 MADC 获取的图像资料较易建立浒苔的识别和提取模型。2008 年，中国科学院遥感应用研究所成功地利用自主研发的 MADC 对当年暴发的浒苔绿潮灾害情况进行了航空遥感监测，及时提供了奥帆赛区警戒水域及周边海域浒苔分布面积、密集度等应急动态监测信息，保障了奥运会的顺利圆满进行。

（一）基于 MADC 数据快速获取浒苔分布和密度信息

获取数据后首先对数据质量进行判断，选择不同的工作流程进行数据处理；若彩色数据的质量能满足要求，利用如下工作流程（图 6-21）实现浒苔信息的自动和半自动的提取；如果彩色数据质量不高（如海上雾太大，彩色图像模糊）则利用红外数据，基于红外数据的工作流程主要包括数据预处理、目视解译和专题图制作。此技术流程实现了浒苔信息的自动和半自动快速提取，为应急监测赢取了宝贵的时间。

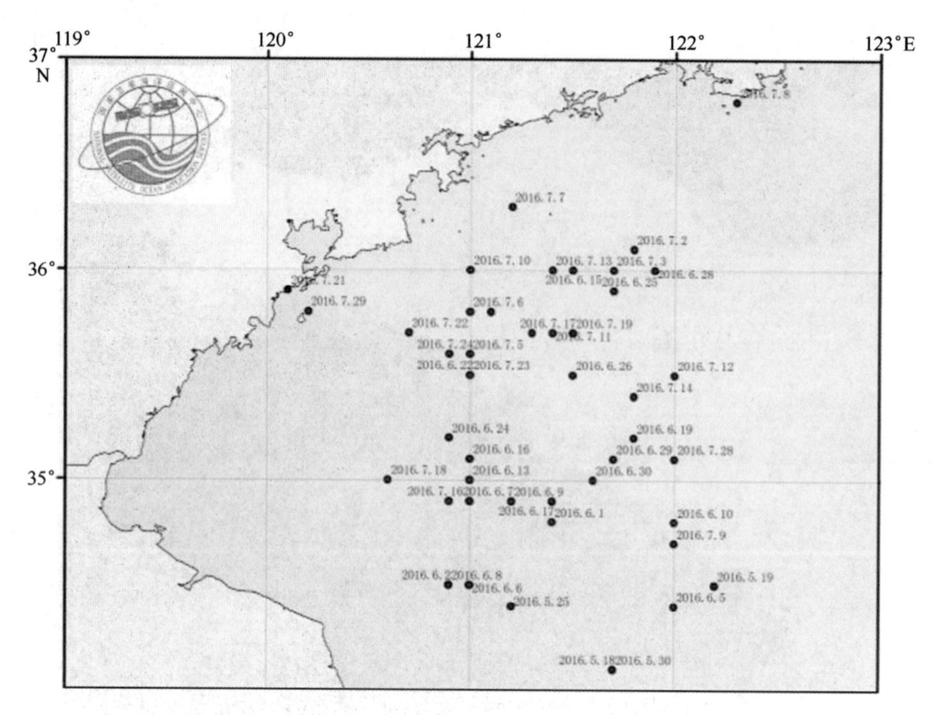

图 6-20　2018 年全年卫星遥感监测绿潮灾害中心位置分布

资料来源：国家海洋局，2017

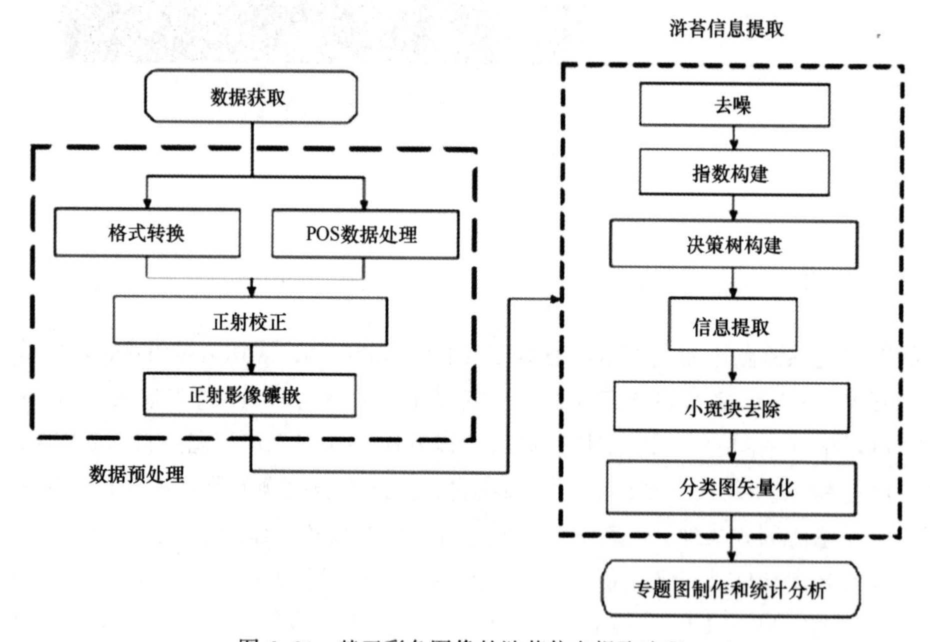

图 6-21　基于彩色图像的浒苔信息提取流程

（二）浒苔绿潮信息提取的关键技术和策略

浒苔信息提取流程中的关键是指数构建并确合适的指数阈值，以及基于所构建指数的决策树的建立。决策树分类法是以各像元的特征值为设定的基准值，分层逐次进行比较的分类方法，比较中所采用的特征的种类和基准值是按照实际数据及与目标物有关的知识等做成的，可以在很短的时间内进行分类处理。建立的决策树见图 6-22。

利用以上信息提取方法和策略，得出监测水域面积（航片覆盖面积）、监测水域浒苔面积，

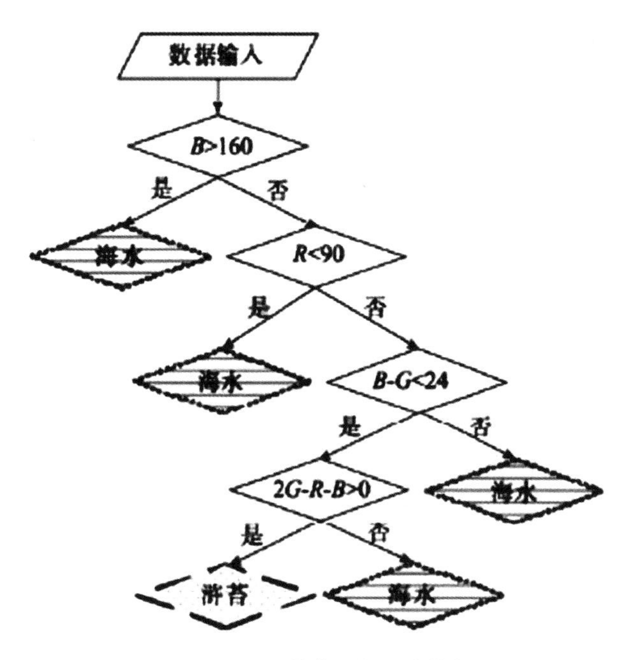

图 6-22 浒苔信息提取决策树

警戒水域（如奥帆赛比赛场地）浒苔面积及其密集度信息。这些信息为浒苔打捞治理决策提供了准确的数据支持和决策依据。所建立的基于 MADC 的浒苔灾害遥感监测技术流程被成功地应用于海洋赤潮航空遥感监测和海上溢油遥感监测，显示出了 MADC 系统在海洋环境灾害应急遥感监测中的优势，这也是其所具有的多模态、多光谱和轻便灵活易安装的特点决定的。

第四节 褐潮监测*

一、褐潮的现场监测

（一）褐潮判别及分析标准

1. 感官指标

海水的颜色、嗅味和透明度等是初步判定水域是否发生褐潮的直观指标。颜色变化，海水透明度低，产生恶臭，发黏等是发生褐潮的指标性特征。

2. 生物量指标

当微微型生物密度大于 10^7 个/L 警戒值时即判为褐潮。小于该警戒密度值而恢复到海域原有的生物量，可视为正常或褐潮消失状态。

（二）监测时段和频率

常规监测：5 月和 8 月为每月 1 次至 2 次；6—7 月为每周 1 次；发现褐潮征兆起每 3 天监测 1 次；跟踪监测：从褐潮发生起至褐潮消失止，每天 1 次或酌情增加次数。

（三）监测范围

监测微微型藻类密度达到 10^7个/L 以上或海水颜色异常最外围边缘包含的水域范围。采用卫

* 本节内容主要根据《海洋褐潮监测技术规程》（DB21/T 2427—2015）等资料改写。

星遥感、航空遥感或船舶 GPS 定位方法界定海水异常范围及坐标，记录褐潮发生的面积、位置及时间要素。

(四) 监测项目及监测方法

监测项目包括现场观测，水文气象要素、生物学要素和化学要素的观测（表 6-3）。现场观测海区水色、味、溴、漂浮物，向渔民调查监测海区是否有水体变色、异味、异常漂浮物或海产品死亡以及贝类滞长等异常现象。另外，需要监测褐潮范围和图像；水文气象要素方面主要监测海表水温等；生物学要素方面主要监测微微型真核生物种类；化学要素方面主要监测 pH 值等。

表 6-3　褐潮监测项目及分析方法

指标	监测项目	分析方法	采用标准
观测项目	褐潮范围	船舶、航空 GPS 定位，卫星定位	
	褐潮图像	录像、摄像	
	色、味、嗅、漂浮物	目视及感官	GB 17378. 7
水文气象要素	海表水温	表层水温表法	GB 17378. 4
	水色	比色法	GB 17378. 4
	透明度	透明圆盘法	GB 17378. 4
生物学要素	微微型真核生物种类	18S rDNA 高变区序列对比法	
	小型浮游植物种类及数量	沉降、直接、浓缩计数法（水样）	GB 17378. 7
	叶绿素 *a*	荧光分光光度法	GB 17378. 7
化学要素	pH 值	现场快速测定仪法或 pH 计法	GB 17378. 4
	溶解氧	现场快速测定仪法或碘量法	GB 17378. 4
	氨	次溴酸盐氧化法	GB 17378. 4
	亚硝酸盐	萘乙二胺分光光度法	GB 17378. 4
	硝酸盐	镉柱还原法	GB 17378. 4
	无机磷	磷钼蓝分光光度法	GB 17378. 4

资料来源：《海洋褐潮监测技术规程》（DB21/T 2427—2015）

二、其他监测手段

褐潮监测手段主要依靠现场识别调查，对于褐潮的新型监测手段研究较少。近年的研究发现，基于 MODIS 数据水色水温异常与 HJ-1 号 CCD 影像水色差异的综合判别法可用于微微藻褐潮遥感监测。另外，由于褐潮的致灾生物抑食金球藻的个体微小，利用相差显微镜和荧光显微镜通过形态特征观察很难鉴定。美国早期对抑食金球藻的检测主要使用免疫荧光法，但是检测时间较长和灵敏度较低，随着检测技术的不断改进，现在针对褐潮抑食金球藻的检测手段主要有免疫流式细胞技术、定量聚合酶链反应、色素组分分析和分子生物学鉴定技术等。

第五节　金潮监测

一、金潮遥感监测原理

马尾藻的光谱特性与其色素成分及含量有关，马尾藻体内的色素有叶绿素、叶黄素、β 胡萝卜素、褐藻黄质及酚类色素等，在不同生长阶段各色素的成分含量也会有所变化，这些变化也会对马尾藻的吸收和反射特性造成影响。叶绿素是影响马尾藻水域光谱特性最主要的因素。叶绿素在440 nm、550 nm、685 nm附近分别存在吸收峰、反射峰和荧光峰，马尾藻体内的其他色素使其光谱峰值同叶绿素相比发生偏移。

IKONOS、Landsat和Meris三颗卫星的遥感图都可以观测到马尾藻的影像信息。IKONOS卫星虽然具有较高的空间分辨率，但价格太高；Landsat卫星的空间分辨率优于Meris，且价格实惠，更适合大范围的资源调查。

马尾藻在Landsat真彩色（TM3、TM2、TM1）和假彩色（TM4、TM3、TM1）合成图上均呈黄色，其生长边界在假彩色合成图上更为清晰。马尾藻水体与非藻类水体在TM4的差异最大Red tide，在TM3也存在细小差异，单波段提取法（TM4）、双波段比值法（TM4/TM3）、双波段差值法（TM4−TM3）和归一化植被指数法（（TM4−TM3）/（TM4+TM3））都可以从自然水体中提取出马尾藻信息，与IKONOS的提取结果相比，归一化植被指数法的提取精度最高。

二、业务化监测

2016年12月底，江苏海域突发金潮灾害，漂浮马尾藻的堆积导致南通、盐城海域的紫菜筏架大面积垮塌。我国进行了南黄海金潮卫星遥感跟踪监测及溯源，每日开展卫星数据检索和数据处理，编制并发布金潮卫星遥感监测通报（图6-23）。该轮监测一直持续到2017年2月末江苏海域金潮消亡，期间共发布南黄海马尾藻卫星遥感监测通报34期，累计监测到的马尾藻分布面积超过3×10^4 km^2，单次最大分布面积达7 700 km^2。这是我国首次针对马尾藻这一大型褐藻开展的业务监测。

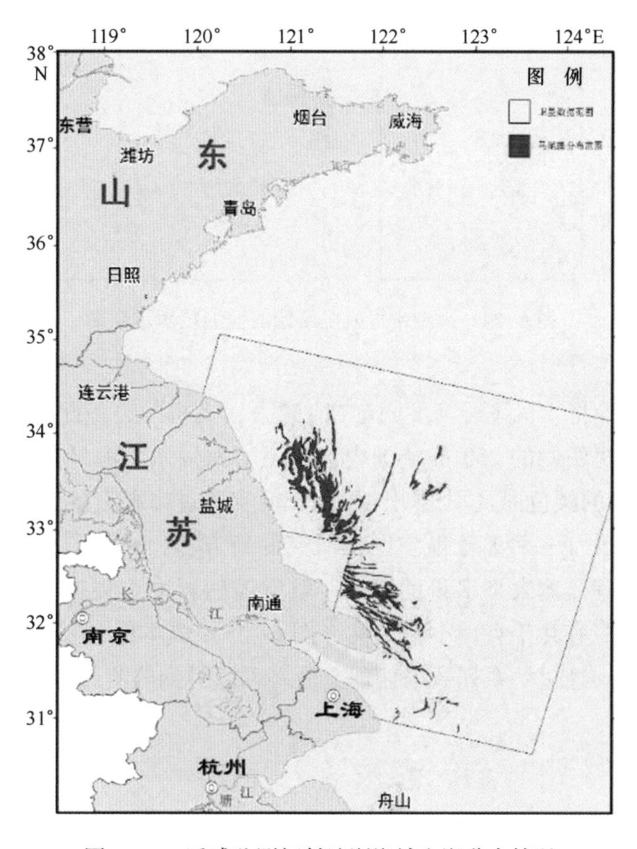

图6-23　遥感监测辐射沙洲海域金潮分布情况

资料来源：宗禾，2017

在跟踪南黄海金潮过程中，监测人员于2月9日在东海海域也发现了大面积马尾藻。东海金潮最大分布范围南起台湾海峡北口，北至江苏南通海域，最远可达韩国济州岛海域。截至2017年6月初，共计发布东海海域金潮卫星遥感监测通报24期，累计监测到的金潮分布面积近$20\times10^4\ km^2$，单次最大分布面积逾$6\times10^4\ km^2$。根据历史遥感监测结果发现，2015年以来的漂浮马尾藻发现频次和分布面积均呈大幅度上升态势，需要加强关注并做好防御措施。

第六节　白潮监测

一、航空影像监测

航空影像监测白潮是以飞行器为载体，通过摄影或摄像调查大范围水域水母的区域分布，获取近表层或表层大型水母的信息。航空影像的监测技术见图6-24，其优点是不需要接触水体，惊扰这些水母，就可以完成这些观察的过程（张芳，2017）。

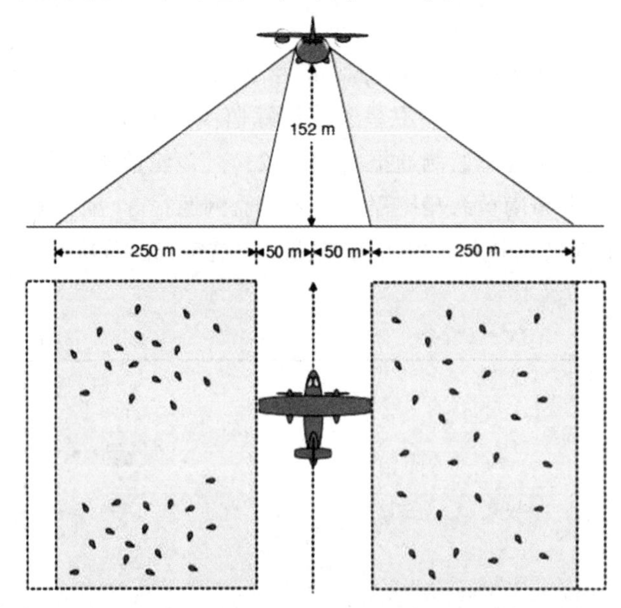

图6-24　大型水母航空影像的监测技术示意图

Houghton（2006）等将飞机飞行高度固定在152 m，飞机两边各配有1名观测者，使用测斜仪将观测范围限制于飞机两侧的250 m范围内，监测了南爱尔兰海域的3种大型水母（直径大于1 m），各自具有不同的颜色而且不透明，可以在低空通过肉眼直接辨认。

Barrado（2013）提出了一种基于航空图像研究的新方法，介绍了使用遥控飞机机载可视相机和图像处理算法，远程监测大型水母的案例。航空遥感器由可视摄像头，处理板和存储系统组成。这种载荷的重量只有几千克。小型飞机（图6-25）成本低，易于运输，并最大限度地减少对安全和环境的影响。经过一系列数据处理，最终可以得到监测影像（图6-26）。

二、声学监测

近年来，声学技术已被欧美、韩国和日本等渔业发达国家运用于大型水母的行为跟踪和资源评估。Lee等（2010）采用粒子追踪测速的声学方法研究了沙海蜇的游泳速度和垂直分布，为东亚海域沙海蜇迁移模型的构建提供了基础数据。高分辨率成像的声呐技术也被用来调查大型

图 6-25　遥控旋翼机和船载控制中心

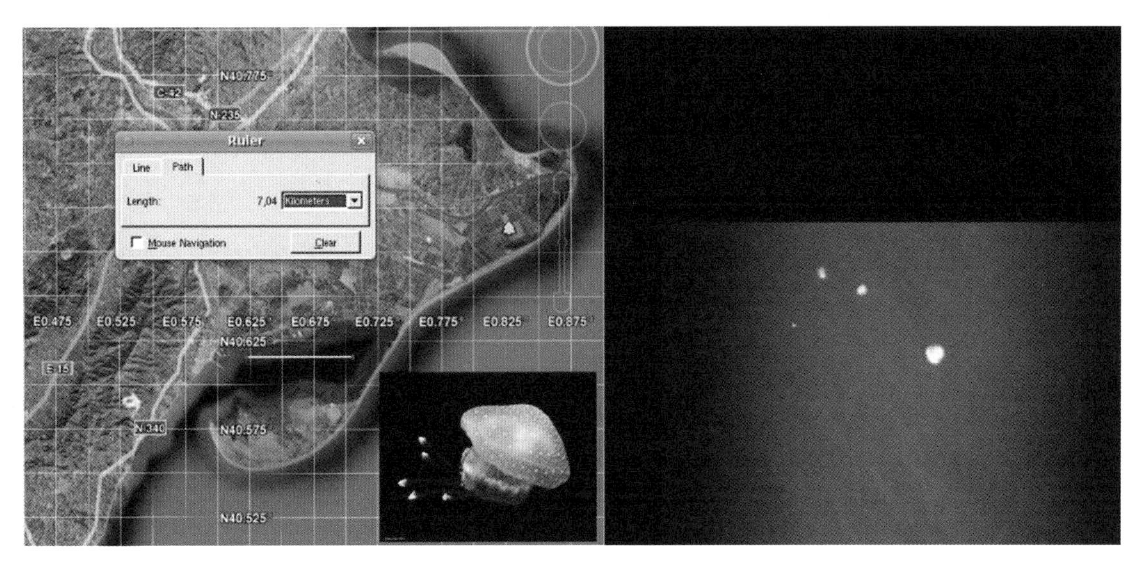

图 6-26　埃布罗河三角洲图像示例

水母，虽然水母的声学影像没有鱼类的清晰，但是仍然可以根据水母体在水中的方位、本身的轮廓以其生殖腺等特征把鱼类和水母鉴别出来。即使水体的可见度较低，也能提供近似于视频质量的声学影像。再与网具的调查结果相结合，已经成为浅海水域中一种调查水母分布和丰度的精确方法（Han and Uye，2009）。虽然声呐成像的监测方法监测范围广、能够同时对水母的垂直和水平分布进行监测、在可见度低的水体中也可以监测，但是此方法的分辨率较低，不能对水母的种属进行判别，也不能反映水母的运动行为。

小结

海洋生态灾害监测包括传统监测和浮标监测、岸基观测、志愿船观测、海床基监测、遥感监测等新兴监测技术手段。监测的对象既包括海域环境又包括致灾生物。由于致灾生物种类的不同，各类生态灾害的监测方法存在着较大差异。赤潮、绿潮、褐潮、金潮、白潮均按相应国家标准开展了传统监测。赤潮、绿潮和金潮开展了遥感监测研究，白潮开展了声学监测研究。随着遥感技术的进步和成本的降低，遥感监测日益成为生态灾害业务化监测的主要手段，其中赤潮和绿潮均已初步实现了遥感业务化监测。

思考题

1. 海洋生态灾害的监测一般包括哪些技术？
2. 卫星遥感和航空遥感各有什么优缺点？适用于什么场合？
3. 赤潮灾害主要的监测内容包含哪些类型？
4. 赤潮、绿潮等灾害开展遥感监测的生物学基础是什么？

第七章　海洋生态灾害预测预报

与风暴潮、海浪等自然灾害不同的是，生态灾害涉及面较广，不仅涉及自然环境变化，也涉及生态演变，其发生发展的机理更为复杂，需要采取的治理措施也涉及多个方面。为保护海洋生态环境，减少海洋生态灾害所造成的经济损失，迫切需要发展海洋生态灾害预测预警方法。

随着对海洋生态灾害成因和暴发机理研究的日益深入，研究者们开始逐渐探索是否能够通过历史规律结合当前状况，对未来灾害的发展趋势进行预测，为灾害的防灾减灾提供技术支持。本章从海洋生态灾害预测预报的原理上及技术实现角度上对海洋生态灾害进行阐述，并简要介绍海洋生态灾害预警信息发布等内容。

第一节　赤潮灾害预测预报

近年来，由于赤潮发生的频率及规模不断增加，造成了巨大的经济损失，并危害人类的生存环境，赤潮灾害频发正日益成为我国沿海经济可持续发展的一个重要的制约因素，已引起了我国政府和公众的高度重视。赤潮的预测预报研究对防止赤潮危害，减少赤潮所造成的经济损失，保护人们的健康安全起着重要的作用。对其进行成功预测，并进行有效的灾害防控已成为社会的迫切需要。原国家环保局重大科研项目“渤黄海污染防治研究”中的145专题“渤海湾赤潮的发生机制及预测方法研究”、国家基金委资助开展的重大项目“中国东南沿海赤潮发生机理研究”、原国家科委资助的“八五”攻关专题“近海富营养评估和赤潮预测技术研究”、国家攀登计划B专题“有机污染诱发有机赤潮及危害机理研究”以及国家基金“九五”重大项目“中国沿海典型增养殖区有害赤潮发生动力学及防治机理研究”等，开始了对赤潮进行大规模、全方位的研究。2001年，我国国民经济“十五”发展纲要中专门提到要“预防、控制和治理赤潮”。国家“十五”攻关项目“海洋环境预测和减灾技术”中，“赤潮灾害预报技术研究”被确立为第05子课题，对赤潮预报的统计模型和数值模型进行了深入研究。同时，一些20世纪80—90年代兴起的控制理论、检测技术、计算机技术、通信技术等日趋成熟，其中不少理论成果已在实践中大量应用，这为研制新型、高性能的赤潮监测与预报系统提供了有力的技术支持与保障（姬鹏，2006）。

赤潮灾害的发生是一个复杂的生态过程，是由许多因素综合作用的结果（图7-1）。就目前在其发生机理还不完全清楚的情况下，要准确预测灾害的发生还非常困难。经过近些年的发展，国内外赤潮预测预报技术有了很大的进展。目前，用于赤潮灾害预测预报的方法主要分为3类：经验预报法、统计预报法和数值预报法。

一、经验预报法

赤潮作为一种生态异常现象，影响它发生的环境因子有很多，其中主要包括以下几方面：①气象条件：如风、降雨、气温、光照等。在我国沿海海域，赤潮发生受气温影响，按时间顺序由南到北（南海、东海、黄海、渤海）依次发生；②海洋学过程：如潮汐、海流、跃层、锋面、水温等；③生态学因子：化学特征因子：如氮、磷、硅等大量营养盐，铁、锰、维生素等

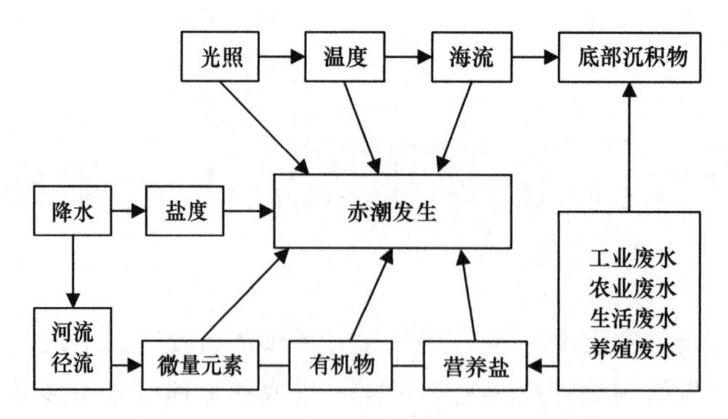

图 7-1　赤潮发生与主要环境因素之间的关系

资料来源：赵冬至，2004

微量营养盐；赤潮生物的生态学特征：如趋营养性、趋光性、粒度效应；浮游动物摄食等，这些因子的变化与赤潮发生之间往往有一定的规律性。经验预测法就是根据赤潮生消过程中环境因子变化规律进行预测有害赤潮发生的方法（王修林等，2003）。

（一）海水温度变动预报法

海水温度是赤潮生消过程中重要的影响因子之一。异常高水温的年份或季节增加了赤潮发生的可能性。当海水表层和底层水温变化较小时，水体密度差异较小，分层不明显，水质不能充分运动，容易引起赤潮生物的大量繁殖（Eppley，1972）。同时，水温对浮游生物的繁殖有很大影响，并且可以引起优势种生物的更新换代（Goldman et al.，1974）。研究发现夜光藻种群数量与温度有着密切的关系（邹景忠等，1995），夜光藻大量繁殖的最适水温为 18℃，当海水温度超过（低于）积温值时，会诱发（抑制）赤潮的发生（周成旭等，2008）。通过研究海温年变化与赤潮发生的关系，建立了标准积温曲线（图 7-2），可以确定不同赤潮种类发生的时限和积温数（赵冬至，2004）。所以，通过海水温度的变化可以初步判断赤潮发生的可能性，但是此方法不够精确，需要结合其他预报方法一起运用，才会得到较好的结果。

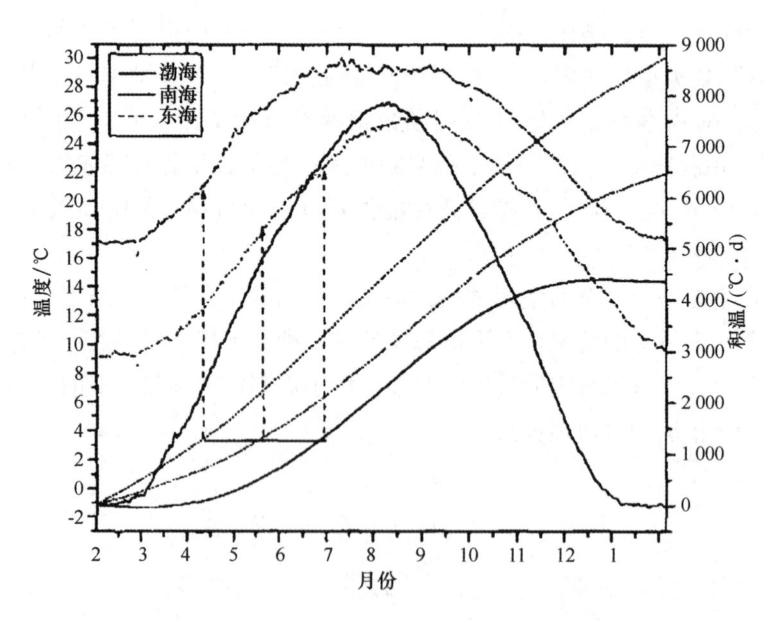

图 7-2　南海、东海和渤海多年日均温度与积温

资料来源：赵冬至，2004

（二）气象条件预报法

赤潮监测比较随机，无法形成完整的链条，针对赤潮全过程的各种生物、化学要素的时间变化资料则更为缺乏，所以很难利用传统的统计学方法达到提炼赤潮发生的规律。近年来，《海洋环境质量公报》显示近岸海域海水污染严重，同时我国的沿海致潮藻类种数繁多，且分布广泛，海上生物、化学条件已经基本具备，在这种情况下，水文气象条件往往是诱发赤潮的重要因素。因此转而利用比较完整的气象资料的变化来寻找预报赤潮的发生规律是一种切实可行的方法《现代海洋预报与服务》。如降雨预测法，1995 年 7 月底 8 月初，中国的黄海北部地区普降大雨，导致 8 月中旬发生褐胞藻赤潮（矫晓阳，1996；郭皓，2016）。

（三）潮汐预报法

这种方法适合以潮汐作用为主的近海海域。潮汐对赤潮生物的聚集与扩散起重要作用，潮水的涨落会引起海水交换，可将底层丰富的营养盐通过直接或间接的方式输送到表层，于是表层汇集大量的赤潮生物，促成赤潮的发生，并且在某些近海海域对赤潮生物的聚集起重要作用。例如中国南海大鹏湾盐田海域，其水体交换主要依赖于潮汐、潮流，特别是受潮汐的影响，依据对其发生的时间分析，赤潮一般发生于水体交换缓慢的日潮期间，因此该海域可结合其他条件用潮汐预报法进行赤潮预报。

（四）赤潮生物细胞密度预警法

赤潮暴发过程中，存在生物量的阈值，即临界点。当前的生物量超过该阈值时，浮游生物会越过正常的群落演替阶段进入指数性暴发增长阶段，由此产生赤潮。因此，找到浮游植物生物量突变的“临界值”是这种途径实现赤潮预报的基础。日本学者安达六朗（1973）根据日本各海区多次赤潮时间的实例统计，提出以赤潮生物浓度的范围及其种群增长密度作为判断赤潮暴发的标准（常称为细胞密度法）。该研究结论也在我国近年来的大量研究工作中得到了广泛的应用。如海水透明度或海水辐射率预警法：一定种类的赤潮生物密度增加会导致海水透明度降低和海水辐射率增大。根据对虾养殖场实验表明，透明度与浮游植物密度有着反向关系。当浮游植物数量级别为 $10^6 \sim 10^7$ m^{-3} 范围时，透明度一般大于 1 m；在数量级别为 $10^8 \sim 10^9$ m^{-3} 范围时，透明度一般小于 1.5 m；当数量级别为 10^{10} m^{-3} 时，透明度绝大多数都小于 1 m。剔除透明度不确定的数据组，对余下的数据进行数学拟合，得到如图 7-3 所示的关系曲线。拟合出的方程式是纯粹数学性的，没有生态学意义，因为曲线扩展到了负值区域，但这并不影响对数据的分析。趋势线在 1.2 m 左右有一拐点，低于该值时曲线斜率急剧变大，透明度很小的变化对应着浮游植物密度的巨大变化。因此，从纯粹数学角度看，1.2 m 是反映虾池赤潮临界状态的一个有意义的参考值。但是在自然海区，由于海况不同通常观测误差较大，考虑到这些，实际应用的预警透明度标准值应该比 1.2 m 高一些。因此，结合赤潮实例，1.6 m 海水透明度可以作为赤潮发生的预警临界值（矫晓阳，2001）。

（五）赤潮生物活性预警法

主要参数为溶解氧（DO）、COD、pH 值、N（无机氮以及各种硝酸盐、亚硝酸盐等）、P（无机磷）等。赤潮生物白天进行光合作用，产生大量氧，夜间停止光合作用，因呼吸作用吸收溶解氧，因此海水中溶解氧明显升高或昼夜有明显的变化与赤潮生物量相关，所以溶解氧可用作赤潮预报的化学参数。依据长江口赤潮监测资料建立溶解氧短期预测模式：$DO=DO_H-DO_L \geqslant 5$，其中，DO 是溶解氧的昼夜差，DO_H（mg/dm^3）为昼夜间溶解氧的最大浓度，DO_L是最小浓度，当 $DO \geqslant 5$ 时，赤潮发生风险增加，其用此模型预测了长江口水产养殖区赤潮的发生（王正方等，2000）。

海水中的营养盐类是赤潮生物生存的物质基础，是监测赤潮发生的基本要素。其中，N（无

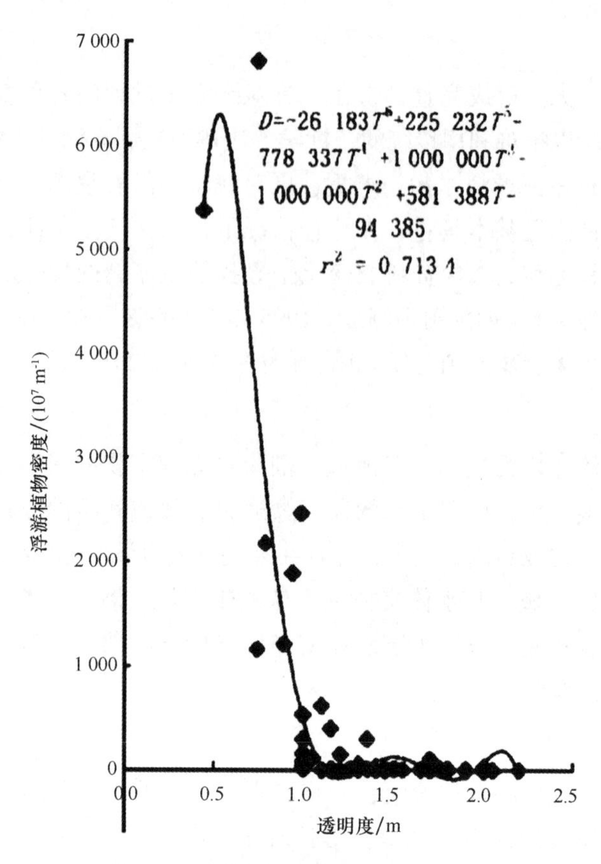

图 7-3　浮游植物密度与透明度的关系

资料来源：矫晓阳，2001

机氮以及各种硝酸盐、亚硝酸盐等)、P（无机磷）等是海水富营养化污染的主要指标。这些营养盐的循环方式、周期和速率也会影响浮游植物的种群变化。当盐度、pH 值降低到一定值，且营养盐含量增加到较高值时，会暴发赤潮（曹婧等，2009）。

（六）生物多样性指数法

赤潮的发生会导致浮游植物多样性指数降低。采用 Shannon-Weaver 公式：

$$d = \sum p_i \log s p_i$$

式中，p_i 为第 i 个细胞密度与总细胞密度的比值；s 代表样品中的浮游植物种数，d 值越小，赤潮越严重。

二、统计预报法

经验预报法仅依赖于某个环境因子的异常变化来定性判断赤潮发生，然而赤潮的形成往往是多环境因子造成的，因此，这在一定程度上限制了该方法的实用性。统计预报法能够综合分析引发赤潮的多个环境因子，基于多元统计方法，对大量赤潮生消过程的监测资料进行分析处理，筛选主要环境因子的同时，利用一定的判别模式对赤潮进行预报，主要有主成分分析法、判别分析法、逐步回归分析法、机器学习方法、多元回归分析法、聚类分析法、演绎结构分析法、时间序列分析法等。

（一）主成分分析法

通过对大量赤潮监测资料进行主成分分析，依据赤潮发生期样本，赤潮前期样本和正常期样本的主成分值表（表 7-1），由于不同类型的样本所属区域不同，从而可以对未知样本进行类型判别，预测赤潮的发生。自从 Qichi（1981）首次应用主成分分析成功地预测了濑户内海广岛湾 1982 年所发生的 Gyrodinium65 型赤潮后，我国也相继开始用此方法进行赤潮预测。根据 1990 年和 1991 年南海大鹏湾海域资料，采用 6 个赤潮样本、3 个赤潮前期样本和 12 个正常样本，选用包括水温、盐度、溶解氧、叶绿素 *a*、叶绿素 *b*、叶绿素 *c*、活性磷酸盐、亚硝酸盐-氮、硝酸盐-氮、氨-氮、硅、铁、锰等 13 个环境因子等进行主成分分析，绘制出赤潮图，对样本进行了分类，进一步验证了应用主成分分析法预测赤潮发生预报的可行性和有效性（黄奕华等，1997）。

表 7-1　14 个环境因子的主成分分析结果（前 5 个主成分及因子负荷量）

环境因子	主成分				
	Z1	Z2	Z3	Z4	Z5
T	-0.192 7	0.370 7	0.253 3	-0.143 4	-0.092 6
	(-0.384 8)	(0.638 9)	(0.367 1)	(-0.234 0)	(-0.127 2)
S	-0.292 9	-0.198 6	-0.432 9	-0.030 9	0.014 2
	(-0.584 9)	(-0.342 3)	(-0.627 3)	(-0.042 5)	(0.012 6)
DO	0.422 6	-0.054 8	0.082 5	-0.258 7	-0.209 6
	(0.843 8)	(-0.094 4)	(0.119 5)	(-0.355 4)	(-0.185 9)
pH	0.338 5	0.008 2	0.285 8	-0.342 5	-0.105 0
	(0.679 9)	(0.014 2)	(0.414 0)	(-0.470 5)	(-0.093 2)
Tu	0.448 4	-0.035 9	-0.022 9	-0.091 9	-0.101 1
	(0.895 4)	(-0.061 8)	(-0.033 1)	(-0.126 2)	(-0.089 7)
Chl *a*	0.203 5	-0.002 6	-0.172 0	0.501 5	-0.142 4
	(0.406 4)	(-0.004 5)	(-0.249 2)	(0.689 0)	(-0.126 3)
Chl *b*	0.304 8	0.270 1	-0.336 6	0.260 5	-0.016 1
	(0.608 7)	(0.465 5)	(-0.487 7)	(0.357 9)	(-0.014 3)
Chl *c*	0.229 8	0.369 0	-0.341 5	0.168 3	0.040 1
	(0.458 9)	(0.636 0)	(-0.494 9)	(0.231 3)	(0.035 6)
PO_4	-0.102 8	0.272 2	0.361 8	0.196 4	0.466 2
	(-0.205 3)	(0.469 1)	(0.524 2)	(0.269 7)	(0.413 6)
NO_2	0.185 3	0.419 8	0.272 9	0.191 6	-0.022 9
	(0.370 0)	(0.723 5)	(0.395 4)	(0.263 2)	(-0.020 0)
NO_3	-0.186 5	-0.090 7	0.235 5	0.313 3	-0.765 5
	(-0.372 5)	(-0.156 3)	(0.341 2)	(0.430 2)	(-0.679 1)
$Si(OH)_4$	-0.285 6	0.396 7	0.021 0	0.018 9	-0.101 4
	(-0.570 2)	(0.683 8)	(0.030 4)	(0.025 9)	(-0.090 4)
Fe	0.181 0	-0.318 9	0.227 3	0.184 3	0.255 0
	(0.361 5)	(-0.549 7)	(0.329 3)	(0.253 2)	(0.226 3)
Mn	0.041 4	-0.303 6	0.294 9	0.471 0	0.112 4
	(0.082 7)	(-0.523 3)	(0.427 3)	(0.647 2)	(0.099 7)
主成分贡献率/%	28.48	21.22	15.00	13.48	5.62
累计贡献率/%	28.48	49.70	64.70	78.18	83.80

注：表中括号内的数据为相应的因子负荷量

资料来源：黄奕华等，1997

（二）判别分析法

根据影响赤潮发生的关键环境因子，建立已知赤潮样本和无赤潮样本的判别方程，然后将目前的环境因子代入方程，依据判别方程预测赤潮的发生。黄秀清等根据 1990 年 6 月发生在长江口的赤潮监测资料，分别选取两组环境因子：①硝酸盐、亚硝酸盐、氨氮、磷酸盐、硅酸盐；②硝酸盐、亚硝酸盐、氨氮、磷酸盐、硅酸盐、铁、锰、水温、盐度、溶解氧、pH 值。建立有赤潮样本和无赤潮样本的判别式，得到如下结果：根据第一组因子建立的判别式进行判别，无赤潮样本的判别准确率达 100%，有赤潮样本判别准确率为 62. 5%；根据第二组因子建立的判别式进行判别，无赤潮样本判别准确率 33. 3%，有赤潮样本判别准确率达 100%，在对赤潮进行预测的同时，也表明了一些环境因子对赤潮发生的影响。尽管判别分析法已经显示出预测赤潮的可行性，但在选择变量因子上仍然存有一定的盲目性。此外，目前应用较多的线性判别方程不能准确揭示各环境因子对赤潮发生的影响（王修林，2003）。

（三）逐步回归法

应用逐步相关性分析，找出影响赤潮发生的主要环境因子，并建立赤潮生物量或密度与环境因子之间的回归方程，然后将目前的环境因子带入回归方程，依据赤潮生物量或密度的计算结果，并结合经验预报法预测赤潮的发生。目前，此方法主要用来进行影响赤潮发生的环境因子分析。

通过对浙南洞头沿海赤潮的研究中可以发现，与监测海域的藻类浓度最为正相关的 3 个因子是气温、平均气压和相对湿度，最为负相关的则是降水量、日照时数、风速，且相关系数平均风速>日照时数>日降水量，利用上述研究结论建立的多元回归方程能够在一定程度上较好地预测赤潮藻类浓度（符生辉，2015）。而对厦门海域的研究结果则表明，COD 是影响浮游植物数量的主要环境因子，两者之间存在明显的线性相关性，可以通过 COD 浓度来预测浮游植物的数量（胡展铭等，2008）。而在广东大亚湾的研究中则认为，单纯运用物理因子（如潮流、风向、天气状况和水温等）也可以建立用于预测赤潮生物量的多元回归方程（林祖享等，2002）。由此可见，统计预测模型的普适性较低，不同区域、不同藻种甚至是不同时间段，对赤潮生物量的影响因素都是不同的。可以预见的是，单纯采用多元回归的方式仅能够预测与用于建立方程的历史数据所处环境相似的赤潮，而对于其他环境下的赤潮发展趋势意义不大。有鉴于此，部分研究者开始对多元回归模型设置多个区域或者多种情况，可以反映除纳入模型的因子之外的其他因素对赤潮生物量的影响，以提高模型的普适性。比如，在一项对大连市近岸海域赤潮的研究中，研究者基于大量的历史资料，分别建立了春、夏季赤潮预测模式，使得春季符合率提高至 83%，夏季的符合率提高至 92%，验证结果如表 7-2 和表 7-3 所示（王惠卿等，2000）。

表 7-2　春季预测模式验证结果对比

个/L

时间	站位	海域	预测		实测		符合否
			生物量	是否赤潮	生物量	是否赤潮	
1993 年 4 月	31#	南部	7.5×10^7	赤潮	8.6×10^6	赤潮	√
1993 年 4 月	34#	南部	5.6×10^6	赤潮	1.4×10^7	赤潮	√
1993 年 4 月	H010	大连湾	1.3×10^6	赤潮	3.9×10^6	赤潮	√
1993 年 4 月	H011	大连湾	3.2×10^7	赤潮	9.3×10^7	赤潮	√
1993 年 4 月	H012	大连湾	3.6×10^8	赤潮	3.1×10^7	赤潮	√
1993 年 5 月	H015	大窑湾	4.6×10^5	未赤潮	5.8×10^7	赤潮	×
1993 年 5 月	31#	南部	5.7×10^6	赤潮	8.1×10^5	未赤潮	×

续表

时间	站位	海域	预 测		实 测		符合否
			生物量	是否赤潮	生物量	是否赤潮	
1994 年 5 月	34#	南部	5.4×10^5	未赤潮	2.3×10^5	未赤潮	√
1994 年 4 月	H010	大连湾	2.6×10^6	赤潮	4.0×10^6	赤潮	√
1994 年 4 月	H011	大连湾	9.0×10^4	未赤潮	4.7×10^5	未赤潮	√
1994 年 4 月	H012	大连湾	7.4×10^6	赤潮	3.2×10^5	赤潮	√
1994 年 4 月	H015	大连湾	1.3×10^4	未赤潮	4.9×10^4	未赤潮	√

表 7-3 夏季预测模式的验证结果对比 个/L

时间	站位	海域	预 测		实 测		符合否
			生物量	是否赤潮	生物量	是否赤潮	
1993 年 7 月	31#	南部	2.4×10^6	赤潮	5.2×10^6	赤潮	√
1993 年 7 月	34#	南部	1.2×10^6	近于赤潮	1.3×10^6	近于赤潮	√
1993 年 7 月	15#	大连湾	1.7×10^6	赤潮	9.0×10^6	赤潮	√
1993 年 7 月	16#	大连湾	2.3×10^6	赤潮	7.1×10^6	赤潮	√
1993 年 7 月	H010	大连湾	5.7×10^6	赤潮	4.0×10^6	赤潮	√
1993 年 7 月	H011	大窑湾	5.0×10^5	未赤潮	5.6×10^4	未赤潮	√
1993 年 7 月	H012	南部	1.4×10^6	赤潮	1.2×10^5	未赤潮	×
1994 年 7 月	H015	南部	1.0×10^4	未赤潮	7.4×10^3	未赤潮	√
1994 年 7 月	L1	凌水桥	1.0×10^6	近于赤潮	8.5×10^6	赤潮	√
1994 年 7 月	L2	凌水	1.3×10^6	近于赤潮	2.3×10^7	赤潮	√
1994 年 7 月	G1	龙王塘	2.7×10^7	赤潮	1.9×10^7	赤潮	√
1994 年 7 月	S2	旅顺	3.6×10^6	赤潮	3.8×10^7	赤潮	√

（四）机器学习方法

随着近年来人工智能的发展，机器学习（Machine learning，ML）开始逐渐应用于各个细分领域。机器学习涉及多种学科，是计算机模仿人类思维和学习的过程。机器学习能够自主地从数据中挖掘特定的规律并将其应用于自身算法的改进，实现自主学习。目前，机器学习已经有了十分广泛的应用，包括金融数据分析、图片识别、视频跟踪、文本识别、天气预报、地震前兆分析、军工行业等各种领域（Kotsiantis，2007；Al-Jarrah et al.，2015；Jordon et al.，2015）。从报道来看，机器学习在赤潮预警预报业务所属的生态领域中也开始大量应用，且涉及的具体算法也形式多样（Crisci et al.，2012）。这得益于机器学习能够较好地处理赤潮发生过程中的大量序列数据，以探究其内在关联（Dietterich，2002）。

1. 聚类算法

聚类算法是应用最为普遍的一种机器学习方法，聚类算法通常按照一定的规则将整体性的数据集划分为多个类或簇，每个类或簇的集合中的个体具有一定程度的相关性。聚类算法的核心在于寻找数据的内在结构并按照最大的共同点将数据进行归类。常见的聚类算法包括 K-means 算法、期望最大化算法（Expectation Maximization，EM）等。在赤潮预警预报中主要用于对复杂冗余的监测数据进行降维，排除部分自相关因素以简化预测模型。例如，有研究者提出一种CSFCM聚类算法，该算法是将COSA（Clustering Objects on Subsets of Attributes）算法和SR-FCM（Fuzzy C-Means algorithm based on pretreatment of Similary Relation）算法相结合并引入相似关系预处理，再加以改进，应用于赤潮监测领域中。COSA算法是一种基于属性子集的聚类算法，对传统的距离定义进行扩展。在聚类过程中，该算法将每个分组的每个属性赋予不同的权重，以此计算聚类对象的距离，并结合某种聚类算法求得聚类结果。SRFCM算法是一种改进的模糊C均值聚类算法（FCM，Fuzzy C-Means），该算法可以避免FCM算法聚类中心随机选择的问题。该研究者分别采用FCM算法、SRFCM算法和CSFCM算法对两组赤潮监测样本数据集进行聚类分析，结果发现CSFCM算法准确率较高（王兴强，2012）。另外，对辽东湾20次赤潮过程暴发前期的气温、水温、盐度、风速、降水水文气象因子数据的聚类分析中表明，Q型聚类和R型聚类均能够很好地反应不同影响因子之间的关联程度，其结果相对于主成分分析而言更加简单明了（曹丛华等，2005）。另外，自组织神经网络（Self-organizing map，SOM）方法也被逐渐引入水质关键因子识别的研究中，使得藻类生长的影响因子间的相互关联能够被更直观清晰地呈现（林小苹，2010；郭茹，2013）。

表7-4　3种方法聚类结果比较

数据集		FCM算法	SRFCM算法	CSFCM算法
样本集1	正确	16	21	34
	错误	26	21	8
	准确率/%	38	50	81
样本集2	正确	6	11	23
	错误	23	18	6
	准确率/%	21	38	79

关联规则学习的目的是对大数据进行挖掘，分析不同事件背后可能存在的关联联系，通过找到经常同时出现的频繁项来建立该频繁项所涉及事件的联系，常见算法包括Apriori算法和Eclat算法等（Agrawal et al.，1993）。关联规则学习可以用于挖掘赤潮暴发时期不同因子所处的状态，从而为后续监测过程中是否可能发生赤潮提供判据。例如有研究者曾经对浙江海域多年监测数据进行关联规则学习，通过将数据分为赤潮暴发时期和非赤潮暴发时期，从海量数据中挖掘了赤潮暴发时相关因子之间可能存在的特征（曹敏杰，2015）。基于这些挖掘到的特征，当后续监测过程中，相应指标均落入这些规则中时，可以初步判断该海域可能发生赤潮，由此实现预警预报功能。

2. 人工神经网络

人工神经网络是模仿人的大脑神经元结构、特性和大脑认知功能构成的信息处理系统。它具有以下几方面的优点：容易建立模型；能够快速反应，因此适用于实时监测和预报；具有学习、联想、容错、并行处理等种种能力，尤其是用于机制尚不清楚的高维非线性系统的模拟。

误差反向传播神经网络（BP）模型是近年应用最广泛的网络之一。BP神经网络是一种多层前向网络，由输入层、隐含层（又称为中间层）和输出层组成。隐含层可以是一层，也可以是多层。目前应用最广泛的是3层神经网络，即输入层、隐含层和输出层组成的BP神经网络。其学习过程由向前传播和向后传播两部分组成（图7-4）。误差函数的求取是一个由输出层向输入层反向传播的递归过程，通过反复学习训练样本来修正权值，采用最速下降法使得权值沿着误差函数的负梯度方向变化，最后稳定于最小值（刘伟，2010）。

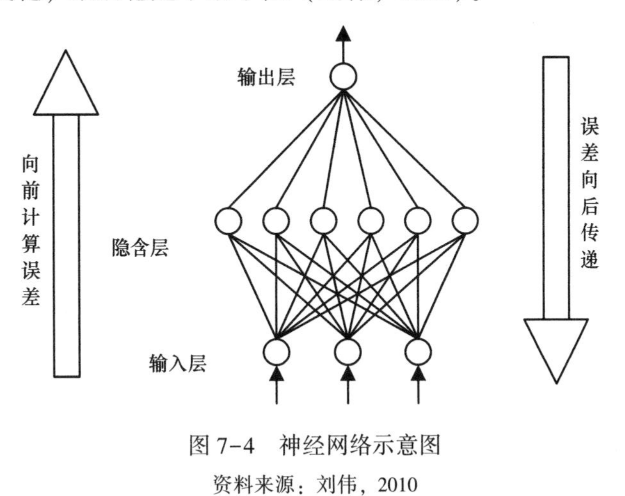

图 7-4　神经网络示意图

资料来源：刘伟，2010

BP 神经网络是模仿人的大脑神经元结构、特性和大脑认知功能构成的新型信号、信息处理系统。它是由许多具有非线性映射能力的神经元高度并联、互联而成的非线性动力系统，神经元之间通过结点间的连接权和结点阈值来实现的。它通过对有代表性例子的学习训练，能够掌握事物的本质特征，进而解决问题，网络的学习过程就是网络连接权系数的自适应、自组织过程，经过多次训练后，网络具有对学习样本的记忆、联想的能力。可以选择采样点的环境与生物因子如采样深度、水温、盐度、pH 值、DO、COD、浊度、叶绿素 *a*、总碱度、总细胞密度及海区的水文气象因素，如气温、气压、风速、风向、光照角度、最大潮高、最大潮差和时间等作为浮游植物总量预报网络的参数，建立基于预测的赤潮模型。图 7-5 为预测海洋赤潮神经网络模型示意图。

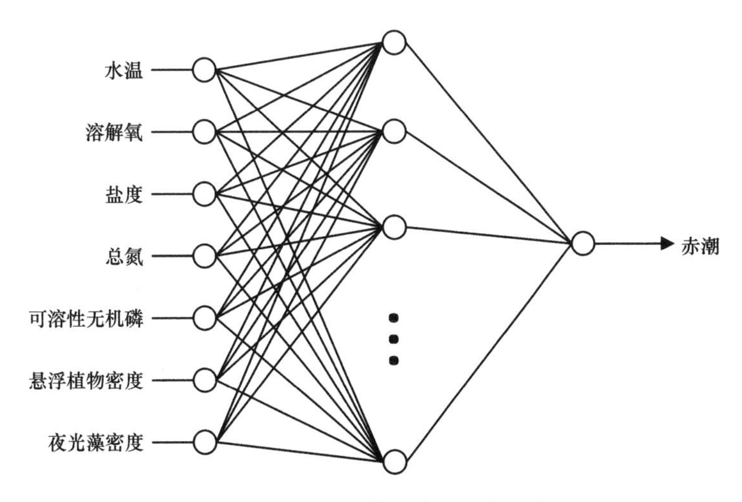

图 7-5　预测海洋赤潮神经网络示意图

资料来源：刘伟，2010

遗传神经网络是将遗传算法和基于 BP 算法的人工神经网络耦合而成。人工神经网络方法适于对复杂的非线性系统建模，而遗传算法具有并行处理及全局优化的功能，利用遗传算法优化网络参数结构及参数，可以实现整个网络模型的优化，因而可以实现对赤潮生物与多种不同环境因子间复杂关系的识别。

总的来说，赤潮的暴发是一个复杂因素制约下的发展过程，其不仅仅遵循某些固定的经验规律，还存在大量的偶然性和突变性。单纯的统计学模型受限于其模型结构和机理本质，仅能够从一定程度上反应不同的影响因子在限定规律情况下对赤潮生物量的影响，无法全面考虑因子之间的交互制约关系，也无法将偶然性因素和突变纳入考量范围。因此，其更适合应用于赤潮的预判或者其他对于预报准确性没有较高要求的领域（孙笑笑，2017）。

三、数值预报法

统计预测法由于缺乏赤潮发生机理的支持而导致对环境因子选择和分析的主观性和盲目性，目前难以应用统计预测法给出稳定和合理的赤潮预测结果。而数值预报法则是根据有害赤潮发生机理，通过各种物理-化学-生物耦合生态动力学数值模型模拟赤潮起始—发展—高潮—维持—消亡的整个过程而对有害赤潮进行预测的方法（王丹等，2013）。生态动力学赤潮数值预报可以将物理、化学、生物等要素予以综合考虑，对现有的观测资料进行最大程度的利用，使得预报过程更加接近科学事实。通过卫星遥感或现场观测确定其藻种及分布特征，然后在观测的基础上由数值模式对赤潮迁移轨迹和扩散状况进行预测，提前判断赤潮的可能影响位置及范围，能最大程度地减轻赤潮灾害可能造成的损失。赤潮生态动力学数值模型预报将会进一步完善现有的赤潮预报系统，更有效地服务于赤潮减灾工作（引自《现代海洋预报与服务》）。

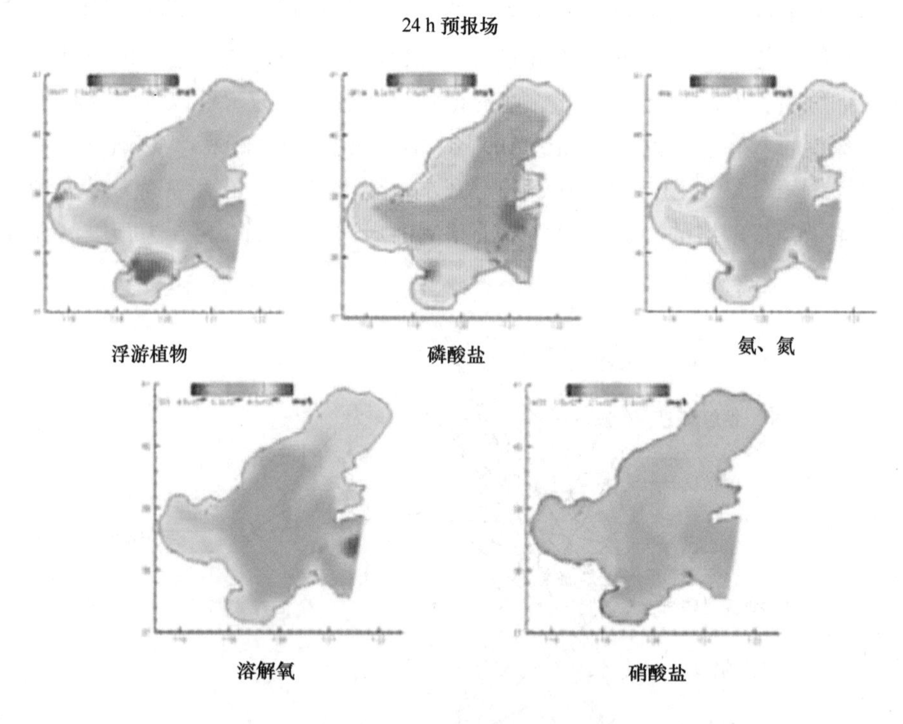

图 7-6　数值模型预测的赤潮海洋环境条件

资料来源：引自网络

（一）赤潮迁移扩散预报

利用卫星遥感、航空遥感、船舶观测等手段确定监测海域赤潮发生位置和范围等初始信息，通过赤潮信息数字化处理输入赤潮迁移路径预报模块。模型在只考虑动力环境对赤潮影响的前提下，由业务化的数值预报系统和资料同化分析系统提供风场、海流等动力环境信息，利用获取的风速、风向和流速、流向等数据计算赤潮生物团的迁移过程，应用粒子拉格朗日随机游走模式来模拟计算赤潮生物团的扩散过程。赤潮藻团在风和流共同作用下，只考虑其在水平方向的物理过程，运动方程如下所示：

$$\frac{\mathrm{d}x_i}{\mathrm{d}t} = v_a(x_i,\ t) + R \times v_d(x_i,\ t)$$

式中，v_a 为海流赋给赤潮的速度，海流包括潮流、环流；v_d 为风速；R 是经验系数，表达了风对赤潮藻团的拖曳赋给的速度。求解方法采用了一阶求解，公式如下：

$$x_i^{n+1} \cong x_i^n + \Delta t[v_a(x_i^n,\ t^n) + R \times v_d(x_i^n,\ t^n)]$$

迁移扩散预报系统由赤潮发生区域提取模块，赤潮预报输入输出模块，赤潮迁移数值计算模块和赤潮预报可视化模块 4 部分组成。赤潮发生区域提取模块用于加载卫星观测资料，通过遥感解析、人-机交互等方式确定赤潮发生的多边形区域；赤潮预报输入输出模块使用户通过交互配置输入输出数据文件路径等参数，同时提供读取输入示范海域的海流、风场和赤潮发生区域等数据，并将预报产品输出为指定的文件格式；赤潮迁移数值计算模块是赤潮迁移扩散预报的核心，主要应用数值方法计算赤潮迁移的轨迹、区域范围等数值预报结果；赤潮预报可视化模块基于 GIS 开发图形显示系统，实现赤潮迁移扩散预报结果的展示。

（二）赤潮生态动力学预报

由于赤潮的成因相当复杂，除了赤潮生物自身的特性外，还涉及物理、化学、水文、气象等诸多因素，必须借助动力学方法综合考虑各种过程以便从整体上探讨赤潮发生、发展的规律。生态数学模型目前已成为研究赤潮发生过程的一个重要手段之一，它不但能揭示海洋生物生态环境的规律，而且可以对未来的海洋生态状况做出宏观的预测和评估。

以往学者根据研究目的，选取不同的状态变量和变化过程来建立或简或繁的海洋生态动力学模型，从而达到模拟赤潮生消过程的目的。一般采用海洋水动力模式与营养盐-浮游植物-浮游动物模式的耦合来建立模拟赤潮生消过程的数值模型。考虑到海洋生态系统外部强迫条件、系统内部的动力过程和生物、化学过程，模型各状态变量的变化方程可表示为：

$$\frac{\partial C_i}{\partial t} + \frac{\partial(uC_i)}{\partial x} + \frac{\partial(vC_i)}{\partial y} + \frac{\partial(wC_i)}{\partial z} = \frac{\partial}{\partial x}\left(A_\mathrm{h}\frac{\partial C_i}{\partial x}\right) + \frac{\partial}{\partial y}\left(A_\mathrm{h}\frac{\partial C_i}{\partial y}\right) + \frac{\partial}{\partial z}\left(K_\mathrm{h}\frac{\partial C_i}{\partial z}\right) + S_i + W_0$$

式中，C_i 为模型各状态变量的浓度，$i=1,\ 2,\ \cdots\cdots,\ 8$，分别对应溶解氧、浮游植物、碳生化需氧量、氨氮、亚硝酸盐和硝酸盐、无机磷、有机氮等生态状态变量，各状态变量所包含的源汇项所示如下：u，v，w 为海水流速；A_h 和 K_h 为水平黏滞和垂直涡旋扩散系数；S_i 为系统内部生物或化学过程引起的源汇项，不同的生态动力学模式，源汇项的表达式不同；W_0 为系统外部的影响如河流输入、大气沉降等。

开展以海洋动力学为基础的赤潮种群动力学的研究，对于掌握赤潮的发生、发展规律有着重要意义。数值模拟可以通过参数控制进行数值实验，以便确定哪些因素在赤潮发生和发展的过程中起主要作用，是赤潮种群动力学研究的一个重要手段。数值模拟的结果也表示了发生在实际海域赤潮数值预测的可能性，即在掌握实际海域的水动力条件的基础下，加强对该海域的水质监测（包括浮游动植物的监测），并通过必要的生化实验进行参数的测定，就完全能实现赤潮发生的预警和预测。

赤潮生态动力学预报系统如图 7-7 所示。水动力环境预报模块强迫场需要分别从业务化的大气模式和温盐流预报模式中获取气象要素场和开边界条件，同时结合海洋水质环境的监测信息得到模式计算所需生物化学状态变量的初始场及相关参数，经过预处理后，进行海区的水质环境要素预报。模块输入包括大气模式提供经过标准化处理的海面风场、热通量和淡水通量等要素场，由温盐流预报模式提供开边界条件，由模块系统中的资料同化分析系统提供的预报初始场；模块系统输出包括所有预报要素的格点数据。输出预报结果经过处理，可转化为图形或者表格形式提供给用户使用。

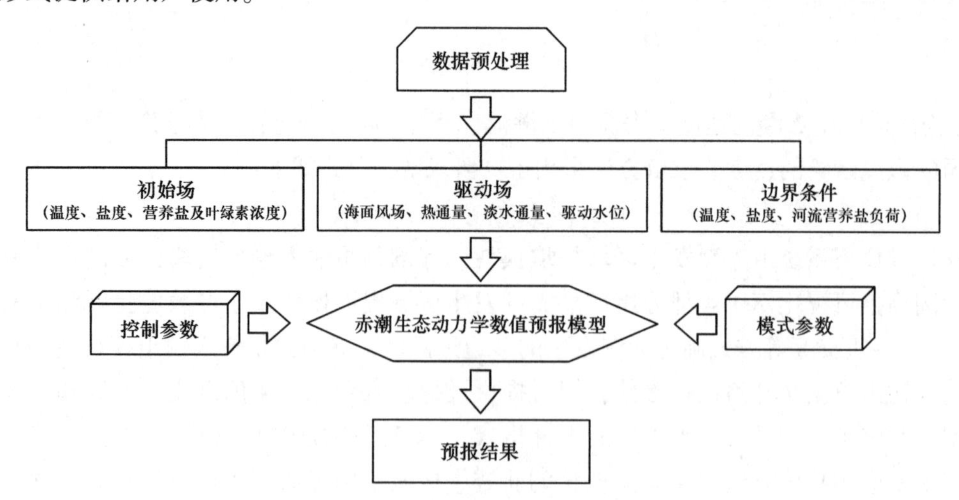

图 7-7 赤潮生态动力学数值预报系统

资料来源：现在海洋预报与服务

四、赤潮灾害预测预警系统

有关赤潮预测预警系统的研究，在国内外的研究历史比较短，不同的学者根据自己研究的领域提出不同的赤潮预报系统，并在预报一些赤潮时取得了较为满意的结果。甚至有的学者试图建立一套普适的预报系统模型，对不同海域进行赤潮的预报。赤潮的发生是一个十分复杂的开放过程，单纯地考虑一种或几种自然或者人为因素都不能准确、全面反映赤潮发生机制的本质规律。但是由于物理因素的影响，使得各个海域的不同季节又有很大的差异，所以试图建立有关赤潮预报的普适系统模型是极其困难和不切合实际的。

根据不同海域赤潮因子的具体特点，以及影响赤潮因子的因素的具体特征，建立适合特定海域的赤潮预测预警系统是比较实际可行的。以渤海湾为例，对预测预警系统的建立作以下说明（冯剑丰，2005）。

（1）根据海洋监测数据，建立渤海湾赤潮藻类种属数据库。针对该海域赤潮常见优势种中肋骨条藻、夜光藻、裸藻、颤藻、鞭形藻、长菱形藻、长海毛藻、海链藻、圆筛藻等进行生物学和分类学的研究，并对新出现的赤潮藻类进行整理和研究。掌握各种赤潮藻类的生活特性和生活史，并对有毒赤潮进行重点研究，明确其毒素机理和防治方法。在此基础之上，通过海洋围隔试验，研究它们的生态动力学，建立其生态动力学模型，通过对模型的分析、求解和模拟找出相关赤潮藻类的环境控制因子及其种群间的相互关系，这是赤潮预警预测和灾害防治的关键所在。

（2）采用实地监测、地理信息系统技术等手段建立渤海湾环境污染海域水环境质量状况（COD、氨氮、亚硝态氮、硝态氮、活性磷酸盐、溶解氧、温度、pH 值、盐度、叶绿素 *a* 等指标），并将其输入信息库系统。以考察赤潮控制因子为重点，将陆源污染信息、社会经济、海域利用等信息结合起来，可及时了解海域营养盐的空间分布状况，为赤潮发生的分析判断提供背景依据。

（3）渤海湾为相对封闭的海域，根据相对封闭海域水文、气象等特点，建立渤海海域的季节性洋流模型。在不同季节，根据气象条件，比如降雨、温度、风速以及由污染信息系统检测、预报的盐度变化，判断可能发生赤潮的种类。并由此结合相关赤潮藻类的生态动力学模型，建立耦合的生物、化学和物理动力学模型。

此外，我们根据地理信息系统（GIS）和卫星遥感等技术建立赤潮环境信息和灾害信息管理系统，辅助模型预测预警系统，并对模型预报系统进行检验和评估。以上述方法为基础建立的渤海海域赤潮预测预警系统初步方案（图7-8）。

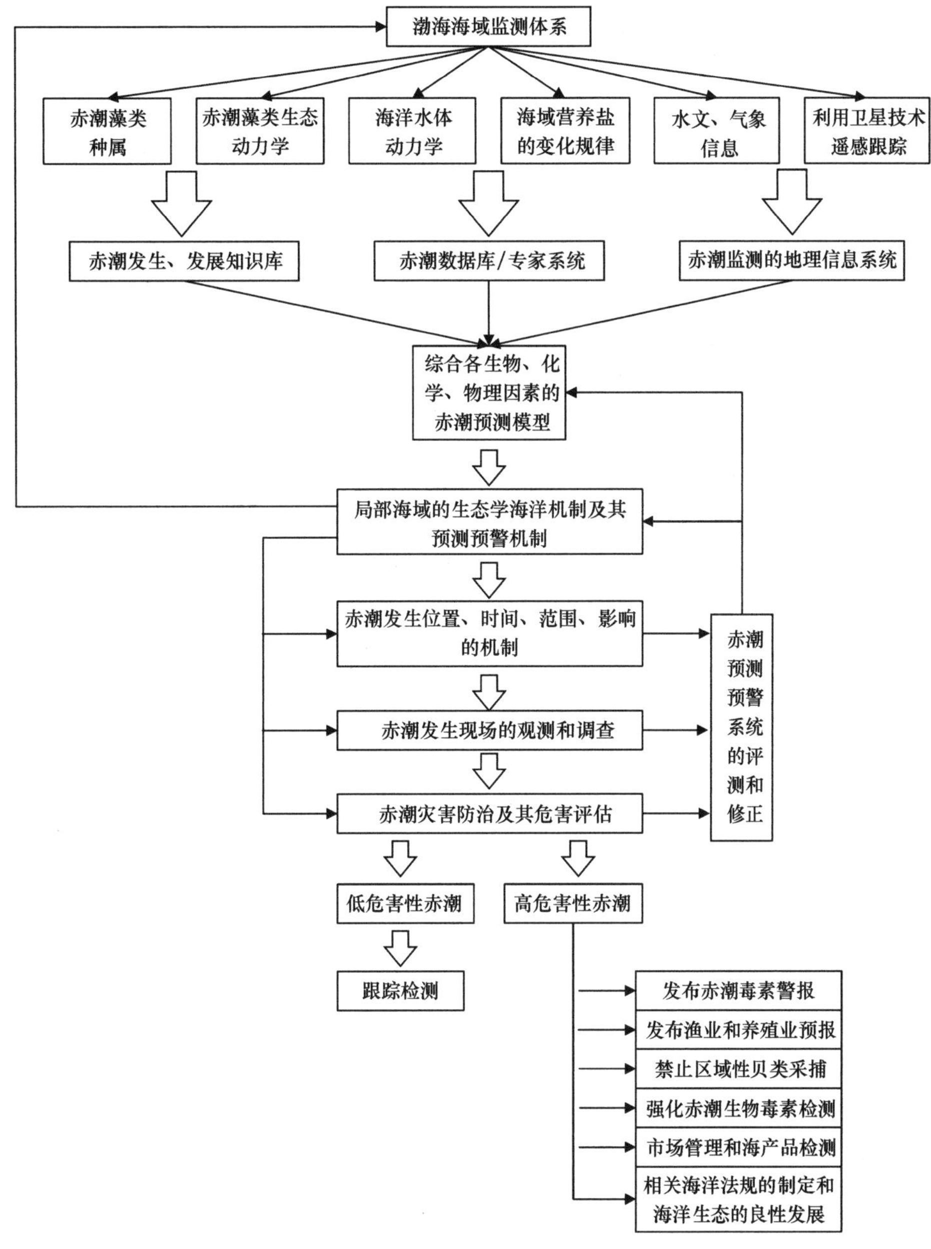

图7-8　渤海海域赤潮预测预警系统的初步方案

资料来源：冯剑丰，2003

依据这个监测体系和相应的监测信息，可以建立渤海湾赤潮的数据库/专家系统。在数据库/专家系统中，根据各种赤潮藻类的生态动力学模型、海洋动力学模型，以及渤海湾海域富营养化状况变化规律和该海域的水文、气象变化规律等信息建立生物、化学、物理因素相耦合的赤潮发生数学模型和该海域生态海洋学机制，为赤潮的预测预警和灾害防治提供理论基础。

根据上述预测预警系统，可以加强对可能发生赤潮海域的监测，并采取相应的防治措施，防止赤潮的发生。对于不易采取防治措施的海域，要加强对赤潮发生位置、时间、范围、影响的预测预报。通过对赤潮发生时的各项信息数据进行监测和研究，为评测和修正赤潮预测预警系统的数学模型提供实际的数据。对于无害或低危害性赤潮，要跟踪检测，搜集发生过程中的相关数据信息；对于高危害性和毒性赤潮，要及时发布赤潮毒素警报进行实时、实地监控，强化赤潮毒素检测。及时与渔业和养殖业的工作人员取得联系，提供预报信息，采取及时有效的措施，防治赤潮发生，减小赤潮灾害损失。在特定海域设定禁捕区，加强海产品的市场管理和检测。

针对渤海海域赤潮预测预警系统的初步方案，研究人员开发了对应的计算机信息化赤潮预测预警系统。该系统由预测预警信息系统、预测预警决策系统以及预测预警应急系统三部分组成。系统结构如图 7-9 所示。

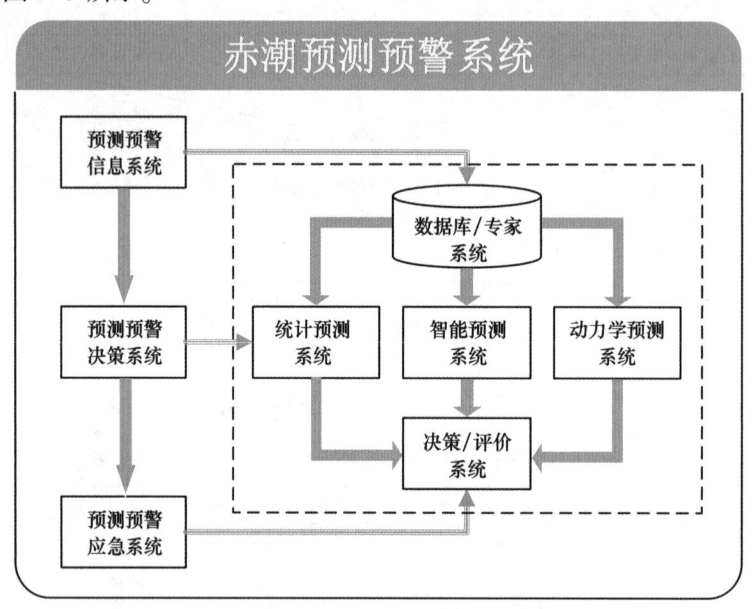

图 7-9　赤潮预测预警系统结构框图

资料来源：冯剑丰，2003

（一）预测预警信息系统

预测预警信息系统属于该系统的硬件支撑系统，为系统运行提供所有的原始监测数据，该子系统由海上立体监测网络和数据传输网络组成。其主要功能在于：通过对各种赤潮发生的诱因如气象、海洋化学、生物等因素的严密监测，收集整理与赤潮形成相关的各因素信息。赤潮立体监测系统由定点连续监测系统、海上船舶监测系统、卫星遥感监测系统和飞机遥感监测系统组成。

为便于调查和分析，入库内容需做统一的规定，根据需要和方便，建立了六类数据库。分别为：水文气象库、水质库 A、水质库 B、浮游动物库、浮游植物库和底质库。共同记录项目为：关键字（指示年、月、日、站号）、监测时刻。

各库分别的记录项目为：水文气象库为水温、水色、透明度、气温、气压、风速、风向、海况、光照、天气现象和潮汐。

水质库 A 为常规水质监测项目包括：盐度、溶解氧、pH 值、化学耗氧量、硅酸盐、磷酸盐、亚硝酸盐、硝酸盐、铵盐、叶绿素 a。

水质库 B 为铁、铜、锌、钴、钼、硒等微量元素。

浮游动物库为网具类型、滤水量、绳长、总种数、密度、中文种名、拉丁名、全网单种数、单种密度。

浮游植物库为总种数、全网总计数、中文名，拉丁名、生物量。

底质库为底质类型、颜色、成分、磷酸盐、硝酸盐、亚硝酸盐、铵盐、硫化物、有机物。

（二）预测预警决策系统

预测预警决策系统是赤潮预测预警系统的核心组成部分。其主要功能为对所输入的数据向量采取多种方法的分析处理，输出目标向量的预测值，并对预测值进行危害评价，确定灾害等级。主要子模块包括：数据库/专家系统、统计预测系统、智能预测系统、非线性动力学预测系统以及赤潮危害评价系统。

数据库/专家系统由上述六类库文件和一系列命令文件构成，其功能主要为对监测数据的收集、修改、检索、编辑、传输等。

统计分析系统提取数据库中的数据进行多种统计方法的处理，并将检验合格的模型结果存入模型库。这里的统计模块主要包括：多元逐步回归模块、主成分分析模块、聚类分析模块、混合回归模块等。

智能预测系统提取数据库中的数据进行多种智能预测方法的处理，同时将检验合格的模型结果存入模型库。智能预测模块包括：人工神经网络预测、遗传算法和模糊逻辑预测。

动力学预测主要通过对典型藻类建立生态动力学模型，得到赤潮生物量以及影响其增殖和聚集的各种因素的时间变化函数。该种方法将赤潮发生的过程看成为一个动力学系统，考虑海洋浮游生物的生长、死亡和它们之间的捕食—被捕食关系，或者竞争统一营养资源的竞争关系，有时也包括浮游生物吸收营养的时间之后或浮游生物死亡后转化为营养物质的营养循环再生关系等。

决策/评价系统功能为对统计预测、智能预测和动力学预测的结果进行综合评价，然后做出决策，提供预测结果。

（三）预测预警应急系统

预测预警应急系统针对决策系统所计算的预测结果进行危害评估，进而发布赤潮预报以及提供相应的应急对策。赤潮类型分为 3 类：低危害性赤潮、中危害性赤潮和高危害性赤潮，针对不同类型的赤潮采取不同的应急对策。

危害评估模块主要用来评估由于赤潮产生而造成的经济损失。赤潮带来的经济损失包括以下四部分：①渔业经济损失；②养殖业经济损失；③旅游业经济损失；④健康损害经济评估。

应急预案模块针对决策系统和评估系统提供的赤潮危害信息提供相应的应急预案措施。

第二节　绿潮灾害预测预报

近年来，黄海绿潮连续大规模暴发，严重影响到该区域的海上交通运输、水产养殖及旅游业等相关产业的发展。因此对绿潮进行有效的预测预报在绿潮灾害防治研究中有着非常重要的地位，它对防止绿潮危害，减少绿潮所造成的经济损失，保护人们的健康安全起着重要的作用。

一、基于 GIS 的绿潮漂移预测方法

近年来国内外许多科研人员针对绿潮的生长机制、运动方向和速度等特点进行了多方面研究。通过地理信息系统（geographic information system，GIS）在空间数据管理方面的优势，将数学模型计算过程中产生的海量的数据转入到 GIS 的数据表中，以 GIS 的方式进行表达，将会方便数据的显示、查询、制图等后处理过程（王瑞富等，2014）。

绿潮漂移预测数值模拟的基本过程是：通过遥感手段获取绿潮分布信息，将这些分布信息以点的形式输入数值模拟程序，计算点的漂移位置，形成未来一段时间的绿潮漂移趋势。

王瑞富等的研究将数值模拟程序输入的源数据分为散点数据和边框数据。散点数据为绿潮的分布点，主要包含空间坐标信息；边框数据为绿潮分布范围边界，由于绿潮分布不连续，所以边框通常有多个其组织形式为有顺序的点集，在数值模式计算过程中也作为点数据处理。该研究基于 GIS 进行海洋绿潮漂移预测数值模拟研究，主要研究内容包括 3 个方面：GIS 环境与数值模式的集成、GIS 下绿潮预测结果的表达和产品的制作与发布。

（一）GIS 环境与数值模式的集成

GIS 环境与数值模式集成的主要内容包括数据解析、计算数据的分区管理与数值模式的并行计算（图 7-10）。

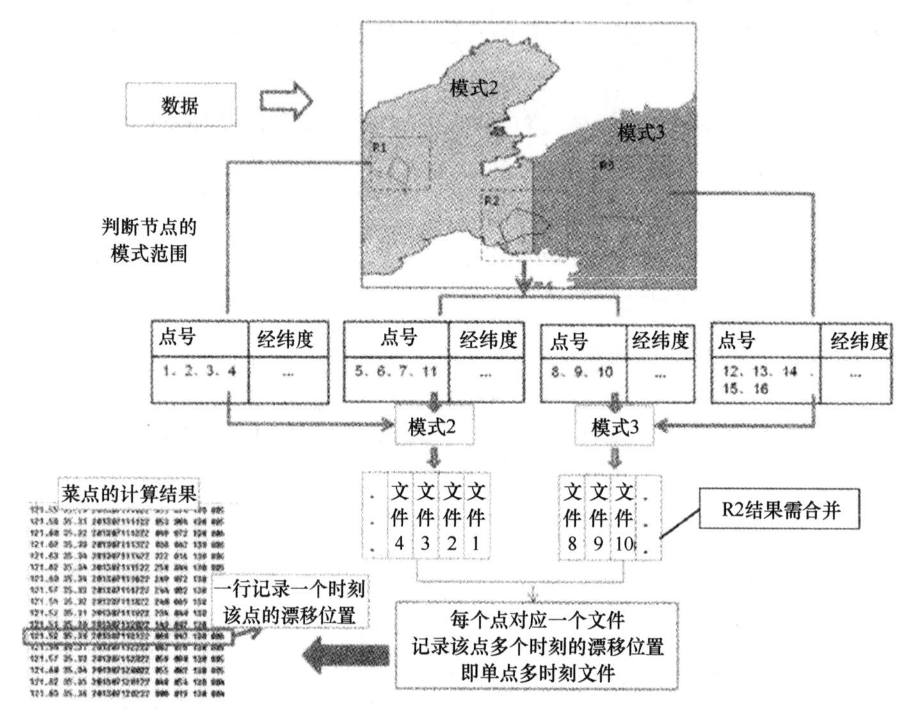

图 7-10　数值模式并行计算概念模型

资料来源：王瑞富等，2014

数据解析主要分析输入输出数据的格式、组织方式、索引关系，确定数据与数值模式的交互接口及 GIS 环境下预报结果的交互处理方式。数据输入时，主要对散点与边框数据进行解析，并结合风场、流系数、风系数等基础环境数据进行模式计算。数据输出时，建立散点及边框线的索引并完成多块数据的拼接。

由于绿潮监测数据的点数量多，采用单一的模式计算耗时长，因此数值模式计算时需要开展数据分区管理与并行计算。该研究将绿潮漂移预测的计算范围按照离岸距离分为 3 个区域，不同区域采用不同的数值模式，每个区域的散点及边框线数据都分别管理。为增加并行计算数量，该研究将这 3 个区域进一步划分为多个子区域，分别调用对应的数值模式同时计算。计算完成后的产品数据相互独立，需要将多个区的计算结果合并，形成完整的产品。

（二）GIS 环境下绿潮预测结果的表达

绿潮预测结果的表达主要是基于 GIS 的空间显示与分析技术，实现对绿潮预测结果数据的地理空间显示及分析。主要功能包括对不同时刻绿潮边框线及散点整体分布状况的自动切换显示、单点漂移轨迹的动态查询、专家交互及历史记录回溯等。

（三）基于GIS的产品制作与发布

GIS环境下的产品制作与发布，实现绿潮预测结果专题制图与统计报告制作，主要包括任意时刻散点边框的漂移分布图、综合分布图（图7-11）、漂移趋势图（图7-12）与散点漂移图等，并实现绿潮简报的制作与发布。产品制作过程中，提供了多种灵活的制图方式，可以按照预定义、用户拉框、同步综合图等方式调整出图范围，能够自动添加经纬网、图例等制图图饰，可以单独或批量输出散点漂移图等。

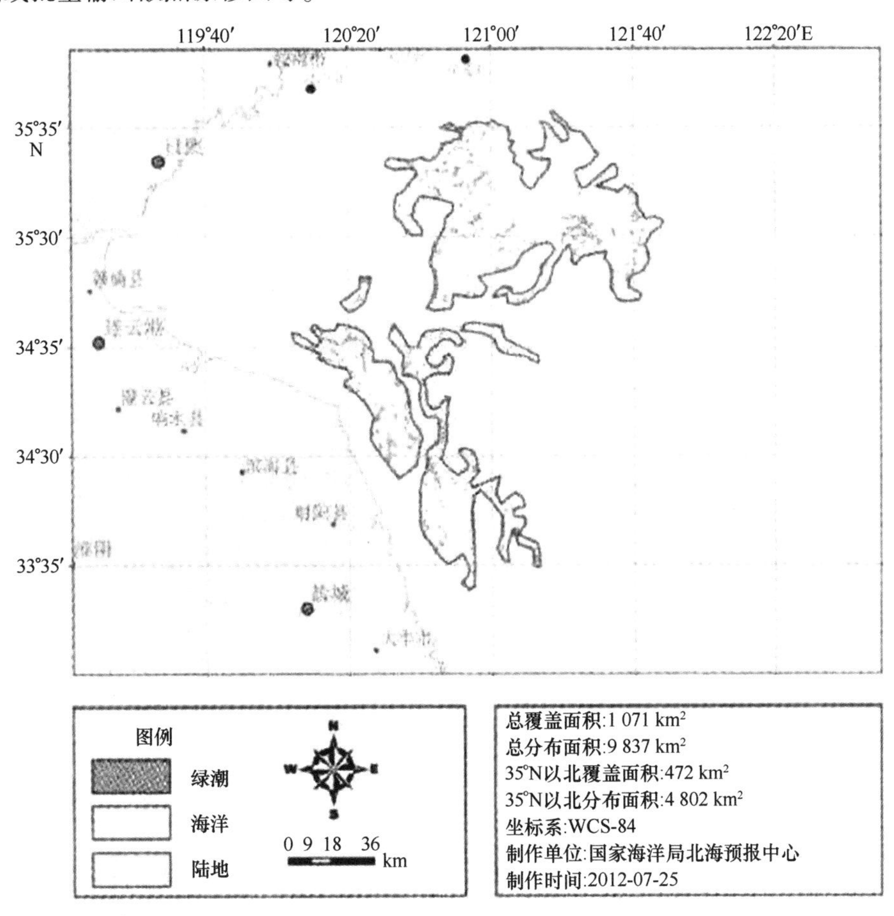

图7-11 综合分布成图结果

资料来源：王瑞富等，2014

二、基于主导因子的绿潮灾害预测方法

诸多学者针对某单一环境因子对绿潮藻类生长的影响进行了大量研究，但实际上藻类是在野外多种环境因子的共同作用下自然生长。所以，需要多环境因子相结合，全年综合分析环境因子对绿潮发生过程的影响。在绿潮灾害暴发的条件下，重点研究对其扩散影响较大且易于测量的因素，从而可以为绿潮灾害预测提供借鉴。一般研究认为，影响绿潮覆盖面积的因素为温度、天气现象、风向、风力、浪高和雾霾浓度。使用SVR临近差值模型对2014年绿潮覆盖面积进行恢复，求取各影响因子的权重以确定主导因子（图7-13），对比主导因子的权重交点和以覆盖面积平均增长速率为依据的阶段划分节点，结果表明：在绿潮灾害期间，温度、浪高、雾霾3个权重较大的因子对绿潮藻类的生存有着明显的影响，在实际中应优先监测；部分温度与

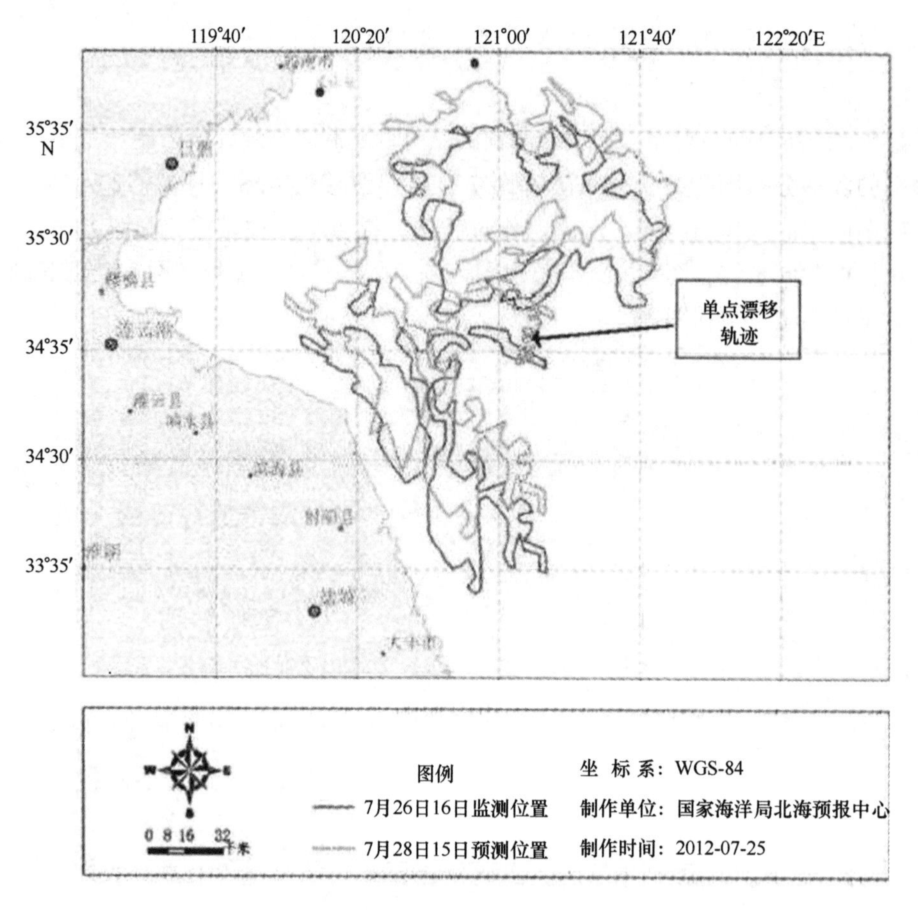

图 7-12　漂移趋势图成图结果

资料来源：王瑞富等，2014

浪高的权重交点与阶段划分节点重合，即权重交点具备了绿潮阶段节点的意义；在此基础上归纳了 3 个主导因子在各阶段变化规律，得到基于主导因子的绿潮灾害预测方法（何世钧等，2018）。

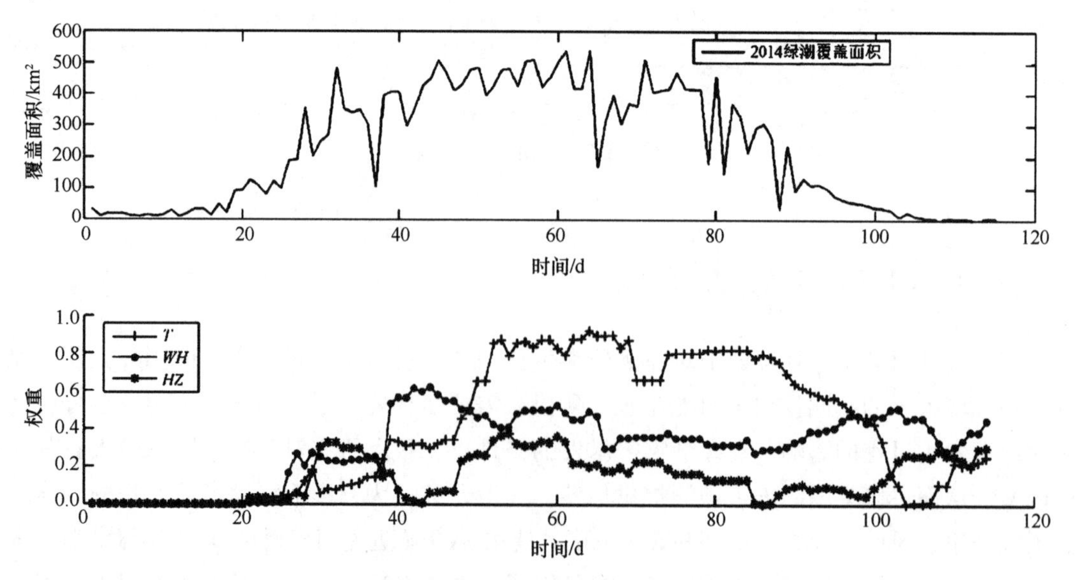

图 7-13　2014 年绿潮覆盖面积和主导因素权重对比

资料来源：何世钧等，2018

三、绿潮灾害预测预警系统

目前国内外绿潮的监测和数值模拟已取得一定的研究成果，在 2008 年黄海绿潮暴发时，绿潮应急遥感监测和预测关键技术尚不成熟，缺少业务化的综合平台，近年来，随着绿潮应急监测和预测预警关键技术的不断研究，涌现出基于 GIS 技术建设的集绿潮遥感信息解译和提取、多源监测数据融合、快速漂移预测和预警产品制作和发布于一体的综合业务化系统，提升了中国绿潮防灾减灾能力。

绿潮应急遥感监测和预测预警系统（以下简称绿潮系统）业务化运行流程如图 7-14 所示。绿潮系统可以分为绿潮应急遥感监测子系统和应急漂移预测子系统，并基于两个子系统建立综合业务化平台，对服务对象发布监测和预警信息产品（白涛等，2013）。

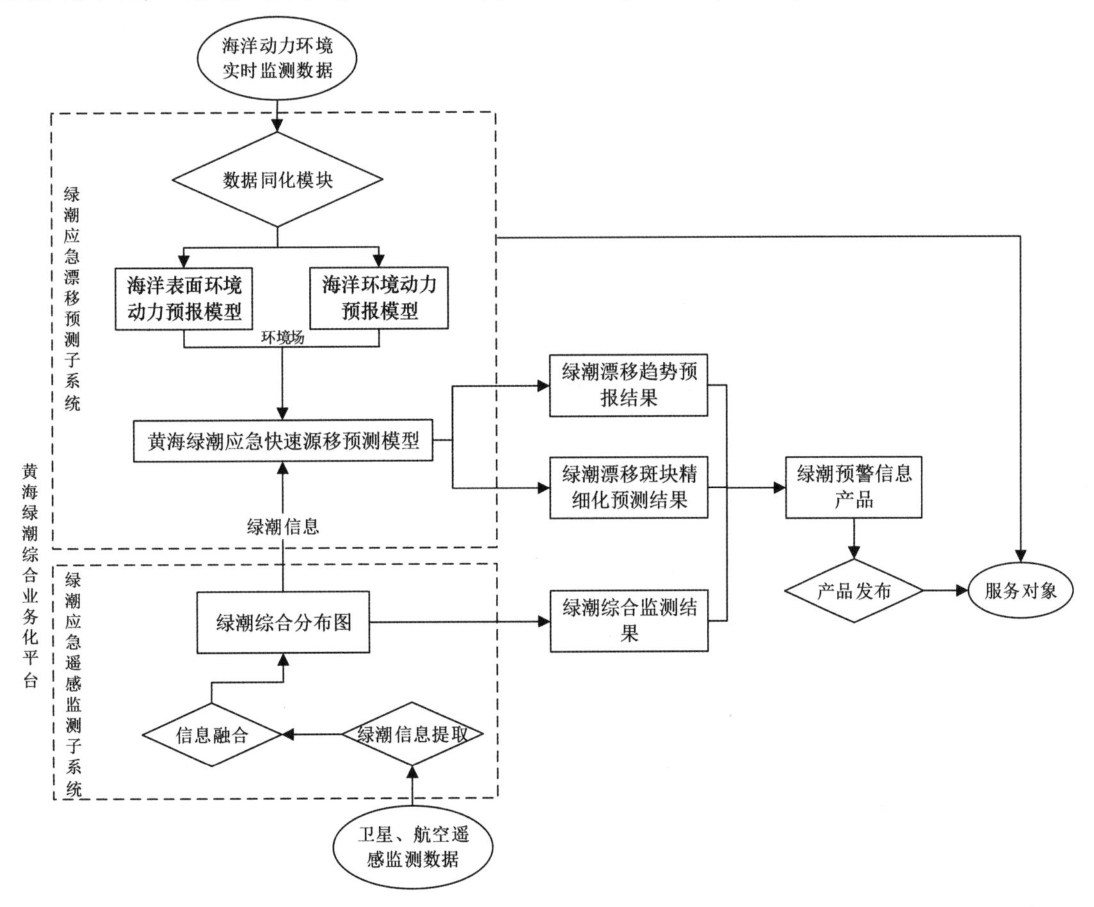

图 7-14　绿潮系统业务化运行流程

资料来源：白涛等，2013

绿潮漂移预报，主要以卫星遥感资料和海上监测资料为基础，以浒苔等藻类的漂移扩散为研究对象，针对藻类的漂移轨迹进行预报。核心的问题在于浒苔漂移速度的确定和浒苔漂移轨迹与扩散的定量化处理。确定环境动力条件对浒苔漂移速度的影响，建立浒苔漂移速度模型和基于欧拉-拉格朗日方法的高精度浒苔漂移轨迹模型，与海面风场和海流数值预报模式相衔接，建立浒苔漂移应急预报系统，开发浒苔漂移过程的可视化软件，给出浒苔漂移轨迹和浒苔影响区域等预报产品，为浒苔的应急响应提供技术支持。由于绿潮灾害暴发的复杂性和机制不确定性，在现有的监测、预警和灾情评估能力的基础上，业务化的绿潮漂移预报主要包括以下 3 方面内容。

（一）黄海环境动力业务化模式

黄海环境动力业务化模式主要包括气象和海洋环境动力模式。气象模式采用美国大气研究中心开发的 WRF 模型（Weather Research and Forecasting Model），采用了多重嵌套技术，建立中国海海域、东海海域、北海区和青岛近海模型，并在青岛进行加密计算，水平分辨率达 3 km，同时采用三维变分方法 24 h 循环同化 GTS、海洋站和浮标等实时观测数据。根据绿潮所在位置、范围以及政府部门对应急预测的不同需求，采用多重嵌套技术，建立中国海区、北海区和青岛近海小区海流模型。该模型采用 WRF 风场和热通量场为大气强迫场，中国海区采用 ROMS 模式，计算范围为 9°—44.05°N，99°—148°E，水平分辨率为 0.1°×0.1°，垂向分 25 层；北海区采用 ROMS 模型，模型范围为 32°—41°N，117°—127°E，水平分辨率为（1/30°）×（1/30）°，垂向分 6 层。近海小区海流预报采用 FVCOM 模式，对关注海域局部加密，分辨率最小可达 10 m。同时海洋模型采用改进集合 Kalman 滤波同化技术实现对地波雷达海流实时观测数据的同化，进一步提高了海洋模式的预报精度。

（二）黄海绿潮快速漂移预测模型

研究海面风对漂移速度的影响，建立藻类在风、流共同作用下的漂移速度模型，对于没于水面的藻类，其速度等于环境海流速度，从而建立漂移的速度模型。建立与高分辨率海流数值预报模式和海面风场的接口，以业务化的海面风场和三维海流数值预报结果作为漂移的环境动力强迫条件，确定漂移速度。

在不考虑绿潮自身生态特征的情况下，其在海水中的移动，可以看做是质点跟随海流的物理运动，所以绿潮应急漂移预测，采用拉格朗日粒子追踪方法。基于拉格朗日观点，粒子的漂移速度 $\vec{V}_L$ 计算公式为：

$$\vec{V}_L = \vec{V}_W + \vec{V}_t + \vec{V}_r + \vec{V}_h$$

式中：$\vec{V}_W$ 为由风力和波浪作用产生的速度分量；$\vec{V}_t$ 为潮流作用产生的速度分量；$\vec{V}_r$ 为潮致余流作用产生的速度分量；$\vec{V}_h$ 为环流（包括：风海流和密度流）作用产生的速度分量；潮流流速分量 $\vec{V}_t$ 和 $\vec{V}_r$，由潮流调和常数预报得到。环流流速分量 $\vec{V}_h$，由绿潮环境动力业务化预报系统提供。

基于黄海绿潮环境动力数值模拟结果，利用绿潮斑块海上漂移实验修正了海流和风力系数的比值，并分析风拖曳角度变化对绿潮分布的影响，确定模型参数。该模式能自动搜索绿潮所在区域，并考虑围栏和流网障碍物的阻挡，快速预测绿潮斑块漂移路径。

（三）绿潮漂移预测结果验证

综合考虑绿潮有可能会沉降、不同卫星的成像也会出现一些差别等因素，绿潮数值预报结果与检测结果大体一致，因此黄海绿潮快速应急模型能够快速准确地预测绿潮斑块的漂移轨迹和方向。

该研究基于绿潮应急遥感监测子系统和应急漂移预测子系统，建立了一套集黄海绿潮灾害应急遥感信息解释、多源数据融合、漂移预测和预警产品制作和发布的综合业务平台。该平台包含绿潮应急遥感监测和预测预警两个子平台；两者既独立又相互联系。绿潮遥感监测子平台的关键技术为基于 K-均值聚类算法的绿潮散点抽稀、业务化专题图制作；应急预测子平台的关键技术主要是绿潮数值模拟与 GIS 系统的无缝集成、模式自动调用和并行计算、不同类型的绿潮制图输出、业务化快报制作和发布。基于绿潮遥感监测子平台自动化提取当天绿潮卫星和航空等遥感数据信息得到多源综合解译结果，并制作综合图和绿潮遥感快报，可以进行快报发布或将监测结果导入绿潮应急预测子系统，进行绿潮应急漂移预测（图 7-15）。

第三节　白潮灾害预测预报

近几年，我国白潮灾害发生频率不断增加，已严重影响了海洋渔业、沿海工业、滨海旅游业和海洋生态系统，急需一套完善的监测和预警系统，预防和减轻白潮灾害造成的损失。同时，为大型水母的漂移聚集机理研究提供大量监测数据支持。大型水母监测除了传统的目测监测和拖网采样监测外，Lynam 在纳米比亚的本格拉海利用声学对海蜇的生物量进行了评估；英国 Swansea 大学的科学家们联合爱尔兰科学家建立了第一个水母跟踪项目——EcoJel，利用小型电子追踪标记跟踪南威尔士沿岸水母的运动状况。韩国基于济州岛附近海域水母种类和毒性程度以及水母监测体系方法研究，于 2011 年正式建立水母监测体系，为预测水母的运动趋势、发布海水浴场的水质状况、选择渔船的作业位置等提供重要信息。2014 年 7 月利用智能机器人自动探测并除去水母的综合防治系统投入试运行。日本利用船舶监测、遥感监测、浮标监测、渔业市场调查等多元化手段，随时获取监测海域大型水母的分布情况，经过汇总和预测后，被处理为可视化的水母实时分布与预报信息，最后及时发布给渔民和其他涉海群众，并组织相关部门负责大型水母的清除，有效降低了水母灾害损失。美国 NOAA 和几个大学研发太平洋黄金水母出现概率长期预报系统，定期发布水母预警报。2012 年，法国滨海自由城海洋实验室基于 Berline 等水母漂移模式和监测结果，推测出从马赛到芒通、从圣特罗佩到意大利边境的滨海海滩 48 h 在线水母预警系统，并在 Medazur 和 jellywatch（http：//www. jellywatch. org/）两家网站负责发布水母预报和分等级的警报。中国借助国家海洋局海洋公益科研项目，研制了水母有害种类快速定量监测、漂移路径预报、灾害风险等级预警和白潮灾害的应急处置技术，构建白潮灾害监测预警技术体系，并在青岛近海、秦皇岛和厦门等水母灾害典型海域开展示范应用。中国已初步构建了水母灾害监测预警技术体系，同时，仍在借鉴新西兰大学和日本等研究机构的经验，对不同种类的水母进行海上跟踪等海上试验，了解水母的漂移和聚集规律，进一步完善监测和预警体系，建立立体监测和应急预警系统，并实现稳定业务化运行（季轩梁等，2013）。

依据水母生长规律，一般将白潮灾害预警阶段划分为早期预警和短期预警，早期预警时间为 50~80 d，短期预警时间为 3~5 d。整体研究方向是试图通过总结常见有害水母生活史的研究，以及在水母发育的不同阶段开展水母数量和生态环境调查，依据蝶状体、幼体、未成熟水母等不同时期有害水母种群的大小，结合海域饵料生物密度、水温、盐度等环境条件，预测有害水母成体的数量，进而根据风险等级和水母漂移路径做出白潮灾害早期预警或短期预警。美国 NOAA 和几个大学合作研发太平洋金水母出现概率长期预报系统，并定期发布白潮预警通报，而中国已完成白潮监测预警综合数据库建设和监测预警系统平台的搭建，并实现 72 h 水母漂移路径预测相对误差低于 35%的数模搭建，但其推广应用还有待进一步验证。

通过对白潮灾害漂移路径的研究，掌握水母的漂移轨迹和方向，并分析水母对敏感海区的影响，可达到对白潮灾害进行及时预警预报的目的。然而由于水母的自主运动（特别是垂直运动）的不确定性，在一定程度上影响了水母种群的漂移扩散方向和速度的判断。目前，国内外学者主要利用数值模拟方法开展水母灾害漂移路径的研究（图 7-15）。中国也曾尝试利用拉格朗日粒子追踪法建立独立的水母漂移路径预测数值模型，结合水母灾害的实时监测结果，模拟水母的漂移轨迹，但并未取得突破性进展。对水母漂移路径的研究也是研究的重点和热点之一。

水母暴发作为海洋生态系统一种异常现象，发生的原因比较复杂，与许多环境因子的相互

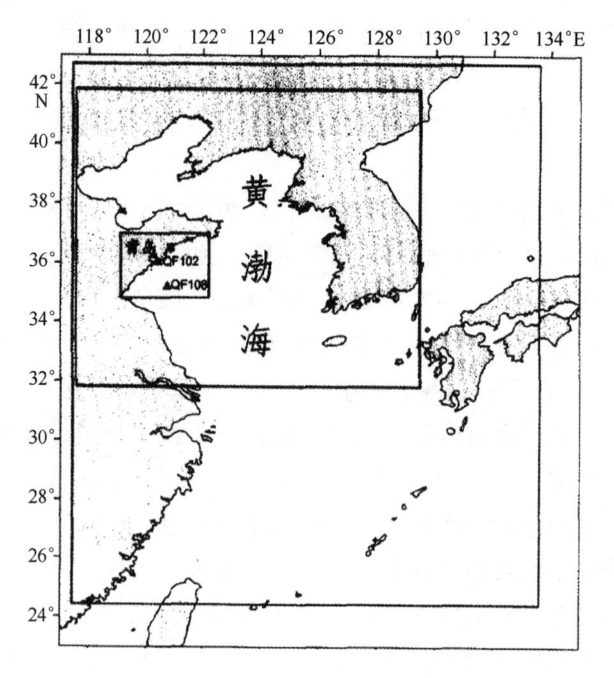

图 7-15　青岛近海水母集合漂移预测模型嵌套示意图

资料来源：吴玲娟等，2015

关系具有非线性和复杂性。而且，水母作为一种大型浮游动物，颜色近为透明接近水色，其分布受环流影响较大，这也对监测水母分布带来了很大难度。数值模型研究是海洋学研究的重要工具之一，利用物理与生物耦合模型可以对物理过程、生物过程及其相互作用进行定量化连续性地描述，分析环境因子（如温度、盐度、层化、混合和海流等）对水母分布、密度等特征的影响，对水母进行溯源、漂移预测和定量化。但由于水母生活史的复杂性，以及影响因子的多变性，建立水母生态动力学模型的难度也较大，下面从不同研究角度，探讨研究水母暴发数值模型的进展和现状（季轩梁，2013）。

一、生活史模型

通过实验研究，确定水母生长繁殖各阶段过程与海水温度、盐度等要素的关系，并将这种关系定量化，建立生活史模型，成为研究水母的定量化预测方法之一。利用能量学模型（Energetics Model）将温度和浮游动物丰度作为强迫项，预测了淡海栉水母（*Mnemiopsis leidyi*）季节分布，并将该模型与确定性模型（Deterministic Simulation Model）耦合，在纳拉甘西特湾（Naragansett Bay）对水母进行了模拟分析（Kremer，1976；Kremer ，1982）。通过调查数据分析得到五卷须金黄刺水母（*Chrysaoraquin quecirrha*）暴发与温度和盐度的关系，建立了两个栖息模型（Habitat Model），一个是频率模型（Likelihood of Occurrence Model），利用逻辑回归方法（Logistic Regression），与地理信息系统相结合，显示水母暴发地点；一个是浓度模型（Concentration Model），利用统计学方法（Geostatistical Kriging Method），依据温盐数据，预测水母在不同密度暴发的可能性。同时，由三维非线性水动力学物理模型模拟出温度和盐度，与栖息模型相耦合，建立该水母的即时预报系统，分析该水母未来暴发的可能性、密度和分布特征（Decker et al.，2007）。依据东海水螅水母类丰度和同步表层温、盐度数据，采用曲线拟合构造了数学模型，用麦夸特（Marquardt）非线性最小二乘法估计模型参数，分析了东海水螅水母类与温度、盐度之间的关系（图 7-16 和图 7-17），研究发现在东海水螅水母类中，最适温度低于 20℃的暖温种和最高温度高于25℃的热带种这两个物种数量较多，而东海水螅水母最适盐度一般很高，主要是由于台湾暖流的影响（徐兆礼，2009）。

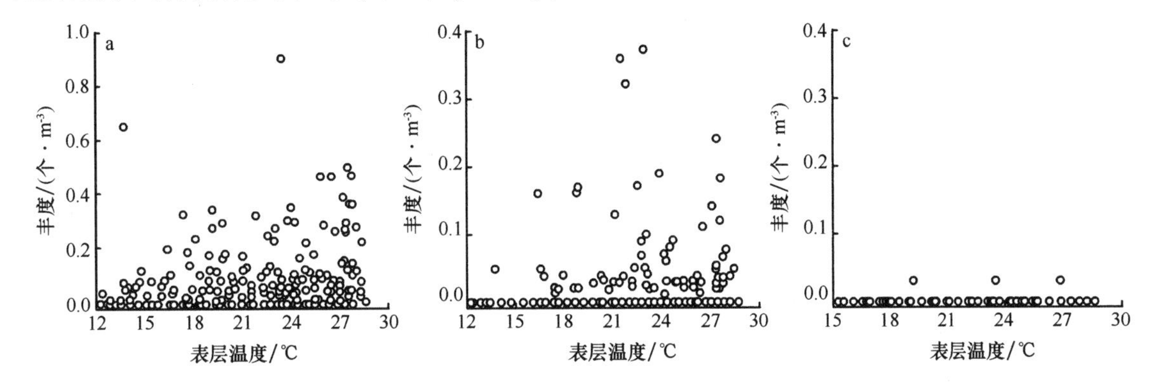

图 7-16　丰度-表层温度（℃）散点图

a. 四叶小舌水母 *Liriope tetraphylla*；b. 两手筐水母 *Solmundella bitentaculata*；c. 墓形棍手水母 *Rhopalonema funerarium*

资料来源：徐兆礼，2009

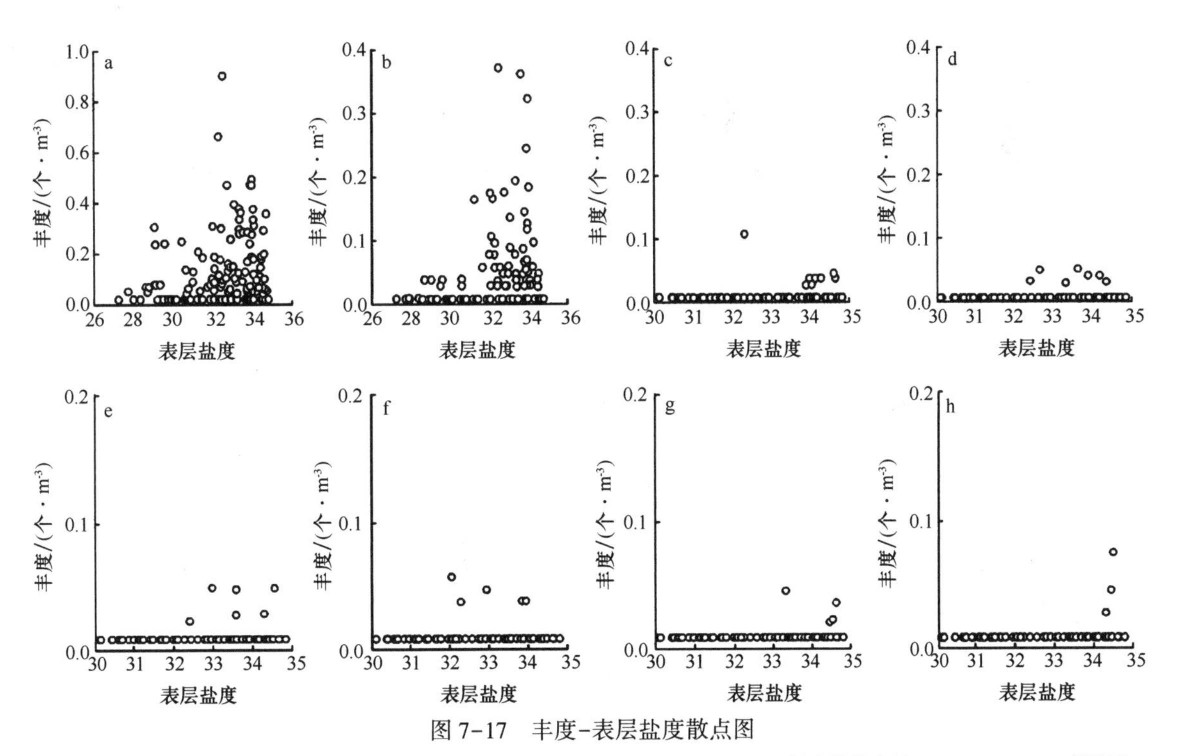

图 7-17　丰度-表层盐度散点图

a. 四叶小舌水母 *Liriope tetraphylla*；b. 两手筐水母 *Solmundella bitentaculata*；c. 单囊美螅水母 *Clytia folleata*；d. 端粗范氏水母 *Vannuccia forbesii*；e. 异距小帽水母 *Petasiella asymmetrica*；f. 四手触丝水母 *Lovenella assimills*；g. 顶突潜水母 *Merga tergestina*；h. 扁胃高手水母 *Bougainvillia platygaster*

资料来源：徐兆礼，2009

二、示踪物模型

水母属胶质类大型浮游动物，游泳能力较弱，其分布特征主要受水动力过程因素的影响。利用水动力过程的拉格朗日粒子示踪物漂移模拟，将水母粒子化，加上水母垂直移动的过程，对水母漂移路径进行溯源和追踪，这也是目前模拟预测水母分布的定量化方法之一。利用物理海洋模型 ROMS（Regional Ocean Modeling System），未考虑潮汐运动，采取粒子示踪法对日本海水母来源进行分析，在山东半岛附近海域和长江口之间分别于5月、6月、7月释放粒子，结果显示日本海暴发的水母可能的源地之一为长江口，而且水母的分布受东海到日本海之间的风应力及沿岸流的影响较大（Moon et al.，2010）；利用Gulf of Mexico（GOM）环流模型，模拟了墨西哥湾内环流的季节变化，并将水母作为拉格朗日粒子，对该海域内的五卷须金黄刺水母（*Chrysaora quinquecirrha*）的路径进行追踪，结果指出在墨西哥湾内，环流的季节变化在水母的丰度和分布上起了重要的作用（Johnson et al.，2001）；利用物理海洋模型POM（Princeton Ocean Model）和NEMO（Nucleus for European Modeling of the Ocean），并分别考虑了有无潮汐运动过程，分别选取中国东部沿岸、朝鲜半岛西岸和济州岛沿岸作为质点释放区（图7-18），将水母作为粒子，忽略其生长代谢过程，但考虑水母具有昼夜垂直迁移的生物特性，并简化垂直运动过程（图7-19），模拟了水动力过程对水母漂移路径的影响，结果显示采用含潮汐混合和潮汐非线性效应的动力模式进行质点追踪更为可靠，并且垂直迁移特征对水母的分布特征也有相应的影响（罗晓凡等，2012）。

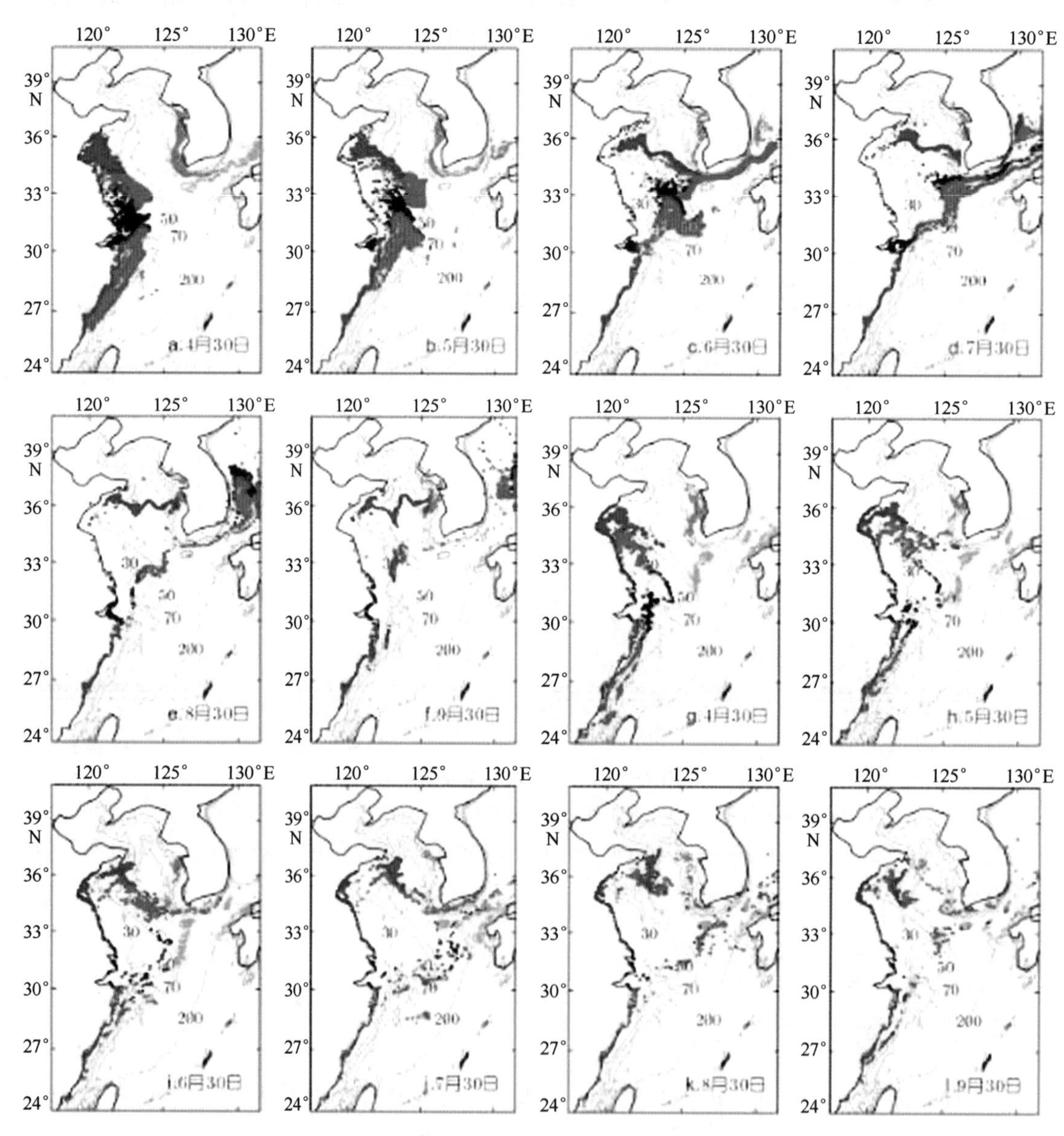

图7-18　不同释放区表层质点在4—9月月底的空间分布

a~f为NEMO模式结果；g~l为POM模式结果

资料来源：罗晓凡等，2012

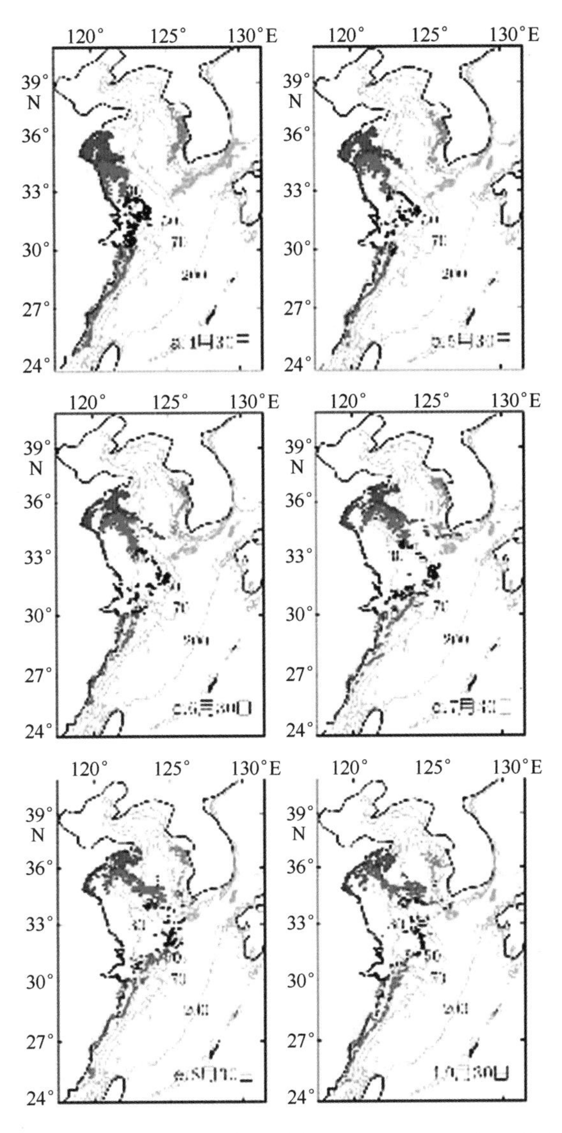

图 7-19　不同释放区包含垂直运动的质点在 4—9 月月底的空间分布

资料来源：罗晓凡等，2012

三、气候预测模型

通过对水母的监测发现，水母暴发具有季节性和年际性等特征，有学者利用气候预测模型要素与水母生物要素的相关关系，预测水母暴发异常年份。通过运用广义相加模型（Generalized Additive Models，GAM），将东白令海分成东南和西北两个区域，对在过去 30 年中该海域垂柳水母（*Chrysaora melanaster*）生物量与物理和生物条件的关系进行研究。结果表明，在东南海域，春季水母生物量与物理环境条件有关，比如海水温度、海冰覆盖以及风混合等；而夏季水母生物量则与生物环境条件有关；在西北海域，夏季水母生物量与物理条件有关（Brodeur et al.，2008）。另外，通过相关性分析验证，发现北海中部海域水母频发分别与北大西洋震荡和流入北海的大西洋流有着密切的联系，并利用 7 个气候模型（CSIRO MK2、CGCM1、CCSR/NIES、ECHAM4/OPYC、NCAR PCM、HadCM3、HadCM2）分别分析了未来 100 年内北海海域水母暴发频率的趋势（图 7-20）。这 7 个气候模型分析的结果均表明，在未来 100 年内，由于全球变暖，北大西洋震荡（North Atlantic Oscillation，NAO）将会进入一个更加频繁的阶段，进而水母暴发频率也会随之增加（Attrill et al.，2007）。

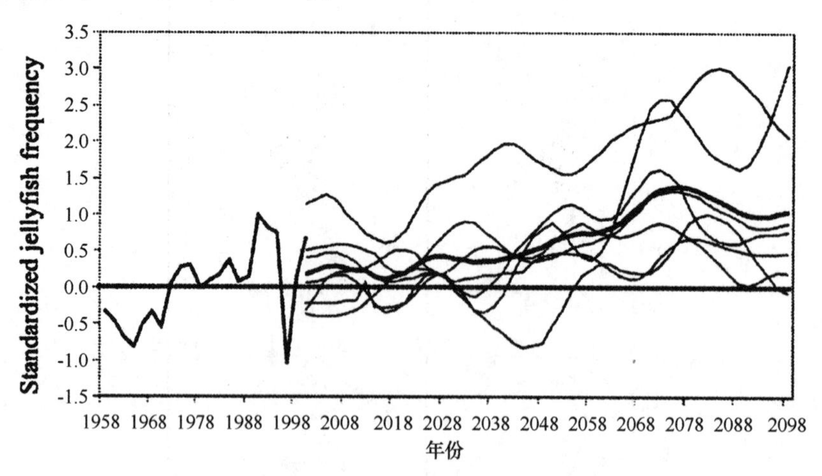

图 7-20　未来 100 年内北海海域水母暴发频率的趋势

资料来源：Attrill et al.，2007

四、生态系统动力学模型

海洋生态系统动力学模型更强调物理过程和生物过程的相互作用，将物理模型模拟出的流速、海温、盐度和光强等要素作为生物模型的强迫场，进而模拟生物过程。其中，生物模型通常用以下方式表示：

$$\frac{\partial C_i}{\partial t}=P(C_i)+B(C_i)+Y \quad i=1,2,\cdots,n$$

式中，C 为生态模型中的生物变量；i 为状态变量的个数。最简单的包含营养盐（N）、浮游植物（P）、浮游动物（Z），简称 NPZ 模型（Frost，1972）；后来又加入碎屑，小型浮游动物、大型浮游动物、小型浮游植物、大型浮游植物、叶绿素、硅酸盐和磷酸盐等更复杂全面的生态变量。式中 P（C_i）表示为物理过程的作用，比如上升流、湍流、沉降等。B（C_i）表示为生物过程的作用，比如光合作用、呼吸、死亡、排泄、摄食、硝化、反硝化、分解等过程。Y 表示河流输入、大气沉降等。海洋生态模型（North Pacific Ecosystem Model for Understanding Regional Oceanography，NEMURO）中加入以胶状体浮游动物和磷虾为代表的大型浮游动物作为生物变量，进而模拟其变化规律（Kishi et al.，2007），并将以鱼类为代表的高营养级生态变量耦合到该海洋生态模型（NEMURO. FISH），进而模拟更全面负责的海洋生态系统循环作用过程（Megrey et al.，2007）。通过利用已建立的包含浮游植物、浮游动物、贝类、水母和营养盐等变量的生态模型，与水动力模型（Proudman Oceanographic Laboratory，POL3D）相耦合，模拟新西兰的比阿特里克斯湾贝类与环境变量的关系（Ren et al.，2010）。在该生态模式中，水母通过摄食浮游动物得以生长，并在一定程度上抑制浮游动物的数量，模拟结果也较好地反应了现实海水中水母与其他鱼类之间的竞争关系。这些方法均为从定量化的角度更好地分析水母暴发机制，对开展白潮灾害模拟预测预警工作提供了有效的科学依据。在海洋生态动力学模型模拟研究中，不同海域的参数比如生长率，死亡率和排泄率等都不一样，而参数对模拟结果有显著的影响，因此，参数的确定十分重要。除此之外，初始场、边界条件和分辨率对于模式模拟的结果也有较大的影响。因此，在生态模式中增加水母等食肉性浮游动物等生物状态变量，需要研究清楚这些变量与其他变量之间的生物化学关系，同时也要注意参数的选择。

第四节　海洋生态灾害预警信息发布

由于海洋生态灾害带有突发性，因此，迅速收集、传输和处理海洋生态灾害信息，保证预报警报迅速、及时地发布，是海洋生态灾害预警的关键。应组织和沟通现有国家海洋主管部门及其所属的预报机构与有关沿海省（自治区、直辖市）政府海洋主管部门和其所属的预报机构，形成上下结合的海洋生态灾害预警报服务网。

一、海洋生态灾害预警报发布管理制度

国务院《海洋观测预报管理条例》规定，国家、海区和沿海县级以上地方人民政府海洋主管部门所属的海洋预报机构负责海洋预报具体业务工作。预计本机构责任预报海域将要出现海洋灾害时，各级海洋预报机构应当立即根据海洋灾害应急预案的要求，制作发布海洋灾害警报（图 7-21）。

图 7-21　海洋观测预报管理条例
资料来源：引自网络

各级海洋预报机构应当广泛收集责任预报海域的观测资料和相关基础信息，综合运用各种成熟的海洋预报技术和方法，分析、预测海洋状况变化趋势及其影响，及时制作和发布各种海洋预警产品。

海洋预报和海洋灾害警报由各级海洋预报机构按照职责向公众统一发布，其他任何单位和个人不得向公众发布海洋预报和海洋灾害警报。

二、海洋生态灾害预报预警信息发布流程

海洋生态灾害预警报信息发布流程参照国家海洋局《赤潮灾害应急预案》和国家海洋局北海分局《北海分局绿潮灾害应急执行预案》。

（一）赤潮预警报信息发布

赤潮灾害信息实行统一管理，分级发布制度，由国家和省级海洋主管部门分别负责全国和各省（自治区、直辖市）及计划单列市赤潮灾害信息发布工作的管理。依照海洋生态灾害预报警报等级划分，发布预报和警报内容。

经过多年的探索实践，山东省已经建立起集环境监测、赤潮预报预警、灾害应急相应于一体的赤潮灾害预警报管理机制（图 7-22）

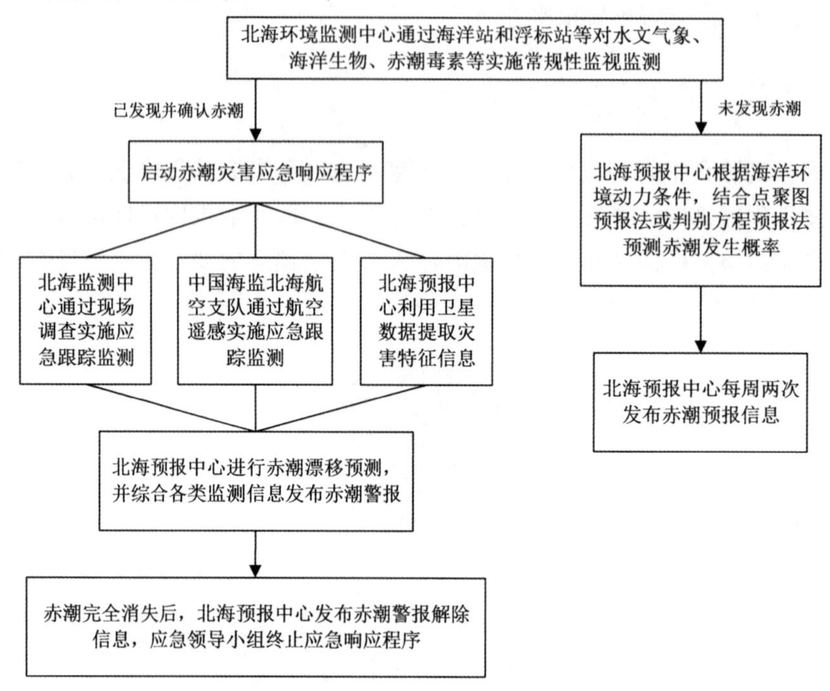

图 7-22　山东省赤潮灾害预警报管理流程

资料来源：于宁等，2012

在未发生赤潮时，北海区海洋主管部门通过立体式监视监测及时掌握赤潮环境动力条件变化，定期发布赤潮预报信息；发生赤潮后，赤潮灾害应急领导小组根据灾害级别启动相应的应急响应程序，北海区海洋监测预报业务机构通过现场取样、航空卫星遥感等对已发赤潮开展应急跟踪监测，实时掌握赤潮分布、漂移以及海域生态环境要素变化，北海区海洋监测预报业务机构对赤潮发展趋势和漂移情况进行预测，并发赤潮警报；在赤潮发生过程中，应急领导小组将协调多部门积极采取防灾减灾措施，通过物理、化学、生物等方法消除赤潮，减轻赤潮危害；赤潮完全消失后，北海区海洋预报机构发布赤潮警报解除消息，应急领导小组解除应急响应程序，北海区海洋主管部门组织开展灾害损失评估工作（于宁等，2012）。

（二）绿潮预警报信息发布（以山东省为例）

北海区绿潮灾害信息发布机构及时向山东省及沿海市海洋主管部门通报绿潮分布、漂移、发展趋势、启动应急响应等相关信息；定期向社会发布北海区及相邻海域的绿潮分布、漂移、发展趋势、对海洋环境影响等信息。

山东省及沿海市海洋主管部门向北海区绿潮灾害信息发布机构通报绿潮监测、预警、处置、影响、启动应急响应等相关信息。定期向社会发布本辖区海域的绿潮分布、漂移、发展趋势，对海洋环境、生产生活影响等信息。

各级海洋主管部门按照相应预案规定的信息管理机制加强信息发布管理，建立信息发布协调衔接机制，规范信息发布内容和渠道，避免发布的信息出现矛盾。同时要把握好舆情动态，合理引导社会舆论。

三级以下应急响应时，每周一报送；三级应急响应每周一、四报送；二级应急响应每周一、三、五报送；一级应急响应每日报送。

三、海洋生态灾害预警报信息发布手段

为使海洋灾害预测分析产品、预警报信息及时、快速、准确地传输到国家、沿海各级海洋主管部门、广大公众及海上用户，海洋环境预警报信息通常采用传真、电视、广播、网站、电话、短彩信、电报、邮寄等方式传输海洋灾害预测分析产品和预警报信息。

随着海洋经济的不断发展，滨海旅游人数不断增加，公众对于海洋预报的需求越来越大。面向社会公众的海洋预警报服务紧跟时代技术发展，依托互联网和移动端技术，海洋预警报开始通过微博、微信、客户端等平台服务于社会公众（图 7-23）。

图 7-23　层出不穷的新媒体技术与形态

资料来源：引自网络

小结

海洋生态灾害预测预警研究在海洋生态灾害研究中有着非常重要的地位，它对防止赤潮、绿潮、白潮等灾害，减少其所造成的经济损失，保护海洋生态环境，保障人类的健康安全起着重要的作用。

本章前三节分别介绍了海洋生态灾害中赤潮、绿潮和白潮的预测预报技术，并依照不同的分类依据详细阐述各个海洋生态灾害的预测预报方法。第一节赤潮灾害预测预警和最后一节全面地展示了赤潮灾害预警报系统案例，其通过开展赤潮灾害的常规监视监测工作，并对监测结果进行分析评价，做出赤潮灾害的预测预报，第二节和第三节分别介绍了绿潮和白潮灾害的预测预报技术。

第四节简单介绍海洋生态灾害预警信息发布内容。先进的预报技术和科学的管理制度能最大限度地减少因海洋生态灾害给经济发展和人民生命财产安全造成的损失，建立、健全海洋生

态灾害预报管理制度及管理体制对于改善海洋自然环境、减少灾害损失等具有至关重要的作用。

思考题

1. 赤潮灾害的预测方法有哪些？分类依据是什么？
2. 请简要阐述赤潮灾害预警预报系统。
3. 请阐述绿潮灾害的预测方法。
4. 绿潮预测预警业务化流程包括哪些内容？
5. 白潮灾害预测模型中的示踪物模型与生态系统动力学模型的联系有哪些？
6. 请阐述海洋生态灾害预警报发布管理制度的内容。

拓展阅读

1. 王洪礼，冯剑丰．赤潮生态动力学与预测［M］．天津：天津大学出版社，2006.
2. 曹丛华，黄娟，高松，等．黄海绿潮灾害应急遥感监测与预测预警系统［M］．北京：海洋出版社，2017.

第八章　海洋生态灾害处置与资源化利用

自20世纪后半叶以来，全球范围内海洋生态灾害频发的现象引起各国政府及学者们的重视，不仅对灾害的发生、发展、危害、监测、防范及预报进行了研究，同时也对其处置方法进行了探索和实践。综合而言，已有报道生态灾害的处置方式虽有多种，但究其方法原理，大致可分为以下3类：物理处置法、化学处置法和生物抑制法。值得注意的是，由大型藻类（浒苔、石莼等）暴发产生的“绿潮”灾害在全球中纬度海域频发，因其蔓延范围广大、且对受袭区域的正常秩序扰动较为剧烈，受影响各国均开展了综合性的治理和处置工作。此外，在可持续发展理念日益深入人心的背景下，为充分开发利用自然资源，不浪费大自然的馈赠，近年来陆续有以生态灾害的致灾生物为原料，研制开发肥料、饲料、食品、能源等产品的报道。

第一节　赤潮处置技术

鉴于赤潮的严重危害，有害赤潮的治理研究日益受到人们的广泛关注，并得到迅速发展。对于局部可能发生的赤潮或者已经出现的赤潮的海域，可以通过及时采取紧急的治理措施，迅速有效地去除赤潮生物，抑制赤潮发生或者控制其发展规模，从而消除其影响，达到防灾减灾的目的。但由于赤潮生物种类繁多，暴发机制各异，再加上潮流和风浪的影响，人力和自然力相差仍然较悬殊。因此，目前赤期治理对策仍坚持“以防为主、治理为辅”的指导方针。

一、物理处置

赤潮治理的物理方法是利用某些设备、器材在水体中设置特定的安全隔离区，分离赤潮水体中的赤潮生物或利用机械装置来灭杀、驱散赤潮生物的方法。赤潮治理的物理方法一般作为一种应急措施使用，简单、没有二次污染，但因成本太高或者适用浓度较高的赤潮水体，所以只能用于小范围的应急处理措施，对于低密度和底层海藻杀灭效果则较差。

（一）物理隔离

对方便移动的小型网箱养殖，可以采用迁移养殖网箱来进行安全隔离，因为赤潮生物一般聚集在表层海水，该方法是将水产养殖设施沉入海底或移到未发生赤潮的海区。这种方法简单易行，但前提条件是赤潮仅在局部区域发生，而且周围容易找到安全的“避难所”。但对于大面积的养殖该方法困难很大，可以对不能移动的养殖场养殖物提前出池，以免造成更大损失。此外，还可通过机械装置进行增氧，以防止因赤潮引起养殖物的窒息死亡。

围隔法是另一种比较可行的应急措施，利用一种不渗透的材料把赤潮发生区域进行围隔，避免扩散，污染其他海域。对于较小范围养殖场，当赤潮发生时，也可将养殖区围隔，同时应注意给网箱充气，防止养殖生物缺氧。或者在养殖区周围海底设通气管，向上放出大量气泡，形成一道垂直的环流屏障，将养殖区与赤潮水体隔离。

（二）物理清除

赤潮回收专用船可对赤潮生物进行过滤分离，通过配备的抽水泵、离心机等装置把含赤潮生物的海水吸到船上，再经过加凝聚剂、加压过滤或离心分离赤潮生物。或者将抽取的海水加入磁铁矿石，进行搅拌，通过电磁过滤，将吸附在矿石上的赤潮生物分离，一次可除去80%的赤潮生物，日本曾进行过几次大规模海上实验，效果良好。

（三）物理扰动

机械搅动法借助机械动力或其他外力搅动赤潮发生海域的底质，加速分解海底污染物，使底栖生物的生存环境得以恢复，同时提高周围海域的自净能力，进而减缓和控制赤潮的进一步发生。该方法对局部赤潮有效。

超声波法利用超声波破坏高密度聚集的赤潮生物细胞。1974年，日本水产厅以不同频率的超声波对赤潮生物密集区进行照射，发现在400 kHz时照射时间为2 min左右效果最佳。经超声波处理后，褐胞藻和裸藻类的凝聚显著（Shirota，1989）。实验表明，超声波仅对表层（约50 cm）高密度聚集的赤潮生物有效，对低密度或底层赤潮生物破坏效果不佳。

吸附法利用具有多孔性的固体吸附材料，将赤潮藻类吸附在其表面，以达到富集和分离的目的，目前使用的赤潮吸附材料主要有炉渣、碎稻草和活性炭。大连市附近海域于20世纪80年代发生赤潮，利用碎稻草吸附处理藻类达12 km^2，去除率较高。

气浮法是在赤潮水体中通入大量微细气泡，使之与藻类依附，由于其比重小于水，进而借助浮力上浮至水面后去除。目前使用的气浮工艺主要有压力溶气气浮（DAF）、散气气浮（DiAF）和涡凹气浮（CAF）。其中，压力溶气气浮的工艺较成熟，对不同藻类的去除率均在80%以上；散气气浮能较好地去除绿藻类的小球藻；运用涡凹气浮处理滇池水的藻类，局部去除率达99 %。有研究发现，絮凝可影响气浮工艺的除藻效果，使用聚合氯化铝（PAC）、硫酸铝（AS）和三氯化铁（FC）3种混凝剂分别与气浮法相结合，可除去90%的藻类。

二、化学处置

化学方法具有操作简单、见效快的特点，是采用最早、目前使用最多、发展最快的一种方法。国际上对治理赤潮提出了以下7条标准：①在低药剂浓度条件下杀灭赤期生物。②药剂能自身分解成无害物质，无残留物；同时又能分解赤潮生物分泌的毒素及其尸体产生的硫化氢、氨、甲烷等有害物质；恢复被赤潮消耗掉的含氧量及净化被其污染的海水。③杀灭赤潮生物时间要短，要在海浪冲击稀释药剂浓度不低于灭杀赤潮生物浓度阈值前就能完成灭杀赤潮生物。④对非赤潮生物不产生负面影响，不会对海洋造成二次污染。⑤成本低廉。⑥易取得、易操作。⑦生产药剂过程是清洁生产，无污染、无废料和附加产物。这7项标准应该作为以后科学家研究治理赤潮的研究方向。但迄今为止，治理赤潮的研究方法有很多报道，但是能完全满足上述条件的几乎没有，根据所采用的原理，赤潮的化学处置分为直接杀灭法和絮凝剂沉淀。

（一）化学药剂直接杀灭

直接灭杀法是利用化学试剂（无机杀藻剂或有机灭杀剂）直接杀死藻华生物的方法。这种去除藻华生物的方法具有见效快、操作简单、运输、储存方便等优点，但是存在较大的缺点。采用的无机化学试剂一般具有生物毒性，在杀死藻华生物的同时也会对非藻华生物产生毒性效应。例如，硫酸铜曾用来治理短裸甲藻藻华，但使用硫酸铜存在以下缺点：①成本较高；②对藻华生物的控制只是暂时的；③具有毒性，破坏近岸生态系统。此外，利用化学方法治理产毒甲藻藻华时，产毒甲藻的破裂会使毒素进入水体。

天然产物提取物质和人工合成化学物质是常用的有机除藻剂，能有效灭杀甲藻细胞。有机药剂主要包括有机胺（季胺盐）、酮类（噻唑烷二酮）和有机羧酸（亚油酸、花生四烯酸）、羟基自由基等。例如，目前研究的 C8-C16 脂肪胺可以用以灭杀藻类；利用 0.8 mg/L 的双季铵盐处理球形棕囊藻，96 h 后可有效灭杀该藻类，且更低浓度的双季铵盐（0.4 mg/L）对亚历山大藻的灭杀效果较好；二氯异氰尿酸钠和三氯异氰尿酸均可有效去除藻类，当其有机氯浓度不小于 4.5 mg/L 时，可除去 80%的赤潮藻类。羟基自由基的氧化性很强，其氧化还原电位远高于氯气和臭氧，可通过脂质过氧化藻类细胞膜和破坏藻类基因结构等方式达到灭藻目的，且投放剂量较低，对鱼、虾等海洋生物不会产生影响。

（二）絮凝剂沉淀

絮凝剂沉淀法是指利用絮凝剂（无机絮凝剂、天然矿物等）吸附特性，使藻华生物凝聚、沉淀从而达到杀死或去除的目的。

1. 无机絮凝剂

传统的无机絮凝剂主要包括铝盐和铁盐两大类。在海水状态下，氯化铁和硫酸铝会发生化学反应形成胶体粒子，使藻华生物凝聚进而使其沉淀。其中铝盐具有一定的污染性，铁盐可促进赤潮生物的生长，二者在治理赤潮方面的应用具有局限性，因此新型无毒的高分子絮凝剂成为研究热点。近年来聚硅酸金属盐（PSMS）等无机高分子絮凝剂不断发展，其中聚硅酸硫酸铝（PSMS）相比铝盐絮凝效果更好，用量却低于铝盐约 33 %。利用粉煤灰制备新型无机高分子絮凝剂，其表面电性高于高岭土，在 1998 年 6 月福州市水产所鲍鱼育苗基地赤潮治理过程中取得较好效果。

2. 天然矿物絮凝

最早开展黏土矿物对藻类凝聚作用研究的是日本的小岛祯男（1961），其目的是消除贮水池中产生的大量浮游植物。他在实验中，将黏土矿物作为“增重剂”与硫酸铝土混合，使藻类去除率由单纯硫酸铝土时的 82%上升至 97%。此后该结果被应用于海水条件下的藻类凝聚试验。结果表明，黏土矿物对赤潮生物的凝聚作用与其种类、结构和表面性质等因素有关，其中蒙脱石的凝聚作用最强。其去除率的高低与黏土溶液能否和赤潮生物形成“絮状物”以及形成“絮状物”的大小有关；通常悬浮粒子表面电荷愈多，形成“絮状物”愈大，去除率愈高。根据这些实验室结果，20 世纪 80 年代初日本在鹿儿岛实验场进行了大规模的现场实验，取得了满意的结果。

日本在海区撒播黏土的方法有两种：船上撒布法和空中撒布法。船上撒布法是利用小型渔船，在养殖网箱的周围利用渔船的螺旋桨搅动表层水体，调整黏土浓度，使黏土通过喷射孔撒布于海水表面或表层水体中。实验表明该方法是防止养殖网箱周围赤潮生物造成危害的行之有效的措施，但在撒布过程中要考虑风向和水体流动情况。空中撒布黏土是利用小型飞机在开阔水域向大规模的赤潮区内撒布黏土。空中撒布黏土有两种方法：液体法和粉状法。撒布粉状黏土时，容易受到风的影响，撒布浓度不易均匀；而液状黏土则可以迅速地向大范围海面撒布。试验表明空中撒布黏土对治理开阔水域大范围的赤潮比较有效。此外，鹿儿岛水产试验场还进行了撒布黏土对黄尾笛鲷和真鲷鱼类影响的实验，表明黏土的撒布量在 200~400 g/m^2（干重）范围内，这对鱼类没有丝毫影响，可以达到杀灭赤潮生物的目的。

我国从 90 年代初开始对黏土矿物治理赤潮进行了一系列研究。有学者曾在实验室模拟探讨了蒙脱石-$Ca(OH)_2$ 对河口区赤潮的抑制效应及机制，结果表明，适量蒙脱石对抑制浮游藻种暴发性增殖可取得较明显效应。俞志明等（1994）首次将胶体化学理论应用于黏土颗粒与赤潮生物细胞的相互作用，建立了以范德华作用和静电作用为主的黏土颗粒絮凝赤潮生物的理论模型。指出可以通过改变黏土颗粒的表面电性和增大与藻华生物的作用半径等方式来提高藻华生物去除率，这为黏土矿物的改性研究提供了理论依据。在自然海水中，黏土颗粒表面呈现出负电荷，而主要藻华生物——海洋微藻细胞表面电荷也是负电性，两者之间的静电排斥力比较大，会降低两者的有效碰撞，这也是天然矿物絮凝法去除率比较低的重要原因。在表面改性理论中，通过引入表面改性剂 M^{Z+} 可以改变黏土颗粒表面电性，将原本的静电斥力转变为吸引力，进而大大提高了絮凝效率。同时，表面改性剂 M^{Z+} 的分子链越长，黏土颗粒与藻细胞的作用半径增大，“桥连”作用越明显，从而使其与微藻形成的絮体结构更加紧密，达到更高的去除率，并且该理论在室内模拟实验和现场应用中都得到了较好的验证。为了进一步减少黏土矿物的使用量，国内外学者先后研制了改性黏土以提高其去除效率。有研究发现，将黏土进行酸处理后，减少了黏土的使用。将黏土矿物（高岭土）进行聚羟基氯化铝（PAC）改性，有效地降低了高岭土的使用量，使有害藻华生物的去除率提高了近 20 倍。之后还有研究学者提出使用钙镁混合金属层状氢氧化物正电胶粒（MMH）、硫酸铝（AS）和氯化铝（AC）等无机改性剂对黏土颗粒进行进一步的改性，并取得了较好的效果。

随着实验室研究的日渐成熟，改性黏土在国内外有害藻华暴发现场得到多次应用，并取得了较好的成效（图 8-1）。俞志明团队研发的具有自主知识产权的改性黏土絮凝法，在保证有效去除率的同时，大大降低了黏土的使用量，仅为 4 t/km^2。该法是我国近海唯一多次在有害藻华现场中大规模应用的应急处置技术，在我国 9 个城市、20 多个海域得到了应用和认可，成功保障了我国近海养殖渔业、重要水上赛事和重大工程的用水安全，已经被列入我国“赤潮灾害处理技术指南”（GB/T 30743—2014）和联合国教科文等组织出版的“近岸有害藻华监测与管理对策”中。我国首次改性黏土治理有害藻华的现场应用是在 2005 年的南京玄武湖的蓝藻水华，经过治理后，①水质发生了明显改变：化学需氧量（COD）、总磷（TP）均大幅度降低；蓝藻毒素从 0.03~0.62 μg/L 降低到不足 0.01 μg/L；②浮游植物群落结构发生变化：优势种由微囊藻转为隐藻，蓝藻比例由 94.8%降至 11.3%，浮游植物生物量下降 82%；③浮游动物、底栖动物和细菌的变化：浮游动物数量上升了 47%；底栖生物数量、种类组成基本持平，表明蓝藻水华治理对底栖动物无明显影响；细菌总数下降 1~2 个数量级；④几种水生高等植物没有发现明显变化；⑤跟踪监测过程中，没有发现死鱼现象（梅卓华等，2010）。藻华治理后（2006—2008 年）的监测显示，湖水水质清澈，湖底覆盖了 20%~30%水草（*Potamogeton crispus*），湖中再没有暴发铜绿微囊藻藻华，该湖浮游植物群落已由微藻占优势转化为水草占优势。

此后，改性黏土多次成功运用于有害藻华现场应急治理。2007 年 6 月，改性黏土方法成功应急消除了青岛近海沙子口湾海域发生的面积为 10 km^2 赤潮异弯藻有害藻华。2004 年改性黏土技术被确定为奥运帆船比赛海域有害藻华应急处置方法；2008 年 8 月，调动船只 40 余艘，使用改性黏土 350 t 余，成功处置消除了发生该海域面积大约有 86 km^2 优势种为卡盾藻、海链藻、中肋骨条藻等的有害藻华，保障了奥运会帆船赛事的顺利进行。2010 年汕尾第 16 届亚运会、2011 年上海第 14 届国际泳联世界锦标赛、2011 年深圳第 26 届世界大学生夏季运动会帆船赛，改性黏土技术均被成功运用于比赛水域的藻华控制与去除，保障了海上赛事的顺利举行。2012—2014 年，改性黏土技术再次成功运用于秦皇岛北戴河褐潮藻的现场应急处置中，保障了北戴河水域的服务功能。2015 年改性黏土技术成功应用于广西防城港核电站冷却水取水水域球形棕囊藻藻华的应急治理中，保障了核电站运行的安全。

三、生物抑制

生物方法治理赤潮，即通过浮游动物、滤食性贝类、藻类、细菌或病毒等捕食或抑制藻细胞，可归纳为植物抑制、动物抑制和病毒及微生物抑制 3 类。但目前生物的方法多处于实验室

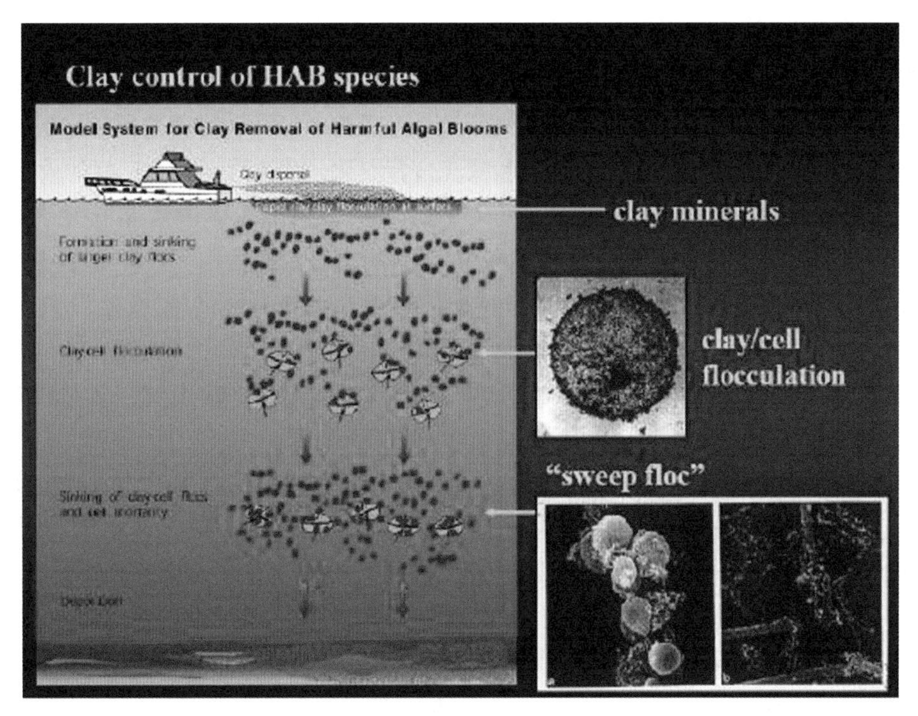

图 8-1　黏土治理有害藻华示意图

资料来源：Anderson et al.，1997

研究阶段，处置实例还较少。

(一) 植物抑制

植物和微藻在自然和实验水生生态环境中存有拮抗作用。通常，它们可通过竞争营养盐和光照的方式来抑制微藻的生长；另外，有一些植物还可以通过分泌抑藻物质限制微藻的生长。研究这些植物对微藻生长的抑制作用及抑藻机制为利用植物控制微藻的过量繁殖提供了理论依据。

在淡水中，高等水生植物对藻类的化感抑制作用的发现，使得化感作用开始应用于富营养化水体藻类控制领域，相关研究逐步受到国内外的关注。多种生活类型的水生植物对藻类均有化感抑制作用，具有抑藻作用的化感物质主要属于植物的次生代谢产物，这些代谢产物分布于植物的根、茎、叶、花、果实或种子中，并通过挥发、根的分泌或淋溶等方式释放到周围环境中。众多研究表明，浮水植物水葫芦 Eichhorniacras-sipes 的根、茎、叶可通过向水体中分泌某些化学物质限制藻类的生长。石菖蒲（*Acorusta tarinowii*）可以释放抑藻物质，用其植培的水培养藻类，可破坏藻类的叶绿素 *a*，使其光合速率、细胞还原 TTC 能力显著下降。水盾草（*Cabomba caroliniana*）和穗花狐尾藻（*Myriophyllum spicatum*）两种沉水植物对所选用蓝藻的生长都有抑制作用，并进一步证实穗花狐尾藻具有抑藻活性是因为该藻能释放多酚类抑藻物质。诸多研究表明，对藻类的化感作用在水生植物中普遍存在，并已经分离出脂肪酸类、多酚类以及含氮化合物等多种化感物质具有明显的抑藻作用。

在海水中，利用大型海藻与微藻间的相互作用来预防或控制赤潮也是赤潮防治研究中的一种新兴的生物方法。近年来，研究较多的大型海藻主要有石莼属、江蓠属、浒苔属、紫菜属、角藻属、麒麟菜属和海带属等。例如，大型海藻江蓠能加速中肋骨条藻赤潮的消亡，避免赤潮消亡后水体缺氧，可有效减轻赤潮对环境的危害。大型海藻孔石莼（*Ulva pertusa*）在生长过程中会产生抑藻物质，有效抑制塔玛亚历山大藻（*Alexandrium tamarense*）、东海原甲藻赤潮异弯藻 3 种微藻的生长。上述研究证实了大型海藻在赤潮防治中的重要作用。此外，国际上利用大型海藻和经济动物混养和套养的生态养殖模式受到推崇，许多研究证实大型海藻是养殖环境中对氮、磷污染物非常有效的生物过滤器。通过栽培大型海藻，可平衡因经济动物养殖所带来的额外营养负荷，能有效降低养殖海域氮、磷污染的风险和减轻富营养化，对防治赤潮有良好的效果。

有些微藻可以向环境中释放抑制藻类生长的物质，可以调节水体中微藻群落结构使各种微藻的种类、数量处于一种相互制约的动态平衡中，可以预防藻华发生。例如长崎裸甲藻（*Gymnodinium nagasakiense*）能够分泌一种挥发型物质，浓度达到 5 mg/mL 时就能导致海洋卡盾藻（*Chatonella marina*）、古老卡盾藻（*Chatonella antiqua*）和赤潮异弯藻细胞破裂（Kajiwara et al.，1992）。利用植物间的拮抗作用治理有害藻华是一种有效抑制藻华生物生长，又对环境相对无害的生物防控方法。

有关寄生性甲藻（parasitic dinoflagellate）在有害藻华消长过程中作用的研究起步较晚，近年来随着感染海水甲壳类动物的寄生性甲藻血卵涡鞭虫（*Hematodinium* spp.）和感染海洋浮游生物的寄生性甲藻阿米巴藻（*Amoebophrya* spp.）这两大类寄生性甲藻相关研究工作的深入开展，寄生性甲藻在海洋生态系统中的作用受到国内外越来越多研究者的重视，并逐渐成为海洋生态学研究的新兴热点之一（图 8-2）。阿米巴藻可以直接感染甲藻类宿主，作用方式与病毒相似，最终导致宿主细胞裂解、破碎而死亡。在藻华水体中，阿米巴藻能够形成较高的感染率，引起藻华的迅速消退；在非藻华水域，阿米巴藻感染率通常会维持在较低水平，使宿主甲藻不会在短时间内快速增殖，有效控制了宿主甲藻藻华的暴发。一般来说，阿米巴藻感染导致的宿主细胞死亡率远远高于宿主本身的增殖速率。Coats 等（1996）研究发现美国 Chesapeake Bay 支流 *Gyrodinium uncatenum* 藻华发生过程中，阿米巴藻感染率高达 80%，即每天约有 54% 的 *Gyro-*

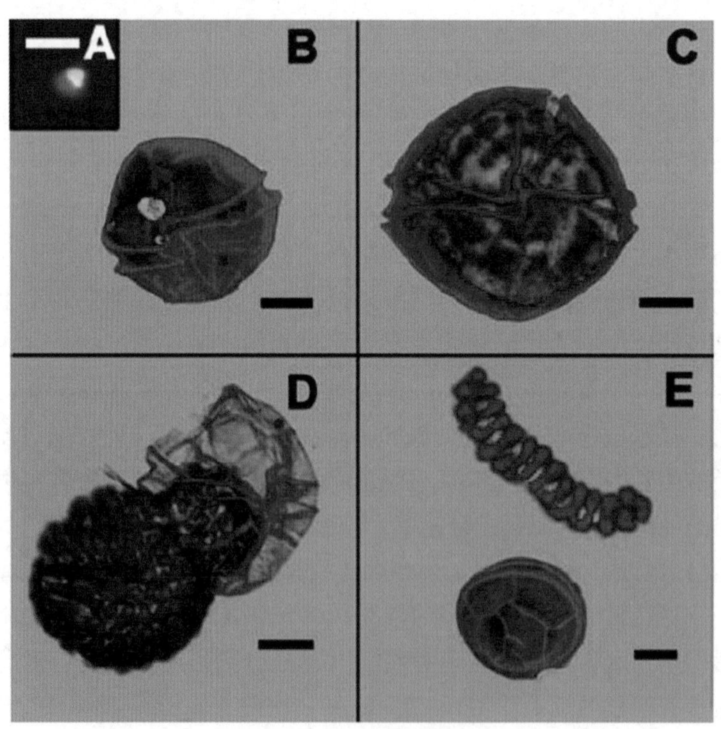

图 8-2　寄生性甲藻生活史

A：浮游甲藻细胞；B：孢子侵入甲藻细胞内；C：孢子在甲藻细胞内迅速增值发展成"蜂巢"状多核体；D："蜂巢"状多核体从宿主细胞中破碎出来形成蠕虫体；E：蠕虫体在水体中短暂生存

资料来源：Chambouvet et al.，2008

dinium uncatenum 细胞由于阿米巴藻感染而死亡，导致藻华的迅速消退。这类寄生性甲藻具有宿主特异性，即同一株系只能感染特定的一种甲藻或几种与该种甲藻亲缘关系较近的物种，不会对其他甲藻类产生危害。因此，利用这种方法来治理甲藻藻华是一种可行又不会对海洋环境造成负面影响的途径。

（二）动物抑制

大多数赤潮生物如硅藻和甲藻等，通常是浮游动物的直接饵料，也是其他海洋动物的直接或间接食物。因此，可以利用海洋滤食性动物或浮游动物去除藻华生物。根据生态系统中食物链的关系，引入摄食藻华生物的天敌（如桡足类浮游动物、微型浮游动物及纤毛虫等），通过捕食达到抑制或消灭赤潮生物的目的。因此，水体中海洋滤食性动物或浮游动物的存在能够延缓或控制有害藻华的发生。例如，有报道在养殖池内投放以单细胞藻类和悬浮有机物为食的沙蚕、卤虫等，可以净化水质和底质，防止赤潮发生。牡蛎、蛤蜊、扇贝、文蛤等对海洋微藻的滤食率较高，可以有效地去除藻华生物（龚良玉等，2010）。Taked 将滤食性贝类 Mytilus edulis gallo-provincialis 放入藻华水体中，随后在这种贻贝体内发现了大量大于 4 μm 的食物颗粒，水体中的藻华生物也迅速地被除去（Takeda and Kurihara，1994）。海洋生态系统的营养结构是决定藻华的产生、规模、持续时间必不可少的因素，如果水体中藻华生物的现存量接近或低于滤食性动物的摄食量，即便环境条件适于藻华的发生，也不会发生藻华。这种方法是预防和清除赤潮的一条有效途径，对于养殖水体中无毒藻类藻华的治理具有一定的应用前景，但是对敞开式大面积的藻华治理是难以奏效的。另外，这种方法不适合应用于有产毒甲藻藻华的治理，因为甲藻毒素会在食物链中富集，进而产生毒性效应。

（三）病毒及微生物抑制

随着微生物工程的发展，微生物对人类社会的各个方面正在产生深远的影响。微生物技术是利用对赤潮藻类具有特异性抑制甚至杀死作用的细菌和病毒等海洋微生物进行赤潮治理。细菌、病毒、真菌等微生物是调节有害藻类种群动态的重要潜在因子，具有明显的赤潮治理功效。细菌、真菌、病毒等微生物繁殖速度快，对藻类有明显的抑制和灭杀作用，是调节海洋微藻种群动态的重要因子（王悠，俞志明，2005；Doucette，1995）。

细菌可通过直接或间接的作用抑制藻细胞的生长，甚至裂解细胞，从而表现为杀藻效应，此类细菌可统称为溶藻细菌（algae-lysing bacteria）。溶藻细菌，作为水域生态系统生物种群机构和功能的重要组成部分，对维持藻的生物量平衡具有非常重要的作用，研究人员认为赤潮的突然消亡可能与溶藻细菌的作用有关，溶藻细菌是目前微生物治理藻华中研究最多的一种。溶藻细菌可以直接与藻细胞接触并侵入藻细胞内部，通过分泌胞外代谢物质溶藻；也可以同藻细胞竞争水体中的有限营养物质，间接抑制藻细胞的生长进而引起藻细胞的裂解死亡（Nagasaki et al.，1994；Bratbak et al.，1993）。目前已报道的溶藻细菌主要有假单胞菌、黏细菌、假交替单胞菌、蛭弧菌、交替单胞菌、弧菌等。这些细菌多为革兰氏阴性菌，它们作用比较广泛，既有蓝藻也有硅藻和甲藻。

溶藻细菌的作用方式主要有竞争抑藻、接触抑藻和化感抑藻。竞争抑藻包括营养物与空间的竞争，细菌可通过碳、氮、磷、钾等物质与藻类产生直接或间接联系，通过营养竞争而抑制藻类生长；接触抑藻是指细菌直接与藻细胞接触，通过释放可溶解纤维素的酶而消化藻细胞的细胞壁，进而逐渐溶解整个藻细胞；化感抑藻是指细菌可在生长过程中释放特异性或非特异性化感物质，这些化感物质可通过阻断呼吸链、抑制细胞壁合成等从而有效地抑制藻细胞的生长，甚至溶解藻细胞，细菌的化感物质包括蛋白质、多肽类物质、抗生素、生物碱、色素以及其他一些还未确定的溶藻物质等。

海洋真菌和海洋细菌一样，参与海洋有机物质的分解和无机营养物的再生过程，为海洋植物不断提供有效营养，在海洋食物中占有重要位置。海洋真菌分布广泛，从潮间带高潮线或河口到深海，从浅海沙滩到深海沉积物中，均有其成员。海洋酵母菌和低等真菌附生于浮游生物和动物体上，因而在大洋中也有分布；高等海洋真菌的生长要求适宜的基物作栖息场所，因此多集中分布在沿岸海域。一些真菌可以释放对藻类有毒性作用的抗生素或抗生素类似物（Shao et al.，2013）。例如，青霉菌可以产生青霉素，放线菌能够分泌链霉素，青霉素和链霉素对藻类有很强的毒性。一些从海洋真菌提取的化合物对藻细胞具有直接毒性作用。

海洋生态系统中，海洋藻类是病毒的主要宿主，病毒可以直接攻击藻细胞，对藻类有溶解作用。例如，珊瑚轮藻病毒能够特异性感染珊瑚轮藻（Gibbs et al.，1975）。日本学者 Nagasaki 发现赤潮异弯藻病毒 HaV01 病毒对赤潮异弯藻细胞具有感染专一性且被 HaV01 感染的赤潮异弯藻细胞表现出“垂死”状态，导致了赤潮异弯藻藻华的迅速消退（Nagasaki et al.，1994a）。病毒治理有害藻华主要优势在于病毒具有感染特异性，降低生态风险。

第二节　绿潮处置技术

相对于微藻形成的赤潮灾害，由大型海藻（浒苔、石莼等）暴发的绿潮灾害，可因其疯长态势及消亡释放出的有毒有害物质等，造成近岸海洋生物大量死亡、自然景观美学价值下降和海域生态环境恶化，并通过周边地区人流、物流、信息流之间的联系继续传播和扩大，最终对侵扰区域的经济发展和社会稳定带来不利影响。此外，根据国内外绿潮灾害发生事件记录，绿潮灾害一旦在某海区出现，则往往呈现连年暴发的态势，其应对与治理工作更是世界性的难题。

一、物理处置

根据国际及我国应对浒苔绿潮的处置实践经验，当前仍然是以物理处置方法为主，主要采用海域打捞清除、近岸设网拦截、陆域机械清理等方式（图 8-3 至图 8-5）。

图 8-3　海域船舶打捞现场（青岛团岛湾，2017 年 6 月）

图 8-4　近岸拦截网现场（青岛中苑码头，2017 年 6 月）

图 8-5　陆岸机械清理现场（青岛第三海水浴场，2017 年 6 月）

（一）海域捞除

2008 年，奥运会帆船比赛举行前夕，浒苔绿潮大规模侵袭山东半岛，地方政府当时无任何应对经验积累，打捞处理技术相对空白。灾害处置前期，浒苔打捞主要采取人工手抄网打捞的方法清除，但由于缺乏机械化设备的辅助，打捞 1 t 浒苔需 2.5 h 左右，且只能使 29.4 kW 以下的渔船。可见，人工手抄网打捞这种方式存在打捞速度慢、效率低，费工、费力，效果非常不明显。因此，为有效控制浒苔绿潮暴发的态势，确保奥运会场地清洁水面和安全环境，一系列打捞方法在实践中应运产生。

1. 单船攻兜网打捞方法

单船攻兜网由攻兜网架和攻兜网衣两部分组成，一般装配在渔船的两翼横杆上，船头横杆高度可以进行调节以适应各种打捞情况（图 8-6）。其打捞技术特点是：在航行过程中，浒苔能够自动落入到攻兜网中，当网袋装满时，将网袋统一运送到岸边处理区进行处理。相对于单纯人工打捞的方法，这种攻兜船打捞方法的效率有了明显提高（王学瑞，2015）。综上，该方法大大缩短了打捞时间，打捞费用也大幅度降低，但用于该种打捞方法的船体主要以渔船为主，因此打捞船基本只能在海上风力 5 级以下时才能正常的进行作业。

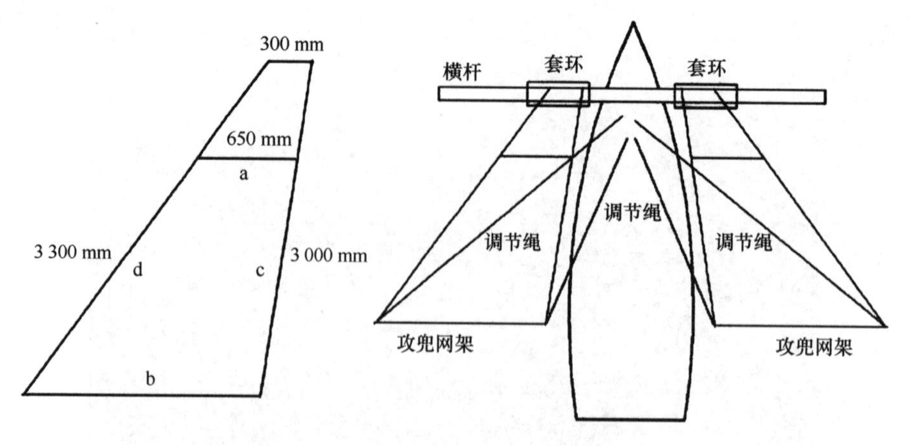

图 8-6　攻兜网架和攻兜网架装配

资料来源：王学端，2015

2. 双船围拖网打捞技术

该技术采用双船表层围拖网为一个作业单位，利用围拖的方式，将漂浮浒苔打捞进入网具网袋，达到有效机动清除的目的（图 8-7）。其技术特点是：作业过程中，由一艘船负责放网；另一艘船作为辅助船，两艘船相隔一定距离，分别拖曳网的左右曳纲进行扫海，通过网具两侧的长带型网翼将浒苔分割并使之进入网具中部的网袋之中。这种方式适用于将分散的浒苔进行聚拢打捞。

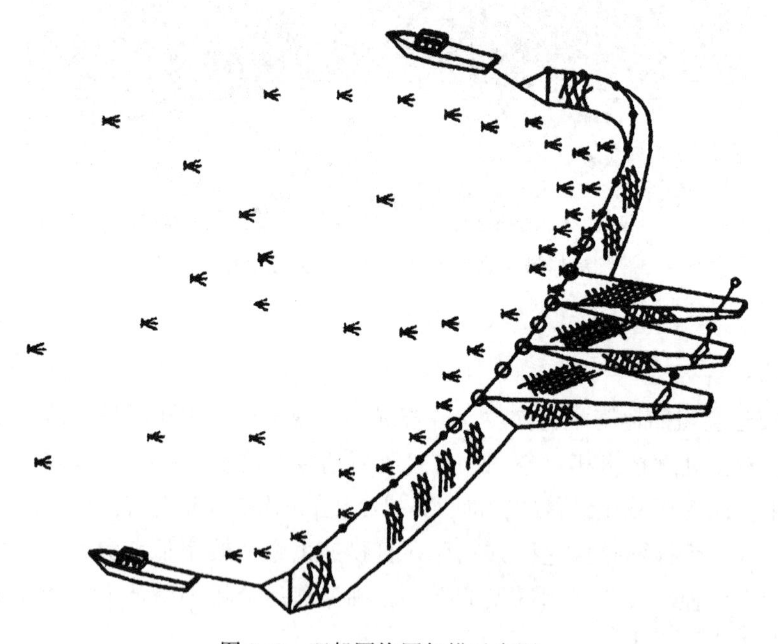

图 8-7　双船围拖网打捞示意图

3. 其他辅助机械装置

为进一步提升浒苔绿潮打捞效率，有学者设计船载螺旋离心泵、射流喷射泵和输送带等辅助机械，提高船舶打捞工作中的浒苔收集、清运或脱水速率。但这部分装置大部分属于试验性探索，较少在打捞主要载体——渔船中进行列装。

（1）螺旋离心泵。船体的两侧加装臂架来支撑拖网，并将拖网的后端使用管道与船体上的螺旋离心泵相连接。由螺旋离心泵产生强大的吸引力，将浒苔和海水的混合物不断抽吸到收集处。

（2）射流式喷射泵。射流式浒苔吸泵由离心泵、吸入管和喷射泵 3 部分组成，主要是采用了射流原理来进行浒苔打捞（图 8-8）。通过在喷射泵极高的负压下，使管道内的空气被带走，形成真空环境得到极强的吸引力，从而将浒苔和海水的混合物吸入到收集处（李娇 等，2009）（图 8-9）。

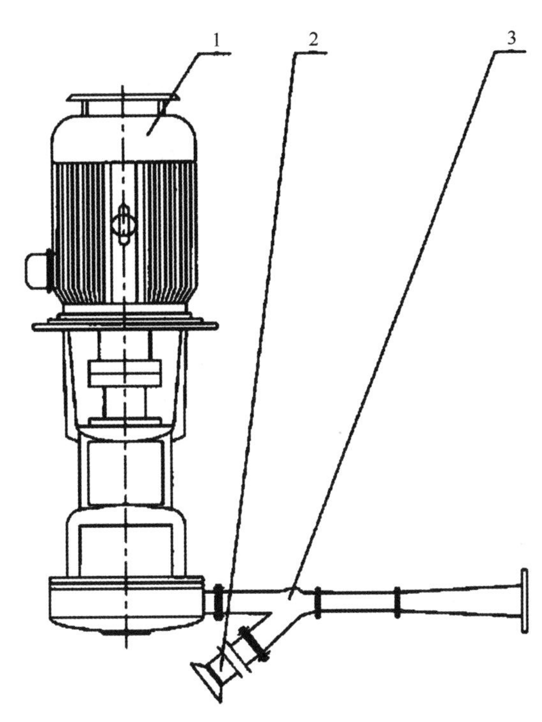

图 8-8　射流喷射泵装配图

1. 离心泵；2. 吸入管；3. 喷射泵

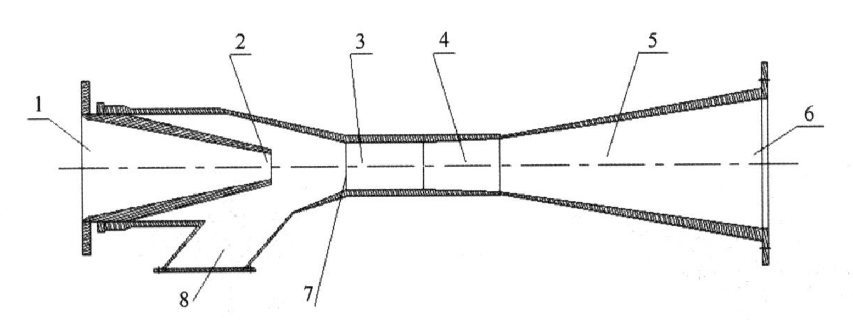

图 8-9　喷射泵结构

1. 工作水入口；2. 喷嘴；3. 吸入室；4. 混合室；5. 扩散室；6. 排出口；7. 喉管；8. 吸入口

资料来源：李娇等，2009

（3）采集输送设备。浒苔采集输送设备功能类似于河道机械清理设备（江涛等，2009），主要功能在于对堆集在船只甲板上的浒苔进行预脱水和输送（图 8-10）。其工作原理为：随着采集装置的旋转，耙钉插入打捞浒苔堆内，浒苔钩挂在耙钉上，完成采集输送。输送带为不锈钢网带，在浒苔输送过程中，网带既能保证与浒苔之间产生足够的摩擦力，牵引浒苔一起移动，又可以让浒苔通过网带的网孔渗去大量水分，起到初步脱水的作用。

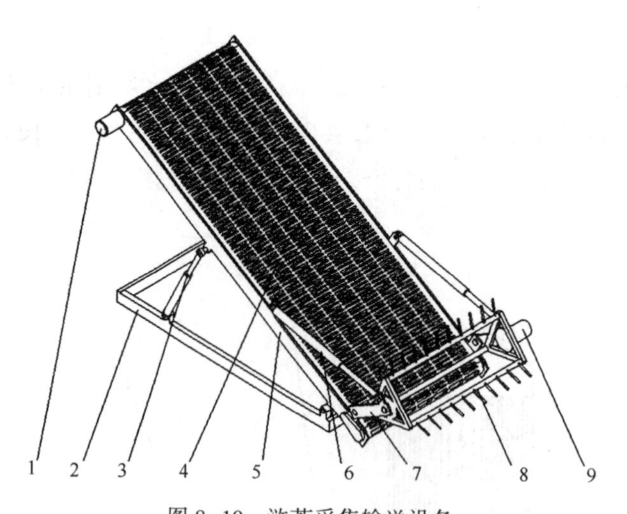

图 8-10 浒苔采集输送设备

1. 输送马达；2. 底架；3. 升降油缸；4. 输送带；5. 框架；
6. 采集油缸；7. 摆杆；8. 浒苔采集器；9. 采集

资料来源：江涛等，2009

4. 综合处置平台

2014 年和 2016 年，两艘浒苔海上移动综合处置平台——“海状元 1”号（排水量 3 700 t）号、“海状元 2”号（排水量 5 000 t）先后下水并投入至浒苔绿潮打捞实践工作中（图 8-11）。作为可移动的海上浒苔处置平台，通过在船体加装了先进的浒苔打捞处置设备，使其具备海域浒苔的快速收集、脱水、保鲜及储运等功能，可实现漂移通道浒苔和近海浒苔的快速打捞收集、储存、转运功能，极大地提升了原有的浒苔绿潮灾害应对处置能力。

图 8-11 “海状元 1”号和“海状元 2”号及部分船载设备

资料来源：青岛新闻网

(二) 近岸拦截

为尽力减少大规模绿潮侵袭登陆后对正常社会秩序的干扰，受绿潮侵袭地区政府部门通常会根据遥感预警信息，在城市重点岸段（如浴场、港口、景区、海湾等）外侧布设类似围油栏的拦截网，并投入大批渔船在近海待命准备打捞。

浒苔拦截网是由主浮绠、次浮绠、底绠、柱绠、留网绳、浮漂、坠石、流网体等构成，其中：主浮绠与次浮绠之间隔装有浮漂，在上述三者之间编织流网体连接为一体，形成浮网，在次浮绠与底绠之间编织流网体连接成一整体，在底绠上栓有坠石，在主浮绠、次浮绠与底绠的端边栓有留网绳，且与柱绠连接，柱绠连接在地桩或桩绳上（图 8-12）。

图 8-12 山东日照万平口景区外侧绿潮拦截网（2017 年 6 月）

(三) 陆域清理

对于登陆上岸的浒苔，一般采用机械与人工结合的方式进行清理，清理时间通常选在低潮时期。具体工作流程为：先由人工利用爬犁等工具将分散的浒苔藻体进行清扫归堆，其后利用铲车等将归堆的浒苔藻体装载到运输车斗仓，再由运输车及时运送至后续处置地，以免产生次生灾害（图 8-13）。

图 8-13 陆岸清理现场（青岛，2016 年 6 月）

二、化学处置

(一) 化学药剂杀灭

对绿潮藻体的化学杀灭研究主要集中在实验室内的分析报道方面。孙修涛等（2008）综合试验了生石灰、NaCl 、$CuSO_4$、HCl、NaOH、“84” 消毒液、NaOCl 7 种常用除草剂对浒苔的毒性实验，发现高浓度的硫酸铜和“84”消毒液对浒苔具有较好的杀灭作用（图 8-14）。乔方利等（2008）则发现当 HCl 浓度高于 0.3 mg/L，NaOCl 高于 0.1 mg/L 时可快速杀灭浒苔。但值得注意的是，对于大规模漂浮聚集的绿潮，如投放大量化学药品用于灾害处置，无疑需投入巨大成本，更重要的是极有可能会对海洋生境造成极大破坏，而且下沉绿潮藻体可能会因降解对底层海洋环境产生不利影响，相关决策制定需慎之又慎。

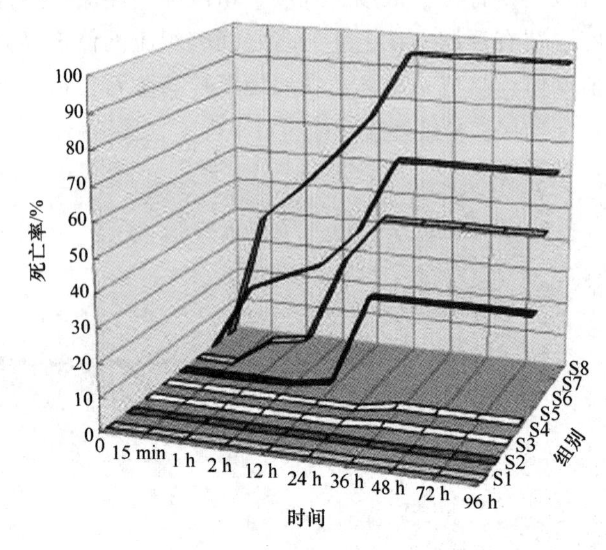

图 8-14 不同浓度的 84 消毒剂对浒苔致死试验

资料来源：孙修涛，2008

此外，针对进入养殖池塘的大型藻类，民间存在一些在治理的“土方法”。近年在海水池塘养殖中，屡有围塘内浒苔大量繁生、覆盖池底的报道，造成底栖养殖贝类缺氧死亡，因而造成损失。为此，养殖农户也采取了一些杀藻的措施，例如用撒漂白粉、草木灰等的方法杀死浒苔；在浒苔到来前使用底质改良剂（如沸石粉、麦饭石粉等）改良池底，防治浒苔在池底腐烂产生有毒物质；同时安装增氧机，改善腐烂造成的缺氧现象。

（二）絮凝剂沉淀

浒苔的繁殖方式复杂多样，其生活史有孢子体和配子体两个世代，不同世代繁殖过程中释放出的雌雄配子、孢子以及配子接合形成的合子体积微小且近似，长 6.5～12 μm，宽 2.5～5.3 μm，被通称为微观繁殖体。近年来，中国科学院海洋研究所俞志明团队借鉴参考已有的海洋防污以及有害藻华的治理经验，在实验室环境内探索了多种改性黏土（聚合氯化铝改性黏土、硫酸铝改性黏土、PAC 改性高岭土等）对浒苔孢子的沉降效果以及对浒苔孢子萌发的影响，研究发现：改性黏土可以快速有效地去除浒苔微观繁殖体，去除率随着改性黏土及改性剂用量的增加而升高；适量的改性黏土能有效去除海水中的浒苔微观繁殖体、降低其萌发率。

三、生物抑制

（一）动物抑制

有学者陆续报道可在养殖池塘内投放点蓝子鱼、藻钩虾或黑鲷等生物，通过构造动物摄食关系，消除进入池塘的浒苔。如发现围塘混养蓝子鱼对遏制浒苔生长、控制浒苔危害、保持水质稳定起到了一定的效果，同时减少了治理浒苔的人力和药物费用，养殖效益和生态效益明显。

Valiela 等（1997 年）则指出在较浅的河口和港湾等近岸海域，可增加藻食性动物的数量等下行和上行效应来控制大型海藻的暴发。

（二）微生物抑制

微生物制剂能抑制浒苔的疯长，高浓度的微生物直接对浒苔具有杀灭作用。有学者曾报道针对围塘内疯长的浒苔，在大量打捞的基础上施以微生物混合制剂（枯草芽孢杆菌、EM 菌、光合细菌混合液），可避免了因浒苔腐烂消解而产生的养殖危害。

四、综合应对

（一）国外综合治理简况

国外采取了一些基于生态学原理治理绿潮的方法。在法国布列塔尼地区，当地政府推行严格的肥料管理政策，严格管控春末和夏初季节含氮物质的入海并在近岸湿地广泛恢复植被生物，以期通过植被的涵水能力和营养盐吸收能力，进一步减少春季水位的上升和净化近岸水质（Pirou et al.，1993）。在澳大利亚，采取了更为激进的综合措施，有效控制了 Peel 河口和 Harvey 海湾的过量增殖态势，其具体做法是：①处理污染源，控制入海氮、磷总量，开发“缓释磷”代替过磷酸钙等酸性肥料；②在保护剩余植被的同时，广植根系较深的植物或林业物种（如蓝桉）；③改善近海排水系统，建设蓄洪水库和河堤，改善湿地生态环境；④向农民和社会公众宣传贯彻推广合理使用土壤和替代耕作制度（Hodgkin and Hamilton，1993；McComb and Lukatelich，1995）。在突尼斯，通过禁止向潟湖排放废水和构筑防波堤改善水循环等方式，降低潟湖中总氮和磷浓度，极大地遏制了大型藻类的“疯长”（Morand and Merceron，2005）。在日本，针对各地大量浒苔聚集现象，分别启动了东京湾浒苔治理工程、蒲郡市三河湾海岸环境改善工程、九州岛博多湾浒苔治理工程等，在行动中积极发挥政府与社会的多元化作用的同时，特别注重对打捞上岸浒苔进行回收利用，谋求浒苔治理可持续发展（宋宁耳等，2009）。

（二）国内综合处置情况

关于生态灾害的治理，相对于发达国家已多采取的“主动治理”策略，当前我国展开的应对工作多属于“被动防控”性质。自 2007 年开始，每年春、夏两季在我国黄海海区均出现大规模的浒苔绿潮，山东省已连续 10 余年开展浒苔绿潮的应急响应工作，在组织管理、应对处理和综合治理等方面都积累了许多行之有效的经验，摸索建立了统一协调的绿潮灾害处置机制。回顾和审视历年来的绿潮灾害应对工作的开展情况，实现成功处置的要点主要有以下几方面。

（1）积极做好灾害应对工作的提前部署。整合各方面力量，成立浒苔绿潮灾害联防联控工作协调组，明确协调组成员单位和相关工作职责，强化地域与部门联动，建立浒苔绿潮灾害联防联控工作体系。按照属地管理原则，青岛、日照、烟台、威海四市分别做好辖区内浒苔绿潮的拦截、打捞及清理；同时依托技术支撑单位做好趋势预测、应急监测、灾情分析、巡航监视等业务工作。

（2）适时启动相关应急预案。浒苔绿潮入界后，即组织人力进行早期海上打捞，以有效控制灾害规模，减轻对海洋环境影响和后续处置压力；浒苔绿潮登陆期，在近岸重点区域开展海上拦截、打捞和岸段清理等工作，以保护滨海景观和生态系统服务功能；严格控制陆上运输、堆场堆放、后续处理等各环节工作，防止次生灾害发生。此外，充分发挥新闻宣传报道的舆论导向作用，通过主流媒体及时向社会公开、透明地发布绿潮最新动态，普及绿潮防治知识，引导公众正确认识浒苔绿潮灾害。

（3）大力发挥海洋科研技术力量。结合“浒苔大规模暴发应急处置关键技术研究与应用”“浒苔绿潮形成机理与综合防控技术研究及应用”和“山东省防治浒苔科技专项”等项目，对浒苔生物生态学特征、绿潮暴发漂移机制、立体监测预报、高效防治处置和深度开发利用等方面进行了研究，形成综合“防控治用”的系统性技术方案。特别是积极推动“浒苔绿潮资源化利用”等相关工作，鼓励企业将收集的浒苔藻体开发为饲料、肥料、食品、医药或能源原料等，促进和培育产业链形成，实现“变废为宝”。

案例：2008年青岛市奥帆赛场浒苔绿潮灾害综合处置

2008年北京奥运会前夕，青岛海域突发浒苔自然灾害，使即将举办的奥帆赛面临严峻挑战。灾害暴发后，青岛市与国家及省采取了一系列行之有效的应急措施，逐步控制了事态的发展，避免了形势的恶化和升级，最终顺利完成了此次突发公共事件的处置管理 。

（1）灾害过程

2008年5月30日，青岛黄海中部海域出现大规模漂浮浒苔，在海流和风力的作用下向青岛迅速漂移“浒苔在漂移的同时，快速生长繁殖，于6月12日侵入青岛近海和奥帆赛场水域”。6月28日，海面漂浮浒苔面积最大时达 2.4×10^4 km^2，其中在50 km^2 的奥赛海域分布面积达16 km^2，大量海藻不仅覆盖海面，而且海藻死亡后腐烂变质，使海域水质下降，已影响到奥帆赛的正常举办，成为多年来青岛市面临的最为严重的海洋灾害。

（2）应急行动

灾害暴发后，青岛市按照中央政府“加强领导、明确责任、依靠科学、有效治理、扎实工作、务见成效”的总要求，按照山东省政府“立体作战、综合治理、全面保障”和“沉着应对、科学指挥、果断处置、央地结合、军地协同、抓住重点、务求全胜”的部署，以“两个确保（确保来青各国帆船队赛前正常训练；确保奥帆赛、残奥帆赛如期顺利举行）”为目标，加强领导、广泛动员、明确责任、狠抓落实，扎实有效地开展浒苔治理工作。

在黄海中部监测到漂浮浒苔后，青岛市按照《青岛奥帆赛场及周边海域浒苔等漂浮物应急预案》要求，在第一时间启动了应急监视监测机制，对浒苔发展及漂移进行跟踪监测。6月25日，青岛市政府向社会发出《关于切实做好近海海域海藻清理工作的通知》，紧急动员辖区内一切可以动员的力量，全面参与、全力以赴、共同做好浒苔应急处置工作。与此同时，青岛市及时向山东省政府及国家海洋局等有关部委报告灾情、请求支援，国家有关部委、省市和有关部队迅速支援青岛。当大量浒苔涌上岸滩、堆积在沙滩和浴场、占据了帆船运动员训练场地时，青岛市政府立即召开新闻发布会，介绍浒苔的特性、来源、发生机理以及当前处置进展情况，稳定人员情绪和社会秩序。

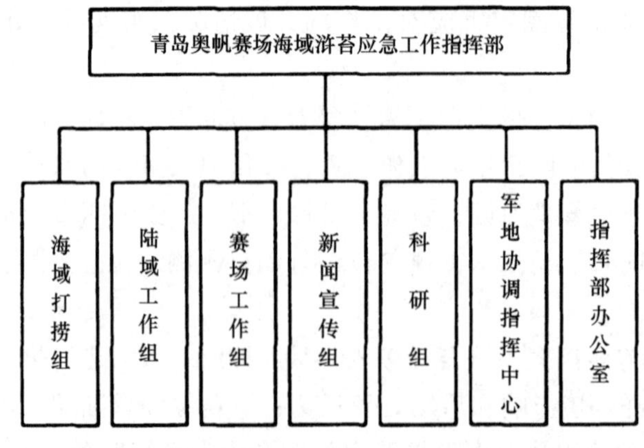

青岛奥帆赛场海域浒苔应急工作指挥部组织体系

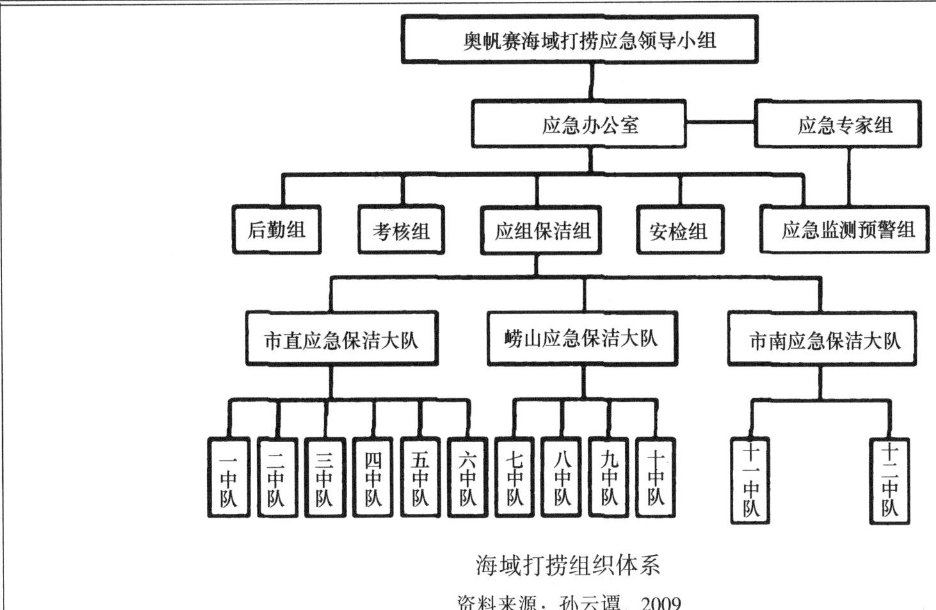

海域打捞组织体系

资料来源：孙云谭，2009

对于这次事件的处置，青岛市把重点放在海上打捞和陆上清运方面。7 月 11 日，堆积在岸边的浒苔已基本清理干净，海上长达 30 km 的流网墙成功合围，实现了 50 km^2 奥帆赛场海域的成功保护。7 月 12 日，奥帆赛海域浒苔清理干净，并实现了奥帆赛场海域“日清日毕”。同日，围油栏成功合围，形成了对奥帆赛场海域的第二道防线。7 月 14 日，四方堆场浒苔清运完毕；沿海一线受损的沙滩、岸线、绿地及基础设施全面修复。8 月 9 日，奥帆赛在青岛如期开幕。

2008 年青岛奥帆赛场区域现场处置图

资料来源：腾讯网和新华网

第三节　白潮处置技术

一、物理处置

（一）物理清除

1. 船舶打捞

通常在监测到大量大型水母之后的 24 h 之内，即出动船只，使用定置网、拖网等手段拦截、打捞水母群，以减小水母暴发对渔民等造成的损失。打捞后一般对水母进行加工食用或陆域掩埋。

2. 机械绞碎

在灾害水母暴发海域，尽量采取打捞方式，如果打捞能力有限或成本过大，可选取绞碎措施，但要提前鉴定其性成熟度，在水母性成熟之前可使用机械进行绞碎，性成熟之后不可盲目绞碎，否则会刺激水母有性繁殖导致翌年暴发。目前我国常见的灾害水母中可加工有食用价值的只有沙海蜇和霞水母，但其幼体阶段和海月水母一样经济价值较低，离岸海域打捞成本较高，在性成熟之前采用物理绞碎方法比较适宜。图 8-15 为一种单拖网改装的水母绞碎装置示意图（柳岩等，2017），即在渔船单拖网底部镂空并安装圆环钢丝线，当船舶快速行进时依靠水流冲击力使聚集在囊网底部的水母体破碎。

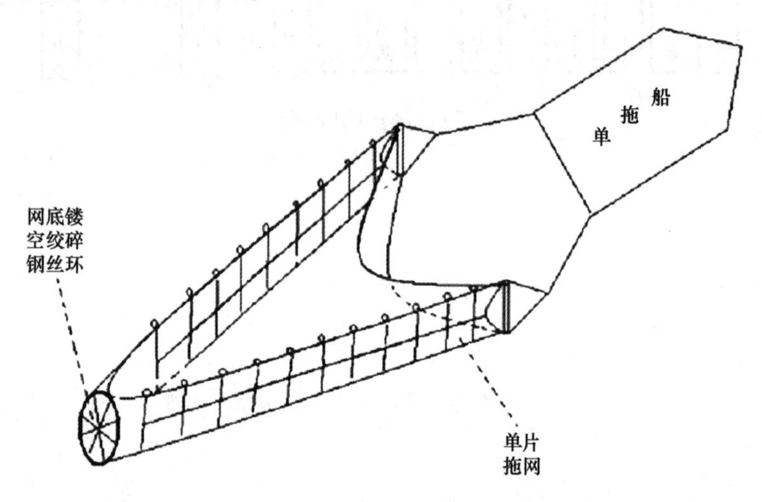

图 8-15　单拖网改装的水母绞碎装置示意图

针对近岸海域，尤其是在海水浴场和工业取水口附近，采取网具拦截收集比较妥当。海水浴场附近应避免因盲目打捞造成水母截断触须蜇伤游客，工业取水口要根除附着在固着物的水母螅状体，防止其在翌年的暴发。图 8-16 为海水浴场和工业取水口海域水母收集系统示意图（柳岩等，2017）。大型水母在潮流作用下被聚集在“W”形拦截网具两侧，通过气泡发生器使其上浮，涨潮时被引进水母收集通道，然后使用生物药剂集中杀灭，该系统即可避免因打捞造成水母截断触须蜇伤游客，又可减少成熟水母的有性繁殖机会。

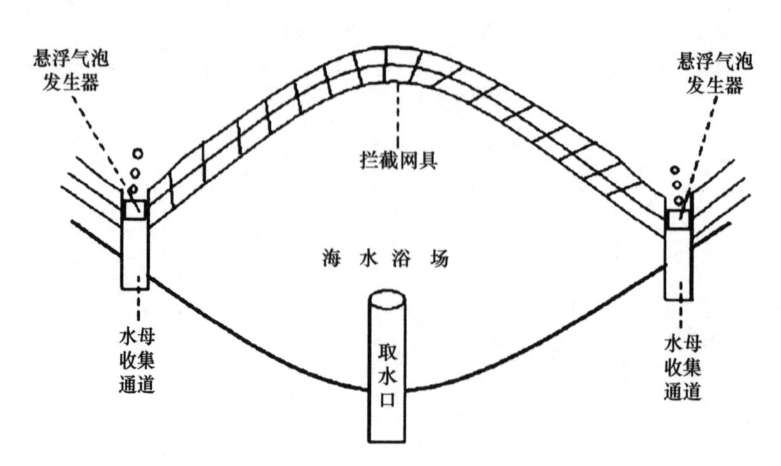

图 8-16　海水浴场和工业取水口海域水母收集系统示意图

3. 水下机器人清除

在水母应急处置设备方面，除了传统的船舶捕捞的方法，我国学者研发了一种专门针对水母类暴发的高效自动化吸捕装置（游奎等，2013），这种装置设计的理念是在水下快速高效地将聚集在一起的高密度的水母切丝，然后抽吸到船上进行处理的方法，这种装置目前已经在岸基平台实验成功，期待后续海上实际应用。另外，Kim 等（2016）研发的智能机器人可对表层水母进行自动清除（图 8-17）。

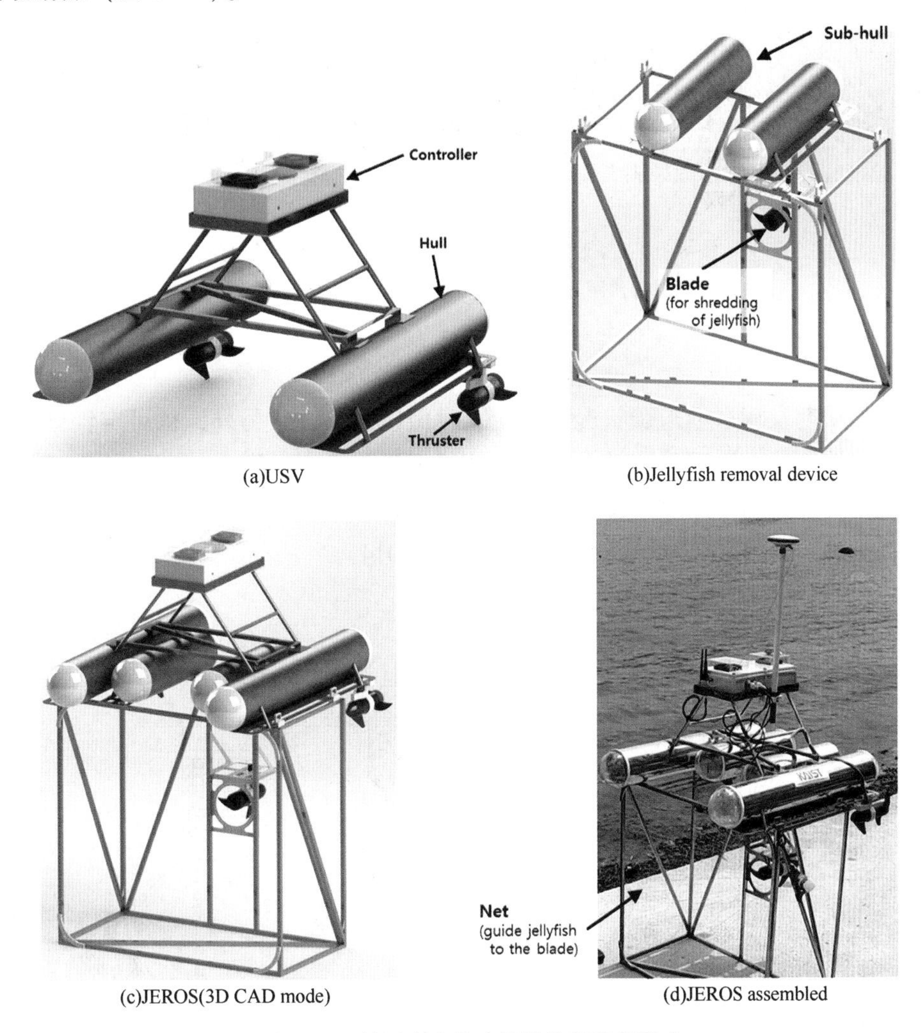

(a)USV　(b)Jellyfish removal device

(c)JEROS(3D CAD mode)　(d)JEROS assembled

图 8-17　韩国研发的水母清除智能机器人

（二）物理隔离

1. 网具拦截

在日本渔民进行渔业生产时，为排除水母暴发时期定置渔网中的大型水母造成的渔网堵塞、作业困难，他们将定置网具进行了排除水母的改进，例如增加导流网的网格尺寸，安装分流网以及分离网来有效排除水母，从而保证了定置网中渔获物的正常获取，这种网具的缺点是造价昂贵，极大地增加了渔民的捕鱼成本（图 8-18）。

2. 工程设施拦截疏导

在日本的一些发电厂的取水口海域采取了增加防范水母的工程设施（图 8-19），例如设置了“防水母流入网”来防止水母流入取水槽，同时安装了摄像设备，超声波传感器等水母监视系

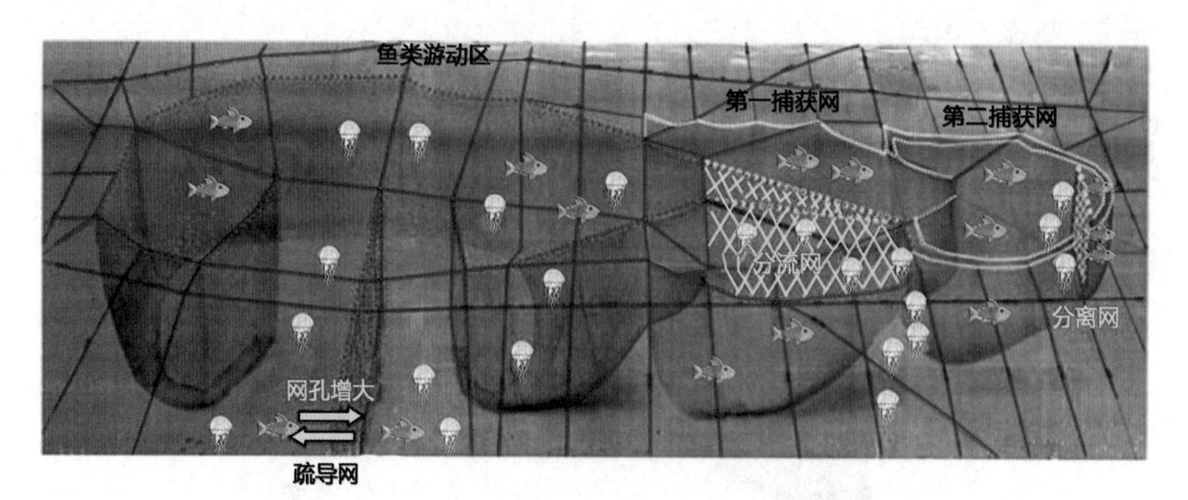

图 8-18 经改装后可排除水母的日本传统定置网

1. 增加导流网的网孔；2. 安装分流网；3. 安装分离网

资料来源：张芳等，2017，重新绘制自 Pitt et al.，2014

统，通过观测，早期发现水母来袭状况，以便及时做应急处置。另外，也可定置分散网使水母集群分散开来，抑制流入速度。如果水母最终被清理到陆地上，那么将获取的水母打碎，使其凝集沉淀及离心脱水，利用把固体成分从水中分离出来的减容法和用水母分解酵素进行水化处理的方法将其处理，尽量降低处理成本（片冈一成，2014）。

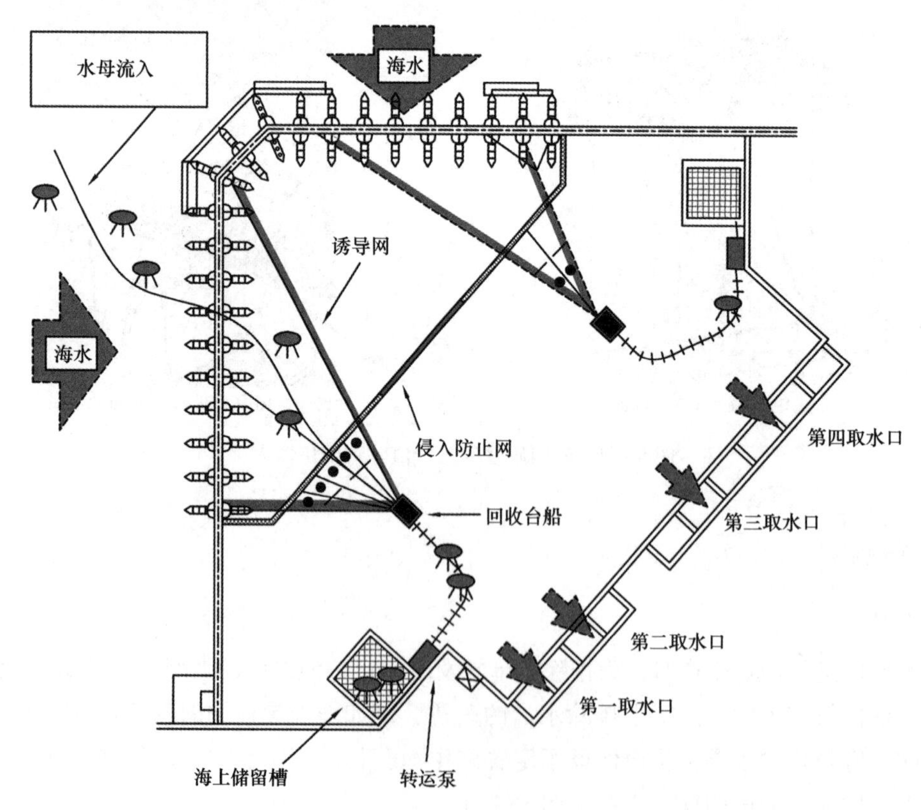

图 8-19 日本某发电厂水母海上处理系统示意图

资料来源：张芳，2017，重新绘制自片冈一成，2014

（三）物理扰动

1. 高压水枪清除

韩国近年来利用高压水枪在韩国大量暴发海月水母的施华湖等海域对海月水母的水螅体进行清除，成为成功防控水母暴发的典范（图 8-20）。这种处置方法为水母灾害从源头控制提供了新的思路。虽然这种使用高压水枪的技术清除水螅体的方法去除率高，可以使用于任何海域，但是使用这种防控技术的基本前提是必须找到致灾水母水螅体的集中附着地，这样才能高效去除水母的早期幼体阶段，将其在暴发之前扼杀在摇篮里，而不能继续生长繁殖。然而寻找自然水域中的水螅体并不是简单的事情，需要利用足够的潜水员在特定时期的周密调查才能实现，具有一定的风险性。另外该方法潜在的缺点是使用高压水枪的喷射，可能会相应地破坏水螅体所在的底栖生态环境，因此使用此方法防控水母暴发需要有效权衡利弊，以求防控成效的利益最大化。

图 8-20　韩国应用高压水枪对海月水母进行防控

资料来源：蔡振豪第十三届中日韩水母会议

2. 气泡和超声波驱赶

瑞典某电厂在取水区海底设置空气配管，利用海底气泡技术将水母体从海底吹起，从配管中喷出发泡空气，抑制水母流入（图 8-21）。在日本某发电厂取水口海域，有采用在船上加载一种涡旋产生装置，使得船在水母聚集海域航行时产生水流涡旋以达到对水母体有效驱逐的效果。

二、化学处置

除了物理方法对水母进行有效防控外，国际国内尚在研究和探讨化学的方法。例如，生物

图 8-21　用气泡法将水母浮起来

资料来源：加拿大广播电视台

提取物防污涂层抑制水螅体附着以及探讨用微生物菌株的方法防止水螅体附着，“海鞘清”作为一种生物药剂对大型水母杀灭效果明显，药效与水母规格没有相关关系，但药剂浓度越高，杀灭水母的时间越短。在实际应用中，可采用网具拦截与化学药剂杀灭相结合的方式进行综合处置，对收集的水母进行药物杀灭，既避免了因打捞导致截断触须蜇伤游客，又可达到根除水母后代效果。但该研究仍处于理论概念设计阶段，清除效率及真正的海试并未见报道。

第四节　褐潮处置技术

中国是继美国和南非之后第三个出现褐潮的国家，对我国来说这是一种新出现的海洋生态灾害。褐潮一旦发生将对海洋生态环境造成极大破坏和不可估量的经济损失。美国自 1985 年褐潮暴发以来，海湾扇贝资源几乎枯竭，每年的经济损失超过 200 万美元。海草床也遭到了极大破坏，进而影响了鱼、虾等海洋生物的栖息繁衍场所。针对褐潮的处置工作，研究报道较少，主要的处置法包括化学法和生物法。

一、化学处置

已有研究证明 H_2O_2 对褐潮藻 *A. anophagefferens* 的去除效果很好，可能是由于该藻细胞个体小且无细胞壁，H_2O_2 很容易渗透到细胞中，并且产生阻碍光合作用的羟基自由基破坏藻细胞，Randhawa 等（2012）尝试用对褐潮控制的实用性，通过对抑食金球藻实验室培养发现，1.6 mg/L 的 H_2O_2 可有效去除高密度的抑食金球藻，而对其他浮游植物影响较小，但是费用比较昂贵。

利用絮凝方法治理常见的硅藻、甲藻赤潮已在国内外得到成功运用，但是，国际上关于使用改性黏土治理褐潮的研究甚少。褐潮藻种本身个体微小（2 μm 左右），暴发时藻细胞密度极大（10^9~10^{10}个/L），所以有必要在原有的基础上进一步研究和探索新的改性黏土材料，为现场应用奠定基础。2012 年在秦皇岛北戴河褐潮暴发区域再次运用了改性黏土絮凝治理方法，确保了当地海岸景观和海滩旅游的安全。张雅琪等（2013）进行了改性黏土对褐潮种的去除研究，实验发现，虽然改性黏土是消除有害藻华非常快速有效的办法，但是对抑食金球藻的去除效率普遍很低。

二、生物处置

滤食性双壳类动物数量的提高能有效降低褐潮藻抑食金球藻的密度，培养建立具有一定数量的甲壳类动物种群，可以摄食褐潮藻类，从而抑制褐潮。实验室中进行的病毒实验发现病毒可使抑食金球藻的密度显著降低，有研究者在褐潮藻类中观察到病毒，因此提出用病毒作为一种自然控制褐潮的机制，由于一个被感染的细胞可以产生数以百计的病毒，而且病毒复制周期很短，通常 1 个周期只需要数小时或几天的时间，利用病毒感染消除褐潮可以在较短的时间内完成。

第五节　致灾生物资源化利用

一、赤潮藻（藻毒素）

1968 年美国国家癌症研究院（NIC）开始对海洋生物资源的抗癌活性进行筛选使海洋药物研究成为一个独立领域。NIC 对海洋赤潮藻等生物进行了广泛的研究，从中分离和鉴定出了许多种天然活性物质，它们的特异化学结构让陆生天然活性物质无法比拟，其中有许多具有抗菌、抗病毒、抗肿瘤、抗凝血等药理活性作用，成为研制开发新药的基础（William，1997）。赤潮生物毒素是海洋生物中存在的一类高活性特殊代谢成分。这些毒素的化学结构新颖、生物活性特异、毒性强烈、分子量较小，可将其作为新化合物的导向物质、药物来源和科研工具，从中寻求治疗药物（Wallace，1997）。

赤潮生物毒素对于其作用的靶器官和靶生物是有害的。它们常以某种高特异性作用方式作用于酶、受体、离子通道、基因等靶位，产生各种不同的致死或毒害效应（William，1997）。然而，对于非靶器官和非靶生物. 赤潮毒素却能产生有益的生物效应，尤其是可用作人类治病防病的药物。许多高毒性赤潮毒素对生物神经系统或心血管系统具有高特异性作用，可发展成神经系统或心血管系统药物的重要先导化合物。这些毒素分子以较低的剂量或受控剂量作用于不同的受体位点时，产生了十分有效的治疗作用。其中一个例子就是使用不同的毒素剂量作为降压药物，有着非常显著的疗效（David and Martin，2000）。从赤潮生物毒素中寻找新药将是颇具前景的方向，因为赤潮生物毒素不但可以直接作为临床药物，还可以作为药物的前体和类似物，作为导向化合物为药物分子设计（如新药模型和结构构架）提供有价值的线索和思路，更能为发现药物作用靶位发挥特殊作用。

当前研究较多、药理活性和化学结构较清楚的海洋生物毒素约 50 种，其中具有抗心脑血管疾病的赤潮活性毒素物质有：岗比毒甲藻（*Gambierdiscus toxicus*）产生 CTX，具有强心功效；链状亚历山大藻产生的石房哈毒素（STX），具有降压作用；从海蛤（*Cyclina sinensis*）中提取的蛤素（mercenene）有很好的抗癌作用（Cannon，1993）；一种甲藻前沟藻（*Amphidinium* sp.）中含有一种大环内酯类活性物质前沟藻内酯（amphidinolide-A），它具有体外抗肿瘤的活性（张成武等，1992）；一种鱼腥藻（*Auabaeua* sp.）中含有心脏活性的环状多肽-puwainaphycin C；在蓝藻毒素中，巨大鞘丝藻（*Lyngbi magjuscula*）脂溶性提取物具有抗白血病活性。巨大鞘丝藻主要能产生成分为吲哚生物碱的鞘丝藻毒素（Lyngbyatoxin）和去溴海免毒素（Debromoaplysiatoxin，DAT），DAT 对白血病细胞有一定的抑制作用。

赤潮毒素中的聚醚类毒素是海洋天然产物特有的一类化学结构。如西加鱼毒素（CTX），刺尾鱼毒素（MTx）等，这些毒素的药理作用机制特殊，常作用于控制生命过程的关键靶位，如神经受体、离子通道、生物膜等，成为新药开发的特殊模式结构。如：从岗比毒甲藻中分离的聚醚大环内酯化合物 goniodonin A 有抗真菌活性（Haruhiko et al.，2000）。在医学方面，由于麻痹性贝毒（PSP）对 Na^+通道的特异性结合，已成为分子生物学研究的重要工具。被用来测定 Na^+通道的数目和亲和力。此外，人们已经开始探索麻痹性贝毒毒素镇痛、麻醉、解痉及止喘的治疗作用，也有作为抗癌药方面的探讨。麻痹性贝毒（PSP）毒素可应用于制备治疗疼痛病症药物。在 20 多种 PSP 毒素中如下 5 类：①氨基甲酸酯类毒素；②N-磺酰氨甲酰基类毒素；③脱氨甲酰基类毒素；④脱氧脱氨甲酰基类毒素；⑤氨基甲酸酯类的 N-羟基衍生物除可单独用于制备药物，还可与从麻醉性镇痛药物（如：吗啡、可待因、哌替啶、罗通定、纳洛酮、纳曲酮）中选取其中的一种或几种组合，联合应用。该 PSP 毒素在疗治疼痛病症时，能抑制疼痛，作用强度大，作用持续时间长。将其与镇痛药联合应用，可延长镇痛作用持续时间，降低镇痛药的用量，从而降低镇痛药的毒副作用。

赤潮毒素作为生化和药物研究的工具前景广阔，赤潮生物活性物质将是海洋药物研究的重要方向。对赤潮生物毒素这类自然产物，我们在思考除了关注其对海洋生物和人类健康的影响外，也应该深入研究如何变害为宝，充分利用其生物活性去造福人类。

二、绿潮藻（浒苔）

浒苔俗称苔条、青海苔、海白菜等，在日本被叫做“青海苔”（あおのり），为大型绿藻，属于绿藻门石莼科，含有丰富的浒苔多糖、氨基酸、大中微量元素、粗纤维、粗脂肪等。目前，浒苔已在多个行业，如农业、食品、工业、医药等行业被广泛地应用。

（一）食品利用

浒苔具有多种营养成分，是一种高蛋白、低脂肪且富含维生素和矿物质的优质海洋食品。传统的加工方法大多是直接食用或将鲜浒苔自然晒成浒苔干，还可以制作成为浒苔粉（浒苔精粉和浒苔绿藻精等），在食品中添加后既可提高食品色、香、味，还可改善食品营养价值。

浒苔基本成分的分析如表 8-1 所示（滕瑜等，2009），浒苔蛋白质含量 10.22%，低于缘管浒苔（27.0%），相对于常食用海藻海带（8.7%）和紫菜（43.6%）；浒苔粗纤维含量 8.76%，低于缘管浒苔粗纤维含量（10.2%）和海带（11.8%），而高于紫菜（2.0%）（表 8-2 和表 8-3）。徐大伦等（2003）研究了浒苔体内氨基酸的组成与含量，约占总氨基酸含量的 2.90%；不饱和脂肪酸中亚麻酸的含量最高，占总脂肪酸含量的 15.98%。此外，绿潮浒苔中未发现铅、镉、铬和汞超过国家标准中规定的相应的限量值，且无论以干重或湿重计算，其重金属含量均低于相应标准限量要求，因此符合食用安全标准，可以进行开发利用。

表 8-1　浒苔和其他海藻基本成分比较　　%

海藻	蛋白质	粗纤维	灰分	钙	磷	镁	铁
浒苔 *Enteromorpha prolifera*	10.22	8.76	18.32	2.56	0.13	0.79	0.04
缘管浒苔 *Enteroemorp halinza*	27.0	10.2	8.2	0.3	0.16	1.13	0.15
海带 *Latrunariajapanic*	8.7	11.8	20.0	0.71	0.20	0.16	0.01
紫菜 *Porphyra*	43.6	2.0	7.8	0.39	0.58	0.08	0.01

资料来源：滕瑜，2009

表 8-2　浒苔的氨基酸组成和含量

必需氨基酸（E）	含量/%	非必需氨基酸（N）	含量/%
赖氨酸（Lys）	1.04	谷氨酸（Glu）	2.90
苏氨酸（Thr）	0.94	天门冬氨酸（Asp）	2.61
缬氨酸（Val）	1.49	丙氨酸（Ala）	2.30
亮氨酸（Leu）	1.69	甘氨酸（Gly）	1.55
异亮氨酸（Ile）	0.84	丝氨酸（Ser）	0.83
苯丙氨酸（Phe）	1.13	胱氨酸（Cys）	0.36
蛋氨酸（Met）	0.48	酪氨酸（Tyr）	0.56
组氨酸（His）	0.58	脯氨酸（Pro）	0.83
色氨酸（Trp）		精氨酸（Arg）	0.91
合计	8.19	合计	12.85
总量（Total contents）		21.04	
E/T/%		38.93	
N/T/%		61.07	

资料来源：徐大伦等，2003

表 8-3　浒苔的脂肪酸组成和含量

脂肪酸	含量/%	含量/（$mg \cdot g^{-1}$）
十二碳二烯酸（C12：2）	5.02	0.10
肉豆蔻酸（C14：0）	4.15	0.08
十四碳一烯酸（C14：1）	0.86	0.02
十四碳二烯酸（C14：2）	1.58	0.03
十四碳三烯酸（C14：3）	1.66	0.03
棕榈酸（C16：0）	37.62	0.72
棕榈油酸（C16：1）	4.03	0.08
十六碳二烯酸（C16：2）	8.75	0.17
油酸（C18：1）	13.07	0.25
亚油酸（C18：2）	2.66	0.05
亚麻酸（C18：3）	15.98	0.31
花生四烯酸（C20：4）	1.51	0.03
EPA（C20：5）	2.94	0.06

资料来源：徐大伦等，2003

传统上，我国北方沿海居民曾用肠浒苔做成饼或和肉做包子、做汤料；浙江、闽南一带人们将其弄碎用油煎后混入其他佐餐料作为春饼的调味品；福建福州一带人们将其炒干作为光饼的馅料。在日本，浒苔粉和浒苔片作为食品配料或营养添加剂，已广泛应用于各种食品，如膨化食品、海苔饼干、海苔花生、海苔干脆面等，则将浒苔绿藻精等浒苔活性成分提取物大多用于功能食品的开发。近年来，我国也对开发新型浒苔食品进行了探索，开发了浒苔挂面、浒苔酱、浒苔汤料、浒苔果冻、浒苔绿藻精饮料和浒苔功能食品等（图 8-22）。

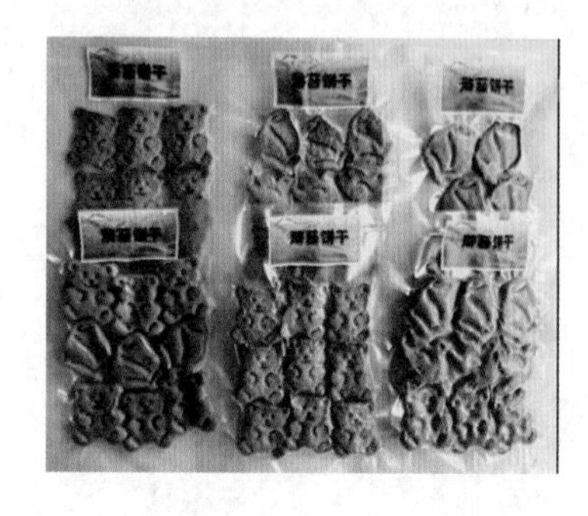

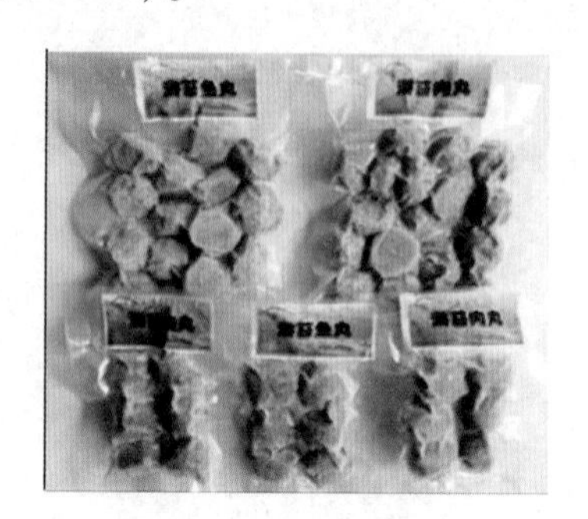

图 8-22　以浒苔为原料开发的食品

资料来源：山东省海洋生物研究院

值得注意的是，有研究表明浒苔藻体中粗蛋白、叶绿素和胡萝卜素、色素等含量在绿潮暴发初期较高，之后随着绿潮的暴发有较大程度的下降。据此表明，欲高效利用绿潮中浒苔资源，宜在绿潮暴发初期要及时打捞，以保证原藻的品质，同时也能在一定程度上防治绿潮藻的大面积繁殖聚集（宋伦和毕相东，2015）。

（二）饲料开发

在理论研究层面，近些年浒苔在饲料领域研究主要集中在水产和畜禽动物两个领域。其中，用于水产养殖，可以促进水产动物（刺参、大黄鱼、花鲈等）的诱导摄食、促进生长、改善肉质和体色、降低药物残留、提高水产品品质等；用于畜禽动物（蛋鸡、生猪、奶牛、肉兔等）养殖，可降低蛋黄中胆固醇含量，增加体重、提高产奶量等。

表 8-4　不同藻类对刺参特定生长率的影响

饲养时间	浒苔 *Enteromorpha prolifera*	马尾藻 *Sargassum muticum*	鼠尾藻 *Sargassum thunbergii*	海带 *Laminaria japonica*
0~10 d	2. 11±0. 21[a]	0. 85±0. 07[b]	1. 54±0. 67[ab]	1. 29±0. 29[b]
10~20 d	1. 25±0. 06[a]	0. 89±0. 15[b]	1. 69±0. 22[c]	1. 73±0. 21[c]
20~30 d	1. 89±0. 43[a]	1. 02±0. 30[a]	1. 76±0. 16[a]	0. 10±0. 07[b]
30~40 d	1. 12±0. 12[a]	1. 45±0. 4[a]	0. 99±0. 31[a]	0. 02±0. 00[b]
40~50 d	-0. 59±0. 02[a]	0. 01±0. 0[b]	0. 53±0. 02[c]	-0. 37±0. 03[d]
50~60 d	0. 74±0. 07[a]	0. 99±0. 03[a]	0. 63±0. 03[a]	-0. 8±0. 02[b]
60~70 d	0. 37±0. 06[b]	1. 33±0. 17[a]	0. 18±0. 02[b]	0. 32±0. 01[b]

资料来源：朱建新等，2009

在产业化方面，国外以海藻粉作为饲料已有几十年的历史，爱尔兰、英国、南非、印度、新西兰等国家都已规模化生产海藻饲料，我国研究人员也对浒苔饲料加工工艺进行了研究，如对浒苔饲料产业化技术进行了探讨，确定了浒苔饲料加工相关的一系列工艺及设备。但与世界上其他以海藻作为饲料的发达国家相比还是有很大差距，还未实现海藻饲料的大规模生产。

（三）肥料开发

浒苔藻体富含有机质、氮、磷、钾和微量元素，添加适当比例的麦草、鸡粪和污泥进行堆肥发酵和无害化处理可制成优质的有机肥（图 2-23）。用浒苔制作的生物肥不但能够促进植物健康生长，提高产量，改善品质，提高其抗病抗逆能力，而且对土壤具有一定的改良作用。

图 8-23　浒苔冲施肥及干粉

资料来源：青岛新闻网

自 2008 年浒苔绿潮灾害大规模出现伊始，我国的海藻加工企业及科研机构就浒苔资源化利用等方面开展了技术攻关和研究，在鲜浒苔的降解、浒苔粉的加工制备、浒苔活性物质的提取等方面进行了系统研究，其中重点开展利用浒苔生产高效活性海藻肥的应用研究。在 2009 年即成功研制出浒苔粉状肥，浒苔叶面肥和浒苔颗粒肥等几十个品种，其有机质含量可达 50%以上，富含氮、磷、钾等，能使作物的产量提高 3%（姚东瑞，2011）。此后，陆续有其他学者报道了结合玉米秸秆、EM 菌等材料制作堆肥和液态肥技术研究，并在作物上进行了施用，不仅可以促进作物生长、提高产量，也可减少无机化肥的施用量，避免养分流失和对环境的污染。

（四）药用活性

浒苔自古以来即为药用藻类，据《随息居饮食谱》记载：浒苔“消胆、消瘰疬瘿瘤、泄胀、化痰、治水土不服”；《本草纲目》记有浒苔“烧末吹鼻止衄血，汤漫捣敷手背肿痛”；唐代李殉编《海药本草》中称“石莼主秘不通，五鬲气，并小便不利，脐下结气，宜煮汁饮之”。至今沿海地区还有用浒苔治疗慢性肠炎的做法，特别是广东地区夏季用浒苔解暑。

目前，浒苔活性物质成分的研究主要集中在浒苔多糖方面，研究结果表明浒苔多糖结构复杂，具有显著的药理活性，如降血脂、抗氧化、抗菌和抗肿瘤等生理功能（图 8-24）。不论是直接用浒苔粉饲喂试验小鼠，还是从浒苔中提取多糖添加入试验鼠的饲料中，实验小鼠的血脂均发现有的明显降低，具体表现在总胆固醇、甘油三酯和低密度脂蛋白胆固醇的降低，同时降低了动脉粥样硬化指标。

近年来，陆续有学者报道浒苔提取物对肿瘤细胞有抑制作用，甚至优于常规抗肿瘤药物。如发现浒苔中提取的脱镁叶绿素 a 对试验鼠上皮肿瘤细胞（由化学物质诱发）抑制作用较强；肠浒苔中提取的多糖对人白血病细胞 K562 具有抑制作用；浒苔蛋白多糖复合物对肝癌细胞的抑制效果甚至优于 5-FU 等。

此外，另有实验证实：①浒苔粗多糖对羟基自由基和超氧阴离子具有良好的清除能力，具有极佳的抗氧化作用；②浒苔多糖可抑制多种真菌、细菌，且对革兰氏阴性细菌的抑菌效果好于阳性细菌。

（五）能源物质

在面临能源危机和环境污染的国际背景下，早在 20 世纪 70 年代美国、日本、西欧等国家就

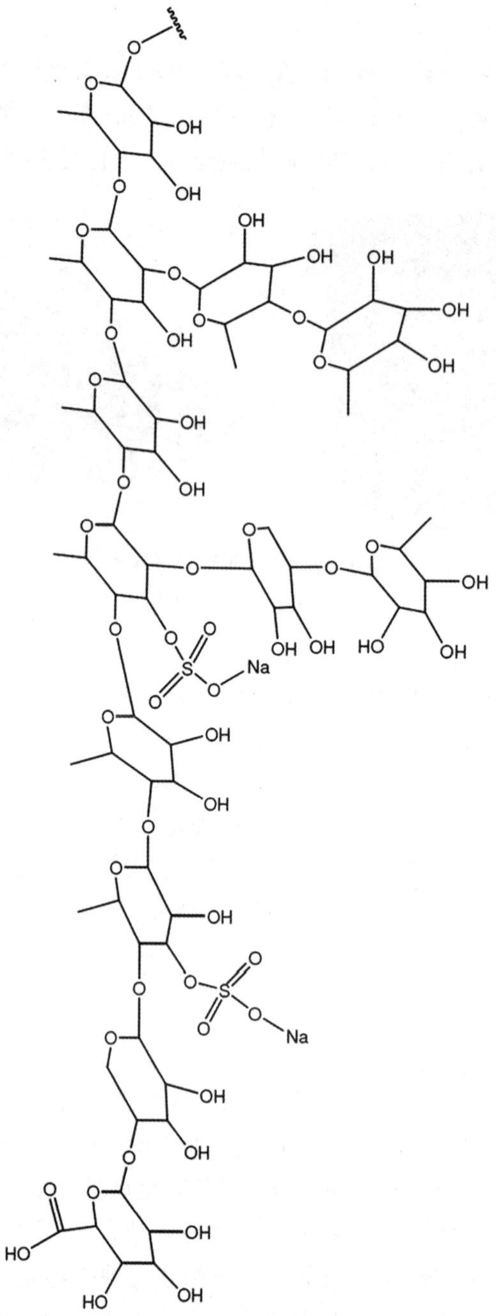

图 8-24　浒苔多糖-ChemNMR 软件模拟结构

资料来源：石学连，2009

开始了海洋生物质能的前期探索和研究工作。如针对海洋微藻，美国政府启动了“水生物计划”（Aquatic Species Program，ASP，1978—1996）；针对大型海藻，美国政府启动了“海洋生物质能源计划”（Marine Biomass Program，MBP）。日本更是划出专门海区，用来养殖大型褐藻，用以生产制备生物乙醇。目前，将海藻作探究开发可再生能源物质的技术在全世界各个国家均有广泛开展。藻类生物质能转化利用主要包括生物转换、热化学转换和其他转换等技术途径，可转化为二次能源，如液体燃料（生物柴油、生物油、乙醇）和气体燃料（氢气、可燃气和沼气等）（图 8-25）。

相比发达国家，我国藻类热解炼油方面的研究起步较晚，复旦大学研究人员在 2010 年成功

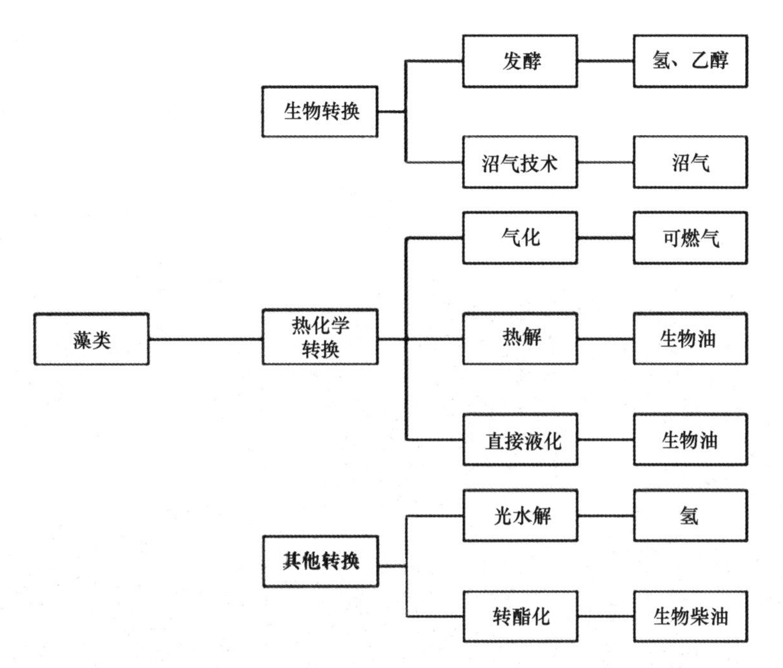

图 8-25　藻类生物质能主要转化利用途径

资料来源：黄付斌，2013

将浒苔转化成生物油，开启了我国用浒苔制取生物油的研究。此后，学者们不断优化制取工艺，分别利用共同裂解、快速热裂解、乙醇热液化等技术制取生物油，产油率可达到 40%以上。山东科技大学化学与环境工程学院清洁能源研究中心开发了高含水生物质带有预处理的连续快速水热液化制取液体燃料技术，并建成年处理 1 000 t 藻类生物油快速热解中试装置。

制取乙醇方面，秦松等（2009）先后以大型绿藻为原材料，分别利用汇合酵母发酵、酸解蒸馏、水解厌氧发酵的方式制取乙醇。Miranda 等（2012）在对比物理法和物理化学法，测试实验后发现，2%的稀硫酸在 120℃下处理 30 min，大型藻类裂解还原糖得率相对最高。Harun 和 Jason（2011）则使用 NaOH 处理水溪绿球藻，结果得到最高还原糖得率为 350 mg/g 和乙醇得率为 0. 26 g。

沼气制取方面，由于浒苔碳氮比为 15∶1 ~ 18∶1，比秸秆的 60∶1 ~ 100∶1 要高，而发酵的最适碳氮比为 20∶1 ~ 25∶1，因此利用浒苔厌氧发酵生产甲烷，在工艺和成本方面更具潜力。实验已发现：浒苔厌氧发酵产生的生物气体中甲烷含量达到了 66%，VS（挥发性固体）产气潜力超过 474. 4 mL/g；而以鲜浒苔为原料，进行发酵产沼气，其 TS（总固体）产气潜力为 513 mL/g，VS 产气潜力为 654 mL/g。

三、金潮藻（马尾藻）

马尾藻属于褐藻门、圆子纲、墨角藻目、马尾藻科，藻体多年生，分为固着器、主干、藻叶以及气囊 4 部分。固着器盘状、圆锥状或假根状。主干圆柱状、扁圆或扁压，长短不一，向四周辐射分支，分枝扁平或圆柱形。藻叶扁平，多具毛窝。单生气囊，气囊自叶腋生出，呈圆形、倒卵形。雌雄同托或不同托、同株或异株。中国沿海均有分布，生长于中、低潮间带岩石上（图 8-26）。马尾藻是近海藻场及海底森林的主要组成部分，幼藻可食用和作饲料，也是提取膳食纤维、褐藻多糖、褐藻胶、褐藻淀粉的重要原料，含有丰富的矿物质，可作为保健食品和药物的优质原料，具有很高的生态和经济价值。

图 8-26 附着在青岛潮间带礁石上的马尾藻

资料来源：臧宇，2019

（一）食品价值

研究表明，马尾藻中含有丰富的膳食纤维，褐藻淀粉，矿物质和维生素以及优质的高饱和脂肪酸和合理的必需氨基酸，其中必需氨基酸的含量远高于海带、紫菜，其余成分与海带、紫菜接近，可作为保健食品和药物的优质原料。马尾藻含有对人体有重要生理功能的丰富膳食纤维。褐藻类膳食纤维（海带和马尾藻）对雌性激素的吸附作用大于红藻类（江蓠和麒麟菜）膳食纤维。海带和马尾藻膳食纤维都具有良好的通便作用。近几年来一些学者对马尾藻的加工工艺等进行了研究，开发出了一系列马尾藻产品，如马尾藻饮料冲剂，马尾藻袋泡茶等，每袋袋泡茶所浸出的视可满足 1 个成年人每天所需的碘量含量（0.4 mol/d）。

马尾藻的主要成分是碳水化合物（糖分+不溶性膳食纤维）。不同种类和生长地域的马尾藻碳水化合物含量不同，其含量在 40.25~75.46 g/（100 g）。马尾藻灰分含量较高，矿物质含量丰富，灰分的主要成分是矿物质的氧化物。马尾藻粗蛋白含量为 5.94~19.35 g/（100 g），随生长海域的纬度不同而存在差异。尾藻富含碳水化合物、矿物质和蛋白质，脂肪含量较低，其营养成分含量随马尾藻的种类、生长海域和水环境不同而异，应根据需求选择适当的增殖种类、海域和采收季节。马尾藻蛋白质的氨基酸组成符合人体氨基酸需求，鲜味氨基酸含量丰富，可作为优质的氨基酸源和鲜味配料加工成营养食品或保健食品。

（二）药用与医学价值

我国自古以来就有把海藻用于食物、药材的习惯。海藻中含有大量的有益于人类健康的多糖、不饱和脂肪酸、蛋白质、氨基酸、多肽、牛横酸和酶等药用活性成分，这些成分具有抗凝血、降血压、降血脂、抗肿瘤等独特功能。海藻类植物具备陆生植物所没有的分子结构和生理生化特性，以及许多特殊的保健功能。对治疗人类的常见病、多发病具有显著的疗效。大量生物学研究结果表明：海藻不但是某些药用成分的富集者，而且是天然活性物质的反应者。

马尾藻科植物具有性寒，味咸，软坚散结，消炎止痛，利水消肿，泻热化疲等功效，通过对藻体的测定分析发现，马尾藻某些种类的药用效果在于它包含了一些特殊的活性物质，像不饱和脂肪酸和碘等。另外，半叶马尾藻也被发现具有提高机体免疫、抗氧化和抗辐射损伤的作用，这预示着马尾藻在治疗癌症、心血管疾病等有更广阔的应用前景。

（三）养殖价值

由于地域的差异，西欧和北美主要是用泡叶藻、翅藻、墨角藻和巨藻等来生产海藻粉，而马尾藻则是亚洲地区生产海藻粉的主要原料。在自然海区，马尾藻可以作为紫海胆、鲍、蝾螺等的饵料。另外，马尾藻榨取液也可作为海湾扇贝和中国对虾幼体的饵料。关于使用马尾藻粗多糖喂养斑节对虾，可增强对虾的免疫力，减少对虾白斑综合征病毒的抵抗力。同时，低浓度的马尾藻粗多糖能够抑制哈维反弧菌（Vibrio harveyi），金黄色葡萄球菌（Staphylococcus）和大肠杆菌（Escherichia coli）的生长。马尾藻和其他海藻混合制成的海藻粉对罗氏沼虾和凡纳滨对虾的生长具有明显的促进效果。Bindu M S 等报道围氏马尾藻（*S. wightii*）可部分替代南亚野鲮（*Labeo rohita*）饵料配方中的鱼粉，而且能够更好地促进饵料的转化、蛋白质的利用以及营养物质的消化。

海藻具有“生物过滤器”的美称，因为每 1 吨海藻可除去海洋中 30~60 kg 氮和 3~6 kg 的磷，并且海洋中的马尾藻以及利用其加工制成的海藻粉对工业废水和生活污水中的重金属有较强的生物吸附作用，马尾藻能够吸附在含盐的废水中的阳离子。大型海藻在碳循环研究，赤潮控制和维持健康的复合养殖系统方面也有很重要的作用。近年来，马尾藻在日本的环境保护和海岸带管理中有着的重要作用。

四、白潮

（一）霞水母

霞水母为属名统称，属学名 *Cyanea*，属腔肠动物门（Coelenterata）钵水母纲（Scyphozoa）旗口水母目（Semaeostomeae），霞水母科（Cyaneidae），为大型海洋浮游生物。霞水母体色乳白或微带淡褐，伞体呈扁平圆盘状，中央略为隆起，具有刺丝胞所成的颗粒体，边缘有 8 个缘瓣，每个缘瓣又平分为二，感觉器位于小瓣之间。在伞体的下面有排列规则的肌肉束，数量与个体大小成正比；触手中空、多而细长；口腕宽阔、扁平，以多种海洋游泳生物幼体和小型浮游生物为食物来源。

张文涛等利用改良的酶解法处理霞水母样品，分离纯化出了胶原蛋白，并测定了霞水母胶原蛋白的氨基酸组成及含量，并用所得胶原蛋白进行了治疗大鼠佐剂型关节炎的初步探索，为利用霞水母胶原蛋白治疗类风湿性关节炎研究方面奠定了理论基础和技术条件。林丹等国内学者提取霞水母胶原蛋白活性肽和寡肽胶原，并发现两者均能改善机体能量代谢，加速肝糖原分解供能，减少蛋白质和含氮化合物分解，从而降低血尿素氮，具有抗疲劳作用。

（二）海蜇

海蜇（*Rhopilema esculentum* Kiahinouye 1891），隶属于腔肠动物门（Coelentera）、钵水母纲（Scyphozoa）、根口水母目（Rhizostomeae）、根口水母科（Rhizostomatidae）、海蜇属（*Rhopilema*）的无缘膜动物。伞部称为“海蜇皮”，口腕部称为“海蜇头”，二者均具有很高的药用和食用价值。此外，海蜇还存在相当数量的生殖腺，俗称“海蜇花”，可以被加工成“蜇米”食用，营养丰富，味道鲜美。中国大部分地区的民众有食用海蜇的传统习惯，中国海蜇大量出口日本、韩国。随着科技的发展，海蜇在药用和医学领域研究进展突出，特别是对海蜇毒素的研究。

1. 食用价值

海蜇营养丰富，可鲜食或加工成干制品食用。海蜇的海蜇皮、头、生殖腺氨基酸成分齐全、含量丰富、配比较合理，具有较高的营养和保健价值。尤其在生殖腺中，氨基酸总量和必需氨基酸含量均远远高于其他两个部位，其必需氨基酸的构成与人体所需氨基酸组成比较接近。因此，其蛋白质易为人体吸收利用，是一种具有开发前景的天然营养物质。另外，海蜇含有人体需要的多种必需氨基酸，其营养成分特点是脂肪含量低，蛋白质和无机盐类含量丰富，是一种高蛋白、低脂肪、低热量的营养食品。

2. 药用研究

海蜇营养丰富，药用价值高，自古便是治病除疾的良药，随着现代科技的发展，海蜇的药用研究也在逐步深入。

（1）胶原蛋白的研究。海蜇蛋白质以胶原蛋白为主。近年来，国内外对胶原蛋白（collagen）的提取及纯化进行了大量研究。国内学者金桂芬等分别采用酸法和酶法从海蜇提取胶原蛋白，结果表明，酶法提取相对于酸法提取可获得较高含量的胶原蛋白。

（2）糖胺聚糖的研究。海洋动物糖胺聚糖（glycosaminoglycan）的特殊结构和活性引起医学界的重视，国外对海参（体壁）、乌贼（角膜）、大西洋鹞鱼（皮）、甲壳动物等，国内对鲨鱼（软骨）、海星和刺参（体壁）等糖胺聚糖报道较多，但对软体动物报道很少。金晓石等经过多酶水解，得到海蜇糖胺聚糖粗制品，并通过高血脂小鼠实验，发现经多酶水解得海蜇糖胺聚糖粗制品具有显著的降血脂作用。

（3）活性肽的研究。目前研究的海洋活性肽主要来源于海鞘、海葵、海绵、芋螺、海星、海兔、海藻、鱼类、贝类等，活性肽有抗肿瘤、抗高血压、抗菌、提高免疫力等作用。国内学者通过制备海蜇降压肽，发现海蜇降压肽可以有效抑制血管紧张素转化酶，达到降压作用。海蜇 ACE 抑制肽是以海蜇为原料经蛋白酶处理所得到的具有 ACE 抑制活性的肽，刘新等通过水解酶制备得到海蜇 ACE 抑制肽，并证明此种肽通过抑制 ACE 的活性，减少血管紧张素Ⅱ的生成，从而具有降血压的作用。

3. 海蜇毒素的应用

海蜇毒素存在于刺细胞内，为类蛋白、多肽和酶类毒素，还有四氨铬物、强麻醉剂、组织胺、5-羟色胺等生物活性物质。海蜇毒素的一般作用机理是：当皮肤碰着海蜇的触须时，其囊中盘曲的管状刺丝就会弹出，刺入人体皮肤并注入毒液。毒素接触人体后出现广泛皮损，同时刺激活性递质（如组织、5-羟色胺等）的释放，对全身造成重度损伤。

海蜇毒素对心血管、神经、肌肉、皮肤等的毒性以及对细胞内外离子运转的影响、细胞毒素及酶样活性，在作用上具有相关性，多数毒素具有几种不同的作用，且毒素的作用还与浓度、纯度等因素有关。研究毒素的分离及其药理作用机理，将是开发具有独特功效的心血管及神经系统药物的重要途径，国内学者苏秀榕研究发现海蚕毒素具有明显的抑制肝腹水肿瘤的效果，其抑瘤率为 75.58%。

小结

综合考虑海洋环境的连通性、暴发的危害性、投入成本等因素，对海洋生态灾害的应急处置方法：①要保证环境友好，万勿因处置失策产生不可逆转的损害，尽力避免产生次生危害；②要求处置工作迅速完成，尽量在短期内即恢复受影响区域的正常秩序，减少因灾害链的逐级传递与放大产生持续伤害；③充分理解海洋生态灾害暴发实质为“受损生态系统自我平衡一种响应现象”，由此合理优化人类海洋开发利用活动，控制无序无度用海，限制陆源入海污染物排放，遏制近海富营养化态势，从根源上杜绝海洋生态灾害的发生。

海洋生物资源的开发利用是当前国际上一个重要的研究领域，作为大面积暴发的海洋生态灾害致灾生物（如浒苔，霞水母和马尾藻等），同样富含多种营养成分，加之药用活性独特，具有巨大的科学研究价值和经济开发潜力。目前，在致灾生物的开发利用方面，尤其是规模化的产品开发多集中在低附加值的食品、饲料和肥料领域，而对高附加值的医药/活性物质和能源物质则多停留在实验室分析报道层面。未来仍然需要开辟一些新的分析提取手段，加深对致灾生物特殊结构的研究，同时应考虑把致灾生物的各种活性功能与当今医疗界的疑难病症（如癌症等）结合在一起，从而更好地发挥活性成分的药用价值。相信随着科技手段的不断进步，致灾生物的新型利用方式将会不断被发现。与此同时，可以预见的是，未来随着医药安全性测试通审、生物能源开发扩产技术完善，以致灾生物为原料的高附加值商品将陆续出现在市场上。

思考题

1. 海洋生态灾害处置方法的分类及特点？
2. 国内浒苔绿潮灾害应对工作的要点及未来展望？
3. 浒苔藻体资源化利用类型？

拓展阅读

1. 中国海洋学会赤潮研究与防治专业委员会. 中国赤潮研究与防治［M］. 北京：海洋出版社，2008.
2. 叶乃好，刘云国，李兆杰. 浒苔［M］. 北京：海洋出版社，2012.

第九章　海洋生态灾害损失调查评估

《中共中央国务院关于推进防灾减灾救灾体制机制改革的意见》中明确规定“制定灾后损失评估有关技术标准，规范自然灾害损失综合评估工作流程，建立完善灾害损失评估的联动和共享机制”。灾害损失大小是制定赤潮灾害防灾减灾措施和开展赤潮灾害赔偿补偿的重要依据。尽管国内外对海洋生态灾害的影响已有共识，但其对水产养殖、沿海工业、交通运输、人体健康以及生态环境的损害程度的判断与衡量尚未形成统一认识。目前，国内外对赤潮的社会经济影响评估已开展了工作，而绿潮和白潮的相关研究尚属空白。研究建立海洋生态灾害损失调查评估方法是灾害应急管理的重要内容，可以客观、真实地反映海洋生态灾害造成的影响和损失，为灾害损失调查与评估等相关工作提供技术依据和支撑，为防灾减灾、灾后救援与处置等相关管理部门提供辅助决策，具有重要的理论和现实意义。

第一节　海洋生态灾害的影响

赤潮、绿潮、褐潮、白潮等海洋生态灾害在我国近海频繁发生，既展现了海洋生态环境自我恢复与再平衡，又在某种程度上加剧了现今海洋生态环境的恶化，对沿海地区的社会经济发展产生了非常严重的影响。

一、海洋生态灾害对生态环境的影响

（一）赤潮

赤潮灾害现在正肆虐于世界沿海各国，已经成为国际社会共同关注的重大海洋环境问题和生态问题。我国是一个海洋大国，也是一个遭受赤潮严重危害的国家。20 世纪 90 年代以前，我国沿海海域大规模赤潮发生频率每年仅为 10 次左右，其灾害影响范围也一般不超过几百平方千米。但进入 90 年代以后，我国近岸海域开始进入赤潮高发期，赤潮问题日趋严峻。近海赤潮的发生频率、波及范围和危害程度呈逐年上升趋势，并且还呈现出持续时间不断加长、发生面积不断扩大、有毒有害藻类逐渐增加的特点（周名江等，2001）。据统计，进入 21 世纪的近 20 年来，我国沿海海域共发生赤潮高达 1 200 次以上，累计面积超过 17.6×10^4 km^2（中国海洋灾害公报）。赤潮频发是大自然向我们亮起的一个危险信号，预示着我国赤潮高发区的海洋生态环境已经受到了严重的干扰，生态系统的正常结构和功能可能已经或正在被改变，而且生态环境一旦失衡恶化，将很难在短期内恢复。

赤潮生物种（包括营养体或包囊）本身就存在于自然海域中的某一特定的区域内，它们小到几微米，大到几毫米（图 9-1）。当水体中的各种理化条件基本适宜某种赤潮藻类生长繁殖时，它们就会迅速增殖，从而形成赤潮。在赤潮产生初期，由于环境、空间相对适宜，营养元素也很丰富，它们就会大量增殖，在此过程中，赤潮生物经光合作用产生养分供其自身利用，也会大量吸收海水中的二氧化碳，使水体二氧化碳平衡遭到破坏，水中 pH 值也逐渐升高。随着赤潮生物的不断生长繁殖，大量的赤潮藻漂浮在海面，降低水体透明度，使海洋植物无法正常

生长，严重危害了海洋动植物的生存，使海洋中正常的生态平衡遭到破坏（吕颂辉，2004），如东海原甲藻赤潮期间，浮游动物关键种中华哲水蚤（*Calanus sinicus*）的产卵率会显著降低，种群密度明显下降，这有可能改变海洋中的基础食物链，导致近海生态系统结构和功能的变化。

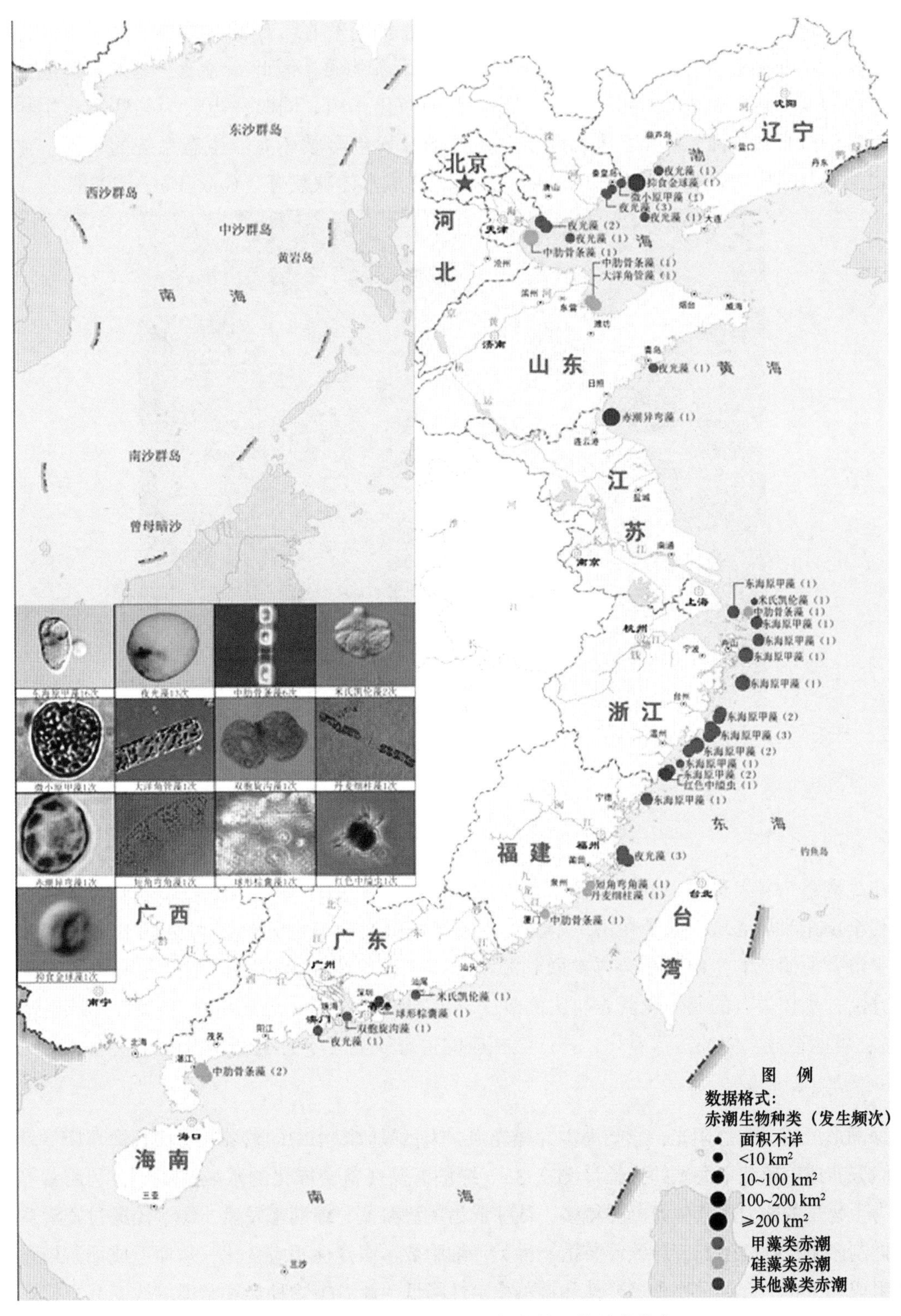

图 9-1　2013 年我国海域赤潮与优势生物种类分布

资料来源：2013 年中国海洋环境状况公报

（二）绿潮

大型藻类的过度生长或聚集会造成一定的生态环境效应，例如：限制水流的运动和速度，限制浮游生物的运动，限制贝类等生物幼体的运动和增殖等。与其他浮游植物之间发生资源竞争和相生相克两个方面（俞子文，1992）。前者包括对营养盐和光等因素的竞争，后者则指通过向环境释放化学物质而对其他种群产生影响，两者常同时存在。绿潮的肇事藻种——浒苔属于大型海藻（图 9-2），其生长需要快速吸收水体中的营养物质，因此，绿潮在暴发初期能快速吸收海水中的氮、磷营养盐，对水体起到一定程度的净化作用。同时，也会为某些海洋生物的产卵及栖息创造有利条件。然而，大面积浒苔绿潮的暴发也会破坏海洋生态系统的平衡，致使海洋生物的群落结构发生改变，海水的透明度下降，造成水体缺氧等（Guo et al.，2008）。

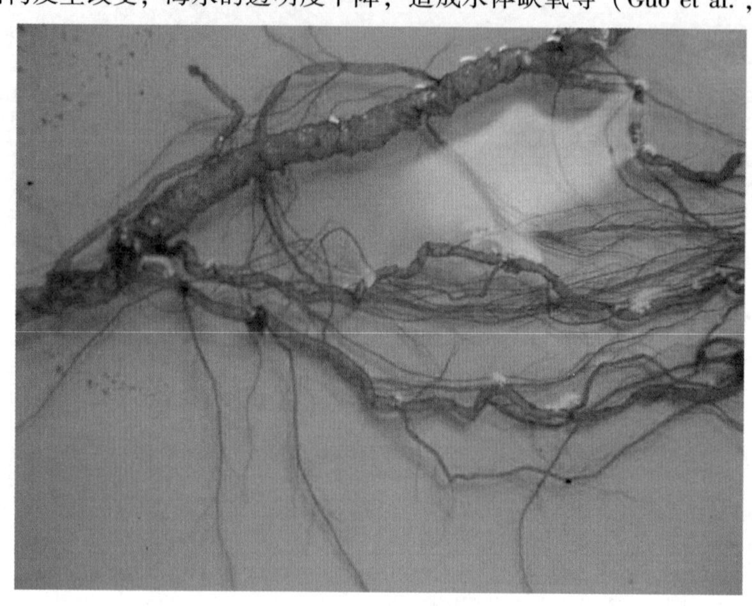

图 9-2　浒苔形态

资料来源：丁月旻，2014

1. 改变环境要素

在绿潮整个暴发过程中浒苔吸收了大量的碳、氮、磷、硫等生源要素并携带着这些生源要素漂移至山东半岛海域，绿潮在山东半岛近岸海域下沉后的消亡分解在大约 80 d 完成，在消亡过程中浒苔所固定的生源要素会再次回到海洋水体中，这可能会引起山东半岛海域海水营养盐水平升高，水体原有的氮、磷营养盐比例改变（有机营养盐的百分比例从 25%左右升高至 90%以上），可能造成水体的富营养化，并产生相应的生态效应（丁月旻，2014）。

2. 损害生物资源

绿潮形成后，遮拦阳光，影响海水穿透光强，大量吸收海水中的营养盐，破坏海草床，严重影响自然分布或养殖栽培海藻的生长（图 9-3）。绿潮海藻在富营养化的水域环境中，利用营养盐并转化为生物量的能力比其他海藻强得多，往往成为优势海藻。绿潮暴发后，绿潮藻通过资源竞争等途径抑制浮游植物的生长，导致浮游植物种类、细胞数、多样性相应变化，从而造成浮游植物的优势种组成趋于单一，导致物种多样性和群落稳定性降低。浮游植物种类和密度的改变会直接影响大多数的浮游动物的摄食作用，从而控制着更高营养级的生物资源变动。在旧金山湾河口围隔实验中发现，对无机氮盐的竞争可能是石莼限制微藻生物量的主要原因。在威尼斯潟湖的某些区域，即使在适宜藻类生长的季节，微藻也只有在大型海藻衰败或者收获之后才会大量繁殖。

图 9-3　胶州湾浒苔绿潮

资料来源：图片来源于网络

从已有的一些研究来看，大型藻类对微藻的化感作用也比较普遍，如 Jin 等（2003）报道了孔石莼通过分泌克生物质抑制赤潮异弯藻和塔玛亚历山大藻的生长。Nan（2008）研究了孔石莼对 3 种赤潮微藻（赤潮异弯藻、塔玛亚历山大藻和中肋骨条藻）的化感作用，发现孔石莼的新鲜组织会严重抑制这 3 株藻的生长，石莼的干粉末更是在 3 d 内杀死全部微藻。浒苔的新鲜培养液能够对亚历山大藻、东海原甲藻、赤潮异弯藻、中肋骨条藻和小球藻等微藻有不同程度的抑制作用，也能抑制黑褐新糠虾的存活和生殖能力。浒苔干粉末的甲醇提取物能够显著抑制多种赤潮微藻（米氏凯伦藻和中肋骨条藻）的生长，还能强烈抑制太平洋牡蛎受精卵的孵化。

（三）白潮

过去 20 年间人们忽然发现海洋中的胶质类生物（水母、栉水母、被囊类等）明显增多，特别是水母类生物在世界许多海域出现了种群暴发现象，被称为白潮（图 9-4）。水母的暴发导致一系列的经济和社会问题，被认为是一种非常严重的、由于海洋动物的暴发而形成的生态灾害（孙松，2012）。

图 9-4　我国近海出现的大型灾害水母

资料来源：孙松，2015

1. 改变环境要素

海水中以水母为主要食物来源的生物较少，导致能量和食物不能向较高营养级传递，所以水母一般被认为是食物链的尽头。水母通过摄食浮游动物以及从海水中直接吸收溶解有机物和溶解无机物而成为自身储存的碳、氮、磷，因此，当它们大量暴发时可以被认为是碳、氮、磷的库。一直以来，浮游动物的排泄颗粒被认为是海洋沉积通量的重要组成部分。但是，近年来越来越多的研究认为水母在其中发挥的作用可能更为重要。水母的沉降速度较快，沉降过程中再矿化消耗较少，因此暴发后的水母下沉会导致大量有机质（jelly particulate organic matter，J-POM）随其一起沉入海底，从而影响海底生态系统。另外，大量胶质类水母沉入海底后，会在海底形成较厚的胶质层，降低表层沉积物的氧气通量，导致沉积物表层缺氧（曲长凤，2014）。

2. 损害生物资源

水母作为海洋食物链的中间环节，可对上层、下层食物链分别产生影响。水母通过摄食作用控制下层食物链浮游动物的生物量（Stibor et al.，2004）。研究表明，水母暴发的年份，其所在海域内次级生产量大大降低。在德国基尔湾海月水母密度高时，每日可消耗湾内约 2/3 的次级生产量（Schneider et al.，1994）。水母大量暴发会对浮游动物过度摄食从而导致大量浮游植物免于被摄食，间接致使浮游植物数量增加，甚至在短期内发生藻华。因此，水母暴发可在一定程度上提高初级生产力，降低次级生产量。水母对其上层食物链的影响主要表现在其对仔鱼和鱼卵的摄食以及与其之间的食物竞争方面。鱼卵和仔鱼是水母类重要的食物组成成分，因此，水母类的摄食压力是幼鱼种群存活的重要调节因子。野外研究表明，大型水母 1 d 可以清除大于 1 m^3的鱼类浮游生物（鱼卵和仔鱼），一个身体体积不大于 100 mL 的五角金黄水母（*Chrysaora quinquecirrha*）每天可摄食 100 多个鱼卵（Purcell et al.，2001）。此外，很多小型鱼类以及仔鱼都以浮游动物为主要饵料，作为它们的竞争者，水母对浮游动物的摄食对鱼类形成了强有力的竞争。在水母大量暴发时，水域中浮游动物的数量可能会在短时间内降至到零，从而导致小鱼和仔鱼因缺少食物而死亡。

二、海洋生态灾害对水产养殖的影响

（一）赤潮

随着赤潮的不断发展，有毒赤潮生物体内存在或通过代谢产生毒素，危害鱼虾的正常生长，毒害海洋生物。在消亡阶段，伴随着细菌分解作用会产生氨、硫化氢等有毒有害物质，危害鱼、虾、贝的健康。而赤潮生物体的大量死亡，会大量消耗水体中的氧气，使水中的溶氧量降低，造成海洋生物窒息死亡（图 9-5）。无毒赤潮虽不能直接或间接地产生毒素，危害鱼、虾、贝类等生物的生命健康，但由于赤潮藻过度繁殖，同时分泌大量黏液，这些黏液随着水体的流动经鱼类呼吸作用附着在鱼鳃丝表面，堵塞鳃丝，给鱼类带来机械性损伤，使鱼类呼吸系统受阻，窒息造成鱼类生理性缺氧死亡。消亡阶段，大量赤潮藻类由于分解作用大量耗氧，大大降低了水中溶解氧的含量，使鱼类窒息死亡，从而使海洋渔业遭到严重破坏。据不完全统计，我国因赤潮而造成的经济损失每年在 10 亿元以上，一次大规模的赤潮就可能带来几亿元的直接经济损失，如 1998 年发生在广东南部和香港沿海的米氏凯伦藻赤潮给粤港两地的海水养殖业造成了毁灭性的打击，直接经济损失达 3.5 亿多元；2010 年在中国扇贝最大养殖区秦皇岛昌黎沿海海域发生了大规模的赤潮，时间从 5 月一直持续到 6 月，给当地渔业造成的直接经济损失约 2 亿元（王东哲，2014）。

图 9-5 2017 年深圳大鹏湾赤潮引发鲻鱼死亡事件

资料来源：图片来源于网络

（二）绿潮

由大型藻引发的绿潮衰退后，积累的浒苔在腐烂分解过程中，会通过释放氮、磷等营养物质，消耗大量的溶解氧，并产生硫化物、氨、氮等有毒化学物质的方式引发养殖海区或养殖池中水产物种的大量死亡、甚至全军覆没（图 9-6）。此外，大规模的漂浮藻类在风场和流场的作用下冲毁养殖筏架（图 9-7）。2016 年 12 月，大量马尾藻入侵江苏紫菜养殖区，压塌紫菜养殖筏架，造成江苏南通、盐城两地紫菜绝收，经济损失高达 5 亿元之多。

图 9-6 受浒苔绿潮影响的海产品：死亡的鲍鱼和停止生长的虾

1. 释放氨、氮

水生植物经腐烂分解之后，其自身 70%以上的氮和磷营养元素会在短时间内释放到水体中，参与水体的营养再循环。在大规模绿潮消亡期间，腐烂分解的藻体会释放出大量铵盐。氨是一种有刺激性的气态碱性化合物，其中氨气 NH_3很容易和水分子 H_2O 结合为 $NH_3 \cdot H_2O$，然后电离为 NH_4^+。氨氮在水体中以分子态（NH_3）和离子态（NH_4^+）两种形式存在。分子态的毒性大于离子态，分子氨具有较高的脂溶性，它能破坏鱼鳃组织，使血液和组织中氨的浓度升高，降低血液的载氧能力，使呼吸机能下降。氨还可使血液 pH 值升高，从而引起鱼体内多种酶的活力异常变化，反映为机体代谢功能失常或组织机能损伤，甚至由于改变了内脏器官的内膜通透性，造成渗透调节失调，引起充血，呈现与出血性败血症相似的症状，鱼类的生长受到影响。在浒苔腐烂分解的模拟实验中，发现 2. 5 g/L 的浒苔分解水体中总有机碳、总有机氮和总有机磷的增长到最高浓度分别为 1. 65 mmol/L、80. 71 μmol/L 和 1. 605 μmol/L，高于海水原始浓度 3~9 倍，

图 9-7　2016 年底大量马尾藻入侵江苏紫菜养殖区

总氮浓度超过了水体富营养化的标准，氨、氮的浓度在分解后期高于海水原始浓度，达到 2.46 μmol/L。据报道，NH_3对鱼类和无脊椎动物的毒性是 NH_4^+的 50 倍，对海湾扇贝幼苗的毒性是 NH_4^+的 90 倍。随着 pH 值的不同，分子态和离子态在水中是可以相互转化的，水体中这两者的比例与水温及 pH 值有密切关系。总的来说，温度和 pH 值上升，分子氨在总铵中的比例增加，分子氨含量越多，毒性就越强。在养殖环境中，当总氨的含量超过 0.5 mg/L 时，就对鱼有毒害作用。分子态氨浓度在 0.01~0.02 mg/L 时，水产动物会慢性中毒，生长受到抑制；浓度在 0.02~0.05 mg/L 范围时，分子态氨会和其他造成水产动物疾病共同起加成作用，而加速其死亡；在 0.05~0.2 mg/L 的高浓度下，分子态氨会破坏水产动物的皮、胃、肠道的黏膜，造成体表和内部器官出血；在 0.2~0.5 mg/L 的浓度下，水产动物会急性中毒而死亡。Abdalla 等（1998）报道氨对鱼类 96 h 的半致死浓度在 0.32~3.1 mg/L，并且 96 h 的半致死浓度随鱼的大小而异。长期暴露在低至 0.6 mg/L 的氨中可导致鱼类呼吸障碍、肝组织破坏和生长减缓。我国渔业用水水质标准规定，硫化氢不允许超过 0.2 mg/L。

2. 引发低氧

在大型藻华发生时期，有害的效应主要源于大型藻释放的化学物质和海藻在夜间的呼吸作用所引起的缺氧问题。在大型藻藻华的腐烂分解过程中，有机质的分解需要消耗海水中大量的溶解氧，此时水体中的溶氧浓度就会保持在较低的浓度水平，乃至整体水体表现为低氧环境，如果海洋上下层水体得不到很好的交换，在腐烂过程连续发生的情况下，就会形成水体底部的“低氧区”。Berezina（2008）在波罗的海东部 Neva 河口离岸 5~20 m 的海域发现腐败的漂浮绿藻 *Cladophora glomerata*（干重 315~445 g/m^2）造成了缺氧和动物生物量的降低（湿重为 0.5~2.9 g/m^2）；而在离岸 30~60 m 的海域，随着漂浮绿藻生物量的减少，不存在缺氧，动物总生物量（湿重）达24.3~30.8 g/m²，与未暴发绿潮时没有显著的差别。王超（2010）在浒苔培养液和腐烂藻液对鲍鱼的充气对照实验中，发现在96 h内充气实验组的死亡率明显低于不充气实验组，充气后浒苔培养液的毒性消失。丁月旻（2014）研究发现在浒苔分解过程中，溶解氧的变化非常明显。2.5 g/L浒苔分解的水体中溶解氧显著下降，尤其是在黑暗的密闭空间中，溶解氧甚至已经低于2 mg/L，这是海水缺氧的状态。而生物量更高的水体中，海水维持缺氧状态的时间就更长。2008年黄海绿潮时，堆积在养殖池塘里的浒苔腐烂使水质恶化，重创了乳山、海阳、胶南和日照等地的海参鲍鱼围堰养殖、扇贝筏式养殖、滩涂贝类养殖等，造成这些地方水产养殖业的重大经济损失，主要原因是大量浒苔沉降覆盖养殖物种导致海水缺氧而引发的死亡。

3. 释放硫化氢

黄海浒苔绿潮的巨大生物量（以浒苔生物量400万t计算）能从海水中吸收固定1.6万t的硫。所固定的硫在浒苔绿潮消亡过程中会再次回到海洋水体中，这在封闭水体交换差的海湾、滩涂养殖区或养殖池塘可能会引发局部水域硫化氢浓度升高的现象。在大规模绿潮消亡期间，随着藻类的腐烂分解，含硫的有机物在厌氧菌作用下，降解形成硫化氢。硫化氢是一种无色、具有臭蛋气味的剧毒气体。它在水中通常以硫化氢（H_2S）、硫氢离子（HS^-）、硫离子（S^{2-}）3种形式存在，其中以H_2S毒性最强。硫化氢H_2S对生物的毒性主要取决于pH值的大小。当pH值为9时，约有99%的硫化物以硫氢离子（HS^-）形态存在，毒性小；当pH值为7时，硫氢离子（HS^-）和硫化氢（H_2S）各占一半；当pH值为5时，则有99%呈硫化氢（H_2S）状，毒性很大。硫化氢对海洋生物有严重的毒害作用。当硫化氢的浓度升高时，海洋生物的生长、免疫等都会减弱，严重时会造成海洋生物中毒死亡。丁月旻（2014）在实验中发现，总有机硫、无机硫和硫化氢在浒苔分解过程中均有小幅度的升高。有研究报道，1 μg/L就会影响太阳鱼的繁殖，6 μg/L便能影响白斑狗鱼卵的存活和幼苗的发育。

4. 释放其他有毒有害物质

大型藻的腐烂是一个微生物参与下的分解过程，往往伴随着缺氧、氨氮和硫化氢的出现，同时也会向水体中释放出一些有毒的化合物。水生植物的分解一般分为两个时期，第一个时期是植物死亡体的快速溶解阶段，第二时期是植物组织难溶性的物质与微生物以及胞外酶作用缓慢分解阶段，腐烂分解的过程受到温度、溶氧水平等环境因子的影响。王超（2010）通过浒苔对扇贝和牡蛎受精卵孵化的影响实验发现，腐烂浒苔溢出液能显著抑制栉孔扇贝受精卵的发育，同时发现，浒苔的甲醇和丙酮提取物对太平洋牡蛎受精卵孵化有较强的抑制作用，而氯仿提取物的抑制效应较弱。应用乙酸乙酯和石油醚对浒苔的甲醇提取物进行液-液萃取并作用于牡蛎受精卵孵化实验，表明石油醚相和乙酸乙酯相中的浒苔提取物对牡蛎受精卵孵化均有很强的抑制效应。目前的研究表明，浒苔绿潮消亡腐败会向水体中释放出一些有毒的化合物，但进一步的研究缺乏，特别是浒苔绿潮消亡腐败过程中有毒物质的释放速率、释放量、类别、性质等均有待于深入研究。

（三）白潮

大量暴发的水母进入养殖区，其触手会蜇伤鱼眼而影响鱼类视力，同时会刺激鱼鳃，导致其出血，影响其呼吸系统，进而致其死亡。另外，因被水母蜇伤而引起的鱼类恐慌而导致的机械性伤亡也是水母暴发对养殖鱼类的间接影响之一。据文献报道，1997—1998年挪威西海岸因*Apolemia uvaria*暴发导致600 t大麻哈鱼死亡（Båmstedt et al.，1998）。1996年，苏格兰费因湖因发状霞水母暴发，导致大量大麻哈鱼死亡，经济损失约25万英镑（Purcell，2007）。除鱼类外，水母暴发也会导致大量虾类、蟹类等的死亡。

三、海洋生态灾害对滨海旅游的影响

（一）赤潮

赤潮生物过度繁殖，使水色改变，水质恶化，产生异味甚至有发臭现象，严重影响沿岸海洋景观，尤其是会导致海滨浴场关闭，致使游客无法下水游泳，进而影响近岸海洋旅游业的发展。

（二）绿潮

自2007年起，我国黄海沿海连年暴发浒苔，主要影响范围为山东省青岛、日照、烟台和威海近岸海域。其中，在2008年北京奥运会举办期间，浒苔对青岛奥运会帆船比赛的正常举办造成影响而引发世界关注；2012年6月，浒苔进入烟台海阳海域，严重威胁当时举办的第三届亚洲沙滩运动会；2018年6月，为保障上合组织峰会的顺利举办，两省一市大范围开展了浒苔绿潮的海上打捞工作。黄海海域浒苔暴发时间一般为5月底到7月底，恰为当地滨海旅游旺季。浒苔在沿海一线大规模漂浮和登陆，覆盖沙滩、岩石，污染海水浴场，严重干扰地方旅游活动的开展。大量浒苔漂浮在海面，覆盖沙滩、岩石，并散发难闻甚至恶臭气味，损害滨海景观，严重影响游客在沙滩和前海娱乐活动（图9-8）。另外，大量工人和机械工程车聚集在沙滩连续作业清理，运送浒苔车辆穿梭大街小巷，城市海滨风光的协调性和整体性遭到破坏。

图9-8　海水浴场浒苔堆积情况

（三）白潮

近来，国内外频繁出现大量水母涌入著名海水浴场（图9-9），经常发生水母蜇伤游人事件，造成一些沿海旅游设施关闭，由此给滨海旅游业带来了较大的负面影响和经济损失。2012年，大型水母入侵青岛海水浴场导致每天有数十名游客被蜇伤。2016年和2017年，烟台海水浴场出现大量水母，严重影响游客的旅游体验。

四、海洋生态灾害对沿海工业的影响

（一）赤潮

棕囊藻赤潮是一种严重的有毒有害赤潮，它不仅能分泌溶血性毒素，对水环境和人体健康造成极大的危害，还能够形成黏性胶质囊体黏附鱼类鳃部，造成大量鱼类窒息死亡。此外，大量胶质囊体可能会堵塞核电站的循环水过滤冷却系统，导致核电机组无法及时冷却，严重威胁核电生产安全。2014年，大量棕囊藻囊体涌入防城港核电站取水口，导致F1SEC001/002堵塞，影响热试进展（图9-10）。

图 9-9　2012 年青岛海水浴场遭霞水母偷袭

图 9-10　防城港近岸棕囊藻赤潮

（二）绿潮

大型藻类大量暴发涌入工业设施的取水口，阻碍其冷却用水，严重影响企业的安全运营。位于山东海阳市的海阳核电站已正式运营，但每年的浒苔绿潮严重威胁其冷源安全。

（三）白潮

沿岸核电站、发电站、海水淡化厂等企业多利用海水作为冷却系统，水母大量暴发时会严重堵塞这些设施的海水入水口（图 9-11），从而导致核电站被迫停运或降功率运行，进而对依靠核电站电力供应的相关城市带来巨大的经济损失。世界各地尤其是日本、中国等海域，因海月水母频繁暴发而导致核电站关闭的事件频频见报，如 2009 年和 2016 年位于胶州湾的发电厂遭受水母侵袭而停摆进而影响市区部分供电；2014 年和 2016 年红沿河核电站遭受大量海月水母堵塞 CFI 取水口造成机组停堆。

五、海洋生态灾害对海洋捕捞的影响

绿潮藻类和水母在海洋中的大量暴发，可以严重破坏捕渔业，主要包括堵塞网眼、破坏渔具、蜇伤鱼类、增加拖网阻力、延长捕鱼时间、降低单位渔获量等。据统计，韩国每年因水母暴发而导致的捕捞业损失约 6 800 万~2 亿美元。2003 年沙海蜇在我国黄海和东海海域的大量暴

图 9-11　水母入侵核电站取水口

发直接导致当年小黄鱼（*Pseudosciaena polyactis*）的捕获量降低了 20%。2004 年渤海辽东湾因白色霞水母暴发导致海蜇的捕获量降低 80%，造成经济损失约 7 000 万美元。

六、海洋生态灾害对人体健康的影响

（一）赤潮

有毒有害赤潮能够分泌赤潮生物毒素，当滤食性软体动物和植食性鱼类摄食这些有毒生物时，生物毒素会在其体内不断积累，经食物链的传递作用，由最低营养级逐渐传递到高营养级，使毒素不断积累，当人类食用带有毒素的生物后，会对人类的健康及生命安全造成威胁。目前，在我国近海记录的有毒藻种越来越多，在许多海域检测到了麻痹性贝毒毒素、大田软海绵酸（Okadaic Acid，OA）、鳍藻毒素（Dinophysis Toxins，DTXs）、扇贝毒素（Pectenotoxins，PTXs）、虾夷扇贝毒素（Yessotoxins，YTXs）、氮杂螺环酸类毒素（Azaspiracid，AZA）和环亚胺类毒素（Gymnodimine，GYM 和 Spirolide，SPX）等藻毒素，养殖贝类沾染藻毒素的问题屡见不鲜，因食用染毒贝类导致的中毒事件也时有发生（于仁成等，2016）。2008 年，江苏连云港报道了一起因食用沾染麻痹性贝毒毒素的蛤蜊引起的中毒事件，有 7 人中毒、1 人死亡。2011 年 5 月，在浙江宁波和福建宁德地区超过 200 人因食用贻贝中毒，事后在贻贝中检测到了高含量的大田软海绵酸和鳍藻毒素，样品毒性超出腹泻性贝毒食品安全标准 40 多倍。2016 年 4 月底，在秦皇岛地区发生了一起因食用贻贝导致的中毒事件，导致多人中毒，检测结果表明贻贝中麻痹性贝毒毒素含量远超贝类食用安全标准。赤潮灾害来袭，其分泌毒素对经济动物造成污染，从而引发公共卫生事件或其他群体事件，冲击社会秩序，给周边地区的经济发展和社会稳定带来不利影响。

（二）白潮

多数水母体内有刺细胞，刺细胞产生的毒素可使人皮肤红肿、起水泡，严重时会导致皮肤坏死，甚至心脏以及神经系统中毒（图 9-12）。其中，细斑指水母（*Chironex fleckeri*）、方指水母（*Chiropsalmus quadrigatus*）、僧帽水母（*Physalia physalis*）、沙海蜇等的毒性最大，中毒严重时可致人死亡（Fenner，1998）。水母蜇伤人类的事件在沿岸海域经常发生，每年大约有 1.5 亿起（Boulware，2006）。在某些严重的海域，每天可达 400 起（Thomas et al.，2001）。据不完全统计，我国自 20 世纪 80 年代以来，水母蜇伤人类的事件就有 2 000 余起，其中造成人员死亡的就有十余例（Dong et al.，2010）。因此，水母大量暴发时可对沿岸游泳人员及捕鱼人员的健康产生重大威胁。

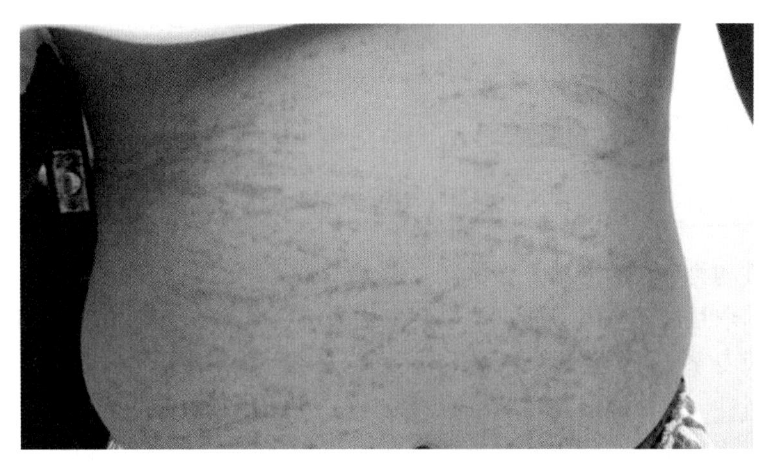

图 9-12　水母蜇伤情况

第二节　损失调查评估的基本原则和工作程序

一、基本原则

海洋生态灾害的损失调查评估分为调查与评估两个部分，调查本质上是数据获取，而评估则是数据展现之前的处理过程。海洋生态灾害的调查评估与自然灾害基本相同，均是社会化行为，其基础数据来自社会对于灾害后果的反馈，同样调查评估的结果也应用于推动社会的发展与进步。因此，为了保障海洋生态灾害调查评估的质量，使调查评估结果准确、及时、全面地服务于社会，遵循原则应该是在从事该项工作之前必须予以说明的。

（一）全面性

海洋生态灾害损失评估的指标尽可能反映灾害影响的各个方面，如社会经济和海洋生态环境等。一般而言，海洋生态灾害影响涉及沿海地区的社会经济，包括水产养殖业、沿海工业、交通运输、滨海旅游以及沿海居民生产生活状况等多个方面。其中水产养殖又涉及海水养殖、捕捞以及海产品的加工销售等多个类型，而海水养殖涵盖池塘、底播、筏式、网箱、工厂化以及新兴的人工鱼礁、海洋牧场等多种方式。滨海旅游包含交通、餐饮、住宿、娱乐多个方面。海洋生态环境是海洋生态灾害的直接承灾体，海洋生态环境的改变引发海洋生态灾害，海洋生态灾害又反过来改变海洋生态环境。海洋生态灾害不仅影响海洋中的环境要素（pH 值、营养盐、溶解氧、透明度等），还会引发生物群落的剧烈变动，减少生物多样性（浮游、底栖的动植物）。因此，在调查过程中全面考虑各方面各类型指标是科学评估的前提。

（二）准确性

在统计学上，准确性也叫准确度，指在试验或调查中某一试验指标或性状的观测值与其真值的接近程度。海洋生态灾害调查评估的准确性则要求调查获取的灾害基础数据与灾害评估结果尽可能准确地反应灾害损失情况，需要采用科学先进和可操作性强的技术手段，全面涵盖海洋生态灾害可能影响的方面，为政府部门在海洋生态灾害发生后及时掌握灾情正确做出防灾减灾决策，公平公正反应相关企业和承灾主体的损失情况。

（三）科学性

20 世纪 70 年代以来，我国海洋生态灾害研究在相关海洋生态灾害的发生机制、危害机理、监测技术和防控对策等方面取得了一系列研究成果，然而关于灾后损失评估的研究则相对较少，尤其是对社会经济的影响。损失评估需将海洋生态灾害危害机理、影响机制以及生态效应的最新研究成果纳入进来，反映在评估指标上，注重前沿研究中的定量关系，作为评估模型构建的依据。

（四）可操作性

在保证全面性和科学性的前提下，海洋生态灾害调查评估需要考虑可操作性。首先，调查评估指标要易于获取且能反应灾害的主要影响。优先选择文献资料和常规监测能够获取、现场调查能够了解以及专家认可的指标。充分利用卫星遥感、无人机、无人船等新工具和新技术提高现场调查的可行性。评估模型宜利用已有研究中成熟的定量关系，注重复杂数学关系向简单线性关系的转化。逐步完善海洋生态灾害调查评估指标方法的标准化，以标准、规范、易行的原则推动开展调查评估工作，并根据实际应用情况进行修改完善，逐步提高可操作性。

一、工作程序

海洋生态灾害损失调查评估的工作程序，首先要进行灾前准备，然后前往灾害现场开展调查获取数据，接着进行数据统计分析和分类计算，最后编制成果和归档。

（一）前期准备

1. 调查方案制定

充分收集调查区域承灾体分布信息及当地人口、经济状况等与现场调查工作相关的文字资料和数据资料，确定调查区域、调查内容、调查路线、技术方法和人员组成。

2. 装备和设备的准备

清点检查现场调查工作需要的仪器、设备，应视灾害影响情况考虑无人机、无人艇、海上调查船只等的使用。

3. 人员准备

现场调查工作开展时应及时成立现场调查队伍，按专业进行合理分工，并视具体调查工作任务配备相应的现场调查专业技术装备。调查人员应具有扎实的专业基础与较丰富的现场调查经验。

（二）现场调查

海洋生态灾害调查的基本要素包括灾害发生发展的基本情况、环境要素以及承灾体受影响的情况。其中，海洋生态灾害的基本情况包括位置、持续时间、发生过程、主要优势种、丰度以及其特点等；环境要素主要是指灾害发生前后的温、盐、流、营养盐以及生物群落组成等；承灾体受影响情况主要包含海洋生态灾害影响区域内的承灾体类型、数量、分布以及损害程度等。

（三）损失评估

按灾害的基本情况、环境要素以及承灾体受影响情况进行数据分类，按照调查数据的质控要求，核查数据的合理性和有效性。筛选有效的指标数据，利用统计学方法进行处理，加载评估计算模型，获取损失结果。

（四）图件与报告编制

将数据结果制作成图，图件应包括调查数据采集点位图、调查路线图、承灾体损坏分布图、灾害影响范围图等，所编制图件应科学、准确、直观地反映现场调查工作情况。按照规定格式对灾害调查准备情况、现场工作情况、调查成果情况及灾后影响情况以及评估结果进行总结，形成书面报告。

（五）成果归档

对整个灾害现场调查获取的各类资料进行分类整理并归档。

第三节　海洋生态灾害损失调查评估

海洋生态灾害损失调查评估的目的是获取可靠的、可量化的指标数据，运用科学的损失评估理论与方法，将承灾体的损失情况进行量化展示。海洋生态灾害损失调查与评估工作分为调查、评估和报告编制 3 个阶段。

一、灾情调查

（一）赤潮

为获取赤潮灾害评估时所需的基础灾害指标，开展赤潮发生情况调查，包括发现时间、发生的位置（经纬度）、邻近海域主要的承灾体类型、赤潮生物种（是否有毒）、密度、面积、水色、赤潮区表层水体优势种、海面漂浮特征、消退时间以及其发生过程和相关受灾过程的描述。

（二）绿潮

获取绿潮灾害评估时所需的基础灾害指标，包括发现时间、位置（具体海域名称）、分布面积、覆盖面积、最大生物量、邻近海域承灾体类型和消亡时间等。

二、承灾体受损情况调查

（一）海水养殖业损失调查

1. 赤潮灾害

赤潮造成的海水养殖业损失是指养殖物种产量或质量下降所带来的经济损失，可采用入户调查法。入户调查法属于抽样调查统计法，是指按随机原则从总体中抽取一部分单位进行调查，根据样本资料计算样本的特征值，然后以样本的特征值，对总体的特征值做出可靠性的估计和判断，来反映总体的数量特征的一种统计方法。

入户调查通过向养殖户发放调查问卷及开展实地核查的方式进行赤潮灾害对海水养殖业损失的调查，问卷发放和实地核查要求见表 9-1。在进行问卷调查的养殖户中随机抽取不少于 30% 的养殖户进行实地核查，核查养殖户的取样应符合均匀分布的原则。具体指标包括赤潮发生期的养殖种类、养殖规格、养殖方式、单位面积养殖（数）量、受灾面积、成本（出售）价格、死亡量以及死亡率和赤潮发生后养殖生物停售（养殖场关闭）期的单位面积养殖量、受灾面积、死亡量、停售（关闭）期间死亡率。另外，还需调查统计海水养殖生产设施经济损失、维护费用和人力成本等。

表 9-1　调查问卷发放数量与核查数量对照

养殖户数	发放问卷数	核查户数
≤3	逐户发放	全部
3~8	≥3	3
9~15	≥5	5
16~25	≥8	8
26~50	≥13	9
51~90	≥20	10
91~150	≥32	11
151~280	≥50	15
281~500	≥80	24
501~1 200	≥125	38
1 201~3 200	≥200	60
3 201~10 000	≥315	95
10 001~35 000	≥500	150
35 001~150 000	≥800	240
150 001~500 000	≥1 250	375
≥500 001	≥2 000	600

2. 绿潮灾害

浒苔绿潮涉及的承灾体与赤潮基本类似，海水养殖业损失调查所采用的方法与赤潮相似，均采用入户调查法进行调查。但由于浒苔绿潮对海水养殖业的致灾机理与赤潮略有不同，因此具体调查指标也略有差异，包括养殖品种、养殖规格、养殖方式、单位面积养殖（量）、背景值、平均批发价格、年度收获率的平均值、损失率、清理和维护费用、经济损失以及其他损失等。

（二）滨海旅游业损失调查

滨海旅游业是指在一定社会经济条件下，以海洋为依托，以海水、阳光、沙滩为主要内容，为满足人们精神和物质需求而进行的游览、娱乐、体育和疗养活动所产生的现象和关系的总和，包括沿海地区的城市建设、商务活动等与滨海旅游活动相关的食、住、行、游、购、娱等诸要素所形成的滨海旅游产业。滨海旅游业损失调查通过发放现场问卷、网络问卷及调研当地旅游主管部门的方式。赤潮对滨海旅游业的损失调查采用景点和浴场关闭法。浴场关闭法的具体指标包括关闭景点名称、景点关闭天数、景点日均游客量、景点门派价格、关闭浴场名称、浴场关闭天数以及浴场日均利润。绿潮对滨海旅游业的损失调查主要采用旅行费用法。旅行费用法的具体指标包括游客出发地、出游方式及相关花费、出游时间、滨海旅游娱乐项目、对赤潮的认识、赤潮对游客旅游的影响、是否会提前结束行程等，另外需要统计调查游客的性别、年龄、职业、文化程度和年均总收入。

（三）人体健康影响调查

通过现场调研、走访座谈、问卷调查等形式开展赤潮灾害对人体健康影响调查。赤潮灾害导致的人体健康影响包括：中毒人数、中毒程度和死亡人数等可通过调查获得的参数。

确认人体健康损害是否由赤潮灾害引起的，应满足以下条件：①赤潮灾害与人体健康损害存在严格的时间先后顺序，即赤潮灾害发生在前，个体症状或体征发生在后；②个人经呼吸道、消化道或皮肤接触等途径直接或间接接触赤潮毒素；③人体表现出与赤潮毒素相关的特异性症状，排除其他因素所致的相似症状；④由专业医疗或鉴定机构出具的鉴定或诊断意见。

浒苔绿潮不产生藻毒素，因此浒苔绿潮承灾体受损调查不再考虑对人体健康的影响。

（四）工业取排水损失调查

统计信息报送是指对海洋生态灾害损失信息进行采集、整理、审核、上报。信息采集可以采用统计指标、调查表、调查问卷等形式，整理审核后可通过计算机网络系统、传真等多种方式进行报送。对于重大海洋生态灾害，该方法能够及时快速地反应整体海洋生态灾害损失情况。

工业取排水损失指赤潮或浒苔绿潮大规模生长，进入工业取排水管，影响设备运行，需进行清理、维修甚至造成工厂停工等损失，通过问卷调查或工厂报送评估损失情况，调查报送指标包括工厂名称、停工天数、日均利润和维修费等。

（五）海上交通业损失调查

海上交通基本不受赤潮事件的影响，其损失指因受绿潮影响，造成船只改变航线、螺旋桨损坏等损失。损失调查通过调研当地海事主管部门的方式开展海上交通损失调查，包括船舶编号、绕行里程、日油耗量、油价和维修费用等。

（六）灾害应急管理费用调查

赤潮和绿潮应急管理费用调查通过调研和报送的形式获取当地监测与应急主管部门在海洋灾害应急管理费用的投入，具体包括监测费用、分析预测费用、应急处置费用、损失评估费用等。

（七）海洋生态环境影响调查

海洋生态影响是指，在海岸带和海域范围所包含的生物体及其所依托的自然环境，因赤潮、绿潮等海洋生态灾害而发生负面生态影响。

海洋生态状况调查主要包括海洋水文、海洋水质、海洋生物及其他方面。选取的调查内容应满足损害评估工作的要求，根据海洋生态灾害性质和海域的生态特征，重点进行生态影响的特征参数调查，同时，搜集该海域前期的生态数据资料，并进行分析整理。

调查内容包括以下要素。

——海洋水文：选择水温、盐度、海流、波浪、潮流、潮汐、水色、透明度等全部或部分内容，按国家标准相关规程的要求测量。

——海洋水质：选取与赤潮灾害有关的特征污染物和次生污染物，同时选取 pH 值、化学需氧量（COD）、溶解氧、营养盐（指无机氮、活性磷酸盐、总氮（TN）、总磷（TP））、大肠菌群、粪大肠菌群、病原体等全部或部分内容。可采取国内外成熟方法测定。

——海洋生物：叶绿素 *a*、初级生产力、微生物、浮游植物、浮游动物、大型底栖生物、潮间带生物、游泳生物以及珍稀濒危生物和国家重点保护动植物等全部或部分内容，按相关标准的要求测定。若上述要素没有现行标准的，可采取国内外成熟方法测定，并在调查报告中注明。

三、损失评估

（一）我国海洋生态灾害损失评估研究历程

改革开放以来，国内学者针对各类海洋生态灾害开展了大量研究，在海洋生态灾害的产生原因、分布特点及其影响等方面取得了丰硕的研究成果。其中，针对赤潮灾害的生态学研究和社会经济影响研究开展较早，也较为完备。而针对其他海洋生态灾害社会经济影响评估方法的研究到目前为止仍相对缺乏。

赵冬至等（2000）对赤潮灾害的经济损失进行了研究，并将赤潮经济损失分为赤潮处理费用、渔业经济损失、养殖业经济损失、旅游业经济损失、人体损害经济损失和人口经济损失 6 类。佟蒙蒙（2006）和温艳萍、崔茂中（2011）等将赤潮灾害的经济损失归纳为以下 4 类：海产养殖及捕捞业经济损失、人口经济损失、旅游业经济损失和海洋生态破坏经济损失。王初升等（2011）采纳国外研究的分类标准，将赤潮灾害损失分为直接经济损失和间接经济损失，其中直接经济损失主要包括渔业、水产养殖、滨海旅游、健康损害等，间接经济损失主要包括生态系统功能损害、物种多样性降低或物种灭绝、遗传多样性丧失以及资源恢复费用等。文世勇等（2015）参考赤潮灾害对承灾体的危害特点，基于实际中可获取的调查数据，提出了赤潮灾害经济损失评估指标体系；分别建立了包括海水养殖业经济损失、滨海旅游业经济损失、赤潮灾害业务与应急监测费用和赤潮灾害处置费用的赤潮灾害经济损失评估模型。

罗民波和刘峰（2015）提出浒苔暴发给中国沿海地区的水产养殖业、旅游业、居民生活等带来了诸多负面影响，造成了严重的环境灾害。吉启轩等（2015）对江苏海域浒苔暴发的阶段性和空间分布特点进行了分析，从海洋生态系统的角度阐述了其对渔业经济生产、景区美学价值、滨海旅游业、海洋动植物及人类健康的影响。刘佳等（2017）则是通过分析青岛市沿岸海水浴场浒苔灾害的时空分布特征与形成机理，提出浒苔灾害对滨海旅游业带来的负面影响，主要包括破坏滨海旅游景观，降低旅游体验质量等。但是上述学者的研究仅限于浒苔带来的社会经济影响的概念探讨，并没有计算出具体损失评估模型与损失值。雷亮和李京梅（2016）首次对浒苔灾害造成海域休闲娱乐功能的损害进行量化评估，采用支付卡式条件估值法调查了游客对浒苔灾害治理的平均支付意愿，间接估算出2015年浒苔对胶州湾海洋旅游资源总经济价值的损害成本。

（二）海水养殖业损失评估

1. 赤潮

1）研究现状与评估案例

1972年美国新英格兰东北部发生赤潮事件，Jensen（1975）研究得出了此次赤潮事件导致贝类养殖场停业造成的总经济损失，此次赤潮事件的负面宣传还对纽约和阿拉斯加地区贝类产业造成了影响。1980年美国加利福尼亚州含有麻痹性贝毒（PSP）的赤潮暴发导致加利福尼亚州牡蛎生产市场几乎100%关闭，在加利福尼亚州销售海产品的俄勒冈州和华盛顿州生产者市场损失了约25%，造成了上述3个州和阿拉斯加州贝类养殖者和捕捞者的巨大经济损失。1987年美国北卡罗来纳州赤潮事件发生的第一周，对渔业企业的损失估计就超过了300万美元。Kahn（1988）利用概念模型评估了褐潮（Brown Tide）带来的美国纽约州海湾扇贝养殖业年度损害成本。Diaby（1996）估计了1995年由于费氏藻（*Pfiesteria piscicida*）暴发引起的美国北卡罗来纳州纽斯河封闭对当地商业捕鱼业的经济产出损失，研究发现费氏藻暴发对海鲜产品的捕捞量没有明显的影响，主要的影响体现在海鲜经销商层面，费氏藻暴发前海鲜产品的采购量为73%，但是费氏藻暴发后采购量下降到43%。Whitehead等（2003）还使用意愿调查法（CVM）研究了费氏藻对消费者风险认知、海产品需求和支付愿意等的影响，获取了受访者愿意为强制性海鲜检查计划支付的费用以及该区域居民合计支付费用。Parsons等（2006）研究结果显示，费氏藻造成的鱼类死亡现象对海鲜的需求有显著的负面影响。Jin等（2008）评估了2005年塔玛亚历山大藻暴发对缅因州和马萨诸塞州商业贝类产业的经济影响，保守估算了此次藻华现象对贝类产业造成的经济损失。美国德克萨斯州卡尔霍恩县2011—2012期间由于HABs暴发关闭了当地的渔业捕捞区，Cummins（2012）计算了因此导致的牡蛎工业潜在经济损失，主要包括渔船以及船员收入的减少（表9-2）。

表 9-2　国外海洋生态灾害损害评估主要研究成果

评估对象	评估区域	评估内容	评估结果	评估方法
有害藻华（HABs）	美国沿海	总经济影响	4 900 万美元	意愿调查法（CVM）
有害藻华（HABs）	美国沿海	总经济影响	5 000 万美元左右	疾病成本法
有害藻华（HABs）	美国沿海	商业渔业影响 公共卫生费用 娱乐和旅游影响 监控和管理影响	3 800 万美元/a； 3 700 万美元/a； 400 万美元/a； 300 万美元/a	生产率变动法 疾病成本法 意愿调查法（CVM）
有害藻华（HABs）	美国佛罗里达州西北部的沃尔顿海滩和德斯坦地区	滨海旅游业影响	餐饮：280 万美元 住宿：370 万美元	旅行费用法
有害藻华（HABs）	美国德克萨斯州波森金登湖	滨海旅游业影响	2001 年：9 658 美元 2003 年：22 318 美元	旅行费用法
有害藻华（HABs）	美国德克萨斯州卡尔霍恩县	牡蛎工业	每艘船 8 515.67 美元 每位船长 8 515.67 美元 每位水手 5 677.11 美元	人力资本法
有害藻华（HABs）	美国华盛顿州格雷斯港和太平洋县	休闲渔业	2 040 万美元/a	旅行费用法
有害藻华（HABs）	美国伊利湖	渔业损失	225 万～558 万美元/a	生产率变动法
有害藻华（HABs）	亚太地区	总经济损失监测费用	100 万美元/次 5 万美元/a	防护支出法
有害藻华（HABs）	荷兰北部海岸线著名的海滩度假胜地 Zandvoort	总经济损失	2.25 亿欧元（约 3.02 亿美元）	旅行费用法 条件价值评估方法
有害藻华（HABs）	保加利亚瓦尔纳湾	总经济损失	藻华高能见度：17 欧元 藻华中能见度：10.75 欧元 藻华低能见度：4.6 欧元	意愿调查法（CVM）
赤潮（Red Tide）	新英格兰东北部	贝壳养殖场停业	100 万美元/a	/

续表

评估对象	评估区域	评估内容	评估结果	评估方法
赤潮（Red Tide）	美国北卡罗来纳州	渔业小型企业汽车旅馆和餐饮业	87 000 美元/周 174 000 美元/周	意愿调查法（CVM）
赤潮（Red Tide）	美国佛罗里达州	总经济损失滨海旅游业 商业捕鱼业以及酒店服务业	2 000 万美元/次 1 850 万美元/次 150 万美元/次	旅行费用法 意愿调查法（CVM）
赤潮（Red Tide）	佛罗里达州的沃尔顿堡和 德斯廷西北部社区	餐饮住宿部门的经济影响	餐馆 280 万美元 住宿设施 370 万美元	直接市场法
赤潮（Red Tide）	美国佛罗里达州	海滩清理活动的费用	11 114~25 万美元	防护支出法
赤潮（Red Tide）	美国佛罗里达州	总经济损失	预防 1 430 万美元/a 控制 3 050 万美元/a 缓解 1 340 万美元/a	意愿调查法
赤潮（Red Tide）	美国佛罗里达州萨拉索塔县	海滩救生员旷工资本化成本	10 万美元/a	人力资本法
赤潮（Red Tide）	阿拉斯加	贝类产业	5 000 万美元/a	/
赤潮（Red Tide）	缅因州	贝类产业	700 万美元/a	防护支出法
赤潮（Red Tide）	华盛顿州	渔业损失	1 500 万~2 000 万美元/a	生产率变动法
赤潮（Red Tide）	加拿大	医疗费用、生产力成本	397 万美元/a	疾病成本法 人力资本法
绿潮（Green Tide，Macroalgal，green algae）	法国	打捞费用	7.5~120 英镑/t	防护支出法
绿潮（Green Tide，Macroalgal，green algae）	澳大利亚的 Peel Inlet 地区	打捞费用	230 000 澳元/a	防护支出法
绿潮（Green Tide，Macroalgal，green algae）	法国 Brittany 地区的 Saint-Brieuc 和 Lannion 海湾	打捞费用	1972 年：67 万法郎 1986 年：100 万法郎 1987 年：160 万法郎 1991 年：320 万法郎 1992 年：360 万法郎	防护支出法

续表

评估对象	评估区域	评估内容	评估结果	评估方法
费氏藻（*Pfiesteria piscicida*）	美国北卡罗来纳州纽斯河	商业捕鱼业	采购量由73%下降到43%	生产率变动法
费氏藻（*Pfiesteria piscicida*）	美国马里兰州切萨皮克湾	休闲渔业	430万美元/a	生产率变动法
费氏藻（*Pfiesteria piscicida*）	美国特拉华州、马里兰州、北卡罗来纳州和弗吉尼亚州	总经济损失	19.1亿美元/a	意愿调查法（CVM）
费氏藻（*Pfiesteria piscicida*）	大西洋中部地区	商业捕鱼业	0.5亿~1.3亿美元/月	意愿调查法（CVM）
短凯伦藻（*Karenia brevis*）	佛罗里达州	滨海餐饮行业	868~3 734美元/d	旅行费用法
短凯伦藻（*Karenia brevis*）	美国佛罗里达州萨拉托加地区	公众健康	2万~13万美元/a	疾病成本法
亚历山大藻（*Alexandrium tamarense*）	美国缅因州和马萨诸塞州	商业贝类产业	缅因州240万美元/a 马萨诸塞州1 800万美元/a	生产率变动法
Didymosphenia geminata	新西兰地区	休闲渔业	休闲渔业成本增加， 没有计算具体损失值	意愿调查法（CVM）
褐潮（Brown Tide）	美国纽约州	海湾扇贝养殖业	200万美元/a	意愿调查法（CVM）

2）损失评估方法

赤潮发生时期，赤潮藻类的大量繁殖会消耗水体中的溶解氧，养殖物种会因缺氧而死亡，导致养殖产量降低，给养殖户带来经济损失。此外，有毒赤潮还会使贝类因体内毒素超标而停售（或关闭养殖场），使得养殖时间相应延长，贝类死亡率增加，贝类养殖产量降低而带来损失。

（1）无毒赤潮对海水养殖业的损失评估

无毒赤潮对养殖户造成的损失主要指赤潮发生期间养殖物种因缺氧或赤潮毒素引起死亡导致养殖产量下降所带来的直接经济损失，可按式（9-1）或式（9-2）计算，式（9-1）适用于达商品销售规格以上的受损对象，式（9-2）适用于尚处幼苗生长期的受损对象。

在计算每个受调查养殖户遭受损失的基础上，根据设定抽样调查概率进行统计汇总无毒赤潮对当地受灾区域海水养殖业造成的损失。

$$E_1 = \sum_{i=1}^{n} [C_i \cdot A_i \cdot P_i \cdot (D_i - N_i)] + Q + W = \sum_{i=1}^{n} (S_i \cdot P_i) + Q + W \qquad (9-1)$$

式中：E_1 为养殖户经济损失（元）；C_i 为受灾区该养殖户第 i 种养殖物种的单位面积养殖量（kg/km^2）；A_i 为第 i 种养殖物种的受灾面积（km^2）；D_i 为受灾区第 i 种养殖生物在赤潮发生期间的死亡率（%）；N_i 为受灾区第 i 种养殖生物在非赤潮发生期间的背景死亡率（%）；P_i 为第 i 种养殖生物出售的平均市场价格（元/kg）；S_i 为受灾区第 i 种养殖生物在赤潮发生期间的死亡量（kg）；Q 为因赤潮灾害造成的生产设施经济损失（元）；W 为养殖场因赤潮灾害影响产生的维护费用（元）。

$$E_2 = \sum_{i=1}^{n} [(J_i \cdot A_i \cdot P_i + R_i) \cdot (D_i - N_i)] + Q + W + X \qquad (9-2)$$

式中：E_2 为养殖户经济损失（元）；J_i 为受灾区该养殖户第 i 种养殖生物的单位面积养殖幼苗数（万尾/km^2）；A_i 为第 i 种养殖生物的受灾面积（km^2）；D_i 为受灾区第 i 种养殖生物在赤潮发生期间的死亡率（%）；N_i 为受灾区第 i 种养殖生物在非赤潮灾害发生期间的背景死亡率（%）；P_i 为第 i 种养殖生物的成本价格（元/万尾）；R_i 为第 i 种养殖生物饲料总投入费用（元）；S_i 为受灾区第 i 种养殖生物在赤潮发生期间的死亡数（万尾）；Q 为因赤潮灾害造成的生产设施经济损失（元）；W 为养殖场因赤潮灾害影响产生的维护费用（元）；X 为因赤潮灾害造成的人力成本损失（元）。

当式（9-1）和式（9-2）中 D_i 不能通过问卷直接获得时，可通过调查问卷获得的死亡量与总养殖量的比值计算，公式为：

$$D_i = \frac{S_i}{C_i \cdot A_i}$$

（2）有毒赤潮对海水养殖业的损失评估

有毒赤潮对养殖户造成的经济损失主要包括两方面：一是有毒赤潮发生时养殖物种因缺氧死亡带来的经济损失；二是赤潮结束后养殖生物因体内毒素超标而被迫停售（或养殖场暂时关闭），导致养殖时间相应延长，死亡率上升所带来的经济损失。赤潮发生时期，有毒赤潮对养殖户造成的损失计算方法同无毒赤潮。赤潮结束后养殖生物停售（或养殖场暂时关闭）期间，有毒赤潮对养殖户造成的损失按式（9-3）计算。有毒赤潮造成户养殖业的总经济损失按式（9-4）计算。

在计算每个受调查养殖户遭受损失的基础上，根据设定抽样调查概率进行统计汇总有毒赤潮对当地受灾区域海水养殖业造成的损失。

$$E_3 = \sum_{i=1}^{n} (C_{ci} \cdot A_{ci} \cdot D_{ci} \cdot P_i) = \sum_{i=1}^{n} (S_{ci} \cdot P_i) \quad (9\text{-}3)$$

式中：E_3 为养殖户经济损失（元）；C_{ci}为关闭养殖场内的第 i 种贝类单位面积养殖量（kg/km²）；A_{ci}为关闭养殖场内的第 i 种贝类的受灾面积（km²）；D_{ci}为第 i 种贝类在停售（或养殖场关闭）期间的死亡率（%）；P_i 为第 i 种养殖生物出售的市场价格（元/kg）；S_{ci}为第 i 种养殖生物在停售（或关闭养殖场）期间的死亡量（kg）。

$$E_4 = E_1(\text{或}E_2) + E_3 \quad (9\text{-}4)$$

式中：E_4 为养殖户经济损失（元）。

2. 绿潮

1）研究现状与评估案例

20 世纪 70 年代初，法国布列塔尼沿海首先发生大规模绿潮，之后绿潮发生范围遍及欧洲、美洲和亚洲多个沿海国家，尤其是在中低纬度半封闭型海湾区域。但是全面开展绿潮的经济损害评估的文献较少，目前国外对于绿潮大型藻类造成的社会经济影响评估主要是计算打捞清理费用，以说明绿潮的经济损害成本。20 世纪 80 年代至 90 年代中期，法国 Brittany 地区都要花费大量费用来打捞清理海滩上的藻类。在澳大利亚的 Peel Inlet 地区，政府每年也需要花费清理大型藻类，其中有 90%的钱是用于清理沙滩上的藻类（表 9-2）。

2）损失评估方法

指标模型评估法是基于历史数据通过计算机构建损失量与各项指标的相关性模型的一种方法，构建过程分为原型设计阶段与应用阶段，其能快速有效地对海洋生态灾害造成的损失进行有效评估，并同时得出评估可靠性的判断。在海洋生态灾害发生后，通过对海洋生态灾害造成影响的各类指标和海洋生态灾害所造成的损失量进行相关分析，建立数据模型。将新发生海洋生态灾害指标输入已构建的模型中，得出本次海洋生态灾害所造成的损失量。主要模型评估方法有混淆矩阵法、提升图法（洛伦兹图法）、基尼系数法、ks 曲线法和 roc 曲线法等。

浒苔绿潮造成海水养殖业损失评估采用指标模型法。海水养殖业损失随年度浒苔绿潮的规模和持续时间不同变化，因此需要引入年度浒苔绿潮的综合灾情指数这个概念。年度浒苔绿潮综合灾情指数是某一区域内浒苔绿潮最大覆盖面积归一化指数和浒苔绿潮持续时间归一化指数的乘积，其中，浒苔绿潮最大覆盖面积归一化指数按式（9-5）计算；浒苔绿潮持续时间归一化指数按式（9-6）计算。根据年度浒苔绿潮综合灾情指数计算不同养殖方式的损失率（表 9-3）

$$\text{覆盖面积归一化指数 } C = (AC-0)/M \quad (9\text{-}5)$$

$$\text{持续时间归一化指数 } T = (AT-7)/120-7 \quad (9\text{-}6)$$

式中：AC 为年度浒苔绿潮最大覆盖面积；AT 为年度浒苔绿潮持续时间；M 为研究区域内 20 m 等深线以浅海域面积。

表 9-3　不同养殖方式损失率计算公式

养殖方式	损失率
池塘养殖	Yc=1-2. 15×0. 003X
滩涂底播养殖	Yd=4X-0. 4，0< X <0. 35 Yd=1，X >0. 35
筏式养殖	Yf=0. 2log（X）+0. 2
网箱养殖	Yw=T/3×（人工费+船费+其他）×8×网箱总数

注：X 为综合灾情指数，范围 0~1；T 为年度浒苔绿潮持续时间

浒苔绿潮对海水养殖业损失按照式（9-7）或式（9-8）计算。

在计算每个受调查养殖户遭受损失的基础上，根据设定抽样调查概率进行统计汇总绿潮对当地受灾区域海水养殖业造成的损失。

$$Z_i = Y_i \sum_{j=1}^{n} [C_j \cdot P_{ij} \cdot (A_j - B_j)] + Q \tag{9-7}$$

式中：Z_i为浒苔绿潮影响区域内第 i 种养殖方式的经济损失（元）；i 分别表示池塘养殖、底播养殖、筏式养殖；Y_i为浒苔绿潮影响区域内第 i 种养殖方式的损失率（%）；C_j为浒苔绿潮影响区域内第 i 种养殖方式下第 j 种养殖生物的养殖面积（亩）；A_j为浒苔绿潮影响区域内第 i 种养殖方式下第 j 种养殖生物的背景值（kg/亩）；B_j为浒苔绿潮影响区域内第 i 种养殖方式下第 j 种养殖生物的年度收获率的平均值（kg/亩）；P_j为本年度第 i 种养殖生物当地养殖企业的平均批发价格（元/kg）；Q 为养殖区（池塘、滩涂底播、筏式、网箱）浒苔绿潮的清理和维护产生费用（元）。

$$Z = \sum_{i=1}^{n} Z_i \tag{9-8}$$

式中：Z 为浒苔绿潮影响区域内总的海水养殖经济损失（元）。

（三）滨海旅游业损失评估

1. 研究现状与评估案例

Lipton（1998）评估了费氏藻暴发对美国马里兰州切萨皮克湾休闲渔业造成的影响，费氏藻暴发导致 1997 年的休闲钓鱼旅行次数与 1990—1996 年的平均旅行次数相比减少了 2.8 万次。Stephen 等将新西兰地区 *Didymosphenia geminata* 藻对当地休闲渔业非市场价值的影响进行了评估。Stephen 利用建立的等级模型，根据垂钓者偏好程度的不同将垂钓者划分为 5 个不同的等级，该藻类出现时，对垂钓有最大偏好的垂钓者而言并没有明显影响，但是对其他 4 类垂钓者而言，将产生明显的负面影响，*Didymosphenia geminata* 藻的出现会使得休闲渔业成本增加，但由于数据难以获取并没有计算具体损失值。Larkin 等（2007）使用独立时间序列模型估计了 1995—1999 年美国佛罗里达州西北部的沃尔顿海滩和德斯坦地区 HABs 对沿海滨海旅游相关企业的影响，在 HABs 暴发期间，该区域滨海旅游业的餐饮和住宿收入相应减少，平均每月收入下降了 29%~35%。Morgan 等（2008）为了解佛罗里达州西南部由于短凯伦藻（*Karenia brevis*）的暴发而可能对滨海餐饮行业造成的货币损失，从 3 个海滨餐厅获得了 7 年的日常专有数据，并辅以来自附近气象站的环境数据，利用统计性接触—反应模型计算得到，当赤潮情况出现时销售幅度均减少 13.7%~15.3%。Oh 和 Ditton（2008）使用旅行费用法估计 2001 年和 2003 年发生在美国德克萨斯州波森金登湖的一系列 HABs 事件对当地经济的影响。研究主要针对事件造成的当地休闲渔业经济产出损失和波森金登湖游客减少量。波森金登湖周边特许经营商在 2001 年和 2003 年的销售额也有所下降。Dyson 等（2010）也使用旅行费用法研究 2008 年美国华盛顿州格雷斯港和太平洋县 HABs 对休闲渔业的经济影响。结果表明，HABs 暴发导致 Mocrocks，Copalis，Twin Harbours 和 Long Beach 4 个沙滩全年关闭，造成当地休闲渔业的经济损失约为 2 040 万美元。此外，预测了牡蛎生产停业将影响工人的劳动力收入。Wolf 等（2017）利用计量回归模型计算了 2011—2014 年美国伊利湖 HABs 对休闲渔业娱乐价值（recreation）的经济损害，主要包含休闲渔业经济损失和捕捞许可证的减少（表 9-2）。

2. 损失评估方法

1）景点和浴场关闭法

滨海旅游业损失按照式（9-9）计算，根据各浴场公布浴场关闭天数和景点关闭天数，统计汇总当地旅游业损失。

$$F=\sum_{i=1}^{n}U_i\cdot X_i\cdot Y_i+\sum_{i=1}^{n}G_i\cdot P_i \tag{9-9}$$

式中：F 为滨海旅游业损失（元）；U_i 为第 i 个景点因赤潮影响导致关闭的天数（d）；X_i 为第 i 个景点在赤潮灾害发生期间日均游客人数（人）；Y_i 为第 i 个景点在关闭期间门票单价（元/人）；G_i 为第 i 个浴场因赤潮影响导致关闭的天数（d）；P_i 为第 i 个浴场在赤潮灾害发生期间日均利润（元）。

2）问卷调查法

基于滨海旅游资源的公共物品属性，绿潮对滨海旅游业的影响可分为直接经济损失和间接经济损失，采用旅行费用法（Travel Cost Model，TCM）量化评估绿潮对滨海旅游业损失成本。

首先，基于问卷调查数据，建立游憩需求曲线，求出各客源地消费者剩余，计算公式如下：

$$CS_i=\int_{0}^{P(m)}f(x)\,\mathrm{d}x \tag{9-10}$$

式中：CS_i为第 i 个出游小区的消费者剩余；P（m）为旅游率为 0 时的最大旅行费用；f（x）为旅游率。

其次，基于游客旅行花费和旅游人数的变动评估绿潮对旅游业的影响，计算公式为：

$$\Delta TV=\sum_{i=1}^{n}\Delta TC_i+\sum_{i=1}^{n}\frac{CS_i+\sum_{i=1}^{n}TC_i}{N_i}\times\Delta N_i \tag{9-11}$$

式中：ΔTV 为旅游价值变化量；TC_i 为第 i 个出游小区的旅行费用；ΔTC_i 为第 i 个出游小区的旅行费用的变化；n 为出游小区的个数；N_i 为第 i 个出游小区的人数；ΔN_i 为第 i 个出游小区的出游人数变化。

（四）人体健康损失评估

人体健康损失只是针对有毒赤潮事件进行，因此浒苔绿潮不做人体健康损失评估。

1. 研究现状与评估案例

在赤潮引起的健康损害评估研究方面，Todd（1995）利用疾病成本法分析了加拿大每年与麻痹性贝类、腹泻性贝类和肉毒鱼类中毒相关的医疗费用和失去的生产力成本，评估得到每年这 3 种类型的贝类中毒造成的疾病费用总额。Corrales 和 Maclean（1995）通过整理 1934 年以来亚太地区发生的 72 起有害藻华 HABs 事件，发现 HABs 事件除引起经济损失以外，其引发的麻痹性贝毒（PSP）也导致了严重的公共卫生影响，截至 1994 年中期，共报告人类中毒 3 164 例和死亡 148 例，但是因此造成的具体经济损失值并没有得以统计评估。Hoagland 等（2006）则是利用疾病成本法计算了由于短凯伦藻暴发美国佛罗里达州萨拉托加地区每年公众健康造成的经济损失（表 9-2）。

2. 评估方法

通过现场调研、走访座谈、问卷调查等方式了解事件发生情况，获取伤亡人员信息，报送中毒或死亡人数等情况，并对可获得参数进行描述。

（五）工业取排水损失评估

工业取排水损失按照式（9-12）计算，根据地方报送的工厂因赤潮影响导致停工的天数、工厂日均利润和维修费用，统计汇总当地工业取排水损失。

$$I=\sum_{i=1}^{n}H_i\cdot U_i+J_i \tag{9-12}$$

式中：I为工业取排水损失（元）；H_i为第i家工厂因受赤潮影响造成停工的天数（d）；U_i为第i家工厂在赤潮灾害发生期间的日均利润（元）；J_i为第i家工厂因受赤潮灾害影响而产生的清理和维修费用（元）。

（六）灾害应急管理费用评估

赤潮事件发生会导致当地政府管理成本的增加，有学者对该部分损害进行了评估。Morgan，Larkin 和 Adams（2008）估计在 2004—2007 年期间，佛罗里达海湾沿岸公共海滩发生的赤潮事件导致的该地区海滩清理费用，例如 2005 年皮内拉斯县赤潮清理工作中每平方英尺海滩的清洁费用为 14.27 美元，而萨拉索塔县在 2007 年发生的 6 次赤潮清理工作中平均每平方英尺的海滩需要花费 4.87 美元来清理死鱼。Lucas 等（2010）用意愿调查法评估佛罗里达沿海居民对赤潮防治的 3 种不同策略（前期预防、中期预防、后期缓解）的支付意愿（WTP），研究结果为调查者每年分别愿意支付相应的费用用于预防、控制和缓解赤潮。Nierenberg 等（2010）通过对比萨拉索塔县 2004 年 3 月 1 日至 9 月 30 日（不发生赤潮）和 2005 年 3 月 1 日至 9 月 30 日（发生赤潮）的救生员出勤记录，利用疾病成本法研究了佛罗里达州赤潮对海滩救生员工作绩效的影响，研究显示了萨拉索塔县 2005 年赤潮造成每位海滩救生员的缺勤成本，总体来看，萨拉索塔县海滩救生员旷工的资本化成本在 10 万美元左右（表 9-2）。

（七）海洋生态灾害影响评估

1. 背景值选取原则

背景值应选择赤潮/绿潮灾害发生海域或具有代表性的邻近海域近 3 年内的监测资料，对于海洋生物生态背景值，还应选择与赤潮/绿潮灾害发生同一季节的本地数据；已有监测资料满足不了评估要求的，可采用受影响范围邻近海域实际检测的资料作为背景值。

2. 海水水质损害

分析赤潮灾害发生前后的水质状况及对水质产生的影响，计算特征污染物不同污染程度，确定超出标准海水水质标准值及背景值的海域范围和面积，绘制浓度分布图。

3. 海洋生物损害

比较赤潮/绿潮灾害发生前后海洋生物种类、数量、密度与质量的变化，直接确定急性与慢性生物损害的程度与范围，确定超出标准的海洋生物质量标准值及背景值的海域范围和面积。

根据赤潮/绿潮灾害引起的污染物在水体和沉积环境中的分布监测结果，结合污染物对特定海洋生物毒性，间接推算事件对海洋生物种类损害程度与范围。

根据直接调查与间接推算结果，综合分析事件对海洋生物损害程度与范围。

（八）海洋生态灾害损失的计算

赤潮/绿潮灾害总损失为海水养殖业损失、滨海旅游业损失、人体健康损失、工业取排水损失和灾害应急管理费用等方面的总和。

小结

海洋生态灾害损失调查与评估，可借鉴国内外的相关研究方法和成果，注重全面性、准确性、科学性和可操作性，从灾情信息和承灾体受损情况（海水养殖、滨海旅游、人体健康、工业取排水、海上交通、应急管理费用、海洋生态环境）方面研究建立灾害损失调查评估方法，为防灾减灾，灾后救援与处理等相关工作提供数据支撑和决策依据，最大程度地降低灾害带来的生命财产损失。

思考题

1. 海洋生态灾害影响哪些行业？请列举。
2. 无毒赤潮和有毒赤潮对海水养殖业损失评估有哪些区别？
3. 浒苔绿潮对海水养殖业损害评估采用了哪些方法？
4. 浒苔绿潮如何影响滨海旅游业？
5. 影响近海核电安全运行的海洋生态灾害有哪些？

第十章　海洋生态灾害管理

海洋在带来优越的自然环境和资源条件的同时，也使中国成为世界上受海洋灾害影响最为严重的国家之一。以有害藻华为代表的海洋生态灾害和以风暴潮为代表的海洋动力灾害所造成的经济损失仅次于内陆的地震、干旱与洪涝等灾害。近年来，随着防御海洋灾害能力的加强，人员伤亡呈明显下降趋势。但由于沿海人口的增加，沿海地区产业集聚水平的提高，以及海洋经济的快速发展，我国海洋灾害的经济损失反而呈急速增加的趋势。20 世纪 90 年代以来，海洋灾害造成的经济损失大约增长了 30 倍，远远高于沿海经济的增长速度（王锋，2013）。蓬勃发展的海洋经济与频繁的海洋灾害及日趋严重的灾情影响，对海洋灾害应急管理工作提出了更为严峻的挑战。

灾害应急管理是体现国家或地方政府灾害应对能力和管理水平，维护社会稳定，减少国家财产损失，保障人民群众生命财产安全的重要措施。为有效应对海洋灾害，最大限度地减少海洋灾害带来的损失，近年来我国不断加强海洋灾害应急管理工作，并在实践中取得了显著的成就，但仍与世界发达国家有一定差距。本章详细叙述了我国海洋生态灾害管理和国外海洋生态灾害管理情况，并提出了相应的优化策略与保障措施。

第一节　我国海洋生态灾害管理现状

近年来，国家特别加强了防控海洋生态灾害的工作，在国务院“分级管理，属地为主”原则的指导下，国家—省（自治区、直辖市）—市—县四级海洋生态灾害应急管理法律法规与政策体系不断健全，应急预案体系逐步加强，体制机制和监测预警业务体系得到完善，在各种海洋生态灾害的管理工作中发挥了重要的作用。

一、我国海洋生态灾害管理法律体系

应急管理法律法规的制定是从灾害中保护国民私有财产和生命安全，提高政府应急管理能力所必不可少的措施。第十届全国人大二次会议修改宪法，把保护公民的私有财产权和继承权、紧急状态写入宪法中，从而明确地体现了我国政府更有责任从灾害等突发公共事件中保护人民利益和私有财产以及提高政府应急管理能力，并在宪法上给予定位。2005 年通过的《国家突发公共事件总体应急预案》和 2007 年正式实施的《突发事件应对法》，总结了应急管理实践创新和理论创新成果，进一步明确了政府、公民、社会组织在突发事件应对中的权利、义务和责任，确立了规范各类突发事件共同行为的基本法律制度，为有效实施应急管理提供了更加完备的法律依据和法制保障。这些法律法规也是制定海洋生态灾害管理法律体系的基础（孙云潭，2010）。

（一）我国海洋生态灾害管理法律体系现状

总体上讲，目前我国海洋灾害应急法律体系尚未建立，尚无针对海洋灾害的专门立法。但海洋生态灾害管理的相关内容大多隐含在相关海洋环境和渔业法规当中，起到了一定的规范作

用，如《中华人民共和国防止船舶污染海域管理条例》《中华人民共和国海洋环境保护法》《中华人民共和国海上交通安全法》《中华人民共和国渔业法》《海洋环境预报与海洋灾害预报警报发布管理规定》《海洋预报业务管理规定》《中华人民共和国海洋石油勘探开发环境保护管理条例》等法律法规中均有涉及。

《中华人民共和国海洋环境保护法》

第十四条：国家海洋行政主管部门按照国家环境监测、监视规范和标准，管理全国海洋环境的调查、监测、监视，制定具体的实施办法，会同有关部门组织全国海洋环境监测、监视网络，定期评价海洋环境质量，发布海洋巡航监视通报。依照本法规定行使海洋环境监督管理权的部门分别负责各自所辖水域的监测、监视。其他有关部门根据全国海洋环境监测网的分工，分别负责对入海河口、主要排污口的监测。

第二十五条：引进海洋动植物物种，应当进行科学论证，避免对海洋生态系统造成危害。

《海洋环境预报与海洋灾害预报警报发布管理规定》

第四条：公开发布的海洋环境预报种类有：预测、预报、消息、速报、公报等；内容有：海温、盐度、潮汐、潮流、海流、海平面、水质等。公开发布的海洋灾害预报警报种类有：消息、预报、警报、紧急警报；内容有：海浪、风暴潮、海冰、海啸、赤潮、海上溢油扩散及其他海洋污染事件对海洋自然环境影响和变化情况。

《海洋预报业务管理规定》

第二十七条：预计本机构责任预报海域将要出现海洋灾害时，各级海洋预报机构应当立即根据海洋灾害应急预案的要求，制作发布海洋灾害警报。

（二）海洋生态灾害管理国家性法律法规

1. 赤潮灾害

我国在1993年出台的《海洋环境预报与海洋灾害预报警报发布管理规定》是最早提出对赤潮进行预警的法规，在1999年发布了《海洋预报业务管理规定》，对海洋预报预警业务做了详细规定，并于2014年进行修订。1999年我国颁布第一部海洋环境保护的法律《中华人民共和国海洋环境保护法》而且不断完善，于2017年进行了修订。2002年发布的《海洋赤潮信息管理暂行规定》是第一部管理赤潮灾害而制定的具体法规，其以《中华人民共和国海洋环境保护法》的有关规定为依据，加强对海洋赤潮信息的管理，充分发挥赤潮信息在赤潮防治工作中的作用，规范赤潮信息发布行为，有效预防和减轻赤潮灾害。2008年我国出台了《赤潮灾害应急预案》，最大限度地减轻赤潮灾害造成的经济损失和对人民身体健康、生命安全带来的威胁。2015年《全国海洋预警报会商规定》的发布，加强了从地方到中央的各海洋监测部门的协作。

2. 其他海洋生态灾害

我国目前尚未出台绿潮灾害应对相关法律法规，对于其他生态灾害亦没有具体的法律法规进行管理。

（三）海洋生态灾害管理地方性法律法规

我国各沿海省、市、自治区依据《中华人民共和国海洋环境保护法》的有关规定，出台了相应法规，对海洋生态灾害进行管理，主要涉及海洋生态灾害的监测监控和预警预报（以辽宁省和山东省为例）。

《辽宁省海洋环境保护办法》

相关条款如下：

第七条：省、市海洋与渔业部门根据国家海洋环境监测、监视规范和标准，管理本行政区域内海洋环境调查、监测、监视和海洋环境信息系统，定期评价海洋环境质量，发布海洋环境质量信息。

依照本办法行使海洋环境监督管理权的部门，分别负责各自所辖水域的监测、监视。

有关部门根据各自职责形成的海洋环境监测、监视资料应当纳入全省海洋环境监测网络，实行资源共享。

第八条：沿海县以上政府应当组织有关部门和单位制定、实施防治赤潮灾害应急预案和预防风暴潮、海啸、海冰海洋灾害应急预案。

沿海县以上海洋与渔业部门应当加强赤潮等海洋灾害要素的监测、监视，海洋灾害的预警、预报和信息发布。发生赤潮等海洋灾害时，应当及时向本级政府报告，并在规定时间内逐级上报省海洋与渔业部门。

《山东省海洋环境保护条例》

相关条款如下：

第八条：沿海设区的市以上的海洋与渔业部门应当定期发布海洋环境质量公报或者专项通报。

海洋与渔业等部门应当向环保部门提供编制环境质量公报所必需的海洋环境监测资料；环保等部门应当向海洋与渔业部门提供与海洋环境监督管理有关的资料。

第九条：沿海县级以上人民政府应当组织有关部门制定、实施防治赤潮灾害应急预案，做好防治工作。

沿海县级以上海洋与渔业部门应当加强赤潮监测、监视、预警、预报和信息发布；发生赤潮时，应当及时向同级人民政府报告，并逐级上报省海洋与渔业部门。

单位和个人发现赤潮时，应当及时向当地海洋与渔业部门报告。

河北省、江苏省、浙江省、福建省和广东省等其余各沿海省份发布的海洋环境保护法规，与山东省、辽宁省发布的法规大同小异。地方法规对国家法律法规进行细化，对灾害发生前的监测预报，发生过程中的应急响应、紧急救援，以及发生后的恢复重建、调查评估等做了详细的规定，要求海洋、环保、渔业、工商、卫生等多个职能部门整合资源，信息共享，密切协作，对海洋生态灾害的管理更加有力（汪艳涛等，2014）。

基于国家和各沿海省、市、自治区制定的海洋环境保护相关法规，部分沿海地市也制定了各自的法规，例如《青岛市海洋环境保护规定》等，为各地市应对海洋生态灾害做出了详细具体的指导。

二、我国海洋生态灾害管理政策体系

随着国家对海洋重视程度的增加，海洋已上升到了史无前例的战略高度。然而，我国也深受海洋灾害所带来的严重影响，欣欣向荣的海洋经济发展与日益频发的海洋灾害之间的矛盾，使我国海洋灾害应急管理面对着更大的压力。在这种情况下我国在不断加大海洋灾害防治投入的同时，对海洋灾害应急管理工作重视程度不断提高，海洋灾害应急管理政策建设速度明显加快，专门性的海洋灾害应急管理政策开始出现。

（一）国家政策

1. 中共中央、国务院文件精神

2016 年 12 月 19 日，中共中央国务院印发了《中共中央国务院关于推进防灾减灾救灾体制机制改革的意见》（以下简称《意见》），明确提出要坚持以人民为中心的发展思想，坚持以防为主、防抗救相结合，努力实现从注重灾后救助向注重灾前预防转变，从应对单一灾种向综合

减灾转变，全面提升全社会抵御自然灾害的综合防范能力。《意见》明确了防灾减灾救灾体制机制改革要坚持分级负责、属地管理为主的原则，强化地方应急救灾主体责任，对达到国家启动响应等级的自然灾害，中央发挥统筹指导和支持作用，地方党委和政府在灾害应对中发挥主体作用，承担主体责任。省（自治区、直辖市）、市、县级政府要建立健全统一的防灾减灾救灾领导机构，统筹防灾减灾救灾各项工作。2018 年 10 月 10 日，习近平在中央财经委员会第三次会议上强调，加强自然灾害防治关系国计民生，要建立高效科学的自然灾害防治体系，提高全社会自然灾害防治能力，为保护人民群众生命财产安全和国家安全提供有力保障。

2. 海洋灾害相关的规划

海洋规划即国家对海洋事业发展进行比较全面的长远的发展计划，是对海洋战略的整体性、长期性、基本性问题的思考、考量和设计。这些海洋规划会对我国海洋灾害应急管理提出一些原则性、宏观性的思想，对海洋灾害应急管理政策的制定和运行有很好的借鉴作用（王利国，2012）。作为海洋灾害的一种，海洋生态灾害应急管理政策总体上包含在海洋灾害应急管理政策的框架之中。2000 年以来我国海洋灾害应急管理政策如表 10-1 所示，这些政策法规是针对全部种类的海洋灾害而制定的，覆盖面广，能够对海洋灾害应急管理的全过程统筹兼顾，全面管理。

表 10-1　2000 年以来我国海洋灾害应急管理政策

类别	相关指导思想或具体实施	对应相关政策
涉及海洋灾害的相关规划	完善海洋观测系统 建设海洋预报警报系统 加强海洋防灾减灾工程性建设等 海上交通安全管理和应急救助系统 重点海域海洋环境灾害应急响应系统 制定海洋灾害监测、预报等方面标准	海洋观测预报和防灾减灾“十三五”规划
		全国海洋经济发展规划（2016—2020 年）
		关于贯彻落实国家环境保护“十三五”规划的意见
		国家海洋事业发展规划纲要
		全国海洋标准化“十三五”发展规划
		“十三五”海洋领域科技创新专项规划
		海洋标准化管理办法
		关于进一步加强海洋标准化工作的若干意见
预报防御	建立健全海洋灾害监测预警体系、组织制定当地海洋灾害应急预案等 开展海洋生态修复和建设工程海洋灾害应急预案等开展海洋生态修复和建设工程	中国海洋环境监测系统——海洋站和志愿船观测系统建设项目管理办法（2000）
		关于加强海洋灾害防御工作的意见（2005）
		关于海洋领域应对气候变化有关工作的意见（2007）
		关于进一步加强海洋预报减灾工作的通知（2009）
		国家海洋局关于进一步加强渤海生态环境保护工作的意见（2017）
		关于海洋领域应对气候变化有关工作的意见（2007）
		进一步加强海洋预报减灾工作的通知（2009）
		关于进一步加强海洋生态保护与建设工作的若干意见（2009）
	信息共享制度	关于实施海洋环境监测数据信息共享工作的意见（2010）

续表

类别	相关指导思想或具体实施	对应相关政策
应急处置	建立赤潮监测监视网络、预报预警系统和信息系统 赤潮灾害应急响应体系 赤潮灾害应急响应体系	关于加强海洋赤潮预防控制治理工作的意见（2001）
		赤潮灾害应急预案（2009）
		赤潮信息管理暂行规定（2002）
		关于进一步加强海洋赤潮防灾减灾工作的通知（2006）
		关于进一步加强海洋环境监测评价工作的意见（2009）
	建立各灾害应急领导小组 灾害响应程序 灾害预警启用标准 信息发布机制 应急保障	关于进一步加强海洋灾害应急管理工作的通知（2005）
		关于做好2010年度汛期海洋灾害应急管理工作的通知（2010）
应急机制	应急管理领导小组统一指挥各工作组具体负责的应急管理体制 设海洋预警监测司 海洋预警报会商制度	关于建立海洋局应急管理机制的通知（2007）
		自然资源部职能配置、内设机构和人员编制规定（2018）
		关于健全海洋局应急管理机制的补充通知（2009）
		全国海洋预警报会商规定（2009）
	海洋预报月（周）视频会商	全国海洋预警报视频会商暂行办法（2010）

3. 海洋生态灾害部门规章

目前，我国海洋生态灾害应急管理政策数量较多，比较有代表性的主要有《赤潮灾害应急预案》《关于加强海洋赤潮预防控制治理工作的意见》《关于建立海洋局应急管理机制的通知》《全国海洋预警报视频会商暂行办法》《全国海洋预警报会商规定》等，以这些政策法规为依据，我国建立了针对不同种类海洋生态灾害以及海洋生态灾害不同阶段的监测预警系统、信息统一发布制度、海洋灾害会商机制、海洋生态灾害应急管理体制等。例如，依据《关于加强海洋赤潮预防控制治理工作的意见》和《赤潮灾害应急预案》的规定，我国建立了良好的灾害性赤潮灾害应急反应机制，能够最大限度地减轻赤潮灾害造成的经济损失和对人民身体健康、生命安全带来的威胁，很好地保障了人民群众生命安全，稳定了民心。

（二）地方政策

中央的各项法律法规往往针对的是总体，而落实到地方上往往都有时不足以符合当地的实际情况，因此地方性的规章和法规会显得贴合当地实际。针对这个问题，沿海各具有立法权的省、市、自治区人民代表大会常务委员会和地方人民政府，为了保障实施国家海洋生态灾害管理政策法律法规，充分结合本地的实际情况和地域特点，以国家海洋局应急管理体制为模板，都制定和颁布了属于自己的地方性法规和地方性政府规章制度。如《青岛市海洋赤潮灾害应急预案》《上海市海洋赤潮应急预案》等。以《青岛市海洋赤潮灾害应急预案》为例，本预案就是依据《中华人民共和国突发事件应对法》《中华人民共和国海洋环境保护法》《山东省突发事件应对条例》《国家海洋局赤潮灾害应急预案》《山东省赤潮灾害应急预案》《青岛市突发事件应急预案管理办法》《青岛市突发事件总体应急预案》等编写而成，适用于青岛市管辖海域内发生的赤潮灾害，以及青岛市周边海域发生的、对青岛市海洋环境和公众健康、人身安全构成威胁的赤潮灾害。

各级地方政府颁布的地方性海洋生态灾害的政策法规能够更高效、有序地做好地方海洋生态灾害的应急处置，最大程度地减少海洋生态灾害造成的经济损失和对公众身体健康带来的威胁，促进海洋经济的持续健康发展。比如2008年青岛的浒苔事件中，在浒苔灾害暴发后，青岛市按照中央政府“加强领导、明确责任、依靠科学、有效治理、扎实工作、务见成效”的总要求，以“两个确保”（确保来青各国帆船队赛前正常训练确保奥帆赛、残奥帆赛如期顺利举行）为目标加强领导、广泛动员、明确责任、狠抓落实，扎实有效地开展浒苔治理工作。根据年初发生的小规模浒苔处置经验，青岛市制定了《青岛奥帆赛场及周边海域浒苔等漂浮物应急预案》并迅速启动了预案，同时青岛市和山东省分别成立了应急指挥部建立起了完善的指挥体系，此外，青岛市政府向社会发出《关于切实做好近海海域海藻清理工作的通知》，动员各方力量共同应对这一海洋生态灾害。通过科学的综合处置、信息管理以及善后工作，对浒苔治理起到了良好的效果。

三、我国海洋生态灾害管理预案体系

我国自古就有“凡事预则立，不预则废”“人无远虑，必有近忧”等警句，由此可见，在灾害的防治过程中，应急预案的作用举足轻重。应急预案是指政府、企事业单位或其他社会组织针对可能发生的突发事件，为降低突发事件破坏性后果的严重程度，保证迅速、有序、有效开展应急与救援行动，而预先制定的行动计划或方案。海洋生态灾害管理预案是海洋生态灾害管理的依据，在防治海洋生态灾害、减轻海洋生态灾害危害性后果中起到重要的作用。

（一）我国应急管理预案体系

我国的应急预案框架体系是在2003年“非典”事件后建立起来的。根据党中央、国务院的部署，国务院办公厅于2003年12月成立了应急预案工作小组。2005年国务院通过了《国家突发公共事件总体应急预案》，在经党中央和全国人大原则同意后，于当年实施。目前，全国已经制定完成了各级各类突发事件应急预案超过130万件，总体上覆盖了我国经常发生突发事件的主要方面，基本上形成了“横向到边、纵向到底”的突发事件应急预案体系。在预案编制过程中，我国充分参考、借鉴了美国、日本、俄罗斯等国的有关经验，又充分考虑了我国国情，在预案中加入了一些其他国家所没有的、超前的、创新的内容，具有鲜明的中国特色。

我国的应急预案具有以下几个突出特点：①部门齐全、种类繁多；②弥补了应急规划不足，提高了应急能力；③具有一定的超前性，弥补了有关法律的不足，有大量的补充性规定；④强调预防为主；⑤科学发展观作为制定应急预案的基本原则；⑥强调属地管理、条块结合的应急管理体制。

（二）海洋灾害管理预案体系

在建立应急预案方面，按照不同的责任主体，预案体系分为国家总体应急预案、专项应急预案、部门应急预案、地方应急预案和企事业单位应急预案5个层次。在《国家突发公共事件总体应急预案》框架下，国家海洋局组织专家编制完成的《赤潮灾害应急预案》，于2005年顺利通过了国务院的审议，并被确定为《国家突发公共事件总体应急预案》的部门预案之一，也是首个被列入国家总体应急预案的海洋生态灾害类型。2009年，根据海洋灾害应急管理需要，国家海洋局又组织了对该预案的修订并再次发布，对海洋灾害的预测预警、信息报告、应急响应、应急处置、恢复重建及调查评估等机制都做出了明确规定，形成了包含事前、事发、事中、事后等各环节的一整套工作运行机制。预案的实施加强了对赤潮灾害的监测、预报、预警和应对工作，降低了突发海洋生态灾害对人民生命财产安全带来的影响和损失。

在此基础上，各地市也相应建立了《赤潮应急预案》《绿潮应急预案》等预案，为各地市应对海洋生态灾害做出了详细具体的指导。其中，特别强调“属地管理”的原则，将海洋灾害应急管理工作落在实处，地方海洋行政主管部门应根据《国家总体应急预案》的要求，结合实际明确应急管理的指挥机构、办事机构及其职责。全国自上而下的预案体系的建立，有利于海洋生态灾害发生之前采取针对性的减灾避灾措施，发生时则有计划地实施救灾抗灾工作，增强了海洋生态灾害管理的预见性和有序性。

（三）海洋生态灾害预案内容

预案包括以下几个部分：①孕灾环境背景信息，包括由水文、气象、地质、地理、生态等环境背景信息，以及人群、广义人-机系统等人文环境信息；②预案实施过程中的决策者、组织者与执行者等组织或个人。其中以决策者最为关键，决策者对预案的正确理解与正确决策决定着预案实施成功与否；③预案所要实现的最终目标，即预案所要达到的最终目的与结果。目标的制定应该具体问题具体分析，不同时段，不同地点及不同背景的预案目标有很大差异，但出发点是一致的，即减灾效果。④减轻海洋生态灾害的具体措施，是预案的核心。

预案的核心分为以下 3 个阶段。

1. 监测预报阶段

提高近岸海域海洋（中心）站覆盖度，加强基层监测机构能力建设；构建国家海洋环境实时在线监控系统，对重点海湾、主要河流入海口、重点排污口加大监测监控力度；构建赤潮、绿潮等生态灾害 3 h 应急响应圈，提高应急响应的时效；对于近年来逐步显现的外来物种入侵、水母暴发、马尾藻金潮等新型海洋生态灾害，将加大研究力度，逐步铺开相应的监测预警工作。

经过 50 多年的建设和发展，海洋部门逐步建立了岸基、浮标、船舶、飞机、卫星等多种手段构成的以及覆盖管辖海域的海洋环境立体监测业务系统，具备了对我国沿海赤潮、绿潮等环境灾害的应急监测能力。以赤潮灾害为例，海洋部门在沿海赤潮高发的区域设立了 33 个赤潮监控区，定期对这些区域实施高频次的监测，并通过卫星遥感、船舶走航、陆岸巡视等多途径多手段对全海域进行监测，及时发现赤潮灾害并采取相应措施主动防治。

由于海洋观测技术的进步，遥感技术的应用和电信技术的发展，信息数据量激增，传统的方法已远不能满足在海洋环境与灾害信息时空处理的需求。需要建立全国规范化的海洋灾害信息数据库，这个数据库不但具有高效的存储检索功能，而且应有一定的处理分析智能，可以模拟海洋灾害状态的时空分布和变化（余宙文，1998）。

2. 应急响应阶段

应急响应阶段是灾害发生后的应急组织和应急处理。对于先期处置未能有效控制事态的特别重大突发海洋生态灾害事件，要及时启动相关预案，由国务院相关应急指挥机构或国务院工作组统一指挥或指导有关地区、部门开展处置工作。现场应急指挥机构负责现场的应急处置工作。需要多个国务院相关部门共同参与处置的海洋生态灾害事件，由该类突发业务主管部门牵头，其他部门予以协助。

为了进一步加强赤潮灾害应急管理工作，应当明确应急管理责任，规范应急响应流程。以赤潮灾害为例，国家海洋局《赤潮灾害应急预案》明确规定了赤潮灾害应急响应的分级：一级应急响应、二级应急响应、三级应急响应、四级应急响应。根据赤潮灾情情况，启动响应级别的应急响应程序。

3. 恢复重建与评估阶段

灾后恢复重建与评估阶段是对灾害应急效果进行评估，进一步总结完善应急对策。

（1）灾害评估。应急行动结束后，海区或省级海洋行政主管部门应同有关部门及时开展灾害损失评估工作，并于海洋生态灾害应急行动后 30 d 内将灾害评估报告给国家海洋行政主管部门和同级人民政府，评估主要内容包括海洋生态灾害应急监视监测、分析预测和预警报工作情况，赤潮灾害信息管理、发布情况等；水产养殖业损失、旅游业收入减少或人体健康影响等；包括水产品质量的下降、水产品加工业产量及质量的下降及对海洋生态环境的影响等。

（2）总结完善应急对策。进一步加强现有海洋监测体系建设，完善和健全海洋环境动态监测网络和赤潮灾害预警系统，建立重大海洋污损事故应急处理体系，提高海洋污染重大事故和灾害应急处理能力。

（四）海洋生态灾害预案示例

《赤潮灾害应急预案》大纲

——国家海洋局2009年6月

1　总则

1.1　编制目的

1.2　编制依据

1.3　适用范围

1.4　工作原则

2　组织体系与职责

2.1　组织机构

2.2　应急技术支撑机构

2.3　应急专家组

3　常规监测与预警机制

3.1　常规监视监测

3.2　预测预警

4　应急响应

4.1　一级应急响应（特别重大）

4.1.1　特别重大赤潮灾害标准

4.1.2　一级应急响应工作程序

4.2　二级应急响应（重大）

4.2.1　重大赤潮灾害标准

4.2.2　二级应急响应工作程序

4.3　三级应急响应（较大）

4.3.1　较大赤潮灾害标准

4.3.2　三级应急响应工作程序

4.4　四级应急响应（一般）

4.4.1　一般赤潮灾害标准

4.4.2　四级应急响应工作程序

4.5　应急响应终止与调整

4.5.1　应急响应终止

4.5.2　应急响应调整

5　信息管理与发布

6　应急响应措施

6.1　监视监测

6.2　分析预测

6.3　减灾防灾措施
6.4　灾害评估
7　应急保障
7.1　组织保障
7.2　能力建设
7.3　技术保障
7.4　经费保障
7.5　演习演练
7.6　人员培训
7.7　教育宣传
8　责任与奖惩
9　附则
9.1　术语
9.2　预案管理
附录1　赤潮灾害应急监视、监测项目
附录2　赤潮灾害毒素评价标准
附录3　赤潮灾害管理与处置

四、我国海洋生态灾害管理标准体系

目前，我国发布了一系列海洋生态灾害管理标准，这些标准作为海洋行业标准的重要组成部分，对海洋灾害的监测、预警、处置提供了细致的施行方案，其体系的发展与海洋生态灾害法律体系、政策体系一样，经历了从无到有，从宽泛到细致的过程。形成了以国家标准为中心，行业标准和地方标准相互借鉴、补充的较为完善的海洋生态灾害管理标准体系。

（一）国家标准

国家标准分为强制性国家标准和推荐性国家标准。强制性标准：在一定范围内通过法律、行政法规等强制性手段加以实施的标准，具有法律属性。推荐性标准又称为非强制性标准或自愿性标准。《海洋监测规范》《海洋生物质量》属于强制性国家标准，《海洋调查规范》《赤潮灾害处理技术指南》属于推荐性国家标准。

前文提到，海洋生态灾害的发生需要一定的物质基础、环境条件和诱发因素。所以海洋调查和海洋监测是海洋生态灾害监测、预报必不可少的一部分。我国海洋生态灾害管理国家标准从《海洋调查规范》起步，陆续发布《海洋监测规范》《海洋生物质量》《赤潮灾害处理技术指南》。

《海洋调查规范》初颁发布于1991年，于2007年进行了补充和修订。《海洋监测规范》初颁发布于1998年，并于2007年进行了补充修订。海洋生态灾害是由微藻、大藻、水母等海洋生物暴发引起。《海洋监测规范》第7部分规定了近海污染生态调查和生物监测的样品采集、实验、分析、资料整理等方法的技术要求。对赤潮毒素（麻痹性贝毒）的监测做出规范。国家标准GB 18421—2001海洋生物质量，是引用参考《海洋生物监测》的第6部分、第7部分等其他国标，以海洋贝类为监测生物，反映海洋环境质量。与《海洋监测规范》作为海洋生态环境监测的先驱性标准。《海洋生态灾害监测的海洋行业标准》以这两个标准为基础发展而来（表10-2)。《赤潮灾害处理技术指南》（GB/T 30743—2014）是国家海洋局提出、2014年发布并实施的。此标准规定了赤潮灾害处理的原则、分类分级、处理程序、赤潮发展趋势分析预报、赤潮消除技术以及赤潮灾害处理人员和设备要求，适用于我国海域内赤潮灾害的处理。是我国第一部全面的赤潮灾害处理的国家级标准，也为大型海藻引起的海洋灾害的处理提供了借鉴。

表 10-2　海洋生态灾害相关国家标准

标准编号	标准名称	发布日期	实施日期
GB/T 12763.4—2007	海洋调查规范 第 4 部分：海水化学要素调查	2007 年 8 月 13 日	2008 年 2 月 1 日
GB/T 12763.6—2007	海洋调查规范 第 6 部分：海洋生物调查	2007 年 8 月 13 日	2008 年 2 月 1 日
GB/T 12763.9—2007	海洋调查规范 第 9 部分：海洋生态调查指南	2007 年 8 月 13 日	2008 年 2 月 1 日
GB 17378.4—2007	海洋监测规范 第 4 部分：海水分析	2007 年 10 月 18 日	2008 年 5 月 1 日
GB 17378.6—2007	海洋监测规范 第 6 部分：生物体分析	2007 年 10 月 18 日	2008 年 5 月 1 日
GB 17378.7—2007	海洋监测规范 第 7 部分：近海污染生态调查和生物监测	2007 年 10 月 18 日	2008 年 5 月 1 日
GB 18421—2001	海洋生物质量	2001 年 8 月 28 日	2002 年 3 月 1 日
GB/T 30743—2014	赤潮灾害处理技术指南	2014 年 6 月 9 日	2014 年 10 月 1 日

（二）行业标准

海洋行业标准既是对国家标准的细化和补充，又为新的国家标准的发布提供了借鉴。2005 年发布的《赤潮监测技术规程》代替了 2002 年发布的《海洋有害藻华（赤潮）监测技术导则》，比国家标准《赤潮灾害处理技术指南》发布时间更早，最先完善了赤潮监测中的一些原则性概念和界定方法，包括赤潮事件发生过程的界定、赤潮位置与范围的界定、赤潮的分级响应系统，对赤潮监测参数的选择及分析方法进行细化，对赤潮监测的出海准备进行了规范，并列出了中国近岸、近海赤潮生物种名录、分布范围、毒素类型及形成赤潮时的基准浓度。

《绿潮预报和预警发布》是我国首个绿潮预报和警报发布海洋行业标准，填补了绿潮预报预警领域的空白。确立了绿潮预报和警报发布应当遵循的基本原则和警报等级及其划分指标，详细给出了利用绿潮分布面积、绿潮覆盖面积、绿潮覆盖率等指标划分绿潮规模等级的方法，明确了绿潮预报和警报的发布内容，并规定了绿潮预报和警报发布应采用的具体格式。同时，对绿潮预报和警报制作所需的资料以及归档提出了具体要求。

针对海洋生态灾害的发生会导致灾害发生海域生态环境恶化、海洋生物生物多样性下降等问题，对有害赤潮毒素分析、对灾害过后的生态评估是海洋生态灾害管理必不可少的一环。《海洋生物质量监测技术规程》中规定海洋生物质量监测以贝类为主（选择生物质量监测种类的顺序依次为贻贝、牡蛎和菲律宾蛤），根据海区（滩涂）特征可增选鱼、虾和藻类作为监测生物。对赤潮毒素监测做出相应规范。《近岸海洋生态健康评价指南》规定了近岸海洋生态系统健康状况评价指标、方法及要求。《海洋微藻中溶血毒素的检测　血细胞法》规定了用血细胞法检测海洋微藻中溶血毒素活性的方法及技术要求。适用于自然海水中海洋微藻细胞中溶血毒素的检测。

表 10-3　海洋生态灾害相关海洋行业标准

标准编号	标准名称	发布日期	实施日期
HY/T 069—2005	赤潮监测技术规程	2005 年 5 月 18 日	2005 年 6 月 1 日
HY/T 078—2005	海洋生物质量监测技术规程	2005 年 5 月 18 日	2005 年 6 月 1 日
HY/T 087—2005	近岸海洋生态健康评价指南	2005 年 5 月 18 日	2005 年 6 月 1 日
HY/T 147.5—2013	海洋监测技术规程 第 5 部分：海洋生态	2013 年 4 月 25 日	2013 年 5 月 1 日
HY/T 151—2013	海洋微藻中溶血毒素的检测 血细胞法	2013 年 4 月 25 日	2013 年 5 月 1 日
HY/T 217—2017	绿潮预报和预警发布	2017 年 2 月 21 日	2017 年 6 月 1 日

（三）地方标准

海洋生态灾害管理的地方标准适用于标准发布的地方。对其他地方有指导借鉴意义。

我国褐潮灾害主要发生在渤海湾海域，2009 年 6 月首次在河北沿海地区发现。辽宁省率先发布《海洋褐潮监测技术规程》与《褐潮损失评估技术规程》这两部地方标准，填补了褐潮监测领域的空白，规范了褐潮灾害管理的方法。界定了褐潮暴发过程（表 10-4）。《海洋褐潮监测技术规程》规定了海洋褐潮监测术语和定义、检测到内容，技术要求和方法。适用于辽宁省管辖海域所进行的褐潮监测工作，为其他省市海域的褐潮监测提供借鉴。《褐潮损失评估技术规程》规定了褐潮损失评估的术语和定义、评估内容及依据、评估方法、评估结果及其他规定。

表 10-4　海洋生态灾害相关地方标准

标准编号	标准名称	发布日期	实施日期	制定省份
DB21/T 2427—2015	海洋褐潮监测技术规程	2015 年 2 月 17 日	2015 年 4 月 17 日	辽宁省
DB21/T 2776—2017	褐潮损失评估技术规程	2017 年 3 月 20 日	2017 年 4 月 20 日	辽宁省

目前，尽管我国关于赤潮、绿潮等海洋生态灾害管理的标准体系已趋于完善，但对于新兴生态灾害如水母暴发、马尾藻金潮等的预警监测、应急处置、评价评估相关的标准尚未建立，仍需开展相应的方法研究工作。

五、我国海洋生态灾害管理体制机制

（一）管理体制

根据《突发事件应对法》的规定，我国的应急管理体制具有统一管理、综合协调、分类管理、分级负责、属地管理为主的特点。即在党中央、国务院的统一领导下，各级政府建立应急管理办公室，针对突发事件的类型和等级来协调信息、技术、物资、救援队伍等各方力量，由事发地政府统一组织实施应急工作。目前，我国尚没有独立的海洋生态灾害应急管理组织部门，作为自然灾害的一个类别，海洋生态灾害管理总体上处于应急灾害管理机制框架内。

1. 国家层面

在国家层面，我国的海洋生态灾害应急管理工作由国家海洋行政主管部门领导，初步形成了以赤潮灾害应急管理为代表的海洋生态灾害应急管理工作体系。以赤潮灾害为例，2008 年发布的《赤潮灾害应急预案》明确规定：国家海洋行政主管部门负责指导、协调全国重大赤潮灾害应急管理工作，协调相关部委对省市赤潮灾害应急管理工作进行监督指导，研究解决海区和省级赤潮灾害应急工作机构的请示和应急需要。各海区分局也建立了相应的应急工作机构，落实相关责任。海区一级的主要职责为开展本海区的赤潮应急跟踪监测监视和预警报，对省市赤潮应急响应工作提供技术指导、协助，发布本海区赤潮监测预测信息等。

2. 省级层面

在沿海各省级层面，海洋生态灾害应急管理工作由省级政府统一领导，沿海各省（自治区、直辖市）及计划单列市一级（简称省级）海洋厅（局）主要负责开展本省（自治区、直辖市）及计划单列市所辖海域赤潮监测监视及预警报工作，并会同当地相关部门开展赤潮应急响应工作和负责发布本省（自治区、直辖市）及计划单列市赤潮监测预测信息等。

参照《浙江省海洋灾害应急预案》，浙江省海洋灾害的应对体制由指挥机构（省海洋灾害应急指挥部）、办事机构（办公室）和专家咨询机构（专家咨询委员会）组成。其中，省海洋灾害应急指挥部指挥由省政府分管副省长担任，副指挥由省政府分管副秘书长、省海洋与渔业局局长担任，负责特别重大、重大海洋灾害的应急处置，组织领导、统一指挥、全面协调全省海洋灾害的应对工作。省海洋灾害应急指挥部成员由省海洋与渔业局、省军区、省武警总队等单位负责人组成，分别负责相应的预防和处置海洋灾害相关工作。

省海洋灾害应急指挥部下设办公室，负责海洋灾害应急处置的日常工作，省海指部办公室设在省海洋与渔业局，办公室主任由省海洋与渔业局分管领导担任，主要负责海洋灾害应急处置工作的组织、协调、指导和监督，灾情汇集上报，建议启动和终止预案及新闻发布等工作。

省海洋灾害应急指挥部内设灾害应急专家咨询机构——浙江省海洋灾害应急专家咨询委员会（专家咨询委员会），负责研究国内外海洋灾害应急相关领域的发展战略、方针、政策、法规和技术规范，参与制定本省海洋灾害应急体系建设与发展有关政策、法规及各类规划、实施方案，对海洋灾害应急领域重大项目的立项和评审提供意见和建议，以及对海洋灾害突发事件的预防、准备和处置各环节提供技术支撑。

3. 地市级

在地市级层面，海洋生态灾害应急管理工作由市政府统一领导，分工更为细致明确。在《青岛市海洋赤潮灾害应急预案》中，除设置市海洋赤潮灾害专项应急指挥部、市专项应急指挥部办公室（参与领导及单位与省级相似）和专家组以外，还根据灾害一线的实际工作情况，成立了现场指挥部、综合协调组、监测监视组、应急处置组、市场监控组、医疗救治组、评估调查组、经费保障组和新闻宣传组等工作组。

综合协调组由市海洋与渔业局牵头，负责综合协调、督导检查海洋赤潮灾害应急处置工作；组织市专项应急指挥部会议，编发会议纪要；负责市专项应急指挥部内部公文运转、综合文字；做好处置信息调度、汇总、整理、编辑和简报印发，以及资料收集归档工作；负责与上级的信息沟通和协调联络等工作。

监测监视组由市海洋与渔业局牵头，负责动态监测海洋赤潮灾害的面积、位置及影响范围；预报灾害发生海域的局部气象、海况，监测该海域的环境、赤潮生物和赤潮毒素，及时提出气象和海况参数及预测意见；向市专项应急指挥部办公室和专家组报告监视、监测信息。

应急处置组由市海洋与渔业局牵头，负责在技术单位和专家组的指导下，分别对在重大活动海域、重要渔业海域、海水资源利用区、旅游度假区、海洋保护区、海水浴场等重点海域发生的赤潮灾害，实施相关的减灾处置工作；对在重大活动期间发生的重点海域赤潮灾害，经专家会商确需实施应急消除的，协调组织灾害发生沿海区市政府、有关部门（单位）实施海洋赤潮灾害的消除工作；根据市专项应急指挥部的指令，对发生有毒赤潮的重大活动海域、重要渔业海域、海水资源利用区、海水浴场以及其他直接接触海水的海上运动区或海上娱乐区内及邻近海域，实施封闭管理。

市场监控组由市食品药品监管局牵头，负责监控全市水产品增养殖生产、加工、销售等环节的赤潮毒素。

医疗救治组由市卫生计生委牵头，承担有毒赤潮中毒人员及发生伤病的参与处置人员的医疗救治工作。

评估调查组由市海洋与渔业局牵头，负责分别对海洋赤潮灾害所造成的渔业资源损失、水产养殖损失、滨海旅游损失、人体健康影响、出口水产品损失等社会经济损失情况进行调查、取证和评估；当海洋赤潮灾害发生与突发性环境事件有较明显关联时，组织对海洋赤潮灾害发生的主要原因进行调查、取证、资料收集，并就事故的原因提出分析结论和处理建议。

经费保障组由市财政局牵头，负责安排应急行动所需经费，及时拨付经费并监督使用。

新闻宣传组由市委宣传部牵头，负责把握全市海洋赤潮灾害应急处置工作宣传导向，及时协调、指导媒体做好海洋赤潮灾害信息发布、应急处置工作的宣传报道。

4. 区县级层面

区县级层面的海洋生态灾害应急管理工作体制基本沿袭自地市级，在此不再赘述。与地市级体制的差别在于，区县级需充分发挥基层行政组织如乡镇政府、街道办事处等的作用，强调在得到灾害预警的第一时间及时高效地将信息传递到养殖户、度假村、海水取水企业等处。如在《象山县赤潮灾害应急预案》中明确指出了“有关镇（乡）政府、街道办事处、单位负责所在区域赤潮防治工作，立即通知有关单位、人员做好赤潮防治工作”等相关内容。

（二）管理机制

海洋生态灾害应对机制可以按照灾害发生的时间先后划分为4个阶段，分别为准备阶段、预防阶段、应急响应阶段和恢复重建阶段。第一阶段：准备阶段，主要是灾害发生前建立应急预案和制定应急法律；第二阶段：预防阶段，主要是对海洋生态灾害进行监测预报，研发先进的预报技术以及建立灾害信息网络系统；第三阶段：应急响应阶段，是灾害发生后的应急组织和应急处理，应急组织包括各部门的角色分工以及组织结构设计，应急处理包括全员参与及协调控制；第四阶段：灾后评估阶段，是对灾害应急效果进行评估，总结应急经验，进一步总结完善应急对策。流程详见图10-1。

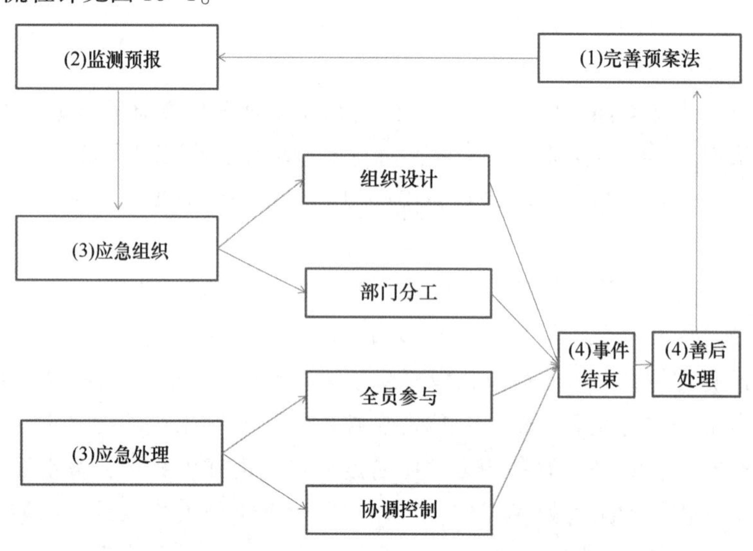

图10-1　中国海洋灾害应急管理流程

不同的灾害类型其预警启动标准和级别警报发布方式都是不同的。以赤潮为例，按照赤潮灾害发生的影响范围、性质和危害程度，赤潮灾害分为特别重大赤潮灾害、重大赤潮灾害、较大赤潮灾害和一般赤潮灾害四级，赤潮灾害应急响应也相应分为一级应急响应（特别重大）、二级应急响应（重大）、三级应急响应（较大）和四级应急响应（一般）四级。当赤潮发生时，各单位或者个人应及时向同级或当时所能送达信息的海洋行政主管部门报告赤潮发生信息。该海洋行政主管部门可直接委派（所属）海洋环境监测机构或海监队伍赶赴赤潮发生海域，确认赤潮发生信息，也可通知赤潮所在海区或省级海洋部门，由其负责赤潮信息现场确认。赤潮信息一经确认，随后的赤潮应急处置将根据赤潮面积、毒性和造成的影响，分四级予以处置。当赤潮达到四级应急响应条件时，采取以下措施：①获知现场确认信息的海洋行政主管部门在24 h内通报海区和省级海洋行政主管部门。根据赤潮发生于近岸以外或近岸等不同海域，分别由海区或省级海洋行政主管部门启动本级赤潮灾害应急预案。②海区或省级海洋行政主管部门应及时开展管辖海域赤潮应急监测及预警报工作，会同有关部门采取应急响应处置措施。及时将赤潮监测预测信息和采取措施情况报告国家海洋行政主管部门及同级人民政府，并通报同级有关部门。当赤潮灾害可能危及其他海域时，赤潮发生海域的省级海洋行政主管部门应及时将赤潮信息通报有关省级海洋行政主管部门。③根据赤潮发生情况和应急需要，海区或省级海洋行政主管部门应及时组织应急专家赴赤潮灾害现场，为赤潮灾害应急监视监测、分析预测和防治提供技术咨询和建议，开展相关应急研究。④灾害结束后，海区或省级海洋行政主管部门应及时组织开展赤潮灾害评估工作，并报上级海洋行政主管部门。

当赤潮达到三级应急响应条件时，在采取四级应急响应措施基础上，还应采取以下措施：①在 12 h 之内以传真形式通报国家、海区和省三级海洋行政主管部门；②赤潮信息通报海洋主管部门，并通报同级环保、渔业、旅游、卫生、质检、工商、交通等相关部门，频率不小于 1 次/2 d。

当赤潮达到二级应急响应条件时，在采取三级应急响应措施基础上，还应采取以下措施：①在 6 h 之内以传真形式通报国家、海区和省三级海洋行政主管部门。②信息报送频率不少于 1 次/d。

当赤潮达到一级应急响应条件时，在采取二级应急响应措施基础上，还应采取以下措施：①在 3 h 之内以传真形式通报国家、海区和省三级海洋行政主管部门。②信息报送频率不少于 1 次/d。③必要时，国家海洋行政主管部门可组织国务院有关部门成立联合督查组，赴赤潮发生影响地开展联合督查，确保实现对赤潮发展动态的有效监控，最大限度地减低赤潮对养殖业带来的损失，防止受赤潮毒素影响的水产品流入市场，保障人民群众生命安全，稳定民心。

赤潮信息实行统一管理，分级发布制度，由国家和省级海洋行政主管部门分别负责全国和各省（自治区、直辖市）及计划单列市赤潮信息发布工作的管理。通过广播、电视、报纸、电信等媒体向社会发布赤潮信息须经以上部门许可。

六、我国海洋生态灾害管理业务体系

我国正稳步推进海洋生态灾害应急管理业务体系建设，强化监测预报体系，健全应急处置业务体系，规范调查评估体系及灾后重建业务体系，初步实现对海洋生态灾害全过程的有效应对、控制和处理。

（一）监测预报业务体系

在海洋监测设备技术提高的基础上，我国逐步建立起海洋监测台站、浮标、调查船、卫星遥感及航空遥感等组成的海洋环境立体监测网络。我国海洋生态灾害监测预报是由国家海洋局指导建设，国家海洋环境监测中心、海洋环境监测站、海洋环境预报中心、卫星海洋应用中心等单位构成（汪艳涛等，2015）。

国家海洋环境监测中心、监测站和卫星海洋应用中心通过物理技术、化学技术、生物技术、遥感技术及数学模型技术等方法对特定海域进行定点和定时监测，并将监测结果反馈到预报中心，预报中心根据灾害等级，选择不同预警启动标准。在各级海洋灾害应急机构的协调下，体系中各个部门相互配合，共同在海洋灾害的观测监视、预报预警方面发挥其该有的作用。

（二）应急处置业务体系

海洋生态灾害应急响应业务体系由国家海洋局指导建设，灾害发生地市海洋局为责任单位，由海洋减灾中心等单位提供技术支撑。

我国海洋生态灾害应急救援体系包括应急救援队伍和应急救援物质保障两个方面。在应急救援队伍方面，主要有专业的应急救援队伍和其他应急救援队伍。其他应急救援队伍有社会团体、企事业单位以及志愿者、社区以及军队武警等。要保证海洋生态灾害应急管理过程中人力充足，能够达到长时间应急响应的要求。在应急物质保障方面，建立了海洋生态灾害应急物资储备、调配网络，并且建立了相关检测装备、救援物资和药品的市场监控体系，保障应急物资的大量储备，防治灾害发生后物质缺乏的危机。

当海洋灾害突发时，通过完善的海洋灾害应急管理体系能够使各社会主体有效有序地开展各种海洋灾害的应对措施，当地政府部门担当管理机构，负责在灾害发生的第一时间组织起各社会主体，按照灾害管理政策下达各种救灾指令，保证抗灾工作稳定有序开展，尽最大可能保障人民群众生命财产的安全，最大程度减少海洋灾害所造成的损失。此外，制定科学合理的海洋灾害应急管理政策可使灾害应急管理的各个主体，如政府部门、公众和社会团体等开展的抢险救灾行动规范合法，资源优化分配，争取用最低的成本取得最好的成绩。而针对不同海洋灾害的具体应急措施取决于灾害的种类和级别，如果想要开展有效合理的灾害应急管理工作，就要保证这些针对海洋灾害不同特点的应急预案在政策上得到认可（崔佳峦，2015）。除以上方面外，海洋灾害管理政策还提出专门设立一个调节机构，负责协调各职能部口在应对灾害过程中各方面的需求与利益，具体包括技术、信息、工作进程、物品和资金等方面的调节。在我国，由国家海洋局应急办公室担任该协调机构，专门负责海洋灾害应急管理工作中有关职能部门各方面的协调工作，保证应急工作合理高效地开展。

（三）调查评估体系及灾后重建

海洋生态灾害调查由国家和各省级海洋环境预报中心与海洋减灾中心负责实施。主要是对海洋生态灾害发生的原因、灾害大小、造成的损害情况、监测预报的效果、救灾行动的速度、减灾效果等做出详细调查，分析哪个环节存在弊端。调查完成后，要做出灾害应急经验总结，编制灾害调查评估报告，并将其上交备案。海洋生态灾害评估还涉及对应急管理组织的绩效评估，看各部门在监测预报、应急响应、紧急救援过程中是否协调一致、紧密配合，各部门是否充分利用了各部门的资源、发挥了各部门的优势，以及各部门是否存在本位主义，条块分割现象。根据评估结果及时找出存在的问题，有利于应急管理水平的提高，并且可以防止渎职现象的发生，加强部门间的合作协调管理，考核相关部门的业绩，提高政府人员参与应急管理的热情，更好地达到防灾减灾的效果。

灾后重建的主要过程包括：①政府根据海洋生态灾害应急管理政策规定的灾害结束标准，宣布海洋灾害危机解除，停止灾害应急工作；②救灾机构根据海洋灾害应急管理政策给出具体的灾区恢复和重建方案。

七、我国海洋生态灾害管理优化策略

（一）优化我国的海洋法律体系

我国应该建立相应的政策法规来完善我国的海洋法律体系，根据海洋生态灾害的应对方法，不断优化，建立起我国的海洋生态灾害管理法。围绕海洋生态灾害管理法对较笼统的海洋生态灾害管理政策进行有效的细化、分解，建立相应法规。对于不同法规之间权利和义务进行有效的划分，解决各部门之间的矛盾。法律法规的制定应该以保证人们的生命财产安全为前提，减轻海洋生态灾害造成的伤亡损失，同时利于海洋经济健康发展，符合我国的可持续发展的政策，保证社会团结稳定。地方法规是我国海洋生态灾害管理法律体系中的一环，健全地方法规必不可少。对于海洋生态灾害的管理，从中央到地方都应该有相应的政策，对于不同级别的行政管理，应该有不同的管理措施。

（二）促进政策主体多元化、加强政策落实监督

海洋生态灾害的应急管理很复杂，需要调动各方的力量进行工作。在国家层面上，应有专门的机构和人员负责灾害的监管工作和信息的汇总和发布，是应对海洋生态灾害的主要职责部门。在地方层面，各个地区也应依据国务院的要求，设置自己的应对海洋生态灾害的应急机构，来配合上层部门信息的发布和工作的安排和布置。通过上下部门的协调配合，提高我国应对海洋灾害的能力，做到权责明确、分工具体，保证各项资源的优化巧置。面对灾害的时候，做到有序抗灾，高效抗灾，将海洋灾害造成的损失降到最低点。

由于政府机关特别是一些地方政府过度利益化，而缺乏对海洋灾害防御的重视，缺乏防范意识，防灾和减灾工作做得很不到位。这就需要上级领导部门加强监管，确保政策落到实处，同时还要在政策制定方面进行积极的引导，确保地方政府关于海洋灾害的应急和防范机制的逐步完善。

（三）完善应急管理预案体系

加强各级应急预案制定是完善我国海洋灾害应急管理预案体系的最重要的环节。在国家层面，国家应对《国家突发公共事件总体应急预案》等海洋灾害相关预案进行实时的立、改、废工作，并针对各个类型的海洋生态灾害制定专门的预案。在地方层面，各级政府应结合本地方实际情况，针对专门的海洋灾害制定相应的预案，以法定形式把各级政府的灾害应急预案加以确认。同时，各级政府要不断对预案根据实际情况的变动进行实时更新。

制定海洋灾害应急预案，还须完善海洋预案演练机制。通过调查与信息分析，设计解决问题可能性的方法，进一步研究与确定海洋灾害发生后的可能结果、行动计划等，并且必须组织好预案的演练、演习。预案演练机制，可以提高应急管理组织和人员的工作能力，增强管理者对预案以及灾害应急管理的重视程度，验证预案的实用性，对于预案存在的漏洞或者是与现实中不适应的部分可以进行调整，确保应急措施及时、规范、适度。同时，应急演练还可以提高社会对海洋灾害的重视程度，增强社会舆论，帮助群众克服灾害恐惧心理，增强其对政府的信心，提高其应对突发海洋灾害的能力，以达到挽救生命、安定社会、减少损失的目的。

（四）扩大标准体系覆盖范围

在国家海洋局发布的《2017 年度海洋制修订计划项目标准重点需求》中，以下行业标准被提上日程，《绿潮监测与评价标准》《褐潮监测与评价标准》《生态灾害风险及损失评估标准》《海洋灾情统计规范》《海洋灾害承灾体调查技术规程》《赤潮灾害经济损失调查和评估指南》《浒苔绿潮灾害经济损失调查和评估指南》《海洋灾害风险制图规范》《海洋减灾标准图示图例》。又在《2018 年度海洋制修订计划项目标准重点需求》中将《绿潮监测技术规程》《绿潮漂移预测预报技术指南》《海洋灾害调查技术规程　第 3 部分：赤潮》《海洋灾害调查技术规程　第 4 部分：绿潮》《海洋灾害灾情统计　第 1 部分：基本指标》等标准提上日程。我国相关单位和机构正在努力查缺补漏，为建立更加完善的海洋生态灾害管理标准体系努力。

（五）确立属地管理原则

属地管理原则是指灾害发生的地方政府首先应对、及时处理、正确善后的第一责任人，应急事件的发生、扩大、处理的情况与该政府的作为密切相关。由此可知，如果不赋予灾害发生地政府足够的应急管理权限，则一旦发生危机，该政府往往不能及时采取最有效的措施，而是请示上级或者有关部门，这样就导致了最宝贵的危机处理时间被浪费。因此，我国对于海洋生

态灾害应急管理必须确立属地管理原则，将责任主体与相应管理权全部赋予当地政府，以便更为合理便捷地处理管辖内的事务。出现重大突发事件，地方政府必须及时根据预案马上动员或调集资源进行处理，以最小的损失、最低的成本妥善处理好危机事件。各地方结合实际明确应急管理的职责，切实做好海洋生态灾害应急管理工作。

（六）组织建立高效的协调机构

须尽快建立危机管理综合协调部门，并制定协调部门的工作机制、运行制度，同时，从法律方面给予协调机构足够的保障，使我国海洋应急管理机制整体上有法可依、有法可保。直接领导特大和重大应急管理的机构是国务院，国务院是我国海洋生态灾害应急管理的总负责人和总设计师，负责常态管理。但是，如果应急管理仅依靠国务院是远远不够的，各层级各部门之间的应急管理工作还需要有一个专门机构来处理应急管理事务，协调各个部门工作，解决各部门各自为战、力量不集中等问题，增加政府的应急管理效率。

（七）完善业务布局

强化监测、评估与修复业务布局。进一步健全国家（海区）—省级（中心站）—市级（海洋站）—县级四级监测评估业务布局，优化监测评估机构功能定位，充分发挥中心站、海洋站和市、县级监测评估机构的区位优势和基础作用。在监测评估力量薄弱区域科学选址新建一批海洋站，加快在开发力度大、污染严重海域推进县级监测评估机构建设，填补业务布局空白。做好海洋站的分类建设，提升海洋站常规监测和快速应急能力，着重强化中心站重金属、有机污染物、海洋生物分析鉴定及实时在线监测能力建设。构建灾后恢复重建业务体系，在法规、政策、预案的制定过程中，充分考虑灾后恢复重建方面的内容，将灾后恢复重建提升到与灾害风险防范和应急响应同等重要的地位上来，通过建立完善的技术方法、制定相关技术规程的方式加以落实。

建立统一高效的海洋生态灾害信息系统，及时向各级、各部门传递灾害的综合信息，利于各级应急机构迅速做出反应，正确决策，及时采取应急措施。建立全国性的海洋生态灾害数据库，以遥感、遥测数值记录、自动传输为基础，建立空、地、人的立体监测网和综合信息处理系统。建立高效的应急技术系统，利用现代高新技术提升灾害应急管理能力，将科技的作用运用到防灾、减灾过程中。

（八）健全群策群防机制

首先，应通过大众传媒，发动民间志愿者以及网络公共平台等方式，从加强海洋生态灾害方面的教育入手提高民众的参与意识；其次，政府应该借鉴民间组织的理论，用于海洋生态灾害应急管理中来，使其成为海洋生态灾害管理机制的有机组成部分。此外政府可以建立相关的中国志愿者协会，及时对志愿者进行相关技能与管理的培训，在海洋生态灾害发生后，将志愿者作为防灾减灾的一支重要队伍，增强其自治性和社会性，组织其积极投入到海洋生态灾害应急管理中去，发挥志愿者的巨大作用。

八、我国海洋生态灾害管理案例——2018 年黄海浒苔绿潮灾害防控

2007 年以来，黄海浒苔绿潮连续发生，并呈现规模大、危害重、持续时间长等特点，对沿海景观、生态环境、渔业生产和滨海旅游造成严重影响，已成为江苏、山东沿海地区生态文明建设和可持续发展的制约性因素。国家海洋行政主管部门会同国务院有关部门和地方各级政府科学、有序、有效地开展浒苔处置各项工作，形成了灾前工作部署与预案制定、灾中预警监测与应急处置、灾后资源化利用与损失评估的灾害全链条联防联控管理机制，降低了沿海经济损

失，保证公众安全，特别是为2018年6月青岛上合组织峰会的召开提供了生态安全保障，为海洋生态灾害的管理提供了具有中国特色的案例。下文将以2018年青岛浒苔绿潮灾害防控全过程为例，进行详述。

（一）灾前管理——工作部署与预案制定

从2018年5月起，自然资源部即开展了应对浒苔绿潮的相关工作部署，出台了《自然资源部保障2018年青岛上合组织峰会浒苔绿潮联防联控工作方案》。该方案规定，此次联防联控工作的主要目标是进一步强化多部门多区域联合参与的浒苔绿潮灾害联防联控工作机制，实现区域间统一指挥、协同配合、信息共享；加强浒苔绿潮跨区域监视监测、预测预警，实时掌握浒苔绿潮发生发展趋势，做到早发现、早预警、早监控；强化责任海域应急处置，构建多层次浒苔绿潮拦截打捞防线，做到提前处置和有效控制；规范信息报送，统一信息发布；为上合组织峰会顺利举行提供海洋环境保障。

峰会前期和峰会期间，重点做好以下4项任务。

1. 完善工作机制

自然资源部会同两省一市人民政府进一步加强和完善跨区域浒苔绿潮联防联控工作机制，成立2018年青岛上合组织峰会浒苔绿潮联防联控领导小组，指导、协调、监督浒苔绿潮灾害应急处置工作。领导小组下设办公室，设在预报减灾司。成员单位与职责如下。

山东省海洋与渔业厅：负责建立辖区内应急管理工作机制，组织制定、实施浒苔绿潮灾害应急处置工作方案，组织青岛市、日照市开展浒苔绿潮拦截打捞和资源化利用。

江苏省海洋与渔业局：负责建立辖区内应急管理工作机制，组织制定、实施浒苔绿潮灾害应急处置工作方案，组织开展浒苔绿潮早期治理、拦截打捞和资源化利用。

青岛市海洋与渔业局：负责建立辖区内应急管理工作机制，组织制定、实施浒苔绿潮灾害应急处置工作方案，组织开展浒苔绿潮拦截打捞和资源化利用。

北海分局：负责辖区浒苔绿潮监视监测、预测预警；组织开展浒苔绿潮监测预警会商，并向两省一市通报结果；负责黄海浒苔绿潮工作信息汇总及上报。

东海分局：负责辖区浒苔绿潮监视监测、预测预警，参与浒苔绿潮监测预警会商。

国家海洋环境监测中心：参与浒苔绿潮监视监测。

国家卫星海洋应用中心：参与浒苔绿潮监视监测。

自然资源部第一海洋研究所：参与浒苔绿潮监视监测、预测预警。

自然资源部海洋减灾中心：负责浒苔绿潮灾害损失调查和影响评估。

2. 做好监测预警

1）监视监测

北海分局会同东海分局、国家海洋环境监测中心、国家卫星海洋应用中心，利用多源卫星数据，每日对南黄海海域进行大范围监测，针对苏北浅滩和青岛近岸等重点海域采用高分辨率卫星，进行重点监测。

开展常态化船舶监测，北海分局和东海分局各安排至少1艘监测船舶，每日对辖区12海里以外海域开展巡航监视；两省一市海洋部门安排监测船舶对12海里以内海域开展巡航监视，必要时应增派船舶对重点海域加密监测。

北海分局和东海分局采用海监飞机监控重点海域浒苔绿潮分布情况。两省一市海洋部门每天对重点区域开展陆岸巡视。

2）预测预警

北海分局会同东海分局和第一海洋研究所，在浒苔绿潮发生发展关键节点，及时开展趋势预测，对浒苔绿潮规模、漂移趋势、影响青岛海域时间和程度等进行综合研判。

北海分局和东海分局每日开展本海区浒苔绿潮分布范围和浒苔斑块精细化漂移预报，制作浒苔绿潮斑块漂移路径、建议打捞区域等针对性预测预警产品，为科学调度船只拦截、打捞、清理浒苔绿潮提供信息和决策依据。在浒苔绿潮漂移关键区域优化完善海洋和气象环境观测站点，实时获取海况信息，提高预测预警的准确度。

3）信息通报

两省一市海洋部门、部属有关单位每日将浒苔绿潮监视监测预测预警信息报送北海分局；北海分局汇总后及时组织会商，研判浒苔绿潮发展情况，制作黄海浒苔绿潮综合分布图和预测预警产品，通报两省一市海洋部门。

3. 做好浒苔应急处置

山东省负责完善辖区内浒苔绿潮处置工作机制，切实做好省际、市际协同处置工作。组织青岛市、日照市设置多层次防线，做好浒苔绿潮拦截打捞、岸滩清理和资源化利用。

江苏省负责完善辖区内浒苔绿潮处置工作机制，按照“抓早抓小”原则，早发现、早处置，做好浒苔绿潮早期防范。进一步加强紫菜养殖作业管理，监督指导科学回收养殖筏架和网帘，有效减少附着浒苔入海。加大力量投入，及时打捞早期浒苔，减小浒苔绿潮后续处置压力。

青岛市负责完善辖区内浒苔绿潮处置工作机制，开展浒苔绿潮拦截打捞、岸滩清理和资源化利用。强化外围海域的打捞拦截，并在重点海湾、海水浴场、滨海风景区等区域加密拦截，及时开展岸滩清理，确保重大活动周边海域不受浒苔影响。妥善处置上岸浒苔，避免二次污染。

海洋减灾中心会同两省一市海洋部门及相关单位做好浒苔绿潮灾害损失调查和影响评估。

4. 规范信息管理

建立浒苔绿潮监测预警数据集成共享机制，各单位获取监测数据通过“全国海洋突发事件应急管理信息系统”实现有效集成、互联共享。建立统一信息发布机制，规范发布内容、流程、权限、渠道等，及时准确发布浒苔绿潮信息，提高政府环境信息发布的权威性和公信力。

峰会保障期间，两省一市海洋部门、东海分局每日 15：00 前向北海分局报送当日监测预警和应急处置等相关工作信息，北海分局汇总后，于 16：00 前报领导小组办公室。

为应对 2018 年浒苔绿潮灾害，山东省依次在鲁苏海域分界线、青日海域分界线、峰会海域外缘和峰会可视海域设置了 4 道防线，日照负责第一、二道防线，青岛市负责第三、四道防线，实施严防死守。青岛市根据 2016 年印发的《青岛市海洋大型藻类灾害应急预案》，对浒苔绿潮应对的组织指挥机制、监测方式方法、预警级别的划分和应急处置方式等进行了具体的规范，威海等地市和乳山等县市也分别印发了各级浒苔应急处置专项预案。

（二）灾中管理——预警监测与应急处置

2018 年浒苔绿潮最早于 4 月 25 日由船舶在江苏南通海域发现零星浒苔。5 月 9 日，卫星在江苏盐城海域发现零星浒苔。期间浒苔生长繁殖并向北漂移，5 月 26 日，浒苔越过 35°N 线进入山东海域。其后，在风和海流的共同作用下向偏北方向漂移，漂移过程中分布面积和覆盖面积逐渐扩大，且绿潮前锋向青岛近岸逼近。5 月 29 日，零星浒苔进入青岛南部海域，并于 6 月 15 日前后影响青岛近岸海域。北海分局自 6 月 19 日起启动绿潮Ⅲ级应急响应（黄色）。6 月 20 日前后，浒苔绿潮先后在青岛市、日照市、海阳市、乳山市、文登市及荣成市登陆上岸。6 月 29 日浒苔绿潮分布面积和覆盖面积达到最大，分别为 38 046 km^2 和 193 km^2。7 月 2 日，北海分局启动绿潮Ⅱ级应急响应（橙色）。7 月下旬浒苔进入消亡阶段，其分布面积和覆盖面积迅速减小。8 月 13 日，绿潮Ⅳ级应急响应（蓝色）警报解除，应急响应停止。

1. 预警监测

1）卫星遥感技术全程跟踪、重点监控

绿潮暴发期间，利用多源卫星遥感手段对黄海浒苔绿潮进行加密监测。通过可见光卫星和合成孔径雷达卫星，高分辨卫星和低分辨率卫星的相互结合，有效地全程监控了浒苔绿潮的发生和发展过程。合计处理卫星影像 362 景，制作《大型藻类卫星遥感（可见光）监测信息快报》157 期，《大型藻类卫星遥感（微波）监测信息快报》58 期。融合多源卫星遥感信息、船舶、飞机、陆岸巡视等现场监测信息和数值模拟信息，共分析制作综合分布专题图 78 期。

2）浮标与地波雷达监测预报

对绿潮漂移重点海域 4 套大型海洋浮标进行检修，增加水质实时在线监测设备；在小麦岛与奥帆中心之间海域增加波浪观测浮标 1 套，在浒苔绿潮漂移关键通道区域，投放表层漂流浮标 16 套，改装绿潮漂流浮标 10 套；在大公岛增加地波雷达 1 套，与原有的 2 套形成组网观测。从 5 月 10 日开始每天根据绿潮监测情况，进行未来 3 d 的浒苔绿潮漂移预测，每天发布绿潮漂移预测简报。

3）海洋站定点监测和陆岸巡视相结合

应急期间，小麦岛、日照、千里岩、乳山、岚山海洋站每天开展 08：00、11：00、14：00、17：00 的定点监视工作，对监测点的风速、风向、能见度、绿潮分布、漂移方向进行监测。小麦岛、日照、乳山海洋站根据应急等级要求开展陆岸巡视工作，对青岛市沿海团岛至石老人海域、日照市沿海两城至岚山海域、乳山市沿海银滩管委至西黄岛进行陆岸巡视。制作发布了《绿潮岸边巡视情况报告》56 期。

开展近岸海域绿潮监视监测与绿潮次生灾害风险监测，重点加强海水浴场及海水增养殖区等区域的监测工作。浒苔绿潮灾害应急期间，有关监测机构累计出动 10 余艘监测船只、20 余辆监测车、40 余名监测人员及百余名志愿监视人员，监测指标主要为海水 pH 值、溶解氧、活性磷酸盐、无机氮、有机碳、硫化物、COD、粪大肠菌群等。

2. 应急处置

1）拦截布防

日照市在万平口、阳光海岸等重点海域设置拦截网 15.9 km，并安排 100 艘渔船做好沿阻拦网打捞准备。青岛市修订完善了 2018 年浒苔拦截网设置方案，采取拦截网抬高加密措施，全面实施“海湾拦截”，首次实现了西起团岛头、东至石老人海域全封闭式拦截，前海一线拦截网长度达 21 km，拦截网设置为历年最多（图 10-2）。市南区在团岛湾、青岛湾、汇泉湾、太平湾、浮山湾和银海湾一带重点海域设置 12 000 m 拦截网；崂山区在麦岛以东至石老人等重点海域设置 8 000 m 拦截网；黄岛区在金沙滩、银沙滩、唐岛湾景区、海水浴场和城市凉台等重点海域设置 20 000 m 浒苔拦截网；即墨市在深海基地和省运会帆船比赛等重点海域设置 11 000 m 浒苔拦截网。威海市在敏感海域及主要河口设置外海拦截网近 30 km。

2）前置打捞

5 月 14 日江苏省派出第一批 20 艘渔船开展浒苔巡查打捞工作，截至 6 月 5 日，江苏省在近岸海域部署了指挥船 18 艘、综合处置平台 1 个（海状元号）、打捞渔船 210 艘，累计出动打捞船 2 035 艘次。

5 月 28 日接到浒苔漂浮已经越过 35°N 线的信息通报后，日照市派出 30 个编队，近 500 艘

图 10-2　浒苔拦截网样式及其拦截效果
资料来源：图片来源于网络

渔船开赴 100 n mile 外漂浮海域进行打捞。面对浒苔漂浮带主体一直向北强力漂移推进的态势，经过连续 15 d 的打捞围堵，其主体北缘被牢牢控制在 35°20′N，延迟了绿潮北进 30 n mile。6 月 6 日开始，由前期重点在 35°N 线附近阻击北上浒苔，转变为全力守卫日青防线。从 6 月 7 日开始，调动 270 艘渔船在 35°28′N 和 35°22′N 沿线海域形成两条东西跨度约 20 余海里的打捞拦截防线，由北向南各清扫海面 5 n mile，在日青防线以南形成了 10 n mile 宽的隔离带。6 月 10 日，派往 35°27′N 以北 117 艘渔船，清扫青岛海面。

青岛市按照浒苔绿潮不进入可视海域的工作目标，将前置拦截打捞线分别扩展至大公岛、竹岔岛连线以南至日青交界海域和青岛前海一线拦截网连线至大公岛、竹岔岛连线海域，对零星分散浒苔使用双网船（浮拖网和攻兜网）进行打捞、对较密集条状带浒苔由攻兜网船为主开展打捞。依托“海状元号”与“海状元 2 号”海上浒苔综合处置平台，构建海上“2+X”打捞模式，海上综合处置平台驻守打捞海域，为打捞船提供卸载保障（图 10-3）。自 5 月 30 日起连续 12 d，320 艘打捞船在大公岛、竹岔岛连线以南至日照青岛交界面积约 3 200 km^2 的海域，自北向南、由近及远一字排开平推、反复开展地毯式搜寻打捞，对零星漏网浒苔紧追打捞。“中国渔政 37601”船在海上现场指挥，“中国海监 4096”船在海上机动指挥，其他执法船只结合工作任务兼顾海上浒苔巡航监视。峰会期间，沿峰会海域安保警戒区预警线外围每隔 1 n mile 布设的浒苔打捞船，坚持 24 h 值守拦截打捞；在预警线外组织双网船队实施机动打捞，全力防控浒苔进入可视范围；增加小型保洁船只、人员加强对浅海重点海域、海水浴场打捞，有效地将浒苔主体外缘线压制在距离近岸 60 km 之外，确保峰会海洋生态环境安全。峰会保障期间，执法船累计巡航 1 776 n mile；出动打捞船约 600 艘次，搜索海域 3.1×10^4 km^2。此外，烟台市投入清理渔船 6 艘，共计打捞 40 d。

3）陆域清理

制定陆上浒苔处置应急预案，建立了常态化陆域浒苔清理机制，配足配强人力物力，加强对重点区域、时段保障，在大风、大浪、大雨、大雾等极端天气和夜晚等渔船不具备作业条件的情况下，增加岸上清理人员、设备和运载车辆（图 10-4）。

在浒苔灾害应急响应期间，青岛、烟台、威海和日照 4 市合计打捞、清理浒苔约 111.1×10^4 t。其中，日照市共投入海上打捞渔船 4 070 艘次，投入人力 6 683 人次（不含船员、司机），机械车辆 4 395 台套，海上打捞浒苔 6.5×10^4 t，岸边清理浒苔 4×10^4 t，共 10.5×10^4 t。青岛市累计出船 3 643 艘次，人员约 6.4 万人次，海上打捞浒苔约 6.7×10^4 t，岸上清理浒苔约 48.8×10^4 t；烟

图 10-3　渔船海上打捞的浒苔就近卸载

资料来源：图片来源于网络

图 10-4　浒苔陆域清理作业

台市累计出动人员 6 307 人次，打捞浒苔约 1.2×10^4 t，清理浒苔约 3.8×10^4 t；威海市累计出动人员约 1.38 万人次，清理处置浒苔约 41.5×10^4 t。

（三）灾后管理—资源化利用与损失评估

1. 资源化利用

面对浒苔绿潮每年暴发渐呈常态化的形势，沿海各市积极提升无害化处置和资源化利用水平，尽力避免次生灾害发生和腐烂藻体对环境的二次污染。其中，青岛市新建娄山河浒苔临时处置场，积极采取摊平晾晒、起陇码垛、喷洒菌剂、消杀除臭等措施，确保满足环保各项指标，累计处置 20.8×10^4 t。青岛海大生物集团开展了浒苔活性成分提取、分离、纯化和微生物工程菌液体深层发酵成套技术的研究和应用，有效提升了浒苔资源化利用效率，产出一级浒苔粉 2 084.9 t，同时产出了高纯度的浒苔多糖 84.2 t、浒苔有机水溶肥 397 t、海藻饲料添加剂 102 t、土壤调理剂 301.5 t，实现了浒苔资源的科学化和高值化利用（图 10-5）。威海市在原有温喜生物科技公司的基础上，今年又引进中恒能生物能源技术有限公司，采用预处理-浒苔青贮-厌氧消化-沼气利用工艺，每天可处理干浒苔 350 t，大大提高了浒苔无害化、资源化处置能力。

2. 损失评估

收集应急管理系统中各单位上报的资料，并通过现场调研、入户调查、无人机等方式开展浒苔绿潮灾害现场调研，了解浒苔绿潮对海水养殖业、滨海旅游业、工业、海上交通运输业、

图 10-5　青岛海大生物集团浒苔烘干处理流水线（左）和各类浒苔资源化利用产品（右）

城市形象、日常生活、海洋生态环境等造成的影响和损失；获取地方政府浒苔绿潮应对投入资料，并将浒苔绿潮清理量、政府应对投入与往年进行对比分析。

1）评估指标

海水养殖：养殖种类、养殖方式、受灾面积、单位养殖面积、死亡率、自然死亡率、生产设施经济损失、人力成本损失等。

滨海旅游：被调查者对浒苔灾害的认知情况、客源地、旅行费用、旅行时间、人口统计变量、对治理浒苔的支付（受偿）意愿、游客满意度、被调查者的基本信息等。

海上交通：多航行的里程、船只每千米油耗量、油价、清理维修费等。

工业取排水：工厂停工天数、日均利润、清理维修费等。

灾害应急管理：预测分析费用、监视监测费用、处置费用、调查评估费用、其他费用等。（林雨霏等，2018）

2）实施过程

（1）准备阶段（6 月中旬至 7 月初）：资料搜集分析，梳理浒苔绿潮灾害影响和损失评估相关情况，编制工作方案和实施方案，调研并确定试点和合作单位。

（2）实施阶段（7 月初至 12 月底）：开展浒苔绿潮灾害损失调查与评估试点工作，由于浒苔暴发期间养殖产品处于生长期，浒苔绿潮灾害对养殖业的损失影响需在下半年陆续收获后才可得知。

（3）总结阶段（次年 1 月上旬至 2 月底）：开展数据核查，编写《2018 年浒苔绿潮灾害灾情分析工作报告》。

养殖业损失信息截至笔者完成此稿时尚未完全获取，年度损失情况尚未得知。总体来看，2018 年黄海浒苔绿潮规模与 2017 年大致相仿，预计 2018 年因浒苔绿潮造成的经济损失为 10 亿元左右。

（四）2018 年黄海浒苔绿潮灾害防控管理经验

1. 推进生态综合治理工程

浒苔绿潮的暴发与水质富营养化、近海养殖活动等密切相关。纵览国际上类似绿潮灾害的成功防控事例，无不是通过采取综合性的生态治理工程有效遏制绿潮发生态势。应在国家层面统筹谋划，实施浒苔绿潮生态综合治理计划，强化入海污染物控制，优化水产养殖活动，进而改变孕灾环境和致灾条件，从根本上避免浒苔绿潮的持续暴发。

2. 进一步提升处置能力

要投入引导性资金支持应急处置装备和技术研发，优先研究陆域浒苔清理装备和技术、浒苔无害化处理技术等。鼓励企业加大投入，投资研发陆域浒苔清理技术与装备，提升浒苔绿潮清理效率，减少不当操作对环境的二次伤害。支持企业投资研发资源化利用技术，做大浒苔资源化利用产业链，形成从低端产品到高端产品的生产线，重视高附加值的产品研发，同时帮助该类企业加强市场宣传和推广，促进浒苔绿潮资源化利用产业健康可持续发展（周健等，2018）。

3. 加强精细化减灾工作

要在开展浒苔绿潮对养殖生物致灾机理研究的基础上，确定需要重点监测的关键指标与参数，系统试验有关技术方法，归纳分析实践结果，摸索出一整套适用于海水养殖等行业的减灾措施体系，促进浒苔绿潮减灾工作逐步向精细化迈进。

第二节　国外海洋生态灾害管理

从世界范围来看，建立专门的海洋灾害应急管理决策和协调机构已成为各国的普遍做法。国外中央政府应急管理大体上可分为 3 种模式：美国模式、日本模式和俄罗斯模式（王凌志等，2012）。美国模式的总特征为“行政首长领导、中央协调、地方负责”，澳大利亚和英国也均属于此模式；日本模式的总特征为“行政首脑指挥、综合机构协调联络、中央会议制定对策、地方政府具体实施”；俄罗斯模式的总特征为“国家首脑为核心、联席会议为平台、相应部门为主力”。下文中将就以上 3 种模式进行叙述，并结合其他国家海洋生态灾害管理实例与国际组织的作用对国外海洋生态灾害管理模式进行详细介绍。

一、美国

（一）管理体系

美国的海洋生态灾害应急响应框架囊括在自然灾害应急响应框架中，采用的是国家—州政府—市政府的三级管理体制，应急救援一般遵循属地原则和分级响应原则（黎健，2006）。其特征可以概括为“行政首长领导，中央协调，地方负责”。美国政府在 1979 年创设了美国联邦应急管理署（FEMA，Federal Emergency Management Agency），FEMA 在全国设立了 10 个应急管理分局，为所有的防灾与减灾的主要负责机构。联邦应急管理署的中心任务是保护国家免受各种灾害，减少财产和人员的损失。这些灾害不仅包括一些人为的灾难，也包括飓风、地震、洪水、火灾以及赤潮等灾害。2003 年 FEMA 与海岸警卫队、移民和归化局、海关总署等 22 个政府机构合并，共同组建国土安全部。原来的联邦应急管理署更名为“应急预防响应局”，成为国土安全部的 4 个主要分支机构之一。该局主要职责是通过应急准备、紧急事件预防、应急响应和灾后恢复等全过程的应急管理，领导和支持国家应对各种灾难，保护各种设施，减少人员伤亡和财产损失。

除了处于第一层次的联邦应急机构外，处理各种灾害问题的主要责权在州一级，并且可通过专门授权，向州属各城市分权。州政府主要负责制订州一级的应急管理和减灾规划，运用税收和增加公益金的手段从事广泛的灾害管理活动。同时，各个州政府建立州级的应急处理中心，在灾害发生时监督和指挥地方应急机构开展工作。地方政府（主要县、市级）承担灾害应急一线职责，具体组织灾害应急工作。根据灾害应急管理职责和运作程序，由灾害发生或可能发生地的政府首先开展灾害应急工作，当灾害发展到超过其应急管理权限和应对能力时，逐级报上一级政府负责接管灾害应急工作。由此，美国产生了一个“完善法律、预防在先、适度集中”

的突发事件管理机制。从应对海洋灾害的实际效果来看，该体制很好地实现了各种力量的有效调度和相互配合。

（二）预警体系

美国国家海洋与大气管理局（NOAA）是各类海洋灾害（包含海洋生态灾害）预警的核心机构，主要负责海啸、海冰、风暴潮、赤潮等海洋灾害预报的管理。在海洋灾害预警技术、预警机制，以及与应急管理机构的高效协作方面，都堪称典范。

综合海洋观测系统（IOOS）就是其中重要的平台（图 10-6）。综合海洋观测系统由 NOAA 牵头，是由美国海军研究局、国家科学基金会、国家航空航天局（NASA）、地质勘探局、能源部（DOE）、海岸警卫队（USCG）、陆军工程师兵团（USACE）和国家环境保护局等 17 家机构共同参与的跨部门综合性海洋观测系统。综合海洋观测系统以海洋表层和海水上层的观测、数据管理与供应为主要职能，在全美建立了近 700 个国家级观测平台和 254 个地区级观测平台。综合海洋观测系统具有明确的应用性质，针对赤潮、海洋生态、海平面与表层流开展观测研究，为气候环境与渔业资源等国家目标服务，支持经济发展与环境安全相关决策。

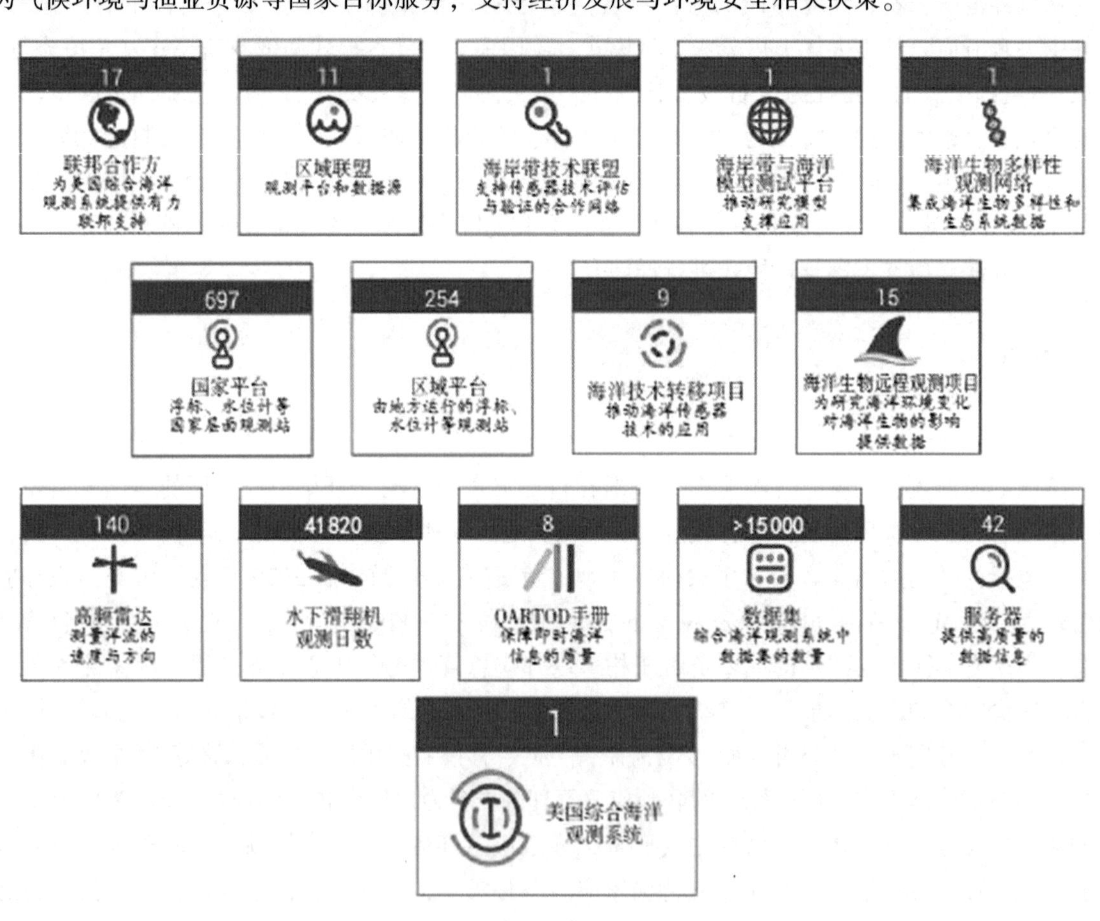

图 10-6　美国综合海洋观测系统

美国还建立世界最先进的赤潮监测预报管理系统（Harmful algal blooms observing system, HABSOS）（图 10-7）。2004 年 10 月，美国在墨西哥湾和佛罗里达沿海建立了赤潮监测、预报系统，通过卫星追踪、现场取样和生物物理建模相结合提供近岸海域可能发生赤潮的轨线。美国的赤潮预报由国家海洋中心的海洋产品与服务操作系统管理。以咨询通报的形式提供赤潮信息以及评价当前赤潮的规模是否有必要进一步取样、监测。咨询通报经政府部门和大学监测程序收集的在各观测站的数据、政府和商业卫星观测的叶绿素浓度的影像信息以及现场数据后，经

专家分析、整合以确定赤潮藻在现今和未来的位置和密度，然后以赤潮通报的形式由国家和地方的管理部门发布，并每周在互联网上

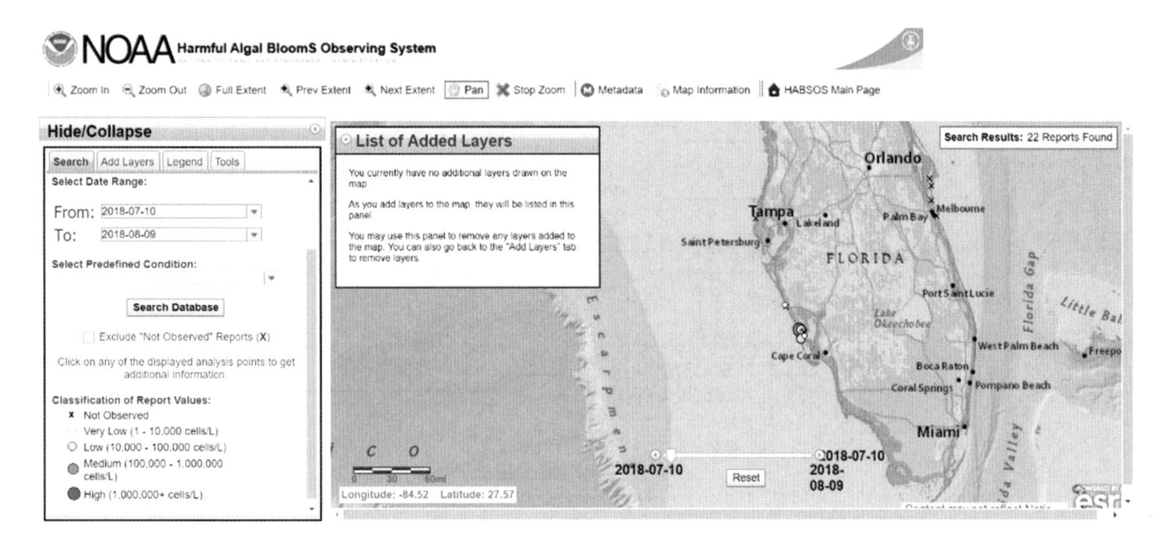

图 10-7　HABSOS 系统

（三）应急响应体系

在包括海洋生态灾害在内的灾害应急管理机制方面，美国现已形成了以国土安全部为中心，下分联邦、州、县、市、社区 5 个层次的应急和响应机构（图 10-8）。当地方政府的应急能力和资源不足时，州一级政府向地方政府提供支持。州一级政府的应急能力和资源不足时，由联邦政府提供支持。一旦发生重特大灾害，绝大部分联邦救援经费来自该局负责管理的“总统灾害救助基金”，但动用联邦政府的应急资源，需要向总统作出报告。这些应急计划和预案一般都对应急反应的目标、范围、框架、组织、权责、政策、调动、指挥、实施等做出了规定和安排，并在不同程度上涉及政府、私人部门和民间志愿组织应对紧急事件的准备、反应、恢复和减灾的具体分工和安排，部分应急计划和预案相互间存在一定的联系。

美国把海洋生态灾害应急管理措施具体分为减灾措施—灾前准备—应急响应—灾后重建 4 个环节：①减灾措施主要指联邦和地方政府通过制订一些减灾计划和措施，以减少和预防灾难的损失；② 灾前准备主要包括提供各种技术支持，建设灾害监测预警系统，建立灾害服务信息迅速传播的平台和工作机制以及开展灾害应急知识培训、灾害应急演示、防灾科普教育等；③应急响应主要指灾害预计发生或已发生时，通过政府的组织管理，努力并及时调配资源紧急应对灾害，主要包括协调各级政府、各个部门进行救援，组织人员紧急转移，加强灾情的评估及预测，迅速、科学地评估灾害影响程度，紧急调配设备、队伍、资源应对灾害等；④灾后重建包括对灾后受害者提供紧急的临时性安置建设，根据灾情及时提供救灾资金，进行灾后重新规划、恢复重建，进行各种灾后保险赔偿等（隋广军和蒲惠荧，2012）。

（四）法律和政策体系

美国一贯重视通过立法来界定政府机构在灾害管理中的职责和权限，理顺各方关系。美国已先后制定了上百部专门针对自然灾害和其他紧急事件的法律法规，且经常根据情况变化进行修订。1950 年制定并经 1966 年、1969 年和 1970 年多次修改的《灾害救助和紧急援助法》，是美国第一部与应对突发灾害事件有关的法律，规定了联邦政府的救援范围及全面协调预警、防灾、减灾、紧急管理、恢复重建等工作。针对不同灾害和状况，美国还制定了《全国洪水保险

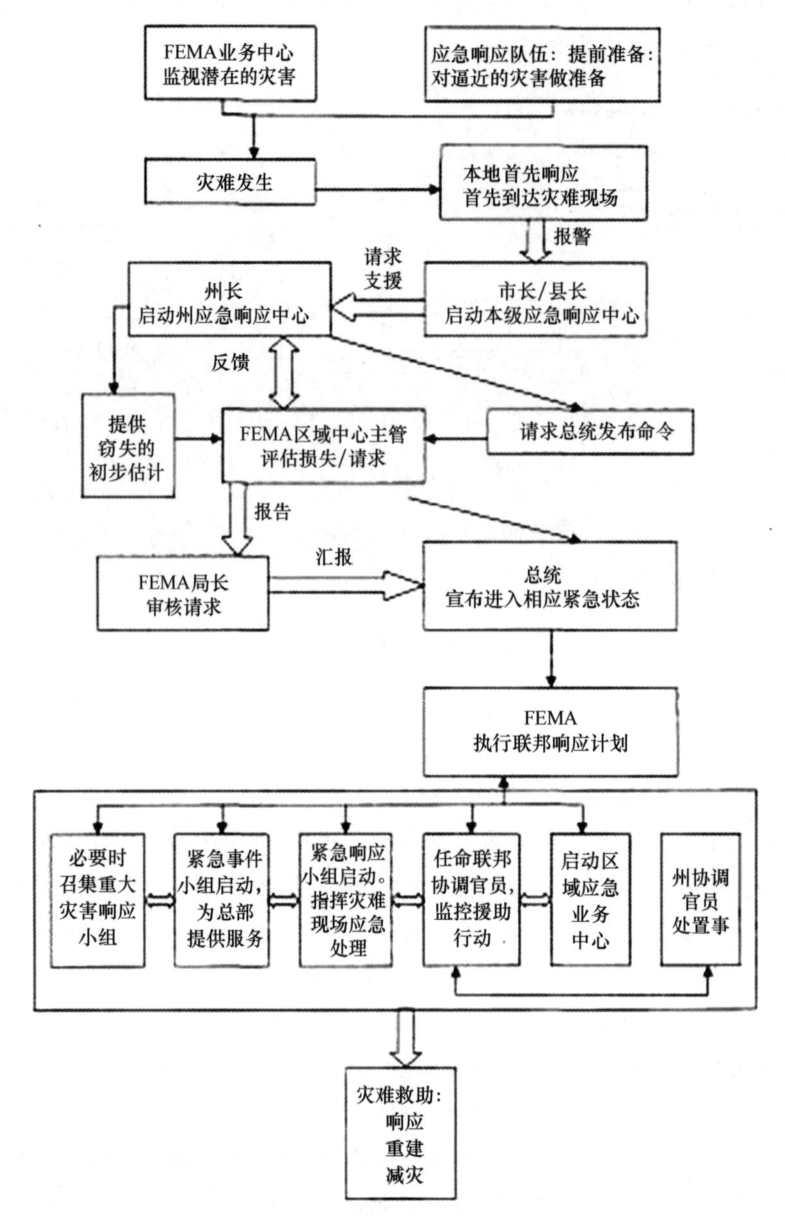

图 10-8　美国国家灾害反应体系

法》《斯坦福灾难救济与紧急援助法》《公共卫生安全与生物恐怖主义应急准备法》和《综合环境应急、赔偿和责任法案》等法律并在各地方政府也制定了相关的法规。这样通过议会立法和总统行政命令，以及地方性法规就形成了比较健全的应急管理法律体系。针对海洋生态灾害方面，在赤潮灾害防治上，美国颁布的《有害藻华和低溶解氧研究与控制法（1998）》对赤潮预报机制高效运行提供了法律保障。美国国会于 2004 年对该法进行修订，它是目前最完善的赤潮预警、监控和科学研究的单行性法律。

美国在半个世纪前便制定了国家层面的综合海洋政策。1966 年，美国时任总统约翰逊成立了海洋科学、工程和资源委员会（又称 Stratton 委员会）以加强海洋管理的协调，启动了国家海洋基金计划（National Sea Grant Program）等计划并延续至今，成立了国家海洋与大气管理局以主管民间海洋事务。2000 年，美国通过《海洋法案》（Ocean Act of 2000），成立国家海洋政策委员会。2004 年，国家海洋政策委员会发布了《21 世纪海洋蓝图》报告，就协调和整合美海洋政策共提出212条建议，在随后颁布的《美国海洋行动计划》中得以体现。2007年，美国首次出台海洋科学优先计划《绘制美国未来海洋科学路线图：海洋研究优先计划及实施战略》，计划涉及六大主题，其中涉及提高自然灾害和环境灾难的恢复力，具体优先研究领域包括：了解灾害事件的开始和演化过程，应用相关知识提高预测灾害事件的能力；了解海岸带和海洋生态系统对于自然灾害的反应，利用相关研究成果评估海岸带和生态系统对未来自然灾害的脆弱性，包括由气候变化导致的更高的脆弱性；提高多重灾害的风险评估，支持灾害适应方面的模型、政策和战略的开发研究，这些都为以后海洋生态灾害方面的管理提供了政策上的基础（仲平等，2017）。

二、日本

（一）管理体系

日本属于海洋灾害频发的国家，为了减少海洋灾害对人们生命财产造成的损失，日本防灾可谓是“警钟长鸣”，拥有丰富的经验。日本海洋灾害应急管理体制的总体特征是“行政首脑指挥，综合机构协调联络，中央会议制定对策，地方政府具体实施”。即由首相担任会长的安全保障会议、中央防灾会议委员会，作为全国应急管理方面最高的行政权力机构，负责协调各中央政府部门之间、中央政府机关与地方政府以及地方公共机关之间有关防灾方面的关系。内阁官房长官负责整体协调和联络，通过安全保障会议、中央防灾会议等决策机构制定应急对策。安全保障会议主要承担了日本国家安全危机管理的职责。中央防灾会议负责应对全国的自然灾害。成立由各地方行政长官（知事）担任会长的地方政府防灾会议，负责制定本地区的防灾。还在内阁官房设立了由首相任命的内阁危机管理总监，专门负责处理政府有关危机管理的事务；同时增设两名官房长官助理，直接对首相、官房长官及危机管理总监负责。

由内阁官房统一协调危机管理，改变了以往各省厅在危机处理中各自为政、纵向分割的局面。灾害发生时，以首相为最高指挥官，内阁官房负责整体协调和联络，通过中央防灾会议、安全保障会议等制定危机对策，由国土厅、气象厅、防卫厅和消防厅等部门进行配合实施。灾区地方政府设立灾害对策本部，统一指挥和调度防灾救灾工作。中央政府则根据灾害规模，决定是否成立紧急灾害对策部，负责整个防灾救灾工作的统一指挥和调度（崔凯，2009）。

（二）管理依据

日本应急法律体系建设经历了一个逐步完善的过程。1950年年底，日本建立了以单个灾种管理为主的应急管理体制，并制定了《灾害救助法》，对灾害进行全面预防，并明确防灾的责任，计划性防灾行政，对于特别重大的灾害，实施国家财政政策的援助。日本也建立了由中央政府领导，各地方政府、社会公众、组织，团体参与的综合应急管理体制。在应急管理体制上，日本一般由海洋灾害的专家领导作为第一责任人，以调整和配置内部组织；在应急组织运行上，明确设置部门及职务，确保部门间的协调运作；整个应急过程的各个环节都需要多部门协调一致、密切配合，因此，应急机构指挥所与地方政府、医师协会、医疗协会、地方卫生研究所警察、消防等都建立了横向协调关系。

经过长期的发展，日本已经形成了较为完善海洋生态灾害管理基本法律、海洋生态灾害预防法律、海洋生态灾害应急对策法律和海洋生态灾害恢复、重建及其财政金融措施法律（表10-5）。

表 10-5　日本海洋生态灾害相关政策法规

类别	政策法规名称
海洋生态灾害管理基本法律	《灾害对策基本法》(1961，1995) 《海洋污染与海洋防灾法》(1970)
海洋灾害应急对策法律	《灾害救济法》(1947)
海洋灾害恢复、重建及其财政金融法律	《农业、林业和渔业项目救灾补助金的临时措施法》(1950) 《渔船损害赔偿法》(1952) 《农业、林业和渔业金融公司法》(1952) 《严重灾害处理与特别财政援助法》(1962) 《自然灾害受害者救济法》(1996)

其中，1961 年颁布的《灾害对策基本法》被誉为日本“灾害管理宪法”，在日本灾害管理中起着基础性的作用，使日本的灾害应急管理政策更加系统化，以达到实现综合与计划性防灾的目的。《灾害对策基本法》的立法重点包括以下 5 个方面：①明确防灾的责任主体，日本的灾害应急管理的主体是中央政府、都道府县政府、市町村政府、指定公共机关、指定全国性公共事业以及地方公共事业单位。②推进综合性防灾行政，专门设立“中央防灾委员会”作为综合协调机关，统一指挥和统筹各项防灾事务，并设立了都道府县防灾委员会、市町村防灾委员会、防灾委员协调会。同时，为了在灾害暴发时能有效应对，专门以法制化的形式明确设立了“灾害对策本部”，负责紧急状态下的组织、指挥和协调工作。③推进计划性防灾行政，拟定应对处理灾害的计划。④对于重大灾害的财政援助，在发生重大灾害时，政府需采取特别财政援助等措施。⑤处置灾害紧急事态的具体措施。

在灾害应急管理的实践中，日本不断完善《灾害对策基本法》，为日本各级政府合理有效地应对各种自然灾害提供了强有力的保障。目前，日本已经制定应急管理相关政策法规 227 部。各都、道、府、县（省级）也制定了《防灾对策基本条例》等地方性法规。一系列政策法规的施行，提升了日本灾害应急管理能力。为保证政策法规有效实施，日本各级政府制订了防灾基本计划、防灾业务计划、地区防灾计划以及指定地区防灾计划，细化上下级政府、政府各部门、非政府组织和公民的防灾职责，并定期进行训练，不断完善，增强灾害应急计划针对性和可操作性。

此外，在日本颁布的一些综合性海洋政策中也部分涉及海洋灾害应急管理。2007 年日本颁布了《海洋基本法》，在推进防灾减灾方面，政策制定者认为，地震引起的海啸将造成损失，地球变暖也会造成海平面上升和台风大型化，风暴潮等灾害带来的损害将更大。因此，应该尽快做好国家级防灾准备，强化海岸带防灾能力。另外，该法还将海洋信息收集定为国家战略，强调要强化海洋信息管理功能，建设海洋调查观测监视系统。同年 12 月，日本发布《海洋基本计划建议》，强调开展对全球气候变暖问题的对策研究，开展作为海域国家重要基础的沿海区域和孤岛的保护及完善，推进上述地区防灾、安全等应对政策，为海洋灾害应急管理工作提供了重要依据。

近些年，日本在海洋灾害应急管理方面，重点加强了对沿海地区的保护，改善海洋灾害预测预警技术、大力推进灾害通信信息系统建设等，这些措施有效提高了海洋灾害应急管理的效率，减少了海洋灾害损失。目前，日本已经拥有完善的海洋灾害应急管理体制，先进的预警体系，齐全的应急管理政策体系，构建起了反应快速、处置有力和统一协调的海洋灾害应急管理体系，为提升海洋灾害应急管理能力提供了有力保障。

（三）海洋环境质量标准体系

日本海洋环境监测项目包括海洋环境质量标准项目、需要调查项目和必要调查项目。为此，日本建立海洋环境质量标准体系，由项目、标准限值和分析方法，技术规范以及监测准则 3 个部分构成：①项目、标准限值和分析方法的具体内容包括健康项目（27 项）、生活环境项目（海域）（9 项）、有毒有害化学物质类对底质和水质造成污染的环境质量标准、保护水生生物必要监视项目（海域）（3 项）、必要监视项目（26 项）、需要调查项目（300 项）以及海水浴场水质判定标准；②技术规范的具体内容包括水质调查方法（1971 年）、水质监测方式效率化指南（1999）、海洋环境监测指南（2000 年）、底质调查方法（2012 年）、底质有毒有害化学物质类简易测定法手册（2009 年）、有毒有害化学物质类底质调查测定手册（2009 年）、化学物质环境实态调查实施技术指南（2008 年）、需要调查项目调查手册（2010 年）、氮、磷自动监测仪测定水质污染负荷量方法手册（2007 年）和 COD 污染负荷量测定方法（1979 年）；③监测准则的具体内容包括公共水域水质测定结果报告要点（1995 年）、基于环境基本法对环境标准水域类型的指定和基于水质污染防治法的常规监测等的处理标准（2009 年）。日本海洋环境质量标准体系根据不同的需求和目标，设置不同的监测手段、要求、力度和频率，满足由从严控制到防患于未然的不同级别的监测需要。一直以来，日本不断修订和更新海洋环境质量标准项目和标准限值，秉承海洋环境风险管理理念，借助海洋环境监测先进技术，不断健全海洋环境风险管理。

三、俄罗斯

（一）管理体系

俄罗斯海洋国土广袤，情况复杂，因而特别注重跨部门协调，逐步建立了一个以总统为核心，以联邦安全会议为决策中枢，政府各部门分工协作、相互协调的危机管理机制。作为危机处理机制中枢指挥系统的重要组成部分，其安全会议中设立了 12 个常设跨部门委员会，它们在不同的危机中发挥不同的作用，它们之间的相互协调与运作也根据危机类型的不同而相应变化。俄罗斯的全民应急管理计划的主要协调部门是俄罗斯联邦民防、应急与消除自然灾害部（简称俄罗斯紧急情况部），这是一个拥有专业应急处理队伍的行动机构，承担应急管理的一切组织、指挥、抢险以及新闻发布的功能职责。

此外，俄罗斯还拥有强有力的应急管理支援保障系统与信息管理系统。它的危机支援保障系统是一个包括国家安全、警察、消防、医疗、卫生、交通和社会保障等部门的庞大体系，能够有效贯彻中枢指挥系统的各项决策。信息管理系统主要功能是为决策机构提供及时、准确的情报。

（二）管理依据

俄罗斯应急管理的法律法规系统比较健全和完备。1994 年，独立后的俄罗斯通过了《关于保护居民和领土免遭自然和人为灾害法》；1995 年 7 月通过了《事故救援机构和救援人员地位法》；1998 年通过了《民防法》；2001 年 5 月，普京签署了《俄罗斯联邦紧急状态法》，是俄罗斯目前影响最大的应对突发性公共事件的法律。

四、其他国家

（一）法国

早在 20 世纪 70 年代末期，绿潮灾害对拉尼昂湾和圣布里厄（布列塔尼）等地区造成了显著影响。仅在 1987 年，积累在拉尼昂湾的石莼便有 25 000 m^3。在 1996 年，受绿潮灾害影响的地区已经蔓延到阿基坦地区，兰德斯湖的湖泊地区，阿尔卡雄盆地，诺曼底地区以及布列塔尼全部沿海地区。仅兰利安地区而言，每年至少需要 2 000 次的卡车往返以运送清理的石莼，还会造成海滩沙量损失 500 t。2010 年布列塔尼地区清理的石莼达到 75 000 m^3。

法国政府建立了一套完整且立体的海洋生态监测体系。与英国合作实施了一个名为“S3-EUROHAB”的海洋监测计划，此计划使用欧洲的“全球环境与安全监测计划”中的哨兵卫星，监测海洋中关键参数，如叶绿素含量、海流、温度等，也可以跟踪绿潮赤潮暴发过程，评估其暴发面积，受灾区域；法国藻类研究和评估中心于 2004 年开启了区域和部门间防止布列塔尼绿潮的计划（CEVA，2004）；同时法国将一些监测船巡航在距离奥桑坦岛 34 n mile 的地方，建立了一个监测和救援系统（CROSS）。2015 年法国政府在塞纳湾布放了一套新型浮标系统“SMILE”，不断测量塞纳河湾的初级生产力，持续监测海湾水体营养物质和化学成分库存，监测水华的发展，监测数据共享于科研机构和政府。一旦赤潮、绿潮倪端初现，当地政府进行主动管理。

法国清理海滩的绿潮藻首先是打捞和收集，除了推土机等建筑机械，布列塔尼当局动用过大量的农业机械：筛机、粉碎机、耙机来清理海滩，不仅要清走藻类，还要尽可能留下沙子。这样做的好处是，一方面保持海滩的原貌；另一方面方便下一步的垃圾处理。收集起来的海藻可以晒干供当地的牧场作为牲畜饲料，也可以用作燃料。10 年前，用干燥的海藻生产 1 000 卡热量大约需要花费 10~18 欧分，这是当时使用天然气或者石油价格的 2 倍多。考虑到如今油价早已是当年的数倍，烧海藻会变得更加有吸引力。另一个用途是堆肥。每克干石莼中约含有 20 mg 氮和 0.2 mg 的磷，这是个相当高的含量。将这些海藻与绿色垃圾混合发酵会生产出优质的有机肥料。虽然与传统化肥相比，有机肥价格较高，如何吸引更多农民使用是个需要解决的问题。海藻还用来生产沼气。将收集起来的海藻离心压缩后加入沼气池发酵产生沼气，废渣用作有机肥。

（二）英国

英国对海洋生态灾害的管理以监测和预防为主。英国政府通过清洁和安全海洋证据小组对英格兰、威尔士、苏格兰和北爱尔兰的各项海洋项目进行协调，使用模型、卫星、船舶和浮标，立体监测水体富营养化并进行信息共享。此外，英国政府与其他国家建立了合作，例如共同使用英国南部的固定系泊监测平台及前文提到“S3-EUROHAB”的海洋监测计划等。

英国于 2015 年 8 月 5 日发布了“英国海洋战略第二部分：英国海洋监测计划”，监测水文条件和水体富营养化是其中两项重要内容。英国使用的 OSPAR 和 WFD 公约都有完善的程序对富营养化的营养浓度和直接和间接影响的监测结果进行评估。英国在 WFD 和 OSPAR 公约下开发了符合英国国情的评估沿海和海洋水体富营养化状况的方案。根据其评估体系，英国政府定期监测海洋水体中的叶绿素浓度、透明度、大型海藻孢子、植物优势种转变、底栖生物与浮游生物物种组成，以及由人类活动引起的有毒藻华暴发事件、低氧区等方面。并就重点地区如河口、海湾进行重点监测。

英国的监测与预防联系十分紧密。水体富营养化程度的监测数据，结合模型，发现减少各种来源营养物质输入的措施与富营养化发生率之间的关系，并且不断改进管理举措。英国注重对就污染源的管理，以迅速实现环境效益。英国有自己的《流域管理计划》，并且英国近年来改进了城市废水处理系统，使得排放到环境中的磷含量大大降低。同时英国也出台了相应政策减少氮排放，比如减少无机氮肥料的使用，但目前效果不明显。英国发布的《水框架管理评估：河口和沿海水域》要求企业与民众的任何一项海洋活动必须符合其中条款，提交海洋活动申请。

任何一个海洋工程例如围填海、钻井平台的建立必然会引起海洋局部水文条件发生变化，水文条件变化也会造成海洋生态灾害的发生。英国政府结合水文监测，对其海洋设施进行更好的管理，并且谨慎评估新的海洋工程。避免生态灾害和其他灾害的发生。英国的海洋发展计划制订充分考虑对海洋生态的影响，从源头预防海洋生态灾害的发生。

在公众参与方面，英国对公众进行的有害藻华基础知识的普及，发布《藻华：为公众和土地所有者提供建议》，并且要求公众一旦发现赤潮、绿潮等生态灾害立即向环境署汇报。

（三）德国

德国拥有完善的海洋生态环境监测体系，拥有世界上较完备和详细的环境保护法，海洋环境保护技术与科学研究也走在世界的前列。在海洋生态环境保护方面，德国在提升本国监测能力和完善监测体系的同时，也注重与其他邻国开展区域性合作，共同应对海洋环境问题（杨璐等，2017）。

德国海洋生态灾害的法律依据包括国际公约、欧盟指令与区域性协议以及国内法律3个层次。德国积极加入全球海洋环境保护公约，主要包括《联国海洋法公约》（UNCLOS）、可持续发展世界首脑会议（WSSD-2002）、《生物多样性公约》（CBD）、《国际海事组织公约》（IMO）。欧盟的各项管理指令也对德国海洋生态环境保护起到了重要的指导作用。环境保护与治理是欧盟一体化过程中发展最快的职能领域之一，通过综合管理手段，欧盟成功地打破了海洋环境保护方面成员国各自为政的局面，减少了不同法律、规则、协议之间的交叉、重叠与冲突。德国海洋生态灾害相关的管理严格执行了欧盟海洋战略框架指令（MSRL/MSFD）。同时，德国也积极组织和参与波罗的海和北海的区域性海洋保护协议，如《波罗的海区域海洋环境保护协议》（Helsinki Convention）、《东北大西洋海洋环境保护协议》（OSPAR Convention）、《瓦登海三边保护协议》等。此外，德国联邦政府在本国内部也制定了一系列的法律及战略决策，包括联邦自然保护法、联邦水环境法、国家海洋保护战略、国家生物多样性保护战略等。

为了对海洋环境监测工作进行统筹管理与指导，从2012年起，德国联邦与州政府达成协议，建立了北海与波罗的海联邦/州委员会（BLANO），重点管理联邦及州政府在欧盟海洋战略框架指令与海洋环境监测方面的合作。委员会下设海洋保护协调委员会，主席由各州政府代表轮流担任。海洋保护协调委员会下设4个工作组，分别为调查评估组、数据管理组、质量控制组与社会经济组。调查评估组总体负责联邦和州的海洋环境监测工作，包括监测项目的起草、配套文件的支撑以及监测活动的实施，按照业务方向设置了各小组，包括底栖生物组、水文组、生物栖息地组、营养盐与浮游生物组、污染与生物效应组、脊椎动物组。德国近岸海域的自然保护由沿海州政府负责。12海里以外到200海里专属经济区海域由德国联邦政府负责管理。具有管理职权的政府部门具有对该区域进行监测的义务。德国联邦政府的海洋生态环境监测与评估工作主要由海洋与水文测量局和自然保护局负责，同时还会联合国内相关研究所和高校，如莱布尼茨波罗的海研究所等。海洋与水文测量局负责对波罗的海和北海专属经济区内的物理、化学和生物状况进行监测，同时也包括污染和营养盐状况、浮游生物和微型生物生物多样性及海水放射性监测。德国莱布尼茨波罗的海海洋科学研究所每年对其专属经济区进行5个航次的调查，监测其专属经济区的浮游植物叶绿素浓度，浮游植物种类、密度、生物量，硅藻与甲藻比例，主要群落的季节演替等。

德国十分重视海洋环境监测技术的研究与应用，一直鼓励新仪器设备、技术手段在海洋环境监测领域的应用。德国联邦海洋与水文测量局在日耳曼湾和波罗的海建立了海洋环境监测网，并应用自动化监测系统获取海洋物理及海洋生物化学参数的信息。

五、相关国际组织

（一）联合国

联合国（UN）对于海洋生态保护管理十分重视，并于1982年联合国第三次海洋法会议上签订的《联合国海洋法公约》，并致力于《联合国海洋法公约》落实各项环境保护具体制度措施。在2003年的联合国大会上秘书长做了《关于海洋环境状况的经常性全球报告和评估进程评估方式的建议》的报告，对有关全球性海洋环境状况的方案等进行了说明，联合国秘书长又在其关于海洋和海洋法的报告中，明确提出召开政府间会议，正式发起全球海洋环境评估进程。同时，联合国积极推动了国际合作的广泛开展，突出了对海洋环境污染防治薄弱环节的国际协调，推进了全球海洋环境保护的基础制度建设，对发展中国家通过技术援助等多种方式，帮助其进行海洋环境保护的能力建设，强化了对国家管辖以外海域的环境保护。

（二）联合国国际减灾战略

联合国国际减灾战略（UNISDR）是联合国系统中唯一完全专注于减灾相关事务的实体，由联合国管理减灾事务秘书长的特别代表领导。UNISDR以《横滨战略及其行动计划》为蓝图，以《兵库宣言》《兵库行动框架》《仙台宣言》和《2015—2030年仙台减灾框架》为基础，确保减灾战略行动计划的执行，承担协调联合国系统、区域组织以及有关国家在减轻灾害风险、社会经济与人道主义事务等领域的活动。其核心职能包括：协调联合国机构和有关各方制定减轻灾害风险政策、报告以及共享信息，为国家、区域以及全球范围的减灾努力提供支持；通过关键指标，如通过两年一次的全球评估报告监测兵库行动框架的实施，组织区域平台，管理全球减灾平台；为《行动纲领》优先领域提供政策导向，特别是将减轻灾害风险纳入气候变化适应性；倡导和举办减灾活动及媒体宣传；提供信息服务和实用工具，如虚拟图书馆等，建立包含减灾良好实践、国家情况、大事件等数据库以及电子文档等；推动减轻灾害风险国家多部门协调机制（国家平台）。

（三）联合国环境规划署

联合国环境规划署（UNEP）的主要工作是规划理事会优先拟定保护区水域的方案利用其全球环境监测系统，探测海洋环境的变化为各国政府采取防止污染措施提供科学依据拟定保护海洋环境的综合行动计划等。联合国环境规划署主持的主要海洋环境保护的国际公约有《生物多样性公约》《保护、管理和开发东非地区海洋及沿海地区公约》《保护地中海海洋环境和沿海地区公约》《合作保护及开发西非和中非地区海洋及沿海环境公约》《保护和开发大加勒比地区海洋环境公约》等。近几年，联合国环境规划署在积极推动“保护海洋环境免受陆地活动影响全球行动纲领”的实施。由于现在国际社会尚未有一部全球性防止陆源污染海洋的国际公约，这一纲领的实施，对于防止、控制陆源污染海洋必将起到积极的作用。尽管联合国环境署主持的海洋环境保护的各种公约不具有法律效力，但是为不发达的沿海国家的海洋保护提供了指导。

（四）联合国粮食及农业组织

联合国粮食及农业组织（FAO）基于海洋污染与全球捕鱼事业有着密不可分的联系，开始了海洋污染问题的研究工作，其中包括海洋污染对海洋生物资源的影响，对捕鱼装置和捕鱼作业的影响以及受污染的海产品对人类健康的危害等。联合国粮农组织主持了一系列与海洋环境保护有关的公约，主要有《保护大西洋金枪鱼国际公约》《负责任渔业行为准则》《国际贸易中某些危险化学品和农药的事先知情同意程序公约》《捕鱼能力管理国际行动计划》等。由此可见，联合国粮农组织在海洋保护尤其是海洋生物资源的保护和防止受污染的海产品对人类的危害方面发挥了重要的作用。

联合国粮农组织对海洋生态灾害的管理注重于海洋生态灾害与渔业相关的方面。该组织帮助国家、区域和国际各级制定备灾计划，应对气候变化的影响，并对那些遭受自然灾害和持续性危机影响的渔业社区提供援助。

（五）国际海事组织

国际海事组织（IMO）的工作任务是确保海上安全和航行效率达到最高可行标准，防止在海洋环境中作业的各种船只造成海洋污染，召集国际海事会议和起草国际海事公约。国际海事组织于2004年组织成员通过了《国际船舶压舱水及沉淀物控制和管理国际公约》，并制定了严格的压舱水排放标准，为减少外来物种入侵而引发的生态灾害做出巨大努力。

（六）世界自然保护联盟

世界自然保护联盟（IUCN）是世界上规模最大、历史最悠久的全球性非营利环保机构，也是自然环境保护与可持续发展领域唯一作为联合国大会永久观察员的国际组织。1948年在法国枫丹白露（Fontainebleau）成立，总部位于瑞士格朗，亦作为"国际自然与自然资源保护联盟"。世界自然保护联盟公布了全球100种最具威胁的外来入侵物种，对世界各国预防外来物种入侵灾害具有指导意义。

（七）海洋研究科学委员会和政府间海洋学委员会

海洋研究科学委员会（SCOR）和政府间海洋学委员会（IOC）于1991年10月，联合资助了在美国罗德岛形成的第一个研究赤潮的计划，并于1992年成立了IOC赤潮工作小组（IPHAB），IPHAB主要任务是培育对赤潮的科学研究和有效管理，揭示赤潮的发生机制，以便对其进行预测和灾害缓解。

1998年，SCOR和IOC联合建立了全球赤潮生态学与海洋学研究计划（Global Ecology and Oceanography of Harmful Algal Blooms，GEOHAB），其目标为加强赤潮生物学、赤潮化学、赤潮物理学的综合研究，阐明赤潮藻种群动力学机制，提高和改善赤潮的预报能力（陆斗定，2002）。在SCOR和IOC的帮助下，世界的赤潮灾害管理得到了坚实的理论基础和科学依据。

（八）保护国际基金会

保护国际基金会（CI）是一个非盈利环保组织。宗旨是保护地球上尚存自然遗产和全球的生物多样性，并以此证明人类社会和自然可以和谐相处。该组织对于海洋生态灾害的管理在于知识普及。海洋生态灾害的管理离不开公众参与，保护国际基金会通过公益广告使公众认识海洋，了解海洋环境面临的各种生态问题。保护国际基金会与部分临海国家签署了"保护协议"，2011年保护国际基金会与国家海洋局签署合作备忘录，并于2012年开展海洋健康指数（OHI）在中国的适用性研究，同我国政府一起了解中国海洋现状、优化海洋监督与管理体系，从而更好地管理海洋资源。

第三节　海洋生态灾害管理保障措施

一、完善组织管理，强化政策支持

加强海洋生态灾害应急管理体制、机制和法制建设；加强部门联动，积极推进涉海环保协同监管；建立海洋生态灾害分级评估制度，研究制定客观、科学的分级评估标准；加快制定海洋生态灾害防灾减灾规划，尽快制定海洋生态灾害经济损失评估规则；开展海洋生态灾害应急管理专业术语和定义进行标准化研究，界定全国统一适用的应急术语、编码和规范；制定海洋生态灾害管理基本法，规范各级政府、组织、团体及个人在海洋生态灾害应急管理工作中的责任和义务，明确海洋生态灾害应急管理的责任、内容和对策等。

二、强化科技支撑与信息支撑

建立统一高效的海洋生态灾害信息系统，及时向各级、各部门传递灾害的综合信息，利于各级应急机构迅速做出反应，正确决策，及时采取应急措施。建立全国性的海洋生态灾害数据库，以遥感、遥测数值记录、自动传输为基础，建立空、地、人的立体监测网和综合信息处理系统。建立高效的应急技术系统，利用现代高新技术提升灾害应急管理能力，将科技的作用运用到对海洋灾害的防灾、减灾过程中。

三、加大物资与资金投入力度

全面掌握物资的调配能力水平，沟通有关的政府部门、企业事业单位和社会组织，调查分散的储备物资现状，建立储备物资信息库。制定应急储备物资的战略规划，根据科学的调研总结经验与不足，优化物资储备的来源与品种配比，合理确定不同点源的物资储备数量，明确物流方案。健全应急物资日常管理制度，完善应急储备物资统计报告制度，强化储备物资的管理、调拨、使用、处置和回收（许国栋，2014）。加大资金投入，形成海洋灾害应急管理专项预算资金，各地方也要根据实际需要向上级及时申请相应的财政专款，设立专项资金库，以防止海洋灾害发生时资金不到位的情况。

四、建立专业队伍

我国的海洋生态灾害应急管理机构必须认识到，专业的应急救援队伍在灾害应急救援中的作用是无可替代的，他们在海洋生态灾害应急管理中应发挥主要的作用。由于我国专业救灾队伍的力量不足，在应对海洋生态灾害时，往往依靠的是人民军队、民兵组织和武警官兵。但是人民军队、民兵组织和武警官兵毕竟有其专门的工作和任务，所谓隔行如隔山，其专业性的不足往往降低了救灾效率，甚至会使灾害向更严重的方向发展。因此，我国各级政府必须在中央的授权下，建立一支训练有素、保障有力、本领扎实、富有责任心的专业救灾队伍。

五、动员社会力量

广泛、深入动员社会力量。①发挥应急救援专业公司的作用。目前世界上的发达国家，都有应急专业救援公司，如美国、日本、加拿大的专业救援公司，它们是应急管理中的重要抓手，其不仅在社会减灾救灾方面发挥了补充作用，增加防灾、减灾效率，而且还可以减少城府管理成本，同时还可以拓宽退伍消防警力的就业渠道。因此，政府应鼓励应急救援专业公司的发展，对其组织专业的培训，给予财政补贴，让其在灾害应急管理中发挥作用。②健全相应的激励机制。健全激励机制是出于人性论的考虑，马斯洛需求理论认为，人的需要在满足了物质的基础之上，更多的需求是精神方面的。保障人的需求，可以有效促进人的行为向着管理者预期的目标发展。

六、开展形式多样的公众宣传教育

深入宣传各地方海洋生态灾害应急预案，全面普及预防、避险、自救、互救、减灾等知识和技能，逐步推广海洋生态灾害应急识别系统；完善海洋生态灾害信息发布机制，及时、准确地向社会公众发布信息通报；积极发挥新闻媒介的舆论监督和导向作用，认真开展经常性的海洋环境保护宣传工作，提高公众的海洋环保意识，鼓励公众积极参与到海洋防灾减灾工作中来。

七、扩大海洋减灾国际合作

生态灾害无国界，有效对海洋生态灾害的预防与治理离不开国际的先进经验，国际的帮助与支持，必须充分扩大海洋减灾国际合作，开展国际间交流。美国、日本等发达国家海洋生态灾害应急管理机制研究起步较早，应急管理体系发展得较为成熟，拥有着海洋生态灾害治理方面的先进经验。同时，虽然我国科技水平目前已处于世界前列，但是部分海洋生态灾害应急管理的核心技术与装备我国并没有掌握，因此，加强与国际的交流合作也可以在技术和设备等方面提高我国海洋生态灾害综合管理水平。综上所述，在新环境下，必须放眼世界，学习、借鉴有关国家先进经验，实现完善我国海洋生态灾害应急管理机制的目标。

小结

党的十八大报告中首次提出了“海洋强国”的发展战略，党的十九大报告指出要加快建设海洋强国。海洋灾害管理能力的加强也将为“海洋强国”发展战略的实施提供有力的支撑。目前，我国的海洋生态灾害应急管理法律法规与政策体系不断健全，应急预案体系逐步加强，体制机制和监测预警业务体系得到完善，在各种海洋生态灾害的管理工作中发挥了重要的作用。逐渐形成了一套与美、日、俄及其他国家所不同的、具有中国特色的灾害管理体系，在赤潮、绿潮等灾害的应急响应中发挥了重要作用。

思考题

1. 海洋生态灾害管理的手段有哪些？其在应对一场海洋生态灾害的过程中所起到的作用是什么？
2. 我国海洋生态灾害管理与美国、日本等国家的异同点是什么？国外相关经验对我国有何借鉴意义？
3. 如何能够保障海洋生态灾害管理的顺利实施？

拓展阅读

1. 王锋．关于海洋灾害应急管理体系建设的思考［J］．海洋开发与管理，2013，30（4）：1-5.
2. 孙云潭．中国海洋灾害应急管理研究［D］．青岛：中国海洋大学，2010.
3. 汪艳涛，高强，金炜博．我国海洋生态灾害应急管理体系优化研究［J］．灾害学，2014（4）：150-154.

参考文献

安达六郎. 1973. 赤潮生物ㄈ赤潮实态 [J]. 水产土木, 9 (1): 31-36.

白涛, 黄娟, 高松, 等. 2013. 黄海绿潮应急预测系统业务化研究与应用 [J]. 海洋预报, 30 (1): 51-58.

布坎南. 2002. 植物生物化学与分子生物学 [M]. 北京: 科学出版社.

蔡恒江, 唐学玺, 张培玉, 等. 2006. 3种海洋赤潮微藻抗氧化酶活性对UV-B辐射增强的响应 [J]. 中国海洋大学学报 (自然科学版), 36 (1): 81-84.

蔡守秋, 何卫东. 2001. 当代海洋环境资源法 [M]. 北京: 煤炭工业出版社, 198.

曹丛华, 黄娟, 郭明克, 等. 2005. 辽东湾鲅鱼圈赤潮与环境因子分析 [J]. 海洋预报, 22 (2): 1-6.

曹婧, 张传松, 王江涛. 2009. 2006年春季东海近海海域赤潮高发区溶解态营养盐的时空分布 [J]. 海洋环境科学, 28 (6): 643-647.

曹可. 2012. 海陆统筹思想的演进及其内涵探讨 [J]. 国土与自然资源研究, (05): 50-51.

曹敏杰. 2015. 浙江近岸海域海洋生态环境时空分析及预测关键技术研究 [D]. 杭州: 浙江大学.

查国君, 罗永平, 欧惠, 等. 2013. 室温下鲜浒苔发酵产沼气潜力的研究 [J]. 新余学院学报, 18 (4): 101-102

柴勋. 2011. 基于组件式GIS的赤潮灾害风险评估系统的设计与实现 [D]. 上海: 上海海洋大学.

陈爱华, 姜守轩, 夏念丽. 2010. 乳山养参防治浒苔的几点有效措施 [J]. 齐鲁渔业, (6): 38-38.

陈慈美, 苏泽彤. 1989. 蒙脱石——Ca $(OH)_2$: 对河口区赤潮的抑制效应及其机制的实验室模拟研究. 海洋通报, 8 (2): 75-85.

陈凤桂. 2015. 基于生态修复的海洋生态损害评估方法研究　海洋生态文明之路 [M]. 北京: 海洋出版社.

陈桂葵, 黄玉山. 1999. 人工污水对白骨壤幼苗生理生态特性的影响 [J]. 应用生态学报, 10 (1): 95-98.

陈辉, 刘劲松, 曹宇, 等. 2006. 生态风险评价研究进展. 生态学报, 26 (5): 1558-1566.

陈秋玲, 于丽丽. 2015. 中国海陆一体化理论与实践研究动态 [J]. 江淮论坛, (03): 60-66.

陈群芳, 何培民, 冯子慧, 等. 2011. 漂浮绿潮藻浒苔孢子/配子的繁殖过程 [J]. 中国水产科学, 18 (5): 1069-1076.

陈述彭, 鲁学军, 周成虎. 1999. 地理信息系统导论. 北京: 科学出版社, 2-4.

陈舜, 佟蒙蒙, 江天久, 等. 2009. 赤潮灾害对水产养殖业损失的分级评估 [J]. 水产学报, 33 (4): 610-616.

陈晓翔, 邓孺孺 何执兼, 等. 2001. 赤潮相关因子的卫星遥感探测与赤潮预报的可行性探讨 [J]. 中山大学学报 (自然科学版), 40 (2): 112-115.

陈燕飞. 2008. 生态经济系统可持续发展评价指标体系研究及应用 [J]. 科技信息 (科学教研), (8): 204-205.

陈杨航, 梁君荣, 陈长平, 等. 2015. 褐潮——一种新型生态系统破坏性藻华 [J]. 生态学杂志, 34 (1): 274-281.

陈洋. 2005. 有害赤潮对海洋浮游生态系统结构和功能影响的初步研究 [D]. 青岛: 中国科学院研究生院 (海洋研究所).

陈昭廷, 周洋, 顾志峰, 等. 2017. 海月水母 (*Aurelia aurita*) 精巢发育及精子的超微结构 [J]. 海洋与湖沼, 48 (1): 122-129.

陈中义, 李博, 陈家宽. 2004. 米草属植物入侵的生态后果及管理对策 [J]. 生物多样性, 12 (2): 280-289.

丛珊珊. 2011. 环境因子对浒苔生长, 生存状态和营养吸收影响的实验研究 [D]. 青岛: 中国海洋大学.

崔佳峦. 2015. 当前我国海洋灾害应急管理政策研究 [D]. 青岛: 中国海洋大学.

崔凯. 2010. 政府在危机管理中的角色与定位分析浅 [J]. 管理现代化, (1): 43-45.

单俊伟, 刘海燕, 马栋. 2016. 浒苔的研究与资源化利用进展. 现代农业科技, (15): 258-260.

丁晖，徐海根，强胜，等．2011. 中国生物入侵的现状与趋势［J］. 生态与农村环境学报，27（3）：35-41.
丁月旻．2014. 黄海浒苔绿潮中生源要素的迁移转化及对生态环境的影响［D］. 青岛：中国科学院研究生院（海洋研究所）．
董婧，姜连新，孙明，等．2013. 渤海与黄海北部大型水母生物学研究［M］. 北京：海洋出版社．
董婧，刘春洋，王燕青，等．2006. 白色霞水母生活史的实验室观察［J］. 动物学报，52（2）：389-395.
董婧，孙明，赵云，等．2012. 中国北部海域灾害水母沙蜇（*Nemopilema nomurai*）［J］. 海洋与湖沼，43（3）．
董淑炎．1996. 营养保健野菜（335 种）［M］. 北京：科学技术文献出版社，444 -445.
杜立彬，张颖颖，程岩，等．2009. 山东沿海海洋环境监测及灾害预警系统设计与框架研究［J］. 山东科学，22（4）：15-18.
范士亮，傅明珠，李艳，等．2012. 2009—2010 年黄海绿潮起源与发生过程调查研究［J］. 海洋学报（中文版），（06）：187-194.
范学炜，张汉德，孙幸文．2003. 成像高光谱数据在赤潮检测和识别中的应用研究［J］. 国土资源遥感，（1）：8-12.
房恩军，李文抗，陈卫，等．2006. 渤海湾天津近海海域赤潮发生及防范措施［J］. 现代渔业信息，（02）：15-17.
冯剑丰．2003. 渤海赤潮生态系统动力学与预测研究［D］. 天津：天津大学．
冯涛．2012. 浒苔热裂解液化抽取生物油的实验研究［D］. 青岛：中国石油大学（华东）．
冯兴刚，李媛．2014. 我国体育教师评价体系研究中指标权重确定方法综述［J］. 体育科技，（1）：117-118.
冯周卓，袁宝龙．2010. 中国突发灾难治理六十年的演变［J］. 中南大学学报（社会科学版），16（3）：16.
符生辉．2015. 2007—2012 年浙南洞头沿海赤潮与气象关系研究［D］. 兰州：兰州大学．
付光辉．2007. 土地整理生态风险评价研究［D］. 南京：南京农业大学．
傅圣雪，等．2009. 浒苔作为吸声材料的开发研究［J］. 声学与电子工程，（2）：42-44.
高兵兵．2013. 浒苔和缘管浒苔对海水盐度改变的生理响应及其品质效应研究［D］. 南京：南京农业大学．
高庆华，张业成．1997. 自然灾害灾情统计标准化研究［M］. 北京：海洋出版社．
高尚武，洪惠馨，张士美．2002. 中国动物志（第 27 卷）：水螅虫纲钵水母纲［M］. 北京：科学出版社，1-8.
高亚辉，虞秋波，齐雨藻，等．2003. 长江口附近海域春季浮游硅藻的种类组成和生态分布［J］. 应用生态学报，14（7）：1044-1048.
高养春，董燕红，李海涛，等．2016. 有害甲藻孢囊的分类鉴定研究进展［J］. 生物安全学报，238-254.
高玉杰，吕海涛．2013. 浒苔多糖和硒化浒苔多糖抑菌作用研究［J］. 食品科技，38（1）：195-198.
公晗，颜天，周名江．2014. 褐潮藻的危害研究进展［J］. 海洋科学，（06）：78-84.
龚良玉，李雁宾，祝陈坚，等．2010. 生物法治理赤潮的研究进展［J］. 海洋环境科学，29（1）：152-158.
古彬．2014. 秦皇岛扇贝养殖区抑食金球藻褐潮分子生态学研究［D］. 青岛：中国海洋大学．
顾德宇，孙强，腾俊华，等．1998. 从 SeaWiFS 数据提取赤潮信息研究［C］//“SeaWiFS 海洋水色卫星遥感应用技术研究”最终研究技术报告专集．127-149.
关道明，战秀文．2003. 我国沿海水域赤潮灾害及其防治对策［J］. 海洋环境科学，22（2）：60-63.
郭皓．2016. 我国海域赤潮甲藻孢囊形态与分布特征研究［D］. 大连：大连海事大学．
郭丽娜，黄容，马艳，等．2015. 影响青岛地区浒苔生消的水文气象要素分析［J］. 科技创新导报，（6）：109-112.
郭茹．2013. 太湖流域浙江片区典型山区及平原型河流氮磷生态阈值评估［D］. 杭州：浙江大学．
郭盛华．2012. 山东沿海潮间带绿藻形态及分子鉴定［D］. 青岛：中国海洋大学．
郭卫东，章小明，杨逸萍，等．1998. 中国近岸海域潜在性富营养化程度的评价［J］. 台湾海峡，（01）：64-70.
郭秀英，陈义才，张鉴，等．2015. 页岩气选区评价指标筛选及其权重确定方法——以四川盆地海相页岩为例［J］. 天然气工业，（10）：57-64.
国华．1998. 世界海洋资源研究所发表全球海洋中的珊瑚群现状报告［J］. 世界环境，（4）：33.
国家海洋局，中国海洋环境质量公报［R］. 2007—2017.

韩君 . 2008. 黄海物理环境对浮游植物水华影响的数值研究［D］. 青岛：中国海洋大学 .
韩丽，戴志军 . 2001. 生态风险评价研究［J］. 环境科学动态，(3)：7-10.
何江楠，许永久，韩容康，等 . 2016. 东、黄海沙海蜇暴发及其对人类和生态环境的影响［J］. 农村经济与科技，(19)：38-39.
何闪英，于志刚，米铁柱 . 2009. 增殖细胞核抗原基因表达量与中肋骨条藻生长的关系［J］. 水生生物学，33：103-112.
何世钧，周媛媛，张婷，等 . 2018. 基于主导因子的绿潮灾害预测方法研究［J］. 海洋环境科学，37 (3)：326-331.
胡展铭，林凤翱，孙淑艳 . 2008. 赤潮发生相关环境因子分析方法初探［J］. 海洋环境科学，27 (S2)：55-59
华梁 . 2014. 南黄海绿潮藻显微繁殖体分布特征及溯源研究［D］. 上海：上海海洋大学 .
黄超华 . 2017. 中国黄、东海马尾藻属（*Sargassum*）的分类学修订［D］. 青岛：中国科学院大学（海洋研究所）.
黄付彬 . 2013. 浒苔热液化制备生物油的基础研究［D］. 青岛：中国海洋大学 .
黄建道，黄小平，岳维忠 . 2005. 大型海藻体内 TN 和 TP 含量及其对近海环境修复的意义［J］. 台湾海峡，24 (3)：316-321.
黄良民，黄小平，宋星宇 . 2003. 我国近海赤潮多发区域及其生态学特征［J］. 生态科学，22 (3)：252-256.
黄韦艮，毛显谋，张鸿翔，等 . 1998. 赤潮卫星遥感监测与实时预报［J］. 海洋预报，(3)：110-115.
黄韦艮，肖清梅，楼琇林 . 2002. 国内外赤潮卫星遥感技术与应用进展［J］. 遥感技术与应用，17 (1)：32-36.
黄为民，吴世才，等 . 1999. 高频地波雷达探测海面动力学参数的研究［J］. 电讯技术，(6) .
黄弈华，楚建华，齐雨藻 . 1997. 南海大鹏湾盐田海域骨条藻数量的多元分析［J］. 海洋与湖沼，28 (2)：121-127.
黄姿，朱白婢，孙建波，等 . 2008. 赤潮的生物防治及其研究进展［J］. 安徽农学通报，14 (15)：82-84.
惠绍棠 . 2000. 海洋监测高技术的需求与发展［J］. 海洋技术，19 (1)：1-17.
姬鹏 . 2006. 有害藻华监测与预报系统研究［D］. 西安：西安科技大学 .
吉启轩，赵新伟，章志 . 2015. 江苏海域浒苔时空分布特征及对海洋环境的影响［J］. 山东农业大学学报（自然科学版），(1)：61-64.
季轩梁，刘桂梅，高姗 . 2013. 水母暴发因素及模型研究的现状和展望［J］. 海洋预报，30 (5)：84-91.
江强强，方堃，章广成 . 2015. 基于新组合赋权法的地质灾害危险性评价［J］. 自然灾害学报，(3)：28-36.
江涛，徐皓，谌志新 . 2009. 浒苔打捞脱水工艺及关键设备［J］. 渔业现代化，(01)：38-41.
江天久，李支薇，江涛，等 . 2011. 有害赤潮对近岸捕捞及观光旅游业直接灾害经济损失评估［J］. 水产学报，35 (10)：1582-1588.
江天久，佟蒙蒙，齐雨藻 . 2006. 赤潮的分类分级标准及预警色设置［J］. 生态学报，26 (6)：2035-2040.
姜欢欢，温国义，周艳荣，等 . 2013. 我国海洋生态修复现状、存在的问题及展望［J］. 海洋开发与管理，30 (01)：35-38，112.
姜君 . 基于熵权与变异系数组合赋权法的模糊综合评价模型——以白洋淀水环境质量评价为例 .
焦锋 . 2011. 区域生态风险识别系统构建［J］. 环境科技，24 (02)：49-53，58.
矫晓阳 . 1996. 中国北黄海发生的两次海洋褐胞藻赤潮［J］. 海洋环境科学，(3)：43-44.
矫晓阳 . 2001. 透明度作为赤潮预警监测参数的初步研究［J］. 海洋环境科学，20 (1)：27-31.
矫晓阳 . 2004. 叶绿素 *a* 预报原理探索［J］. 海洋预报，21 (2)：56-63.
孔凡洲，姜鹏，魏传杰，等 . 2018. 2017 年春、夏季黄海 35°N 共发的绿潮、金潮和赤潮［J］. 海洋与湖沼，49 (05)：1021-1030.
雷亮，李京梅 . 2016. 浒苔对胶州湾海域休闲娱乐功能的损害评估［J］. 海洋开发与管理，33 (9)：65-69.
黎健 . 2006. 美国的灾害应急管理及其对我国相关工作的启示［J］. 自然灾害学报，15 (04)：33-38.
黎鑫，洪梅，王博，等 . 2012. 南海-印度洋海域海洋安全灾害评估与风险区划［J］. 热带海洋学报，31 (06)：121-127.

李冰．2010. 中国古代赤潮记录的发现与辨析［J］. 中国社会经济史研究，(02)：94-99.
李超伦，王荣．2000. 莱州湾夏季浮游桡足类的摄食研究［J］. 海洋与湖沼，31（1）：15-22.
李春强．2007. 三亚红沙港赤潮生消机制及红树化感作用在赤潮防治中作用研究［D］. 海口：华南热带农业大学．
李大秋，贺双颜，杨倩，等．2008. 青岛海域浒苔来源与外海分布特征研究［J］. 环境保护，(16)：45-46.
李道季，曹勇，张经．2002. 长江口尖叶原甲藻赤潮消亡期叶绿素连续观测［J］. 中国环境科学，22：400-403.
李国旗，安树青，陈兴龙，等．1999. 生态风险研究述评［J］. 生态学杂志，18（4）：57-64.
李华芝．2012. 大沽排污河污染源解析及污染防控策略研究［D］. 天津：天津大学．
李慧，丁刚，辛美丽，等．2017. 不同氮、磷浓度及配比对铜藻（*Sargassum horneri*）幼苗生长的影响［J］. 海洋与湖沼，(02)：368-372.
李健，陈荣裕，王盛安，等．2012. 国际海洋观测技术发展趋势与中国深海台站建设实践［J］. 热带海洋学报，31（2）：123- 133.
李娇，等．2009. 射流式浒苔打捞机的设计与试验．渔业现代化，(01)：35-37.
李靖，等．2015. 改性黏土对浒苔微观繁殖体去除效果及萌发的影响［J］. 海洋与湖沼．
李清雪，陶建华．1999. 应用浮游植物群落结构指数评价海域富营养化［J］. 中国环境科学，(06)：548-551.
李庆亭，刘海霞，方俊永，等．2010. MADC 在浒苔空间分布信息提取中的应用［J］. 遥感学报，14（2）：283-293.
李寿田，周健民，王火焰，等．2001. 植物化感作用机理的研究进展［J］. 农村生态环境，17（4）：52-55.
李书心．1991. 辽宁植物志（下册）［M］. 沈阳：辽宁科学技术出版社，721-722.
李树刚．2008. 灾害学［M］. 北京：煤炭工业出版社．
李谢辉，李景宜．2008. 我国生态风险评价研究．干旱区资源与环境，22（3）：70-74.
李信书，徐军田，姚东瑞，等．2013. 富营养化与生长密度对绿潮藻浒苔暴发性生长机制的影响［J］. 水产学报，(08)：1206-1212.
李雪晴．2018. 两艘三千吨级海洋渔业综合科学调查船下水［J］. 中国水产，(10)：6-7.
李彦，罗续业．2006. 海洋监测传感器网络概念与应用探讨［J］. 海洋技术，25（4）：33- 35.
李雁宾．2008. 长江口及邻近海域季节性赤潮生消过程控制机理研究［D］. 青岛：中国海洋大学．
李玉文，张继岩，于雷．2009. 基于指标协调性的水体富营养化状况的模糊识别［J］. 环境科学与管理，34（10）：76-78.
联合国海洋法公约［M］. 北京：海洋出版社，1996.
梁刚．2011. 大型藻类遥感监测方法研究［D］. 大连：大连海事大学．
梁松，钱宏林，齐雨藻．2000. 中国沿海的赤潮问题［J］. 生态科学，(4)：44-50.
梁宗英，等．2008. 浒苔漂流聚集绿潮现象的初步分析［J］. 中国海洋大学学报（自然科学版），（04）：601-604.
梁宗英，林祥志，马牧．2008. 浒苔漂流聚集绿潮现象的初步分析［J］. 中国海洋大学学报（自然科学版），38（4）：601-604.
林国红，董月茹，李克强，等．2017. 赤潮发生关键控制要素识别研究——以渤海为例［J］. 中国海洋大学学报（自然科学版），47（12）：88-96.
林文庭，吴小南，朱萍萍，等．2009. 浒苔绿藻精抗实验性肝癌作用及其机理研究［J］. 福建医科大学学报，43（3）：227-230.
林小苹．2010. 基于 Som 和 Cca 的柘林湾浮游动物群落结构及其与环境因子关系的研究［D］. 汕头：汕头大学．
林艺芸，张江山，刘常青．2008. 中国工业固体废弃物产生量的预测及对策研究［J］. 环境科学与管理，33（7）：47-50.
林英庭，等．2015. 浒苔的营养成分及安全性评价［J］. 饲料工业．
林英庭，宋春阳，薛强，等．2009. 浒苔对猪生长性能的影响及养分消化率的测定［J］. 饲料研究，（3）：47-49.

林雨霏，杨阳，王国善，等．2018. 浒苔绿潮灾害损失调查与评估方法构建［J］. 海洋环境科学，37（3）：452-456.
林昱，庄栋法，陈孝麟．1994. 初析赤潮成因研究的围隔实验结果——几个理化因子与硅藻赤潮的关系［J］. 海洋与湖沼，25（2）：139-145.
林贞贤，汝少国，杨宇峰．2006. 大型海藻对富营养化海湾生物修复的研究进展［J］. 海洋湖沼通报，（4）：128-134.
林祖享，梁舜华．2002. 探讨运用多元回归分析预报赤潮［J］. 海洋环境科学，21（03）：1-4.
刘峰．2010. 黄海绿潮的成因以及绿潮浒苔的生理生态学和分子系统学研究［D］. 青岛：中国科学院研究生院（海洋研究所）.
刘桂梅，孙松，王辉．2003. 海洋生态系统动力学模型及其研究进展［J］. 地球科学进展，18（3）：427-432.
刘航，蒋尚明，金菊良，等．2013. 基于 GIS 的区域干旱灾害风险区划研究［J］. 灾害学，28（03）：198-203.
刘皓，高永利，殷克东，等．2010. 不同氮磷比对中肋骨条藻和威氏海链藻生长特性的影响［J］. 热带海洋学报，（6）：92-97.
刘吉平．2012. 遥感原理及遥感信息分析基础［M］. 武汉：武汉大学出版社，5.
刘佳，张洪香，张俊飞，等．2017. 浒苔灾害对青岛滨海旅游业影响研究［J］. 海洋湖沼通报，（3）：130-136.
刘凌云，郑光美．2003. 普通动物学（第三版）［M］. 北京：高等教育出版社.
刘青，颜天，周名江．2015. 早期发育浒苔对 2 株常见赤潮藻的化感效应［J］. 海洋科学进展，33（4）：529-536.
刘书明，李潇，张健，等．2018. 天津市海洋环境风险综合评价研究［J］. 环境污染与防治，40（11）：1300-1305，1309.
刘涛，陈省平，王翔宇．2005. 海洋赤潮生物检测技术研究进展［J］. 高技术通讯，15（6）：106-110.
刘伟．2010. BP 神经网络在海洋赤潮预测中的应用［J］. 海洋科学集刊，50：93-98.
刘艳，吴惠仙，薛俊增．2013. 海洋外来物种入侵生态学研究［J］. 生物安全学报，22（1）：8-16.
刘英霞，常显波，王桂云，等．2009. 浒苔的危害及防治［J］. 安徽农业科学，37（20）：9566-9567.
刘迎春，辛守帅．2010. 浒苔青贮制作方法［J］. 中国奶牛，（6）：61-62.
刘永利，等．2009. 双船表层浒苔围拖网实船试验报告［J］. 现代渔业信息，（12）：14-15.
刘政坤．2011. 低值海藻浒苔生物乙醇转化工艺的研究［D］. 青岛：中国海洋大学.
柳岩，宋伦，宋永刚，等．2017. 大型水母灾害应急处置技术研究［J］. 河北渔业，（2）：6-10.
楼琇林，黄韦艮．2003. 基于人工神经网络的赤潮卫星遥感方法研究［J］. 遥感学报，7（2）：125-130.
卢宁，韩立民．2008. 海陆一体化的基本内涵及其实践意义［J］. 太平洋学报，（03）：82-87.
陆斗定．2002. 全球赤潮生态学与海洋学（GEOHAB）国际合作计划［J］. 东海海洋，（1）.
吕颂辉，齐雨藻．2004. 中国的赤潮、危害、成因和防治［C］//中国赤潮研究与防治学术研讨会.
罗金福，李天深，蓝文陆．2016. 北部湾海域赤潮演变趋势及防控思路［J］. 环境保护，44（20）：40-42.
罗民波，刘峰．2015. 南黄海浒苔的发生过程及关键要素研究进展［J］. 海洋渔业，37（6）：570-574.
罗晓凡，魏皓，王玉衡．2012. 黄、东海水母质点追踪影响因素分析［J］. 海洋与湖沼，43（3）：635-642.
罗续业，周智海，曹东，等．2006. 海洋环境立体监测系统的设计方法［J］. 海洋通报，25（4）：69-77.
洛昊，马明辉，梁斌，等．2013. 中国近海赤潮基本特征与减灾对策［J］. 海洋通报，32（5）：595-600.
马龙，宋士林，刘婷婷．2013. 潍坊北部沿海地区主要海洋灾害类型及防治探讨［J］. 海洋开发与管理.
马清霞，宋金明，李学刚，等．2012. 沙海蜇消亡环境效应的模拟研究［C］//中国海洋湖沼学会第十次全国会员代表大会暨学术研讨会论文集.
马燕，郑祥民．2005. 生态风险评价研究［J］. 国土与资源研究，（2）：49-51.
马毅．2003. 赤潮航空高光谱遥感探测技术研究［D］. 青岛：中国科学院大学（海洋研究所）.
毛显谋，黄韦艮．1998. 赤潮遥感监测［R］//海洋水产养殖区赤潮监测及其短期预报试验性研究项目赤潮遥感研究报告.
毛小苓，倪晋仁．2005. 生态风险评价研究述评．北京大学学报（自然科学版），41（4）：646-654.

乌尔里希·贝克，等．2001. 自由与资本主义［M］. 杭州：浙江人民出版社，119-120.
庞国兴，陈长法，陈欣，等．2009. 浒苔饲料产业化技术研究［J］. 饲料工业杂志，10（23）：43-44.
裴建国，梁茂珍，陈阵．2008. 西南岩溶石山地区岩溶地下水系统划分及其主要特征值统计［J］. 中国岩溶，27（1）：6-10.
裴相斌．2009. 我国近岸海域富营养化形势分析与防治对策［J］. 环境保护，（11）：42-44.
彭超，吴刚，席宇，等．2003. 三株溶藻细菌的分离鉴定及其溶藻效应［J］. 环境科学，16（1）：37-40.
片冈一成．2014. 火力核能发电技术协会编，发电站海水设备的污损对策手册．恒星社厚生阁出版社，1-356.
齐雨藻，黄长江．1997. 南海大鹏湾海洋卡盾藻赤潮发生的环境背景［J］. 海洋与湖沼，（4）：337-342.
齐雨藻．1997. 南海大鹏湾海洋卡盾藻赤潮发生的环境背景［J］. 海洋与湖沼，28（4）：337-342.
齐雨藻．2003. 中国沿海赤潮［M］. 北京：科学出版社．
钱宏林，梁松，齐雨藻，等．1994. 南海北部沿海夜光藻赤潮的生态模式研究［J］. 生态科学，（01）．
乔方利，马德毅，朱明远，等．2008. 2008年黄海浒苔爆发的基本状况与科学应对措施［J］. 海洋科学进展，26（3）：409-410.
乔方利，袁业立，朱明远．2000. 长江口海域赤潮生态动力学模型及赤潮控制因子研究［J］. 海洋与湖沼，31（1）：93-100.
乔玲，甄毓，米铁柱．2016. 抑食金球藻（*Aureococcus anophagefferens*）褐潮研究概述［J］. 海洋环境科学，（03）：473-480.
秦松，冯大伟，刘海燕，等．一种以浒苔为原料制取生物乙醇的方法．200910018119. 0［P］. 2010-02-03.
曲长凤，宋金明，李宁．2014. 水母旺发的诱因及对海洋环境的影响［J］. 应用生态学报，25（12）：3701-3712.
任光超，杨德利．2011. 浙江海域赤潮灾害直接非经济损失的估算［J］. 黑龙江农业科学，（3）：113-115.
任鲁川．1999. 自然灾害综合区划的基本类别及定量方法［J］. 自然灾害学报，（04）：41-48.
佘隽．2012. 高产DHA寇氏隐甲藻诱变选育的研究［D］. 武汉：武汉工业学院．
石学连，张晶晶，王晶，等．2009. 浒苔多糖的分级纯化及体外抗氧化活性研究［J］. 中国海洋药物杂志，28（3）：44-49.
史荣君．2013. 海洋细菌N3对几种赤潮藻的溶藻效应［J］. 环境科学，34（5）：1922-1929.
宋伦，毕相东．2015. 渤海海洋生态灾害及应急处置［M］. 沈阳：辽宁科学技术出版社．
宋宁而，王琪．2009. 日本的浒苔治理经验及其对我国的启示［J］. 海洋信息，（3）：15-19.
宋宁而，王琪．2010. 从国外浒苔治理经验看海洋环境应急管理中社会组织的重要性［J］. 海洋开发与管理，27（9）：33-40.
宋雪原，郭秀春，周文辉，等．2010. 浒苔水溶性多糖的组成及其生物活性研究［J］. 时珍国医国药，21（10）：2448-2450.
宋彦蓉，张宝元．2015. 基于地区现代化评价的客观赋权法比较［J］. 统计与决策，（11）：82-86.
苏纪兰．2015. 中国学科史研究报告系列中国海洋学学科史［M］. 北京：中国科学技术出版社．
隋广军，蒲惠荧．2012. 沿海地区受台风影响的易损性指标体系与应急管理策略［J］. 改革，03（3）：145-154.
孙国强，胡昌军，李国兴，等．2010. 浒苔粉对奶牛产奶性能及粪便微生物菌群的影响［J］. 畜牧与兽医，42（6）：54-56.
孙家抦．2013. 遥感原理与应用［M］. 武汉：武汉大学出版社．
孙雷．2014. 浒苔孢子附着的影响因素及涂料和改性黏土对其抑制效果的研究［D］. 青岛：中国海洋大学．
孙祁祥．2009. 保险学［M］. 北京：北京大学出版社，68-72.
孙松，于志刚，李超伦，等．2012. 黄、东海水母暴发机理及其生态环境效应研究进展［J］. 海洋与湖沼，（03）：401-405.
孙松．2012. 水母暴发研究所面临的挑战［J］. 地球科学进展，27（3）：257-261.
孙文，等．2011. 浒苔资源利用的研究进展及应用前景［J］. 水产科学，（9）：588-590.
孙笑笑．2017. 联合浮标与卫星数据的赤潮预警与决策服务［D］. 杭州：浙江大学．

孙修涛，等 . 2008. 绿潮中浒苔的抗逆能力和药物灭杀效果初探 [J]. 海洋水产研究，(5)：130-136.
孙秀云 . 2000. 赤潮航空监视方法与统计分析 [J]. 海洋通报，19 (5)：62-67.
孙云潭 . 2010. 中国海洋灾害应急管理研究 [M]. 青岛：中国海洋大学出版社 .
覃盈盈，梁士楚 . 2008. 外来种互花米草在广西海岸的入侵现状及防治对策 [J]. 湿地科学与管理，4 (2)：47-50.
唐洪杰 . 2009. 长江口及邻近海域富营养化近 30 年变化趋势及其与赤潮发生的关系和控制策略研究 [D]. 青岛：中国海洋大学，121.
唐启升，张晓雯，叶乃好，等 . 2010. 绿潮研究现状与问题 [J]. 中国科学基金，(1)：5-9.
滕瑜，等 . 2009. 浒苔的快速干燥技术及其初步开发 [J]. 渔业科学进展，(2)：110-114.
田富姣，于鲁冀，赵晴 . 2011. 基于生态系统的水环境压力分区指标体系构建 [J]. 环境科学与技术，(10)：191-195.
田原宇，乔英云 . 2013. 生物质气化技术面临的挑战及技术选择 [J]. 中外能源，18 (8)：27-32.
佟蒙蒙 . 2006. 我国赤潮的分型分级及赤潮灾害评估体系 [D]. 广州：暨南大学 .
屠健 . 1991. 赤潮防治技术概况 [J]. 海洋通报，(6)：91-94.
汪艳涛，高强，金炜博 . 2014. 我国海洋生态灾害应急管理体系优化研究 [J]. 灾害学，(4)：150-154.
汪艳涛，高强，金炜博 . 2015. 我国海洋生态灾害应急管理体制困境及解决对策 [J]. 中国渔业经济，33 (2)：23-28.
王爱军 . 2005. 近年来我国海洋灾害损失及防灾减灾策略 [J]. 江苏地质，29 (2)：98-101.
王超 . 2010. 浒苔（*Ulva prolifera*）绿潮危害效应与机制的基础研究 [D]. 青岛：中国科学院海洋研究所 .
王朝晖，陈菊芳，杨宇峰 . 2010. 船舶压舱水引起的有害赤潮藻类生态入侵及其控制管理 [J]. 海洋环境科学，29 (06)：920-922，934.
王朝晖，齐雨藻，吕颂辉 . 2003. 有毒亚历山大藻（*Alexandrium* spp.）和链状裸甲藻（*Gymnodinium catenatum*）孢囊在中国沿海的分布 [J]. 海洋与湖沼，(04)：422-430.
王初升，唐森铭，宋普庆 . 2011. 我国赤潮灾害的经济损失评估 [J]. 海洋环境科学，30 (3)：428-431.
王丹，刘桂梅，何恩业，等 . 2013. 有害藻华的预测技术和防灾减灾对策研究进展 [J]. 地球科学进展，(2)：233-242.
王东哲 . 2014. 褐潮暴发对海湾扇贝养殖的影响及对策 [D]. 上海：上海海洋大学 .
王芳芳，徐光庆 . 2012. 围塘养殖蓝子鱼控制浒苔危害技术试验 [J]. 科学养鱼，(11)：45-46.
王锋 . 2013. 关于海洋灾害应急管理体系建设的思考 [J]. 海洋开发与管理，30 (4)：1-5.
王汉奎，黄良民，黄小平，等 . 2003. 珠江口海域条纹环沟藻赤潮的生消过程和环境特征 [J]. 热带海洋学报，(05)：55-62.
王浩东 . 2012. 浒苔（*Ulva prolifera*）生殖遗传学的初步研究 [D]. 青岛：中国海洋大学 .
王洪超，苏静静，屈年瑞 . 2014. 外来赤潮生物入侵现状及对赤潮灾害的影响研究 [J]. 中国环境管理干部学院学报，(6)：34-37.
王惠卿，杜广玉 . 2000. 大连市近岸海域赤潮状况、预测及防治对策 [J]. 中国环境监测，16 (06)：42-46.
王建艳，于志刚，甄毓，等 . 2012. 环境因子对海月水母生长发育影响的研究进展 [J]. 应用生态学报，23 (11)：3207-3217.
王建艳，甄毓，王国善，等 . 2013. 基于 mt-16S rDNA 和 *mt-COI* 基因的海月水母分子生物学鉴定方法和检测技术 [J]. 应用生态学报，24 (3)：847-852.
王进，詹倩云，郑珊，等 . 2014. 浒苔生物肥的制备及其对青菜品质影响的研究 [J]. 中国海洋大学学报，44 (1)：62-67.
王娟 . 2005. 赤潮的预测预报模型 [J]. 生物学通报，40 (2)：20-22.
王利国 . 2012. 我国海洋灾害应急管理政策研究 [D]. 青岛：中国海洋大学 .
王玲玲，沈熠 . 2007. 水体富营养化的形成机理、危害及其防治对策探讨 [J]. 环境研究与监测，(4)：33-35.
王凌志，郭德勇，李红臣，等 . 2012. 城市综合应急管理若干模式分析研究 [J]. 城市发展研究，19 (9)：

68-73.
王平．1999. 自然灾害综合区划研究的现状与展望［J］. 自然灾害学报，8（1）：21-29.
王荣，李超伦，王克．1998. 渤海浮游动物摄食研究［J］. 海洋渔业，（7）：265-271.
王瑞富，马庆荣，高松，等．2014. 基于GIS的绿潮漂移预测数值模拟系统的建设与应用分析［J］. 高技术通讯，24（9）：948-956.
王寿松，冯国灿．1997. 大鹏湾夜光藻赤潮的营养盐动力学模型［J］. 热带海洋，（01）：1-6.
王寿松，刘子煌．1998. 封闭环境中赤潮发生过程的数学模拟［J］. 海洋与湖沼，29（2）：163-168.
王述柏，贾玉辉，王利华，等．2013. 浒苔添加水平对蛋鸡产蛋性能、蛋品质、免疫功能及粪便微生物区系的影响［J］. 动物营养学报，25（6）：1346-1352.
王爽，姜秀民，王谦，等．2013. 不同工况下条浒苔的快速热裂解制取生物油试验研究［J］. 热能动力工程，28（2）：202-207.
王微．2014. 我国海洋灾害风险防范体系构建研究［D］. 湛江：广东海洋大学．
王巍．2015. 压力作用后蓝藻气囊及活性变化规律研究［D］. 扬州：扬州大学．
王小龙．2006. 海岛生态系统风险评价方法及应用研究［D］. 青岛：中国科学院研究生院（海洋研究所）.
王晓坤，马家海，叶道才，等．2007. 浒苔生活史的初步研究［J］. 海洋通报，26（5）：112-116.
王晓雯．2012. 赤潮的预报及治理［J］. 环境科学与管理，37：37-38.
王兴强，刘长兴，刘国伟，等．2012. 改进的Csfcm聚类算法及其在赤潮监测中的应用［J］. 计算机工程与应用，48（08）：233-235.
王修林，孙培艳，高振会，等．2003. 中国有害赤潮预测方法研究现状和进展［J］. 海洋科学进展，21（1）：93-98.
王秀芝，孙震晓，宋兴民．1996. 大蒜组织培养快速繁殖的激素调节［J］. 山东师范大学学报（自然科学版），11（3）：118 -120.
王学瑞．2015. 浒苔的海上打捞清理技术实践与探讨［J］. 河北渔业，2015（3）.
王仰麟，蒙吉军，刘黎明，等．2011. 综合风险防范：中国综合生态与实务安全风险［M］. 北京：科学出版社．
王影．2012. 两种绿潮藻的生理生态学特征及其对黄海绿潮暴发期典型环境变化的响应差异研究［D］. 青岛：中国海洋大学．
王悠，俞志明，宋秀贤，等．2006. 大型海藻与赤潮微藻以及赤潮微藻之间的相互作用研究［J］. 环境科学，27（2）：274-280.
王悠，俞志明．2005. 海洋有害赤潮的生物防治对策［J］. 植物生态学报，29（4）：665-671.
王正方，张庆，吕海燕，等．2000. 长江口溶解氧赤潮预报简易模式［J］. 海洋学报，22（4）：125-129.
王智，蒋明康，强胜，等．2014. 沿海地区自然保护区外来入侵物种调查与研究［M］. 北京：中国环境出版社．
王宗灵，傅明珠，肖洁，等．2018. 黄海浒苔绿潮研究进展［J］. 海洋学报，（02）：1-13.
温艳萍，崔茂中．2011. 浙江海域赤潮灾害的经济损失评估［J］. 科教导刊，（35）：139-140.
文世勇，宋旭，田原原，等．2015. 赤潮灾害经济损失评估技术方法［J］. 灾害学，（1）：25-28.
文世勇，赵冬至，陈艳拢，等．2007. 基于AHP法的赤潮灾害风险评估指标权重研究［J］. 灾害学，22（2）：9-14.
文世勇，赵冬至，张丰收，等．2009. 赤潮灾害风险评估方法［J］. 自然灾害学报，18（01）：106-111.
文世勇．2007. 赤潮灾害风险评估理论与方法研究［D］. 大连：大连海事大学．
吴玲娟，高松，白涛．2016. 大型水母迁移规律和灾害监测预警技术研究进展［J］. 生态学报，36（10）：3103-3107.
吴玲娟，高松，丁一，等．2015. 黄海绿潮灾害应急遥感监测和预测预警系统［J］. 防灾科技学院学报，（1）：59-67.
吴玲娟，高松，刘桂艳，等．2015. 青岛近海大型水母漂移集合预测方法研究［J］. 海洋预报，32（2）：62-71.
吴青．2015. 浒苔漂浮与沉降机制研究［D］. 上海：上海海洋大学．
吴信才，等．2002. 地理信息系统原理与方法［M］. 北京：电子工业出版社，3-5.

吴珍，张华，岑竞仪．2016. 温度对太平洋冈比亚藻 *Gambierdiscus pacificus* 的生长和多糖产量的影响［J］. 热带海洋学报，35（5）：55-61.
武汉大学．2006. 中程高频地波雷达技术报告［R］.
夏综万，于斌．1997. 大鹏湾的赤潮生态仿真模型［J］. 海洋与湖沼，28（5）：468-474.
忻丁豪，任松，何培民，等．2009. 黄海海域浒苔属（*Enteromorpha*）生态特征初探［J］. 海洋环境科学，28（2）：190-192.
徐波．2007. 城市灾害风险识别［C］//中国灾害防御协会．灾害风险管理与空间信息技术防灾减灾应用研讨交流会论文集［C］. 中国灾害防御协会，4.
徐大伦，等．2003. 浒苔营养成分分析［J］. 浙江海洋学院学报（自然科学版），（4）.
徐国万，卓荣宗．1985. 我国引种互花米草的初步研究［［J］. 南京大学学报，40（2）：212-225.
徐家声．2003. 近海与虾池赤潮［M］. 北京：海洋出版社.
徐启江，陈典，李贵英．2001. 分蘖洋葱的组织培养与快速繁殖［J］. 植物生理学通讯，37（5）：428.
徐永建，钱鲁闽，焦念志．2004. 江蓠作为富营养化指示生物及修复生物的氮营养特性［J］. 中国水产科学，11（3）：276-280.
徐兆礼．2009. 东海水螅水母环境适应与生态类群［J］. 应用生态学报，20（1）：177-184.
许国栋．2014. 我国海洋灾害应急管理实现机制研究［J］. 海洋环境科学，33（4）：624-630.
许晶晶，唐志红，王景玉，等．2009. 浒苔多糖的纯化及抗氧化活性研究［J］. 食品工业科技，30（10）：134-136.
许卫忆，朱德弟，张经，等．2001. 实际海域的赤潮生消过程数值模拟［J］. 海洋与湖沼，32（6）：598-604.
许学工，颜磊，徐丽芬，等．2011. 中国自然灾害生态风险评价［J］. 北京大学学报：自然科学版，47（5）：901-908.
许妍，董双林，金秋．2005. 几种大型海藻对赤潮异弯藻生长抑制效应的初步研究［J］. 中国海洋大学学报（自然科学版），35（3）：475-477.
许妍，高俊峰，赵家虎，等．2012. 流域生态风险评价研究进展［J］. 生态学报，32（01）：284-292.
闫小玲，刘全儒，寿海洋，等．2014. 中国外来入侵植物的等级划分与地理分布格局分析［J］. 生物多样性，22（5）：667-676.
闫永峰，任培丽，秦玲玲．2010. 河南永成煤矿塌陷区水质对鲫鱼形态性状指标和脏器系数的影响［J］. 四川动物，29（2）：224-226.
颜天，陈洋，谭志军，等．2005. 东海大规模赤潮对海洋浮游生态系统结构的影响［J］. 毒理学杂志，（S1）：314.
阳文锐，王如松，黄锦楼，等．2007. 生态风险评价及研究进展［J］. 应用生态学报，18（8）：1869-1876.
杨东方，崔文林，张洪亮，等．2014. 新技术在水母监测中的应用［J］. 海洋开发与管理，31（4）：38-41.
杨军．2008. 防灾减灾难背后的体制瓶颈［J］. 南风窗，12.
杨璐，黄海燕，李潇，等．2017. 德国海洋生态环境监测现状及对我国的启示［J］. 海洋环境科学，36（5）：796-800.
杨秀兰，张秀珍，杨建敏，等．2008. 用浮游硅藻抑制浒苔生长［J］. 齐鲁渔业，25（8）：39-40.
杨宇峰，宋金明，林小涛，等．2005. 大型海藻栽培及其在近海环境的生态作用［J］. 海洋环境科学，24（2）：77-80.
姚东瑞．2011. 浒苔［M］. 北京：海洋出版社.
姚东瑞．2011. 浒苔资源化利用研究进展及其发展战略思考［J］. 江苏农业科学，（2）：473-475.
姚兰．2010. 洞庭湖区生态环境风险识别与评价［J］. 资源环境与发展，（1）：23-26.
叶乃好，等．2012. 浒苔［M］. 北京：海洋出版社.
叶银灿，等．2012. 中国海洋灾害地质学［M］. 北京：海洋出版社.
叶勇，翁劲，卢昌义，等．2006. 红树林生物多样性恢复［J］. 生态学报，26（4）：1243-1250.
游奎，迟旭朋，马彩华，等．2013. 一种专门针对水母类胶体状水生生物的高效自动化吸捕装置.

于风．2010. 青岛—黄海浒苔卫星光学遥感［D］. 青岛：中国海洋大学．
于杰，黄洪辉，舒黎明，等．2013. 马尾藻遥感信息提取［J］. 遥感信息，28（2）：93-100.
于宁，于建生，吕振波，等．2012. 山东海域赤潮灾害特征及预警报管理［J］. 生态学杂志，31（5）：1272-1281.
于仁成，刘东艳．2016. 我国近海藻华灾害现状、演变趋势与应对策略［J］. 中国科学院院刊，31（10）：1167-1174.
于仁成，孙松，颜天，等．2018. 黄海绿潮研究：回顾与展望［J］. 海洋与湖沼，49（05）：942-949.
余宙文．1998. 中国的海洋灾害及减灾对策［J］. 海洋预报，（3）：6-11.
俞志明，邹景忠，马锡年，等．1993. 治理赤潮的化学方法［J］. 海洋与湖沼，24（3）：314-318.
俞志明，邹景忠，马锡年．1994. 一种提高黏土矿物去除赤潮生物能力的新方法［J］. 海洋与湖沼，25（2）：226-232.
俞子文，孙文浩．1992. 几种高等水生植物的克藻效应［J］. 水生生物学报，（1）：1-7.
恽才兴．2005. 海岸带及近海卫星遥感综合应用技术［M］. 北京：海洋出版社．
曾江宁，曾淦宁，黄韦艮，等．2004. 赤潮影响因素研究进展［J］. 东海海洋，（02）：40-47.
张骉．2015. 海洋生态修复现状、存在的问题及展望探讨［J］. 科技创新导报，12（17）：140-141.
张诚，邹景忠．1997. 尖刺拟菱形藻氮磷吸收动力学以及氮磷限制下的增殖特征［J］. 海洋与湖沼，28（6）：599-603.
张芳，李超伦，孙松，等．2017. 水母灾害的形成机理、监测预测及防控技术研究进展［J］. 海洋与湖沼，（6）：1187-1195.
张宏声．2004. 海域使用管理指南［M］. 北京：海洋出版社．
张洪亮，张继民．2014. 北海区海洋生态灾害的主要类型及分布现状研究［J］. 激光生物学报，23（06）：566-571.
张惠荣．2009. 浒苔生态学研究［M］. 北京：海洋出版社．
张继红，方建光，孙松，等．2005. 胶州湾养殖菲律宾蛤仔的清滤率、摄食率、吸收效率的研究［J］. 海洋与湖沼，36（6）：548-555.
张建民，宋俭．1998. 灾害历史学［M］. 长沙：湖南人民出版社．
张俊香，黄崇福．2004. 自然灾害区划与风险区划研究进展［C］//中国灾害防御协会——风险分析专业委员会第一届年会论文集．55-61.
张水浸．1994. 赤潮及其防治对策［M］. 北京：海洋出版社．
张维特．2010. 利用大型绿藻浒苔生物质制取乙醇的研究［D］. 上海：上海海洋大学．
张文．2009. 不同环境因子对有害赤潮生物链状裸甲藻的生长和产毒的影响［D］. 广州：暨南大学．
张晓红，王宗灵，李瑞香，等．2012. 不同温度、盐度下浒苔（*Entromorphra prolifera*）群体增长和生殖的显微观测［J］. 海洋科学进展，（02）：276-283.
张绪良．2004. 山东省海洋灾害及防治研究［J］. 海洋通报．
张雅琪．2013. 改性黏土对褐潮生物种—*Aureococcus anophagefferens* 的去除研究［D］. 青岛：中国科学院大学（海洋研究所）．
张焱．2014. 辽宁沿海地区主要海洋灾害风险评价［D］. 沈阳：辽宁师范大学．
张毅敏，陈晶，杨阳，等．2014. 我国海洋污染现状、生态修复技术及展望［J］. 科学，66（3）：48-51.
张永山，吴玉霖，邹景忠，等．2002. 胶州湾浮动弯角藻赤潮生消过程［J］. 海洋与湖沼，（01）：55-61.
张有份．2000. 海洋赤潮知识 100 问［M］. 北京：海洋出版社，1-20.
张宇龙．2014. 海洋环境风险评价及应用研究［D］. 天津：天津大学．
张悦，等．2016. 不同体系改性黏土对浒苔（*Ulva prolifera*）微观繁殖体去除及萌发的影响［J］. 海洋学报，38（8）.
张震宇，王文楷．1993. 自然灾害区划若干理论问题的探讨［J］. 自然灾害学报，（02）：1-7.
张正龙．2014. 我国黄、东海浒苔和马尾藻的遥感鉴别及绿潮发生过程研究［D］. 上海：华东师范大学．

张志锋．2012. 渤海富营养化现状、机制及其与赤潮的时空耦合性［J］. 海洋环境科学，(4)：465-483.
章金鸿，李玫．1999. 红树林湿地对榨糖废水中 N，P 的吸收和净化的可能性［J］. 重庆环境科学，21（6）：39-41.
赵聪蛟，宋琍琍，余骏，等．2012. 浙江省 2000—2010 年海洋生态灾害概况及防灾对策［J］. 海洋开发与管理.
赵冬至，李亚楠．2000. 赤潮灾害经济损失评估技术研究［G］//赵冬至．渤海赤潮灾害监测与评估研究文集．北京：海洋出版社，144-150.
赵冬至，张丰收，杜飞，等．2005. 不同藻类水体太阳激发的叶绿素荧光峰（SICF）特性研究［J］. 遥感学报，9（3）：265-270.
赵冬至，赵玲，张丰收．2000. GIS 在海湾陆源污染物总量控制中的应用［J］. 遥感技术与应用，(01)：63-67.
赵冬至，赵玲，张丰收．2003. 我国海域赤潮灾害的类型、分布与变化趋势［J］. 海洋环境科学，22（3）：7-11.
赵冬至．2000. 渤海赤潮灾害监测与评估研究文集［M］. 北京：海洋出版社．
赵冬至．2009. 赤潮灾害卫星遥感探测技术［M］. 北京：海洋出版社，229-240.
赵冬至．2010. 中国典型海域赤潮灾害发生规律［M］. 北京：海洋出版社．
赵冬至．2004. 我国赤潮灾害分布规律与卫星遥感探测模型［D］. 上海：华东师范大学．
赵丽媛．2009. 东海原甲藻增殖细胞核抗原基因表达量与生长关系的研究［J］. 青岛：中国海洋大学．
赵玲，赵冬至，张昕阳，等．2003. 我国有害赤潮的灾害分级与时空分布［J］. 海洋环境科学，22（2）：15-19.
赵领娣，王小华，等．2007. 海洋灾害及海洋收入的经济学研究［M］. 北京：经济科学出版社．
赵明，陈建美，蔡葵，等．2010. 浒苔堆肥化处理及对大白菜产量和品质的影响［J］. 中国土壤与肥料，47（2）：66-70.
赵鹏．2014. 海月水母生长发育及绿鳍马面鲀对水母捕食的研究［D］. 上海：上海海洋大学．
赵素芬，吉宏武．郑龙颂．2006. 三种绿藻多糖的提取及理化性质和活性比较［J］. 台湾海峡，25（4）：484-489.
赵作权，高岩松．1996. 灾害区划研究的现状、存在问题与发展趋势［J］. 灾害学，11（3）：1-4.
郑大玮，等．2015. 灾害学基础［M］. 北京：北京大学出版社．
郑卫东．2001. 当今全球渔业管理面临的四大危机［J］. 中国渔业经济，(5)：41
郑重．1978. 赤潮生物研究——海洋浮游生物学的新动向之一［J］. 自然杂志，(02)：118-121.
中华人民共和国水利部．中华人民共和国水利行业指导性技术文件（SL/Z 467—2009）：生态风险评价导则［EB/OL］.［2013-03-11］. http：//www. docin. com/p-603053016. Html
中科院环保总局．2003. 中国第一批外来物种名单［R］. 国务院公报，41-46.
仲平，钱洪宝，向长生．2017. 美国海洋科技政策与海洋高技术产业发展现状［J］. 全球科技经济瞭望，32（3）：14-20.
周成旭，汪飞雄，严小军．2008. 温度盐度和光照条件对赤潮异湾藻细胞稳定性的影响［J］. 海洋环境科学，27（1）：17-24.
周健，王源，胡静雯，等．2018. 关于浒苔绿潮灾害应对的几点思考［J］. 城市与减灾，(4)：35-39.
周名江，朱明远，张经．2001. 中国赤潮的发生趋势和研究进展［J］. 生命科学，13（2）：54-59.
周名江，朱明远．2006. 我国近海有害赤潮发生的生态学、海洋学机制及预测防治研究进展［J］. 应用生态学报，21（7）：673-679.
周蔚，徐小明，嵇珍，等．2001. 浒苔用作肉兔饲料的研究［J］. 江苏农业科学，(6)：68-69.
周余义，温政实，胡振宇．2014. 海陆统筹：渤海湾海洋环境污染治理［J］. 开放导报，(4)：62-64.
朱从举，齐雨藻，郭昌弼．1994. 铁、氮、磷、维生素 B_1 和 B_{12} 对海洋原甲藻的生长效应［J］. 海洋与湖沼，25（2）：168-172.
朱光文．1997. 海洋监测技术的国内外现状及发展趋势［J］. 气象水文海洋仪器，(2)：1-14.
朱建新，曲克明，李健，等．2009. 不同处理方法对浒苔饲喂稚幼刺参效果的影响［J］. 渔业科学进展，30（5）：108-112

宗禾．我国首次运用卫星遥感监测马尾藻［N］．中国海洋报，2017-07-05（001）．

邹景忠，王克行．1995. 我国赤潮灾害研究的新进展［G］//海洋环境监测文集．北京：海洋出版社，138-143.

Alcock, F. 2007. An assessment of Florida red tide: Causes, consequences and management strategies [J].

Alexander S, Aronson J, Whaley O, et al. 2016. The relationship between ecological restoration and the ecosystem services concept [J]. Ecology & Society, 21 (1): 34.

Amiardtriqyet C, Rainbow P S, Romeo M, et al. 2011. Tolerance to environmental contaminants [J]. Taylor & Francis Usa.

Anderson D M, Andersen P, Bricelj V M, et al. 2001. Monitoring and management strategies for harmful algal blooms in coastal waters. Unesco: 201-203.

Anderson D M, Glibert P M, Burkholder J M. 2002. Harmful algal blooms and eutrophication: Nutrient sources, composition, and consequences [J]. Estuaries, 25 (4): 704-726.

Anderson D M, Hoagland P, Kaoru Y, et al. 2000. Estimated annual economic impacts from harmful algal blooms (HABs) in the United States [J]. Woods Hole Oceanographic Institution, 25 (4): 819-837.

Anderson D M. 1997. Turning back the harmful red tide [J]. Nature, 388: 513-514.

Aneer G. 1987. High natural mortality of Baltic herring (*Clupea harengus*) eggs caused by algal exudates [J] Marine Biology, 94: 163-169.

Angela M, Obery W G, Landis. 2002. A regional multiple stressor risk assessment of the codorus creek watershed applying the relative risk model [J]. Human and Ecological Risk Assessment, 8 (2): 405-428.

Attrill M J, Wright J, Edwards M. 2007. Climate-related increases in jellyfish frequency suggest a more gelatinous future for the North Sea [J]. Limnology and Oceanography, 52 (1): 480-485.

Attrill M J, Wright J, Edwards M. 2007. Climate-related increases in jellyfish frequency suggest a more gelatinous future for the North Sea [J]. Limnology and Oceanography, 52 (1): 480-485.

Backer L C. 2009. Impacts of Florida red tides on coastal communities [J]. Harmful Algae, 8 (4): 618-622.

Baifoort H W, Snoek J, Smits J R M, et al. 1982. Automatic identification of algae: Neurai network anaiysis of flow cytometric data [J]. Planton Res, 1 (44): 575.

Barrado C, Salamí E, Royo P, et al. 2013. Jellyfish monitoring on coastlines using remote piloted aircraft [J].

Barz K, Hirche H J. 2007. Abundance, distribution and prey composition of Scyphomedusae in the southern North Sea. Marine Biology, 151 (3): 1021-1033.

Bax N Williamsona, Aguero M, et al. 2003. Marine invasive alien species: Athreatto global biodiversity [J]. Marine Policy, 27: 313-323.

Berezina, Nadezhda A, Golubkov, et al. 2008. Effect of drifting macroalgae *Cladophora glomerata* on benthic community dynamics in the easternmost Baltic Sea [J]. Journal of Marine Systems, 74 (20): S80-S85.

Bi H S, Cook S, Yu H et al. 2013. Deployment of an imaging system to investigate fine—scale spatial distribution of early life stages of the ctenophore *Mnemiopsis leidyi* in Chesapeake Bay [J]. Journal of Plankton Research, 35 (2): 270-280.

Billett D S M, Bett B J, Jacobs C L, et al. 2006. Mass deposition of jellyfish in the deep Arabian Sea [J]. Limnology and Oceanography, 51 (5): 2077-2083.

Boddy L, Morris C W, Wiikins M F, et al. 2000. Identification of 72 phytopiankton species by radiai basis function neurai network anaiysis of fiow cytometric data [J]. Marine Ecology Progress Series, 195: 47.

Bolch Cjs, Hallegraeffgm. 1993. Chemical and physical options to kill toxic dino flagellate cysts in ships' ballast water [J]. J Mar Environ Eng, (1): 23-29.

Boulware D R. 2006. A randomized controlled field trial for the prevention of jellyfish stings with atopical sting inhibitor [J]. Journal of Travel Medicine, 13, 16-17.

Bratbak G, Egge J K, Heldal M. 1993. Viral mortality of the marine alga *Emiliania huxleyi* (Haptophyceae) and termination of algal blooms [J]. Marine Ecology Progress, 93: 39-48.

Bricelj V M, Kuenstner S H. 1989. Effects of the "brown tide" on the feeding physiology and growth of bay scallops and mussels//Novel Phytoplankton Blooms. Springer, Berlin, Heidelberg, 491-509.

Brodeur R D, Decker M B, Ciannelli L, et al. 2008. Rise and fall of jellyfish in the eastern Bering Sea in relation to climate regime shifts [J]. Progress in Oceanography, 77: 103-111.

Caldeira K , Wickett M E. 2003. Oceanography: Anthropogenic carbon and ocean pH [J]. Nature, 425 (6956): 365-365.

Callow M E, Callow J A, Pickett-Heaps J D, et al. 1997. Primary adhesion of Enteromorpha (Chlorophyta, Ulvales) propagules: Quantitative settlement studies and video microscopy [J]. Journal of Phycology, 33 (6): 938-947.

Cerrato R M, Caron D A, Lonsdale D J, et al. 2004. Effect of the northern quahog *Mercenaria mercenaria* on the development of blooms of the brown tide alga *Aureococcus anophagefferens* [J]. Marine Ecology Progress, 281 (1): 93-108.

Chambouvet A, Morin P, Marie D, et al. 2008. Control of toxic marine dinoflagellate blooms by serial parasitic killers [J]. Science, 322 (5905): 1254-1257.

Chen Z, Li B, Zhong Y, et al. 2004. Local competitive effects of introduced *Spartina alternilora* on *Sciipus mariqueter* at Dongtan of Chongming Island, the Yangtze River estuary and their potential ecological consequences [J]. Hydrobiologia, 528 (1): 99-106.

Coats D W, Adam E J, Gallegos C L, et al. 1996. Parasitism of photosynthetic dinoflagellates in a shallow subestuary of Chesapeake Bay, USA [J]. Aquatic Microbial Ecology, 11: 1-9.

Coats D W. 1999. Parasitic life styles of marine dinoflagellates [J]. Journal of Eukaryotic Microbiology, 46: 402-409.

Corrales R A, Maclean J L. 1995. Impacts of harmful algae on seafarming in the Asia-Pacific areas [J]. Journal of Applied Phycology, 7 (2): 151-162.

Cosper E M. 1994. Isolation of Virus Capable of Lysing the Brown Tide Microalga, Aureococcus anophagefferens [J]. Science, 266 (5186): 805-807.

Crisci C, Ghattas B, Perera G. 2012. A review of Supervised Machine Learning Algorithms and their Applications to Ecological Data [J]. Ecological Modeling, 240 (1741): 113-122.

Cuiverhouse P F, SimpsonR G, Eiis R, et al. 1996. Automatic ciassification of field-collected dinoflagellates by artificial neural network [J]. Mar Ecol Prog Ser, 13 (91-93): 281.

Daehler C C, Strong D R. 1996. Status, prediction and prevention of introduced cordgrass *Spartina* spp. invasions in Pacific estuaries, USA [J]. Biological Conservation, 78 (1): 51-58.

Decker M B, Brown C W, Hood R R, et al. 2007. Predicting the distribution of the scyphomedusa *Chrysaora quinquecirrha* in Chesapeake Bay [J]. Marine Ecology Progress Series, 329: 99-113.

Diaby S. 1996. Economic Impact of Neuse River Closure on Commercial Fishing. Unpublished Manuscript. Morehead City, NC: North Carolina Division of Marine Fisheries.

Donat P H. 1995. Novei method to determine verticai distributions of phytopiankton in marine water coiumns. Enwironmental and Experimental Botany, 3 (54): 547.

Dong Z J, Liu D Y, Keesing J K. 2010. Jellyfish blooms in China: Dominant species, causes and consequences. Marine Pollution Bulletin, 60 (7): 954-963.

Doucette G J. 1995. Interactions between bacteria and harmful algae: a review. Natural Toxins: (3): 65-74.

Doyle E J Franks. 2015. Sargassum Fact Sheet. Gulf and Caribbean Fisheries Institute.

Doyle TK, Houghton JDR, Mcdevitt R, et al. 2007. The energy density of jellyfish: Estimates from bomb-calorimetry and proximate-composition [J]. Journal of Experimental Marine Biology & Ecology, 343: 239-252.

Dyson K, Huppert D. 2010. Regional economic impacts of razor clam beach closures due to harmful algal blooms (HABs) on the Pacific coast of Washington [J]. Harmful Algae, 9 (3): 264-271.

Epply R W. 1972. Temperature and phytoplankton growth in the sea [J]. Fishery Bulletin, 4 (70): 1063-1085.

Estrada M, Sanchez F J, Fraga S. 1984. Gymnodinium catenatum Graham en las rias galllegas. (NO Espana) [J]. Investig. Pesq, 48: 31-40.

Falkowski P G, Kolber Z. 1995. Variations in chlorophyll fluorescence yields in phytoplankton in the world oceans. Aus Plant Physiol, 22: 341.

Fenner P J. 1998. Dangers in the ocean: the traveler and marine envenomation I. jellyfish. Journal of Travel Medicine, 5 (3): 135-141.

Fletcher R L. 1996. The Occurrence of "Green Tides" — a Review// Marine Benthic Vegetation. Springer Berlin Heidelberg, 7-43.

Fong P, Donohoe R M, Zedler J B. 1993. Competition with macroalgae and benthic cyanobacterial limits phytoplankton abundance in experimental microcosms. Mar Ecol Prog Ser, 100: 97-102.

Gallandat J D, des forêts et du paysage Suisse. Office fédéral de l'environnement, Gobat J M, et al. 1993. Cartographie des zones alluviales d'importance nationale: rapport et annexes [M]. Office fédéral de l'environnement des forêts et du paysage (OFEFP) .

Gangshiyouli. 1972. The Pollution of ion of Shallow Sea and the Occurrence of Red Tide, Mechanism of the Occurrence of Red Tide in Inner Bay [Z]. Japan Aquatic Resources Protection Association, 58-76.

Gaspaeini S, Daro M H, Antajan E, et al. 2000. Meroplankton grazing during the *Phaeocystis globosa* bloom in the southern bight of the North Sea [J]. Journal of Sea Research, 43: 345-356.

Gastrich M D, Leigh-Bell J A, Gobler C J, et al. 2004. Viruses as Potential Regulators of Regional Brown Tide Blooms Caused by the Alga, Aureococcus anophagefferens [J]. Estuaries, 27 (1): 112-119.

GEOHAB. Science plane, 2001, iii. http: //ioc. unesco. org/hab/GEOHAB. htm.

Gibbs A, Skotnicki A H, Gardiner J E, et al. 1975. A tobamovirus of a green alga. Virology, 64: 571-574.

Glibert P M, Seitzinger S, Heil C A, et al. 2005. The role of eutrophication in the global proliferation of harmful algal blooms: New perspectives and new approaches [J]. Oceanography, 18.

Gobler C J, Anderson O R, Gastrich M D, et al. 2007. Ecological aspects of viral infection and lysis in the harmful brown tide alga *Aureococcus anophagefferens* [J]. Aquatic Microbial Ecology, 47 (1): 25-36.

Gobler C J, Boneillo G E, Debenham C J, et al. 2004. Nutrient limitation, organic matter cycling, and plankton dynamics during an *Aureococcus anophagefferens* bloom [J]. Aquatic Microbial Ecology, 35 (1): 31-43.

Gobler C J, et al. 2013. Expansion of harmful brown tides caused by the pelagophyte, *Aureoumbra lagunensis* DeYoe et Stockwell, to the US east coast [J]. Harmful Algae, 27: 29-41.

Gobler C J, Renaghan M J, Buck N J. 2002. Impacts of nutrients and grazing mortality on the abundance of *Aureococcus anophagefferens* during a New York brown tide bloom [J]. Limnology and Oceanography, 47 (1): 129-141.

Goldman J C, Carpenter E J. 1974. A kinetic approach to the effect of temperature on algal growth [J]. Limnol Oceanogr, 19: 756-766.

Gower J, Hu C, Borstad G, et al. 2006. Ocean Color Satellites Show Extensive Lines of Floating Sargassum in the Gulf of Mexico [J]. IEEE Transactions on Geoscience & Remote Sensing, 44 (12): 3619-3625.

GOWER J, KING S. 2008. Satellite images show the movement of floating sargassum in the gulf of Mexico and Atlantic ocean [C]. Nature preceding, (5): 1 -13.

Gower J, Young E, King S. 2013. Satellite images suggest a new Sargassum source region in 2011 [J]. Remote Sensing Letters, 4 (8): 764-773.

Graham H W. 1943. Gymnodinium catenatum, a new dinoflagellate from the Gulf of California [J]. Trans Am Microsc Soc, 62 (3): 259-261.

Graham W M, Martin D L, Felder D L, et al. 2003. Ecological and economic implications of a tropical jellyfish invader in the Gulf of Mexico. Biology Invasions, 5 (1-2): 53-69.

Grosholz E D, Levin L A, Tyler A C, et al. 2009. Changes in community structure andecosystem function following *Spartina alternilora* invasion of Pacific estuaries, in Human impacts on salt marshes: a global perspective. , B. R. Silliman, E. D. Grosholz, and M. D. Bertness, Editors. University of California Press: Berkley, California, USA, 23-40.

Gross E M. 2003. Allelopathy of Aquatic Autotrophs [J]. Critical Reviews in Plant Sciences, 22 (3-4): 27.

Guo L Q, Ni Q Y, Li J Q, et al. 2008. A novel sensor based on the porous plastic probe for determination of dissolved oxygen in seawater. Talanta, (4): 1032-1037.

Guo Weidong, Zhang Xiaoming, Yang Yiping, et al. 1998. Evaluation of the potential eutrophication of China's offshore waters [J]. Taiwan Strait, (1) : 64-70.

Habas E J, Gilbert C K. 1974. The economic effects of the 1971 Florida red tide and the damage it presages for future occurrences [J]. Environmental Letters, 6 (2): 139.

Hada Y. 1967. Protozoan plankton of the Inland Sea Setonaikai [I]. The Mastigophora Bull Suzugamine Women's Coll Nat Sci, 13: 1-26.

Hallegraeff G M. 1993. A review of harmful algal blooms and their apparent global increase [J]. Phycologia, 32 (2): 79-99.

Hamner W M, Madin L P, Alldredge A L, et al. 1975. Underwater observations of gelatinous zooplankton: sampling problems, feeding biology, and behavior. Limnology and Oceanography, 20 (6): 907-917.

Han C H, Uye S I. 2009. Quantification of the abundance and distribution of the common jelly fish *Aurelia auritas* L. with a Dual-frequency IDentification SONar (DIDSON) . Journal of Plankton Research, 31 (8): 805-814.

Harun R, Jason WSY, Cherrington T, et al. 2011. Exploring alkaline pre-treatment of microalgal biomassfor bioethanol production. Applied Energy, 88 (10): 3464-3467.

Hayden H, Jaanika Blomster, Maggs C, et al. 2003. Linnaeus was right all along: *Ulva* and *Enteromorpha* are not distinct genera [J]. British Phycological Bulletin, 38 (3): 277-294.

He J, Zheng L, Zhang W, et al. 2015. Life Cycle Reversal in *Aurelia* sp. 1 (Cnidaria, Scyphozoa) [J]. Plos One.

Hiskia A, Ai Q H, Mai K S. 2011. Evaluation of *Enteromorpha prolifera* as a feed component inlarge yellow croaker (Pseudosciaena crocea Richardson, 1846) diets. Aquaculture Research, 42 (2): 525-533.

Hoagland P, Scatasta S. 2006. The Economic Effects of Harmful Algal Blooms [J]. Ecology of Harmful Algae, 619 (2): 391-402.

Hodgkin E P, Hamilton B H. 1993. Fertilizers and eutrophication in southwestern Australia: setting the scene [J]. Fertilizer Research, 36 (2): 95-103.

Hodgkiss I J, Ho K C. 1997. Are changes in N: Pratios in coastal waters the key to increased red tide blooms? [C]. //Asia-Pacific Conference on Science and Management of Coastal Environment Springer Netherlands, 141-147.

Honjo T. 1994. The biology and prediction of representative red tides associated with fish kills in Japan. Reviews in Fisheries Science, (2): 225-253.

Houghton J, Doyle T, Davenport J, et al. 2006. Developing a simple, rapid method for identifying and monitoring jellyfish aggregations from the air [J]. Marine Ecology Progress, 314 (1): 159-170.

Hu C M. 2009. A novel ocean color index to detect floating algae in the global oceans. [J]. Remote Sensing of Environment, 113 (10): 2118-2129.

HU C, HE M. 2008. Origin and offshore extent of floating algae in Olympic sailing area [J]. Eos, American Geophysical Union Transactions, 89 (33): 302-303.

IMO (International Maritime Organization) . Marine Environmental Protection Committee.

Jensen A C. "The Economic Halo of a HAB." In Proceedings of the First International Conference on the Toxic Dinoflagellate Blooms, V. R. Lo Cicero (ed.) . MIT Sea Grant Program, Report no. MITSG 75.

Jiang H Y, Wang W X. 2004. Application of Principal Component Analysis in Synthetic Appraisal for Multi-objects Decision-making [J]. Journal of Wuhan University of Technology, 28 (3): 467-470.

Jin D, Thunberg E, Hoagland P. 2008. Economic impact of the 2005 red tide event on commercial shellfish fisheries in New England [J]. Ocean & Coastal Management, 51 (5): 420-429.

Jin Q, Dong S. 2003. Comparative studies on the allelopathic effects of two different strains of *Ulva pertusa* on *Heterosigma akashiwo* and *Alexandrium tamarense*. Journal of experimental marine biology and ecology 293: 41-55.

Johnsen G O, Samset L G, Sakshaug E. 1994. In vivo absorption characteristics in 10 classes of bloom-forming phytoplankton: Taxonomic characteristics and responses to photoadaption by means of discriminant and HPLC analysis. Mar Ecol Prog Ser, 105: 149

Johnson D R, Perry H M, Burke W D. 2001. Developing jellyfish strategy hypotheses using circulation models [J]. Hydrobiologia, 451: 213-221.

Kahn J R. 1988. Measuring The Economic Effects of Brown Tides [J]. Journal of Shellfish Research, 7 (1): 677-682.

Kamiyama T. 1995. Change in the Microzooplankton Community during Decay of a *Heterosigma akashiwo* Bloom [J]. Journal of Oceanography, 51: 279-287.

Kim H, Koo J, Kim D, et al. 2016. Image-based monitoring of jellyfish using deep learning architecture. IEEE Sensors Journal, 16 (8): 2215-2216.

Kishi M J, Kashiwai M, Ware D M, et al. 2007. NEMURO—a lower trophic level model for the North Pacific marine ecosystem [J]. Ecological Modelling, 202: 12-25.

Kodama H, Ito M, Ohnishi N, et al. 2010. Molecular cloning of the gene for plant proliferating-cell nuclear antigen and expression of this gene during the cell cycle in synchronized cultures of *Catharanthus roseus* cells. Febs Journal, 197: 495-503.

Kremer P. 1976. Population dynamics and ecological energetics of a pulsed zooplankton predator, the ctenophore *Mnemiopsis leidyi* [J]. Estuarine Processes, (1): 197: 215.

Kremer P. 1982. Effect of food availability on the metabolism of the ctenophore *Mnemiopsis mccradyi* [J]. Marine Biology, 51: 149-156.

Kumar H D. 1964. Streptomycin and penicillin induced inhibition of growth and pigment production in blue-green algae and production of strains of *Anacystis nidulans* resistant to these antibiotics. Journal of Experimental Botany, 15: 232-250.

Landsberg J H. 2002. The effects of harmful algal blooms on aquatic organisms [J]. Reviews in Fisheries Science, 10 (2): 113-390.

Larkin S L, Adams C M. 2007. Harmful algal blooms and coastal business: economic consequences in Florida. [J]. Society & Natural Resources, 20 (9): 849-859.

Lebrato M, Jones D O B. 2009. Mass deposition event of *Pyrosoma atlanticum* carcasses off Ivory Coast (West Africa) [J]. Limnology and Oceanography, 54 (4): 1197-1209.

Lee K, Bae B S, Kim I O, et al. 2010. Measurement of swimming speed of giant jellyfish Nemopilema nomurai using acoustics and visualization analysis. Fisheries Science, 76 (6): 893-899.

Leliaert F, Zhang X, Ye N, et al. 2009. Research note: identity of the Qingdao algal bloom [J]. Phycological Research, 57 (2): 147-151.

Li B, Liao C, Zhang X, et al. 2009. Spartina alternilora invasions in the Yangtze Riverestuary, China: An overview of current status and ecosystem effects [J]. Ecological Engineering, 35 (4): 511-520.

Li G Q, An S Q, Chen X L, et al. 1998. A summary on ecological risk assessment. Chinese Journal of Ecology, 18 (4): 57-64.

Li Qingxue, Tao Jianhua. 1999. Evaluate the eutrophication of the sea use phytoplankton community structure index [J]. China Environmental Science, 19 (6): 548-551.

Lipton D W. 1998. Pfiesteria's Economic Impact on Seafood Industry Sales and Recreational Fishing. Proceedings of a Conference on the Economics of Policy Options for Nutrient Management and Dinoflagella.

Liu D, Keesing J K, Xing Q, et al. 2009. World's largest macroalgal bloom caused by expansion of seaweed aquaculture in China [J]. Marine Pollution Bulletin, 58 (6): 888-895.

Liu J, Jiao N, Hong H, et al. 2005. Proliferating cell nuclear antigen (PCNA) as a marker of cell proliferation in the marine dinoflagellate *Prorocentrum donghaiense* Lu and the green alga *Dunaliella salina* Teodoresco. Journal of applied phycology, 17: 323-330.

Liu Z Y, Dong Z J, Liu D Y, 2016. Development of a rapid assay to detect the jellyfish *Cyanea nozakii* using a loop-mediated isothermal amplification method. Mitochondrial DNA Part A, 27 (4): 2318-2322.

Longo A, Taylor T, Petrucci M, et al. 2007. Valuation of Marine Ecosystem Threshold Effects: Theory and Practice in relation to Algal Bloom in the North Sea [J]. Ulb Institutional Repository, 26 (26): 287-306.

Lotze H K, Schramm W, Schories D, et al. 1999. Control of macroalgal blooms at early developmental stages: *Pilayella littoralis* versus *Enteromorpha* spp. [J]. Oecologia, 119 (1): 46-54.

Lucas C H. 2001. Reproduction and life history strategies of the common jellyfish, *Aurelia aurita*, in relation to its ambient environment [M]. Jellyfish Blooms: Ecological and Societal Importance. Springer, Dordrecht, 229-246.

Lucas K, Larkin S, Adams C M. 2010. Marine Dependence and Wtp for Red Tide Prevention, Mitigation, and Control Strategies in Florida [J]. International Institute of Fisheries Economics & Trade.

Ma Y, Zheng X M. 2005. Studyon ecological risk assessment. Territory and Natural Resources Study, (2): 49-51.

Mackey M D, Mackey D J, Higgins H W, et al. 1996. CHEMTA Xaprogram for estimating class abundances from chemicaI markers: application to HPLC measurements of phytoplankton. Mar Ecol Prog Ser, 144: 265.

Mao X L, Ni J R. 2005. Recent progress of ecological risk assessment. Acta Scientiarum Naturalium University Pekinensis, 41 (4): 646-654.

McComb A J, Lukatelich R J. 1995. The Peel-Harvey estuarine system, Western Australia [J]. Eutrophic shallow estuaries and lagoons, 5-17.

McGlathery K J. 2001. Macroalgal blooms contribute to the decline of seagrass in nutrient-enriched coastal waters [J]. Phycology, 37 (4): 453-456.

Mee L D, Espinosa M, Diaz G. 1986. Paralytic shellfishpoisoning with a *Gymnodinium catenatum* red tide on the Pacific Coast of Mexico [J]. Mar Environ Res, 19: 77-92.

Megrey B A, Rose K A, Klumb R A, et al. 2007. A bioenergetics-based population dynamics model of Pacific herring (*Clupeaharengus pallasi*) coupled to a lower trophic level nutrient-phytoplankton-zooplankton model: Description, calibration, and sensitivity analysis [J]. Ecological Modelling, 202: 144-164.

Mehrtens G. 1994. Haloperoxidase activities in Arctic macroalgae [J]. Polar Biology, 14: 351-354.

Miranda JR, Passarinho PC, Gouveia L. 2012. Pre-treatment optimization of *Scenedesmus obliquus* microalga for bioethanol production. Bioresource Technology, 104 (01): 342-348.

Moon J H, Pang I C, Yang J Y, et al. 2010. Behavior of the giant jellyfish *Nemopilema nomurai* in the East China Sea and East/Japan Sea during the summer of 2005: A numerical model approach using a particle-tracking experiment [J]. Journal of Marine Systems, 80: 101-114.

Morand P, Merceron M. 2005. Macroalgal population and sustainability [J]. Journal of coastal research, 1009-1020.

Morgan K L, Larkin S L, Adams C M. 2008. Public Costs of Florida Red Tides: A Survey of Coastal Managers [J]. Food & Resource Economics.

Mulholland M R, Gobler C J, Lee C. 2002. Peptide hydrolysis, amino acid oxidation, and nitrogen uptake in communities seasonally dominated by *Aureococcus anophagefferens* [J]. LIMNOLOGY AND OCEANOGRAPHY, 47 (4): 1094-1108.

Nagasaki K, Ando M, Itakura S, et al. 1994. Viral mortality in the final stage of *Heterosigma akashiwo* (Raphidophyceae) red tide. Journal of Plankton Research, 16: 1595-1599.

Nan C, Zhang H, Lin, et al. 2008. Allelopathic effects of *Ulva lactuca* on selected species of harmful bloom-forming microalgae in laboratory cultures [J]. Aquatic Botany, 89 (1): 9-15.

Nierenberg K, Byrne M, Fleming L E, et al. 2010. Florida Red Tide Perception: Residents versus Tourists [J]. Harmful Algae, 9 (6): 600.

Nordby J C, Cohen A N, Beissinger S R. 2009. Effects of a habitat-altering invader on nesting sparrows: An ecological trap [J]. Biological Invasions, 11 (3): 565-575.

Nunes P A L D, Jeroen C J M, van den Bergh. 2004. Can People Value Protection against Invasive Marine Species? Evidence from a Joint TC-CV Survey in the Netherlands [J]. Environmental & Resource Economics, 28 (4): 517-532.

Ocampo-Duque W, Ferré-Huguet N, Domingo J L, et al. 2006. Assessing water quality in rivers with fuzzy inference systems: A case study [J]. Environment International, 32 (6) : 733-742.

OKAI Y, HIGASHI-OKAI K. 1997. Pheophytina is a potent suppressor against genotoxin-induced *umu C* gene expression in *Salmonella typhimurium* (T A 1535/pSK 1002) [J]. J Sci Food Agric, 74 (4): 531-535.

Okamura K. 1916. Akashio ni tsuite (or red tide) . [J] Imperial Fish Inst (in Japanese), 12: 26-47.

Omori M, Hamner W M, 1982. Patchy distribution of zooplankton: behavior, population assessment and sampling problems. Marine Biology, 72 (2): 193-200.

Ouyang Y. 2005. Evaluation of river water quality monitoring stations by principal component analysis [J]. Water Research, 39 (12): 2621-2635.

Parsons G R, Ash M, Whitehead J C, et al. 2006. The Welfare Effects of Pfiesteria-Related Fish Kills: A Contingent Behavior Analysis of Seafood Consumers [J]. Agricultural & Resource Economics Review, 35 (2): 348-356.

Pech Pacheco J L, Alvarez Borrego J. 1998. Optical-digital system applied to the identification of five phytoplankton species. Marine Biology, 13 (23) .

Pitt K A, Lucas C H. 2014. Jellyfish Blooms. Netherlands: Springer, 1-308.

Purcell J E , Uye S, Lo W. 2007. Anthropogenic causes of jellyfish blooms and their direct consequences for humans: a review. Marine Ecology Progress Series, 350: 153-174.

Purcell J E, Arai M N. 2001. Interactions of pelagic cnidarians and ctenophores with fish: a review. Hydrobiologia, 451 (1): 27-44.

Qi Y Z, Hong Y, Zheng L, et al. 1996. Dinoilagellate cysts from resent marine sediments of the South and East China Seas. [J]. Asian Mar Biology, 13: 87-103.

Randhawa V, Thakkar M, Wei L. 2012. Applicability of Hydrogen Peroxide in Brown Tide Control-Culture and Microcosm Studies [J]. Plos One, 7 (10): e47844.

Ren J S, Ross A H, Hadfield M G, et al. 2010. An ecosystem model for estimating potential shellfish culture production in sheltered coastal waters [J]. Ecological Modelling, 221: 527-539.

Reuter R, Diebel D, Hengstermann T. 1993. Oceanographic laser remote sensing: measurement of hydrographic fronts in the German Bight and in the Northern Adriatic Sea [J]. International Journal of Remote Sensing, 14 (5): 823-848.

Richard J, Rene G, Gien T, et al. 2000. Automated identification and characterisation of microbiai popuiations using fiow cytometry: The AIMS project. Scientia Marina, 6 (42): 225.

Richardson A J, Gibbons M J. 2008. Are jellyfish increasing in response to ocean acidification [J]. Limnology and Oceanography, 53 (5): 2040-2045.

Scholin C A, et al. 1997. Detection and guantification of *Pseudonitzschia austraiis* in cuitured and naturai popuiations using LSU rRNA-targeted probes. Limnology and Oceanography, 42: 1265.

Sengco M, Li A, Tugend K, et al. 2001. Removal of red-and brown-tide cells using clay flocculation I. Laboratory culture experiments with Gymnodinium breve and *Aureococcus anophagefferens* [J]. Mar ecol prog ser, 210 (8): 41-53.

Sfriso A, Pavoni B, Marcomini A. 1989. Macroalgae and phytoplankton standing crops in the central Venice lagoon: primary production and nutrient balance. Science of the Total Environment, 80: 139-159.

Shao J, Li R, Lepo J E, et al. 2013. Potential for control of harmful cyanobacterial blooms using biologically derived substances: problems and prospects. Journal of Environmental Management, 125: 149-155.

Shimada S, Hiraoka M, Nabata S, et al. 2003. Molecular phylogenetic analyses of the Japanese *Ulva* and *Enteromorpha* (Ulvales, Ulvophyceae), with special reference to the free-floating *Ulva* [J]. Phycol Res, 51: 99-108.

Shirota A. 1989. Red tide problem and contermeasures (1) . International Joumal of Aquaculture and Fisheries Technology, 1: 195-223.

Sieburth J M, Johnson P W, Hargraves P E. 2010. Ultrastructure and ecology of aureococcus anophageferens gen. Et sp. Nov. (chrysophyceae): the dominant picoplankter during a bloom in narragansett bay, rhode island, summer 1985 [J]. Journal of Phycology, 24 (3): 416-425.

Smetacek V, Zingone A. 2013. Green and golden seaweed tides on the rise [J]. Nature, 504 (7478): 84-88.

Smith D, Horne A. 1988. Experimental measurement of resource competition between planktonic microalgae and macroalgae (seaweeds) in mesocosms simulating the San Francisco Bay-Estuary, California. Hydrobiologia, 159: 259-268.

Stentiford G D, Shields J D. 2005. A review of the parasitic dinoflagellates Hematodinium species and Hematodinium-like infections in marine crustaceans. Diseases of Aquatic Organisms, 66: 47-70.

Stibor H, Vadstein O, Diehl S, et al. 2004. Copepods act as a switch between alternative trophic cascades in marine pelagic food webs. Ecol lett, (7): 321-328.

Strong D R, Ayres D A. 2013. Ecological and evolutionary misadventures of Spnrtina [J]. Annual Review of Ecology, Evolution, and Systematics, 44: 389-410.

Sun S, Li Y, Sun X. 2012. Changes in the small-jellyfish community in recent decades in Jiaozhou Bay, China [J]. Chinese Journal of Oceanology and Limnology, 30 (4): 507-518.

Sun S. 2012. Challenges in the Jellyfish Bloom Research [J]. Advances in Earth Science, (3): 002.

Takeda S, Kurihara Y. 1994. Preliminary study of management of red tide water by the filter feeder Mytilus edulis galloprovincialis. Marine Pollution Bulletin, 28: 662-667.

Tan I H, Blomster J, Hansen G, et al. 1999. Molecular phylogenetic evidence for a reversible morphogenetic switch controlling the gross morphology of two common genera of green seaweeds, *Ulva* and *Enteromorpha* [J]. Molecular Biology & Evolution, 16 (8): 1011-1018.

Tanaka Y, Asaoka K, Takeda S. 1994. Different feeding and gustatory responses to ecdysone and 20-hydroxyecdysone by larvae of the silkworm, *Bombyx mori*. Journal of Chemical Ecology, 20: 125-133.

The National Office for Integrated and Sustained Ocean Observations, First Annual Integrated Ocean Observing System (IOOS) Development Plan—A Report of the National Ocean Research Leadership Council Prepared By Ocean. US [R]. http://www.ocean.us, Jan., 2005-01.

Thomas C S, Scott SA, Galanis D J, et al. 2001. Box jellyfish (*Carybdea alata*) in Waikiki: Their influx cycle plus the analgesic effect of hot and cold packs on their stings to swimmers at the beach: A randomized, placebo-controlled, clinical trial. Hawaii Medical Journal, 60: 100-107.

Tinta T, Malej A, Kos M, et al. 2010. Degradation of the Adriatic medusa *Aurelia* sp. by ambient bacteria [J]. Hydrobiologia, 645: 179-191.

Tomasa del Carmen Cuéllar Martínez, Rosalba Alonso Rodríguez, Domenico Voltolina, et al. 2016. Effectiveness of coagulants-flocculants for removing cells and toxins of *Gymnodinium catenatum*. Aquaculture, 452: 188-193.

US EPA. 1992. Framework for Ecological Risk Assessment [R]. Washington DC: US Environmental Protection Agency.

Valiela I, McClelland J, Hauxwell J, et al. 1997. Macroalgal blooms in shallow estuaries: controls and ecophysiological and ecosystem consequences [J]. Limnology and oceanography, 42 (5part2): 1105-1118.

Varnes D J. 1984. Landslide Hazard Zonation: A Review of Principles A and Practice [M]. Paris: UNESCO.

Velo-Suarez L, Brosnahan M L, Anderson D M, et al. 2013. A quantitative assessment of the role of the parasite Amoebophrya in the termination of *Alexandrium fundyense* blooms within a small coastal embayment [J]. Plos One, 8: e81150.

Villarino M, Figueiras F, Jones K, et al. 1995. Evidence of in situ diel vertical migration of a red-tide microplankton species in Ria de Vigo (NW Spain) [J]. Marine Biology, 123: 607-617.

Wang Z, Xiao J, Fan S, et al. 2015. Who made the world's largest green tide in China—an integrated study on the initiation and early development of the green tide in Yellow Sea [J]. Limnology And Oceanography, 60 (4): 1105-1117.

Watras C J, Garcon V C, Olson R J, et al. 1985. The effect of zooplankton grazing on estuarine blooms of the toxic dinoflagellate *Gonyaulax tamarensis* [J]. Journal of Plankton Research, (7): 891-908.

Wayne G, Landis P, Bruce D, et al. 2004. A Regional Retrospective Assessment of the Potential Stressors Causing the Decline of the Cherry Point Pacific Herring Run [J]. Human and Ecological Risk Assessment, (10): 271-297.

Wei Q, Wang B, Yao Q, et al. 2018. Hydro-biogeochemical processes and their implications for *Ulva prolifera* blooms and expansion in the world's largest green tide occurrence region (Yellow Sea, China) [J]. Science of The Total Environment, 645: 257-266.

Whitehead J C, Haab T C, Parsons G R. Economic effects of Pfiesteria [J]. Ocean & Coastal Management, 2003, 46 (9-10): 845-858.

Wiltshire K H, Harsdorf S, Smidt B, et aI. 1998. The determination of algal biomass (as chlorophy II) in suspended matter from the Elbe estuary and the German Bight: A comparison of high-performance Iiguid chromatography, delayed fluorescence and prompt fluorescence methods [J]. Jurnal of Experimental Marine Biology and Ecology, 22 (21-2): 113.

Wolf D, Georgic W, Klaiber H A. 2017. Reeling in the damages: Harmful algal blooms' impact on Lake Erie's recreational fishing industry [J]. Journal of Environmental Management, 199: 148.

Wommack K E, Colwell R R. 2000. Virioplankton: Viruses in Aquatic Ecosystems [J]. Microbiology & Molecular Biology Reviews Mmbr, 64 (1): 69.

Woodwardjb, Parsonsm G, Troeschaw. 1992. Ship operational and safety aspects of ballast water exchange at sea [J]. Marine Technology, 31 (4): 315-326.

Wu L, Bai T, Liu G. 2016. Study on the Warning of Giant Jellyfish Disaster in the Coastal Waters of Qingdao [C] // Meeting of Risk Analysis Council of China Association for Disaster Prevention.

Xu Yandong, Wei Xiao, Li Jiahui, et al. 2016. Environmental characteristics and eutrophication of seawater assessment in spring and summer of 2013 Laizhou Bay [J]. Environmental Monitoring in China, 32 (6): 63-69.

Yang W R, Wang R S, Huang J L, et al. 2007. Ecological risk assessment and its research progress [J]. Chinese Journal of Applied Ecology, 18 (8): 1869-1876.

Ye N H, Zhang X W, Mao Y Z, et al. 2011. "Green tides" are overwhelming the coastline of our blue planet: taking the world's largest example [J]. Ecological Research, 26 (3): 477-485.

Yu Z, Sengco M R, Anderson D M. 2004. Flocculation and removal of the brown tide organism, *Aureococcus anophagefferens*, (Chrysophyceae), using clays [J]. Journal of Applied Phycology, 16 (2): 101-110.

Yu Zhiming, Inagawa K, Jin Zhujing. 1994. Tribological properties of c-BN coatings in vacuum at high temperature [J]. Surface and Coatings Technology, 70 (1): 147-150.

Zhang Q C, Qiu L M, Yu R C, et al. 2012. Emergence of brown tides caused by *Aureococcus anophagefferens* Hargraves et Sieburth in China [J]. Harmful Algae, 19: 117-124.

Zhang Y, Huang G, Wang W, et al. 2012. Interactions between mangroves and exotic Spartina in an anthropogenically disturbed estuary in southern China [J]. Ecology, 93 (3): 588-597.

Zheng X S, Liu W Q. 2010. Red Tide characteristics and spatial-temporal variation of chlorophyll concentration in Bohai Sea [J]. International Conference on Remote Sensing (ICRS), 24 (1) : 178-187.

Zhiming, Yu, Zou Jingzhong, Ma Xinian. 1994. A New Method to Improve the Capability of Clays for Removing Red Tide Organisms [J]. Oceanologia Et Limnologia Sinica, 019.

Zou Jingzhong, Dong Liping, Qin Baoping. 1983. A preliminary discussion on eutrophication and red tide in Bohai Bay [J]. Marine Environmental Science, 2 (2): 42-53.

Zou Z H, Yun Y, Sun J N. 2006. Entropy method for determination of weight of evaluating in fuzzy synthetic evaluation for water quality assessment [J]. Journal of Environmented Sciences, 18 (5) : 1020-1023.

Zuo P, Zhao S, Liu C, et al. 2012. Distribution of *Spartina* spp. along China's coast [J]. Ecological Engineering, 40: 160-166.